Eichtheorien der starken und elektroschwachen Wechselwirkung

Von Dr. rer. nat. Peter Becher
Privatdozent an der Universität Würzburg

Dr. rer. nat. Manfred Böhm
Professor an der Universität Würzburg

und Dr. rer. nat. Hans Joos
Deutsches Elektronen-Synchrotron Hamburg,
Professor an der Universität Hamburg

2., durchgesehene Auflage
Mit zahlreichen Figuren und Tabellen

B. G. Teubner Stuttgart 1983

Priv.-Doz. Dr. rer. nat. Peter Becher

Geboren 1946 in Stammbach/Ofr. Studium in München und Würzburg, Promotion 1975, Habilitation 1982; wissenschaftliche Tätigkeit in Würzburg und von 1976 bis 1978 am Deutschen Elektronen-Synchrotron in Hamburg.

Prof. Dr. rer. nat. Manfred Böhm

Geboren 1940 in Memmingen i. Allgäu. Studium in Würzburg und München, Promotion 1966 bei H. Steinwedel; anschließend wissenschaftliche Tätigkeit in Würzburg, am Deutschen Elektronen-Synchrotron in Hamburg und am Europäischen Kernforschungszentrum CERN in Genf. Seit 1977 Professor an der Universität Würzburg.

Prof. Dr. rer. nat. Hans Joos

Geboren 1926 in Stuttgart. Studium in Tübingen bei G. Molière; wissenschaftliche Tätigkeit in Sao Paulo/Brasilien und an der Universität Hamburg; Promotion 1961. Weitere Forschungsaufenthalte u.a. am Institute for Advanced Study Princeton, University of Minnesota und am Europäischen Kernforschungszentrum CERN in Genf. Seit 1963 Mitglied der wissenschaftlichen Leitung des Deutschen Elektronen-Synchrotrons in Hamburg und seit 1965 Honorarprofessor an der Universität Hamburg.

CIP-Kurztitelaufnahme der Deutschen Bibliothek

Becher, Peter:
Eichtheorien der starken und elektroschwachen Wechselwirkung / von Peter Becher, Manfred Böhm u. Hans Joos. - 2., durchges. Aufl. - Stuttgart : Teubner, 1983.
(Teubner-Studienbücher : Physik)
ISBN 3-519-13045-9

NE: Böhm, Manfred:; Joos, Hans:

Printed in Germany
Gesamtherstellung: Beltz Offsetdruck, Hemsbach/Bergstr.
Umschlaggestaltung: W. Koch, Sindelfingen

Vorwort

Unser Verständnis der Grundbausteine der Materie hat im letzten Jahrzehnt wesentliche Fortschritte gemacht. Auf der theoretischen Seite führte das zur Entwicklung der Eichtheorien für die Beschreibung der verschiedenen Wechselwirkungen. Im vorliegenden Buch versuchen wir, dieses Gebiet für einen größeren Kreis von interessierten Physikern zusammenfassend darzustellen. Es ist die Weiterentwicklung eines Skriptes von Vorlesungen, die auf der, von Professor J.K. Bienlein veranstalteten Herbstschule für Hochenergiephysik in Maria Laach für junge Elementarteilchenphysiker gehalten wurden. So wendet sich auch das Buch vorwiegend an Studenten höheren Semesters, die sich in diesen Themenkreis einarbeiten wollen. Wir hoffen natürlich, daß wir auch den an Eichtheorien allgemein interessierten Leser informieren können.

Wie schon aus dem detaillierten Inhaltsverzeichnis hervorgeht, ist das Gebiet, über das wir berichten, sehr umfangreich. Es entwickelt sich lebhaft weiter und ist noch keineswegs abgeschlossen. Man kann sich daher fragen, ob eine lehrbuchmäßige Darstellung schon gerechtfertigt ist. In diesem Sinne soll das vorliegende Buch als ein Versuch betrachtet werden, welches sicher noch mit vielen Unvollkommenheiten belastet ist. So wird sich bestimmt im Laufe der Zeit die Gewichtung der Darstellung einzelner Teilfragen noch wesentlich verschieben, so daß die Diskussion mancher Details, die wir hier für wichtig hielten und die teilweise auch die Lesbarkeit des Buches erschweren, in Zukunft fortfallen kann. Wir versuchten dieses Problem dadurch zu mildern, daß wir den einzelnen Unterabschnitten jeweils relativ ausführliche Zusammenfassungen voranstellten, die für sich schon einen guten Leitfaden abgeben könnten. Beim ersten Durchlesen können so technisch schwierige Darstellungen übersprungen werden, ohne daß das Gesamtverständis darunter zu sehr leidet.

Eine weitere Schwierigkeit dieses neuen Gebietes ist das Auftreten vieler neuer Begriffe, die in englischer Sprache in die Literatur eingeführt wurden. Wir konnten uns nicht durchgängig für eine Eindeutschung entschließen, sondern benutzen die englischen Ausdrücke als Fremdwörter. Damit folgen wir dem zugegebenermaßen etwas schludrigen Sprachgebrauch der deutschsprachigen Elementarteilchenphysiker.

Ein ernsthaftes Problem war die angemessene Auswahl der Referenzen aus der riesigen Zahl von Originalarbeiten. Wir haben uns bemüht, neben den grundlegenden Arbeiten vor allem Übersichts-Artikel und Arbeiten, die uns selbst beim Verständnis weitergeholfen haben, aufzunehmen. Für einzelne Kapitel geben wir

Sammelzitate an, welche bei der Einarbeitung helfen sollen und welche dem eigentlichen Literaturverzeichnis vorangestellt sind. Die von uns benutzten Konventionen stehen auf S. 393.

Dieses Buch verdankt viel der anregenden wissenschaftlichen Atmosphäre des Deutschen Elektronensynchrotrons DESY und seiner Zusammenarbeit mit den deutschen Universitäten. Im einzelnen haben uns viele Fachkollegen insbesondere von DESY und der Universität Würzburg mit Rat und Tat unterstützt: Herr Dr. A. Ali, Herr Professor H.D. Dahmen, Herr Professor H. Fraas, Herr Dr. W. Hollik, Frau Dr. M. Krammer, Herr W. Langguth, Herr Professor G. Mack, Herr Dr. G. Münster und Herr Professor K. Symanzik.
Ihnen danken wir herzlich.

Unser ganz besonderer Dank gilt Frau Ch. Steinbauer, die mit unerschöpflicher Geduld und größter Ausdauer den komplizierten Text der Druckvorlage geschrieben hat.

Herrn Dr. Spuhler vom Teubner-Verlag danken wir für seine vertrauensvolle Zusammenarbeit.

Hamburg/Würzburg P. Becher, M. Böhm, H. Joos
Im Januar 1981

Vorwort zur 2. Auflage

Die Vorstellungen über die Physik der Elementarteilchen, wie sie mit Hilfe der Quanteneichfeldtheorien formuliert werden, haben sich seit Erscheinen der 1. Auflage nicht wesentlich geändert. Im Detail hat es jedoch Fortschritte gegeben, denen wir durch einen 'Nachtrag zur 2. Auflage' (S. 369 f.) Rechnung zu tragen versuchen. Das ursprüngliche Manuskript wurde demgegenüber nur wenig verändert. Hinweise auf neuere Literatur haben wir durch ein, dem Zitat nachgestelltes 'N' gekennzeichnet und in einem 'Nachtrag zum Literaturverzeichnis'(S. 390 f.) zusammengestellt. Die experimentellen Daten sowie die Konventionen zum Parton-Modell wurden an [Pa 82] angepaßt. Uns bekannte Fehler der 1. Auflage haben wir berichtigt.

Hamburg/Würzburg P. Becher, M. Böhm, H. Joos
Im Januar 1983

Inhaltsverzeichnis

1. Phänomenologische Grundlagen der Eichtheorien der starken, elektromagnetischen und schwachen Wechselwirkung

Das Ziel der Elementarteilchenphysik ist es, das Naturgesetz zu finden, das die Dynamik der Materie festlegt. Alles andere bleibt nur eine Art Wortgemälde über eine "Super-Review of Particle Properties", das bald niemanden mehr interessiert. - Da dieses Naturgesetz Relativitätstheorie und Quantenmechanik vereint, sollte es die Form einer einheitlichen Feldtheorie der starken, elektromagnetischen, schwachen - und letztlich auch Gravitationswechselwirkung - haben. Diesen Anspruch an die Elementarteilchenphysik wiederholte W. Heisenberg zum letzten Mal auf der DPG-Frühjahrstagung 1975 in München [He 76]. Bekanntlich versuchte Heisenberg dieses Ziel durch einen spekulativen Entwurf einer Theorie zu illustrieren [He 67].

Hat uns die Forschung auf dem Gebiet der Elementarteilchenphysik diesem Ziel nähergebracht? Beim Abwägen einer Antwort auf diese Frage spielt die weitverbreitete Hoffnung eine wichtige Rolle, daß auf denselben Prinzipien, welche die so erfolgreiche Quantenelektrodynamik bestimmen, auch eine Theorie für die anderen Wechselwirkungen aufgebaut werden kann. Es ist die Absicht dieses Buches, diese Hoffnung zu begründen, die erwähnten dynamischen Prinzipien zu erläutern und die ersten Anwendungen dieser Theorien zu diskutieren.

Die Quantenelektrodynamik beschreibt in ihrer reinen Form die Wechselwirkung der Elektronen und Positronen mit den Photonen. Diese Quantentheorie des elektromagnetischen Feldes und des Elektron-Diracfeldes zeichnet sich dadurch besonders aus, daß die Wechselwirkung der Felder durch das Prinzip der minimalen, eichinvarianten Ankopplung der elektrischen Ladung eindeutig festgelegt ist. Wir werden auf dieses wichtige Prinzip - das einem zuerst in der Quantenmechanik in der Form der Substitutionsregel $\partial_\mu \rightarrow \partial_\mu - ieA_\mu$ begegnet - noch ausführlich zu sprechen kommen. Es kann auf die Wechselwirkung komplizierter Ladungsstrukturen verallgemeinert werden; man spricht dann von Yang-Mills-Feldtheorien oder auch von nichtabelschen Eichtheorien. Eine solche Yang-Mills-Theorie ist die sogenannte Quantenchromodynamik, welche die Wechselwirkung von Hadronen durch die eichinvariante Kopplung von Gluon-Feldern an Quark-Felder beschreibt. Eine nichtabelsche Eichtheorie kann auch die Phänomene der schwachen Wechselwirkung beschreiben, wenn man die schwachen und die elektromagnetischen Felder in einer einheitlichen Feldtheorie z.B. durch die Glashow-Salam-Weinberg-Theorie vereint. So entpuppt sich möglicherweise die lokale Eichinvarianz als ein wichtiges allgemeines Prinzip der Dynamik der Materie.

Die Eichtheorien für die Wechselwirkungen der Elementarteilchen wurden aus einfachen Modellen entwickelt, die eine phänomenologische Erklärung der experimentellen Ergebnisse liefern. Von besonderer Bedeutung ist dabei das naive Quarkmodell, in dem verschiedene Aspekte des Quarkkonzepts eine wichtige Rolle spielen:

- Quarks als hypothetische Konstituenten der stark wechselwirkenden Teilchen erklären das Spektrum der Mesonen und Baryonen.
- Quark- und Leptonfelder formen die Ströme, welche die Quellen der universellen elektromagnetischen und schwachen Wechselwirkung sind.
- Die Quarks werden als punktförmige Streuzentren - Partonen - in der tiefinelastischen Leptonstreuung beobachtet.

Als Vorbereitung für die Formulierung der Eichtheorien sollen im 1. Abschnitt dieses Buches das phänomenologische Quarkmodell des Hadronspektrums, das Fermi-Modell der schwachen Wechselwirkung sowie das einfache Partonmodell dargestellt werden, ergänzt durch eine kurze Einführung der einfachsten gruppen- und feldtheoretischen Begriffe. [EP]

1.1 Das Hadron-Spektrum im Quarkmodell

Das Quarkmodell [Ko 69] wurde 1964 von G. Zweig [Zw 64] und M. Gell-Mann [Ge 64] vorgeschlagen. Trotz intensiver Suche ist es bisher nicht gelungen, Quarks als freie Teilchen nachzuweisen [Mo 79], jedoch beobachtet man in der tiefinelastischen Leptonstreuung punktförmige Streuzentren - Partonen - mit Quarkeigenschaften. Dieser scheinbare Widerspruch wird uns später veranlassen, im Rahmen der Quantenchromodynamik über die Natur der Quarks - ihr Confinement (= Einschließung) in den Hadronen - nachzudenken. Zunächst erklären wir naiv die Eigenschaften der Hadronen durch ihre Zusammensetzung aus Quarks.

1.1.1 Quantenzahlen und Wellenfunktionen der Hadronen im Quarkmodell

a) Bekanntlich läßt sich die Vielzahl der beobachteten Meson- und Baryon-Resonanzen durch Zuordnung (erhaltener) Quantenzahlen klassifizieren [Lo 78, Ro 71a]. Derzeit kennt man die Flavour-Quantenzahlen Isospin I, I_3, Strangeness S, Charm

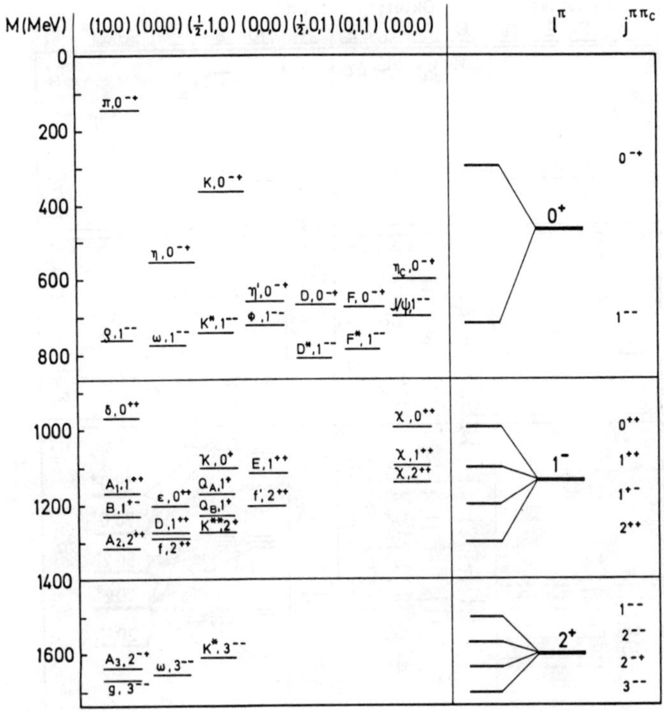

Fig. 1.1: Das Meson-Spektrum im Quarkmodell mit vier Flavour-Freiheitsgraden. Das experimentell beobachtete Spektrum ist links skizziert. Die Zahlentripel in der ersten Zeile stehen dabei für die Quantenzahlen (I, Y, C), als Masse wurde $M - (150\ \text{MeV}) \cdot n_S - (1200\ \text{MeV}) \cdot n_C$ eingetragen, $n_S \equiv$ Zahl der s- und $\bar{s}$-Quarks, $n_C \equiv$ Zahl der c- und $\bar{c}$-Quarks im Meson. Rechts sind die theoretisch zu erwartenden, niedrigliegenden Multipletts schematisch dargestellt

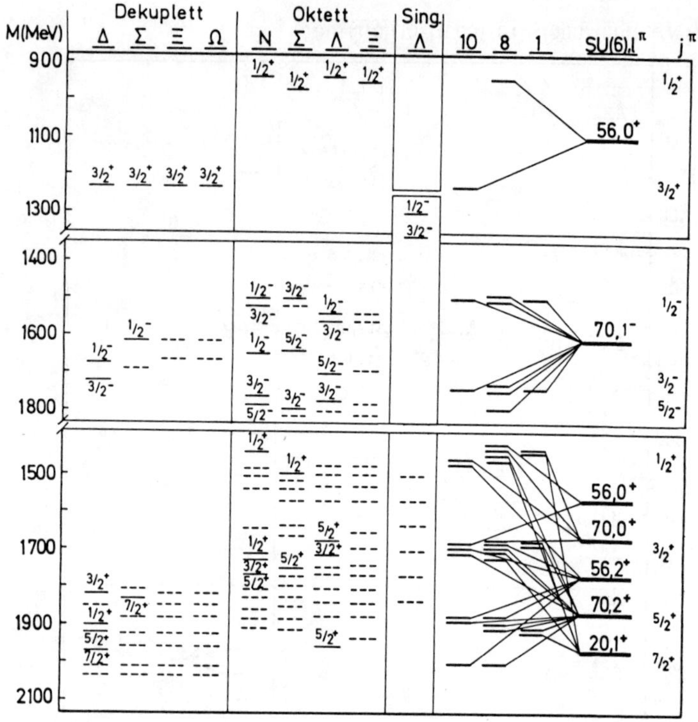

Fig. 1.2: Das Baryon-Spektrum im Quarkmodell mit drei Flavour-Freiheitsgraden. Das experimentell beobachtete Spektrum —— ist links skizziert (Masse M - (150 MeV)$\cdot n_S$, n_S ≡ Zahl der s-Quarks im Baryon). Rechts sind die zu erwartenden, niedrigliegenden Teilchen-Multipletts eingezeichnet, angeordnet nach Werten des Gesamtdrehimpulses j^π. Die nach dem Quarkmodell noch fehlenden Teilchen sind mit --- markiert

C, Baryonenzahl B, Hyperladung Y = S + B - C/3, elektrische Ladung $Q = I_3 + Y/2 + 2C/3$, sowie die geometrischen Quantenzahlen Spin j, j_3, Parität π und Ladungskonjugationsparität π_c. Einen Überblick [Pa 82] über die Quantenzahlen der beobachteten Hadronen geben die Figuren 1.1 und 1.2.

Der bemerkenswerte experimentelle Sachverhalt, daß nur bestimmte Werte dieser Quantenzahlen vorkommen, wird mit Hilfe des Quarkmodells durch die Hypothese erklärt:

Mesonen bestehen aus einem Quark und einem Antiquark,
Baryonen bestehen aus drei Quarks.

Den vier Quantenzahlen I, I_3, S, C entsprechend führt man vier Quarks u, d, s, c mit Flavour-Quantenzahlen gemäß Tab. 1.1 ein. Alle besitzen Baryonenzahl 1/3 und Spin 1/2.

	I	I_3	S	C	Y	Q
u	1/2	+ 1/2	0	0	+ 1/3	+ 2/3
d	1/2	- 1/2	0	0	+ 1/3	- 1/3
s	0	0	- 1	0	- 2/3	- 1/3
c	0	0	0	1	0	+ 2/3

Tabelle 1.1: Quantenzahlen der Quarks

Mit der Entdeckung des $\Upsilon(9,46)$-Teilchens [He 77] begann die Untersuchung einer weiteren Familie von Hadronen mit einer neuen Flavour-Quantenzahl Bottom. Dementsprechend gibt es ein weiteres Quark b mit Ladung Q = - 1/3. Wir werden im folgenden die Zahl der Flavour-Freiheitsgrade N_F offen lassen.

Die Quantenzahlen und Wellenfunktionen der Hadronen baut man aus den Quark-Freiheitsgraden nach den Regeln für Zwei- und Dreiteilchen-Bindungszustände der nichtrelativistischen Quantenmechanik auf. Im folgenden stellen wir stichwortartig die Komposition der Wellenfunktionen aus Flavour-, Spin- und Bahnanteil zusammen [Li 78, Cl 79].

b) Wellenfunktionen der <u>Mesonen</u> als Quark-Antiquark-Systeme:
Aufbau des Flavour-Anteils $|I, I_3, S, C>$ aus den Quark-Freiheitsgraden:

$$|1, 1, 0, 0> = -\bar{d}u, \quad |1, 0, 0, 0> = (\bar{u}u - \bar{d}d)/\sqrt{2}, \quad |1, -1, 0, 0> = \bar{u}d,$$

$$|0, 0, 0, 0> = (\bar{u}u + \bar{d}d)/\sqrt{2};$$

$$|\tfrac{1}{2}, \tfrac{1}{2}, 1, 0> = \bar{s}u, \quad |\tfrac{1}{2}, -\tfrac{1}{2}, 1, 0> = \bar{s}d,$$

$$|\tfrac{1}{2}, -\tfrac{1}{2}, -1, 0> = \bar{u}s, \quad |\tfrac{1}{2}, +\tfrac{1}{2}, -1, 0> = -\bar{d}s,$$

$$|0, 0, 0, 0> = \bar{s}s; \tag{1.1.1}$$

$$|\tfrac{1}{2}, \tfrac{1}{2}, 0, 1> = -\bar{d}c, \quad |\tfrac{1}{2}, -\tfrac{1}{2}, 0, 1> = \bar{u}c,$$

$$|\tfrac{1}{2}, -\tfrac{1}{2}, 0, -1> = \bar{c}d, \quad |\tfrac{1}{2}, \tfrac{1}{2}, 0, -1> = \bar{c}u;$$

$$|0, 0, 1, 1> = \bar{s}c, \quad |0, 0, -1, -1> = \bar{c}s,$$

$$|0, 0, 0, 0> = \bar{c}c;$$

Die Struktur der Multipletts aus zwei Quarks u,d, drei Quarks u,d,s, vier Quarks u,d,s,c und evtl. Erweiterungen sind hieraus unmittelbar ablesbar.

Es gibt mehrere Teilchen mit Quantenzahlen $|0, 0, 0, 0>$, die deshalb mischen können; z.B. haben die pseudoskalaren Mesonen näherungsweise SU(3)-Mischung: $|\eta(549)> \cong -(\bar{u}u + \bar{d}d - 2\bar{s}s)/\sqrt{6}$, $|\eta'(958)> \cong (\bar{u}u + \bar{d}d + \bar{s}s)/\sqrt{3}$.

Spin-Anteil: $|s, s_3>$
Die Spins von Quark und Antiquark haben die möglichen Einstellungen ↑ und ↓. Sie lassen sich zu einem Spin-Triplett und einem Spin-Singulett mit folgenden Wellenfunktionen kombinieren:

$$|1, 1> = \uparrow\uparrow, \quad |1, 0> = \frac{1}{\sqrt{2}}(\uparrow\downarrow + \downarrow\uparrow), \quad |1, -1> = \downarrow\downarrow$$
$$|0, 0> = \frac{1}{\sqrt{2}}(\uparrow\downarrow - \downarrow\uparrow); \tag{1.1.2}$$

Bahn-Anteil: $|\ell, m, n>$

Nach Separation der Schwerpunktsbewegung wird die Relativbewegung zwischen Quark und Antiquark durch eine Schrödinger-Wellenfunktion der Relativkoordinate $\vec{r}$ beschrieben, die aus einer Kugelfunktion $Y_{\ell m}(\hat{r})$ und einem Radialanteil $f_{\ell,n}(r)$ aufgebaut ist:

$$|\ell, m, n> = Y_{\ell,m}(\hat{r})\, f_{\ell,n}(r). \tag{1.1.3}$$

Spin- und Bahndrehimpuls werden zum Spin j des Mesons addiert. Dies ergibt: $j = \ell+1, \ell, \ell-1$ für die Triplett- und $j = \ell$ für die Singulett-Zustände. Die Parität π und Ladungskonjugations-Parität π_c dieses Fermion-Antifermion-Systems haben die Werte $\pi = (-1)^{\ell+1}$ und $\pi_c = (-1)^{\ell+s}$. Als Resultat dieser Zusammensetzung der Freiheitsgrade erhält man die in Fig. 1.1 angegebene Struktur des Mesonspektrums.

c) Baryonen als Drei-Quark-Systeme:

Bei drei "gleichen" Teilchen liefert die Permutationssymmetrie der Wellenfunktion eine wichtige Quantenzahl. Neben den symmetrischen (Sy) und den antisymmetrischen (An) gibt es die gemischt-symmetrischen Wellenfunktionen ($\overline{\text{Mi}}$, $\underline{\text{Mi}}$), die wie folgt aus den unsymmetrisierten Wellenfunktionen konstruiert werden [Jo 70]:

$$\begin{aligned} |Sy> &= \frac{1}{\sqrt{6}}\,(|abc> + |bca> + |cab> + |acb> + |cba> + |bac>), \\ |An> &= \frac{1}{\sqrt{6}}\,(|abc> + |bca> + |cab> - |acb> - |cba> - |bac>), \end{aligned} \tag{1.1.4}$$

für $a \neq b$ gibt es zwei 2-dimensionale, gemischtsymmetrische Darstellungen $Mi_\pm$:

$$\begin{aligned} |\overline{Mi}>_\pm &= \frac{1}{\sqrt{6}}\,((|abc> \pm |bac>) + \varepsilon(|bca> \pm |acb>) + \varepsilon^*(|cab> \pm |cba>)), \\ |\underline{Mi}>_\pm &= \frac{1}{\sqrt{6}}\,((|abc> \pm |bac>) + \varepsilon^*(|bca> \pm |acb>) + \varepsilon\,(|cab> \pm |cba>)); \end{aligned} \tag{1.1.4}$$

dabei ist $\varepsilon := \exp 2\pi i/3 = (-1 + i\sqrt{3})/2$; in "Mi" bewirkt die zyklische Permutation (123) Multiplikation mit der Phase ε, ε^*, die Transposition (12) die Vertauschung der beiden Komponenten. Für $a = b$ verschwindet Mi_-.

Flavour-Anteil:

Die Anzahl der Zustände in den Flavour-Multipletts erhält man durch Zerlegung der Quark-Produktzustände nach Symmetrietypen. Für N_F Flavour-Freiheitsgrade ist dies in Tabelle 1.2 zusammengestellt.

	N_F	$N_F = 2$	$N_F = 3$	$N_F = 4$
Sy	$\binom{N_F+2}{3}$	4	10	20
Mi 2×	$2\cdot\binom{N_F+1}{3}$	2	8	20
An	$\binom{N_F}{3}$	0	1	4

Tabelle 1.2: Zahl der Zustände in den Flavour-Multipletts

Um die Flavour-Wellenfunktionen eines Baryons explizit zu konstruieren, geht man von seinem Quark-Inhalt aus und verwendet Gl. (1.1.4), um zu einem definierten Symmetrietyp zu gelangen, z.B. ist $|uud>$ der Quark-Inhalt und

$$|\overline{P}> \;=\; (|uud> + \varepsilon\,|udu> + \varepsilon^*|duu>)/\sqrt{3}$$

$$|\underline{P}> \;=\; (|uud> + \varepsilon^*|udu> + \varepsilon\,|duu>)/\sqrt{3}$$

der Flavour-Anteil der Proton-Wellenfunktion.

Spin-Anteil:

Die drei Spins der Quarks lassen sich nach demselben Verfahren zum Gesamtspin $(3/2)_{Sy}$ und $(1/2)_{Mi}$ kombinieren. Da der Spin nur zwei Einstellmöglichkeiten besitzt, gibt es keine antisymmetrische Kombination.

$$\begin{aligned} &|\tfrac{3}{2},+\tfrac{3}{2}> = \uparrow\uparrow\uparrow, \quad |\tfrac{3}{2},+\tfrac{1}{2}> = \frac{1}{\sqrt{3}}\,(\uparrow\uparrow\downarrow + \uparrow\downarrow\uparrow + \downarrow\uparrow\uparrow), \\ &|\tfrac{3}{2},-\tfrac{3}{2}> = \downarrow\downarrow\downarrow, \quad |\tfrac{3}{2},-\tfrac{1}{2}> = \frac{1}{\sqrt{3}}\,(\downarrow\downarrow\uparrow + \downarrow\uparrow\downarrow + \uparrow\downarrow\downarrow); \end{aligned} \qquad (1.1.5)$$

$$\overline{|\tfrac{1}{2}, +\tfrac{1}{2}>} = \frac{1}{\sqrt{3}}\,(\uparrow\uparrow\downarrow + \varepsilon\ \uparrow\downarrow\uparrow + \varepsilon^*\ \downarrow\uparrow\uparrow),$$

$$\overline{|\tfrac{1}{2}, -\tfrac{1}{2}>} = \frac{1}{\sqrt{3}}\,(\downarrow\downarrow\uparrow + \varepsilon\ \downarrow\uparrow\downarrow + \varepsilon^*\ \uparrow\downarrow\downarrow); \qquad (1.1.5)$$

$$\underline{|\tfrac{1}{2}, \pm\tfrac{1}{2}>} = \overline{|\tfrac{1}{2}, \pm\tfrac{1}{2}>} \quad \text{konjugiert komplex.}$$

Bahn-Anteil:
Die Relativbewegung der drei Quarks hängt von zwei Relativkoordinaten $\vec{z}_1 = (2\vec{x}_3 - \vec{x}_1 - \vec{x}_2)/\sqrt{6}$, $\vec{z}_2 = (\vec{x}_2 - \vec{x}_1)/\sqrt{2}$ ab. Deshalb ergeben sich mannigfaltige Kombinationen von internen Drehimpulsen zu einem Gesamtbahndrehimpuls ℓ. Außerdem gibt es Schrödinger-Wellenfunktionen

$$|\ell, m, n, \eta> = F_\ell(\vec{z}_1, \vec{z}_2) \qquad (1.1.6)$$

aller drei Symmetrietypen, die sich systematisch mit Hilfe der gemischt-symmetrischen, komplexen Relativkoordinaten $\vec{z} = (\vec{z}_1 + i\,\vec{z}_2)/\sqrt{2}$, $\vec{z}^* = (\vec{z}_1 - i\vec{z}_2)/\sqrt{2}$ konstruieren lassen. Die Einzelheiten der Struktur der Schrödinger-Funktionen werden durch die Potentiale der Quark-Quark-Wechselwirkung bestimmt, siehe z.B. [Gr 76, Bö 80].

Komposition der Baryon-Wellenfunktionen:
Bei der Zusammensetzung von Flavour-, Spin- und Bahnanteil zu einer Gesamtwellenfunktion hat man die folgenden Kompositionsregeln für deren Symmetriecharakter zu beachten:

$$\begin{aligned} &\mathrm{Sy} \otimes \mathrm{Sy} = \mathrm{Sy}, \quad \mathrm{An} \otimes \mathrm{An} = \mathrm{Sy}, \quad \mathrm{Mi} \otimes \mathrm{Mi} = \mathrm{Sy} \oplus \mathrm{Mi} \oplus \mathrm{An}, \\ &\mathrm{Sy} \otimes \mathrm{An} = \mathrm{An}, \quad \mathrm{Sy} \otimes \mathrm{Mi} = \mathrm{Mi}, \quad \mathrm{An} \otimes \mathrm{Mi} = \mathrm{Mi}. \end{aligned} \qquad (1.1.7)$$

Auf diese Art führt die Zusammensetzung von Flavour- und Spinanteil (Tab. 1.2 bzw. Gl. (1.1.5)) zu den in Tab. 1.3 zusammengestellten Multipletts mit definiertem Symmetriecharakter. Zeigt die Wechselwirkung nur eine geringe Flavour- und Spinabhängigkeit, so ist es vorteilhaft, Multipletts mit gleichem Symmetriecharakter zu Supermultipletts der höheren Symmetriegruppe $SU(2N_F)$ zusammenzufassen [Cl 79].

	$N_F = 2$	$N_F = 3$	$N_F = 4$
Sy	$20 = (4,\frac{3}{2}) + (2,\frac{1}{2})$	$56 = (10,\frac{3}{2}) + (8,\frac{1}{2})$	$120 = (20,\frac{3}{2}) + (20,\frac{1}{2})$
Mi 2 ×	$20 = (4,\frac{1}{2}) + (2,\frac{3}{2})$ $+(2,\frac{1}{2})$	$70 = (10,\frac{1}{2}) + (8,\frac{3}{2})$ $+(8,\frac{1}{2}) + (1,\frac{1}{2})$	$168 = (20,\frac{3}{2}) + (20,\frac{1}{2})$ $+(20,\frac{1}{2})+(4,\frac{1}{2})$
An	$4 = (2,\frac{1}{2})$	$20 = (8,\frac{1}{2}) + (1,\frac{3}{2})$	$56 = (20,\frac{1}{2}) + (4,\frac{3}{2})$

Tabelle 1.3: (Flavour, Spin)-Multipletts mit definierter Symmetrie

In einem letzten Schritt erfolgt die Zusammensetzung mit der Bahn-Wellenfunktion zu Zuständen mit definiertem Gesamtdrehimpuls. Verlangt man, daß die Gesamtwellenfunktion unter Permutationen symmetrisch ist, so erhält man die in Fig. 1.2 angegebene Klassifikation. Für die Baryon-Resonanzen mit Strangeness Null ist dies eine gute Beschreibung des experimentellen Spektrums. Die vielen Fehlstellen bei Resonanzen mit Strangeness -2, -3 beruhen auf der Unmöglichkeit, hierfür Streuphasenanalysen durchzuführen. Die ersten Baryonen mit Charm wurden kürzlich entdeckt [Ab 79]. Die angegebene Masse des Λ_c = udc liegt bei (2,282 ± ± 0,003) GeV, also an der zu erwartenden Stelle [De 75].

Die Tatsache, daß man eine symmetrische Gesamtwellenfunktion zu wählen hat, um das experimentelle Baryonspektrum erklären zu können, ist ein Problem für das einfache phänomenologische Quarkmodell: Da Quarks mit Spin 1/2 der Fermi-Statistik genügen, muß die Gesamtwellenfunktion antisymmetrisch sein. Danach sollte z.B. der Bahnanteil der Wellenfunktion der Δ^{++}-Resonanz mit I = 3/2, $I_3 = +3/2$ und j = 3/2 antisymmetrisch sein, nachdem Flavour- und Spinanteil notwendigerweise symmetrisch sind. Andererseits ist das Δ^{++} der Grundzustand aller Teilchen, die aus drei u-Quarks bestehen. Man kann für ziemlich allgemeine Potentiale zeigen, daß die Bahn-Wellenfunktion des Grundzustands keine Knoten besitzt, was im Widerspruch zur verlangten Antisymmetrie steht. Die Lösung dieses Statistik-Problems der Quarks im Rahmen des Quark-Modells mit Farbe war eine wichtige Entdeckung auf dem Weg zur Quantenchromodynamik.

1.1.2 Das Quarkmodell mit Farbe

Die vom Pauli-Prinzip geforderte antisymmetrische Gesamtwellenfunktion der Baryonen bei symmetrischem Flavour-Spin-Bahn-Anteil kann durch eine Erweiterung der Quark-Freiheitsgrade erreicht werden. Diese Lösung des Quarkstatistik-Problems wurde zuerst von O.W. Greenberg [Gr 64] sowie M.Y. Han und Y. Nambu [Ha 65] vorgeschlagen; die jetzige Formulierung geht auf M. Gell-Mann [Ge 72a] zurück. Danach besitzen die Quarks den weiteren Freiheitsgrad Colour (Farbe), der die drei Werte rot, grün und blau annehmen kann und in welchem die Baryon-Wellenfunktion antisymmetrisch ist.

Die Konstituenten der Hadronen sind danach die Quarks in dreifarbiger Ausführung:

$$q_{f,c} = \begin{pmatrix} u_r & u_g & u_b \\ d_r & d_g & d_b \\ s_r & s_g & s_b \\ c_r & c_g & c_b \\ \vdots & \vdots & \vdots \end{pmatrix} \quad \downarrow N_F \text{ Flavour-Freiheitsgrade}$$

$\longrightarrow$ 3 Colour-Freiheitsgrade

Hadronen werden unter Beachtung der Regel "Hadronen sind farblos" aufgebaut. Dies bedeutet, daß die Wellenfunktionen der Mesonen und Baryonen folgenden Flavour- und Colour-Inhalt haben:

$$\text{Meson} = \sum_{c,c'} \overline{q}_{f,c}\, q_{f',c'}\, \delta_{cc'} /\sqrt{3} \, , \tag{1.1.8}$$

$$\text{Baryon} = \sum_{c,c',c''} q_{f,c}\, q_{f',c'}\, q_{f'',c''}\, \varepsilon_{cc'c''} /\sqrt{6} \, ; \tag{1.1.9}$$

hier bedeutet $\varepsilon_{cc'c''}$ den total antisymmetrischen Tensor 3. Stufe mit $\varepsilon_{123} = +1$. Zur Illustration geben wir die vollständigen Wellenfunktionen für das ρ^+-Meson und die Δ^{++}-Resonanz explizit an. Für viele dynamische Fragen ist eine Gaußsche Wellenfunktion ein geeigneter Ansatz. Daher wählen wir die radiale Wellenfunktion von dieser Form:

$$\rho^+ = -\frac{1}{\sqrt{3}}(\bar{d}_r u_r + \bar{d}_g u_g + \bar{d}_b u_b)\cdot|\uparrow\uparrow>\cdot(\alpha_M/\pi)^{3/4}\exp(-\alpha_M \vec{r}^2/2),$$

$$\Delta^{++} = \frac{1}{\sqrt{6}}(u_r u_g u_b + u_b u_r u_g + u_g u_b u_r - u_g u_r u_b - u_b u_g u_r - u_r u_b u_g)\cdot \qquad (1.1.10)$$

$$\cdot|\uparrow\uparrow\uparrow>\cdot(\alpha_B/\pi)^{3/2}\exp(-\alpha_B(\vec{z}_1^2 + \vec{z}_2^2)/2)\ .$$

Der wegen des Statistik-Problems neu eingeführte Colour-Freiheitsgrad hat auch dynamische Bedeutung. Nach unserer Farbregel bilden nur farblose Kombinationen von Quarks gebundene Zustände, d.h. Hadronen mit konventionellen Massen. Farbige Zustände, z.B. Quarks haben sehr große oder unendliche Masse. Dies ist ein erster Hinweis auf die Beziehung zwischen Farbe und Quark-Confinement.

Es hat sich herausgestellt, daß die Einführung der Farbe von grundlegender Bedeutung für die Formulierung der Theorie der starken Wechselwirkung ist. Deshalb sind weitere phänomenologische Hinweise auf Farbfreiheitsgrade äußerst wichtig. Die klassischen Beispiele [Fr 73] dafür sind außer dem Statistikproblem, die Größe des totalen Wirkungsquerschnitts für die Vernichtung von e^+e^--Paaren in Hadronen (siehe Abschn. 1.4.4), sowie die Zerfallsrate für $\pi^\circ \to 2\gamma$ (siehe Abschn. 1.3.2). Der Aufbau des Farbanteils der Wellenfunktionen der Hadronen weist darauf hin, daß mit der Farbe eine exakte Symmetrie verknüpft ist. Wir kommen auf diesen formalen Aspekt in Abschn. 1.2 zurück.

1.1.3 Vorstellungen zur Quarkdynamik - Quarkonia

a) In Abschnitt 1.1.1 haben wir im einfachen Quarkmodell die Quantenzahlen der Mesonen und Baryonen sowie Ansätze für deren Wellenfunktionen dargestellt. Dynamische Fragen wurden nur am Rande gestreift, als wir die Bedeutung der Farbe für die starke Wechselwirkung herausgestellt haben. Wir diskutieren in diesem Abschnitt anhand des Meson- und Baryon-Spektrums einige weitere Vorstellungen zur Quark-Dynamik im Rahmen eines nichtrelativistischen Potentialmodells. Für gebundene, schwere Quark-Antiquark-Systeme gibt dies sogar ein realistisches Bild. Experimentelle Beispiele für solche Systeme sind Charmonium [Wi 79] (J/ψ, ψ',...), Bottomonium (Υ,Υ',...) und evtl. weitere, die man unter dem Begriff Quarkonia [Kr 79] zusammenfaßt. Einen Überblick über das experimentelle Spektrum der ψ- und Υ-Familie sowie deren wichtigste Zerfälle und die Zuordnung von Quantenzahlen zeigt Fig. 1.3.

b) Ehe wir ein Potentialmodell für Quarkonia besprechen, wollen wir darauf hinweisen, daß nach den heutigen Vorstellungen die starke Wechselwirkung in gewisser Analogie zur elektromagnetischen durch den Austausch von masselosen Vektorteilchen vermittelt wird. Diese "Gluonen" koppeln an den Farbfreiheitsgrad der Quarks. Die konsistente feldtheoretische Formulierung dieser Ideen führt zu einer Eichtheorie, der Quantenchromodynamik (QCD), die in Abschnitt 2 behandelt wird. Hier wollen wir hauptsächlich untersuchen, was wir aus den Potentialmodellen für die Quarkonia über die Dynamik der Quarks und Gluonen lernen können.

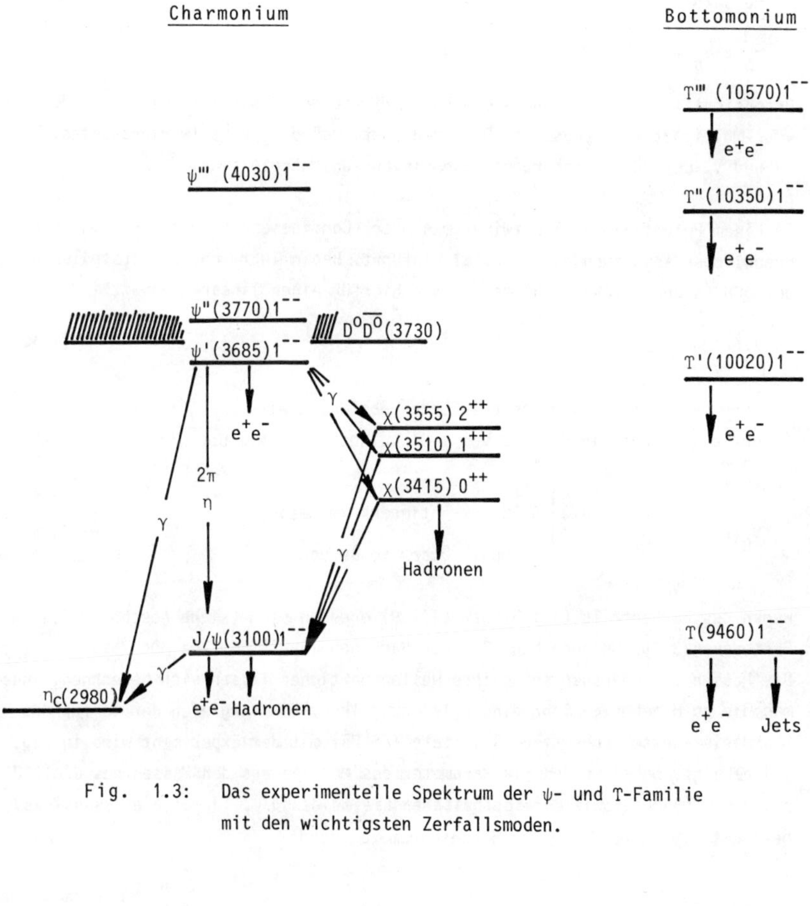

Fig. 1.3: Das experimentelle Spektrum der ψ- und ϒ-Familie mit den wichtigsten Zerfallsmoden.

Für die Systeme aus schweren Quarks kann man erwarten, daß sich die Quarks im Bindungszustand nichtrelativistisch bewegen. Dementsprechend beschreibt man die Dynamik der Quarks durch einen Hamiltonoperator:

$$H = \sum_i \left(m_i + \frac{\vec{p}_i^{\,2}}{2m_i}\right) + \sum_{i>j} \left(V_C(r_{ij}) + V_G(r_{ij})\right). \qquad (1.1.11)$$

Die Quarkmassen m_i geben zur Hadronenmasse einen additiven Beitrag. In Fig. 1.1 und 1.2 haben wir dies benutzt, indem wir Differenzen der Massen verschiedener Quarks ("effektive Konstituenten-Quarkmassen") von den Hadronenmassen abgezogen haben, nämlich:

$$\begin{aligned} &m_u \cong m_d, \quad m_s \cong m_u + 150\ \text{MeV}, \quad m_c \cong m_u + 1200\ \text{MeV}, \\ &m_b \cong m_u + 4600\ \text{MeV}\ . \end{aligned} \qquad (1.1.12)$$

Offensichtlich wurden dadurch die Haupteffekte der Massenaufspaltung in den Flavour-Multipletts kompensiert. Dies bedeutet, daß die Wechselwirkungspotentiale V_C und V_G der Quarks näherungsweise Flavour-unabhängig sind.

In einem Potentialmodell erzwingt man Quark-Confinement dadurch, daß man ein im Unendlichen ansteigendes Potential einführt. Beeinflußt von den Vorstellungen der QCD (siehe Abschn. 2.6) machen wir hierfür einen linearen Ansatz:

$$V_C(r) = \kappa r. \qquad (1.1.13)$$

Entsprechend addiert man ein bei kurzen Abständen wirksames, attraktives Coulomb-Potential, welches in der QCD vom 1-Gluon-Austausch erzeugt wird:

$$V_G(r) = -\frac{\alpha_s}{r} \cdot \begin{pmatrix} 4/3 \\ 2/3 \end{pmatrix} \begin{matrix} \text{Quark-Antiquark im Meson,} \\ \text{Quark-Quark im Baryon.} \end{matrix} \qquad (1.1.14)$$

Wegen des Farbanteils (1.1.8) bzw.(1.1.9) ergeben sich (siehe Abschn. 2.7.4) die Faktoren 4/3 für Mesonen bzw. 2/3 für Baryonen [Ap 75, Ap 75a, De 75].
Die Massen der Hadronen sowie ihre Wellenfunktionen lassen sich berechnen, indem man die zu H gehörige Schrödingergleichung löst. Ein Vergleich der so für das Charmonium-System erhaltenen Resultate [Ei 75] mit dem Experiment wird in Fig. 1.4 gezeigt. Dabei wurden die Parameter des Modells aus den Massen des $J/\psi(3100)$ und des $\psi'(3686)$ sowie der leptonischen Breite des J/ψ, $\Gamma(J/\psi \rightarrow e^+e^-) = 4{,}7$ keV, bestimmt. Typische Werte für diese Parameter sind:

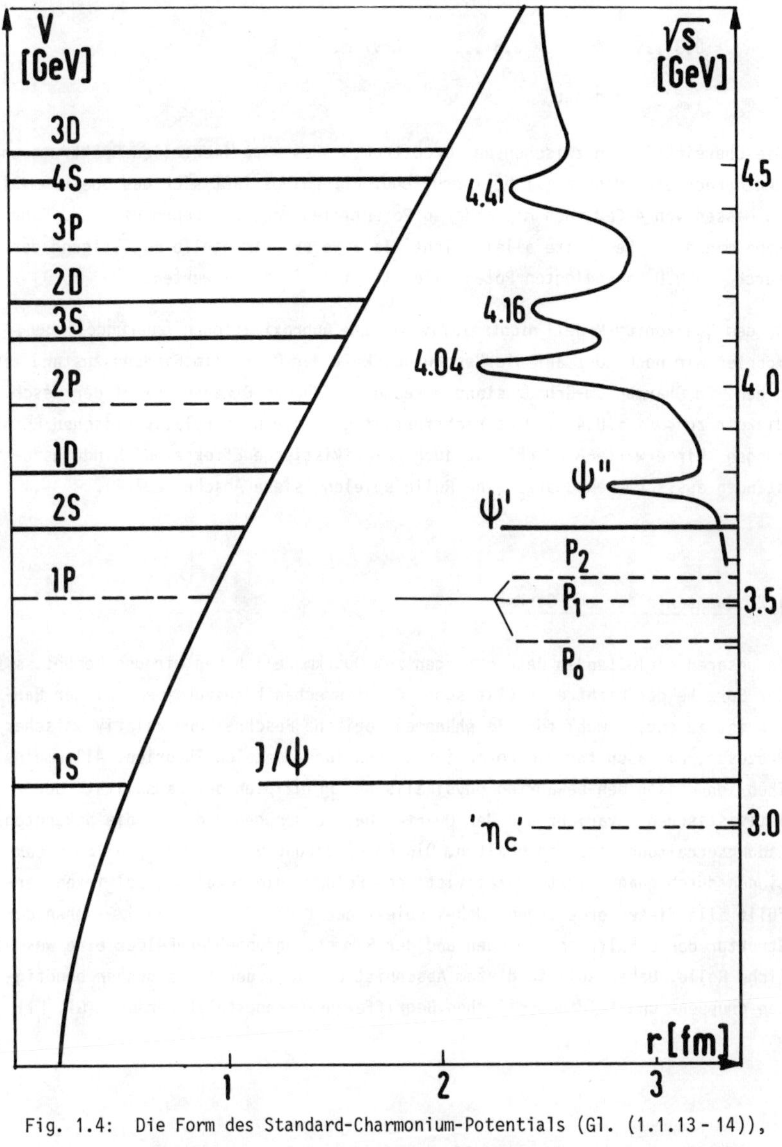

Fig. 1.4: Die Form des Standard-Charmonium-Potentials (Gl. (1.1.13 - 14)), das Spektrum und die experimentell beobachteten Charmonium-Zustände. Parameter: $\alpha_s = 0.41$, $\kappa = 0{,}8665$ GeV/fm und $m_c = 1{,}6$ GeV. [Kr 79], siehe auch [Bu 81a N]

$$\alpha_s = 0{,}3 \ldots 0{,}4, \quad \kappa = 0{,}8 \ldots 1{,}0 \text{ GeV/fm},$$
$$m_c = 1{,}2 \ldots 1{,}6 \text{ GeV}. \qquad (1.1.15)$$

Die Übereinstimmung zwischen der Grobstruktur des experimentellen Spektrums und den berechneten Massen ist beeindruckend. Allerdings läßt sich das Spektrum bis zu Massen von 4 GeV auch mit anderen Potentialen ganz gut reproduzieren. Daher kann man diese Resultate allein nicht als eine experimentelle Bestätigung der durch die QCD nahegelegten Potentiale (1.1.13), (1.1.14) werten.

Da dem Quarkonium-Modell nichtrelativistische Approximationen zugrundeliegen, möchten wir noch kurz auf die Geschwindigkeit der Quarks im Bindungszustand eingehen. Im Charmonium-Grundzustand berechnet sich der Erwartungswert der Geschwindigkeit zu $\langle v \rangle \cong 0{,}4$ c. Dies rechtfertigt grob die nichtrelativistischen Rechnungen. Wir erwarten jedoch, daß auch relativistische Effekte bei Bindungszuständen aus schweren Quarks eine Rolle spielen (siehe Abschn. 2.7.4).

1.2 Quantenfelder und Ströme

In unseren einleitenden Betrachtungen zum Quarkmodell haben wir uns bemüht, mit der Sprache der nichtrelativistischen Quantenmechanik auszukommen. Dieser Rahmen ist zu eng, sowohl für die phänomenologische Beschreibung relativistischer Prozesse, als auch für die Formulierung von fundamentalen Theorien. Allgemeine Theorien müssen den bewährten physikalischen Prinzipien der Kausalität, der relativistischen Invarianz und der Quantentheorie genügen und dazu die bekannten Ladungserhaltungssätze beinhalten. Die Beschreibung von Elementarteilchenreaktionen durch quantisierte relativistische Felder, die lokal wechselwirken, erfüllt alle diese Forderungen. Dabei spielt der tiefe Zusammenhang zwischen der Struktur der erhaltenen Ladungen und der Symmetriegruppe der Felder eine wesentliche Rolle. Daher soll in diesem Abschnitt ein Teil der im folgenden benötigten gruppen- und feldtheoretischen Begriffe zusammengestellt werden. [GT, FT]

1.2.1 Flavour- und Farbsymmetriegruppen

Wie wir gesehen haben, lassen sich die Hadronen in Multipletts einteilen, die durch die Zuordnung von Ladungsquantenzahlen gekennzeichnet werden können. Es hat sich bewährt, diese Multiplettstrukturen formal durch Symmetriegruppen [Ro 71 b, Li 78] zu beschreiben. Die bekanntesten Beispiele hierfür sind der Isospin mit der dazugehörigen Gruppe $SU(2)_I$ und die $SU(3)_F$-Flavour-Symmetrie.

a) Wie diese Beispiele zeigen, entsprechen den verallgemeinerten Ladungsoperatoren (beim Isospin: I_1, I_2, I_3) die Generatoren Q_a, $a = 1, \ldots, N$, der Lie-Algebra einer Symmetriegruppe G der Dimension N (Dimension = Anzahl der Parameter). Die algebraischen Eigenschaften der Generatoren können durch geeignete Basiswahl vollständig durch ihre Vertauschungsrelationen

$$[Q_a, Q_b] = i f_{abc} Q_c, \quad a,b,c = 1, \ldots, N, \qquad (1.2.1)$$

mit total antisymmetrischen Strukturkonstanten f_{abc} festgelegt werden. Im Falle des Isospins sind sie gegeben durch den Levi-Cività-Tensor ε_{abc}($a,b,c = 1,2,3$, $\varepsilon_{123} = +1$); für die SU(3)-Gruppe sind - bis auf Permutationen der Indizes - folgende Strukturkonstanten von Null verschieden:

$$\begin{aligned} &f_{123} = +1, \; f_{147} = -f_{156} = f_{246} = f_{257} = f_{345} = -f_{367} = \tfrac{1}{2}; \\ &f_{458} = f_{678} = \sqrt{3}/2. \end{aligned} \qquad (1.2.2)$$

Ist $f_{abc} \equiv 0$, spricht man von abelschen Gruppen.

In der Lie-Algebra der Gruppe G läßt sich eine maximale Anzahl r von miteinander vertauschbaren Ladungen H_i, $i = 1, \ldots, r$, finden. r heißt der Rang der Gruppe. Die Zustände eines Multipletts sind - bis auf Entartungen - durch die Eigenwerte der H_i charakterisiert. Die restlichen, von den H_i linear unabhängigen Ladungen können zu Leiter-Operatoren E_α, $\alpha = 1, \ldots, N-r$, kombiniert werden, welche die verschiedenen Zustände eines Multipletts ineinander überführen. Wir wollen diese Begriffe am Beispiel der $SU(3)_F$-Flavour-Gruppe noch einmal veranschaulichen.

$SU(3)_F$: Rang der SU(3)-Gruppe $r = 2$

$H_1 \;=\; I_3$: dritte Komponente des Isospins

$H_2 \;=\; 2Y/\sqrt{3}$: Hyperladung Y

$$\left.\begin{aligned} E_{\pm 1} &= Q_1 \pm iQ_2 = I_1 \pm iI_2 \\ E_{\pm 2} &= Q_4 \pm iQ_5 \\ E_{\pm 3} &= Q_6 \pm iQ_7 \end{aligned}\right\} \text{Leiteroperatoren}$$

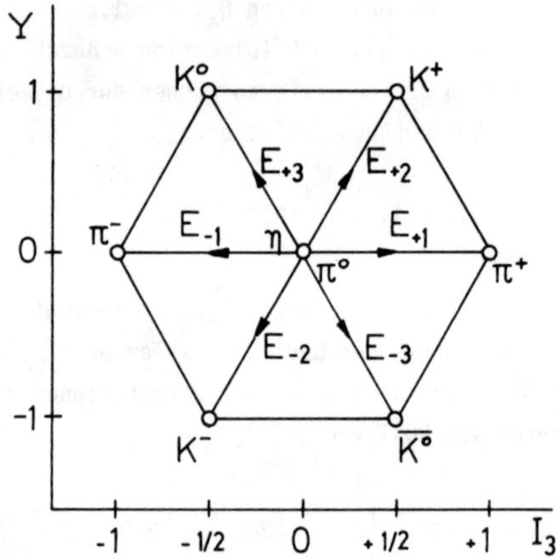

Fig.: 1.5: Graphische Darstellung der Leiteroperatoren im Gewichtsdiagramm des pseudoskalaren Meson-Oktetts.

b) Die Ladungsalgebra einer Symmetriegruppe SU(n) besitzt eine Darstellung durch $n \times n$ - Matrizen, die Fundamentaldarstellung der SU(n).

In Quarkmodellen mit N_F Flavour-Freiheitsgraden ist dies die Darstellung der Flavourladungen im Zustandsraum der Quarks. Beispiele:

$N_F = 2$: $SU(2)_I \equiv$ Isospingruppe, $I_a = \tau_a/2$, $a = 1,2,3$,

$$\tau_1 = \begin{pmatrix} 0 & 1 \\ 1 & 0 \end{pmatrix}, \quad \tau_2 = \begin{pmatrix} 0 & -i \\ i & 0 \end{pmatrix}, \quad \tau_3 = \begin{pmatrix} 1 & 0 \\ 0 & -1 \end{pmatrix}; \qquad (1.2.3)$$

$N_F = 3$: $SU(3)_F$, $Q_a = \lambda_a/2$, $a = 1,\ldots, 8$,

$$\lambda_1 = \begin{pmatrix} 0&1&0 \\ 1&0&0 \\ 0&0&0 \end{pmatrix}, \quad \lambda_2 = \begin{pmatrix} 0&-i&0 \\ i&0&0 \\ 0&0&0 \end{pmatrix}, \quad \lambda_3 = \begin{pmatrix} 1&0&0 \\ 0&-1&0 \\ 0&0&0 \end{pmatrix},$$

$$\lambda_4 = \begin{pmatrix} 0&0&1 \\ 0&0&0 \\ 1&0&0 \end{pmatrix}, \quad \lambda_5 = \begin{pmatrix} 0&0&-i \\ 0&0&0 \\ i&0&0 \end{pmatrix}, \tag{1.2.4}$$

$$\lambda_6 = \begin{pmatrix} 0&0&0 \\ 0&0&1 \\ 0&1&0 \end{pmatrix}, \quad \lambda_7 = \begin{pmatrix} 0&0&0 \\ 0&0&-i \\ 0&i&0 \end{pmatrix}, \quad \lambda_8 = \frac{1}{\sqrt{3}} \begin{pmatrix} 1&0&0 \\ 0&1&0 \\ 0&0&-2 \end{pmatrix};$$

Die Gell-Mann-Matrizen λ_a besitzen folgende Eigenschaften:

$$\text{Spur}\ \lambda_a = 0, \quad \text{Spur}\ \lambda_a \lambda_b = 2\,\delta_{ab}\,. \tag{1.2.5}$$

$N_F = 4$: $SU(4)_F$, $Q_a = \underline{\lambda}_a/2$, $a = 1,\ldots, 15$;

$$\underline{\lambda}_a = \begin{pmatrix} \lambda_a & 0 \\ 0 & 0 \end{pmatrix} \quad \text{für } a = 1,\ldots, 8;$$

$$\underline{\lambda}_9 = \begin{pmatrix} 0&0&0&1 \\ 0&0&0&0 \\ 0&0&0&0 \\ 1&0&0&0 \end{pmatrix}, \quad \underline{\lambda}_{10} = \begin{pmatrix} 0&0&0&-i \\ 0&0&0&0 \\ 0&0&0&0 \\ i&0&0&0 \end{pmatrix}, \quad \underline{\lambda}_{11} = \begin{pmatrix} 0&0&0&0 \\ 0&0&0&1 \\ 0&0&0&0 \\ 0&1&0&0 \end{pmatrix},$$

$$\underline{\lambda}_{12} = \begin{pmatrix} 0&0&0&0 \\ 0&0&0&-i \\ 0&0&0&0 \\ 0&i&0&0 \end{pmatrix}, \quad \underline{\lambda}_{13} = \begin{pmatrix} 0&0&0&0 \\ 0&0&0&0 \\ 0&0&0&1 \\ 0&0&1&0 \end{pmatrix}, \quad \underline{\lambda}_{14} = \begin{pmatrix} 0&0&0&0 \\ 0&0&0&0 \\ 0&0&0&-i \\ 0&0&i&0 \end{pmatrix}, \tag{1.2.6}$$

$$\underline{\lambda}_{15} = \frac{1}{\sqrt{6}} \begin{pmatrix} 1&0&0&0 \\ 0&1&0&0 \\ 0&0&1&0 \\ 0&0&0&-3 \end{pmatrix};$$

$N_F = 5, 6, \ldots$: analog.

Aus den Strukturkonstanten f_{abc} lassen sich Matrizen T_a gemäß $(T_a)_{bc} = -if_{abc}$ definieren, die wegen der Jacobi-Identität für Kommutatoren den Vertauschungsrelationen (1.2.1) genügen. Diese Darstellung der Lie-Algebra von der Dimension der Gruppe heißt adjungierte Darstellung.

Polynome C in den Ladungen Q_a, welche mit allen Q_a vertauschen, heißen Casimir-Operatoren. In irreduziblen Darstellungen sind die C nach dem Schurschen Lemma Vielfache der Einheitsmatrix.

Beispiele:

$$SU(2):\ C_2 = \sum_{a=1}^{3} I_a^2$$

$$\text{Fundamentaldarstellung:}\quad \sum_{a=1}^{3} (\tau_a/2)^2 = \frac{3}{4}\,\underline{1}\,,$$

$$SU(3):\ C_2 = \sum_{a=1}^{8} Q_a^2$$

$$\text{Fundamentaldarstellung:}\quad \frac{1}{4}\sum_{a,j} (\lambda_a)_{ij}(\lambda_a)_{jk} = \frac{4}{3}\,\delta_{ik} =: C_2^F\,\delta_{ik}\,, \tag{1.2.7}$$

$$\text{Adjungierte Darstellung:}\quad \sum_a \sum_b f_{abc}\, f_{abd} = 3\,\delta_{cd} =: C_2\,\delta_{cd}\,; \tag{1.2.8}$$

c) Die Exponentialreihen von infinitesimalen Transformationen

$$g(\theta^a) = \exp(-\,i\,\theta^a Q_a) = \underline{1} + \frac{-i}{1!}\,\theta^a Q_a + \frac{(-\,i)^2}{2!}\,\theta^a Q_a \cdot \theta^b Q_b + \ldots, \tag{1.2.9}$$

die endlichen Transformationen, bilden eine Gruppe:

$$g\cdot g' = \exp(-\,i\,\theta^a Q_a)\cdot\exp(-\,i\,\theta'^b Q_b) = \exp(-\,i\,\theta''^c Q_c),\quad \theta''^c = \theta''^c(\theta^a, \theta'^b),$$

$$g^{-1} = e^{i\,\theta^a Q_a}\,,\qquad g(0) = \underline{1}\,. \tag{1.2.10}$$

Beispiel: Fundamentaldarstellung der SU(2) (welche die räumlichen Drehungen im Spinorraum darstellt):

$$g(\theta^a) = \exp(-\,i\sum_{a=1}^{3} \theta^a\,\frac{\tau_a}{2})\quad \text{mit}\quad \vec{\theta} = (\theta^1, \theta^2, \theta^3) = \theta\cdot\vec{e},\ \vec{e}^{\,2} = 1$$

oder

$$\theta^1 = \theta\sin\vartheta\cos\phi,\ \theta^2 = \theta\sin\vartheta\sin\phi,\ \theta^3 = \theta\cos\vartheta$$

$$0 \leqq \theta < 2\pi\,,\quad 0 \leqq \phi < 2\pi\,,\quad 0 \leqq \vartheta \leqq \pi\,.$$

Dann ist

$$g = \cos\frac{\theta}{2}\cdot\underline{1} - i\sin\frac{\theta}{2}\cdot(\vec{e}\cdot\vec{\tau})$$

$$= \begin{pmatrix} \cos\frac{\theta}{2} - i\sin\frac{\theta}{2}\cdot e_3\,, & -i\sin\frac{\theta}{2}\cdot(e_1 - i\,e_2) \\ -i\sin\frac{\theta}{2}\cdot(e_1 + i\,e_2)\,, & \cos\frac{\theta}{2} + i\sin\frac{\theta}{2}\cdot e_3 \end{pmatrix} \tag{1.2.11}$$

die allgemeine 2-dimensionale unitäre Matrix der Determinante + 1. Sie beschreibt eine Drehung um die Achse $\vec{e}$ und um den Winkel θ.

Durch die analytische Abhängigkeit der Gruppenelemente von N Parametern θ^a wird eine Lie-Gruppe zu einer Mannigfaltigkeit. In der weiterführenden mathematischen Untersuchung [He 62] zeigt man, daß für viele Gruppen (z.B. die kompakten, halbeinfachen Gruppen) diese Mannigfaltigkeit eine Metrik besitzt, welche unter Rechts- und Linkstranslationen $g \to g\cdot f$ bzw. $g \to f\cdot g$ invariant ist. Für uns wird später von Bedeutung sein, Abschn. 2.6.3, daß mit dieser Metrik ein Maß $d\mu(g)$ auf der Gruppe verknüpft ist,

$$d\mu(g) = I(\theta^a) \prod_{a=1}^{N} d\theta^a \tag{1.2.12}$$

welches ebenfalls recht- bzw. linkinvariant ist:

$$d\mu(g) = d\mu(f\cdot g) = d\mu(g\cdot f) = d\mu(g^{-1}), \quad f \in G\,. \tag{1.2.13}$$

Dies bedeutet, daß bei der Transformation (1.2.10) mit der dazugehörigen Jakobi-Determinante der Ausdruck (1.2.12) invariant bleibt. Für die SU(2) mit den Gruppenparametern unseres Beispiels ist

$$d\mu(g) = \frac{1}{4\pi^2}\sin^2\frac{\theta}{2}\ \sin\vartheta\ d\theta\, d\vartheta\, d\phi\,, \quad \int_{SU(2)} d\mu(g) = 1\,. \tag{1.2.14}$$

d) Die dargestellten gruppentheoretischen Begriffe werden in der Elementarteilchenphysik viel verwendet. So entspricht der Diskussion der Flavour-Multipletts von Hadronen in Abschnitt 1.1.1 die Einordnung der Teilchen in Darstellungen der <u>Flavour-Gruppe SU(N_F)</u>. Elektrische Ladung Q, Strangeness S, Charm C, Hyperladung Y, Isospin I usw. werden verknüpft mit den Generatoren der Flavour-Gruppe.

Für $N_F = 4$:

$$Q = Q_3 + \frac{1}{\sqrt{3}} Q_8 - \sqrt{\frac{2}{3}} Q_{15} + \frac{1}{6} \underline{1} \; , \quad S = \frac{2}{\sqrt{3}} Q_8 - \frac{1}{\sqrt{6}} Q_{15} - \frac{1}{4} \underline{1} \; ,$$

$$C = -\sqrt{\frac{3}{2}} Q_{15} + \frac{1}{4} \underline{1} \; , \quad Y = \frac{2}{\sqrt{3}} Q_8 \; , \quad I_3 = Q_3 \; . \qquad (1.2.15)$$

Da der Einheitsoperator $\underline{1}$ nicht zu den Generatoren der SU(4) gehört, sind Q, S und C nicht direkt Ladungen der SU(4).

Die Flavour-Multipletts zeigen eine starke Massenaufspaltung, die $SU(3)_F$, $SU(4)_F$, ... sind also höchstens näherungsweise "Symmetrie-Gruppen". Die Fig. 1.1 zeigt, daß die Massen der Mesonen mit Charm sogar wesentlich höher liegen als die der "alten" Mesonen. Dies gilt genauso für Bottom und wird auch von möglichen weiteren Flavour-Freiheitsgraden erwartet. Experimentell beobachtet man eine Entkopplung der Dynamik (Zweig-Regel - Abschn. 2.7.4) von Mesonen mit großen Massenunterschieden. Dies erklärt, weshalb man die Hadrondynamik ohne Charm im Rahmen eines Quarkmodells mit drei Quarkflavour-Ladungen gut beschreiben kann.

Die Struktur der elektromagnetischen und schwachen Wechselwirkung wird gruppentheoretisch mit Hilfe des <u>schwachen Isospins $SU(2)_W$</u> und der <u>schwachen Hyperladung U(1)</u> beschrieben (Abschn. 1.3).

e) Die Generatoren der SU(3)-<u>Colour-Gruppe</u> Q_a^C, a = 1,...,8 , die Farbladungen, unterscheiden die beobachteten Hadronen von Quarks und ähnlichen exotischen Zuständen. Die Colourladungen der Hadronen sind null:

$$Q_a^C \,|\, \mathrm{Had} > \; = 0 \qquad (1.2.16)$$

Dies ist die gruppentheoretische Formalisierung der Regel: "Hadronen sind farblos". Denn ordnet man den Farbfreiheitsgraden der Quarks die Fundamentaldarstellung der SU(3) zu, dann erfüllt der Farbanteil der Hadronwellenfunktionen, nämlich Skalarprodukt (1.1.8) bzw. Determinante (1.1.9) die Invarianzbedingung (1.2.16).

Es ist die Einfachheit dieses Schemas, welches die Struktur der Farbgruppe als SU(3) festlegt. Die experimentelle Evidenz für Gleichung (1.2.16) ist natürlich nicht direkt. Man kann nur feststellen, daß bis jetzt Versuche, Hadronen in nichttrivialen Farbmultipletts zu ordnen, erfolglos waren [St 76].

Operatoren, welche mit allen Symmetrietransformationen vertauschen, werden in irreduziblen Darstellungen durch Vielfache der Einheitsmatrix repräsentiert. Dies macht sie zur Charakterisierung von Multipletts geeignet. Wir haben in diesem Zusammenhang auf die Bedeutung der Casimiroperatoren hingewiesen, die Quantenzahlen wie Gesamtspin etc. beschreiben (Gl. (1.2.7) und (1.2.8)). Endliche Transformationen der Gruppe, welche mit der gesamten Gruppe vertauschen, bilden das Zentrum der Gruppe. Die SU(3)-Farbgruppe hat als Zentrum

$$\mathfrak{z} = \{\underline{1},\ z = e^{2\pi i/3}\,\underline{1}\ ,\ z^2 = e^{-2\pi i/3}\underline{1}\}. \tag{1.2.17}$$

Zustände, für die $z \to 1$, $e^{2\pi i/3}$, $e^{-2\pi i/3}$ gilt, haben Trialität Null bzw. positive, negative Trialität. Quarks haben positive, Antiquarks haben negative Trialität. Zu Hadronen und Oktett-Colour-Zuständen (Gluonen!) gehört Trialität Null. z ist eine multiplikative Quantenzahl.

1.2.2 Elemente der relativistischen Quantenfeldtheorie

a) Wir beginnen unsere Einführung in die relativistische Quantenmechanik mit der Beschreibung einer Basis der quantenmechanischen Zustände eines freien Teilchens: $\left|\begin{matrix} M & j \\ p & j_3 \end{matrix}\right\rangle$, welches der relativistischen Kinematik genügt [Ca 71]. Diese freien Einteilchenzustände sind Eigenzustände des relativistischen Energie-Impuls-Operators P_μ und transformieren deshalb unter Raum-Zeit-Translationen $x^\mu \to x^\mu + a^\mu$ gemäß (Konventionen siehe S. 393)

$$U(a)\left|\begin{matrix} M & j \\ p & j_3 \end{matrix}\right\rangle = e^{ipa}\left|\begin{matrix} M & j \\ p & j_3 \end{matrix}\right\rangle,\quad p = (p^\mu) = (p^0 = +\sqrt{M^2+\vec{p}^{\,2}} = E_p, \vec{p}). \tag{1.2.18}$$

Homogene Lorentztransformationen $x^\mu = \Lambda^\mu{}_\nu x^\nu$, deren Generatoren zum relativistischen Drehimpulsoperator $M_{\mu\nu}$ zusammengefaßt sind, führen den Einteilchenzustand über in einen mit Viererimpuls Λp und einer mit der Wigner-Drehung $R(\Lambda, p)$ geänderten Einstellung der dritten Komponente j_3 des Spins j des Teilchens:

$$U(\Lambda)\left|\begin{matrix} M & j \\ p & j_3 \end{matrix}\right\rangle = D^{(j)}_{j'_3 j_3}(R(\Lambda,p))\left|\begin{matrix} M & j \\ \Lambda p & j'_3 \end{matrix}\right\rangle \quad . \tag{1.2.18'}$$

Die $U(\Lambda)$, $U(a)$ erzeugen eine irreduzible Darstellung der Gruppe der homogenen Lorentz-Transformationen und Raum-Zeit-Translationen (Poincaré-Gruppe) [Wi 39].

b) Ein- und Mehrteilchenzustände, die symmetrisch (für Bosonen) bzw. antisymmetrisch (für Fermionen) unter Permutation identischer Teilchen sind, beschreibt man durch Erzeugungsoperatoren $a^\dagger_{j_3}(p)$ und Vernichtungsoperatoren $a_{j_3}(p)$. Diese sind gekennzeichnet durch ihre Vertauschungsrelationen

$$[a_{j_3}(p), a^\dagger_{j'_3}(p')]_\pm = 2\,E_p\delta(\vec{p}-\vec{p}')\delta_{j_3 j'_3},$$
$$[a^\dagger_{j_3}(p), a^\dagger_{j'_3}(p')]_\pm = [a_{j_3}(p), a_{j'_3}(p')]_\pm = 0, \tag{1.2.19}$$

+ für Fermionen, - für Bosonen, sowie durch die Eigenschaft, daß die Vernichtungsoperatoren $a_{j_3}(p)$ das relativistisch invariante Vakuum $|0\rangle$ annihilieren:

$$a_{j_3}(p)|0\rangle = 0\,. \tag{1.2.20}$$

Die Einteilchenzustände (Gl. (1.2.18)) werden durch $a^\dagger_{j_3}(p)$ aus dem Vakuum erzeugt:

$$\left|\begin{matrix} M & j \\ p & j_3 \end{matrix}\right\rangle = a^\dagger_{j_3}(p)|0\rangle\,, \quad \left\langle\begin{matrix} M & j \\ p & j_3 \end{matrix}\middle|\begin{matrix} M & j \\ p' & j'_3 \end{matrix}\right\rangle = 2E_p\,\delta(\vec{p}-\vec{p}')\,\delta_{j_3 j'_3}\,, \tag{1.2.21}$$

freie Mehrteilchenzustände entsprechend durch mehrfache Anwendung von $a^\dagger$. Die Erzeugungs- und Vernichtungsoperatoren der zugehörigen Antiteilchen bezeichnen wir mit $b^\dagger_{j_3}(p)$ bzw. $b_{j_3}(p)$.

c) Eine komplementäre Darstellung freier Teilchen, welche ihre kausale Ausbreitung hervorhebt, benützt freie quantisierte Felder. Diese sind definiert durch Feldgleichungen und Vertauschungsrelationen. Im Falle skalarer geladener Felder sind dies die Klein-Gordon-Gleichung

$$(\partial_\mu\partial^\mu + M^2)\psi(x) = 0 \tag{1.2.22}$$

und die C-Zahl-Vertauschungsrelationen

$$[\psi(x), \psi(x')]_- = [\psi^\dagger(x), \psi^\dagger(x')]_- = 0\,,$$
$$[\psi(x), \psi^\dagger(x')]_- = i\Delta(x-x', M), \tag{1.2.23}$$

mit

$$\Delta(x,M) = -i(2\pi)^{-3}\int d^4p\,\delta(p^2-M^2)\varepsilon(p^0)e^{-ipx} = \frac{-1}{2\pi}\varepsilon(x^0)\left\{\delta(x^2)-\frac{M^2}{2}\theta(x^2)\frac{J_1(M\sqrt{x^2})}{M\sqrt{x^2}}\right\}. \tag{1.2.24}$$

Die Vertauschbarkeit der Feldoperatoren für raumartige Abstände ist Ausdruck der Kausalität.

Freie Felder und Erzeugungs- und Vernichtungsoperatoren von Teilchen mit beliebigem Spin sind durch eine Fouriertransformation verknüpft:

$$\psi_\alpha(x) = (2\pi)^{-\frac{3}{2}} \sum_{j_3} \int \frac{d^3p}{2E_p} \{u_\alpha(p,j_3) a_{j_3}(p) e^{-ipx} + v_\alpha(p,j_3)\, b^+_{j_3}(p) e^{+ipx}\}, \quad p^o = E_p. \tag{1.2.25}$$

Die Spinoren $u_\alpha(p,j_3)$, $v_\beta(p,j_3)$ sind so bestimmt, daß $\psi_\alpha(x)$ unter Lorentztransformationen lokal transformiert: $\psi_\alpha(x) \to S_{\alpha\alpha'}(\Lambda)\psi_{\alpha'}(\Lambda^{-1}x)$ ($u(p) = v(p) \equiv 1$ für skalare Teilchen). Gleichung (1.2.25) beinhaltet den Welle-Teilchen-Dualismus: Teilchen sind Quanten von Feldern.

Spin-1/2-Teilchen werden durch das Dirac-Feld $\psi_\alpha(x)$ beschrieben, welches der Dirac-Gleichung

$$(i\gamma^\mu{}_{\alpha\beta}\,\partial_\mu - M\,\delta_{\alpha\beta})\,\psi_\beta(x) = 0 \tag{1.2.26}$$

und den Vertauschungsrelationen

$$\begin{aligned} &[\psi_\alpha(x), \overline{\psi}_{\alpha'}(x')]_+ = -i\,S_{\alpha\alpha'}(x-x', M), \\ &[\psi_\alpha(x), \psi_{\alpha'}(x')]_+ = [\overline{\psi}_\alpha(x), \overline{\psi}_{\alpha'}(x')]_+ = 0, \end{aligned} \tag{1.2.27}$$

$$S_{\alpha\beta}(x, M) = -(i\gamma^\mu{}_{\alpha\beta}\,\partial_\mu + M\,\delta_{\alpha\beta})\,\Delta(x, M) \tag{1.2.28}$$

genügt. Für weitere Formeln siehe Tab. 1.4.

d) Relativistische Feldgleichungen lassen sich aus einer invarianten Lagrange-Dichte $\mathcal{L}(\psi, \partial_\mu\psi)$ mittels des Hamiltonschen Prinzips

$$\delta \int \mathcal{L}\, d^4x = 0 \tag{1.2.29}$$

als Euler-Lagrange-Gleichungen:

$$\frac{\partial\mathcal{L}}{\partial\psi} - \partial_\mu \frac{\partial\mathcal{L}}{\partial\partial_\mu\psi} = 0 \tag{1.2.30}$$

Formeln für Spin - $\frac{1}{2}$ - Felder:

Dirac-Matrizen: $[\gamma_\mu, \gamma_\nu]_+ = 2\, g_{\mu\nu} \cdot 1$

$$\gamma_o = \begin{pmatrix} 0 & 1 \\ 1 & 0 \end{pmatrix}, \quad \gamma_i = \begin{pmatrix} 0 & -\sigma_i \\ \sigma_i & 0 \end{pmatrix}, \quad \sigma_i \equiv \text{Pauli-Matrizen},$$

$$\gamma_5 := -i\,\gamma_o \gamma_1 \gamma_2 \gamma_3 = \begin{pmatrix} -1 & 0 \\ 0 & 1 \end{pmatrix}, \quad [\gamma_5, \gamma_\mu]_+ = 0,$$

$$\sigma_{\mu\nu} := \frac{i}{2}[\gamma_\mu, \gamma_\nu]_- , \quad a^\mu \gamma_\mu \equiv a \cdot \gamma \equiv \not{a}, \quad \not{a}\not{a} = a^2 \cdot 1 .$$

Dirac-Spinoren: $(\not{p} - M)\, u(p, j_3) = 0 , \quad \overline{u} = u^\dagger \gamma_o ,$

$$(\not{p} + M)\, v(p, j_3) = 0 , \quad \overline{v} = v^\dagger \gamma_o ;$$

Normierung: $\sum_\alpha \overline{u}_\alpha(p, j_3')\, u_\alpha(p, j_3) = 2M\, \delta_{j_3' j_3} ,$

$$\sum_\alpha \overline{v}_\alpha(p, j_3')\, v_\alpha(p, j_3) = -2M\, \delta_{j_3' j_3} ;$$

Polarisationssumme: $\sum_{j_3} u_\alpha(p, j_3)\, \overline{u}_\beta(p, j_3) = (\gamma^\mu p_\mu + M)_{\alpha\beta} ,$

$$\sum_{j_3} v_\alpha(p, j_3)\, \overline{v}_\beta(p, j_3) = (\gamma^\mu p_\mu - M)_{\alpha\beta} .$$

Formeln für die Spin - 1 - Felder:

Polarisationsvektoren $\varepsilon_\mu(k, \lambda)$, $\lambda = 1,2$, $k^2 = 0$, $k^o > 0$ für die Eichung $\partial^\mu A_\mu = 0$ und $n^\mu A_\mu = 0$, $n^\mu \equiv$ äußerer Vierervektor:

$$k^\mu \varepsilon_\mu(k, \lambda) = 0, \quad n^\mu \varepsilon_\mu(k, \lambda) = 0, \quad \varepsilon^*_\mu(k, \lambda)\, \varepsilon^\mu(k, \lambda') = -\delta_{\lambda\lambda'} ;$$

$$\sum_{\lambda=1}^{2} \varepsilon^*_\mu(k, \lambda)\, \varepsilon_\nu(k, \lambda) = -g_{\mu\nu} - \frac{k_\mu k_\nu}{(k \cdot n)^2} n^2 + \frac{n_\mu k_\nu + n_\nu k_\mu}{k \cdot n} .$$

Tab. 1.4: Formelauswahl für freie Spin - $\frac{1}{2}$ - und masselose Spin - 1 - Felder

gewinnen. Die Verwendung des Lagrange-Formalismus hat Vorteile für die Diskussion des Zusammenhangs von Symmetrien und Erhaltungssätzen (Abschn. 1.2.3); von entscheidender Bedeutung ist er für die Formulierung von Theorien mit Wechselwirkung und deren Quantisierung. Wir illustrieren dies am Beispiel der Quantenelektrodynamik (QED), welche die Wechselwirkung von Photonen, Elektronen und Positronen beschreibt [Bj 66, QED]. Die Lagrange-Dichte der QED lautet

$$\mathcal{L} = -\frac{1}{4} F_{\mu\nu} F^{\mu\nu} + \overline{\psi}(i\gamma^\mu \partial_\mu - M)\psi + e A_\mu \overline{\psi} \gamma^\mu \psi \tag{1.2.31}$$

mit dem elektromagnetischen (e.m.) Feldstärketensor

$$F_{\mu\nu} = \partial_\mu A_\nu - \partial_\nu A_\mu \ . \tag{1.2.32}$$

Variation nach dem Vierer-Potential A_μ ergibt die Maxwell-Gleichung

$$\partial^\mu F_{\mu\nu}(x) = -e\overline{\psi}(x)\gamma_\nu \psi(x) = +e j_\nu^{em}(x) \tag{1.2.33}$$

(Die homogenen Maxwell-Gleichungen $\partial_\mu \varepsilon^{\mu\nu\rho\sigma} F_{\rho\sigma} = 0$ folgen aus (1.2.32)).

Die Dirac-Gleichung für das Elektronfeld

$$(i\gamma^\mu \partial_\mu - M)\psi(x) = -e\gamma^\mu A_\mu \psi(x) \tag{1.2.34}$$

erhält man durch Variation nach $\overline{\psi}_\alpha(x)$. Die Elementarladung $e > 0$, bzw. die Sommerfeldsche Feinstrukturkonstante $\alpha = e^2/4\pi \approx 1/137$ bestimmen die Stärke der Kopplung zwischen e.m. Feld und Dirac-Feld. Mit $j_\mu^{em}(x)$ bezeichnen wir den, auf die Elementarladung normierten elektromagnetischen Strom. Für das negativ geladene Elektron ist dieser gleich dem negativen "Teilchenstrom" $j_\mu^{em}(x) = -\overline{\psi}(x)\gamma_\mu \psi(x)$. Für $e = 0$ ergibt die Variation des ersten Terms in $\mathcal{L}$ die freien Maxwell-Gleichungen, die des zweiten die freie Dirac-Gleichung (1.2.26). Der e.m. Strom $-\overline{\psi}\gamma_\mu\psi$ als Quelle von $F_{\mu\nu}(x)$ in Gl. (1.2.33), sowie der Potentialterm in der Dirac-Gleichung ergeben sich aus der Variation des trilinearen Ausdrucks, d.h. des Wechselwirkungsterms

$$\mathcal{L}_I = e A_\mu \overline{\psi} \gamma^\mu \psi \ . \tag{1.2.35}$$

e) Die systematische Quantisierung der nichtlinearen Feldgleichungen (1.2.33-34) betrachten wir in Abschn. 2.3.2. Das Ergebnis läßt sich für kleine Werte der Kopplungskonstanten α durch Feynman-Graphen darstellen. Diese beschreiben in intuitiver Weise die als Streuprozesse ablaufende Wechselwirkung zwischen den Teilchen (Quanten) der freien Felder. Zum Beispiel wird der Reaktion $e^+e^- \rightarrow \mu^+\mu^-$ in niedrigster Ordnung der e.m. Wechselwirkung der Graph Fig. 1.6 zugeordnet.

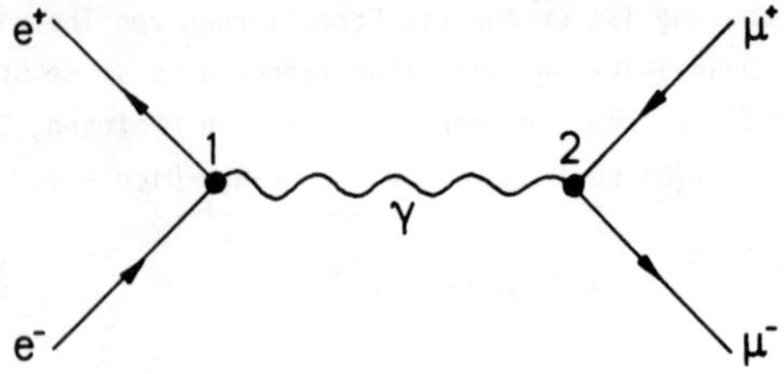

Fig. 1.6: Feynman-Graph zur 1-Photon-Näherung der Reaktion $e^+e^- \to \mu^+\mu^-$

Die ein- und auslaufenden Teilchen der Reaktionen werden durch die äußeren Linien symbolisiert. Die inneren Linien beschreiben die Ausbreitung der Felder zwischen den Wechselwirkungspunkten (Vertizes). In diesem Sinne beschreibt der Feynman-Graph Fig. 1.6 die obige Reaktion als Vernichtung eines e^+e^--Paares in ein Photon im Punkt 1, Ausbreitung des Photons von Punkt 1 nach 2 und Erzeugung eines $\mu^+\mu^-$-Paares aus dem Photon im Punkt 2.

f) Diesen graphischen Bildern entsprechen nach den Feynman-Regeln analytische Ausdrücke für S-Matrixelemente. Wir beschreiben diese Regeln hier für die QED, d.h. für die Wechselwirkung von Elektronen, Myonen und Photonen.

(1) Die analytischen Ausdrücke für die äußeren Linien sind durch die ebenen Wellenlösungen der freien Feldgleichungen gegeben. So tragen Teilchen mit Impuls p und Spin j_3 der Reaktion, welche durch äußere Linien repräsentiert werden, Wellenfunktionen $u(p, j_3), \ldots, \varepsilon_\mu(k, j_3)$ als Faktoren bei:

einlaufend: 1^-: ——►——● 1^+: ——◄——● γ: ∿∿∿●

$$(2\pi)^{-\frac{3}{2}} \times \quad u(p, j_3) \qquad \overline{v}(p, j_3) \qquad \varepsilon_\mu(k, j_3) \tag{1.2.36}$$

auslaufend: 1^-: ●——►—— 1^+: ●——◄—— γ: ●∿∿∿

$$(2\pi)^{-\frac{3}{2}} \times \quad \overline{u}(p, j_3) \qquad v(p, j_3) \qquad \varepsilon_\mu(k, j_3)$$

(2) Die Wechselwirkung zwischen Photonen und Elektronen, bzw. Myonen, entsprechend dem Lagrange-Term $\mathcal{L}_I = e A^\mu \bar{\psi}\, \gamma_\mu \psi$, Gl. (1.2.35), repräsentiert ein <u>Vertex</u> mit durchlaufender Ladungslinie und Impulserhaltung.

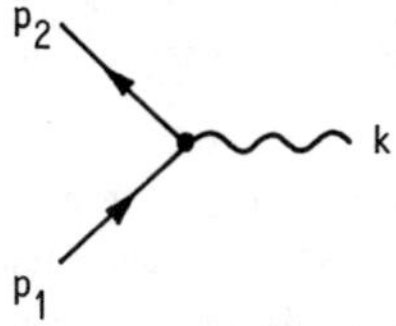

$$= i(2\pi)^4 e \gamma_\mu \delta^{(4)}(p_1 + p_2 - k) \qquad (1.2.37)$$

(3) Die Ausbreitung der Wechselwirkungsfelder wird durch die kausalen Greenschen Funktionen der freien Feldgleichungen, die sog. Feynman-Propagatoren Δ_F, S_F beschrieben. Für die Klein-Gordon-Gleichung sind diese

$$\Delta_F(x, M) = -i(\theta(x^0)\,\Delta_+(x, M) + \theta(-x^0)\,\Delta_-(x, M)) = \frac{1}{(2\pi)^4} \int d^4p \, \frac{e^{-ipx}}{p^2 - M^2 + i\varepsilon}\,, \qquad (1.2.38)$$

$$(\partial^\mu \partial_\mu + M^2)\Delta_F(x - x', M) = -\delta^{(4)}(x - x') \quad \text{mit}$$

$$(1.2.38')$$

$$\Delta_\pm(x,M) = (2\pi)^{-3} \int \frac{d^3p}{2E_p} e^{\mp ipx} = \frac{\pm\varepsilon(x^0)\delta(x^2)}{4\pi i} + \frac{M^2 \varepsilon(x^2) K_1(M\sqrt{-x^2 \pm i\varepsilon x^0})}{4\pi^2 M\sqrt{-x^2 \pm i\varepsilon x^0}}$$

entsprechend für die Dirac-Gleichung

$$S_F(x, M) = (i\gamma^\mu \partial_\mu + M)\,\Delta_F(x, M)\,. \qquad (1.2.39)$$

In den Feynman-Graphen wird die Ausbreitung symbolisiert durch eine <u>innere Linie</u>; für diese wird im analytischen Ausdruck die Fourier-Transformierte von iS_F, $i\Delta_F$ etc. als Faktor eingesetzt:

l:  $\dfrac{i}{(2\pi)^4}\,\dfrac{1}{\gamma p - M + i\varepsilon}$

$$(1.2.40)$$

γ:  $\dfrac{i}{(2\pi)^4}\,\dfrac{-g_{\mu\nu}}{p^2 + i\varepsilon}$

(4) Die Zusammensetzung der Teile des Graphen, der Faktoren des analytischen Ausdrucks, folgt der Struktur der Reaktion. Die Pfeile geben den Ladungsfluß an. Der Impulsfluß von den einlaufenden zu den auslaufenden Teilchen kann unter Beachtung der Impulserhaltung frei gewählt werden. Über innere Impulse wird integriert. Die relativen Vorzeichen von aufzuaddierenden Feynman-Graphen bestimmen sich aus dem Pauli-Prinzip:

- Jede Vertauschung zweier auslaufender Fermionlinien ergibt einen Faktor -1,
- Geschlossene Fermionlinien ergeben einen Faktor -1 und Spurbildung,
- Graphenbeiträge sind durch den Symmetriefaktor zu dividieren, der durch die Anzahl der Möglichkeiten definiert ist, den Graphen durch Vertauschung von Linien und/oder Vertizes auf sich abzubilden;
  z.B. ergibt sich so ein Faktor 1/2 für jede geschlossene Bosonlinie.

g) Hat man auf diese Weise das invariante S-Matrixelement: $1 + i\mathfrak{M}\delta(p-q)$ für die Reaktion von zwei Teilchen mit Impulsen p_1 und p_2, wobei n Teilchen mit Impulsen $q_1, \ldots, q_n$ entstehen, berechnet, so bestimmt sich daraus der <u>differentielle Wirkungsquerschnitt</u> nach der Formel

$$d\sigma = \frac{\pi^2}{\sqrt{(p_1\,p_2)^2 - M_1^2 M_2^2}}\, |\mathfrak{M}|^2\, \delta^{(4)}(p_1 + p_2 - \sum_{i=1}^{n} q_i)\, \frac{d^3 q_1}{2E_{q_1}} \cdots \frac{d^3 q_n}{2E_{q_n}} \quad . \qquad (1.2.41)$$

Für Zerfälle eines Teilchens mit Impuls $p = (E, \vec{p})$ in einen Endzustand von n Teilchen mit Impulsen $q_1, \ldots, q_n$ berechnet man die Zerfallswahrscheinlichkeit zu:

$$d\Gamma = \frac{1}{2\pi} \cdot \frac{|\mathfrak{M}|^2}{2E}\, \delta^{(4)}(p - \sum_{i=1}^{n} q_i)\, \frac{d^3 q_1}{2E_{q_1}} \cdots \frac{d^3 q_n}{2E_{q_n}} \quad . \qquad (1.2.42)$$

h) Zur Illustration berechnen wir die <u>e^+e^--Vernichtung in Myon-Paare</u>, welche in niedrigster Ordnung, der 1-Photon-Austausch-Näherung, durch den Feynman-Graphen der Fig. 1.6 gegeben ist. Die kinematischen Größen der Reaktion bezeichnen wir folgendermaßen:

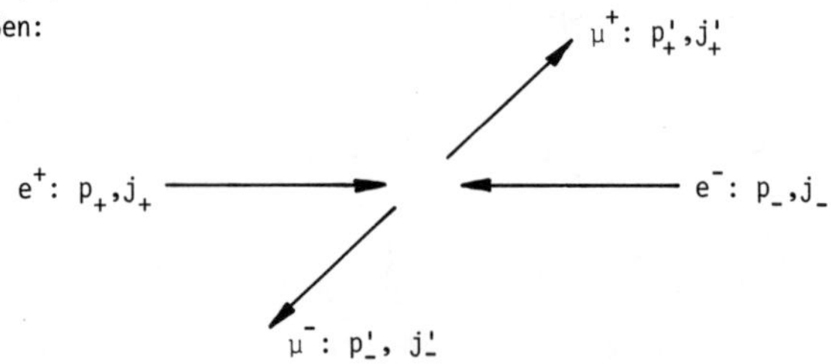

Schwerpunktsystem:

$p_\pm = (E, 0, 0, \pm p)$: 4-Impuls der einlaufenden $e^\pm$,

$p'_\pm = (E, \pm p'\sin\vartheta\cos\phi, \pm p'\sin\vartheta\sin\phi, \pm p'\cos\vartheta)$: 4-Impuls der auslaufenden $\mu^\pm$

$s = (p_+ + p_-)^2 = (p'_+ + p'_-)^2 = 2m_e^2 + 2p_+p_- = 2m_\mu^2 + 2p'_+p'_- = 4E^2$

$t = (p_+ - p'_+)^2 = (p_- - p'_-)^2 = m_e^2 + m_\mu^2 - 2p_+p'_+;\ p_+p'_+ = p_-p'_- = E^2 - pp'\cos\vartheta$

$u = (p_+ - p'_-)^2 = (p_- - p'_+)^2 = m_e^2 + m_\mu^2 - 2p_+p'_-;\ p_+p'_- = p_-p'_+ = E^2 + pp'\cos\vartheta$

Die Mandelstam-Variablen s, t und u genügen der Bedingung $s + t + u = 2m_e^2 + 2m_\mu^2$.

Nach den Feynman-Regeln ist das dazugehörende invariante Matrixelement gegeben zu

$$\mathfrak{M} = \frac{\alpha}{\pi}\,\bar{u}(p'_-, j'_-)\,\gamma_\mu\,v(p'_+, j'_+)\cdot\frac{-g^{\mu\nu}}{s}\cdot\bar{v}(p_+, j_+)\,\gamma_\nu\,u(p_-, j_-)\ . \tag{1.2.43}$$

Dieser Ausdruck läßt sich unter Verwendung des elektromagnetischen Stromes $j_\nu^{em}(x) = -\bar{\psi}_e(x)\gamma_\nu\psi_e(x) - \bar{\psi}_\mu(x)\gamma_\nu\psi_\mu(x)$, vgl. Gl. (1.2.33) und Gl. (1.2.25), welche für das Strommatrixelement

$$<0|j_\mu(0)|e^+;e^-> = (2\pi)^{-3}\,\bar{v}(p_+, j_+)\,\gamma_\mu\,u(p_-, j_-) \tag{1.2.44}$$

ergeben, auch schreiben als

$$\mathfrak{M} = \frac{\alpha}{\pi}(2\pi)^6 <\mu^+;\mu^-|j_\mu(0)|0>\ \frac{-g^{\mu\nu}}{s}\ <0|\,j_\nu(0)|e^+;e^->. \tag{1.2.45}$$

Der differentielle Wirkungsquerschnitt für unpolarisierte ein- und auslaufende Teilchen ist im Schwerpunktsystem gegeben zu

$$\frac{d\sigma}{d\Omega} = \frac{\alpha^2}{s^2}\,\frac{p'}{16E^2\cdot p}\cdot\frac{1}{4}\Big[\sum_{j_+j_-}\bar{v}(p_+, j_+)\gamma_\mu u(p_-, j_-)\cdot\bar{u}(p_-, j_-)\gamma_\nu v(p_+, j_+)\Big]$$

$$\times\Big[\sum_{j'_+j'_-}\bar{u}(p'_-, j'_-)\gamma^\mu v(p'_+, j'_+)\cdot\bar{v}(p'_+, j'_+)\gamma^\nu u(p'_-, j'_-)\Big] =$$

$$= \frac{\alpha^2}{s^2} \frac{p'}{16E^2 \cdot p} \frac{1}{4} \text{Spur}\,[(\not{p}_+ - m_e)\gamma_\mu(\not{p}_- + m_e)\gamma_\nu] \cdot \text{Spur}\,[(\not{p}'_- + m_\mu)\gamma^\mu(\not{p}'_+ - m_\mu)\gamma^\nu]$$

$$= \frac{\alpha^2}{s^2} \frac{p'}{16E^2 \cdot p} \frac{1}{4} L^{(e)}_{\mu\nu} L^{(\mu)\mu\nu} \quad , \quad d\Omega = \sin\vartheta d\vartheta d\phi \,. \tag{1.2.46}$$

Zur Auswertung der Spinsummationen haben wir Tab. 1.4 benutzt. Die leptonischen Tensoren $L^{(e)}_{\mu\nu}$ und $L^{(\mu)}_{\mu\nu}$ werden mit Hilfe der Spurregeln

$$\begin{aligned} \text{Spur}\,\gamma_\mu\gamma_\nu &= 4\,g_{\mu\nu} \\ \text{Spur}\,\gamma_\mu\gamma_\nu\gamma_\rho\gamma_\sigma &= 4(g_{\mu\nu}\,g_{\rho\sigma} - g_{\mu\rho}\,g_{\nu\sigma} + g_{\mu\sigma}\,g_{\nu\rho}) \end{aligned} \tag{1.2.47}$$

ausgewertet:

$$\begin{aligned} L^{(e)}_{\mu\nu} &= \sum_{j_+ j_-} \bar{v}(p_+, j_+)\,\gamma_\mu u(p_-, j_-) \cdot \bar{u}(p_-, j_-)\,\gamma_\nu v(p_+, j_+) \\ &= \text{Spur}\,(\not{p}_+ - m_e)\gamma_\mu(\not{p}_- + m_e)\gamma_\nu \\ &= 4(p_{+\mu}\,p_{-\nu} + p_{-\mu}\,p_{+\nu} - \frac{s}{2}\,g_{\mu\nu}). \end{aligned} \tag{1.2.48}$$

Mit den oben definierten kinematischen Variablen im Schwerpunktsystem erhalten wir damit:

$$\frac{d\sigma}{d\Omega} = \frac{\alpha^2}{s^2} \frac{p'}{E^2 p} (E^4 + p^2 p'^2 \cos^2\vartheta + E^2(m_e^2 + m_\mu^2)). \tag{1.2.49}$$

Bei Speicherringenergien vereinfacht sich dies wegen $m_e \ll E$ zu:

$$\frac{d\sigma}{d\Omega} = \frac{\alpha^2}{4s} \frac{p'}{E} (1 + \cos^2\vartheta + \frac{m_\mu^2}{E^2} \sin^2\vartheta). \tag{1.2.50}$$

Durch Integration erhält man den totalen Wirkungsquerschnitt

$$\sigma = \frac{4\pi}{3} \frac{\alpha^2}{s} \frac{p'}{E} (1 + \frac{2m_\mu^2}{s}). \tag{1.2.51}$$

Kann man auch noch die μ-Masse vernachlässigen, so vereinfachen sich Gl. (1.2.50) und (1.2.51) zu

$$\frac{d\sigma}{d\Omega} = \frac{\alpha^2}{4s} (1 + \cos^2\vartheta) \tag{1.2.52}$$

und

$$\sigma = \frac{4\pi\alpha^2}{3s} . \qquad (1.2.53)$$

1.2.3 Ströme und Ladungen

Nachdem wir am Beispiel der QED gezeigt haben, wie man ausgehend von einer vorgegebenen Lagrange-Dichte mit Hilfe der zugehörigen Feynman-Regeln Wirkungsquerschnitte konkret berechnen kann, wollen wir nun die in Abschnitt 1.2.1 dargestellte gruppentheoretische Beschreibung von Symmetrien auf Lagrangesche Feldtheorien übertragen.

a) Wir beginnen mit Lagrange-Dichten, welche ein komplexes Feld in der Form $\psi^\dagger(x)\Gamma\psi(x)$ enthalten (in diese Klasse fällt auch die QED). Diese sind invariant unter Transformationen der Phase des Feldes, den <u>abelschen Eichtransformationen 1. Art</u>:

$$\psi_\alpha(x) \to e^{i\theta}\,\psi_\alpha(x)\,,\ \psi_\alpha^\dagger(x) \to \psi_\alpha^\dagger(x)\,e^{-i\theta} . \qquad (1.2.54)$$

Für infinitesimale Transformationen $\delta\theta$ gilt:

$$\psi_\alpha(x) \to (1+i\delta\theta)\,\psi_\alpha(x) = \psi_\alpha(x) + \delta\psi_\alpha(x) ,$$

$$\psi_\alpha^\dagger(x) \to \psi_\alpha^\dagger(x)(1-i\delta\theta) = \psi_\alpha^\dagger(x) + \delta\psi_\alpha^\dagger(x) , \quad \text{d.h.}$$

$$\delta\psi_\alpha(x) = i\delta\theta\cdot\psi_\alpha(x) , \qquad \delta\psi_\alpha^\dagger(x) = \psi_\alpha^\dagger(x)\cdot(-i\delta\theta). \qquad (1.2.55)$$

Die Lagrange-Dichte $\mathcal{L}(\psi, \psi^\dagger, \partial_\mu\psi, \partial_\mu\psi^\dagger)$ ändert sich unter diesen Transformationen nicht:

$$\mathcal{L}(\psi,\psi^\dagger,\partial_\mu\psi,\partial_\mu\psi^\dagger) \to \mathcal{L}(\psi+\delta\psi,\psi^\dagger+\delta\psi^\dagger,\partial_\mu\psi+\partial_\mu\delta\psi,\partial_\mu\psi^\dagger+\partial_\mu\delta\psi^\dagger) =$$

$$\mathcal{L}(\psi,\psi^\dagger,\partial_\mu\psi,\partial_\mu\psi^\dagger) + \delta\mathcal{L} , \qquad (1.2.56)$$

d.h. $\delta\mathcal{L} = 0$. Wie für jede Invarianz einer Lagrange-Dichte folgt hieraus nach dem Noether-Theorem die Existenz eines erhaltenen Stromes [La 69]. Die Konstruktion dieses Stromes aus den Feldern ψ, $\psi^\dagger$ und seine Divergenzfreiheit erkennt man an der folgenden Rechnung, in der die Bewegungsgleichungen (1.2.30) benutzt werden:

$$0 = \delta\mathcal{L} = \delta\psi^\dagger \frac{\partial\mathcal{L}}{\partial\psi^\dagger} \pm \frac{\partial\mathcal{L}}{\partial\psi}\delta\psi + \delta(\partial_\mu\psi^\dagger)\frac{\partial\mathcal{L}}{\partial(\partial_\mu\psi^\dagger)} \pm \frac{\partial\mathcal{L}}{\partial(\partial_\mu\psi)}\delta(\partial_\mu\psi)$$

$$= \delta\psi^\dagger \partial_\mu \frac{\partial\mathcal{L}}{\partial(\partial_\mu\psi^\dagger)} \pm \partial_\mu \frac{\partial\mathcal{L}}{\partial(\partial_\mu\psi)}\delta\psi + \delta(\partial_\mu\psi^\dagger)\frac{\partial\mathcal{L}}{\partial(\partial_\mu\psi^\dagger)} \pm \frac{\partial\mathcal{L}}{\partial(\partial_\mu\psi)}\delta(\partial_\mu\psi)$$

$$= \partial_\mu(\delta\psi^\dagger \frac{\partial\mathcal{L}}{\partial(\partial_\mu\psi^\dagger)} \pm \frac{\partial\mathcal{L}}{\partial(\partial_\mu\psi)}\delta\psi) =$$

$$= \partial_\mu[- i\,(\psi^\dagger \frac{\partial\mathcal{L}}{\partial(\partial_\mu\psi^\dagger)} \mp \frac{\partial\mathcal{L}}{\partial(\partial_\mu\psi)}\psi)]\,\delta\theta = \partial_\mu\, j^\mu\,\delta\theta$$

mit

$$j^\mu(x) = - i\,(\psi^\dagger \frac{\partial\mathcal{L}}{\partial(\partial_\mu\psi^\dagger)} \mp \frac{\partial\mathcal{L}}{\partial(\partial_\mu\psi)}\psi) \quad \text{für} \begin{cases} \text{Bosonen} \\ \text{Fermionen}\,. \end{cases} \tag{1.2.57}$$

In der QED ergibt sich aus Gl. (1.2.57) und (1.2.31) der schon in der Maxwell-Gleichung (1.2.33) auftretende elektromagnetische Strom:

$$j_\mu^{em}(x) = - \overline{\psi}(x)\,\gamma_\mu\,\psi(x). \tag{1.2.58}$$

Die Invarianz der QED unter Phasentransformationen bedeutet also die Erhaltung der in Einheiten der Elementarladung e gemessenen elektrischen Ladung:

$$Q = \int j_o(t,\vec{x})\,d^3x\,, \quad \frac{dQ}{dt} = 0. \tag{1.2.59}$$

Die Phasentransformationen der Felder ψ, $\psi^\dagger$ bilden die Gruppe U(1).

b) In der Elementarteilchenphysik ist eine Verallgemeinerung auf die in Abschn. 1.2.1 besprochenen nichtabelschen Symmetriegruppen, wie Flavour-SU(N_F), Colour-$SU(3)_C$, nötig. Quarks werden demnach durch Dirac-Felder beschrieben, die Flavour- und Colour-Indizes tragen:

$\psi_{\alpha,f,c}(x)$	α	Dirac-Index
	f = u,d,s,c,...	Flavour-Index
	c = r,g,b	Colour-Index

Alternative Bezeichnungen: $u_\alpha(x)$, d(x),...

Wären die Quarks freie Teilchen, so würden die Felder der Dirac-Gleichung genügen - hier einmal mit allen Indizes geschrieben:

$$(i\gamma^{\mu}_{\alpha\alpha'}\delta_{ff'}\delta_{cc'}\partial_{\mu} - M_f\delta_{\alpha\alpha'}\delta_{ff'}\delta_{cc'})\psi_{\alpha',f',c'}(x) = 0 \tag{1.2.60}$$

oder kürzer in Matrixschreibweise:

$$(i\not{\partial}-M)\psi(x) = 0.$$

Die Feldgleichungen (1.2.60) und die Vertauschungsrelationen der Quarkfelder sind invariant unter den Colour-Transformationen:

$$\psi_{\alpha,f,c}(x) \to (e^{-\frac{i}{2}\theta^a\lambda_a})_{cc'}\psi_{\alpha,f,c'}(x), \quad \lambda_a\text{: Gell-Mann-Matrizen} \tag{1.2.61}$$

oder infinitesimal:

$$\delta\psi_{\alpha,f,c}(x) = -\frac{i}{2}(\lambda_a)_{cc'}\psi_{\alpha,f,c'}(x)\delta\theta^a. \tag{1.2.62}$$

Sind die Quarkmassen flavourunabhängig, so haben wir Flavoursymmetrie, d.h. Invarianz unter den Flavourtransformationen:

$$\psi_{\alpha,f,c}(x) \to (e^{-\frac{i}{2}\eta^a\underline{\lambda}_a})_{ff'}\psi_{\alpha,f',c}(x), \quad \underline{\lambda}_a\text{: Fundamentaldarstellung der } SU(N_F)$$

$$\delta\psi_{\alpha,f,c}(x) = -\frac{i}{2}(\underline{\lambda}_a)_{ff'}\psi_{\alpha,f',c}(x)d\eta^a. \tag{1.2.63}$$

Wie bereits vorgeführt, sind mit diesen Invarianzen erhaltene Colour- und Flavourströme verknüpft:

$$j_{\mu,a}(x) = i\left(\frac{\partial\mathcal{L}}{\partial(\partial_{\mu}\psi)}\frac{\lambda_a}{2}\psi + \psi^{\dagger}\frac{\lambda_a}{2}\frac{\partial\mathcal{L}}{\partial(\partial_{\mu}\psi^{\dagger})}\right). \tag{1.2.64}$$

In einer reinen Quarkfeldtheorie haben diese also die Form:

$$j^C_{\mu,a}(x) = \overline{\psi}_{f,c}(x)\left(\frac{\lambda_a}{2}\right)_{cc'}\gamma_{\mu}\psi_{f,c'}(x) , \tag{1.2.65}$$

$$j^F_{\mu,a}(x) = \overline{\psi}_{f,c}(x)\left(\frac{\underline{\lambda}_a}{2}\right)_{ff'}\gamma_{\mu}\psi_{f',c}(x) . \tag{1.2.66}$$

Die Gl. (1.2.64) stimmt mit der Definition (1.2.57) überein, wenn man $\frac{\lambda_a}{2}$ durch

-1, entsprechend der negativen Ladung des Elektrons ersetzt.

Als Folge der Vertauschungsrelationen der Quarkfeldoperatoren, der Verallgemeinerung von Gl. (1.2.27):

$$[\psi_{\alpha,f,c}(x), \overline{\psi}_{\alpha',f',c'}(x')]_+ = -i\, S_{\alpha\alpha'}(x-x',M)\, \delta_{ff'}\delta_{cc'}, \qquad (1.2.67)$$

$$[\psi_{\alpha,f,c}(x), \psi_{\alpha',f',c'}(x')]_+ = 0,$$

welche den Aufbau von $\psi(x)$ aus Erzeugungs- und Vernichtungsoperatoren widerspiegeln, haben die Ströme (1.2.58) und (1.2.66) eine direkte physikalische Interpretation, die wir an zwei Beispielen veranschaulichen:

Der Strom $j_\mu^{F,em}(x)$, welcher als Flavourmatrix die elektrischen Ladungen der Quarks enthält:

$$j_\mu^{F,em}(x) = \overline{\psi}(x) Q \gamma_\mu \psi(x), \quad \text{mit } Q = \text{diag}\,(2/3, -1/3, -1/3, 2/3, \ldots) \qquad (1.2.68)$$

beschreibt nicht nur die Ladungen, magnetischen Momente und Strahlungsübergänge der Hadronen (z.B. $\omega \to \pi^0 + \gamma$, $\Delta^+ \to P + \gamma$), sondern auch die Erzeugung oder Vernichtung von Quark-Antiquark-Paaren (z.B. $e^+e^- \to J/\psi(c\bar{c})$). Analog führt der Isospin-Strom

$$j_\mu^{F,(+)}(x) = \overline{\psi}(x)\, \tau^+ \gamma_\mu \psi(x) \quad \text{mit} \quad \tau^+ = \frac{1}{2}\lambda_1 + i\,\frac{1}{2}\lambda_2$$

in einem Hadron ein d-Quark in ein u-Quark oder ein $\bar{u}$-Quark in ein $\bar{d}$-Quark über (z.B. $N \to Pe\nu$, $\pi^- \to \pi^0 e\nu$) oder erzeugt ein $u\bar{d}$-Paar oder vernichtet ein $d\bar{u}$-Paar. Mit unseren Beispielen haben wir bereits die Bedeutung der Stromoperatoren bei der phänomenologischen Beschreibung der elektromagnetischen und schwachen Wechselwirkung vorweggenommen. Eine detaillierte Diskussion derselben folgt im nächsten Abschnitt.

c) Die Operatoren für die erhaltenen Farb- und Flavour-Ladungen:

$$Q_a^C = \int d^3x\; j_{o,a}^C(t,\vec{x})$$
$$\qquad (1.2.69)$$
$$Q_a^F = \int d^3x\; j_{o,a}^F(t,\vec{x})$$

besitzen auf Grund der Feldvertauschungsrelationen (1.2.67) die Vertauschungsrelationen (1.2.1):

$$[Q_a^C, Q_b^C] = i\, f_{abc}\, Q_c^C, f_{abc} \quad \text{nach Gl. (1.2.2)}$$

$$[Q_a^F, Q_b^F] = i\, f_{abc}\, Q_c^F, f_{abc} \quad \equiv \text{Strukturkonstanten der } SU(N_F) \qquad (1.2.70)$$

und erzeugen die Symmetrietransformationen (1.2.62) bzw. (1.2.63):

$$\delta\theta^a [Q_a^C, \psi_{f,c}(x)] = -\frac{i}{2} (\lambda_a)_{cc'}\, \psi_{f,c'}(x)\, \delta\theta^a \ ,$$

$$\delta\eta^a [Q_a^F, \psi_{f,c}(x)] = -\frac{i}{2} (\underset{-}{\lambda}_a)_{ff'}\, \psi_{f',c}(x)\, \delta\eta^a \ . \qquad (1.2.71)$$

Hiermit lassen sich die oben betrachteten Symmetrien als unitäre Transformationen auf den quantisierten Feldern schreiben. Neben der oben angesprochenen unmittelbar physikalischen Interpretation von Strömen und Ladungen wird ihre Bedeutung im Zusammenhang mit Symmetrien in Quantenfeldtheorien ersichtlich.

Falls eine Symmetrie, wie die Flavour-Symmetrie nur näherungsweise erfüllt ist, sind die dazugehörigen Ströme nicht erhalten und die entsprechenden Ladungen zeitabhängig. Trotzdem sind die gleichzeitigen Vertauschungsrelationen gemäß Gl. (1.2.70) erfüllt. Die Untersuchung solcher Strukturen im Rahmen der Stromalgebra führte zu interessanten Resultaten (vgl. Gl. (1.3.36) und (1.3.37)) [Ad 68].

Wir schließen diesen Abschnitt über die enge Verbindung von Symmetriegesetzen und Feldtheorie mit einer allgemeinen Bemerkung ab. In der Feldtheorie wird die Dynamik durch die Wechselwirkung lokaler Größen - Felder - beschrieben. Globale Änderungen von Feldern, wie z.B. der Phase bei Eichtransformationen 1. Art, Gl. (1.2.54), widersprechen dem Geist dieses physikalischen Nahewirkungsprinzips. Dieser Einwand legt nahe, an Stelle der globalen Symmetrietransformationen, wie in Gl. (1.2.54), (1.2.61) etc., solche zu betrachten, bei denen die Felder lokal unabhängig transformiert werden; für die Phasentransformation, Gl. (1.2.54), würde dies bedeuten, daß man θ als Raum-Zeit-abhängig betrachtet: $\theta = \theta(x)$. Es ist die Verfolgung dieser Idee der lokalen Symmetrie, welche zur Entwicklung der Eichtheorien führt [We 29].

1.3 Phänomenologie der elektromagnetischen und schwachen Wechselwirkung

Elektromagnetische und schwache Prozesse werden mit Erfolg phänomenologisch durch das Ein-Photon-Austauschmodell bzw. das Fermi-Modell beschrieben [FM]. Wie schon in Abschnitt 1.2.2 am Beispiel der e^+e^--Vernichtung in μ-Paare gezeigt, können die S-Matrixelemente aus den Matrixelementen des elektromagnetischen Stromes aufgebaut werden (vgl. Gl. (1.2.45)). In analoger Weise führt man im Fermi-Modell die schwache Wechselwirkung der Elementarteilchen auf Strommatrixelemente zurück. Wir werden in diesem Abschnitt die Struktur der elektromagnetischen und schwachen Ströme angeben und sie mit dem Experiment vergleichen. Obwohl die Übereinstimmung befriedigend ist, gibt es grundsätzliche Einwendungen gegen diese Modelle, da sie beispielsweise nicht zu einer unitären S-Matrix führen. Im Fall der elektromagnetischen Wechselwirkung werden diese Schwierigkeiten durch die höheren Näherungen der QED behoben. Eine erste Verbesserung des Fermi-Modells erreicht man durch die Einführung schwerer Vektorbosonen, der Ausbau zu einer Theorie erfordert jedoch die Vereinheitlichung der elektromagnetischen und schwachen Wechselwirkung in Form einer Eichtheorie (Abschnitt 3).

1.3.1 Elektromagnetische und schwache Wechselwirkung der Leptonen

a) Im Fermi-Modell ist die Wechselwirkungsdichte $\mathcal{L}_I$ der geladenen und neutralen schwachen Prozesse vom Strom-Strom-Typ:

$$\mathcal{L}_I^{\text{schwach}}(x) = \frac{4G_F}{\sqrt{2}}(j_\mu^{(+)}(x)j^{(-)\mu}(x) + j_\mu^{(n)}(x)j^{(n)\mu}(x)). \tag{1.3.1}$$

Der geladene Strom $j_\mu^{(\pm)}(x)(j_\mu^{(-)} = (j_\mu^{(+)})^\dagger)$ und der neutrale Strom setzen sich aus einem leptonischen und einem hadronischen Anteil zusammen:

$$j_\mu^{(\pm)}(x) = \ell_\mu^{(\pm)}(x) + h_\mu^{(\pm)}(x) \,, \tag{1.3.2}$$

$$j_\mu^{(n)}(x) = \ell_\mu^{(n)}(x) + h_\mu^{(n)}(x) \,. \tag{1.3.3}$$

Im Gegensatz zur elektrischen Ladung ist die Fermi-Kopplungskonstante G_F auch im natürlichen Einheitssystem ($\hbar = c = 1$) dimensionsbehaftet:

$$G_F = 1{,}02/10^5\, M_P^2 = (294 \text{ GeV})^{-2}. \tag{1.3.4}$$

Man kennt bisher drei Familien von Leptonen, die aus jeweils zwei Teilchen bestehen, nämlich das Elektron e und das Elektron-Neutrino ν_e, das Myon μ und das Myon-Neutrino ν_μ, sowie das Tau τ und das Tau-Neutrino ν_τ. Jeder Familie kann man eine, in allen Prozessen erhaltene Leptonzahl zuordnen. Diese verbietet z.B. den Strahlungszerfall $\mu^- \to e^- + \gamma$. Experimentell ist das Verzweigungsverhältnis $B(\mu \to e\gamma) < 1{,}9 \cdot 10^{-10}$.

b) Eine bemerkenswerte Eigenschaft der e.m. und schwachen Wechselwirkung ist ihre Universalität: alle Leptonen geben einen gleich strukturierten Beitrag zu $\mathcal{L}_I^{em}$ und $\mathcal{L}_I^{schwach}$, d.h. ihre Ströme werden auf gleiche Art aus den Dirac-Feldern der Leptonen $e(x)$, $\nu_e(x)$, $\mu(x)$, $\nu_\mu(x)$, $\tau(x)$, $\nu_\tau(x)$ aufgebaut:

$$\ell_\mu^{em}(x) = - \bar{e}(x)\gamma_\mu e(x) - \bar{\mu}(x)\gamma_\mu \mu(x) - \bar{\tau}(x)\gamma_\mu \tau(x) , \qquad (1.3.5)$$

$$\ell_\mu^{(+)}(x) = \bar{\nu}_e(x)\gamma_{\mu L} e(x) + \bar{\nu}_\mu(x)\gamma_{\mu L}\mu(x) + \bar{\nu}_\tau(x)\gamma_{\mu L}\tau(x) , \qquad (1.3.6)$$

$$\ell_\mu^{(-)}(x) = \bar{e}(x)\gamma_{\mu L}\nu_e(x) + \bar{\mu}(x)\gamma_{\mu L}\nu_\mu(x) + \bar{\tau}(x)\gamma_{\mu L}\nu_\tau(x) ,$$

$$\begin{aligned} \ell_\mu^{(o)}(x) = \frac{1}{2}\big(&\bar{\nu}_e(x)\gamma_{\mu L}\nu_e(x) - \bar{e}(x)\gamma_{\mu L} e(x) \\ &+ \bar{\nu}_\mu(x)\gamma_{\mu L}\nu_\mu(x) - \bar{\mu}(x)\gamma_{\mu L}\mu(x) \\ &+ \bar{\nu}_\tau(x)\gamma_{\mu L}\nu_\tau(x) - \bar{\tau}(x)\gamma_{\mu L}\tau(x)\big), \end{aligned} \qquad (1.3.7)$$

$$\ell_\mu^{(n)}(x) = \ell_\mu^{(o)}(x) - \sin^2\theta_W\, \ell_\mu^{em}(x) , \qquad (1.3.8)$$

$$\gamma_{\mu L} := \gamma_\mu \frac{1-\gamma_5}{2} , \quad \gamma_{\mu R} := \gamma_\mu \frac{1+\gamma_5}{2} .$$

Im Gegensatz zum e.m. Strom, der ein reiner Vektor(V)-Strom ist, bestehen die Ströme $\ell_\mu^{(\pm)}$ und $\ell_\mu^{(o)}$ aus gleich starken Vektor- und Axialvektor(A)-Anteilen, man sagt, sie sind linkshändige (L = (V - A)/2) Ströme. Dieser Ansatz widerspiegelt die experimentelle Tatsache, daß in den geladenen schwachen Prozessen die Parität maximal verletzt ist. Bei den neutralen schwachen Prozessen hängt die Paritätsverletzung von der Ladung der Teilchen ab, da der neutrale Strom eine Beimischung des e.m. Stromes enthält. Die Stärke dieser Beimischung wird mit Hilfe des Weinberg-Winkels θ_W parametrisiert (experimentell ist $\sin^2\theta_W = 0{,}229 \pm 0{,}010$ [Pa 82]). Prinzipiell könnte man in die 4-Fermion-Kopplung außer der Strom-Strom-Wechselwirkung auch noch skalare $(g_S\bar{\psi}\psi\cdot\bar{\psi}\psi)$, pseudoskalare $(g_P\bar{\psi}\gamma_5\psi\cdot\bar{\psi}\gamma_5\psi)$ sowie tensorielle und Ableitungskopplungen einführen. Diese Terme sind jedoch nicht erforderlich, um gute Übereinstimmung mit den derzeitigen experimentellen Daten zu erreichen.

c) Die zu den Strömen $\ell_\mu^{(\pm)}(x)$ und $\ell_\mu^{(o)}(x)$ gehörigen Ladungen:

$$
\begin{aligned}
I_W^{(\pm)}(t) &= \int d^3x\ \ell_o^{(\pm)}(t,\vec{x}) \\
I_W^{(o)}(t) &= \int d^3x\ \ell_o^{(o)}(t,\vec{x})
\end{aligned}
\tag{1.3.9}
$$

besitzen wegen der gleichzeitigen Vertauschungsrelationen der Dirac-Felder entsprechend Gl. (1.2.67) die Kommutatoren:

$$
\begin{aligned}
[I_W^{(+)}(t),\ I_W^{(-)}(t)]_- &= 2\ I_W^{(o)}(t)\ , \\
[I_W^{(o)}(t),\ I_W^{(\pm)}(t)]_- &= \pm\ I_W^{(\pm)}(t)\ .
\end{aligned}
\tag{1.3.10}
$$

Das ist die Lie-Algebra einer SU(2)-Gruppe, die man die schwache Isospin-Gruppe nennt. Aufgrund dieser Struktur ist es sinnvoll, die linkshändigen Leptonen (z.B. $e_L(x) = (1-\gamma_5)\,e(x)/2$ und $\nu_{eL}(x) = (1-\gamma_5)\,\nu_e(x)/2$) in Dubletts, die rechtshändigen in Singuletts des schwachen Isospins einzuordnen [Gl 61].

d) Die schwache Hyperladung

$$
\frac{1}{2}\,Y_W(t) = Q - I_W^{(o)}(t) = \int d^3x\,(\ell_o^{em}(t,\vec{x}) - \ell_o^{(o)}(t,\vec{x}))
\tag{1.3.11}
$$

kommutiert mit allen Komponenten des schwachen Isospins, baut daher zusammen mit dieser die Gruppe $SU(2)_W \times U(1)$ auf. Diese Gruppe wird bei der Konstruktion einer Eichtheorie für die vereinheitlichte elektroschwache Wechselwirkung eine wichtige Rolle spielen und auf diese Weise zu einer theoretischen Erklärung der

Universalität führen (Abschn. 2.2.2 b).

e) Nachdem das Fermi-Modell nun für die Leptonen definiert ist, wollen wir es an einigen Beispielen mit den experimentellen Daten vergleichen. Die (V-A)-Struktur des Stromansatzes (1.3.6) läßt sich am Myon-Zerfall $\mu^- \to \nu_\mu + e^- + \bar{\nu}_e$ testen. Für das Zerfallsmatrixelement $\mathfrak{M}$ ergibt sich in niedrigster Ordnung der Störungstheorie nach der Fermi-Konstanten:

$$\mathfrak{M} = (2\pi)^4 < e^- \bar{\nu}_e \nu_\mu | \mathcal{L}_I^{\text{schwach}}(0) | \mu^- > =$$

$$= \frac{4G_F}{\sqrt{2}} \cdot (2\pi)^{-2} (\bar{u}(p_e)\gamma_{\mu L} v(q_{\nu_e}))\, (\bar{u}(q_{\nu_\mu})\gamma^{\mu L} u(p_\mu)).$$

Die zweite Zeile geht aus der ersten hervor, indem man die Felder in den Strömen durch Erzeugungs- und Vernichtungsoperatoren entsprechend Gl. (1.2.25) darstellt und die Relationen (1.2.19 - 21) systematisch benutzt. Die Übergangswahrscheinlichkeit pro Zeiteinheit erhält man aus $\mathfrak{M}$ nach Gl. (1.2.42).

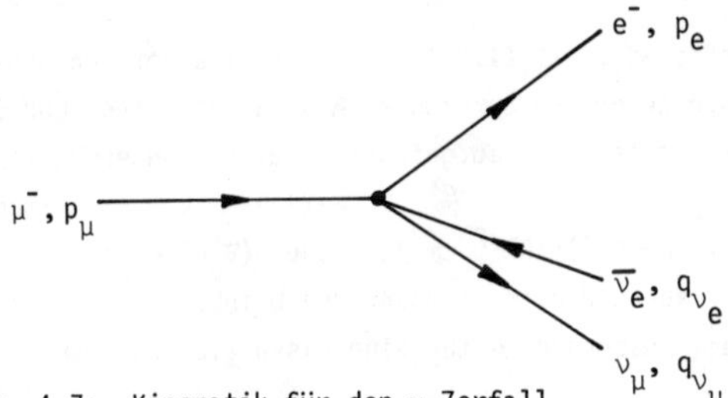

Fig. 1.7: Kinematik für den μ-Zerfall.

Bei Vernachlässigung der Elektronmasse berechnet man folgendes Elektronen-Spektrum ($x = E_e/M_\mu$) für den Zerfall polarisierter, ruhender Myonen ($\mathbb{P}$ = Polarisationsgrad der Myonen, $\vartheta \equiv$ Winkel zwischen μ-Polarisation und Elektronenimpuls) [Ma 69]:

$$d\Gamma = \frac{G_F^2 M_\mu^5}{192\pi^3} 12x^2 [1 - x + \tfrac{2}{3}\rho(\tfrac{4}{3}x - 1) \tag{1.3.12}$$

$$+ \mathbb{P} \cos\vartheta (\alpha(1 - x) + \beta(\tfrac{4}{3}x - 1))] \frac{d\Omega_e}{4\pi} dx .$$

Die Michel-Parameter ρ, α und β besitzen für reine (V-A)-Kopplung die Werte $\rho = 3/4$, $\alpha = -1/3$, $\beta = -3/4$. Abweichungen davon können als Beimischung anderer Kopplungen interpretiert werden. Diese sind jedoch klein, da man experimentell

$\rho = 0{,}752 \pm 0{,}003$, $|\alpha| = 0{,}324 \pm 0{,}004$, $\beta = -0{,}755 \pm 0{,}009$ gemessen hat [Pa 82].

Integriert man $d\Gamma$ über den Elektronimpuls, so erhält man die Zerfallsbreite Γ bzw. Lebensdauer τ des Myons:

$$\Gamma = \tau^{-1} = \int d\Gamma = \frac{G_F^2\, M_\mu^5}{192\pi^3} . \tag{1.3.13}$$

Aus $\tau_{exp} = 2{,}20\cdot 10^{-6}$s folgt der in Gl. (1.3.4) angegebene Wert für die Fermi-Konstante G_F.

Anhand der leptonischen Tau-Zerfälle $\tau^- \to \nu_\tau e^- \overline{\nu}_e$ und $\tau^- \to \nu_\tau \mu^- \overline{\nu}_\mu$ läßt sich die Universalität und die (V - A)-Struktur der Kopplung testen. Man hat die theoretischen Werte $\rho = 0{,}75$ für den Michel-Parameter sowie die partiellen Breiten $\Gamma(\tau^- \to \nu_\tau e^- \overline{\nu}_e) = 6{,}2\cdot 10^{11}\,s^{-1}$ und $\Gamma(\tau^- \to \nu_\tau \mu^- \overline{\nu}_\mu) = 6{,}0\cdot 10^{11}\,s^{-1}$. Diese sind zu vergleichen mit den neueren experimentellen Werten $\rho = 0{,}66 \pm 0{,}13$ [Fl 79], $\Gamma_{exp}(\tau^- \to \nu_\tau e^- \overline{\nu}_e) = (3{,}5 \pm 1{,}5)\cdot 10^{11}\,s^{-1}$ und $\Gamma_{exp}(\tau^- \to \nu_\tau \mu^- \overline{\nu}_\mu) = (4{,}0 \pm 1{,}5)\cdot 10^{11}\,s^{-1}$. Die Gesamtlebensdauer des τ-Leptons ist $(4{,}6 \pm 1{,}9)\cdot 10^{-13}$ s [Pa 82].

Die Wechselwirkungsdichte $\mathcal{L}_I$, Gl. (1.3.1), beschreibt außer den schwachen Zerfällen der Leptonen auch deren Streuprozesse. Als Target stehen nur Elektronen zur Verfügung, was die in Tab. 1.5 aufgeführten Reaktionen ermöglicht. Dabei ist $\sigma_o = G_F^2\cdot s/\pi = G_F^2\cdot 2M_e E_\nu/\pi = 1{,}68\cdot 10^{-41}\,(E_\nu/\text{GeV})\,\text{cm}^2$. Die experimentellen Daten $\sigma(\nu_\mu e^- \to \nu_\mu e^-)/E_\nu = (1{,}6 \pm 0{,}4)\cdot 10^{-42}\,\text{cm}^2/\text{GeV}$ und $\sigma(\overline{\nu}_\mu e^- \to \overline{\nu}_\mu e^-)/E_\nu = (1{,}3 \pm 0{,}6)\cdot 10^{-42}\text{cm}^2/\text{GeV}$ [Wi 79a] lassen eine Bestimmung des Weinberg-Winkels zu: $\sin^2\theta_W = 0{,}23$ (siehe [Wi 79a], insbesondere für eine Diskussion des experimentellen Fehlers).

Reaktion	Beiträge von	totaler Wirkungsquerschnitt
$\nu_\mu e^- \to \nu_\mu e^-$	$\ell_\mu^{(n)}$	$(\frac{1}{4} - \sin^2\theta_W + \frac{4}{3}\sin^4\theta_W)\cdot\sigma_o$
$\overline{\nu}_\mu e^- \to \overline{\nu}_\mu e^-$	$\ell_\mu^{(n)}$	$\frac{1}{3}(\frac{1}{4} - \sin^2\theta_W + 4\sin^4\theta_W)\cdot\sigma_o$
$\nu_\mu e^- \to \nu_e \mu^-$	$\ell_\mu^{(\pm)}$	σ_o
$\overline{\nu}_e e^- \to \overline{\nu}_\mu \mu^-$	$\ell_\mu^{(\pm)}$	$\frac{1}{3}\,\sigma_o$
$\nu_e e^- \to \nu_e e^-$	$\ell_\mu^{(\pm)}$ und $\ell_\mu^{(n)}$	$(\frac{1}{4} + \sin^2\theta_W + \frac{4}{3}\sin^4\theta_W)\cdot\sigma_o$
$\overline{\nu}_e e^- \to \overline{\nu}_e e^-$	$\ell_\mu^{(\pm)}$ und $\ell_\mu^{(n)}$	$\frac{1}{3}(\frac{1}{4} + \sin^2\theta_W + 4\sin^4\theta_W)\cdot\sigma_o$

Tab. 1.5: Neutrino-Elektron-Streuung

f) Obwohl das Experiment im gegenwärtig zugänglichen Energiebereich mit den Aussagen des Fermi-Modells verträglich ist, weist der Anstieg des Wirkungsquerschnitts σ_0 auf ein Versagen der punktförmigen Strom-Strom-Kopplung bei hohen Energien hin. Einerseits berechnet man nämlich für das S-Matrixelement der Reaktion $\nu_\mu + e^- \to \nu_e + \mu^-$:

$$\mathfrak{M} = \frac{4G_F}{\sqrt{2}} (2\pi)^{-2} (\bar{u}(p_\mu)\gamma^{\mu L} u(q_{\nu_\mu}))(\bar{u}(q_{\nu_e})\gamma_{\mu L} u(p_e)) \tag{1.3.14}$$

und hieraus den differentiellen Wirkungsquerschnitt

$$\frac{d\sigma(\nu_\mu e^- \to \nu_e \mu^-)}{d\Omega} = \frac{G_F^2}{4\pi^2} \cdot \frac{(s - M_\mu^2)^2}{s} \cong \frac{G_F^2}{4\pi^2} \cdot s \quad \text{für} \quad s \gg M_\mu^2. \tag{1.3.15}$$

Andererseits folgt aus der Unitarität der S-Matrix für die s-Wellen-Streuung die Ungleichung $d\sigma/d\Omega \leq 1/4\, p_{CMS}^2 = 1/s$. Für $\sqrt{s} \approx 500$ GeV verletzt Gl. (1.3.15) diese Unitaritätsschranke. Durch Einführung von Vektorbosonen genügend großer Masse läßt sich die Strom-Strom-Kopplung so "aufweichen", daß zumindest für die Neutrino-Lepton-Streuung diese Schwierigkeit beseitigt ist [Le 60]. Die geladenen (neutralen) Ströme werden dabei an ein geladenes (neutrales) Vektorboson $W^\pm(Z^0)$ gekoppelt, dessen Austausch die Wechselwirkung vermittelt. Der Reaktionsmechanismus ist damit dem 1-Photon-Austausch für die e.m. Prozesse sehr ähnlich.

Am Beispiel der Neutrino-Elektron-Streuung wollen wir nun zeigen, wie der W-Austausch zu einer Verbesserung des Hochenergie-Verhaltens dieser Reaktion führt. Wir haben dazu folgendes Feynman-Diagramm zu berechnen:

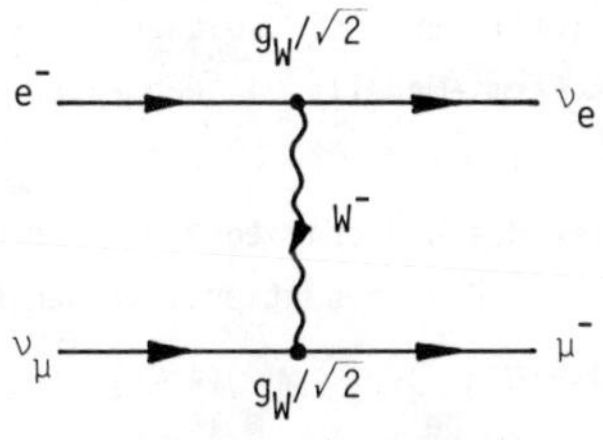

$$\mathfrak{M} = \frac{g_W^2}{2} (2\pi)^{-2} (\bar{u}(p_\mu)\gamma^{\mu L} u(q_{\nu_\mu}) \frac{-g_{\mu\nu} + k_\mu k_\nu / M_W^2}{t - M_W^2 + i\varepsilon} (\bar{u}(q_{\nu_e})\gamma^{\nu L} u(p_e)) , \tag{1.3.16}$$

$$t = k^2 = (p_e - q_{\nu_e})^2 , \quad 0 \leq |t| \leq s .$$

Verglichen mit Gl. (1.3.15) haben wir einen Faktor t^{-1} gewonnen *), so daß sich der totale Wirkungsquerschnitt für große Energien wie $g_W^4 \cdot 1/s$ verhält. Bei Energien $s \ll M_W^2$ geht das Matrixelement (1.3.16) in das der Fermi-Theorie (1.3.14) bis auf Korrekturen der Ordnung $\sqrt{s}/M_W$ über, wenn man die Vektorboson-Kopplungskonstante gemäß

$$\frac{4G_F}{\sqrt{2}} = \frac{g_W^2}{2M_W^2} \quad \text{oder} \quad g_W = \frac{M_W}{124\ \text{GeV}} \tag{1.3.17}$$

mit der Fermi-Konstanten G_F identifiziert.

In ähnlicher Weise haben wir für die neutralen Stromprozesse zu substituieren:

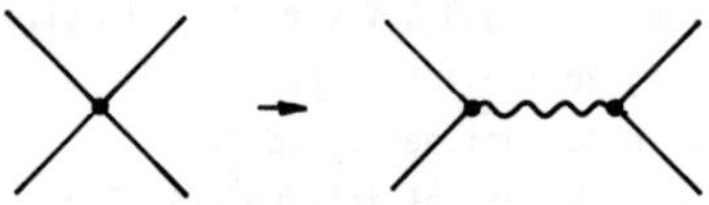

$$\frac{4G_F}{\sqrt{2}}\, j_\mu^{(n)} j^{(n)\mu} \rightarrow g_Z^2 \frac{-g_{\mu\nu} + \frac{k_\mu k_\nu}{M_Z{}^2}}{k^2 - M_Z^2 + i\varepsilon}\, j^{(n)\mu} j^{(n)\nu} \tag{1.3.18}$$

Die Modifikation der Fermi-Theorie durch intermediäre Bosonen führt für $s \approx M_W^2$, M_Z^2 zu drastischen Effekten. Bei niedrigeren Energien läßt sich diese Hypothese jedoch nur durch eine sorgfältige Analyse der Energieabhängigkeit der Wirkungsquerschnitte testen. Bis jetzt wurde ein solcher Propagatoreffekt nicht nachgewiesen. Ein Vergleich des Fermi-Modells mit den experimentellen Daten liefert

---

*) Die $k_\mu k_\nu$-Terme im Zähler des W-Propagators ergeben wegen der Dirac-Gleichung für die Spinoren Beiträge, die proportional zu den Leptonmassen sind:

$$\bar{u}(q_{\nu_e})\not{k}(1-\gamma_5)u(p_e) = \bar{u}(q_{\nu_e})(\not{p}_e - \not{q}_{\nu_e})(1-\gamma_5)u(p_e) =$$

$$= \bar{u}(q_{\nu_e})(1+\gamma_5)\not{p}_e u(p_e) = M_e\bar{u}(q_{\nu_e})(1+\gamma_5)u(p_e)),$$

verschlechtern das Hochenergieverhalten also nicht.

als untere Schranke für die Masse der Z-Bosonen etwa 59 GeV/c^2 [Da 82 N]. Die Tatsache, daß W- und Z-Bosonen massive Teilchen sind, also im Gegensatz zum masselosen Photon longitudinale Polarisationszustände besitzen, hat zur Folge, daß die Wirkungsquerschnitte für die W-Paarproduktion ohne eine Vereinheitlichung mit der e.m. Wechselwirkung für hohe Energien zu stark divergieren. Daher ist die Vektorboson-Hypothese lediglich ein erster, aber wichtiger Schritt auf dem Weg zur Theorie der elektroschwachen Wechselwirkung.

1.3.2 Elektromagnetische und schwache Wechselwirkung der Hadronen

a) Im Rahmen des naiven Quarkmodells war es erfolgreich, die Ströme der Hadronen auf die ihrer Konstituenten, also auf Quarkströme zurückzuführen. In den Quarkfeldern ausgedrückt lautet der e.m. Strom der Hadronen (vgl. Gl. (1.2.68)):

$$h_\mu^{em}(x) = \overline{\psi}_{f,c}(x)\gamma_\mu Q_{ff'}\delta_{cc'}\psi_{f',c'}(x) \quad \text{mit} \quad Q_{ff'} = \text{diag}(\tfrac{2}{3}, -\tfrac{1}{3}, -\tfrac{1}{3}, \tfrac{2}{3}, \ldots) .$$

Die Experimente zur schwachen Wechselwirkung zeigen, daß die für die Leptonen formulierte $SU(2)_W \times U(1)$-Struktur auch in hadronischen schwachen Prozessen gilt *). Entsprechend erweitern wir die Definition (1.3.9) der Generatoren des schwachen Isospins mit den Vertauschungsrelationen (1.3.10) um den hadronischen Stromanteil:

$$\begin{aligned} I_W^{(\pm)}(t) &= \int d^3x\,(\ell_o^{(\pm)}(t,\vec{x}) + h_o^{(\pm)}(t,\vec{x})), \\ I_W^{(o)}(t) &= \int d^3x\,(\ell_o^{(o)}(t,\vec{x}) + h_o^{(o)}(t,\vec{x})). \end{aligned} \tag{1.3.19}$$

Wie bei den Leptonen ordnen wir die N_F linkshändigen Quarks in Dubletts *):

$$\begin{pmatrix} u \\ d \end{pmatrix}_L, \begin{pmatrix} c \\ s \end{pmatrix}_L, \begin{pmatrix} t \\ b \end{pmatrix}_L \quad \cdots \quad \begin{matrix} \leftarrow Q = \;\;2/3 \\ \leftarrow Q = -1/3 \end{matrix}$$

die rechtshändigen in Singuletts ein. Das t-Quark wird als Partner zum b-Quark postuliert. Dieses ist bis jetzt noch nicht entdeckt.

---

*) Von nun an verzichten wir in diesem Abschnitt auf die Angabe von Colour-Indizes, da alle diskutierten Ströme Colour-Singuletts sind (vgl. Summationskonvention).

Der geladene Strom der schwachen Wechselwirkung der Hadronen hat die Form [Ko 73a, Ja 79]

$$h_\mu^{(+)}(x) = (\overline{u}(x), \overline{c}(x), \overline{t}(x),\ldots)\,\gamma_{\mu L}\, U \begin{pmatrix} d(x) \\ s(x) \\ b(x) \\ \vdots \end{pmatrix} \tag{1.3.20}$$

mit einer $(N_F/2)\times(N_F/2)$-Matrix U. Bei der entsprechenden Konstruktion für die Leptonen war U wegen der getrennten Leptonzahl-Erhaltung notwendig diagonal und wegen der Universalität gleich der Einheitsmatrix (vgl. Gl. (1.3.6)). Der nicht elektromagnetische Anteil des neutralen Stromes $h_\mu^{(o)}(x)$ wird als nullte Komponente des schwachen Isospins (1.3.19) als Kommutator von $I_W^{(+)}$ und $h_\mu^{(-)}$ konstruiert:

$$2h_\mu^{(o)}(x) = (\overline{u}(x),\overline{c}(x),\overline{t}(x),\ldots;\overline{d}(x),\overline{s}(x),\overline{b}(x),\ldots)\,\gamma_{\mu L}\begin{pmatrix} UU^\dagger & 0 \\ 0 & -U^\dagger U \end{pmatrix}\begin{pmatrix} u(x) \\ c(x) \\ t(x) \\ \vdots \\ d(x) \\ s(x) \\ b(x) \\ \vdots \end{pmatrix}.$$

Verallgemeinert man die Tatsache, daß keine Strangeness-ändernden neutralen Ströme beobachtet werden, dahingehend, daß es keine Flavour-ändernden neutralen Ströme gibt, so muß $UU^\dagger$ diagonal und wegen Gl. (1.3.10) gleich der Einheitsmatrix sein (GIM-Mechanismus [Gl 70]): $UU^\dagger = U^\dagger U = \underline{1}$.

b) Die Unitarität der erweiterten <u>Cabibbo-Matrix U</u> beinhaltet die Universalität der schwachen Wechselwirkung. Als unitäre $(N_F/2)\times(N_F/2)$-Matrix hängt U von $N_F^2/4$ reellen Parametern ab. Davon können $N_F - 1$ Phasen durch Änderung der Phasen der Quarkfelder $u(x) \to \exp(i\eta_u)\cdot u(x),\ldots$ standardisiert werden. Es bleiben $(N_F/2)\cdot(N_F/2-1)/2$ Drehwinkel, die Cabibbo-Winkel θ_i und $(N_F/2-1)(N_F/2-2)/2$ Phasen δ_i [Ha 76], welche mit CP-verletzenden schwachen Prozessen in Verbindung gebracht werden können [Ko 73a].

Für $N_F = 4$, d.h. $\binom{u}{d}$, $\binom{c}{s}$-Quarks, haben wir eine 2×2-Matrix. Die Phasen der Matrixelemente können zu Null normalisiert werden, so daß die dann reelle unitäre Matrix allein durch den Cabibbo-Winkel θ_C parametrisiert werden kann:

$$U = \begin{pmatrix} \cos\theta_C & \sin\theta_C \\ -\sin\theta_C & \cos\theta_C \end{pmatrix} \tag{1.3.21}$$

Der geladene Strom (1.3.20) lautet also explizit:

$$h_\mu^{(+)}(x) = \overline{u}(x)\,\gamma_{\mu L}\,(\cos\theta_c \cdot d(x) + \sin\theta_c \cdot s(x)) \qquad (1.3.22)$$

$$+\,\overline{c}(x)\,\gamma_{\mu L}\,(-\sin\theta_c \cdot d(x) + \cos\theta_c \cdot s(x))\ .$$

Er beinhaltet die in Fig. 1.8 zusammengefaßten Auswahlregeln für schwache, semileptonische Zerfälle der Hadronen. Insbesondere enthält er keine Terme mit $\Delta S = -\Delta Q$ oder $|\Delta S| = 2$. θ_c mißt die Stärke der $(\Delta I = 1/2)$-Übergänge und hat den Wert:

$$\sin\theta_c \approx 0{,}219,\ \cos\theta_c \approx 0{,}97,\ \tan^2\theta_c = 0{,}05\ . \qquad (1.3.23)$$

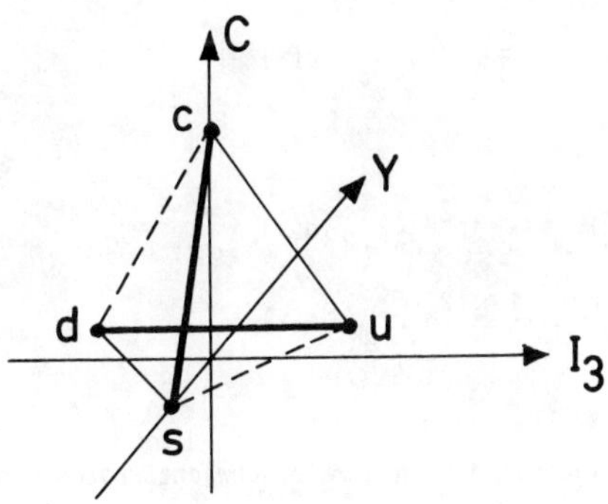

$\Delta C = 0$: $\Delta S = 0, \Delta Q = 1,\ \Delta I = 0;1 \sim \cos\theta_c$
$\Delta S = \Delta Q = 1,\ \Delta I = 1/2 \sim \sin\theta_c$

$\Delta C = 1$: $\Delta S = 0, \Delta Q = 1,\ \Delta I = 1/2 \sim -\sin\theta_c$
$\Delta S = \Delta Q = 1,\ \Delta I = 0;1 \sim \cos\theta_c$

Fig. 1.8: "Cabibbo-erlaubte" (▬ ~ $\cos\theta_c$) und "Cabibbo-unterdrückte" (--- ~ $\sin\theta_c$) Übergänge im (I_3, Y, C)-Diagramm

Die Parametrisierung der 3×3-Matrix U für 6 Quarks geht auf M. Kobayashi und K. Maskawa [Ko 73a] zurück. Mit $c_i \equiv \cos\theta_i$, $s_i \equiv \sin\theta_i$ lautet sie:

$$U = \begin{pmatrix} c_1 & s_1 c_3 & s_1 s_3 \\ -s_1 c_2 & c_1 c_2 c_3 + s_2 c_3 e^{i\delta} & c_1 c_2 s_3 - s_2 c_3 e^{i\delta} \\ -s_1 s_2 & c_1 s_2 c_3 - c_2 s_3 e^{i\delta} & c_1 s_2 c_3 + c_2 c_3 e^{i\delta} \end{pmatrix} \qquad (1.3.24)$$

Der Winkel θ_1 ist (für $\theta_2 = \theta_3 = \delta = 0$) mit dem Cabibbo-Winkel θ_c identisch; für die Drehwinkel θ_2 und θ_3 sowie die Phase δ existieren Abschätzungen, nämlich $0{,}1 < |s_2| < 0{,}7$, $|s_3| \cong 0{,}28^{+0{,}21}_{-0{,}28}$, $s_2 s_3 \sin\delta = O(10^{-3})$ [El 79].

c) Wie bei den Leptonen besteht der neutrale Quarkstrom aus der nullten Komponente des schwachen Isospinstroms und einer durch denselben Weinberg-Winkel parametrisierten Beimischung des e.m. Quarkstromes. Der explizite Ausdruck lautet damit:

$$\begin{aligned} h_\mu^{(n)}(x) &= h_\mu^{(o)}(x) - \sin^2\theta_W\, h_\mu^{em}(x) \\ &= \overline{u}(x)\, [(\tfrac{1}{2} - \tfrac{2}{3}\sin^2\theta_W)\,\gamma_{\mu L} - \tfrac{2}{3}\sin^2\theta_W\,\gamma_{\mu R}]\,u(x) \\ &+ \overline{c}(x)[(\tfrac{1}{2} - \tfrac{2}{3}\sin^2\theta_W)\,\gamma_{\mu L} - \tfrac{2}{3}\sin^2\theta_W\,\gamma_{\mu R}]\,c(x) \\ &+ \ldots \\ &+ \overline{d}(x)[(-\tfrac{1}{2} + \tfrac{1}{3}\sin^2\theta_W)\gamma_{\mu L} + \tfrac{1}{3}\sin^2\theta_W\,\gamma_{\mu R}]\,d(x) \\ &+ \overline{s}(x)\ (-\tfrac{1}{2} + \tfrac{1}{3}\sin^2\theta_W)\gamma_{\mu L} + \tfrac{1}{3}\sin^2\theta_W\,\gamma_{\mu R}]\,s(x) \\ &+ \ldots \end{aligned} \tag{1.3.25}$$

Wie $h_\mu^{(o)}$ ist auch $h_\mu^{(n)}$ Flavour-diagonal, d.h. neutrale schwache Prozesse gehorchen den Auswahlregeln:

$$\Delta Q = \Delta S = \Delta C = \ldots = 0. \tag{1.3.26}$$

Der Konstruktion des Fermi-Modells der schwachen Wechselwirkung der Leptonen und Hadronen liegen die Begriffe Universalität und schwacher Isospin zugrunde. Diese sind die Quintessenz der phänomenologischen Analyse der elektroschwachen Prozesse der Leptonen und Hadronen der ersten (e, ν_e; u, d) und zweiten (μ, ν_μ; c,s) Generation. Ihre Erweiterung auf Teilchen der 3. Generation (τ, ν_τ; t, b) hat im Augenblick spekulativen Charakter. Die experimentelle Untersuchung der Zerfälle der Mesonen mit "offenem Bottom" wird ergeben, ob diese erweiterte Formulierung der Universalität gerechtfertigt ist.

d) Nun wollen wir zeigen, wie man mit Hilfe der oben eingeführten Ströme konkrete Aussagen über physikalisch mögliche Prozesse gewinnt. Wir wählen dazu die semileptonischen Mesonzerfälle und die tiefinelastische Leptonstreuung an Hadronen. Diese Reaktionen werden in erster störungstheoretischer Näherung durch die Matrixelemente $(2\pi)^4(4\,G_F/\sqrt{2}) < out\,|\ell_\mu(o)h^\mu(o)|\,in >$ bestimmt. Da die Struktur der Leptonströme hinreichend geklärt ist, lassen sich damit die Eigenschaften der Hadronenströme besonders gut untersuchen.

Die Matrixelemente für die Zerfälle der geladenen pseudoskalaren Mesonen in Leptonen (z.B. $\pi^- \to \mu^- \overline{\nu}_\mu$, $\pi^- \to e^- \overline{\nu}_e$) sowie des schweren Leptons τ in Mesonen und sein Neutrino (z.B. $\tau^- \to \pi^- \nu_\tau$) sind gegeben zu:

$$\mathcal{M} = \frac{4G_F}{\sqrt{2}} \cdot 2\pi(\overline{u}(p_\ell)\gamma_{\mu L} v(q_{\nu_\ell})) < o\,|h^{(+)\mu}(o)|\,Meson,\, P > . \tag{1.3.27}$$

Dabei ist $(2\pi)^{-3}\overline{u}\gamma_{\mu L} v$ das Matrixelement des Leptonenstromes $\ell_\mu^{(-)}$. Das hadronische Matrixelement entwickeln wir nach Kovarianten der Lorentz-Gruppe:

$$(2\pi)^{3/2} < o|h^{(+)\mu}(o)|PS;P > = iP^\mu f_{PS} \frac{1}{2} \begin{pmatrix} \cos\theta_c \\ \\ \sin\theta_c \end{pmatrix} \text{für} \begin{matrix} \Delta I = 0,1 \\ \\ \Delta I = \frac{1}{2} \end{matrix} , \tag{1.3.28}$$

$$(2\pi)^{3/2} < o|h^{(+)\mu}(o)|V;P,\varepsilon > = \varepsilon^\mu f_V \cdot \frac{1}{2} \begin{pmatrix} \cos\theta_c \\ \\ \sin\theta_c \end{pmatrix} \text{für} \begin{matrix} \Delta I = 0,1 \\ \\ \Delta I = \frac{1}{2} \end{matrix} , \tag{1.3.29}$$

$$(2\pi)^{3/2} < o|h^{(+)\mu}(o)|A;P,\varepsilon > = \varepsilon^\mu f_A \cdot \frac{1}{2} \begin{pmatrix} \cos\theta_c \\ \\ \sin\theta_c \end{pmatrix} \text{für} \begin{matrix} \Delta I = 0,1 \\ \\ \Delta I = \frac{1}{2} \end{matrix} . \tag{1.3.30}$$

f_{PS}, f_V und f_A sind die Zerfallskonstanten der pseudoskalaren, Vektor- und Axialvektor-Mesonen. Die Zerfallsbreiten berechnen sich damit unter Benutzung von Gl. (1.2.42) zu:

$$\Gamma(PS \to \ell + \nu_\ell) = \frac{G_F^2}{8\pi} f_{PS}^2 \begin{pmatrix} \cos^2\theta_c \\ \\ \sin^2\theta_c \end{pmatrix} \cdot M_{PS}\, M_\ell^2 (1 - \frac{M_\ell^2}{M_{PS}^2})^2 , \tag{1.3.31}$$

$$\Gamma(\tau \to PS + \nu_\tau) = \frac{G_F^2}{8\pi} f_{PS}^2 \begin{pmatrix} \cos^2\theta_c \\ \\ \sin^2\theta_c \end{pmatrix} \cdot \frac{M_\tau^3}{4} (1 + O((M_{PS}/M_\tau)^2) , \tag{1.3.32}$$

$$\Gamma(\tau \to V(A) + \nu_\tau) = \frac{G_F^2}{8\pi} f_{V(A)}^2 \begin{pmatrix} \cos^2\theta_c \\ \\ \sin^2\theta_c \end{pmatrix} \frac{M_\tau^3}{2M_{V(A)}^2} (1 + O((M_{V(A)} / M_\tau)^4)). \qquad (1.3.33)$$

Das Verhältnis

$$B_{PS} = \frac{\Gamma(PS \to e\ \nu_e)}{\Gamma(PS \to \mu\ \nu_\mu)} = \frac{M_e^2}{M_\mu^2} \left(\frac{M_{PS}^2 - M_e^2}{M_{PS}^2 - M_\mu^2} \right)^2 \qquad (1.3.34)$$

ist unabhängig von der Zerfallskonstanten f_{PS} und insbesondere dem Quadrat des Quotienten der Leptonmassen proportional. Dies ist typisch für die (V-A)-Wechselwirkung. Eine skalare Kopplung würde z.B. anstelle von M_e^2/M_μ^2 eine Eins ergeben. Experimentell findet man $B_\pi = (1{,}267 \pm 0{,}023)\cdot 10^{-4}$ und $B_K = (2{,}43 \pm 0{,}14)\cdot 10^{-5}$, während aus Gl. (1.3.34) $B_\pi = 1{,}23\cdot 10^{-4}$ und $B_K = 2{,}55\cdot 10^{-5}$ folgt.

Aus den experimentellen Breiten $\Gamma(\pi^- \to \mu^- + \overline{\nu}_\mu) = 3{,}84\cdot 10^7\ s^{-1}$ und $\Gamma(K^- \to \mu^- + \overline{\nu}_\mu) = 5{,}13\cdot 10^7\ s^{-1}$ bestimmt man mit Gl. (1.3.31) und Gl. (1.3.23) die Zerfallskonstanten

$$f_\pi = 138 \text{ MeV}\ , \quad f_K = 160 \text{ MeV}\ .$$

Damit kann man die Breiten der τ-Zerfälle $\Gamma(\tau^- \to \pi^- + \nu_\tau) = 2{,}5\cdot 10^{11}\ s^{-1}$ und $\Gamma(\tau^- \to K^- + \nu_\tau) = 1{,}9\cdot 10^{10}\ s^{-1}$ aus Gl. (1.3.32) berechnen. Experimentell ist $\Gamma(\tau^- \to K^- + \ldots)/\Gamma(\tau^- \to \pi^- + \ldots) = 0{,}07 \pm 0{,}06$ und $\Gamma(\tau^- \to \pi^- + \ldots)/\Gamma(\tau^- \to \ell\,\overline{\nu}_\ell\,\nu_\tau) = 0{,}50 \pm 0{,}06$ in Übereinstimmung mit den theoretischen Werten [Fl 79].

Die näherungsweise Gleichheit von f_π und $f_K (f_K = 1{,}15\ f_\pi)$ deutet auf eine relativ geringe Flavour-Abhängigkeit der Zerfallskonstanten f_{PS} hin. Wir setzen deshalb $f_K \approx f_D \approx f_F$ und können damit die partiellen Breiten der Mesonen mit Charm vorhersagen: $\Gamma(D^- \to \mu^- + \overline{\nu}_\mu) = 2{,}0\cdot 10^8\ s^{-1}$, $\Gamma(F^- \to \mu^- + \overline{\nu}_\mu) = 3{,}7\cdot 10^9\ s^{-1}$.

Als Beispiel für einen e.m. Zerfall wählen wir den von Vektormesonen ($\rho, \omega, \phi, J/\psi$, ...) in Leptonpaare. Die Zerfallsbreite berechnet man aus dem Matrixelement des e.m. Stromes, welches dem von Gl. (1.3.29) entspricht:

$$\Gamma(V \to \ell^+\ell^-) = \frac{4\pi}{3}\,\alpha^2\,\frac{f_V^2}{M_V^3}\ .$$

Aus dem gemessenen $\Gamma(V \to \ell^+\ell^-)$ kann f_V bestimmt werden. Nimmt man die Gültigkeit der Weinberg-Summenregel [We 67a] an, so ist $f_A = f_V$. Damit berechnet man aus Gl. (1.3.32) und (1.3.33) folgende Zerfallsbreiten: $\Gamma(\tau^- \to \rho^- \nu_\tau) = 5{,}5 \cdot 10^{11}\ s^{-1}$, $\Gamma(\tau^- \to A_1^- + \nu_\tau) = 1{,}5 \cdot 10^{11}\ s^{-1}$. Die entsprechenden Verzweigungsverhältnisse stimmen mit dem Experiment überein: $\Gamma(\tau^- \to \rho^- + \nu_\tau) = (4{,}7 \pm 1{,}5) \cdot 10^{11}\ s^{-1}$ [Pa 82] und $\Gamma(\tau^- \to A_1^- + \nu_\tau) = (3{,}3 \pm 1{,}5) \cdot 10^{11}\ s^{-1}$ [Fl 79].

Der GIM-Mechanismus verbietet schwache Mesonzerfälle in Leptonpaare, die nur über den neutralen Strom $h_\mu^{(n)}$ laufen und die mit einer Änderung der Flavour-Quantenzahl verbunden sind (Gl. (1.3.26)). Experimentell ist $\Gamma(K_L^o \to \mu^+\mu^-)/\Gamma_{K_L^o} = (9{,}1 \pm 1{,}9) \cdot 10^{-9}$ und $\Gamma(K_L^o \to e^+e^-)/\Gamma_{K_L^o} < 2{,}0 \cdot 10^{-9}$. Die Größenordnung dieser Verzweigungsverhältnisse kann durch Effekte höherer Ordnung erklärt werden [Ga 74].

Bei den bisher besprochenen Prozessen führt der Farbfreiheitsgrad der Quarks nicht zu direkt beobachtbaren Konsequenzen. Dies ist anders beim Zerfall $\pi^o \to 2\gamma$, welcher durch die Feynman-Graphen

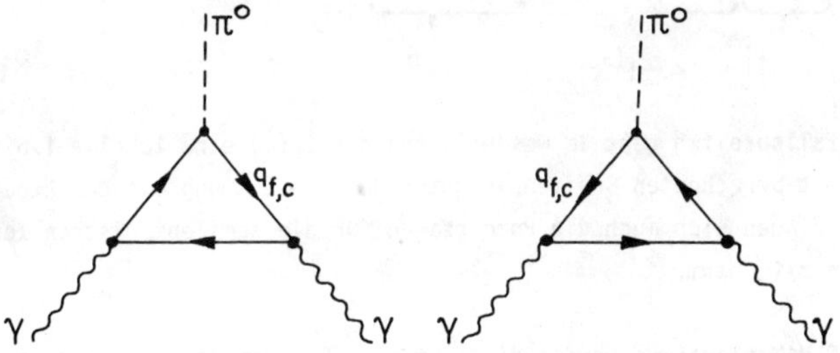

beschrieben wird. Hieraus berechnet sich unter Verwendung der PCAC-Hypothese die Zerfallsbreite zu [Ad 70]:

$$\Gamma(\pi^o \to 2\gamma) = \frac{\alpha^2}{32\pi^3} \cdot \frac{M_\pi^3}{f_\pi^2} \cdot \frac{N_C^2}{9} .$$

Experimentell ist $\Gamma(\pi^o \to 2\gamma) = (7{,}95 \pm 0{,}55)$eV. Mit $f_\pi = 138$ MeV folgt dann für die Zahl der Farbfreiheitsgrade der Quarks $N_C = 3$. Drei Farben werden aber auch zur Lösung des Symmetrieproblems der Baryonwellenfunktionen benötigt.

Die Matrixelemente der β-Zerfälle der pseudoskalaren Mesonen $PS' \to PS + \ell + \overline{\nu}_\ell$ sind gegeben zu

$$\mathfrak{M} = \frac{4G_F}{\sqrt{2}} \cdot 2\pi \cdot (\overline{u}(p_e)\gamma_{\mu L} v(q_{\nu_e})) < PS;P|h^{(+)\mu}(o)|PS';P' > .$$

Es trägt nur der Vektoranteil $V^{(+)\mu}(o)$ des geladenen und wegen der Brechung der

Flavour-Symmetrie nicht divergenzfreien Hadronstromes bei. Die Lorentz-Invarianz liefert die Zerlegung seines Matrixelementes in Formfaktoren:

$$(2\pi)^3 < PS;P|V^{(+)\mu}(o)|PS';P'> \qquad (1.3.36)$$

$$= (P+P')^{\mu} f_+(q^2) + q^{\mu} f_-(q^2), \quad q^{\mu} = (P-P')^{\mu} .$$

Für $q^2 = 0$ ist der Formfaktor $f_+(o)$ des divergenzfreien Anteils des Stromes identisch mit dem Matrixelement der entsprechenden Ladung. Diese ist nach Gl.(1.2.70) aber der zugehörige Flavour-Generator (CVC-Hypothese). $f_+(o)$ wird damit berechenbar. Wir zeigen dies in der Sprache der Quarkwellenfunktionen (vgl. Gl. (1.1.1) am Beispiel $<\pi^+|I^{(+)}|\pi^o>$:

$$f_+(o) = \underbrace{-<u\bar{d}|}_{<\pi^+|}\underbrace{(|u><d| - |\bar{d}><\bar{u}|)}_{I^{(+)}}\underbrace{|u\bar{u} - d\bar{d}>\frac{1}{\sqrt{2}}}_{|\pi^o>} = \frac{1}{\sqrt{2}}(1+1) = \sqrt{2} . \qquad (1.3.37)$$

In die Zerfallsbreiten geht im wesentlichen nur $f_+(o)$ ein. Tabelle 1.6 zeigt, daß die damit berechneten Breiten in guter Übereinstimmung mit dem Experiment sind. Dort finden sich auch die Vorhersagen für die semileptonischen Zerfälle der Mesonen mit Charm.

Durch den GIM-Mechanismus werden die neutralen Strangeness-ändernden semileptonischen Zerfälle entsprechend der ($\Delta S = 0$)-Auswahlregel (1.3.26) verboten. Experimentell ist:

$$\frac{\Gamma(K^+ \to \pi^+ e^+ e^-)}{\Gamma(K^+ \to \pi^o e^+ \nu_e)} = (5{,}4 \pm 1{,}0)\cdot 10^{-6}, \quad \frac{\Gamma(K^+ \to \pi^+ \nu\bar{\nu})}{\Gamma(K^+ \to \pi^o e^+ \nu_e)} < 3\cdot 10^{-6} .$$

Hiermit beenden wir den Vergleich des Fermi-Modells mit dem Experiment anhand ausgewählter Beispiele. Die Diskussion der schwachen Baryonzerfälle im Rahmen des Fermi-Modells findet man in den unter [FM] angegebenen Lehrbüchern. Den Test des neutralen Stromes der Hadronen in der $\nu(\bar{\nu})$-Nukleon-Streuung besprechen wir in Abschn. 1.4.

Zerfall	$f_+(o)$	$\Gamma_{theor}[s^{-1}]$	$\Gamma_{exp}[s^{-1}]$
$\pi^+ \to \pi^o e^+ \nu_e$	$\sqrt{2}$	$3{,}94\cdot 10^{-1}$	$(3{,}92 \pm 0{,}27)\cdot 10^{-1}$
$K^+ \to \pi^o e^+ \nu_e$	$1/\sqrt{2}$	$3{,}60\cdot 10^6$	$3{,}9 \cdot 10^6$
$\pi^o \mu^+ \nu_\mu$		$2{,}34\cdot 10^6$	$2{,}6 \cdot 10^6$
$K^o \to \pi^- e^+ \nu_e$	1	$7{,}30\cdot 10^6$	$7{,}53 \cdot 10^6$
$\pi^- \mu^+ \nu_\mu$		$4{,}80\cdot 10^6$	$5{,}3 \cdot 10^6$
$D^+ \to K^o e^+ \nu_e, \mu^+ \nu_\mu$	1	$1{,}10\cdot 10^{11}$	
$D^+ \to \pi^o e^+ \nu_e, \mu^+ \nu_\mu$	$1/\sqrt{2}$	$5{,}0 \cdot 10^9$	
$D^o \to K^- e^+ \nu_e, \mu^+ \nu_\mu$	1	$1{,}1 \cdot 10^{11}$	
$\pi^- e^+ \nu_e, \mu^+ \nu_\mu$	1	$1{,}0 \cdot 10^{10}$	
$F^+ \to K^o e^+ \nu_e, \mu^+ \nu_\mu$	1	$1{,}0 \cdot 10^{10}$	
$\eta, e^+ \nu_e, \mu^+ \nu_\mu$	$-2/\sqrt{6}$	$2{,}0 \cdot 10^{11}$	

Tab. 1.6: Semileptonische Zerfälle der pseudoskalaren Mesonen

Das Ergebnis der phänomenologischen Diskussion der schwachen Wechselwirkung können wir in folgenden Punkten zusammenfassen:

1) Die leptonischen und semileptonischen schwachen Prozesse werden durch einen effektiven Hamilton-Operator vom Strom-Strom-Typ gut beschrieben. Probleme treten jedoch bei nichtleptonischen schwachen Zerfällen, wie z.B. $K \to 2\pi$, $K \to 3\pi$, $\Lambda \to N\pi$ auf. Experimentell wird dabei die $(\Delta I = 1/2)$-Regel beobachtet (Oktett-Enhancement [Da 64]). Dieser Sachverhalt ist theoretisch noch nicht befriedigend erklärt. Man kann dies als ein Problem der starken Wechselwirkung betrachten, muß also nicht den Fermi-Ansatz (1.3.1) in Zweifel ziehen. Immerhin ist dies ein Problemkreis, an dem die QCD und die Theorie der elektroschwachen Wechselwirkung noch ihre Bewährungsprobe zu bestehen haben [Al 74, Ga 74].

2) Dynamische Abweichungen von der punktförmigen 4-Fermion-Wechselwirkung wurden

bei den bisher erreichten Energien nicht beobachtet.
3) Die Ströme der schwachen Wechselwirkung lassen sich aus den Feldern der Leptonen und Quarks aufbauen.
4) Die schwache Wechselwirkung ist universell für Leptonen und Hadronen. Die Universalität kann teilweise in einer algebraischen Struktur der Ladungen ausgedrückt werden (Gruppe $SU(2)_W \times U(1)$).
5) Die Ladungen der linkshändigen geladenen und neutralen Ströme erzeugen die schwache Isospin-Gruppe $SU(2)_W$. Der neutrale Strom setzt sich aus dem linkshändigen schwachen Isospin-Strom und dem elektromagnetischen Strom mit dem Weinberg-Winkel als Mischungsparameter zusammen, was zur $SU(2)_W \times U(1)$-Symmetrie führt (vgl. Gl. (1.3.10).
6) Der hadronische, linkshändige schwache Isospin-Strom ist nach GIM aus den Cabibbo-gedrehten Quarkfeldern aufgebaut (siehe Gl. (1.3.20) und (1.3.25)).

1.4 Das Quark-Partonmodell [PM]

Die Hypothese, daß Mesonen und Baryonen aus Quarks aufgebaut sind, führt zu einer erfolgreichen Beschreibung des Hadronspektrums. Bisher fehlt jedoch die direkte Bestätigung dieser Vorstellung, da freie Quarks experimentell nicht beobachtet wurden. Es ist aber möglich, nach den Konstituenten der Hadronen mit nicht stark wechselwirkenden Sonden, d.h. Elektronen, Myonen und Neutrinos zu suchen. Die Entdeckung der Skaleninvarianz in der tiefinelastischen Lepton-Nukleon-Streuung zeigt, daß die Nukleonen punktförmige Konstituenten enthalten. Eine Untersuchung der Quantenzahlen dieser Konstituenten bestätigt, daß sie mit den Quarks identisch sind. Darüber hinaus findet man Hinweise auf die Gluonen, die Quanten der starken Wechselwirkung.

1.4.1 Scaling in der tiefinelastischen Lepton-Streuung

Der differentielle Wirkungsquerschnitt für die tiefinelastische Lepton-Streuung, d.h. für die Reaktion $\ell + \mathcal{N} \to \ell' + X$ ($\mathcal{N}$: Nukleon, X: beliebiger hadronischer Endzustand) läßt sich nach dem Graphen der Fig. 1.9 berechnen. Für den Fall der Elektron-Nukleon-Streuung führt dieser 1-Photon-Austauschgraph zu folgendem Ausdruck für den unpolarisierten Wirkungsquerschnitt:

$$\frac{d^2\sigma^{e\mathcal{N}}}{dE'd\Omega} = \frac{\alpha^2}{Q^4} \cdot \frac{E'}{M_{\mathcal{N}} \cdot E} \cdot \frac{1}{2} L^{\mu\nu} W^{e\mathcal{N}}_{\mu\nu} \qquad (1.4.1)$$

mit dem leptonischen Tensor (vgl. Gl. (1.2.48))

$$L^{\mu\nu} = \sum_{j_3 j_3'} \overline{u}(p', j_3')\,\gamma^\mu u(p, j_3) \cdot \overline{u}(p, j_3)\,\gamma^\nu u(p', j_3') \qquad (1.4.2)$$

$$= 4(p'^\mu p^\nu + p^\mu p'^\nu - g^{\mu\nu} pp').$$

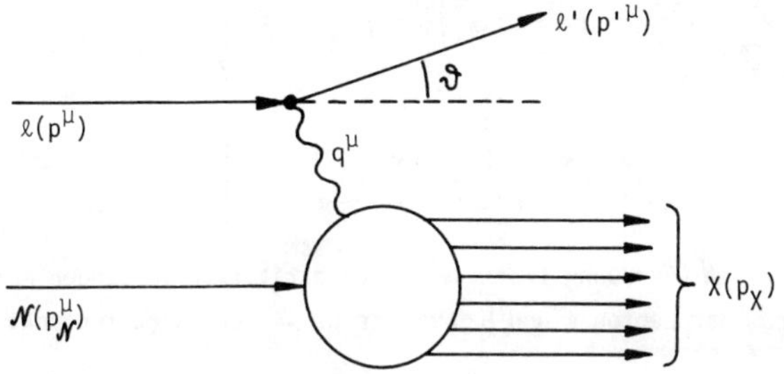

Kinematische Variable im Laborsystem:

$p^\mu = (E, \vec{p}),\quad p'^\mu = (E', \vec{p}\,'),\quad q^\mu = p^\mu - p'^\mu,$

$p^\mu_{\mathcal{N}} = (M_{\mathcal{N}}, \vec{0}),$

$Q^2 = -q^2 = 4\,EE'\sin^2\vartheta/2,\quad \nu = p_{\mathcal{N}} \cdot q = M_{\mathcal{N}}(E - E'),$

$x = Q^2/2\nu,\quad 0 \leq x \leq 1,\qquad y = \nu/p_{\mathcal{N}} \cdot p = (E - E')/E\,,\quad 0 \leq y \leq 1\,.$

Fig. 1.9: Kinematik der tiefinelastischen Lepton-Nukleon-Streuung

Den hadronischen Tensor

$$W^{e\mathcal{N}}_{\mu\nu} = \frac{1}{2} \sum_{\text{spins}} \sum_X (2\pi)^3\, \delta^{(4)}(p_{\mathcal{N}} - p_X - q) \cdot \langle \mathcal{N} | j^{em}_\mu(o) | X \rangle \langle X | j^{em}_\nu(o) | \mathcal{N} \rangle =$$

$$= (-g_{\mu\nu} + q_\mu q_\nu/q^2)\, W_1^{e\mathcal{N}}(\nu, Q^2) + \qquad (1.4.3)$$

$$+ (p_{\mathcal{N}\mu} - q_\mu (p_{\mathcal{N}} \cdot q)/q^2)(p_{\mathcal{N}\nu} - q_\nu (p_{\mathcal{N}} \cdot q)/q^2) \frac{1}{M^2_{\mathcal{N}}} W_2^{e\mathcal{N}}(\nu, Q^2)\,,$$

haben wir unter Ausnutzung der Lorentz-Kovarianz durch die Strukturfunktionen $W_1^{e\mathcal{N}}$ und $W_2^{e\mathcal{N}}$ parametrisiert, die nur von den relativistischen Invarianten ν und Q^2 abhängen.

Der Wirkungsquerschnitt für die tiefinelastische $e\mathcal{N}$- bzw. $\nu(\overline{\nu})\mathcal{N}$- Streuung über geladene Ströme hat dann die Form:

$$\frac{d^2\sigma}{dE'2\pi\sin\vartheta d\vartheta} = \frac{M_{\mathcal{N}}EE'}{\pi}\frac{d^2\sigma}{dQ^2d\nu} = \frac{E'}{2\pi M_{\mathcal{N}}E\cdot y}\frac{d^2\sigma}{dxdy} \tag{1.4.4}$$

$$= \begin{cases} \left.\frac{4\alpha^2}{Q^4}\frac{E'^2}{M_{\mathcal{N}}}[W_1^{e\mathcal{N}}\cdot 2\sin^2\frac{\vartheta}{2} + W_2^{e\mathcal{N}}\cdot\cos^2\frac{\vartheta}{2}]\right\} & \text{für } e\mathcal{N}, \\ \left.\begin{aligned} &\frac{G_F^2}{2\pi^2}\cdot\frac{E'^2}{M_{\mathcal{N}}}[W_1^{\nu(\bar{\nu})\mathcal{N}}\cdot 2\sin^2\frac{\vartheta}{2} + W_2^{\nu(\bar{\nu})\mathcal{N}}\cdot\cos^2\frac{\vartheta}{2} \\ &+(-)W_3^{\nu(\bar{\nu})\mathcal{N}}\cdot\frac{E+E'}{M_{\mathcal{N}}}\sin^2\frac{\vartheta}{2}]\end{aligned}\right\} & \text{für } \nu(\bar{\nu})\mathcal{N} \text{ über geladene Ströme} \end{cases}$$

Im Falle der $\nu(\bar{\nu})\mathcal{N}$- Streuung tritt wegen der paritätsverletzenden Anteile im schwachen Strom der Leptonen und Hadronen eine weitere Strukturfunktion $W_3(\nu,Q^2)$ auf.

In Fig. 1.10 zeigen wir die experimentellen Resultate für die Strukturfunktionen $W_1^{e\mathcal{N}}(\nu,Q^2)$ und $W_2^{e\mathcal{N}}(\nu, Q^2)$. Darin sind die Daten in Abhängigkeit von der Variablen $x = Q^2/2\nu$ und Q^2 aufgetragen. Die Tatsache, daß die Meßwerte in guter Näherung auf einer Kurve liegen, heißt Scaling [Bj 69a] und bedeutet, daß die Strukturfunktionen nur von der Skalenvariablen x abhängen. Deshalb definieren wir den Bjorken-Limes $F_i(x)$ der Strukturfunktionen W_i:

$$\begin{aligned} &\text{Bj-lim}\, W_1(\nu,Q^2) = F_1(x), \\ &\text{Bj-lim}\, \nu W_{2,3}(\nu,Q^2)/M_{\mathcal{N}}^2 = F_{2,3}(x). \end{aligned} \qquad \text{Bj-lim} = \lim_{Q^2,\nu\to\infty;\, x \text{ fix}} \tag{1.4.5}$$

Im Bjorken-Limes lautet der Wirkungsquerschnitt (1.4.4)

$$\boxed{\frac{d^2\sigma^{e\mathcal{N}}}{dxdy} = \frac{4\pi\alpha^2}{Q^2}[yF_1^{e\mathcal{N}} + \frac{1-y}{xy}F_2^{e\mathcal{N}}],\quad \frac{d^2\sigma^{\nu\mathcal{N}}}{dxdy} = \frac{G_F^2 M_{\mathcal{N}}E}{\pi}\{(1-y)F_2^{\nu\mathcal{N}} + y^2 xF_1^{\nu\mathcal{N}} \pm y(1-\frac{y}{2})xF_3^{\nu\mathcal{N}}\}}$$

oder, wenn wir ihn mittels $s = 2M_{\mathcal{N}}\cdot E$, $u = -2M_{\mathcal{N}}\cdot E'$, $2\nu = s+u$, $x = Q^2/(s+u)$, $\sin^2\vartheta/2 = -Q^2M_{\mathcal{N}}^2/(u\cdot s) = -(u+s)\cdot x\cdot M_{\mathcal{N}}^2/(u\cdot s)$ invariant schreiben:

$$\frac{d^2\sigma^{e\mathcal{N}}}{dQ^2d\nu} = \frac{4\pi\alpha^2}{Q^4}\frac{1}{s^2(u+s)}\{2(u+s)^2xF_1^{e\mathcal{N}}(x) - 2usF_2^{e\mathcal{N}}(x)\}. \tag{1.4.6}$$

Eine einfache Erklärung dieses, auch in der Neutrino-Streuung beobachteten Scaling-Verhaltens sowie Aussagen über die Funktionen F_i versucht das Parton-Modell zu geben, das wir im nächsten Abschnitt besprechen.

Eine genaue Betrachtung der Daten zeigt eine kleine, systematische Abweichung vom Skalenverhalten. Diese wird im Rahmen der Quantenchromodynamik durch gluonische Strahlungskorrekturen erklärt (siehe Abschn. 2.7).

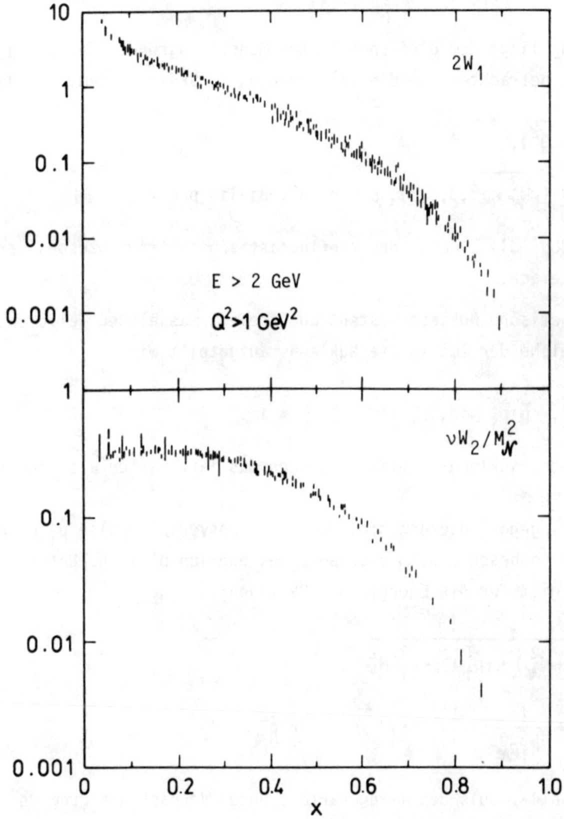

Fig. 1.10: Die Strukturfunktionen $W_1^{e\mathcal{N}}(\nu,Q^2)$ und $\nu W_2^{e\mathcal{N}}(\nu,Q^2)$ [Ta 75]

1.4.2 Das einfache Parton-Modell

Die fast ausschließliche Abhängigkeit der Strukturfunktionen der tiefinelastischen Lepton-Nukleon-Streuung von der dimensionslosen Größe x weist darauf hin, daß keine, durch einen Massenparameter festgelegte Struktur in dieser Reaktion eine wesentliche dynamische Rolle spielt. Es liegt also nahe, daß man versucht, den Bjorkenschen Grenzfall durch Leptonstreuung an punktförmigen, masselosen Konstituenten der Nukleonen zu beschreiben.

Diese Vorstellung liegt dem einfachen Parton-Modell zugrunde [Fe 69, Bj 69b]. In diesem Modell betrachtet man die $\ell\mathcal{N}$- Streuung im Breit-System, das durch

$$q^\mu = (0,0,0,\sqrt{Q^2}),$$
$$p^\mu_{\mathcal{N}} = (p^o_{\mathcal{N}},\vec{p}) = (\sqrt{M^2_{\mathcal{N}}+p^2},0,0,p),\ p = \nu/\sqrt{Q^2},\ \text{Bj-lim}\ p = \infty\ , \tag{1.4.7}$$

definiert ist. Über die Dynamik des tiefinelastischen Streuprozesses werden folgende Annahmen gemacht:

i) Das hochenergetische Nukleon besteht aus freien, masselosen Teilchen, den Partonen, auf welche der Impuls des Nukleons aufgeteilt wird:

$$\vec{p}_i = \xi_i\,\vec{p} + \vec{p}^{\,T}_i,\quad \vec{p}\cdot\vec{p}^{\,T}_i = 0,\ \xi_i \geqq 0,\quad \sum_i \xi_i = 1\ .$$

ξ_i ist der Teil des Nukleon-Impulses, welchen das i-te Parton als Longitudinalimpuls besitzt.

Zum Parton-Modell gehört die Annahme, daß die Transversalimpulse $\vec{p}^{\,T}_i$ einen "cut-off" haben, d.h. insbesondere im Bjorken-Limes endlich bleiben. Unter diesen Voraussetzungen gilt für die Energie der Partonen:

$$p^o_i = \sqrt{\xi^2_i\,(\vec{p}^{\,2} + M^2_{\mathcal{N}}) + (\vec{p}^{\,T}_i)^2 - \xi^2_i\, M^2_{\mathcal{N}}} \approx$$
$$\approx \xi_i p^o_{\mathcal{N}} + \frac{1}{2\xi_i p^o_{\mathcal{N}}}\,((\vec{p}^{\,T}_i)^2 - \xi^2_i M^2_{\mathcal{N}})\ ,\quad \text{für}\ \vec{p}^{\,2} \gg M^2_{\mathcal{N}}\ . \tag{1.4.8}$$

Also gilt für den 4-Impuls des i-ten Partons unter Vernachlässigung des endlichen $\vec{p}^{\,T}$:

$$p^\mu_i \approx (\xi_i p^o_{\mathcal{N}},\,0,0,\,\xi_i\,p) = \xi_i p^\mu_{\mathcal{N}}\ . \tag{1.4.9}$$

ii) Der Wirkungsquerschnitt für die tiefinelastische Lepton-Nukleon-Streuung ist die inkohärente Summe der Parton-Wirkungsquerschnitte gewichtet mit der Verteilungsfunktion $f_i^{\mathcal{N}}(\xi_i)$. Diese setzt sich zusammen aus der Wahrscheinlichkeit P_n, $\sum_n P_n = 1$, für n Partonen und der Wahrscheinlichkeit $r_i^{(n)}(\xi_i)$, $\int_0^1 r_i^{(n)}(\xi_i)\, d\xi_i = 1$, daß davon das Parton i den Impulsanteil ξ_i hat: $f_i^{\mathcal{N}}(\xi_i) = \sum_n P_n r_i^{(n)}(\xi_i)$. Dabei werden die Parton-Wirkungsquerschnitte als Streuquerschnitte punktförmiger, elastisch gestreuter Teilchen in der 1-Photon-Näherung nach Fig. 1.11 berechnet.

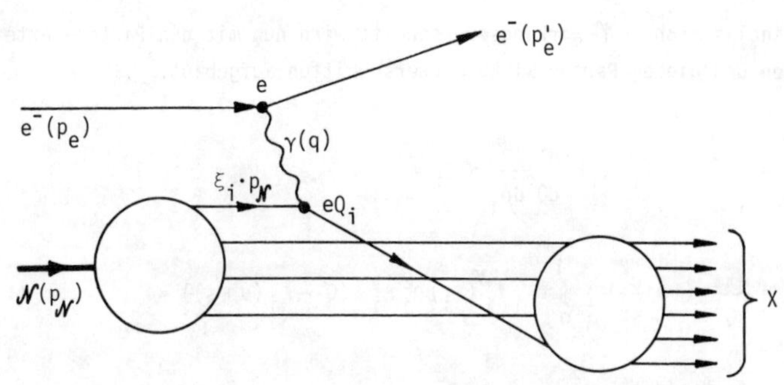

$Q^2 = -(p_e - p'_e)^2$

$s_i = (p_e + \xi_i p_{\mathcal{N}})^2 \approx \xi_i\, 2p_e \cdot p_{\mathcal{N}} \approx \xi_i \cdot s, \quad s = (p_e + p_{\mathcal{N}})^2 ;$

$u_i = (p'_e - \xi_i p_{\mathcal{N}})^2 \approx -\xi_i\, 2p'_e \cdot p_{\mathcal{N}} \approx \xi_i \cdot u, \quad u = (p'_e - p_{\mathcal{N}})^2 ;$

eQ_i = Ladung des i-ten Partons.

Fig. 1.11: Die Lepton-Nukleon-Streuung im einfachen Parton-Modell

Die Rechnung verläuft (im "gekreuzten Kanal") analog zu derjenigen für die e^+e^--Vernichtung in μ-Paare (Abschnitt 1.2.2) und ergibt:

$$\left.\frac{d\sigma}{dQ^2}\right|_{\substack{\text{Elektron-}\\ \text{Parton i}}} = \frac{4\pi\alpha^2 Q_i^2}{Q^4} \cdot \frac{1}{2}\left(1 + \frac{u_i^2}{s_i^2}\right) . \tag{1.4.10}$$

Zwischen Q^2, s_i und u_i besteht für verschwindende Parton-Massen die Mandelstam-Bedingung $-Q^2 + s_i + u_i = 0$. Diese machen wir in Gl. (1.4.10) dadurch explizit, daß wir für u_i eine δ-funktionsartige Verteilung einführen und diese benutzen, um zu den kinematischen Variablen s und u überzugehen:

$$\frac{d^2\sigma}{dQ^2 du_i} = \frac{4\pi\alpha^2 Q_i^2}{Q^4} \frac{1}{2} \left(1 + \frac{u_i^2}{s_i^2}\right) \delta(-Q^2 + s_i + u_i)$$
$$= 4\pi\alpha^2 \frac{Q_i^2}{Q^4} \frac{1}{2} \left(1 + \frac{u^2}{s^2}\right) \delta(Q^2 - \xi_i(u+s)). \quad (1.4.11)$$

Der tiefinelastische $e\mathcal{N}$- Wirkungsquerschnitt wird nun mit den Parton-Verteilungsfunktionen und diesen Parton-Wirkungsquerschnitten aufgebaut:

$$\frac{d^2\sigma}{dQ^2 d\nu} = \sum_i \int_o^1 d\xi_i \, f_i^{\mathcal{N}}(\xi_i) \frac{d^2\sigma^{i\mathcal{N}}}{dQ^2 du_i} \cdot 2\xi_i =$$
$$= \frac{4\pi\alpha^2}{Q^4} \left(1 + \frac{u^2}{s^2}\right) \sum_i \int_o^1 d\xi_i \, f_i^{\mathcal{N}}(\xi_i) \, Q_i^2 \, \xi_i \, \delta(Q^2 - \xi_i(u+s)) = \quad (1.4.12)$$
$$= \frac{4\pi\alpha^2}{Q^4} \frac{1}{s+u} \frac{s^2+u^2}{s^2} \sum_i Q_i^2 \, x f_i^{\mathcal{N}}(x) ,$$

$$s + u = 2\nu .$$

Dieses Resultat des Parton-Modells für den Wirkungsquerschnitt der tiefinelastischen Elektron-Nukleon-Streuung zeigt Scaling-Verhalten. Entsprechend der δ-Funktion in Gl. (1.4.12) gilt $x = \xi_i$. Damit mißt die Skalenvariable x den Longitudinalimpulsanteil der Partonen. Ein Vergleich von Gl. (1.4.12) mit (1.4.8) liefert die weiteren wesentlichen Aussagen des Parton-Modells, nämlich die Callan-Gross-Relation [Ca 69]:

$$F_2^{e\mathcal{N}}(x) = 2x \, F_1^{e\mathcal{N}}(x) , \quad (1.4.13)$$

sowie den Zusammenhang zwischen den Strukturfunktionen $F_i(x)$ und den Parton-Verteilungen $f_i(x)$:

$$F_1^{e\mathcal{N}}(x) = \frac{1}{2} \sum_i Q_i^2 \, f_i^{\mathcal{N}}(x) . \quad (1.4.14)$$

iii) Im Quark-Partonmodell werden die Partonen, die zu der tiefinelastischen Leptonstreuung beitragen, mit den Konstituenten der Nukleonen, den Quarks, identifiziert. Die Tatsache, daß Quarks den Spin 1/2 besitzen, haben wir bei der

Ableitung der Gl. (1.4.12) vorweggenommen. Hätten die Partonen z.B. Spin Null, so wäre $F_1(x) \equiv 0$. Die Parton-Verteilungsfunktionen $f_i^{\mathcal{N}}(x)$ geben an, wie sich der Impuls des Nukleons auf die Quarks u,d,s,c,... verteilt. Wir führen unter Ausnutzung der Ladungssymmetrie folgende Quark-Verteilungsfunktionen für Proton P und Neutron N ein:

$$\begin{aligned} f_u^P(x) &= f_d^N(x) =: u(x)\,, & f_{\bar{u}}^P(x) &= f_{\bar{d}}^N(x) =: \bar{u}(x)\,, \\ f_d^P(x) &= f_u^N(x) =: d(x)\,, & f_{\bar{d}}^P(x) &= f_{\bar{u}}^N(x) =: \bar{d}(x)\,, \\ f_s^P(x) &= f_s^N(x) =: s(x)\,, & f_{\bar{s}}^P(x) &= f_{\bar{s}}^N(x) =: \bar{s}(x)\,, \\ f_c^P(x) &= f_c^N(x) =: c(x)\,, & f_{\bar{c}}^P(x) &= f_{\bar{c}}^N(x) =: \bar{c}(x)\,. \end{aligned} \tag{1.4.15}$$

Die Kopplungskonstanten Q_i sind mit den Quarkladungen identisch.

Im Quark-Partonmodell erhält man unter Ausnutzung der Struktur der neutralen und geladenen Quarkströme (vgl. Gl. (1.3.20) und (1.3.25)) für die tiefinelastische $\nu(\bar{\nu})$-Streuung selbstverständlich ebenfalls Scaling und die Callan-Gross-Relation. Den zu Gl. (1.4.14) analogen Aufbau der Strukturfunktionen $F_1(x)$ und $F_3(x)$ aus den Quarkverteilungen $u(x),\ldots,\bar{c}(x)$ haben wir in Tabelle 1.7 zusammengefaßt. Danach ist z.B.

$$2F_1^{eP}(x) = \tfrac{4}{9}u(x) + \tfrac{1}{9}d(x) + \tfrac{1}{9}s(x) + \ldots + \tfrac{4}{9}\bar{c}(x)\,, \; F_1^{\nu P} = \cos^2\theta_C\, d(x) + \sin^2\theta_C\, s(x) + \bar{u}(x)\,.$$

Die Kopplungen ε^2 und Δ^2 des neutralen Stromes wurden aus Gl. (1.3.25) entnommen:

$$\varepsilon_Q^2 = \varepsilon_{Q,L}^2 + \varepsilon_{Q,R}^2, \quad \Delta_Q^2 = \varepsilon_{Q,L}^2 - \varepsilon_{Q,R}^2\,. \tag{1.4.16}$$

Für Quarks mit Ladung Q = 2/3 (u,c,...) bzw. Q = - 1/3 (d,s,...) ist:

$$\begin{aligned} \varepsilon_{2/3,L} &= \tfrac{1}{2} - \tfrac{2}{3}\sin^2\theta_W, & \varepsilon_{2/3,R} &= -\tfrac{2}{3}\sin^2\theta_W\,, \\ \varepsilon_{-1/3,L} &= -\tfrac{1}{2} + \tfrac{1}{3}\sin^2\theta_W, & \varepsilon_{-1/3,R} &= +\tfrac{1}{3}\sin^2\theta_W\,. \end{aligned} \tag{1.4.17}$$

Die große Masse der Hadronen mit Charm führt in der Umgebung der Charmschwelle zu einer Verletzung des Skalenverhaltens. Deshalb haben wir in Tabelle 1.7 die Kopplungen unterhalb und oberhalb der Charmschwelle getrennt aufgeschrieben. Die Werte oberhalb der Charmschwelle hängen wegen des GIM-Mechanismus nicht mehr vom

	u	d	s	c	$\bar{u}$	$\bar{d}$	$\bar{s}$	$\bar{c}$	
$2F_1^{eP}$	$\frac{4}{9}$	$\frac{1}{9}$	$\frac{1}{9}$	$\frac{4}{9}$	$\frac{4}{9}$	$\frac{1}{9}$	$\frac{1}{9}$	$\frac{4}{9}$	
$2F_1^{eN}$	$\frac{1}{9}$	$\frac{4}{9}$	$\frac{1}{9}$	$\frac{4}{9}$	$\frac{1}{9}$	$\frac{4}{9}$	$\frac{1}{9}$	$\frac{4}{9}$	
$F_1^{\nu P}$	0 (0)	$\cos^2\theta_c$ (1)	$\sin^2\theta_c$ (1)	- (0)	1 (1)	0 (0)	0 (0)	- (1)	geladener Strom
$F_1^{\bar{\nu} N}$	0 (0)	1 (1)	0 (0)	- (1)	$\cos^2\theta_c$ (1)	0 (0)	$\sin^2\theta_c$ (1)	- (0)	
$F_1^{\nu N}$	$\cos^2\theta_c$ (1)	0 (0)	$\sin^2\theta_c$ (1)	- (0)	0 (0)	1 (1)	0 (0)	- (1)	
$F_1^{\bar{\nu} P}$	1 (1)	0 (0)	0 (0)	- (1)	0 (0)	$\cos^2\theta_c$ (1)	$\sin^2\theta_c$ (1)	- (0)	
$\frac{1}{2}F_3^{\nu P}$	0 (0)	$\cos^2\theta_c$ (1)	$\sin^2\theta_c$ (1)	- (0)	-1 (-1)	0 (0)	0 (0)	- (-1)	
$\frac{1}{2}F_3^{\bar{\nu} N}$	0 (0)	1 (1)	0 (0)	- (1)	$-\cos^2\theta_c$ (-1)	0 (0)	$-\sin^2\theta_c$ (-1)	- (0)	
$\frac{1}{2}F_3^{\nu N}$	$\cos^2\theta_c$ (1)	0 (0)	$\sin^2\theta_c$ (1)	- (0)	0 (0)	-1 (-1)	0 (0)	- (-1)	
$\frac{1}{2}F_3^{\bar{\nu} P}$	1 (1)	0 (0)	0 (0)	- (1)	0 (0)	$-\cos^2\theta_c$ (-1)	$-\sin^2\theta_c$ (-1)	- (0)	
$F_1^{\nu P}=F_1^{\bar{\nu} N}$	$\varepsilon^2_{2/3}$	$\varepsilon^2_{-1/3}$	$\varepsilon^2_{-1/3}$	$\varepsilon^2_{2/3}$	$\varepsilon^2_{2/3}$	$\varepsilon^2_{-1/3}$	$\varepsilon^2_{-1/3}$	$\varepsilon^2_{2/3}$	neutraler Strom
$F_1^{\nu N}=F_1^{\bar{\nu} P}$	$\varepsilon^2_{-1/3}$	$\varepsilon^2_{2/3}$	$\varepsilon^2_{-1/3}$	$\varepsilon^2_{2/3}$	$\varepsilon^2_{-1/3}$	$\varepsilon^2_{2/3}$	$\varepsilon^2_{-1/3}$	$\varepsilon^2_{2/3}$	
$\frac{1}{2}F_3^{\nu P}=\frac{1}{2}F_3^{\bar{\nu} N}$	$\Delta^2_{2/3}$	$\Delta^2_{-1/3}$	$\Delta^2_{-1/3}$	$\Delta^2_{2/3}$	$-\Delta^2_{2/3}$	$-\Delta^2_{-1/3}$	$-\Delta^2_{-1/3}$	$-\Delta^2_{2/3}$	
$\frac{1}{2}F_3^{\nu N}=\frac{1}{2}F_3^{\bar{\nu} P}$	$\Delta^2_{-1/3}$	$\Delta^2_{2/3}$	$\Delta^2_{-1/3}$	$\Delta^2_{2/3}$	$-\Delta^2_{-1/3}$	$-\Delta^2_{2/3}$	$-\Delta^2_{-1/3}$	$-\Delta^2_{2/3}$	

Tab. 1.7: Koeffizienten für den Aufbau der Strukturfunktionen aus Quark-Verteilungsfunktionen für die elektromagnetische und schwache Lepton-Nukleon-Streuung

Cabibbo-Winkel ab.

Aus der Tabelle 1.7 entnimmt man Beziehungen zwischen den Strukturfunktionen, insbesondere Summenregeln und Ungleichungen.

1.4.3 Anwendungen des einfachen Parton-Modells

Wir wollen in diesem Abschnitt die Aussagen des Quark-Partonmodells mit dem Experiment vergleichen und dabei insbesondere die Frage untersuchen, inwieweit die Partonen die Quantenzahlen der Quarks tragen.

a) Der Spin der Partonen: Für Partonen mit Spin 1/2 gilt die Callan-Gross-Relation (1.4.13). Diese besagt, daß im Bjorken-Limes das Verhältnis des longitudinalen zum transversalen Wirkungsquerschnitt verschwinden sollte:

$$\text{Bj-lim}\,\frac{\sigma_L}{\sigma_T} = \text{Bj-lim}\,\frac{W_2(1+\nu/2M_{\mathcal{N}}^2 x) - W_1}{W_1} = \frac{F_2/2x - F_1}{F_1} = 0.$$

Das Resultat des CDHS-νP-Experiments [Ab 83 N] für $0{,}4 \leq x \leq 0{,}7$, $Q^2 = 38\ \text{GeV}^2/c^2$ ist $<\sigma_L/\sigma_T> = 0{,}006 \pm 0{,}012(\text{stat.}) \pm 0{,}025(\text{system.})$.

b) Summenregeln für innere Quantenzahlen: Die elektrischen Ladungen von Proton und Neutron berechnen sich zu

$$1 = \int_0^1 dx\ \left(\tfrac{2}{3}(u(x) - \bar{u}(x)) - \tfrac{1}{3}(d(x) - \bar{d}(x)\right) \text{ und} \qquad (1.4.19)$$

$$0 = \int_0^1 dx\ \left(\tfrac{2}{3}(d(x) - \bar{d}(x)) - \tfrac{1}{3}(u(x) - \bar{u}(x))\right)\ . \qquad (1.4.20)$$

Da das Nukleon Strangeness und Charm Null besitzt, ist außerdem:

$$0 = \int_0^1 dx\ (s(x) - \bar{s}(x)) = \int_0^1 dx\ (c(x) - \bar{c}(x)). \qquad (1.4.21)$$

Aus diesen vier Beziehungen lassen sich Summenregeln für die Strukturfunktionen ableiten. Die Differenz der Gleichungen (1.4.19) und (1.4.20) ergibt unter Benutzung von Tab. 1.7 die Adler-Summenregel [Ad 66]:

$$\int_0^1 dx(F_{1,CC}^{\bar{\nu}P} - F_{1,CC}^{\nu P}) = 1, \quad CC \equiv \text{'charged current'} = \text{schwacher, geladener Strom}\ , \qquad (1.4.22)$$

(zur experimentellen Situation vgl. [Cl 77]). Die Summe von (1.4.19), (1.4.20) und (1.4.21) führt analog zur Gross-Llewellyn Smith-Summenregel [Gr 69], welche die Differenz von Quarks und Antiquarks im Proton mißt:

$$\frac{1}{2}\int_0^1 dx\,(F_{3,CC}^{\bar{\nu}P} + F_{3,CC}^{\nu P}) = 3\,. \tag{1.4.23}$$

Der experimentelle Wert ist 3,2 ± 0,6 [Pe 75], bestätigt also, daß das Proton aus drei Valenzquarks besteht. Außerdem folgt aus Tab. 1.7 die noch nicht getestete Llewellyn Smith-Relation [Ll 70]:

$$F_{3,CC}^{\nu P} - F_{3,CC}^{\bar{\nu}P} = 12\,(F_1^{eP} - F_1^{eN})\,. \tag{1.4.24}$$

c) Impuls der Partonen: Die Impuls-Verteilungen $f_i(x)$ der Partonen sind auf Eins normiert. Daher mißt (unterhalb der Charm-Schwelle, $\theta_C \approx 0$)

$$\begin{aligned}\sum_i \int_0^1 dx\,x\,f_i(x) &= \int_0^1 dx\,x\,(u(x) + \bar{u}(x) + d(x) + \ldots + \bar{s}(x)) \\ &= \int_0^1 dx\,\left(\tfrac{9}{2}(F_2^{eP} + F_2^{eN}) - \tfrac{3}{4}(F_{2,CC}^{\nu P} + F_{2,CC}^{\nu N})\right) = 1 - \varepsilon\end{aligned} \tag{1.4.25}$$

den Anteil des Impulses, der von den Quarks und Antiquarks im Nukleon transportiert wird. Das experimentelle Resultat [Pe 72] $\varepsilon \approx 1/2$ besagt, daß im Nukleon etwa die Hälfte des Impulses vermutlich von anderen, Flavour-neutralen Partonen aufgenommen wird. Nach der Quantenchromodynamik erwartet man, daß es sich dabei um die Gluonen, die Wechselwirkungsquanten der Quarks handelt.

d) Ungleichungen: Aus Tab. 1.7 folgt die Nachtmann-Ungleichung [Na 72]

$$\frac{1}{4} \leq \frac{F_2^{eN}}{F_2^{eP}} \leq 4\,. \tag{1.4.26}$$

Sie stimmt mit dem Experiment überein [Bo 79]. Für große x wird die untere Grenze erreicht.

Das Verhältnis

$$\frac{F_2^{eN} + F_2^{eP}}{F_{2,CC}^{\nu N} + F_{2,CC}^{\nu P}} = \frac{\frac{5}{9}(u + \bar{u} + d + \bar{d}) + \frac{2}{9}(s + \bar{s}) + \frac{8}{9}(c + \bar{c})}{2(u + \bar{u} + d + \bar{d})} = \frac{5}{18}\left(1 + \frac{2}{5}\,\frac{s + \bar{s} + 4(c + \bar{c})}{u + \bar{u} + d + \bar{d}}\right) \geq \frac{5}{18}$$

ist bei Abwesenheit der Nichtvalenzquarks s,c, ... gleich 5/18.

In Fig. 1.12 zeigen wir einen Vergleich von $F_2^{\nu,\mathcal{N}}$ mit $\frac{18}{5}\cdot F_2^{e,\mathcal{N}}$ [Pe 75]. Im Rahmen der Meßgenauigkeit stimmen die Messungen für x > o,2 überein. Die Strukturfunktionen werden in diesem Bereich also hauptsächlich von den Valenzquarks aufgebaut.

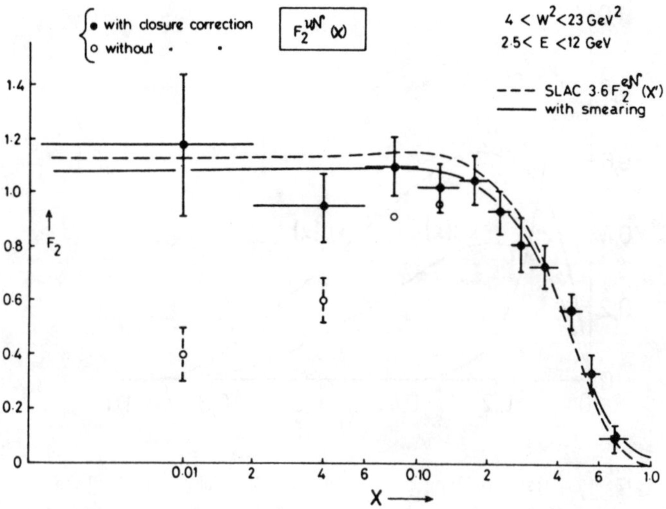

Fig. 1.12: Vergleich von $F_2^{\nu,\mathcal{N}}$ mit $\frac{18}{5}\cdot F_2^{e,\mathcal{N}}$ [Pe 75]

e) Experimentelle Parton-Verteilungen: Die Experimente zur tiefinelastischen Elektron- und (Anti-)Neutrino-Nukleon-Streuung über geladene Ströme enthalten genügend Information, um die Quark-Verteilungsfunktionen der Valenzquarks u(x), d(x) sowie der Seequarks s(x), c(x), $\overline{u}(x)$, $\overline{d}(x)$,... aus den gemessenen Werten für die Strukturfunktionen zu bestimmen (Tab. 1.7). In Fig. 1.13 zeigen wir den typischen Verlauf der Impulsverteilungen für u-, d- und Seequarks [Bu 78]. Für 0,2 < x < 1 dominieren die Beiträge der Valenzquarks, während für x < 0,2 die Seequarks einen spürbaren Beitrag liefern. Die in Abschnitt 1.4.3 (iii) erwähnten Gluonen besitzen eine Impulsverteilung, die wie bei den Seequarks auf kleine

Werte von x konzentriert ist.

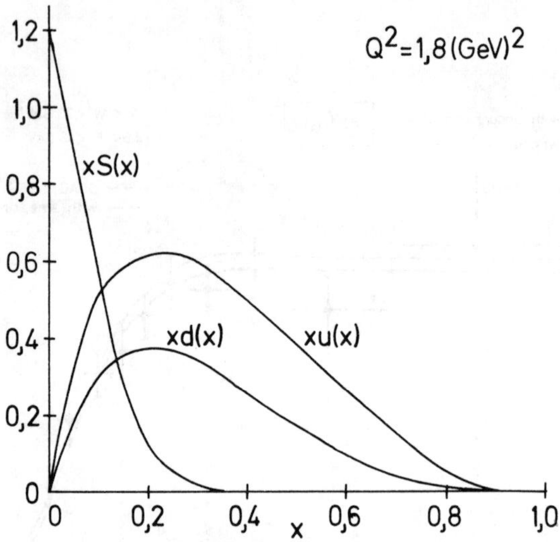

Fig. 1.13: Impulsverteilung der u-, d- und See-Quarks im Nukleon nach [Bu 78]. S(x) ist die Verteilungsfunktion einer Art leichter See-Quarks

f) <u>Neutrale Stromreaktionen:</u> Wir haben in die Summenregeln (Abschnitt 1.4.3 (ii)) und in die Bestimmung der Quark-Verteilungen die Strukturfunktionen der tiefinelastischen (Anti-)Neutrino-Streuung über neutrale Ströme nicht einbezogen. Der Grund dafür ist die Tatsache, daß die phänomenologische Analyse der Struktur dieses Stromes noch nicht abgeschlossen ist. Man benutzt vielmehr das Parton-Modell, welches im Falle der e.m. und tiefinelastischen Prozesse über geladene Ströme die experimentellen Tests gut bestanden hat, um Aussagen über die Struktur des neutralen Stromes zu gewinnen. So liefert eine Analyse der experimentellen Daten folgende Werte [Dy 79] für die Kopplungen des neutralen Stromes an die Quarks:

Experiment	Theorie (siehe Gl. (1.3.25) mit $\sin^2\theta_W = 0{,}23$)
$\varepsilon_L^u = 0{,}32 \pm 0{,}03$	$\frac{1}{2} - \frac{2}{3}\sin^2\theta_W = 0{,}347$
$\varepsilon_R^u = -0{,}17 \pm 0{,}02$	$-\frac{2}{3}\sin^2\theta_W = -0{,}153$
$\varepsilon_L^d = -0{,}43 \pm 0{,}03$	$-\frac{1}{2} + \frac{1}{3}\sin^2\theta_W = -0{,}423$
$\varepsilon_R^d = -0{,}01 \pm 0{,}05$	$\frac{1}{3}\sin^2\theta_W = 0{,}077$

und an die Elektronen:

Experiment	Theorie (siehe Gl. (1.3.7 und 8))
$\varepsilon_V = -\,0{,}03 \pm 0{,}04$	$-\frac{1}{4} + \sin^2\theta_W = -\,0{,}020$
$\varepsilon_A = -\,0{,}26 \pm 0{,}03$	$-\frac{1}{4} = -\,0{,}250$.

1.4.4 Die Universalität des Parton-Modells

Das einfache Parton-Modell erlaubt neben der Anwendung auf die inklusive Lepton-Streuung auch die phänomenologische Beschreibung anderer tiefinelastischer Prozesse, wie der e^+e^--Vernichtung in Hadronen und der inklusiven Hadron-Erzeugung in der Elektron-Nukleon-Streuung. Wie bei der Lepton-Nukleon-Streuung berechnet man die Wirkungsquerschnitte aus

- den Parton-Wirkungsquerschnitten (freie, punktförmige Teilchen),
- den Wahrscheinlichkeiten, die Partonen in den Hadronen zu finden, den Parton-Verteilungsfunktionen $f_i^h(x)$ und
- den Wahrscheinlichkeiten, mit welchen ein Parton in ein Hadron h übergeht, den Fragmentationsfunktionen $D_i^h(x)$.

Wir wollen einige ausgewählte Beispiele für die universelle Anwendbarkeit des Parton-Modells besprechen.

a) Elektron-Positron-Vernichtung in Hadronen: Der totale Wirkungsquerschnitt für die e^+e^--Vernichtung in Hadronen berechnet sich nach den oben skizzierten Ideen aus dem punktförmigen ($e^+e^- \to q\bar{q}$)-Wirkungsquerschnitt analog zu Gl. (1.2.46) und der Wahrscheinlichkeit, daß die Quarks in hadronische Zustände übergehen. Diese ist nach der Confinement-Hypothese jedoch Eins, d.h. der Wirkungsquerschnitt ist gegeben zu

$$\sigma(e^+e^- \to \text{Hadronen}) = \frac{4\pi\alpha^2}{3s} \sum_i Q_i^2 ,$$

$$s = (p_+ + p_-)^2 = E_{CMS}^2$$

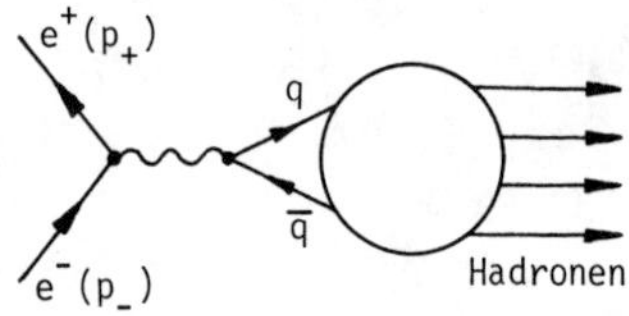

(1.4.27)

und zeigt Scaling-Verhalten. Der Koeffizient

$$R = \frac{\sigma(e^+e^- \to \text{Hadronen})}{\sigma(e^+e^- \xrightarrow[1\gamma]{} \mu^+\mu^-)} = \sum_i Q_i^2 \tag{1.4.28}$$

mißt die Hadron-Produktion im Verhältnis zur μ-Paarproduktion und ergibt sich im Quark-Partonmodell als die Summe der Ladungsquadrate Q_i^2 der Quarks mit verschiedenem Flavour und Colour. Die verschiedenen Quark-Modelle ergeben

$$\begin{aligned} \sum_i Q_i^2 &= \frac{2}{3} \quad \text{für} \quad \text{u,d,s-Quarks ohne Farbe,} \\ &= 2 \quad \text{für} \quad \text{u,d,s-Quarks in 3 Farben,} \\ &= \frac{10}{3} \quad \text{für} \quad \text{u,d,s,c-Quarks in 3 Farben.} \end{aligned} \tag{1.4.29}$$

Ein Vergleich mit dem Experiment zeigt (siehe Fig. 1.14) [Wo 80], daß der Faktor 3, den der Colour-Freiheitsgrad liefert, gebraucht wird. Dies gilt als eine der experimentellen Bestätigungen für die Hypothese farbiger Quarks.

Die Frage, warum die Quarks, die mit großen Energien und Impulsen produziert werden, nicht als freie Teilchen auftreten, hat mit dem Quark-Confinement-Problem (Abschn. 2.6) zu tun. Ähnlich wie bei der tiefinelastischen Leptonstreuung, wo man die Quarks zwar nicht als freie Teilchen, jedoch in Form von Partonen mit Quark-Quantenzahlen beobachtet, manifestieren sich die Quarks in der e^+e^--Vernichtung in Form von Hadron-Jets, deren Winkelverteilung durch Gl. (1.2.52) gegeben ist. Dies läßt darauf schließen, daß der Primärprozess in der Produktion von zwei energiereichen Spin-1/2-Teilchen besteht, die in weiteren Schritten hadronisieren [Ha 82 N, Cr 82 N].

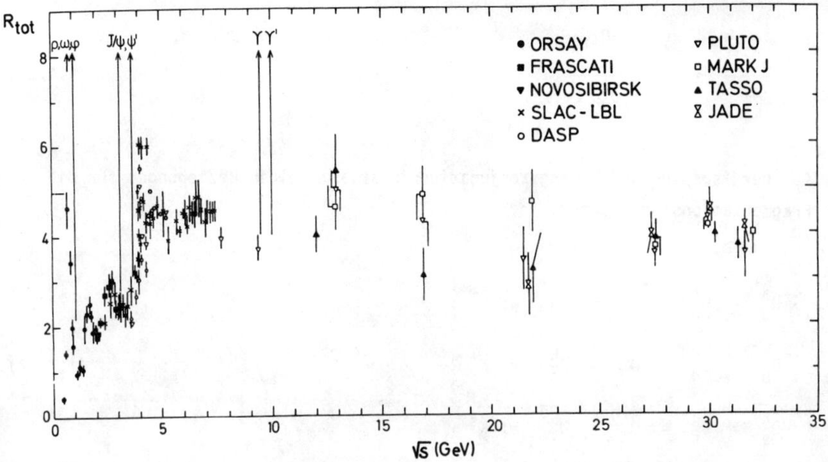

Fig. 1.14: Messungen von R nach [Wo 80]

b) Inklusive Hadron-Produktion in der e^+e^--Vernichtung: Beobachtet man in der inklusiven e^+e^--Vernichtung ein bestimmtes Hadron h (z.B. $\pi^\pm$, $K^\pm$, K^0,...), dann berechnet sich im Parton-Modell der Wirkungsquerschnitt wieder aus dem punktförmigen Quark-Paarerzeugungsquerschnitt sowie der Wahrscheinlichkeit, daß ein Quark i in das Hadron h übergeht, also der Fragmentationsfunktion $D_i^h(z)$ [Be 71, Gr 73a, Fi 77]. Experimentell wird oft die Energieverteilung $dN^h(z)/dz$ mit $z = 2p_h \cdot q/q^2 = E_h/E_{Strahl}$ angegeben:

$$\frac{dN^h(z)}{dz} = \qquad (1.4.30)$$

$$= \frac{\frac{d\sigma}{dz}(e^+e^- \to h+X)}{\sigma(e^+e^- \to h+X)} .$$

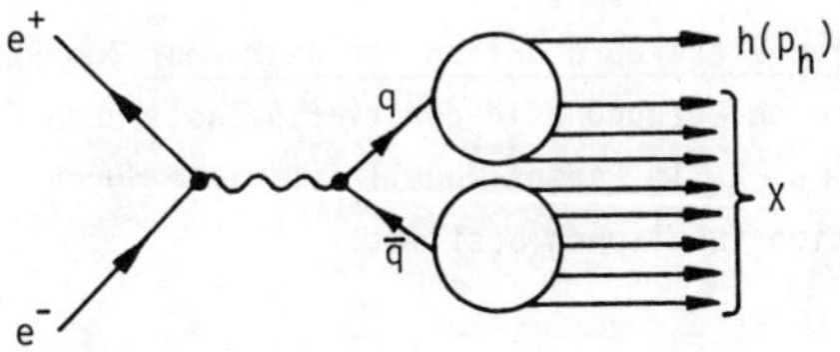

Im Parton-Modell zeigt dN^h/dz Scaling-Verhalten und berechnet sich aus den Quark-Ladungen und den Fragmentationsfunktionen gemäß:

$$\frac{dN^h(z)}{dz} = \frac{\sum\limits_i Q_i^2 \, D_i^h(z)}{\sum\limits_i Q_i^2} . \tag{1.4.31}$$

Aus der Isospin- und Ladungskonjugationsinvarianz folgen Beziehungen für die Fragmentationsfunktionen:

$$\begin{aligned} D_u^{\pi^+} &= D_d^{\pi^-} = D_{\bar{u}}^{\pi^-} = D_{\bar{d}}^{\pi^+} =: D^+ , \\ D_u^{K^+} &= D_d^{K^0} = D_{\bar{u}}^{K^-} = D_{\bar{d}}^{K^0} =: K^+ , \\ D_s^{\overline{K^0}} &= D_s^{K^-} = D_{\bar{s}}^{K^0} = D_{\bar{s}}^{\overline{K^0}} =: K^+ + \delta . \end{aligned} \tag{1.4.32}$$

Macht man darüber hinaus die Annahme, daß die See-Quarks gleichartig fragmentieren:

$$\begin{aligned} D_s^{\pi^+} &= D_{\bar{s}}^{\pi^+} = D_d^{\pi^+} = D_{\bar{u}}^{\pi^+} =: D^- , \\ D_{\bar{u}}^{K^+} &= D_d^{K^+} = D_{\bar{d}}^{K^+} = D_s^{K^+} =: K^- , \end{aligned} \tag{1.4.33}$$

so lassen sich aus den experimentellen Daten die Fragmentationsfunktionen D^+, D^-, K^+, K^-, δ bestimmen. Dem in Fig. 1.15 dargestellten Resultat einer neueren Analyse [Se 77, Ha 77] entnimmt man, daß die Valenz-Quarks die Fragmentation dominieren, daß aber bei kleinen z-Werten ein merklicher Anteil von See-Quarks beobachtet wird.

c) Inklusive Elektroproduktion von Hadronen: Zum Schluß betrachten wir die inklusive Hadron-Erzeugung in der tiefinelastischen Elektron-Nukleon-Streuung $e + \mathcal{N} \to e + h + X$. Im Parton-Modell ist diese durch die Parton-Verteilungs- und Fragmentationsfunktionen bestimmt:

$$\frac{dN^h(z,x)}{dz} = \frac{1}{d\sigma/dx}\,\frac{d^2\sigma(e\mathcal{N}\to e+h+X)}{dx\,dz} = \frac{\sum\limits_i Q_i^2\, f_i^{\mathcal{N}}(x)\, D_i^h(z)}{\sum\limits_i Q_i^2\, f_i^{\mathcal{N}}(x)} \;. \qquad (1.4.34)$$

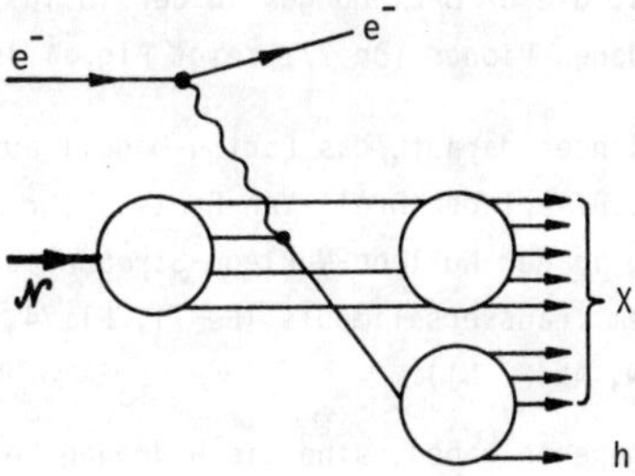

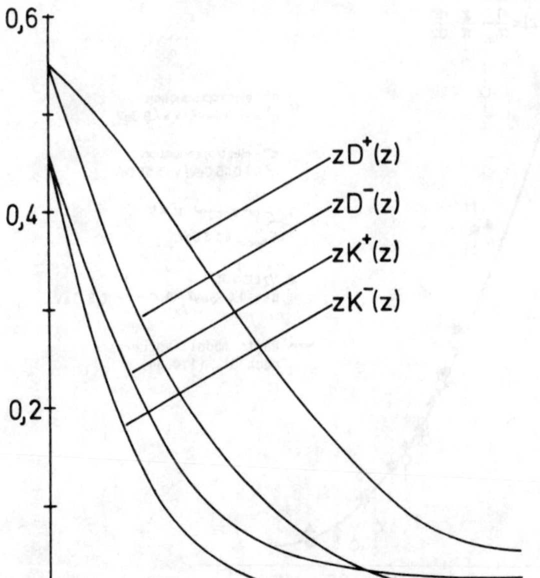

Fig. 1.15: Quark-Fragmentationsfunktionen nach [Se 77]

Einen Test dieser Beziehungen in der inklusiven Elektroproduktion von neutralen und geladenen Pionen [Be 77] zeigt Fig. 1.16.

Wir verzichten darauf, das Parton-Modell auf weitere tiefinelastische Reaktionen wie z.B. auf den Drell-Yan-Prozess [Dr 70], also auf die inklusive $\mu^+\mu^-$-Erzeugung in der Nukleon-Nukleon-Streuung oder auf die Hadron-Hadron-Streuung mit großem Transversalimpuls [Be 71, El 74, Si 76] anzuwenden (siehe auch [Ba 82c N, Ak 82 N]).

Wie wir gesehen haben, sind die Hadronen bei kleinen Abständen aus punktförmigen, in guter Näherung freien Konstituenten aufgebaut, die Quark-Quantenzahlen tragen. Darüber hinaus finden sich Anzeichen dafür, daß die Quarks gefärbt sind und daß Flavour-neutrale Partonen, die Gluonen, in den Hadronen vorkommen.

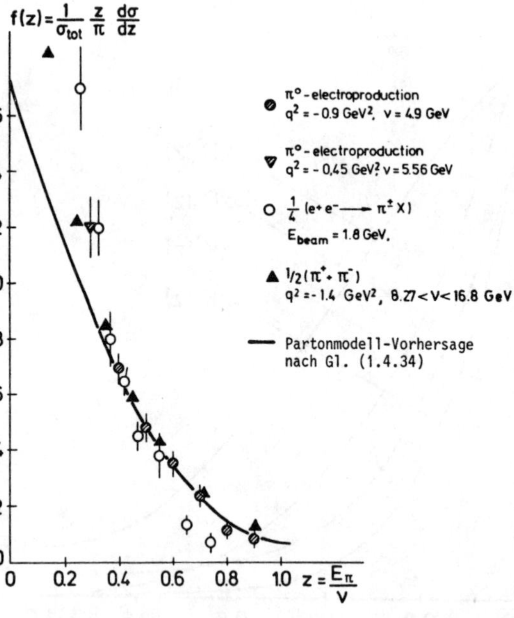

Fig. 1.16: Test des Partonmodells mit den Fragmentationsfunktionen $D^+(z)$, $D^-(z)$ nach Fig. 1.15; experimentelle Daten aus [Be 77]

2. Quantenchromodynamik

Die Quantenchromodynamik (QCD) ist der Versuch einer geschlossenen feldtheoretischen Formulierung der Hadrondynamik, d.h. einer Theorie der starken Wechselwirkung. Dieser Entwurf gründet auf den Ergebnissen der phänomenologischen Diskussion der Elementarteilchenphysik, wie wir sie in Abschnitt 1 kurz zusammengefaßt haben. Das Vorbild für die QCD ist die Quantenelektrodynamik. Die spektakuläre Präzision der Beschreibung dynamischer Effekte durch die QED schafft das Vertrauen in die formalen Prinzipien der quantisierten Eichfeldtheorien. Wir versuchen in den nächsten beiden Abschnitten eine in diesem Sinne begründete Formulierung der QCD zu geben.

Im weiteren Verlauf unserer Darstellung müssen wir die Formulierung der QCD vertiefen (Abschn. 2.3 und 2.4), um dann die beiden wesentlichen Strukturprobleme 'Asymptotische Freiheit' (Abschn. 2.5) und 'Quark-Confinement' (Abschn. 2.6) diskutieren zu können. Durch die asymptotische Freiheit der QCD wird das Quark-Partonmodell verständlich. Das Ziel beim Quark-Confinementproblem ist es, zu verstehen, warum man keine freien Quarks beobachtet hat.

Die QCD führt gegenüber den einfachen Vorstellungen von Abschnitt 1 zu einer Erweiterung und Verfeinerung der experimentellen Fragestellungen. Die einwandfreie Bestätigung solcher typischer Aussagen der QCD muß diese als physikalische Theorie bestätigen. Wir behandeln die angesprochene "neue" Phänomenologie in Abschnitt 2.7. [QCD, PQ]

2.1 Quantenelektrodynamik und lokale Eichinvarianz

Der Form nach sind die Grundgleichungen der QCD Verallgemeinerungen der Dirac-Maxwell-Gleichungen. Deshalb beginnen wir unsere Begründung der QCD mit einer weiteren Betrachtung der QED. Wir werden in der lokalen Eichinvarianz ein verallgemeinerungsfähiges Prinzip finden, welches die Struktur der elektromagnetischen Wechselwirkung bestimmt. Die Gültigkeit der QED belegen wir durch die Analyse eines Präzisionsexperiments.

2.1.1 Grundbegriffe der Quantenelektrodynamik [QED, FT]

Die Feldgleichungen, welche die Wechselwirkung zwischen Elektronen e, Myonen μ, und Photonen γ beschreiben sind die Dirac-Gleichungen

$$(i\gamma^{\mu}(\partial_{\mu} - ieA_{\mu}(x)) - M_{\ell})\,\psi^{(\ell)}(x) = 0\ , \qquad \ell = e,\ \mu\ , \tag{2.1.1}$$

und die Maxwell-Gleichungen

$$\partial^{\mu}F_{\mu\nu}(x) = -\,e\,(\overline{\psi}^{(e)}(x)\,\gamma_{\nu}\,\psi^{(e)}(x) + \overline{\psi}^{(\mu)}(x)\,\gamma_{\nu}\,\psi^{(\mu)}(x))\ . \tag{2.1.2}$$

Diese Feldgleichungen sind die Euler-Lagrange-Gleichungen des Hamiltonschen Prinzips mit der Wirkung

$$S = \int d^4x \left\{ -\frac{1}{4}F_{\mu\nu}F^{\mu\nu} + \sum_{\ell=e,\mu} \overline{\psi}^{(\ell)}(i(\partial\!\!\!/ - ieA\!\!\!/) - M_{\ell})\,\psi^{(\ell)} \right\} \quad \text{mit} \tag{2.1.3}$$

$$F_{\mu\nu}(x) = \partial_{\mu}A_{\nu}(x) - \partial_{\nu}A_{\mu}(x)\ . \tag{2.1.4}$$

Wir haben schon in Abschn. 1.2.2 auf diese Grundgleichungen der QED hingewiesen und einiges zum physikalischen Inhalt der Quantentheorie dieser Feldgleichungen gesagt. Die wichtigsten Punkte seien hier wiederholt:

- Die Quanten der freien Grundfelder $\psi^{(\ell)}$, A_{μ} beschreiben die beobachteten Teilchen Elektronen und Positronen, Myonen und Photonen (vgl. Gl. (1.2.25) und (1.2.21)).

- Die nichtlinearen Terme in den Feldgleichungen weisen auf eine Wechselwirkung zwischen diesen Teilchen hin, welche im Sinne einer Störungstheorie in $\alpha = e^2/4\pi$ durch Feynman-Graphen beschrieben werden kann.

- Im einfachsten Fall beschreibt ein Feynman-Graph eine Reaktion durch einfachen Austausch von Teilchen (Baumgraph ≡ Treegraph). Für die Reaktion $e^+e^- \to \mu^+\mu^-$ haben wir den Graphen Fig. 1.6 bis zur Berechnung des Wirkungsquerschnitts diskutiert. Weitere Beispiele sind

Compton-Streuung $\gamma + e^- \to \gamma + e^-$: 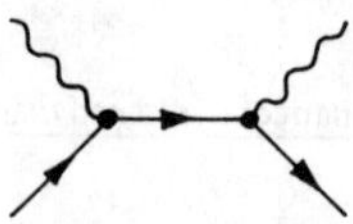 + 1 Graph mit permutierten Linien,

Paarerzeugung $\gamma + e^- \to e^- + e^+ e^-$: 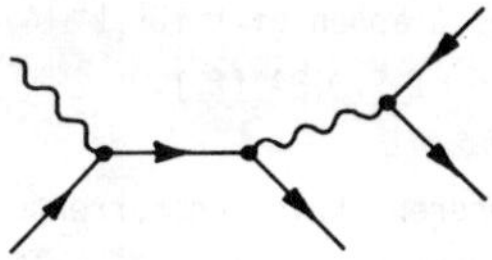 + Graphen mit permutierten Linien.

Baumgraphen beschreiben Elementarteilchenreaktionen im Sinne einer einfachen, relativistisch verallgemeinerten Stoßtheorie. In einer vollständigen Feldtheorie sind aber durch die Rückwirkung der Felder aufeinander subtilere Effekte enthalten. Allgemein nennt man diese - nicht besonders gut - innere Strahlungskorrekturen. In Feynmanscher Störungstheorie [Fe 49] werden sie durch Schleifen-Diagramme (≡ Loop-Diagramme) repräsentiert. Als Beispiele seien angeführt:

(1)  : Dieser Graph beschreibt die Modifikation der Ausbreitung des Elektron-Positron-Feldes durch die Selbstwechselwirkung des Elektrons mit dem e.m. Feld. Das führt u.a. zu einer Änderung der Elektronenmasse, die durch die Renormierung berücksichtigt werden muß.

(2) Entsprechendes gilt für die Modifikation der Photonausbreitung durch die Vakuum-Polarisation:

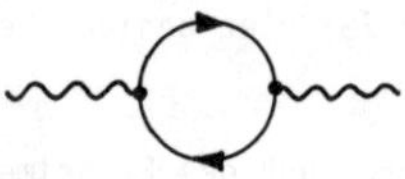

(3) Die Wechselwirkung zwischen Photonen und Elektronen wird durch diese und weitere Graphen modifiziert:

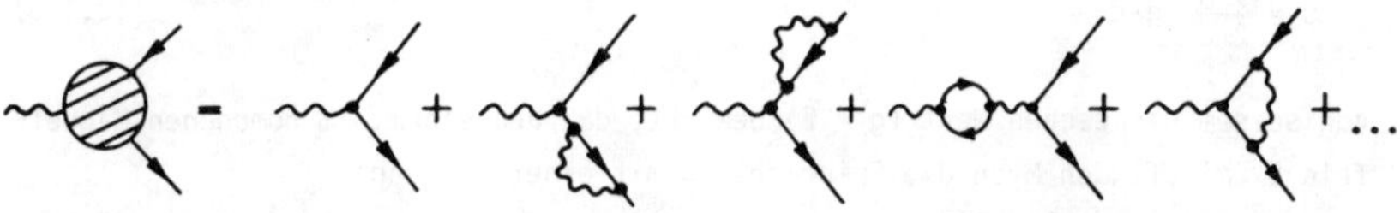

Die inneren Strahlungskorrekturen bewirken, daß das Elektron (Myon) neben der Dirac-Kopplung $e\gamma_\mu$ auch eine Pauli-Kopplung sowie einen Formfaktor bekommt [Sc 49], z.B.:

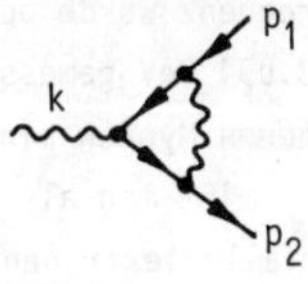

$$= + i(2\pi)^4 e\{\gamma_\mu(1 + \frac{\alpha}{3\pi}\frac{k^2}{M^2}(\log\frac{M}{\lambda} - \frac{3}{8})) + \frac{\alpha}{2\pi i}\frac{1}{2M}\sigma_{\mu\nu}k^\nu\} \cdot \delta^{(4)}(p_1 + p_2 - k) \qquad (2.1.5)$$

Diese Auswertung des Graphen gilt für $k^2 << M^2$, λ ist ein Infrarot-Abschneideparameter [Bj 66, Bd. I S. 184 ff.].

Der Nachweis von inneren Strahlungskorrekturen ist der entscheidende Test für die quantenfeldtheoretische Natur einer Dynamik. Wie wir im nächsten Abschnitt sehen werden, ist dies für die QED mit höchster Präzision gelungen. Es ist das zentrale Problem der Hadrondynamik, meßbare innere Strahlungskorrekturen sowohl theoretisch zu bestimmen, als auch experimentell nachzuweisen. Aus diesem Grunde werden wir auf die Berechnung von 1-Schleifen-Diagrammen nochmals zurückkommen (Abschn. 2.4). Den experimentellen Nachweis von inneren Strahlungskorrekturen zur Stoßtheorie des Parton-Modells diskutieren wir ausführlich in Abschn. 2.7.

Eine noch schwierigere Frage ist: Sind alle inneren Strahlungskorrekturen der QCD störungstheoretischer Natur? Diese Frage soll uns im Zusammenhang mit dem Problem des Quark-Confinements (Abschn. 2.6) beschäftigen.

2.1.2 Ein Test der Quantenelektrodynamik: Das (g-2)-Experiment

Von den Präzisionsexperimenten zum Nachweis der Gültigkeit der QED [Ki 78] wollen wir wenigstens ein Experiment [Ba 79] hier genauer betrachten: die Messung des magnetischen Moments des Myons.

a) Wir geben zunächst eine Kurzbeschreibung des Experiments. Die Abweichung des magnetischen Moments $\vec{\mu}$ des Myons

$$\vec{\mu} = \frac{e\hbar}{2mc} \cdot g \cdot \vec{s} \tag{2.1.6}$$

von seinem Diracschen Wert (g = 2) bewirkt, daß bei einem, im homogenen Magnetfeld B umlaufenden Myon die Spinrichtung mit einer Frequenz

$$\omega_a = \frac{e}{mc}\, a \cdot B \ , \quad a = \frac{1}{2}(g-2) \tag{2.1.7}$$

gegenüber der Umlauffrequenz des Impulses präzediert. Diese Frequenz wurde beim CERN in einem Myon-Speicherring der "magischen Energie" E = 3,094 GeV gemessen. Die durch die Zerfälle $\pi^+ \to \mu^+ + \nu_\mu$ und $\pi^- \to \mu^- + \overline{\nu_\mu}$ gewonnenen Myonen sind polarisiert. Die Präzession des Myon-Spins mit der Frequenz ω_a mißt man als eine zeitliche Modulation der Häufigkeit, mit welcher Myon-Zerfallselektronen mit einem Impuls in der Speicherringebene nachgewiesen werden (vgl. Gl. (1.3.12)). Die experimentellen Resultate sind in Fig. 2.1 dargestellt.

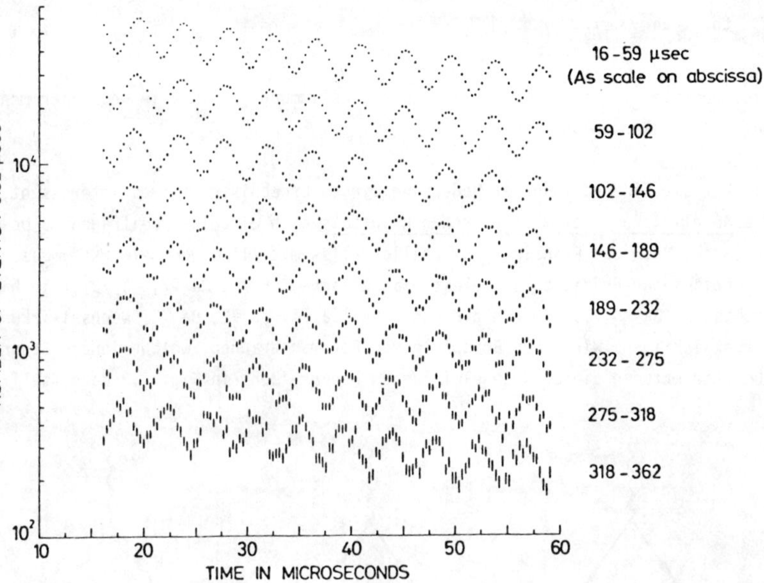

Fig. 2.1: Zeitverteilung von insgesamt 13 Millionen Elektronen aus dem Zerfall $\mu \rightarrow \nu_\mu + e + \nu_e$ [Ba 77, Co 75 a]

b) Das Experiment ergibt für a_{μ^+} und a_{μ^-} die Werte [Ba 79]

$$\begin{aligned} a_{\mu^+} &= 1165911(11) \cdot 10^{-9} \;, \\ a_{\mu^-} &= 1165937(12) \cdot 10^{-9} \;, \\ a_\mu = \tfrac{1}{2}(a_{\mu^+} + a_{\mu^-}) &= 1165924(8{,}5) \cdot 10^{-9} \;. \end{aligned} \tag{2.1.8}$$

Für eine sorgfältige Diskussion aller systematischen Fehler müssen wir auf die Originalveröffentlichung verweisen.

Die theoretische Rechnung bis zur 5. Ordnung in α, sowie hadronische Korrekturen liefern das Resultat ([Ba 79] und Berichte [Ca 77, La 72]):

$$a^{th}_{\mu^+} = a^{th}_{\mu^-} = 1165921(8,3) \cdot 10^{-9} \ . \qquad (2.1.9)$$

Dies bedeutet für den g-Faktor eine Übereinstimmung von Theorie und Experiment in 9 signifikanten Stellen!

c) Für die Einschätzung der Bedeutung dieses Ergebnisses ist es interessant, die Aufgliederung des theoretischen Resultats nach einzelnen Beiträgen zu betrachten. Nach dem Prinzip, daß letzlich alles mit allem wechselwirkt, müssen wir bei dieser Präzision die elektromagnetische [Br 71, Ca 77, La 72], die hadronische [Ba 75, Ca 76] und die schwache [Ca 77, Ja 72, Ba 72] Wechselwirkung berücksichtigen. Wir haben Beispiele von Feynman-Graphen, welche innere Strahlungskorrekturen dieser Wechselwirkungen beschreiben, in Fig. 2.2 dargestellt:

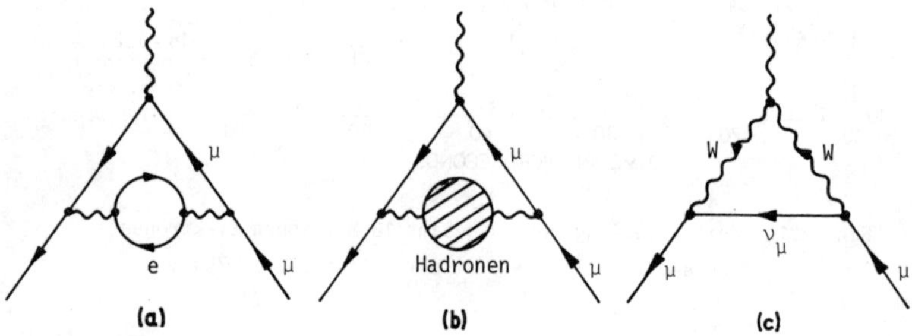

Fig. 2.2: Beiträge der elektromagnetischen (a), hadronischen (b) und schwachen (c) Wechselwirkung zum magnetischen Moment des Myons

Die numerischen Beiträge der verschiedenen Graphen sind in Tabelle 2.1 [Ba 79] zusammengestellt. Der wichtigste Beitrag kommt von der reinen QED. Der Beitrag niedrigster Ordnung ist der Koeffizient $\alpha/2\pi$ des Pauli-Terms in Gl. (2.1.5). Um zu illustrieren, welche Komplexität die von der QED beschriebenen inneren Strahlungskorrekturen in höherer Ordnung haben, sind in Fig. 2.3 die Graphen mit 7 Vertizes aufgeführt. Sie tragen in der Ordnung $(\alpha/\pi)^3$ bei. Nach Tab. 2.1 werden die Koeffizienten der Potenzen von α/π in der QED-Störungsreihe größer. Die Zunahme der Anzahl der Graphen höherer Ordnung macht diese zu einer divergenten asymptotischen Reihe [Hu 52, Th 53]. Methoden zur "Summierung" divergenter störungstheoretischer Entwicklungen bilden einen Forschungsschwerpunkt in der Feldtheorie [Li 77, Br 77, It 77].

QED	Koeffizient von $(\frac{\alpha}{\pi})^n$	Beitrag zu $a_\mu \cdot 10^9$	
n = 1	0,5	1161409,84	± 0,25
2	0,76578223	4131,77	± 0,002
3	24,452 ± 0,056	306,45	± 0,70
4	135 ± 63	3,9	± 1,8
5	420 ± 30	0,028	± 0,002
		(+)	
QED gesamt:		1165852,0	± 1,9
Hadronisch			
4. Ordnung		70,2	± 8,0
6. Ordnung		- 3,5	± 1,4
		(+)	
Hadronisch gesamt:		66,7	± 8,1
Schwach			
Glashow-Salam-Weinberg-Theorie		2,1	± 0,2
Gravitation [Be 75]		4	$\cdot 10^{-32}$
Gesamtergebnis:	a_μ^{th} =	1165921	± 8,3

Tab. 2.1: Aufgliederung der theoretischen Beiträge zu a_μ.
Es ist α^{-1} = 137,035987(29) [Co 73] benutzt.

Es ist erstaunlich, wie wenig die starke Wechselwirkung auf die reine QED durchschlägt. Sie trägt nur 60 ppm zu den inneren Strahlungskorrekturen des g-Faktors bei. Vielleicht ist eine Feldtheorie vom Typ der QED auch ein Vorbild für die Trennung der Phänomene, die mit verschiedenen Flavour-Freiheitsgraden verbunden sind. Wir kommen auf dieses Problem unter dem Stichwort Zweig-Regel in Abschn. 2.7.4 zurück.

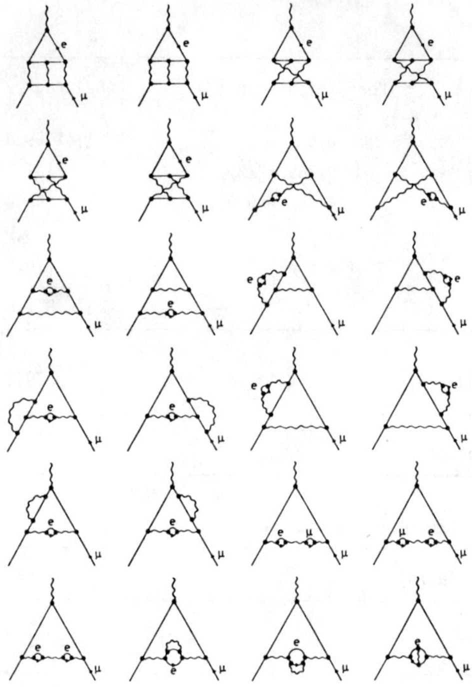

Fig. 2.3: Beiträge der Ordnung $e(\alpha/\pi)^3$ zum anomalen magnetischen Moment des Myons [La 72]

2.1.3 Die lokale Eichinvarianz der Quantenelektrodynamik

Nachdem wir gesehen haben, von welcher Qualität die Beschreibung der elektromagnetischen Phänomene durch die einfachen Grundgleichungen (2.1.1) und (2.1.2) der QED ist, wollen wir auf ein Prinzip eingehen, welches die Struktur dieser Gleichungen im wesentlichen bestimmt: das Prinzip der lokalen Eichinvarianz.

a) Lokale Eichinvarianz begegnet einem in der nichtrelativistischen Quantenmechanik zunächst in der folgenden Form. Man bemerkt, daß die elektromagnetischen Feldstärken $F_{\mu\nu}(x)$ (elektrische Feldstärke $\vec{E} = (F_{10}, F_{20}, F_{30})$, magnetische Feldstärke $\vec{B} = (F_{23}, F_{31}, F_{12})$ das Potential $A_\mu(x)$ durch die Gleichung

$$F_{\mu\nu}(x) = \partial_\mu A_\nu(x) - \partial_\nu A_\mu(x) \tag{2.1.10}$$

nicht eindeutig bestimmen: $A'_\mu(x) = A_\mu(x) + \partial_\mu \theta(x)$ führt zu demselben Feldstärketensor $F_{\mu\nu}(x)$. Betrachtet man nun die Schrödinger-Gleichung für ein Teilchen in einem äußeren, rein elektrischen Potential $V(x) = e A^o(x)$:

$$\frac{1}{i} \frac{\partial}{\partial t} \psi = (- \frac{1}{2m} \vec{\partial}^2 + V(x))\psi \ , \quad \vec{\partial} = (\frac{\partial}{\partial x_1}, \frac{\partial}{\partial x_2}, \frac{\partial}{\partial x_3}) \ , \tag{2.1.11}$$

so führt dies zu einer unphysikalischen Unbestimmtheit. Diese Schwierigkeit wird dadurch gelöst, daß man das Vektorpotential $\vec{A} = (A^1, A^2, A^3)$ durch die Substitutionsregel

$$\vec{\partial} \to \vec{\partial} - ie\vec{A}(x) \tag{2.1.12}$$

ankoppelt. Die Schrödinger-Gleichung für ein Teilchen im e.m. Feld lautet also

$$\frac{1}{i} \frac{\partial}{\partial t} \psi = (- \frac{1}{2m} (\vec{\partial} - ie\vec{A}(x))^2 + eA^o(x))\psi \ . \tag{2.1.13}$$

Eine Eichtransformation des Potentials

$$A'^o(x) = A^o(x) + \partial^o\theta(x) \ , \quad \vec{A}'(x) = \vec{A}(x) + \vec{\partial}\,\theta(x) \tag{2.1.14}$$

kann in dieser Gleichung durch eine Eichtransformation der Schrödinger-Wellenfunktion

$$\psi'(x) = e^{\,ie\theta(x)}\,\psi(x) \tag{2.1.15}$$

kompensiert werden. Dies bedeutet, daß aus einer Lösung $\psi(x)$ zum Potential $A_\mu(x)$ durch die Transformation (2.1.15) eine Lösung $\psi'(x)$ zum Potential $A'_\mu(x)$ wird:

$$\begin{aligned} &[\frac{1}{i} \frac{\partial}{\partial t} - eA'^o(x) + \frac{1}{2m}(\vec{\partial} - ie\vec{A}'(x))^2]\psi'(x) = \\ &= e^{i\theta(x)}[\frac{1}{i} \frac{\partial}{\partial t} + e\frac{\partial}{\partial t}\theta(x) - eA'^o(x) + \frac{1}{2m}(\vec{\partial} + ie\vec{\partial}\theta(x) - ie\vec{A}'(x))^2]\psi(x) \\ &= e^{i\theta(x)}[\frac{1}{i} \frac{\partial}{\partial t} - eA^o(x) + \frac{1}{2m}(\vec{\partial} - ie\vec{A}(x))^2]\psi(x) = 0 \ . \end{aligned} \tag{2.1.16}$$

Schrödinger-Funktionen, welche durch solche Eichtransformationen verknüpft sind, beschreiben denselben physikalischen Sachverhalt, so wie verschiedene, durch die Eichtransformationen verknüpfte 4-Potentiale $A_\mu(x)$ zu denselben e.m. Feldstärken führen. Die Substitutionsregel verknüpft die elektrische Kopplung eindeutig mit der magnetischen, so daß auf ein bewegtes, geladenes Teilchen neben der elektrischen Kraft auch die bekannte Lorentz-Kraft wirkt.

b) Betrachten wir nun die QED, gegeben durch die Feldgleichungen (2.1.1 - 2)

$$[i\gamma^\mu(\partial_\mu - ieA_\mu(x)) - M]\psi(x) = 0, \quad \partial^\mu F_{\mu\nu}(x) = -e\overline{\psi}(x)\gamma_\nu\psi(x)$$

bzw. durch die Lagrange-Dichte

$$\mathcal{L} = -\frac{1}{4}F_{\mu\nu}F^{\mu\nu} + \overline{\psi}(i\gamma^\mu(\partial_\mu - ieA_\mu) - M)\psi\,, \tag{2.1.17}$$

so sieht man sofort, daß auch hier die Wechselwirkung zwischen Photonen und Elektronen durch das <u>Substitutionsprinzip</u> in relativistischer Form

$$\partial_\mu \rightarrow \partial_\mu - ieA_\mu(x) \tag{2.1.18}$$

gegeben ist. Eine Rechnung wie oben zeigt, daß diese Feldgleichungen und die Lagrange-Dichte $\mathcal{L}$ invariant sind unter den lokalen Eichtransformationen:

$$\begin{aligned} &A_\mu(x) \rightarrow A_\mu(x) + \partial_\mu\theta(x)\,, \\ &\psi(x) \rightarrow e^{ie\theta(x)}\psi(x)\,, \quad \overline{\psi}(x) \rightarrow \overline{\psi}(x)\,e^{-ie\theta(x)}\,. \end{aligned} \tag{2.1.19}$$

Die wesentliche Formel ist, wie in der Rechnung (2.1.16):

$$(\partial_\mu - ieA'_\mu(x))\psi'(x) = e^{ie\theta(x)}(\partial_\mu - ieA_\mu(x))\psi(x)\,. \tag{2.1.20}$$

c) Wir wollen die lokale Eichinvarianz der QED im Hinblick auf eine spätere Verallgemeinerung noch von einem anderen Blickwinkel aus betrachten: Lagrange-Dichten, welche ein komplexes Feld in der Form $\psi^\dagger\Gamma\psi$ enthalten, sind invariant unter globalen Eichtransformationen

$$\psi(x) \rightarrow e^{i\theta}\psi(x)\,, \quad \psi^\dagger(x) = \psi^\dagger e^{-i\theta}\,, \quad \theta \text{ Raum-Zeit-unabhängig} \tag{2.1.21}$$

(vgl. Abschn. 1.2.3). Insbesondere gilt dies für Lagrange-Dichten, welche freie Felder beschreiben $\mathcal{L}_0 = \overline{\psi}(i\gamma^\mu\partial_\mu - M)\psi$, $\mathcal{L}_0 = (\partial_\mu\phi^\dagger)(\partial^\mu\phi) - M^2\phi^\dagger\phi$, usw. Die Ankopplung an das Eichfeld $A_\mu(x)$ nach der Substitutionsregel bewirkt, daß die Lagrange-Dichte invariant wird unter den lokalen Phasentransformationen (2.1.19): dies nennt man Eichinvarianz 2. Art. Das Eichfeld selbst wird zu einer dynamischen Größe, indem man den Term $\mathcal{L}_{Eich} = -\frac{1}{4}F_{\mu\nu}F^{\mu\nu}$ zur Lagrange-Dichte hinzufügt.

Wir haben also hier ein Prinzip vor uns, das auf eindeutige Weise in eine freie Theorie mit Ladungssymmetrie eine Wechselwirkung einführt: Die minimale eichinvariante Kopplung an ein dynamisches Eichfeld! Dieses Prinzip ist in der QED sehr erfolgreich. Wir haben schon am Ende von Abschn. 1.2.3 darauf hingewiesen, daß lokale Eichinvarianz im Rahmen der Feldtheorie physikalischer erscheint als globale.

Seiner Struktur nach erinnert das Prinzip der lokalen Eichinvarianz an die allgemeine Relativitätstheorie [Ei 22, Ad 65, Se 75], wo das metrische Feld $g_{\mu\nu}(x)$ die lokale Geometrie beschreibt und ähnlich wie das Eichfeld $A_\mu(x)$ dynamische Bedeutung bekommt. Eine geometrische Beschreibung der Eichinvarianz 2. Art werden wir im nächsten Abschnitt betrachten und diese auf kompliziertere Ladungssymmetriegruppen verallgemeinern. In dieser allgemeinen Form bestimmt die an der QED entdeckte lokale Eichinvarianz auch die Form der starken und elektroschwachen Wechselwirkung.

2.2 Formulierung der Quantenchromodynamik

Wir werden in diesem Abschnitt in drei Schritten auf die Quantenchromodynamik hinführen. Zunächst werden wir unser Verständnis einer lokalen Symmetrie vertiefen, indem wir die damit verbundenen Eichfelder geometrisch interpretieren. Wie in der Elektrodynamik führt dann die dynamische Auffassung der Eichfelder in einem zweiten Schritt zu einer Feldtheorie für die Wechselwirkung zwischen allen Teilchen, welche die Ladungen der internen Symmetrie tragen. Diese Yang-Mills-Feldtheorien bilden einen allgemeinen Rahmen sowohl für die Beschreibung der hadronischen als auch der elektroschwachen Wechselwirkung. In einem dritten Schritt fassen wir alle Gesichtspunkte zusammen, die eine Formulierung der Hadrondynamik als quantisierte Yang-Mills-Feldtheorie der lokalen Farbsymmetrie begründen. [ET]

2.2.1 Die Geometrie lokaler Eichsymmetrie

Schon bei der phänomenologischen Betrachtung der Elementarteilchenphysik stießen wir immer wieder auf die Bedeutung von Symmetriegruppen. Verbunden mit einer Feldtheorie hat eine Symmetrie wichtige Konsequenzen. Im Abschnitt 1.2.3 zeigten wir den Zusammenhang zwischen 'globaler' Eichsymmetrie und erhaltenen Strömen. Wir bemerkten, daß das Nahewirkungsprinzip der Feldtheorie eigentlich erfordert, daß Felder unter Symmetrietransformationen nicht global, sondern lokal transformieren sollten. Dies führte, angewandt auf die Phasentransformationen des Elektronfeldes, zu der Erkenntnis, daß die Form der e.m. Wechselwirkung in der QED fast eindeutig durch das Nahewirkungsprinzip festgelegt ist (Abschn. 2.1.2c).

a) Aus diesem Grunde betrachten wir nun die lokale Form interner Symmetrie für allgemeine Gruppen G, z.B. für die Farb- und Flavourgruppe. Obwohl wir die in diesem Zusammenhang erforderlichen Betrachtungen nicht in mathematischer Allgemeinheit durchführen und uns im wesentlichen auf die gruppentheoretischen Begriffe von Abschn. 1.2.1 stützen, gehen die Überlegungen dieses Abschnitts 2.2.1 über den mathematischen Rahmen hinaus, den wir uns für dieses Buch im allgemeinen gesteckt haben. Deshalb wollen wir im voraus die Dinge aufführen, die für die Formulierung von Eichtheorien [Ab 73, Ta 76, Ya 54] vor allem wichtig sind:

- die Definition der kovarianten Ableitung, Gl. (2.2.8),
- der Zusammenhang zwischen Feldstärketensoren $F^a_{\mu\nu}(x)$ und Eichfeldern $A^a_\mu(x)$, Gl. (2.2.12),
- die Definition der Eichtransformationen, Gl. (2.2.5), und
- das Transformationsverhalten von geladenem Feld, Gl. (2.2.2), Feldstärke, Gl. (2.2.14), und kovarianter Ableitung, Gl. (2.2.9).

Den Ausgangspunkt unserer Überlegung bilden die globalen Transformationen von geladenen Teilchenfeldern $\psi(x)$, z.B. von Quarkfeldern, wie wir sie z.B. unter Gl. (1.2.61, 63) betrachtet haben:

$$\psi_c(x) \to (e^{-i\theta^a T_a})_{cc'}\, \psi_{c'}(x), \quad c,c' = 1, \ldots, n \,. \tag{2.2.1}$$

Lassen diese Transformationen die Feldgleichungen bzw. die Lagrange-Funktion invariant, so ist die durch die Ladungen T_a erzeugte Gruppe G der Transformationen (2.2.1) eine physikalische Symmetriegruppe. Im folgenden betrachten wir die Komponenten des geladenen Feldes ψ_c als die Koordinaten eines Vektors in bezug auf eine Basis $\{e_c\}$ in einem n-dimensionalen Vektorraum $\mathcal{H}$ und interpretieren die

Transformation (2.2.1) als Koordinatentransformation bei einem Basiswechsel in $\mathcal{H}$. Die Symmetrie beschreibt man häufig in der (passiven) Form: Alle Koordinatensysteme, welche durch die Gruppe G ineinander transformiert werden, sind physikalisch gleichwertig. Zur Vereinfachung betrachten wir im folgenden nur Symmetrien der Gruppen SU(n), welche physikalisch durch Felder, die entsprechend der Fundamentaldarstellung transformieren (Quarkfelder), realisiert werden. Im Ladungsraum $\mathcal{H}$ sind dann alle unitären, normierten Koordinatensysteme zulässig und gleichwertig.

In der lokalen Form der Symmetrie treten an die Stelle der globalen Transformationen (2.2.1) lokale Transformationen (Eichtransformationen 2. Art)

$$\psi_c(x) \rightarrow (e^{-i\theta^a(x)T_a})_{cc'}\,\psi_{c'}(x) \equiv (g(x)\,\psi)_c(x). \tag{2.2.2}$$

Hier bezeichnen die T_a die infinitesimalen Erzeugenden der Symmetriegruppe SU(n) in der Fundamentaldarstellung, z.B. $\frac{1}{2}\tau_a, \frac{1}{2}\lambda_a, \ldots$ für SU(2), SU(3) etc. Die Ortsabhängigkeit der Transformation g(x) ist eine Ortsabhängigkeit der Gruppenparameter $\theta^a(x)$. Für unsere folgenden geometrischen Überlegungen betrachten wir wieder Gl. (2.2.2) als Beschreibung einer Koordinatentransformation, diesmal eines lokalen Ladungsraumes ${}^x\mathcal{H}$ an jedem Ort x. Geladene Felder $\psi_c(x)$ sind in dieser Betrachtungsweise Abbbildungen der Raum-Zeit-Punkte x auf Vektoren $(\psi_c(x)) \in {}^x\mathcal{H}$. Die durch Feldgleichungen beschriebene Dynamik verknüpft die Felder $\psi(x)$ an verschiedenen Raum-Zeit-Punkten. Sollen nun die mit den Symmetrietransformationen verknüpften Aussagen, z.B. die durch die T_a beschriebene Ladungsstruktur, physikalisch signifikant sein, so bedarf es einer Verbindung zwischen den lokalen Ladungsräumen ${}^x\mathcal{H}$ an verschiedenen Punkten.

b) Im Geiste der Differentialgeometrie [Ko 63, Te 68] beschreiben wir diesen Symmetriezusammenhang zunächst mit Hilfe eines <u>Eichfeldes</u> $A^a_\mu(x)$ für infinitesimal benachbarte Punkte $x = (x^\mu)$ und $y = (x^\mu + dx^\mu)$. Geometrisch wird dieser Zusammenhang realisiert durch die Definition der Parallelverschiebung von Vektoren. Dadurch wird einem Vektor ${}^x\psi \in {}^x\mathcal{H}$ durch Parallelverschiebung längs einer Kurve $\mathcal{C}$ von x nach y der Vektor ${}^y\psi$ zugeordnet (Fig. 2.4).

Zur expliziten Darstellung der Parallelverschiebung beziehen wir diese auf lokale Koordinatensysteme in ${}^x\mathcal{H}$ und ${}^y\mathcal{H}$. Sind ${}^x\psi_c$ die Koordinaten eines Vektors aus ${}^x\mathcal{H}$ bezüglich einer zulässigen, d.h. orthonormierten Basis, dann sind die Koordinaten des infinitesimal parallel verschobenen Vektors ${}^{x+dx}\psi_c$:

$$x+dx_{\psi_c} = x_{\psi_c} + \delta x_{\psi_c} = (\delta_{cc'} - i\mathcal{A}_{\mu,cc'}(x)dx^\mu)\, x_{\psi_{c'}} \, . \tag{2.2.3}$$

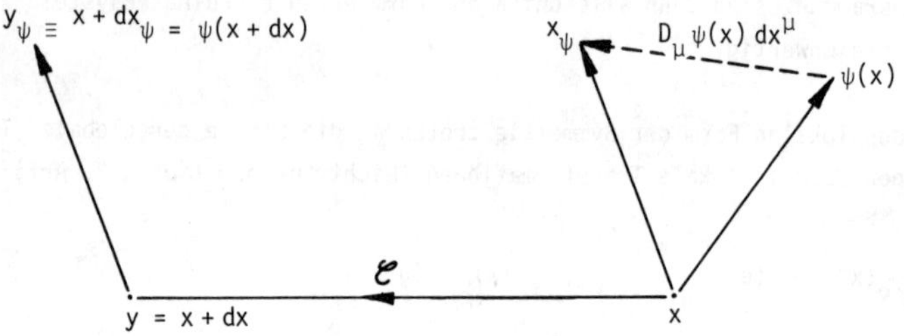

Fig. 2.4: Die geometrische Interpretation der kovarianten Ableitung und einer (infinitesimalen) Parallelverschiebung

Fordert man, daß bei der Parallelverschiebung die Eigenschaften der Vektoren bezüglich der unitären Symmetrie, d.h. Linearität, Orthogonalität und Normierung erhalten bleiben, dann ist $\mathcal{A}_{\mu,cc'}(x)\,dx^\mu$ eine infinitesimale unitäre Transformation. Diese kann durch eine Linearkombination von Erzeugenden der Eichgruppe U(n) *) dargestellt werden:

$$\mathcal{A}_{\mu,cc'}(x) = \bar{g}A^a_\mu(x)(T_a)_{cc'} \, . \tag{2.2.4}$$

$\mathcal{A}_\mu$ als lineare Kombination von Erzeugenden ist mathematisch ein Element der Lie-Algebra der Symmetriegruppe mit Vertauschungsrelationen, die durch diejenigen der Ladungsoperatoren T_a gegeben sind. Physikalisch bezeichnet man $\mathcal{A}_\mu(x)$ als Eichfeld. $A^a_\mu(x)$ ist die nichtabelsche Verallgemeinerung des e.m. Potentials. $\bar{g}$ ist eine Proportionalitätskonstante, die nach physikalischen Gesichtspunkten und

---

*) U(n) betrachtet man häufig als infinitesimal äquivalent zu SU(n) × U(1), was zu unabhängigen SU(n)- und U(1)-Eichtheorien führt (vgl. Gl. (2.2.37)).

oft abweichenden Konventionen festgelegt wird. (Siehe Abschn. 2.2.2, S. 102). Abgesehen von unseren späteren Bemerkungen zur allgemeinen Relativitätstheorie, betrachten wir im folgenden x^μ als kartesische Koordinaten der pseudo-euklidischen Raumzeit. Der Symmetriezusammenhang $\mathcal{A}_{\mu,cc'}(x)$ ist durch Gl. (2.2.3) auf ein lokales Koordinatensystem in ${}^x\mathcal{H}$ und ${}^y\mathcal{H}$ bezogen. Soll die Beziehung der Parallelität von Vektoren ψ an verschiedenen Orten unabhängig vom lokalen Koordinatensystem sein, dann muß $\mathcal{A}_{\mu,cc'}(x)$ bei allgemeinen lokalen Transformationen (2.2.2) folgendermaßen transformiert werden:

$$\mathcal{A}_{\mu,cc'}(x) \to \mathcal{A}'_{\mu,cc'}(x) = g_{cd}(x)\mathcal{A}_{\mu,dd'}(x)\, g^{-1}_{d'c'}(x) - ig_{cd}(x)\partial_\mu g^{-1}_{dc'}(x) \qquad (2.2.5)$$

oder, kompakt geschrieben:

$$\mathcal{A}_\mu(x) \to \mathcal{A}'_\mu(x) = g(x)(\mathcal{A}_\mu - i\partial_\mu)\, g^{-1}(x) \; . \qquad (2.2.5')$$

Dies ergibt sich aus der geforderten Vertauschbarkeit von Parallelverschiebung und lokaler Koordinatentransformation

$$g(x+dx)(1 - i\mathcal{A}_\mu(x)\, dx^\mu)\; {}^x\psi = (1 - i\mathcal{A}'_\mu(x)\, dx^\mu)\, g(x)\; {}^x\psi ,$$

indem man die linearen Terme in dx^μ betrachtet: $[-\partial_\mu g(x) + i g(x)\mathcal{A}_\mu(x)]\, dx^\mu = i\mathcal{A}'_\mu(x)\, dx^\mu g(x)$ und die Formel

$$\partial_\mu(g(x)g^{-1}(x)) = 0, \text{ d.h. } \; (\partial_\mu g(x))g^{-1}(x) = -g(x)\,\partial_\mu g^{-1}(x) \qquad (2.2.6)$$

benützt. Die simultane Transformation von geladenem Feld $\psi(x)$ nach Gl. (2.2.2) und Eichfeld $\mathcal{A}_\mu(x)$ nach Gl. (2.2.5) heißt Eichtransformation. Wegen der Wichtigkeit der Eichtransformationen geben wir noch ihre infinitesimale Form an:

$$\begin{aligned} \delta\, {}^x\psi &= -\, i\, T_a\, {}^x\psi \;\, \delta\theta^a(x) \; , \\ \delta\, {}^x\mathcal{A}_\mu(x) &= -\, i\, [T_a, \mathcal{A}_\mu(x)]\, \delta\theta^a(x) + T_a\, \partial_\mu\, \delta\theta^a(x) \; . \end{aligned} \qquad (2.2.7)$$

c) Die physikalisch wichtigste Bedeutung des, durch ein Eichfeld beschriebenen Symmetriezusammenhangs $\mathcal{A}_{\mu,cc'}(x)$ besteht darin, daß er die Definition der kovarianten Ableitung eines geladenen Feldes gestattet. Ein geladenes Feld beschreibt die Zuordnung eines Vektors aus ${}^x\mathcal{H}$ zu jedem Raum-Zeit-Punkt

$x: x \to {}^x\psi_c(x) \in {}^x\mathcal{H}$. Nach unserem geometrischen Verständnis der Komponenten des geladenen Feldes sind diese von der Wahl der lokalen Basis von ${}^x\mathcal{H}$ abhängig. Feldvektoren an verschiedenen Punkten können nur miteinander verglichen werden, indem man ihre Komponenten mit Hilfe einer Parallelverschiebung auf dasselbe lokale Koordinatensystem bezieht. Angewandt auf die Variation der Feldvektoren zwischen benachbarten Punkten $y^\mu = x^\mu + dx^\mu$ und x^μ (vgl. Fig. 2.4) gilt mit Hilfe von Gl. (2.2.3):

$$\begin{aligned} {}^x\psi_c(x+dx) - {}^x\psi_c(x) &\approx (1 + i\mathcal{A}_\mu(x)\, dx^\mu)\, {}^y\psi_c(x+dx) - {}^x\psi_c(x) \\ &\approx [(\partial_\mu + i\mathcal{A}_\mu)\,\psi(x)]_c\, dx^\mu =: (D_\mu\psi)_c(x)\, dx^\mu \quad . \end{aligned}$$

Dies ergibt die anschauliche Bedeutung der kovarianten Ableitung eines geladenen Feldes:

$$(D_\mu\psi(x))_c \equiv \partial_\mu \psi_c(x) + i\mathcal{A}_{\mu,cc'}\, \psi_{c'}(x) \quad . \tag{2.2.8}$$

Auf Grund dieses geometrischen Bezugs hat die kovariante Ableitung $D_\mu\psi$ - im Gegensatz zum gewöhnlichen Gradienten $\partial_\mu\psi$ - ein einfaches Transformationsverhalten unter allgemeinen Eichtransformationen:

$$(\partial_\mu + i\mathcal{A}_\mu)\,\psi(x) \to (\partial_\mu + i\mathcal{A}'_\mu(x))\,\psi'(x) = (D_\mu\psi)'(x) = g(x)(D_\mu\psi)(x) \quad ; \tag{2.2.9}$$

denn nach Gl. (2.2.2) und (2.2.5) gilt

$$\begin{aligned} (D_\mu\psi)'(x) &= (\partial_\mu + i\, g(x)\mathcal{A}_\mu(x)\, g^{-1}(x) + g(x)\,\partial_\mu\, g^{-1}(x))\, g(x)\,\psi(x) \\ &= g(x)(\partial_\mu + i\mathcal{A}_\mu)\,\psi(x) + (\partial_\mu g(x) + g(x)(\partial_\mu g^{-1}(x))g(x))\,\psi(x) \\ &= g(x)(D_\mu\psi)(x), \end{aligned}$$

da der letzte Term wegen Gl. (2.2.6) verschwindet.

d) Die Wegabhängigkeit der Parallelverschiebung wird im Kleinen durch den <u>Feldstärketensor $\mathcal{F}_{\mu\nu}(x)$</u> beschrieben. Die Verschiebung von x nach y längs Weg I in Fig. 2.5 unterscheidet sich von der Verschiebung längs Weg II um den folgenden Vektor 2. Ordnung:

$$[(1 - i\mathcal{A}_\nu(x + dx)dy^\nu)(1 - i\mathcal{A}_\mu(x)dx^\mu)]\ x_\psi \qquad (I)$$

$$-[(1 - i\mathcal{A}_\mu(x + dy)dx^\mu)(1 - i\mathcal{A}_\nu(x)dy^\nu)]\ x_\psi \qquad (II)$$

$$\approx - i\mathcal{F}_{\mu\nu}(x)\, dx^\mu dy^\nu \cdot x_\psi \equiv \delta^2 x_\psi \quad \text{mit}$$

$$\mathcal{F}_{\mu\nu}(x) = \partial_\mu \mathcal{A}_\nu(x) - \partial_\nu \mathcal{A}_\mu(x) + i[\mathcal{A}_\mu(x), \mathcal{A}_\nu(x)] \,. \qquad (2.2.10)$$

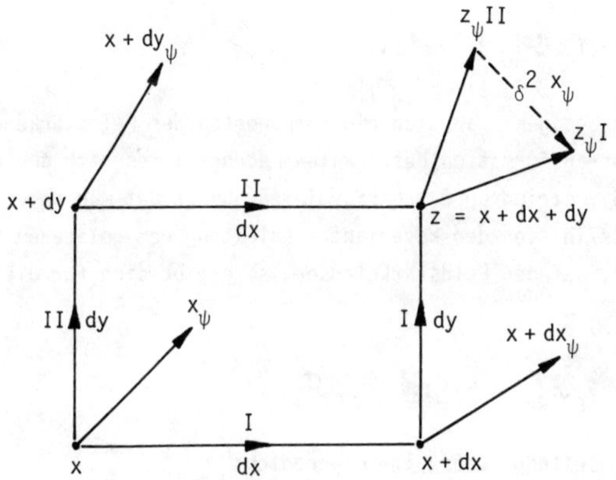

Fig. 2.5: Die geometrische Interpretation des Feldstärketensors

$\mathcal{F}_{\mu\nu}(x)$ ist wie $\mathcal{A}_\mu(x)$ Lie-Algebra-wertig. In Komponenten A^a_μ, $F^a_{\mu\nu}$ mit

$$\mathcal{F}_{\mu\nu}(x) = \bar{g} F^a_{\mu\nu}(x)\, T_a \qquad (2.2.11)$$

schreibt sich Gl. (2.2.9) mit Hilfe der Strukturkonstanten Gl. (1.2.1) folgendermaßen:

$$F^a_{\mu\nu}(x) = \partial_\mu A^a_\nu(x) - \partial_\nu A^a_\mu(x) - \bar{g} f^{abc} A^b_\mu(x) A^c_\nu(x) \,. \qquad (2.2.12)$$

Im nichtabelschen Fall unterscheidet sich die Feldstärke der Form nach von der elektromagnetischen Feldstärke um einen nichtlinearen Term im Eichfeld. Dies hat später außerordentlich wichtige Konsequenzen.

Der Wegabhängigkeit der Parallelverschiebung entspricht die Nichtvertauschbarkeit der kovarianten Ableitung

$$D_\mu D_\nu - D_\nu D_\mu = [D_\mu, D_\nu] = i\mathcal{F}_{\mu\nu}(x) \quad . \tag{2.2.13}$$

Kombiniert man diese Gleichung mit Gl. (2.2.9), so erhält man auf einfache Weise das Verhalten der Feldstärke unter Eichtransformationen

$$\mathcal{F}_{\mu\nu}(x) \to g(x)\mathcal{F}_{\mu\nu}(x)\, g^{-1}(x) \tag{2.2.14}$$

oder für infinitesimale Eichtransformationen

$$\delta\mathcal{F}_{\mu\nu}(x) = - i\ [T_a, \mathcal{F}_{\mu\nu}(x)]\ \delta\theta^a(x) \ . \tag{2.2.14'}$$

Diese Gleichungen besagen, daß sich die Komponenten des Feldstärketensors bei einer Koordinatentransformation des lokalen Ladungsraumes nach der adjungierten Darstellung der Symmetriegruppe transformieren. Überträgt man daher die Überlegungen, die zur Definition der kovarianten Ableitung von geladenen Feldern führen (Gl. (2.2.7)), auf den Feldstärketensor, so ergibt sich für diesen die Definition

$$(D_\rho \mathcal{F}_{\mu\nu})(x) := \partial_\rho \mathcal{F}_{\mu\nu}(x) + i\ [\mathcal{A}_\rho(x), \mathcal{F}_{\mu\nu}(x)] \tag{2.2.15}$$

der kovarianten Ableitung, oder, in Komponenten:

$$(D_\rho \mathcal{F}_{\mu\nu})^a(x) = \partial_\rho F^a_{\mu\nu}(x) - \bar{g} f^{abc} A^b_\rho(x) F^c_{\mu\nu}(x) \quad . \tag{2.2.16}$$

Die Bianchi-Identität der nichtabelschen Feldstärken bezüglich der kovarianten Ableitung

$$D_\rho\mathcal{F}_{\mu\nu}(x) + D_\mu\mathcal{F}_{\nu\rho}(x) + D_\nu\mathcal{F}_{\rho\mu}(x) = 0 \tag{2.2.17}$$

folgt direkt aus der Definition der Feldstärke (2.2.10) mit Hilfe der Jakobi-Identität für Kommutatoren. Diese Gleichung verallgemeinert die homogene Maxwell-Gleichung auf nichtabelsche Eichtheorien.

e) Betrachteten wir bisher den Symmetriezusammenhang in infinitesimal benachbarten Bereichen, so untersuchen wir jetzt Parallelübertragungen $U(\mathcal{C})$ von Ladungsvektoren zwischen Punkten x und y mit endlichem Abstand. Sind ${}^{x}\psi_c$ die Komponenten eines Ladungsvektors aus ${}^{x}\mathcal{H}$ bezüglich eines lokalen Koordinatensystems, dann sind die Komponenten ${}^{y}\psi_c$ des nach y längs der Kurve $\mathcal{C}$ parallel verschobenen Vektors (Fig. 2.4) im lokalen Koordinatensystems von ${}^{y}\mathcal{H}$

$$ {}^{y}\psi_c = U_{cc'}(\mathcal{C})\, {}^{x}\psi_{c'} \quad . \tag{2.2.18} $$

Aus Überlegungen zur Symmetrieerhaltung, ähnlich wie zu Gl. (2.2.3, 4), ergibt sich, daß $U_{cc'}(\mathcal{C})$ ein Element der Symmetriegruppe G in der Fundamentaldarstellung ist. Bei lokalem Koordinatenwechsel in ${}^{x}\mathcal{H}$ bzw. ${}^{y}\mathcal{H}$ muß dann die Parallelübertragung gemäß

$$ U(\mathcal{C}) \to g(y)\, U(\mathcal{C})\, g^{-1}(x) \tag{2.2.19} $$

transformiert werden, damit Parallelität koordinatenunabhängig bleibt.

Die Parallelübertragung längs einer Kurve kann infinitesimal erzeugt werden, d.h. die Parallelübertragung $U(\mathcal{C})$ kann aus den Eichfeldern $\mathcal{A}_\mu(x)$ berechnet werden. Dazu beschreiben wir die Kurve $\mathcal{C}$ zunächst durch einen Kurvenparameter s: $\mathcal{C} = \{t^\mu(s) | 0 \leq s \leq 1, \;\; t^\mu(0) = x^\mu, \;\; t^\mu(1) = y^\mu\}$. Nun denken wir uns $\mathcal{C}$ in eine große Anzahl N von Abschnitten eingeteilt, längs denen wir entsprechend Gl.(2.2.3) infinitesimal verschieben dürfen. Im Grenzfall $N \to \infty$ ergibt sich

$$ \begin{aligned} U(\mathcal{C}) &= \lim_{N\to\infty} \prod_{m=0}^{N-1} [1 - i\mathcal{A}_\mu(t(\tfrac{m}{N}))\cdot(t^\mu(\tfrac{m+1}{N}) - t^\mu(\tfrac{m}{N}))] \\ &= \lim_{N\to\infty} [1 - i\mathcal{A}_\mu(t(\tfrac{N-1}{N}))\cdot(y^\mu - t^\mu(\tfrac{N-1}{N}))]\cdot\ldots\cdot[1 - i\mathcal{A}_\mu(x)\cdot(t^\mu(\tfrac{1}{N}) - x^\mu)] \\ &=: P\exp(-i\int_{x\mathcal{C}}^{y} dt^\mu\, \mathcal{A}_\mu(t)) \quad . \end{aligned} \tag{2.2.20} $$

Bei einem allgemeinen nichtabelschen Potential sind die $\mathcal{A}_\mu(t)\Delta t^\mu$ verschiedener Abschnitte der Kurve nicht vertauschbar. Deshalb kann das Produkt in Gl. (2.2.20) nur formal mit Hilfe des Pfadordnungsoperators P zu einer Exponentialfunktion aufsummiert werden [Fe 51]. Von der ersten Zeile der Gl. (2.2.20) kann man ablesen, daß sich $U(\mathcal{C})$ als Lösung der Differentialgleichung

$$ i\frac{d}{ds}\overline{U}(s) = \mathcal{A}_\mu(t(s))\frac{dt^\mu}{ds}\overline{U}(s) \quad \text{mit} \quad \overline{U}(0) = 1 \tag{2.2.21} $$

darstellen läßt:

$$U(\mathcal{C}) = \overline{U}(1) . \qquad (2.2.22)$$

Die Parallelübertragungen $U(\mathcal{C})$ können dazu benützt werden, in den lokalen Ladungsräumen ${}^y\mathcal{H}$ Koordinaten einzuführen, für welche $\mathcal{A}_\mu(x)$ eine einfachere Form besitzt. Als Beispiel zeigen wir, daß es eine Wahl von lokalen Koordinatensystemen gibt, für welche

$$\mathcal{A}_0(x) \equiv 0 \qquad (2.2.23)$$

gilt (temporale Eichung) (siehe z.B. [Co 77]). Dies ist der Fall, wenn wir Koordinatensysteme benützen, die durch Parallelverschiebung längs Parallelen zur Zeitachse auseinander hervorgehen. Die Parallelübertragungen längs dieser Geraden von $y = (t, \vec{x})$ nach $x = (0, \vec{x})$

$$U(y) = P\exp(-i \int_t^0 dt' \mathcal{A}_0(t', \vec{x})) \qquad (2.2.24)$$

beziehen die Komponenten von $\psi(t, \vec{x})$ und $\mathcal{A}_\mu(t, \vec{x})$ für alle t auf solche einheitliche lokale Koordinatensysteme. Die Eichtransformation

$$\begin{aligned} {}^y\psi &\to {}^y\psi' = U(y)\, {}^y\psi(x) \\ \mathcal{A}_\mu(y) &\to \mathcal{A}'_\mu(y) = U(y)\, (\mathcal{A}_\mu - i\,\partial_\mu)\, U^{-1}(y) \end{aligned} \qquad (2.2.25)$$

beschreibt daher den Übergang zu dieser temporalen Eichung. Diese geometrische Einsicht wird durch die folgende Rechnung bestätigt:

$$\begin{aligned} \mathcal{A}'_0 &= U(y)(\mathcal{A}_0 - i\,\partial_0)\, U^{-1}(y) = U(y)(\mathcal{A}_0 + i\, U^{-1} \frac{dU}{dt})\, U^{-1}(y) \\ &= U(y)(\mathcal{A}_0 - \mathcal{A}_0)\, U^{-1}(y) = 0, \end{aligned}$$

da nach Gl. (2.2.24) entsprechend Gl. (2.2.21) $dU/dt = i\, U \mathcal{A}_0(t, \vec{x})$ gilt.

f) Wir wollen diese kurze geometrische Betrachtung von geladenen Feldern und Eichfeldern mit einigen weiterführenden Bemerkungen beschließen. Die Ähnlichkeiten zwischen der Geometrie der lokalen Eichsymmetrie und der Beschreibung von Raum und Zeit als Riemannsche Mannigfaltigkeit im Rahmen der <u>allgemeinen Relativitätstheorie</u> [We 18, Ei 22, Ad 65, Se 75] sind offensichtlich. Es entsprechen sich [He 80 N]:

- der lokale Ladungsraum ${}^{x}\mathcal{H}$ mit unitärer Struktur und der Tangentialraum mit lokaler Metrik $g_{mn}(x)$ und Lorentz-Koordinatensystemen,
- die Eichtransformationen und die Transformationen im Tangentialraum (die nicht notwendigerweise durch allgemeine Koordinatentransformationen induziert werden),
- die Eichfelder $\mathcal{A}_{\mu,cc'}(x)$, welche den Symmetriezusammenhang definieren und die Christoffel-Symbole

  $\Gamma^{r}_{ki}(x) = -(1/2)\, g^{rl}\, (\partial g_{kl}/\partial x^{i} + \partial g_{li}/\partial x^{k} - \partial g_{ik}/\partial x^{l})$,

  welche Parallelverschiebung von Tangentialvektoren beschreiben,
- die kovarianten Ableitungen,
- die Feldstärke $\mathcal{F}_{\mu\nu,cc'}(x)$ und der Krümmungstensor $R^{i}_{k;mn}$, etc.

Mathematisch liegt diesen Entsprechungen die allgemeine Struktur eines Faserbündels zugrunde. Wir wollen auf diese mathematische Theorie für ein weiterführendes Studium hinweisen [Ko 63, Dr 77]. Physikalisch kann man die Prinzipien der allgemeinen Relativitätstheorie und der internen Symmetrie verknüpfen, indem man als Raumzeit-Basis für die geladenen Felder nicht den flachen Minkowski-Raum, sondern den Riemannschen Raum der allgemeinen Relativitätstheorie zugrunde legt. Die so erweiterte Struktur ist wieder ein Faserbündel, in dem die Raum-Zeit-Mannigfaltigkeit in jedem Punkt nicht nur einen Tangentialraum, sondern auch einen Ladungsraum besitzt. Im Fall der lokalen Farbsymmetrie könnte man geneigt sein, von dieser erweiterten geometrischen Struktur als von einer "farbigen Raum-Zeit" zu sprechen.

Der physikalisch wesentliche Punkt in der allgemeinen Relativitätstheorie ist, daß die geometrische Struktur von Raum und Zeit durch die dynamische Gleichung Einsteins bestimmt ist. Den entsprechenden Schritt für die lokale Eichgeometrie müssen wir im folgenden beschreiben.

2.2.2 Yang-Mills-Feldtheorien

Die Erweiterung der lokalen Eichtransformationen auf nichtabelsche Symmetriegruppen erlaubt es, das Prinzip der minimalen eichinvarianten Kopplung auf freie Felder mit nichtabelscher Ladungsalgebra zu übertragen. Solche Feldtheorien heißen Yang-Mills-Feldtheorien [Ya 54, Ut 56].

a) Zur Beschreibung dieses Prinzips gehen wir zunächst von Dirac-Feldern

$\psi(x) = (\psi_c(x))$ aus, welche bezüglich der Symmetriegruppe G mit den Ladungen T_a ein Multiplett bilden. Die Dirac-Felder breiten sich im leeren Raum entsprechend der freien Dirac-Gleichung aus:

$$i\gamma^\mu \partial_\mu \psi(x) - M\psi(x) = 0 . \tag{2.2.26}$$

Ist die G-Symmetrie der geladenen Felder $\psi(x)$ in Übereinstimmung mit dem physikalischen Nahewirkungsprinzip eine lokale Symmetrie, welche nach den geometrischen Vorstellungen des vorhergehenden Abschnitts durch ein Eichfeld $\mathcal{A}_\mu(x)$ vermittelt wird, dann muß die gewöhnliche Ableitung ∂_μ in der Dirac-Gleichung durch die kovariante Ableitung D_μ ersetzt werden, damit die Feldgleichung (2.2.26) gemäß Gl. (2.2.9) invariant unter lokalen Symmetrietransformationen bleibt. Dies führt zur Dirac-Gleichung

$$i\gamma^\mu D_\mu \psi(x) \equiv \gamma^\mu (i\partial_\mu - \mathcal{A}_\mu(x))\psi(x) = M\psi(x) , \tag{2.2.27}$$

in welcher die Wechselwirkung mit dem Eichfeld $\mathcal{A}_\mu$ analog zur QED durch die Substitutionsregel $\partial_\mu \to \partial_\mu + i\mathcal{A}_\mu(x)$ eingeführt wird. In einer vollständigen physikalischen Theorie kann $\mathcal{A}_\mu(x)$ kein 'äußeres' Eichfeld sein, sondern muß selbst wieder durch das Teilchenfeld $\psi(x)$ bestimmt sein. Wir erhalten eine solche Feldgleichung für $\mathcal{A}_\mu(x)$, indem wir von einer Lagrange-Dichte (vgl. Abschn. 1.2.2 d) ausgehen, die sich aus einem erweiterten Dirac-Teil und einem Eichfeldteil $\mathcal{L}_{\mathrm{Eich}}$ zusammensetzt:

$$\mathcal{L} = -\frac{1}{4}F^a_{\mu\nu}(x)\, F^{a,\mu\nu}(x) + \overline{\psi}(x)(i\gamma^\mu D_\mu - M)\psi(x) . \tag{2.2.28}$$

Variation von $\overline{\psi}(x)$ ergibt die Dirac-Gleichung (2.2.27). Variation nach dem Eichfeld $A^a_\mu(x)$: $\mathcal{A}_\mu(x) = \overline{g} A^a_\mu T_a$ führt zu der verallgemeinerten Maxwell-Gleichung

$$D^\mu F_{\mu\nu}(x) = \overline{g}\, \overline{\psi}(x) T \gamma_\nu \psi(x) . \tag{2.2.29}$$

Wir haben hier alle Indizes, welche sich auf Multipletts bezüglich der Gruppe G beziehen, weggelassen, um damit die formale Ähnlichkeit zur QED zu betonen. Die Invarianz unter lokalen Eichtransformationen von Lagrange-Dichte (2.2.28) und Feldgleichungen (2.2.27) und (2.2.29) folgt unmittelbar aus den Gleichungen (2.2.2), (2.2.9) und (2.2.14). Für die Wahl des Eichfeldteils $\mathcal{L}_{\mathrm{Eich}}$ der Lagrange-Dichte

$$\mathcal{L}_{\mathrm{Eich}} = -\frac{1}{4}F^a_{\mu\nu}(x)\, F^{a,\mu\nu}(x) = -\frac{1}{2\overline{g}^2}\, \mathrm{Spur}\; \mathcal{F}_{\mu\nu}(x)\mathcal{F}^{\mu\nu}(x) \tag{2.2.30}$$

(vgl. Gl. (2.2.11) und (1.2.5)) sind zunächst neben der Eichinvarianz vorwiegend Einfachheit und Analogie zur QED ausschlaggebend.

Die Beschränkung auf Dirac-Felder ist nicht wesentlich. Dieselben Überlegungen führen für ein Multiplett freier skalarer Felder $\phi_c(x)$ zur Einführung einer Wechselwirkung, welche durch dasselbe dynamisierte Eichfeld $\mathcal{A}_\mu(x)$ übertragen wird. Dazu wird die freie Lagrange-Dichte

$$\mathcal{L}_0 = (\partial_\mu \phi)^\dagger (\partial^\mu \phi) - M^2 \phi^\dagger \phi \tag{2.2.31}$$

eichinvariant erweitert und durch den Eichfeldanteil ergänzt. Aus der Lagrange-Dichte

$$\mathcal{L} = -\frac{1}{4} F^a_{\mu\nu} F^{a,\mu\nu} + (D_\mu \phi)^\dagger (D^\mu \phi) - M^2 \phi^\dagger \phi \tag{2.2.32}$$

folgen durch Variation nach $\phi^\dagger(x)$ bzw. $\phi(x)$ und $A^a_\mu(x)$ die Feldgleichungen:

$$\begin{aligned} D_\mu D^\mu \phi + M^2 \phi &= 0 \\ D^\mu F^a_{\mu\nu} &= i\,\overline{g}\,(\phi^\dagger T^a D_\nu \phi - (D_\nu \phi)^\dagger T^a \phi)\ . \end{aligned} \tag{2.2.33}$$

b) Auf die beschriebene Weise begründet man eine <u>universelle Wechselwirkung</u> zwischen allen Teilchenfeldern, welche die Ladungen einer Symmetriegruppe G tragen. Führen wir den Vergleich zur Beschreibung der universellen Gravitationswechselwirkung im Rahmen der allgemeinen Relativitätstheorie weiter, so

- entspricht $\mathcal{L}_{Eich}$ der Lagrange-Funktion des Gravitationsfeldes $\mathcal{L}_G = R\sqrt{\det g_{mn}}$;
- die verallgemeinerten Maxwell-Gleichungen bilden das Analogon zu den Einsteinschen Gleichungen: $R_{mn} - \frac{1}{2} g_{mn} R = -\frac{8\pi\kappa}{c^2} T_{mn}$. (Hier ist $R_{mn} = R^k{}_{k;mn}$ der kontrahierte Krümmungstensor, $R = R^n{}_n$ der Riemann-Skalar und T_{mn} der Energie-Impuls-Tensor, κ die Gravitationskonstante.)

c) Es ist nützlich, die verallgemeinerte Maxwell-Gleichung (2.2.29) noch etwas genauer zu betrachten und sie mit der Elektrodynamik zu vergleichen. Dazu schreiben wir sie in Komponenten des Eichfeldes

$$\partial^\mu G^a_{\mu\nu} = \overline{g} f^{abc}(2 A^b_\mu \partial^\mu A^c_\nu - A^b_\nu \partial^\mu A^c_\mu - A^{b,\mu} \partial_\nu A^c_\mu)$$

$$- \overline{g}^2 f^{abc} f^{cde} A^{\mu b} A^d_\mu A^e_\nu + \overline{g}\overline{\psi} T^a \gamma_\nu \psi \tag{2.2.34}$$

$$\equiv ({}^A J^a_\nu(x) + {}^\psi J^a_\nu(x)) = J^a_\nu(x)$$

mit dem 'linearen' Feldstärketensor

$$G^a_{\mu\nu}(x) = \partial_\mu A^a_\nu(x) - \partial_\nu A^a_\mu(x) . \tag{2.2.35}$$

Daraus folgt $\partial^\nu \partial^\mu G^a_{\mu\nu}(x) = 0$ und damit Erhaltung der Ströme $J^a_\nu(x)$:

$$\partial^\nu J^a_\nu(x) = 0 . \tag{2.2.36}$$

Zwei Einsichten vermittelt diese Betrachtung: In nichtabelschen Eichtheorien sind nicht nur die Teilchenfelder geladen, sondern auch die Eichfelder. Entsprechend gibt es eine Selbstkopplung der Eichfelder $A^a_\mu(x)$, wie sie durch die nichtlinearen Terme in den Maxwell-Gleichungen (2.2.34), d.h. durch den geladenen Eichfeldstrom ${}^A J^a_\nu(x)$ zum Ausdruck kommen. Die erhaltenen Ströme $J^a_\nu(x)$, Gl. (2.2.34), welche die Quellen der Eichfelder bilden, sind proportional zu den Noether-Strömen, welche aus der Symmetrie einer Lagrange-Funktion folgen (Abschn. 1.2.3). Dies ist nach Gl. (1.2.57), (1.2.64), etc. eine direkte Konsequenz der Substitutionsregel $\partial_\mu \to \partial_\mu + i \mathcal{A}_\mu$ und der Tatsache, daß die Yang-Mills-Gleichung (2.2.34) aus der Variation von $A^a_\mu(x)$ folgt. Die Proportionalitätskonstante $\overline{g}$, welche in Gl. (2.2.4) eingeführt wurde, hat in der quantisierten Feldtheorie die Bedeutung einer Kopplungskonstante der Quanten des Teilchenfeldes (Abschn. 1.2.2 c). $\overline{g}$ bestimmt die Stärke der universellen Wechselwirkung aller Teilchen, welche die Ladung der lokalen Symmetriegruppe G tragen. Dies ist von der QED geläufig, bei der $e = \overline{g} \geq 0$, ($T^a = -1$, $f^{abc} = 0$) den Betrag der Elementarladung bezeichnet. Die unglückliche, traditionsgebundene Konvention, daß der von bewegten Elektronen erzeugte elektrische Strom entgegengesetzt zum Teilchenstrom fließt, pflanzt sich leider in einer uneinheitlichen Konvention bezüglich der Einführung der Kopplungskonstante $\overline{g}$ fort. Wir stellen den Zusammenhang zwischen der klassischen Konvention der Elektrodynamik und der allgemeinen Formulierung der Yang-Mills-Feldtheorien her, indem wir als Generator der Eichtransformationen des Elektronfeldes $T = -1$ einführen. Wir sind jedoch inkonsequent in der QCD, in der wir $g = -\overline{g}$ setzen, um uns damit der vorwiegenden Konvention anzuschließen. Im Falle einer nicht einfachen Symmetriegruppe G, welche sich infinitesimal als direktes Produkt einfacher Faktoren darstellt, z.B. $G = G_2 \times G_1$ mit Erzeugenden T_a und S_b für G_2 bzw. G_1, können physikalisch mehrere Kopplungskonstanten auftreten. Allgemein kann man nämlich für das Lie-Algebra-wertige Potential von G

$$\mathcal{A}_\mu(x) = g_2\, A^a_\mu(x)\, T_a + g_1\, B^b_\mu(x)\, S_b \tag{2.2.37}$$

setzen mit verschiedenen Kopplungskonstanten g_2, g_1. Wegen $[T_a, S_b] = 0$ sind die Eichpotentiale $A^a_\mu(x)$ und $B^b_\mu(x)$ unabhängig voneinander. In der Glashow-Salam-Weinberg-Theorie der elektroschwachen Wechselwirkung ist $G = SU(2) \times U(1)$ und damit dieser Fall von Bedeutung.

2.2.3 Begründung der Quantenchromodynamik

Bei der Begründung der Quantenchromodynamik [Fr 73, We 73, Gr 73 b], dem Versuch einer feldtheoretischen Formulierung der Hadrondynamik, spielen verschiedene Gesichtspunkte eine Rolle:

i) das Ergebnis der phänomenologischen Diskussion,
ii) die erfolgreiche Beschreibung dynamischer Effekte in der QED,
iii) die geometrische Ästhetik von Yang-Mills-Eichtheorien.

Geht man davon aus, daß ii) und iii) hinreichend den Versuch motivieren, die Hadrondynamik als Yang-Mills-Feldtheorie anzusetzen, dann legt die phänomenologische Diskussion nahe, von den gefärbten Quarkfeldern $\psi(x)$ als den Teilchenfeldern auszugehen. Da die Farbladungen eine wesentliche Rolle in der starken Wechselwirkung der Quarks spielen (Abschn. 1.1.2) sollten diese die Quelle der die Wechselwirkung vermittelnden Eichfelder sein. Dies bedeutet, daß die Farbsymmetriegruppe $SU(3)_C$ zur Eichgruppe zweiter Art wird. Entsprechend der Dimension von $SU(3)_C$: 8 vermitteln dann acht Eichfelder $A^a_\mu(x)$, a = 1, ..., 8. die sogenannten Gluonfelder, die Wechselwirkung zwischen den Quarks. Es gibt experimentelle Anzeichen für solche Flavour-neutrale Konstituenten (Gl. (1.4.25)). Die Lagrange-Dichte einer solchen Theorie hat die Form

$$\mathcal{L} = -\frac{1}{4} F^a_{\mu\nu}(x)\, F^{a,\mu\nu}(x) + \overline{\psi}(x)(i\gamma^\mu D_\mu - M)\psi(x) \tag{2.2.38}$$

mit

$\psi_{\alpha,f,c}(x)$ Quarkfelder (Def. siehe S. 40 unten)

$F^a_{\mu\nu}(x)$ Gluonfelder; $F^a_{\mu\nu}(x) = \partial_\mu A^a_\nu(x) - \partial_\nu A^a_\mu(x) + g f^{abc} A^b_\mu(x) A^c_\nu(x)$

D_μ kovariante Ableitung; $D_\mu = \partial_\mu - i g \frac{\lambda_a}{2} A^a_\mu(x)$;
D_μ induziert die minimal eichinvariante Wechselwirkung der Stärke $g = -\overline{g}$ mit $\overline{g}$ nach Gl.(2.2.4) ff. (2.2.39)

Die Definitionen von f^{abc}, λ_a etc. sind in Abschn. 1.2.1 gegeben, über die Farb-, Flavour- und Dirac-Indizes ist in $\mathcal{L}$ entsprechend zu summieren. Um die Verletzung der Flavour-Symmetrie im Rahmen der QCD zu beschreiben, kann man M als nichttriviale Massenmatrix im Flavour-Raum betrachten, welche die effektiven Quarkmassen Gl. (1.1.12) induziert.

Die Lagrange-Dichte (2.2.38) erlaubt die Formulierung der QCD als Quantenfeldtheorie. Diese kann anschaulich durch die Feynmann-Graphen einer Störungsreihe beschrieben werden. Eine genauere Durchführung der Quantisierung ist allerdings wegen der komplexen Struktur der lokalen Eichtransformationen ziemlich kompliziert. Wir behandeln sie erst im nächsten Abschnitt 2.3. Daran anschließend können wir dann zeigen, daß die QCD drei allgemeine Eigenschaften besitzt, die als wesentliche Argumente für sie gelten:

- Die QCD ist renormierbar. Dies hat weitreichende Konsequenzen für die Erfüllung allgemeiner physikalischer Prinzipien [tH 72, Le 72].
- Die QCD ist asymptotisch frei. Dies liefert eine Begründung des Quark-Partonmodells mit experimentell nachprüfbaren inneren Strahlungskorrekturen [Po 73, Gr 73].
- Die QCD liefert erfolgversprechende Ansätze zum Verständnis des Quark-Confinements [Ca 73, Wi 74].

Es sind diese drei allgemeinen Eigenschaften, welche die QCD zu einem eindrucksvollen Entwurf einer Hadrondynamik machen.

Ausgehend von der Yang-Mills-Lagrange-Dichte, wollen wir zum Abschluß die Feynmann-Regeln der QCD ohne großen Kommentar angeben [Ma 78]. Um die Elemente des

Graphenkalküls zu finden, schreiben wir $\mathcal{L}$ aus, getrennt in bilineare (↔ Propagatoren), trilineare (↔ 3-Vertizes) und quadrilineare (↔ 4-Vertizes) Terme. Außerdem addieren wir 'Eichterme' (↔ Geistpropagatoren und Geistvertizes), die wir später begründen.

$$\mathcal{L} = -\frac{1}{4}(\partial_\mu A^a_\nu - \partial_\nu A^a_\mu)^2 + \overline{\psi}(i\gamma^\mu \partial_\mu - M)\psi - g f^{abc} A^a_\mu A^b_\nu \partial^\mu A^{c,\nu}$$

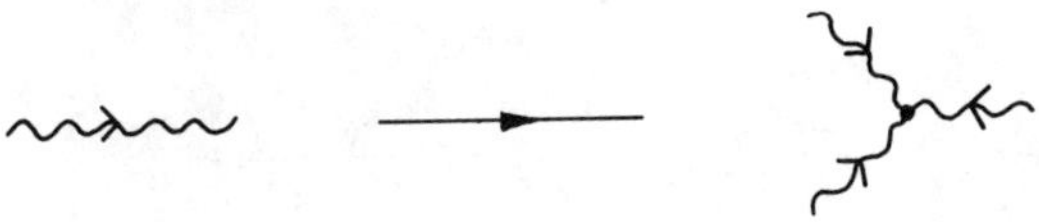

(2.2.40)

$$-\frac{1}{4} g^2 f^{bca} f^{ab'c'} A^b_\mu A^c_\nu A^{b',\mu} A^{c',\nu} + g A^a_\mu \overline{\psi}\gamma^\mu \frac{\lambda_a}{2}\psi + \text{Eichterme}$$

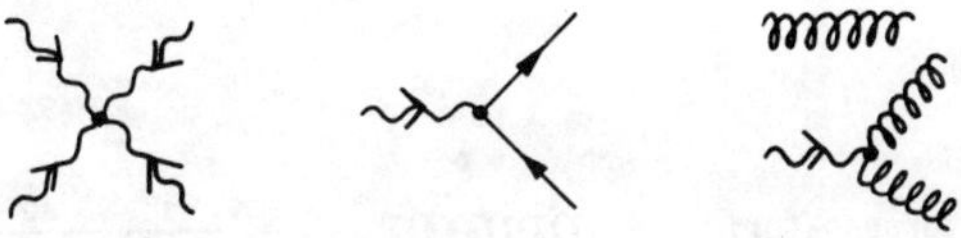

Es gelten folgende Substitutionsregeln:

Vertizes:

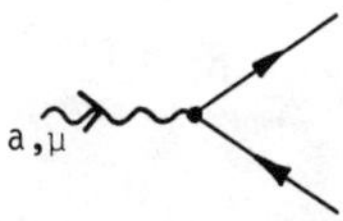

$$= \; i g \gamma_\mu \frac{\lambda_a}{2} (2\pi)^4 \delta(\textstyle\sum k)$$

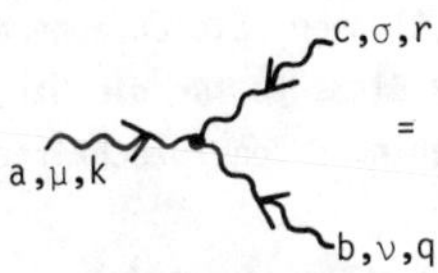

$$= \; g f^{abc}(g_{\mu\nu}(k-q)_\sigma + \text{zykl.})(2\pi)^4 \delta(\textstyle\sum k) \qquad (2.2.41)$$

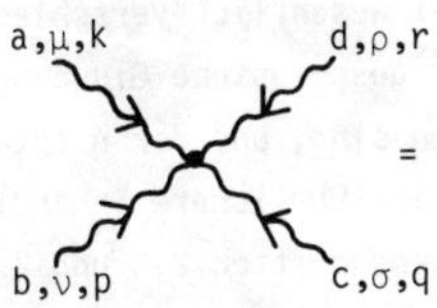

$$= -i g^2 (f^{abe} f^{cde} (g_{\mu\sigma} g_{\nu\rho} - g_{\mu\rho} g_{\nu\sigma}) + \text{symm.}) \cdot (2\pi)^4 \delta(\textstyle\sum k)$$

Innere Linien:

Quarkpropagator: 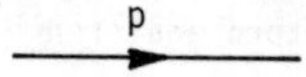

$= \frac{i}{(2\pi)^4} \frac{1}{\not p - M + i\varepsilon}$

(2.2.42)

Gluonpropagator: 

=

$$i\,D(k)^{ab}_{\mu\nu} = \frac{-i}{(2\pi)^4}\left(\left(g_{\mu\nu} - \frac{k_\mu k_\nu}{k^2}\right) + \xi \frac{k_\mu k_\nu}{k^2}\right)\frac{\delta_{ab}}{k^2 + i\varepsilon}$$

Bemerkung: Die Gluonen sind masselos.

Eichterme:

Geistpropagator: 

$= \frac{i}{(2\pi)^4} \frac{\delta_{ab}}{k^2 + i\,\varepsilon}$

(2.2.43)

Geist-Gluon-Vertex: 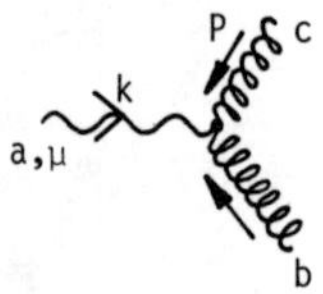

$= g\, f^{abc}\, p^\mu (2\pi)^4\, \delta(\sum k)$

Äußere Linien:

Wegen des erhofften Confinements von Quarks und Gluonen spielen äußere Quark- und Gluonlinien in der QCD keine Rolle. S-Matrix-Elemente für die Streuung von Hadronen müssen aus den Greenschen Funktionen nach den Vorschriften von Abschn. 2.3.1 bestimmt werden.

Im übrigen ist der Gebrauch der Feynman-Regeln nicht wesentlich verschieden von dem der QED. Die Gluon-Selbstwechselwirkung erlaubt geschlossene Gluon-Graphen, die mit gewissen statistischen Faktoren zu gewichten sind, und der nichtabelsche Charakter der Eichtransformationen macht eine ausführlichere Behandlung der Eichinvarianz erforderlich, auf die wir in den Abschnitten 2.3 und 2.4 noch zu sprechen kommen. In den oben aufgeführten formalen Feynmann-Regeln machen sich Eichterme bemerkbar durch

- den unbestimmten Eichparameter ξ im Gluonpropagator, der in physikalischen Matrixelementen herausfällt,
- die Ausbreitungsfunktion unphysikalischer Eichfreiheitsgrade, beschrieben durch den Geistpropagator,
- den Geist-Gluon-Vertex. In den Zusammensetzungsregeln werden Geister wie Fermionen behandelt (Faktor - 1 für geschlossene Geistlinien etc.).

Wir werden in Abschnitt 2.4.2 Gelegenheit haben, die Anwendung dieser Regeln zu illustrieren.

2.3 Zur Quantentheorie der Yang-Mills-Felder

Es ist das Ergebnis unserer bisherigen Diskussionen, daß sowohl die Theorie der starken als auch der elektromagnetischen Wechselwirkung vermutlich die Form einer quantisierten Yang-Mills-Feldtheorie hat. Ergänzende Diskussionen in Abschnitt 3.1 zeigen dies auch für die gesamte elektroschwache Wechselwirkung. Wir müssen uns deshalb mit der Struktur der Quantenfeldtheorie im allgemeinen, sowie der Yang-Mills-Feldtheorie im besonderen, eingehender befassen. [FT/ET]

Bisher haben wir uns bei der Betrachtung des Quantenaspekts der Felder mit der Behandlung des Welle-Teilchen-Dualismus für lineare Feldgleichungen und dem durch Anschauung unterstützten rezeptartigen Gebrauch von Feynman-Regeln beholfen (Abschn. 1.2.2). Obwohl in diesem Rahmen immer noch die meisten Anwendungen diskutiert werden, gibt es doch besonders für die QCD Probleme, für die dieses Verfahren unzulänglich ist:

- Weil Quarks und Gluonen nicht als freie Teilchen auftreten, ist es erforderlich, den allgemeinen Zusammenhang zwischen Feldern und physikalischen Teilchen herzustellen. Dies leistet die allgemeine Feldtheorie, in der gezeigt wird, wie Erwartungswerte von Feldoperatoren (besonders Greensche Funktionen), Teilchen und deren Wechselwirkung beschreiben (Abschn. 2.3.1). [Ha 58, Zi 58, Ru 62]
- Quark-Confinement ist ein nicht störungstheoretisch erfaßbares Problem. Deshalb ist es von Bedeutung, daß es einen geschlossenen, formalen Integralausdruck gibt, welcher die Greenschen Funktionen einer bestimmten Feldtheorie mit Hilfe einer Lagrange-Funktion festlegt (Abschn. 2.3.2). Eine störungstheoretische Auswertung dieser Feynmanschen Pfadintegralformel der Quantenfeldtheorie ergibt die uns geläufigen Feynman-Regeln zur Berechnung der S-Matrixelemente. Andererseits hofft man aber auch, daß eine andere Approxima-

tion der Pfadintegralformel der QCD das Phänomen des Quark-Confinements berechenbar macht (vgl. Abschn. 2.6).

- Die geschlossene Darstellung einer Yang-Mills-Theorie durch die Pfadintegralformel wird wegen der lokalen Eichinvarianz sehr komplex. Doch gibt erst sie einen vollständigen Überblick über die Struktur der Theorie, insbesondere auch über die Konsequenzen der Eichinvarianz (Abschn. 2.3.3). Diese Formulierung bildet daher den Ausgangspunkt einer deduktiven Darstellung sowohl der QCD als auch der elektroschwachen Wechselwirkung.

2.3.1 Greensche Funktionen und S-Matrixelemente

In diesem Abschnitt erweitern wir unser feldtheoretisches Vokabular, dessen Kenntnis wir bis jetzt in einfachster Form vorausgesetzt, bzw. das wir in Abschn. 1.2 kurz zusammengefaßt haben. Dabei ist es unser Ziel, zu zeigen, wie in einer allgemeinen Feldtheorie eine S-Matrix für relativistische Teilchenreaktionen durch quantenmechanische Erwartungswerte von Feldoperatoren definiert ist. Gleichzeitig wollen wir auf einige allgemeine Eigenschaften der S-Matrix hinweisen, welche aus diesem Zusammenhang folgen. Unsere Darstellung ist vorwiegend beschreibend; für eine systematische Untersuchung der Streutheorie im Rahmen der allgemeinen Feldtheorie verweisen wir auf die Literatur [Kl 61, St 64, Jo 65].

a) Die Grundbegriffe einer quantenmechanischen Beschreibung sind Zustände und Observable. Im Rahmen einer Feldtheorie haben wir schon in Abschn. 1.2.2 das Vakuum $|0\rangle$ und die Zustände von einem $\left|\begin{matrix} M & j \\ p & j_3 \end{matrix}\right\rangle$ bzw. mehreren freien Teilchen kennengelernt. Letztere spielen in Wechselwirkungstheorien für die Beschreibung von ein- bzw. auslaufenden Teilchenkonfigurationen eine wichtige Rolle. Quantenmechanische Operatoren begegneten uns als quantisierte Grundfelder - z.B. als freie Felder nach Gl. (1.2.22 - 23) - bzw. als daraus abgeleitete, wichtige physikalische Observable, wie z.B. Ströme entsprechend Gl. (1.2.68).

Die physikalischen Grundprinzipien können ziemlich allgemein mit Hilfe dieser Begriffe formuliert werden.

- Das spezielle Relativitätsprinzip für abgeschlossene Systeme fordert eine Darstellung der Poincaré-Gruppe durch unitäre Operatoren $U(\Lambda)$, $U(a)$, welche die Teilchenzustände entsprechend Gl. (1.2.18 - 18') transformieren und die das Vakuum invariant lassen:

$$U(a)|0\rangle = |0\rangle \ , \quad U(\Lambda)|0\rangle = |0\rangle \ . \tag{2.3.1}$$

Die Feldoperatoren müssen entsprechend kovariant transformieren:

$$U(a)\ \psi_\alpha(x)\ U^{-1}(a) = \psi_\alpha(x+a) \ , \tag{2.3.2}$$

$$U(\Lambda)\ \psi_\alpha(x)\ U^{-1}(\Lambda) = S^{-1}_{\alpha\alpha'}(\Lambda)\ \psi_{\alpha'}(\Lambda x) \ . \tag{2.3.3}$$

Infinitesimal werden die Translationsoperatoren $U(a)$ von den Impulsoperatoren P_μ und die Operatoren der Lorentz-Transformationen $U(\Lambda)$ durch die verallgemeinerten Drehimpulsoperatoren $M_{\mu\nu}$ erzeugt.

- Es ist eine Forderung der Stabilität, daß der Energie- und Massenoperator positiv ist:

$$P^o \geqq 0 \ , \quad P_\mu P^\mu \geqq 0 \ . \tag{2.3.4}$$

Das physikalische Vakuum $|0>$ ist der einzige Zustand mit niedrigster Energie: $P^o|0> = 0$.

- Die Kausalität wird durch die Forderung der Lokalität implementiert. Observable Felder in raumartigen Abständen sollen quantenmechanisch unabhängig, d.h. vertauschbar sein:

$$[\psi_\alpha(x),\ \psi_\beta(x')] = 0 \quad \text{für} \quad (x-x')^2 < 0 \ . \tag{2.3.5}$$

Die Antivertauschbarkeit von Fermi-Feldern in raumartigen Abständen impliziert die Vertauschbarkeit der daraus gebildeten (bilinearen) Observablen.

- Allgemeine Ladungserhaltungssätze folgen aus der Existenz von Ladungsoperatoren Q_a, welche auf den Feldern infinitesimale Symmetrie-Transformationen entsprechend Gl. (1.2.70, 71) erzeugen und dabei das Vakuum invariant lassen:

$$Q_a|0> \ = \ 0 \ . \tag{2.3.6}$$

Damit haben wir den Rahmen der allgemeinen Quantenfeldtheorie abgesteckt.

b) Die quantenmechanischen Erwartungswerte bezüglich des Vakuumzustandes von Produkten von Feldoperatoren, kurz Vakuumerwartungswerte, beschreiben schon den wesentlichen physikalischen Inhalt einer Quantenfeldtheorie, wie wir im folgenden erläutern werden. Soweit der allgemeine Sachverhalt dies zuläßt, beschränken wir die Diskussion auf skalare, reelle Felder $A(x)$. Für die Vakuumerwartungswerte sind folgende Bezeichnungen geläufig:

$$<0|\ A(x_1)\cdot\ldots\cdot A(x_n)|0> \ \equiv \ <A(x_1)\cdot\ldots\cdot A(x_n)> \ =: W_n(x_1,\ldots,x_n). \tag{2.3.7}$$

Die $W_n(x_1,\ldots,x_n)$ heißen auch Wightman-Funktionen [Wi 56]. Aus der relativistischen Invarianz, d.h. Gl. (2.3.1 - 3), folgt, daß die Vakuumerwartungswerte Lorentz-invariante Funktionen der Koordinatendifferenzen sind:

$$\begin{aligned} \langle A(x_1+a)\cdot\ldots\cdot A(x_n+a)\rangle &= \langle 0|U(a)A(x_1)U^{-1}(a)\cdot U(a)A(x_2)\cdot\ldots\cdot A(x_n)U^{-1}(a)|0\rangle \\ &= \langle A(x_1)\cdot\ldots\cdot A(x_n)\rangle \ , \end{aligned} \tag{2.3.8}$$

$$\begin{aligned} \langle A(\Lambda x_1)\cdot\ldots\cdot A(\Lambda x_n)\rangle &= \langle 0|U(\Lambda)A(x_1)\cdot\ldots\cdot A(x_n)U^{-1}(\Lambda)|0\rangle \\ &= \langle A(x_1)\cdot\ldots\cdot A(x_n)\rangle \ . \end{aligned} \tag{2.3.8'}$$

Diese Argumentation sei hier als Beispiel dafür angeführt, wie aus den allgemeinen Prinzipien Eigenschaften der Wightman-Funktionen hergeleitet werden. Für Analytizitätseigenschaften, welche aus Gl. (2.3.4 - 5) folgen, verweisen wir auf die angeführte Literatur.

Freie Felder haben wir in Abschn. 1.2.2 durch Feldgleichungen und Vertauschungsrelationen vollständig definiert, so daß wir für diese die W_n-Funktionen berechnen können. Vorher wollen wir jedoch noch eine andere Art von Vakuumerwartungswerten, die Greenschen Funktionen, definieren, welche in unseren, auf das "Praktische" gerichteten Überlegungen die Hauptrolle spielen werden. Dazu definieren wir das zeitgeordnete Produkt von Feldoperatoren $TA(x_1)\ldots A(x_n)$ durch die Festlegung, daß die Faktoren von rechts nach links entsprechend zunehmender Zeit angeordnet sein sollen; für das zeitgeordnete Produkt von zwei Faktoren gilt also

$$TA(x)A(y) = TA(y)A(x) = \begin{cases} A(x)A(y) & \text{für} \quad x^0 > y^0 \ , \\ A(y)A(x) & \text{für} \quad y^0 > x^0 \ . \end{cases} \tag{2.3.9}$$

Wegen der Vertauschbarkeit von Feldoperatoren in Raumpunkten, die gleichzeitig sind oder einen raumartigen Abstand haben (Gl. (2.3.5)), ist diese Definition relativistisch invariant. Die Greenschen Funktionen sind die Vakuumerwartungswerte von T-Produkten:

$$\tau(x_1,\ldots,x_n) = \langle TA(x_1)\ \ldots\ A(x_n)\rangle \ . \tag{2.3.10}$$

Wie die Wightman-Funktionen sind sie relativistisch invariante Funktionen der Koordinatendifferenzen, die wegen der Symmetrie des T-Produkts symmetrisch in den Koordinaten sind.

Wegen der Antivertauschbarkeit von Fermi-Feldern $\psi_\alpha(x)$ in raumartig zueinanderliegenden Punkten wird für diese die Zeitordnung mit einem Vorzeichenwechsel verbunden:

$$T\psi_\alpha(x)\,\psi_\beta(y) = \begin{cases} \psi_\alpha(x)\,\psi_\beta(y) & \text{für } x^o > y^o\,, \\ -\psi_\beta(y)\,\psi_\alpha(x) & \text{für } y^o > x^o\,. \end{cases} \tag{2.3.9'}$$

Die Greenschen Funktionen sind wieder entsprechend Gl. (2.3.10) als Vakuumerwartungswerte von T-Produkten definiert. Sie sind antisymmetrisch in den Argumenten (x,α).

c) Die Darstellung der freien Felder durch Erzeugungs- und Vernichtungsoperatoren gestattet eine einfache Berechnung der Vakuumerwartungswerte. So folgt aus Gleichung (1.2.25) für skalare Felder

$$A(x) = (2\pi)^{-\frac{3}{2}} \int \frac{d^3p}{2E_p}\,(a(p)\,e^{-ipx} + a^\dagger(p)\,e^{ipx}) \tag{2.3.11}$$

unter Benützung der Gl. (1.2.20): $a(p)|0\rangle = 0$, $\langle 0|\,a^\dagger(p) = 0$ und Gl. (1.2.19): $a(p)\,a^\dagger(p') = a^\dagger(p')a(p) + 2E_p\delta(\vec{p}-\vec{p}')$:

$$\begin{aligned} \langle A(x)\,A(y)\rangle &= \frac{1}{(2\pi)^3} \int\!\!\int \frac{d^3p}{2E_p}\frac{d^3p'}{2E_{p'}} \langle a(p)\,a^\dagger(p')\rangle\, e^{-ipx} e^{ip'y} \\ &= \frac{1}{(2\pi)^3} \int \frac{d^3p}{2E_p}\, e^{-ip(x-y)} = \Delta_+(x-y\,,M)\,. \end{aligned} \tag{2.3.12}$$

Daraus ergibt sich nach Gl. (1.2.38) für die 2-Punkt-Greensche Funktion:

$$\begin{aligned} \langle TA(x)\,A(y)\rangle &= \theta(x^o-y^o)\langle A(x)A(y)\rangle + \theta(y^o-x^o)\langle A(y)A(x)\rangle \\ &= i\,\Delta_F(x-y,M)\,. \end{aligned} \tag{2.3.13}$$

Der Feynman-Propagator ist die 2-Punkt-Greensche Funktion des freien Feldes!

Entsprechend berechnet man die 4-Punkt-Wightman-Funktion für das skalare freie Feld:

$$<A(x)A(x')A(x'')A(x''')> = \Delta_+(x-x')\Delta_+(x''-x''') + \Delta_+(x-x'')\Delta_+(x'-x''') + \Delta_+(x-x''')\Delta_+(x'-x'') \; . \tag{2.3.14}$$

Man hat nur daran zu denken, daß in dem Produkt von vier Feldoperatoren jedes durch ein $a^\dagger(p)$ erzeugte Teilchen durch ein $a(p')$ vernichtet werden muß. Daher sind auch nur die Wightman-Funktionen mit einer geraden Anzahl von Argumenten von Null verschieden. Zeitordnung analog zu Gl. (2.3.13) ergibt für die 4-Punkt-Greensche Funktion

$$<TA(x)A(x')A(x'')A(x''')> = i^2\Delta_F(x-x')\Delta_F(x''-x''') + i^2\Delta_F(x-x'')\Delta_F(x'-x''') + i^2\Delta_F(x-x''')\Delta_F(x'-x'') \; . \tag{2.3.15}$$

Da $\Delta_F(x-y) = \Delta_F(y-x)$ gilt, ist die 4-Punkt-Greensche Funktion in der Tat symmetrisch in den vier Raum-Zeit-Punkten $x^{(i)}$. Der allgemeine Ausdruck für die symmetrische n-Punkt-Greensche Funktion des freien skalaren Feldes lautet:

$$<TA(x_1)\ldots A(x_n)> = i^n \sum_{\text{Partitionen}} \Delta_F(x_{i_1}-x_{i_2})\Delta_F(x_{i_3}-x_{i_4})\cdot\ldots\cdot\Delta_F(x_{i_{n-1}}-x_{i_n}) \quad \text{für n gerade} ,$$
$$\equiv 0 \quad \text{für n ungerade} . \tag{2.3.16}$$

Die allgemeine Darstellung freier quantisierter Felder durch Erzeugungs- und Vernichtungsoperatoren entsprechend Gl. (1.2.25) führt für die Greenschen Funktionen freier Felder beliebigen Spins zu einer Fakorisierung in 2-Punkt-Funktionen entsprechend Gl. (2.3.16). Die Greenschen Funktionen des Dirac-Feldes bauen sich entsprechend aus $<T\psi_\alpha(x)\bar{\psi}_\beta(y)> = i\, S_F(x-y)_{\alpha\beta}$ auf. Wegen der Bedeutung von Spin-1-Teilchen im Zusammenhang mit Eichtheorien betrachten wir noch die 2-Punkt-Funktion von massiven Vektorbosonen explizit.

Aus Konvention setzen wir für den Polarisationsvektor in Gl. (1.2.25) für Spin eins $u_\mu(p,j_3) = \varepsilon_\mu(p,j_3)$:

$$A_\mu(x) = (2\pi)^{-\frac{3}{2}} \sum_{j_3=0,\pm1} \int \frac{d^3p}{2E_p} \left(\varepsilon_\mu(p,j_3)\, a_{j_3}(p)\, e^{-ipx} + \varepsilon^*_\mu(p,j_3)\, a^\dagger_{j_3}(p)\, e^{ipx}\right) . \tag{2.3.17}$$

Beachten wir die Definition der Einteilchenzustände, Gl. (1.2.21), dann können wir die obige Rechnung zu Gl. (2.3.12) so schreiben:

$$\langle A_\mu(x)A_\nu(y)\rangle = (2\pi)^{-3}\int\int\frac{d^3p}{2E_p}\frac{d^3p'}{2E_{p'}}\sum_{j_3j_3'}\left\langle\begin{matrix}M & 1\\ p & j_3\end{matrix}\middle|\begin{matrix}M & 1\\ p' & j_3'\end{matrix}\right\rangle\varepsilon_\mu(p,j_3)\varepsilon_\nu^*(p',j_3')e^{-ip(x-y)}$$

$$= (2\pi)^{-3}\int\frac{d^3p}{2E_p}\left(-g_{\mu\nu}+\frac{p_\mu p_\nu}{M^2}\right)e^{-ip(x-y)} = -\left(g_{\mu\nu}+\frac{1}{M^2}\partial_\mu\partial_\nu\right)\Delta_+(x-y,M). \quad (2.3.18)$$

Dabei haben wir die aus der Vertauschungsrelation (1.2.19) folgende Orthogonalitätsbedingung

$$\left\langle\begin{matrix}M & 1\\ p & j_3\end{matrix}\middle|\begin{matrix}M & 1\\ p' & j_3'\end{matrix}\right\rangle = 2E_p\,\delta(\vec{p}-\vec{p}\,')\delta_{j_3j_3'} \quad (2.3.19)$$

benützt. Unabhängig von den verschiedenen Darstellungen der Polarisationsvektoren $\varepsilon_\mu(p,j_3)$ gilt immer

$$\sum_{j_3}\varepsilon_\mu(p,j_3)\varepsilon_\nu^*(p,j_3) = -g_{\mu\nu}+p_\mu p_\nu/M^2; \quad (2.3.19')$$

denn diese Polarisationssumme muß Lorentz-kovariant sein und im Schwerpunktsystem $p=(M,\vec{0})$ einen Zustand mit Drehimpuls 1 beschreiben: $\Sigma\,\varepsilon_\mu\varepsilon_\nu^* = \delta_{\mu\nu}$ für $\mu,\nu = 1,2,3$, $\Sigma\,\varepsilon_\mu\varepsilon_\nu^* = 0$ für $\mu = 0$ oder $\nu = 0$. Durch Zeitordnen in Gl. (2.3.18) erhalten wir, unter Vernachlässigung eines Terms $M^{-2}\delta_{\mu o}\delta_{\nu o}\delta^{(4)}(x-y)$, die Greensche Funktion

$$\langle TA_\mu(x)A_\nu(y)\rangle = \frac{i}{(2\pi)^4}\int d^4p\,e^{-ip(x-y)}\frac{-g_{\mu\nu}+p_\mu p_\nu/M^2}{p^2-M^2+i\varepsilon} = \int d^4p\,e^{-ip(x-y)}\,i\tilde{\Delta}_F(p)_{\mu\nu}$$

$$= -i\left(g_{\mu\nu}+\frac{1}{M^2}\partial_\mu\partial_\nu\right)\Delta_F(x-y). \quad (2.3.20)$$

Wir wollen zum Propagator des Vektorteilchens noch eine Bemerkung machen: Bei den Feynman-Regeln zur QED, Gl. (1.2.40), haben wir für das Photon $i\tilde{\Delta}_F(p)_{\mu\nu} = -ig_{\mu\nu}/(2\pi)^4(p^2+i\varepsilon)$ angegeben. Dies entspricht nach Gl. (2.3.18) einer Wightman-Funktion $\langle A_\mu(x)A_\nu(y)\rangle = -(2\pi)^{-3}\cdot g_{\mu\nu}\int d^3p\,\exp(-ip(x-y))/2|\vec{p}|$. Betrachten wir nun einen Zustand, der durch Anwendung von $A_o(x)$ auf das Vakuum erzeugt wird

$$|\psi\rangle = \int d^4x\,f(x)\,A_o(x)|0\rangle \quad .$$

Dann ist mit $\tilde{f}(\vec{p}) = (2\pi)^{-3/2} \int d^4x \exp(i(E_p x^0 - \vec{p}\vec{x}))f(x)$ dessen Norm:

$$\begin{aligned} \| \psi \|^2 &= - \int d^4x \int d^4y < A_0(x) A_0(y) > f^*(x) \ f(y) \ (2\pi)^{-3} \\ &= - \int \frac{d^3p}{2|\vec{p}|} \tilde{f}^*(\vec{p}) \ \tilde{f}(\vec{p}) < 0 \ , \end{aligned} \tag{2.3.21}$$

d.h., daß ein Vektorpropagator der Form (1.2.40) das Auftreten von Zuständen negativer Norm impliziert. Für einen Propagator der Form (2.3.20) ist dies wegen Gl. (2.3.19') nicht der Fall. Das formale Auftreten von Zuständen mit negativer Norm ist ein häufiges Phänomen bei der relativistisch kovarianten Behandlung von quantisierten Eichfeldtheorien. Es bedarf einer konsequenten Beachtung der Eichsymmetrie, um zu verhindern, daß diese Zustände physikalisch signifikant werden und die Unitarität der S-Matrix verletzen (siehe Abschn. 2.4.3 c,d).

d) Der Zusammenhang zwischen dem Feynman-Propagator und der 2-Punkt-Greenschen Funktion freier Felder, Gl. (2.3.13), legt die Erweiterung der Feynman-Regeln zur Berechnung von Greenschen Funktionen nahe. Dazu führt man Graphen mit Feldpunkten •x ein [tH 73], welche den Argumenten der Greenschen Funktionen entsprechen. Einem Feldpunkt wird der analytische Ausdruck

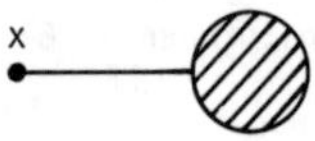

$$: \quad \begin{array}{ll} e^{-ipx} & \text{für Impuls zu } x, \\ e^{ipx} & \text{für Impuls von } x \end{array} \tag{2.3.22}$$

zugeordnet. Linien, die Feldpunkte mit anderen Feldpunkten oder einem Vertex des Graphen verbinden sind innere Linien. Ansonsten gelten die Feynman-Regeln, wie wir sie schon im Zusammenhang mit QED und QCD beschrieben haben. So können wir jetzt die 2-Punkt-Greensche Funktion Gl. (2.3.13) in Graphenschreibweise darstellen:

$< TA(x)A(y) > \; =$ 

$$= \frac{i}{(2\pi)^4} \int d^4p \, \frac{e^{-ip(x-y)}}{p^2 - M^2 + i\varepsilon} = i\,\Delta_F(x-y,M) \tag{2.3.23}$$

(vergleiche Gl. (1.2.38' , 40)). Die 4-Punkt-Funktion, Gl. (2.3.15), schreibt sich:

$< TA(x)A(x')A(x'')A(x''') > \; =$ 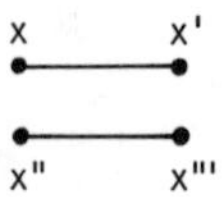

$+$ 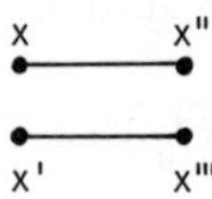

$+$ 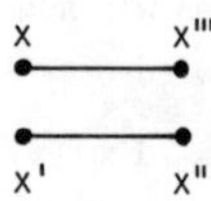

(2.3.24)

Entsprechend läßt sich die allgemeine Greensche Funktion der freien Felder, Gl. (2.3.16), darstellen.

Wesentlich ist, daß die Erweiterung der 'Feynman-Regeln zur Berechnung von S-Matrixelementen' um Feldpunkte erlaubt, Greensche Funktionen für Theorien mit Wechselwirkung zu berechnen. Als Beispiele betrachten wir eine Feldtheorie geladener, skalarer Teilchen in Wechselwirkung mit neutralen Skalaren. Dem Wechselwirkungsteil der Lagrange-Funktion $\mathcal{L}_I$ entspricht der Vertex:

$\mathcal{L}_I = -g\,\psi^*(x)\,\psi(x)\,A(x)$:

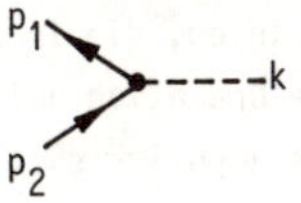

$$= -i\,(2\pi)^4\, g\,\delta^{(4)}(p_1 + p_2 - k)\ .$$

Damit berechnet sich die 4-Punkt-Greensche Funktion in niedrigster Ordnung:

$$<0\,|\,T\,\psi^*(x_1)\,\psi(x_2)\psi^*(x_3)\psi(x_4)\,|\,0> =$$

=

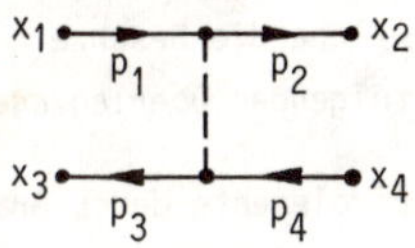

+

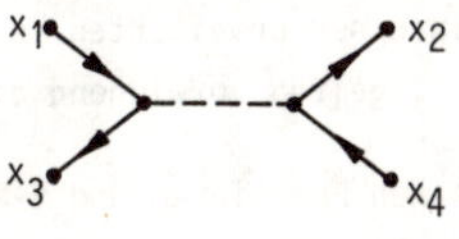

$$= \frac{1}{i(2\pi)^{12}}\int\ldots\int d^4p_1\ldots d^4p_4\,\delta^{(4)}(p_1+p_3-p_2-p_4)\,e^{-i(p_1x_1+p_3x_3-p_2x_2-p_4x_4)}\,.$$

$$\cdot\ \frac{1}{(p_1^2-m^2)(p_3^2-m^2)}\cdot\left\{\frac{g^2}{(p_1-p_2)^2-\mu^2}+\frac{g^2}{(p_1+p_3)^2-\mu^2}\right\}\frac{1}{(p_2^2-m^2)(p_4^2-m^2)}\ . \qquad (2.3.25)$$

Die erweiterten Feynman-Regeln führen zu Greenschen Funktionen, welche alle Eigenschaften besitzen, die aus den oben (unter a)) besprochenen allgemeinen Prinzipien folgen. Sie beschreiben also die sinnvolle Extrapolation einer durch Feynman-Regeln definierten S-Matrix auf Greensche Funktionen. Die endgültige Rechtfertigung dieser Regeln besteht darin, daß sie eine systematische Approximation einer geschlossenen Darstellung der Feldtheorie bilden (vgl. Abschnitt 2.3.2).

Umgekehrt: Wie bestimmen die Greenschen Funktionen die S-Matrixelemente? Die Antwort auf diese Frage ergibt sich aus dem Vergleich der Feynman-Regeln für S-Matrixelemente und Greensche Funktionen und wird durch unser letztes Beispiel illustriert: Man betrachte die Fourier-Transformation der entsprechenden τ-Funktion

$$\begin{aligned} \tilde{\tau}(p_1,\dots,p_n) &= \int d^4x_1\dots d^4x_n \, e^{i(p_1x_1+\dots+p_nx_n)} \, \tau(x_1,\dots,x_n) \\ &= (2\pi)^4\delta^{(4)}(p_1+\dots+p_n)G(p_1,\dots,p_n) \end{aligned} \tag{2.3.26}$$

und "entferne" die Pole der inneren Linien, die in den Feldpunkten enden, durch Multiplikation mit $-i(p_i^2-M_i^2)$. Diese Operation heißt Amputation (vgl. Gl. (2.3.33), (2.3.39) ff.). Wenn wir die amputierten τ-Funktionen mit den Wellenfunktionen für die äußeren Linien multiplizieren, erhalten wir die S-Matrixelemente für Teilchen mit den Impulsen der Feldpunkte p_i, wobei $p_i^2 = M_i^2$ gesetzt werden muß. Man sagt: die p_i liegen auf der Massenschale. Umgekehrt stellen die amputierten Greenschen Funktionen S-Matrixelemente dar, die auf Impulse p_i fortgesetzt wurden, die nicht auf der Massenschale liegen. Der genaueren Darstellung dieses Sachverhalts in einer erweiterten Form, welche die Beschreibung gebundener Zustände einschließt, gelten vorwiegend die folgenden Überlegungen.

e) Die Darstellung der Greenschen Funktionen und S-Matrixelemente durch Graphen beschreiben einige strukturelle Eigenschaften - Vakuum- und Einteilchenstruktur- die über die Störungstheorie hinaus von prinzipieller physikalischer Bedeutung sind.

Die aus Punkten (Feldpunkten und Vertizes) und (inneren) Linien bestehenden Graphen der Greenschen Funktionen zerfallen in zusammenhängende Teilgraphen. Ein Graph heißt zusammenhängend [De 74], wenn zwei Punkte stets über innere Linien miteinander verbunden sind. In einer freien Theorie ist wegen der fehlenden Wechselwirkungsknoten (Vertizes) nur der Graph der 2-Punkt-Funktion (2.3.23) zusammenhängend. Ein weiteres Beispiel eines nicht zusammenhängenden Graphen zur 8-Punkt-Funktion gibt Fig. 2.6.

Beiträge von nicht zusammenhängenden Graphen zu einer Greenschen Funktion faktorisieren nach den Feynman-Regeln. Ein triviales Beispiel sind die Greenschen Funktionen des freien Feldes (Gl. (2.3.15 - 16) und (2.3.24)). Als einfaches Beispiel einer Theorie mit Wechselwirkung betrachten wir die 4-Punkt-Funktion. Die Graphen, die dazu beitragen, lassen sich zu folgenden Klassen zusammenfassen:

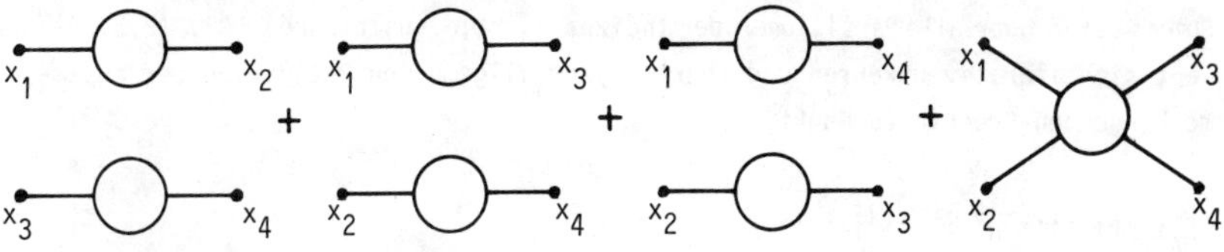

wobei 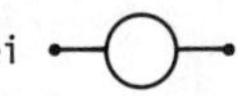 und 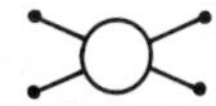 die Summe der Graphen bezeichnet, in denen zwei bzw. vier Feldpunkte zusammenhängen. Sind $\varphi(x_1, x_2) = \tau(x_1, x_2)$ und $\varphi(x_1,\ldots,x_4)$ die entsprechenden analytischen Ausdrücke hierfür, dann gilt:

$$\begin{aligned}\tau(x_1,x_2,x_3,x_4) &= \varphi(x_1,x_2)\varphi(x_3,x_4) + \varphi(x_1,x_3)\varphi(x_2,x_4) \\ &\quad + \varphi(x_1,x_4)\varphi(x_2,x_3) + \varphi(x_1,x_2,x_3,x_4)\,.\end{aligned} \tag{2.3.27}$$

$\varphi(x_1,\ldots,x_4)$ heißt die zusammenhängende 4-Punkt-Greensche Funktion. Im allgemeinen Fall ergeben die entsprechenden Überlegungen die Darstellung

$$\begin{aligned}\tau(x_1,\ldots,x_n) &= \varphi(x_1,\ldots,x_n) + \sum \varphi(x_{i_1},\ldots,x_{i_\nu})\varphi(x_{i_{\nu+1}},\ldots,x_{i_n}) \\ &\quad + \sum \varphi(\ldots)\,\varphi(\ldots)\,\varphi(\ldots) + \ldots\end{aligned} \tag{2.3.28}$$

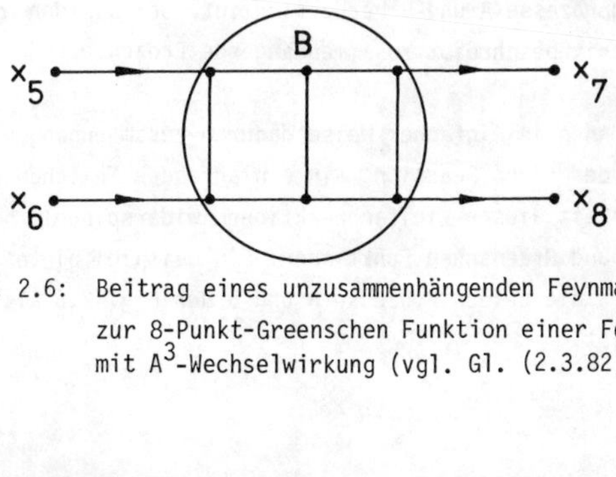

Fig. 2.6: Beitrag eines unzusammenhängenden Feynman-Graphs zur 8-Punkt-Greenschen Funktion einer Feldtheorie mit A^3-Wechselwirkung (vgl. Gl. (2.3.82))

der n-Punkt-Greenschen Funktion durch zusammenhängende Teile. Die angedeuteten Summen sind über alle Partitionen der Indizes 1,...,n auszuführen. Gl. (2.3.28) läßt sich iterativ umkehren und führt so zur allgemeinen Definition der zusammenhängenden Greenschen Funktionen:

$$\begin{aligned} \varphi(x_1,\ldots,x_n) := {} & \tau(x_1,\ldots,x_n) \\ & - 1! \sum \tau(\ldots)\,\tau(\ldots) \\ & + 2! \sum \tau(\ldots)\,\tau(\ldots)\,\tau(\ldots) \\ & - 3! \sum \tau(\ldots)\,\tau(\ldots)\,\tau(\ldots)\,\tau(\ldots) \\ & \pm \ldots \end{aligned} \tag{2.3.29}$$

Die Faktorisierung der Greenschen Funktionen $\tau(x_1,\ldots,x_n)$ in zusammenhängende Teile, genannt Vakuumstruktur [Wa 53, Sy 54, Zi 59], beschreibt einen wichtigen physikalischen Sachverhalt. Unabhängig von der Darstellung durch Feynman-Diagramme gilt nämlich auch im Rahmen der allgemeinen Feldtheorie [Jo 65]:

$$\begin{aligned} \lim_{|a^2|\to\infty} & \langle TA(x_1)\ldots A(x_n)A(x_{n+1}+a)\ldots A(x_{n+m}+a)\rangle = \\ & = \langle TA(x_1)\ldots A(x_n)\rangle \langle TA(x_{n+1})\ldots A(x_{n+m})\rangle \end{aligned}$$

oder

$$\lim_{|a^2|\to\infty} \varphi(x_1,\ldots,x_n,x_{n+1}+a,\ldots,x_{n+m}+a) = 0 \,.$$

Dies bedeutet, daß weit voneinander entfernt ablaufende Prozesse quantenmechanisch unabhängig sind. In diesem Sinne ergibt der Graph Fig. 2.6 einen Beitrag zu dem Teil der 8-Punkt-Greenschen Funktion $\tau(x_1,\ldots,x_8)$, welcher die beiden unabhängigen Streuprozesse A und B berücksichtigt. Der aus den φ's abgeleitete Anteil der S-Matrix beschreibt zusammenhängende Prozesse.

Zwei Prozesse können in einfacher Weise dadurch zusammenhängen, daß ein auslaufendes Teilchen der einen Reaktion ein einlaufendes Teilchen der nächsten ist. Auch die Möglichkeit dieser Vielfachreaktionen widerspiegelt sich in der Struktur der Graphen und Greenschen Funktionen. Ein Beispiel bietet Figur 2.7, in welcher der Graph die beiden Prozesse A und B der Fig. 2.6 als nacheinander ablaufend beschreibt.

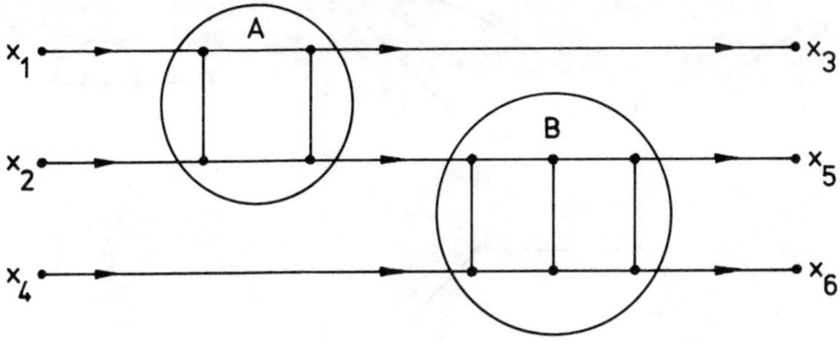

Fig. 2.7: Beispiel eines 1-Teilchen-reduziblen Feynman-Graphs

Um diesem Sachverhalt Rechnung tragen zu können, führen wir einige weitere graphentheoretische Begriffe ein. Wir nennen einen Graphen 1-Teilchen-reduzibel, wenn er durch Weglassen einer inneren Linie in zwei Teile zerfällt. Bei Graphen von Greenschen Funktionen ist der Feldpunkt $\bullet x_i$ durch eine innere Linie vom Rest des Graphen getrennt. Diese Art von Reduzibilität behandeln wir durch 'Amputation' [Sy 60, Sy 67, Zi 59]. Dazu betrachten wir in einem zusammenhängenden Graphen G den größten Teilgraphen, der mit einem Feldpunkt verknüpft ist, und der durch Entfernen einer einzigen inneren Linie von den restlichen Feldpunkten getrennt werden kann (Graph C in Fig. 2.8). Dieser Teilgraph hat die Form eines Beitrags zur 2-Punkt-Greenschen Funktion, d.h. zum Teilchen-Propagator mit inneren Strahlungskorrekturen (vgl. Abschn. 2.1.1 (1)). Ist $\tau_C(x_1,x_2)$ der analytische Ausdruck für diesen 2-Punkt-Graphen, dann hat der Ausdruck für den gesamten Graphen G nach den Feynman-Regeln die Form:

$$\tau_G(x_1,\ldots,x_n) = \int d^4z\, \tau_C(x_1,z)\, \underline{\tau}(\underline{z},x_2,\ldots,x_n). \qquad (2.3.31)$$

$\underline{\tau}(\underline{z},x_2,\ldots,x_n)$ ist der analytische Ausdruck für den am Ort z amputierten Graphen G, Graph D in Fig. 2.8. Diese Operation - das Amputieren - kann an allen Feldpunkten durchgeführt werden.

Ist ein zusammenhängender, vollständig amputierter Graph 1-Teilchen-irreduzibel, dann heißt er eigentlicher Vertexgraph. In Fig. 2.7 sind die Teilgraphen A und B solche Vertexgraphen. 1-Teilchen-reduzible, amputierte Graphen bestehen aus mehreren eigentlichen Vertexgraphen A, B, die durch Propagator-Graphen C verbunden

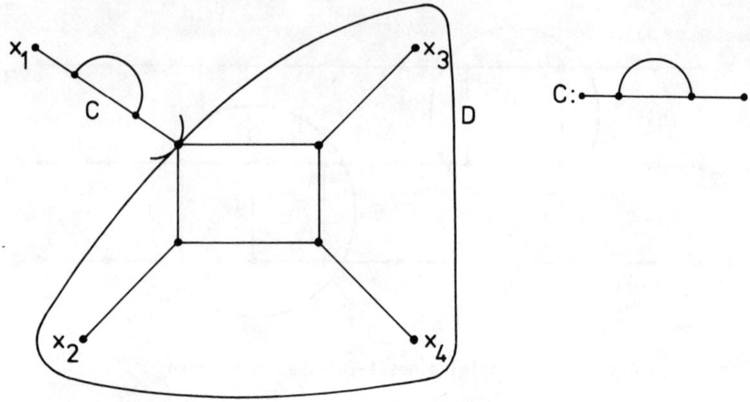

Fig. 2.8: Die graphische Darstellung der Amputationsoperation

sind. Sind $\Gamma_A(x_1,\dots,x_\nu,z)$, $\Gamma_B(z',x_{\nu+1},\dots,x_n)$, $\tau_C(z,z')$ die analytischen Ausdrücke dieser Graphen, dann ist nach den Feynman-Regeln der analytische Ausdruck für den verbundenen Graphen G

$$\Gamma_G(x_1,\dots,x_n) = \int d^4z\Gamma_A(x_1,\dots,x_\nu,z)\tau_C(z,z')\Gamma_B(z',x_{\nu+1},\dots,x_n)d^4z'. \quad (2.3.32)$$

Diese Struktur der Feynman-Graphen überträgt man auf die Greenschen Funktionen [Zi 59, Sy 60]:

- eine Greensche Funktion wird in einem Feldpunkt amputiert (angezeigt durch Unterstreichen der Ortskoordinate), indem sie mit der inversen 2-Punkt-Greenschen Funktion gefaltet wird:

$$\tau(\underline{x}_1,x_2,\dots,x_n) = \int d^4z\tau^{-1}(x_1,z)\tau(z,x_2,\dots,x_n),$$
$$\int d^4z\tau(x_1,z)\tau^{-1}(z,x_2) = \delta^{(4)}(x_1-x_2)\ , \quad (2.3.33)$$

d.h. die Fourier-Transformierte von $\tau(z,\dots,x_n)$ bezüglich z wird durch die Fourier-Transformierte $i\Delta'(p)$ von $\tau(x_1,x_2)$

$$\tilde{\tau}(p_1,p_2) = (2\pi)^4\delta^{(4)}(p_1+p_2)i\Delta'(p_1) = \int\int d^4x_1\, d^4x_2\tau(x_1,x_2)\, e^{i(p_1x_1+p_2x_2)} \quad (2.3.26')$$

dividiert.

- Die Summe aller Beiträge der eigentlichen Vertexgraphen ergeben die n-Punkt-Vertexfunktion symbolisiert durch 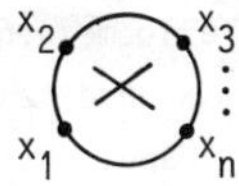 .

- Die (zusammenhängenden) Greenschen Funktionen werden aus Vertexfunktionen und Propagatoren zusammengesetzt, was sich durch 'Strukturgraphen' veranschaulichen läßt. Dabei kann man rekursiv vorgehen. Man gewinnt die Darstellung der 3-Punkt-Funktion durch Umkehrung der Amputation:

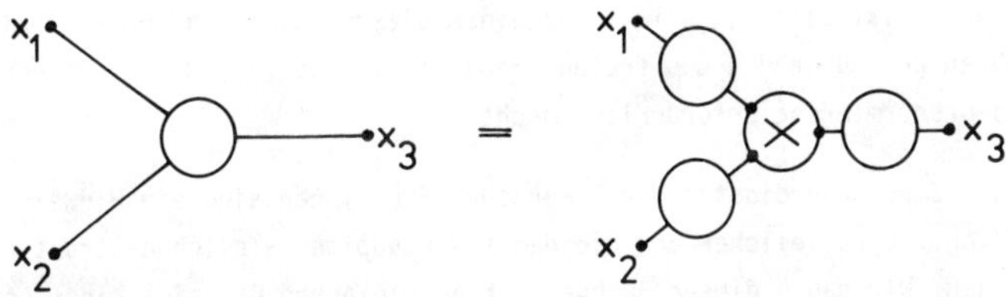

(2.3.34)

$$\varphi(x_1,x_2,x_3) = \iiint dz_1 dz_2\, dz_3 \tau(x_1,z_1)\tau(x_2,z_2)\tau(x_3,z_3)\Gamma(z_1,z_2,z_3).$$

Mit Hilfe der Kombinatorik der Feynman-Graphen gewinnt man die Zusammensetzung der Greenschen Funktionen mit n Argumenten aus denjenigen mit (n - 1) Argumenten auf folgende Weise: Man verbinde den zusätzlichen Feldpunkt x_n über eine Propagatorlinie entweder mit einem m-Vertex ($n - 1 \geqq m \geqq 3$) oder mit einer Propagatorlinie (über einen 3-Vertex) eines Strukturgraphen der (n - 1)-Vertexfunktion. Man führe dies auf alle mögliche Weisen an den verschiedenen (n - 1)-Strukturgraphen durch. Für die zusammenhängende 4-Punkt-Funktion ergibt sich so

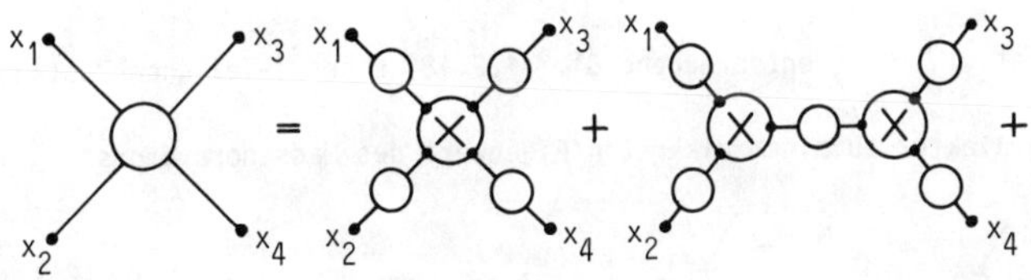

$(x_3 \leftrightarrow x_1)$ +

$(x_3 \leftrightarrow x_2)$

Diese rekursive Konstruktion läßt sich zu einer rekursiven Definition der Vertexfunktionen $\Gamma(x_1,\ldots,x_n)$ durch die zusammenhängenden Greenschen Funktionen $\varphi(x_1,\ldots,x_n)$ umkehren (vgl. hierzu Abschn. 2.3.2 c).

Die Darstellung der Greenschen Funktionen aus allgemeinen Propagatoren und Vertexfunktionen beschreibt einen allgemeinen Stoßprozeß als zusammengesetzt aus Einzelprozessen, die durch sich ausbreitende Teilchen langreichweitig verknüpft sind. Die Einzelprozesse werden dabei durch die Vertexfunktionen beschrieben. Darauf beruht ihre große physikalische Bedeutung. Wir werden später sehen, daß wichtige physikalische Parameter, wie z.B. effektive Kopplungskonstanten, durch Werte der Vertexfunktionen ausgedrückt werden. Die Ausbreitung der Teilchen zwischen Einzelprozessen kann bekanntlich aus Gründen der Energie-Impuls-Erhaltung auch nur virtuell sein. Auf jeden Fall bestimmt der Massenpol in der Fourier-Transformierten der 2-Punkt-Funktion den langreichweitigen Anteil der Teilchenausbreitung. Dabei ist allerdings im allgemeinen dieser Pol durch innere Strahlungskorrekturen gegenüber dem des freien Propagators (Gl. (1.2.38)) verschoben, was eine Massenrenormierung erforderlich macht.

f) Pole in den Impulskoordinaten der Greenschen Funktionen sind ein Hinweis auf die Existenz von freien Teilchen und die damit verknüpfte 1-Teilchen-Struktur ihrer Reaktionen. Wir haben diesen Sachverhalt am einfachen Beispiel einer Feldtheorie erläutert, bei der die Feldquanten direkt die freien Teilchen beschreiben. Doch auch Teilchen, die gebundene Zustände von Feldquanten sind, lassen sich samt ihren Reaktionen durch Greensche Funktionen beschreiben. Um dies zu formulieren, müssen wir zunächst die feldtheoretischen Wellenfunktionen für, aus Feldquanten zusammengesetzte 1-Teilchen-Zustände, die sogenannten Bethe-Salpeter-Amplituden, einführen. Für einen $\psi^*\psi$-gebundenen Zustand sind sie folgendermaßen definiert:

$$(2\pi)^{-\frac{3}{2}}\chi_k(p_1,p_2)\delta^{(4)}(p_1+p_2-k) = \tag{2.3.36}$$
$$= \frac{1}{(2\pi)^4}\int d^4x_1 d^4x_2 \left\langle 0 \left| T\psi(x_1)\psi^*(x_2) \right| \begin{matrix} M & j \\ k & j_3 \end{matrix} \right\rangle e^{i(p_1x_1+p_2x_2)} .$$

Dabei bezeichnet $\left| \begin{matrix} M & j \\ k & j_3 \end{matrix} \right\rangle$ entsprechend Gl. (1.2.18) einen 1-Teilchen-Zustand, d.h. einen Eigenvektor zu einem diskreten Eigenwert des Massenoperators

$$P_\mu P^\mu \left| \begin{matrix} M & j \\ k & j_3 \end{matrix} \right\rangle = M^2 \left| \begin{matrix} M & j \\ k & j_3 \end{matrix} \right\rangle , \quad M^2 = k^2 . \tag{2.3.37}$$

Die BS-Amplitude χ steht in einer gewissen Beziehung zur Schrödinger-Wellenfunktion eines gebundenen Zustandes in der nichtrelativistischen Quantenmechanik. Entsprechend der Schrödinger-Gleichung bestimmt eine feldtheoretische BS-Gleichung Masse und Wellenfunktion des gebundenen Zustands. Es ist möglich, auf der Grundlage dieser BS-Gleichung eine relativistische Verallgemeinerung der phänomenologischen Quark-Modelle für Mesonen und Baryonen entsprechend Abschn. 1.1.3 zu geben [Bö 73]. Da diese im Rahmen der QCD noch keine weitere Rolle gespielt haben, verweisen wir für eine genaue Erläuterung der BS-Gleichung auf die Literatur [Be 51, Ge 51, Sy 60].

Der allgemeine Zusammenhang zwischen S-Matrix und Greenschen Funktionen wird nun durch zwei Theoreme der allgemeinen Feldtheorie gegeben:

(1) Die Fourier-Transformierten der τ-Funktionen $\tilde{\tau}(p_1,\dots,p_n)$ haben Pole, wenn eine Partialsumme von Impulsen $k = p_{i_1} + \dots + p_{i_\nu}$ auf der Massenschale eines Teilchens liegt.
(Beispiel: $p_i^2 = m^2$, $(p_1 - p_2)^2 = \mu^2$ in Gl. (2.3.25)).

Somit ist in einer Feldtheorie das Massenspektrum von der Lage der Pole in den Greenschen Funktionen abzulesen.

(2) Sind die Impulse einer $\tilde{\tau}$-Funktion in Partialsummen k_l eingeteilt:
$k_l = p_{i_1} + \dots + p_{i_{\nu_l}}$, $\sum\limits_{l=1}^{r} k_l = 0$, und liegen die k_l auf Massenschalen, dann faktorisiert das Residuum der $\tilde{\tau}$-Funktion in S-Matrix, BS-Amplituden und deren adjungierte:

$$(-i)^r\,(k_1^2 - m_1^2)\cdot\ldots\cdot(k_r^2 - m_r^2)\tilde{\tau}(p_1,\dots,p_n) = \tag{2.3.38}$$

$$= (2\pi)^{\frac{3r}{2}}\chi_{k_1}(p_{i_1})\cdot\ldots\cdot\chi_{k_s}(p_{i_s})\langle k_1,\dots,k_s|S|k_{s+1},\dots,k_r\rangle\overline{\chi}_{k_{s+1}}(p_{i_{s+1}})\cdot\ldots\cdot\overline{\chi}_{k_r}(p_{i_r})$$

$$\text{für } k_l^2 = m_l^2,\ (k^0)_l \gtrless 0 \text{ für } \left.\begin{matrix} l = 1,\dots,s, & \text{auslaufende} \\ l = s+1,\dots,r, & \text{einlaufende} \end{matrix}\right\} \text{Konfiguration.}$$

Diese allgemeine 'LSZ-Formel' [Le 55, Zi 59] der feldtheoretischen Streutheorie präzisiert den am Beispiel Gl. (2.3.25) erläuterten Zusammenhang von Greenschen Funktionen und S-Matrix. Hierzu beachte man, daß die BS-Amplitude mit einem Feld

$$(2\pi)^{-\frac{3}{2}}\chi_k(p)\delta^{(4)}(p-k) = \frac{1}{(2\pi)^4}\int d^4x\ \langle 0|\psi(x)|k\rangle\, e^{ipx} \tag{2.3.39}$$

ist. Wegen der relativistischen Kovarianz folgt, daß $\chi(p)$ eine (zu Eins normierte) Konstante ist.

Auf der linken Seite von Gl. (2.3.38) wird $\tilde{\tau}(p_1,\dots,p_n)$ durch den inversen freien Propagator $(p^2 - m^2) = (2\pi)^{-4}\Delta_F^{-1}(p)$ amputiert. Da nach Theorem (1) auch der volle Propagator $\Delta'(p)$, Gl. (2.3.26'), einen Pol hat, gilt auf der Massenschale $\Delta'^{-1}(p_1)\tilde{\tau}(p_1,\dots,p_n) = (p_1^2 - m^2)\tilde{\tau}(p_1,\dots,p_n)$, so daß die Amputation entsprechend unserer allgemeinen Definition, Gl. (2.3.33), zum selben Ergebnis führt.

Die prinzipielle Bedeutung der allgemeinen Formel (2.3.28) für das Quarkmodell der Hadronen illustriert das folgende Beispiel der $(\pi + \pi \rightarrow \pi + \pi)$-Streuung: Da Pionen im Quarkmodell als $q\bar{q}$-Bindungszustände beschrieben werden, haben die Pion-BS-Amplituden im Ortsraum die Form

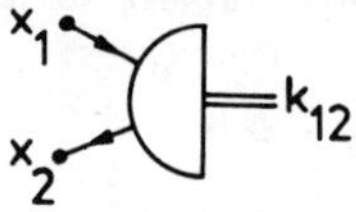

$$= \langle 0|\, T\psi(x_1)\bar{\psi}(x_2)\,|k_{12}\rangle \quad .$$

Das S-Matrixelement ist in der Polstruktur der 8-Punkt-Funktion enthalten, z.B. entsprechend Gl. (2.3.38) als Faktor im Residuum der simultanen Pole $[(k_{12}^2 - m_\pi^2)(k_{34}^2 - m_\pi^2)(k_{56}^2 - m_\pi^2)(k_{78}^2 - m_\pi^2)]^{-1}$ mit $k_{12} = p_1 + p_2, \dots$ etc. Symbolisch wird dies durch den folgenden Graphen dargestellt:

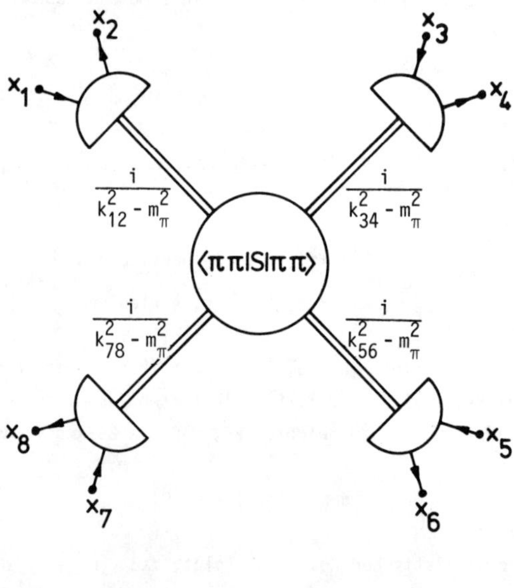

g) Eine wichtige Eigenschaft der S-Matrix ist ihre Unitarität

$$S \cdot S^{\dagger} = 1 \quad , \tag{2.3.40}$$

die besagt, daß in einem Stoßprozeß ein normierter Anfangszustand in einen normierten Endzustand übergeht. Diese Erhaltung der Wahrscheinlichkeit ist wesentlich für die Konsistenz der quantenmechanischen Beschreibung. Wir wollen zeigen, unter welchen Bedingungen die durch Feynman-Regeln definierte S-Matrix unitär ist. Diese Untersuchung bekommt im Rahmen der Eichtheorien dadurch ihre Bedeutung [tH 79], daß sie zeigt, wie unkontrollierte Beiträge von Zuständen negativer Norm im Propagator (vgl. Gl. (2.3.21)) die Unitarität verletzen.

Zunächst schreiben wir die Feynman-Regeln für S-Matrixelemente und Greensche Funktionen um, indem wir diese konsequent im Ortsraum betrachten. Dazu ordnen wir allen Punkten, nicht nur den Feldpunkten sondern auch den Vertizes, Orts-Koordinaten zu, z.B.:

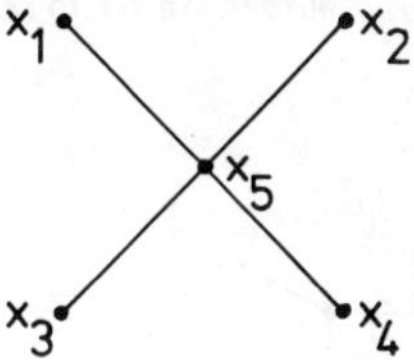

$$= G(x_1, x_2, x_3, x_4, x_5) =$$
$$= (-ig) \cdot \Delta_F(x_1 - x_5)\Delta_F(x_2 - x_5)\Delta_F(x_3 - x_5)\Delta_F(x_4 - x_5) \tag{2.3.41}$$

Es gelten dann die folgenden Entsprechungen zwischen Elementen von Graphen und analytischen Ausdrücken (am Beispiel einer reellen, skalaren Feldtheorie mit $\mathcal{L}_I = -\frac{g}{4!} A^4(x)$):

Feldpunkt:	Faktor 1 ,	
Vertex:	Faktor $-ig$,	(2.3.42)
Linie von x nach y:	Faktor $i\Delta_F(x-y)$.	

Im übrigen entsprechen die Zusammensetzungsregeln denjenigen von Abschn. 1.2.2f (4), mit dem Unterschied, daß nicht über die Impulse der inneren Linien, sondern über die Ortskoordinaten der Vertizes integriert wird. Man überzeugt sich leicht mit Hilfe der Fourier-Darstellung der δ-Funktion $(2\pi)^4\delta^{(4)}(p) = \int d^4x \exp(ipx)$ und des Propagators, Gl. (1.2.38), daß diese Regeln für Greensche Funktionen ein Ergebnis liefern, das dem von Abschn. 1.2.2f und Gl. (2.3.22) entspricht.

Um die Unitarität der S-Matrix im Rahmen der Graphenregeln nachzuprüfen, erweitern bzw. verfeinern wir die Struktur der Graphen [tH 73], so daß sie es uns erlauben, auch komplex konjugierte S-Matrixelemente darzustellen. Dazu kennzeichnen wir einen Teil der Vertizes durch Einkreisen. Im entsprechenden analytischen Ausdruck $F(x_1,\ldots,x_n)$, vor der Vertexintegration, überstreichen wir die dazugehörige Ortskoordinate (siehe Fig. 2.9). Wir betrachten nur Graphen, die aus Vertizes und inneren Linien bestehen, die also Beiträge zu amputierten Greenschen Funktionen darstellen. Die Graphenregeln werden dann folgendermaßen erweitert:

Vertex: Faktor $-ig$ (nicht gekennzeichnet), ig (überstrichen),

$$
\begin{aligned}
&\text{innere Linie:} \quad \Delta_{ij} \equiv i\,\Delta_F(x_i - x_j) && \text{für } x_i,\ x_j, \\
&\Delta^+_{ij} && \text{für } \overline{x_i},\ x_j, \\
&\Delta^-_{ij} && \text{für } x_i,\ \overline{x_j}, \\
&\Delta^*_{ij} && \text{für } \overline{x_i},\ \overline{x_j}.
\end{aligned} \tag{2.3.43}
$$

Die invarianten Funktionen $\Delta_F(x_i - x_j)$ und $\Delta_\pm(x_i - x_j) \equiv \Delta^\pm_{ij}$ wurden in Gl.(1.2.38) definiert.

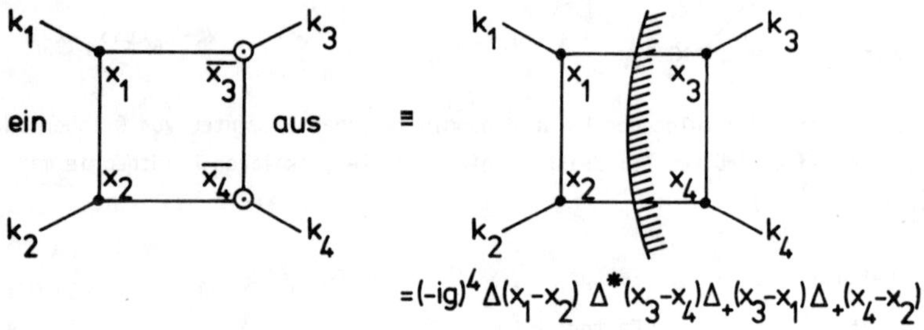

Fig. 2.9: Beispiel zur Erläuterung der Cutkosky-Schnittregel (vgl. Gl. (2.3.47))

Aufgrund der Relationen

$$
\begin{aligned}
\Delta^{\pm}_{ij} &= (\Delta^{\mp}_{ij})^* = \Delta^{\mp}_{ji}\,, \\
\Delta_{ij} &= \theta(x^0_i - x^0_j)\,\Delta^+_{ij} + \theta(x^0_j - x^0_i)\,\Delta^-_{ij} \quad \text{und} \\
\Delta^*_{ij} &= \theta(x^0_i - x^0_j)\,\Delta^-_{ij} + \theta(x^0_j - x^0_i)\,\Delta^+_{ij}
\end{aligned} \tag{2.3.44}
$$

gelten folgende Sätze:

(1) Ist x_1 die x-Koordinate mit der größten Zeitkomponente, $x_1^0 > x_i^0$ für alle i, dann gilt:

$$F(x_1, \ldots) + F(\overline{x_1}, \ldots) = 0 \,. \tag{2.3.45}$$

wobei alle anderen Koordinaten in beiden Termen gleicherweise überstrichen sind oder nicht.

Beweis: Wegen $\theta(x_1^0 - x_j^0) = 1$ für alle j gilt nach Gl. (2.3.44):

$\Delta_{1j} = \Delta_{1j}^{+}$ d.h.

$\Delta_{1j}^{-} = \Delta_{1j}^{*}$ d.h.

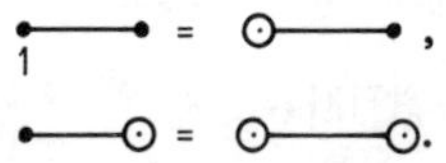

Daher sind die Beiträge der Linien für beide Terme gleich. Überstreichen des Vertex x_1 bewirkt eine Vorzeichenänderung.

(2) Es gilt für alle Werte der Koordinaten x_i

$$\sum_{\substack{\text{alle möglichen} \\ \text{Überstreichungen}}} F(x_1, \ldots, x_n) = 0 \tag{2.3.46}$$

Beweis: Es gibt immer ein x mit der größten Zeitkomponente. Die Diagramme können daher so zusammengefaßt werden, daß sie nach Gl. (2.3.45) paarweise Null ergeben.

Nun betrachtet man die Fourier-Transformierten der $F(x_1, \overline{x_2}, \ldots)$. Legt man einen Teil der entsprechenden Impulse als diejenigen von einlaufenden ($p^0 < 0$) bzw. auslaufenden ($p^0 > 0$) Teilchen fest und integriert über den Rest, dann erhält man Beiträge zu S-Matrixelementen. Dabei zeigt sich, daß aufgrund der $\theta(\pm k^0)$-Funktionen in $\tilde{\Delta}_{\pm}(k)$, Gl. (1.2.38), und der Impulserhaltung in den Vertizes viele Summanden in Gl. (2.3.46) verschwinden. Zum Beispiel fließt die positive Energie immer in die eingekreisten Punkte. Ist dieser Punkt nur mit ungekennzeichneten Punkten oder einlaufenden Linien verbunden, so folgt aus der Energieerhaltung ein Widerspruch. Der Graph liefert keinen Beitrag. In Erweiterung dieses Arguments kommt man zu dem Ergebnis, daß nur die Diagramme nicht verschwinden, bei denen die eingekreisten Punkte einen zusammenhängenden Bereich mit mindestens einer auslaufenden Linie bilden. Entsprechend müssen die nicht gekennzeichneten Punkte einen zusammenhängenden Bereich mit einlaufender Linie bilden. Die beiden Bereiche können durch einen Schnitt gekennzeichnet werden, der die Markierung der Punkte überflüssig macht (siehe Fig. 2.9). Zieht man den

Beitrag des voll markierten $\overset{\circ}{\tilde{F}}(k_1,\ldots,k_n)$ und des vollständig nicht markierten Graphen heraus, dann schreibt sich Gl. (2.3.46):

$$\tilde{F}(k_1,\ldots,k_n) + \overset{\circ}{\tilde{F}}(k_1,\ldots,k_n) = - \sum_{\text{Schnitte}} \tilde{F}_{\text{Schnitte}}(k_1,\ldots,k_n). \tag{2.3.47}$$

Dies ist die Cutkosky-Schnittregel [Cu 60, Ve 63].

Wir wollen erläutern, wie Gl. (2.3.47) unter gewissen Bedingungen an die Kopplungskonstante g und an den Propagator die Unitarität der S-Matrix beinhaltet. Dazu schreiben wir zunächst für die T-Matrix

$$S = 1 + i\,T, \quad \langle k_1,\ldots,k_n|T|k_1',\ldots,k_m'\rangle = \mathfrak{M}\cdot\delta(\textstyle\sum k - k') \tag{2.3.48}$$

(vgl. Abschn. 1.2.2 g) die Unitaritätsbedingung, Gl. (2.3.40), aus:

$$\frac{1}{i}[\langle k_1,\ldots,k_n|T|k_1',\ldots,k_m'\rangle - \langle k_1,\ldots,k_n|T|k_1',\ldots k_m'\rangle^*] \tag{2.3.49}$$

$$= \sum_l \int\cdots\int \frac{d^3q_1}{2E_{q_1}} \cdots \frac{d^3q_l}{2E_{q_l}} \langle k_1,\ldots,k_n|T|q_1,\ldots,q_l\rangle\langle q_1,\ldots,q_l|T^\dagger|k_1',\ldots,k_m'\rangle \; .$$

Die Gl. (2.3.47) hat für die einzelnen Graphen dieselbe Struktur wie die Unitaritätsgleichung unter den folgenden Bedingungen:

- Die Kopplungskonstante g ist reell;
  dann beschreibt der Graphenteil mit gekennzeichneten Vertizes das konjugiert-komplexe Matrixelement: $\langle k_1,\ldots,k_n|iT|q_1,\ldots,q_l\rangle^* = \langle q_1,\ldots,q_l|(iT)^\dagger|k_1,\ldots,k_n\rangle$.
- Die Δ_+-Funktionen werden im Sinne von Gl. (2.3.18) durch Integration über die physikalischen 1-Teilchenzwischenzustände bestimmt;

  dann stimmt die Integration über die physikalischen Zwischenzustände auf der rechten Seite der Unitaritätsgl. (2.3.49) mit der Integration über die inneren Linien der Graphen in Gl. (2.3.47) überein, welche über den Schnitt hinweg die nicht gekennzeichneten mit den gekennzeichneten Vertizes verbinden (vgl. Gl. (2.3.43)).

Summation über alle Graphen führt dann bei Beachtung der physikalischen Einschränkungen an die Impulse in der Tat von der Schnittregel zur Unitaritätsgleichung [Ve 63]. In nicht physikalischen Energie- und Impulsbereichen ergibt die Schnittregel eine Verallgemeinerung der Unitaritätsbeziehungen.

2.3.2 Die Funktionalintegraldarstellung der Quantenfeldtheorie

a) Die Gesamtheit der Greenschen Funktionen beschreibt den physikalischen Gehalt einer Feldtheorie. Ähnlich wie man in der Kombinatorik Zahlenfolgen durch erzeugende Funktionen zusammenfaßt [Er 55], hat es sich in der Feldtheorie bewährt, den Satz von symmetrischen Greenschen Funktionen $\{\tau_n(x_1,\dots,x_n)\}$ als Koeffizienten einer Volterra-Reihe eines Funktionals $T\{j\}$ darzustellen:

$$T\{j\} = \sum_{n=o}^{\infty} \frac{i^n}{n!} \int \dots \int d^4x_1 \dots d^4x_n \; \tau_n(x_1,\dots,x_n) j(x_1)\cdot\ldots\cdot j(x_n) \; . \tag{2.3.50}$$

Setzt man z.B. für die $\tau_n(x_1,\dots,x_n)$ die Ausdrücke Gl. (2.3.16) ein, so erhält man für das <u>erzeugende Funktional der Greenschen Funktionen</u> des freien skalaren Feldes den geschlossenen Ausdruck:

$$T\{j\} = \exp\{-\tfrac{i}{2} \int d^4x \int d^4y \; j(x)\, \Delta_F(x-y) j(y)\} \; . \tag{2.3.51}$$

Ehe wir die Anwendung dieser Technik auf die Feldtheorie weiterverfolgen, wollen wir einige Regeln für die Manipulation von Funktionalen zusammenstellen.

b) Das <u>Rechnen mit Funktionalen</u> [Be 66, Fr 72] erfordert die Übertragung von Begriffen der Analysis von Funktionen mehrerer Veränderlicher, wie Potenzreihenentwicklung, partielle Differentiation und Integration, auf Funktionale, d.h. Funktionen unendlich vieler Variabler. Eine systematische Behandlung dieser Methoden geht über unsere Möglichkeiten hinaus. Wir hoffen jedoch, daß in unseren rechnerischen Beispielen die formalen Parallelen zur geläufigen Analysis sichtbar werden, und es uns so gelingt, auf pragmatischem Weg eine erste Orientierung zu geben.

Die Potenzreihenentwicklung einer Funktion $F(y_1,\dots,y_k)$ von k Variablen y_i:

$$F(\vec{y}) = F(y_1,\dots,y_k) = \sum_{n=o}^{\infty} \sum_{i_1=1}^{k} \dots \sum_{i_n=1}^{k} \frac{1}{n!} T_n(i_1,\dots,i_n) y_{i_1}\cdot\ldots\cdot y_{i_n} \; , \tag{2.3.52}$$

$T_n(i_1,\dots,i_n)$ symmetrisch, ergibt beim formalen Übergang zu unendlich (kontinuierlich) vielen Variablen: $i = 1,\dots,k \to -\infty < x < \infty$; $y_i \to y(x)$; $\sum_i \to \int dx$ die Darstellung eines Funktionals durch seine Volterra-Reihe:

$$F\{y\} = \sum_{n=o}^{\infty} \int dx_1 \ldots \int dx_n \frac{1}{n!} T_n(x_1,\ldots,x_n) y(x_1) \cdot \ldots \cdot y(x_n) \ , \tag{2.3.53}$$

$T_n(x_1,\ldots,x_n)$ symmetrisch. Der partielle Differentialoperator $\partial/\partial y_i$, angewandt auf Polynome bzw. Potenzreihen, ist definiert als linearer Operator, für den gilt:

$$\begin{aligned} &\frac{\partial}{\partial y_k} 1 = 0, \quad \frac{\partial}{\partial y_k} y_i = \delta_{ik} \ , \\ &\frac{\partial}{\partial y_k}(F(\vec{y})\,G(\vec{y})) = (\frac{\partial}{\partial y_k} F(\vec{y}))\,G(\vec{y}) + F(\vec{y})(\frac{\partial}{\partial y_k} G(\vec{y})) \qquad \text{(Produktregel)} \ . \end{aligned} \tag{2.3.54}$$

Entsprechend ist die funktionale Differentiation $\delta/\delta y(x)$ eine lineare Operation mit Produktregel:

$$\begin{aligned} &\frac{\delta}{\delta y(x)} 1 = 0 \ , \quad \frac{\delta}{\delta y(x)} y(x') = \delta(x - x') \ , \\ &\frac{\delta}{\delta y(x)}(F\{y\}\,G\{y\}) = (\frac{\delta}{\delta y(x)} F\{y\})G\{y\} + F\{y\}(\frac{\delta}{\delta y(x)} G\{y\}) \ . \end{aligned} \tag{2.3.55}$$

Es gelten dann alle formalen Differentiationsregeln. Damit erhält man z.B. die Koeffizienten der Volterra-Reihe (2.3.53) in bekannter Weise als Ableitungen am Ursprung:

$$T_n(x_1,\ldots,x_n) = \frac{\delta}{\delta y(x_1)} \cdots \frac{\delta}{\delta y(x_n)} F\{y\}\Big|_{y\equiv 0} \ . \tag{2.3.56}$$

Die rechnerisch durchführbaren Methoden der Funktionalintegration, wie wir sie im folgenden verwenden, gehen auf das Gaußsche Integral $\pi^{-1/2} \int_{-\infty}^{+\infty} dy \exp(-ay^2) = 1/\sqrt{a}$ zurück. Ist $(y,Ay) = \sum_{i,\ell=1}^{k} y_i A_{i\ell} y_\ell$ eine positiv definite, quadratische Form in k Variablen, dann ist

$$\int_{-\infty}^{+\infty} \cdots \int_{-\infty}^{+\infty} \frac{d^k y}{\pi^{k/2}} e^{-(y,Ay)} = (\det A)^{-\frac{1}{2}} \ , \tag{2.3.57}$$

was man durch Diagonalisieren mit Hilfe einer orthogonalen Transformation beweist. Man verallgemeinert diese Formel auf den Funktionenraum $\{y(x)\}$:

$$\int\mathcal{D}[y]e^{-(y,Ay)} = (\det A)^{-\frac{1}{2}},$$
$$(y,Ay) = \int\int dx dx' y(x)A(x,x')y(x') \; . \qquad (2.3.58)$$

Die Determinante $\det A$ ist als (unendliches) Produkt der Eigenwerte des Integraloperators $A(x,x')$ definiert. Die Übertragung der für endliches k gültigen Formel

$$\det A = e^{\mathrm{Spur}(\log A)} \qquad (2.3.59)$$

erlaubt häufig eine approximative Berechnung von $\det A$.

Wie im Falle von gewöhnlichen Integralen lassen sich Ausdrücke des Typs $\int\mathcal{D}[y]F\{y\}\cdot\exp(-(y,Ay))$, $F\{y\}$ = Potentzreihe, durch algebraische Manipulationen des Gaußschen Integrals auswerten. Wir werden unter c) davon ausführlich Gebrauch machen. Dabei wird das formale ("unendlich dimensionale") Differential $\mathcal{D}[y]$ als translationsinvariant behandelt:

$$\int\mathcal{D}[y]F\{y-y'\}e^{-(y-y',A(y-y'))} = \int\mathcal{D}[y]F\{y\}e^{-(y,Ay)} \; . \qquad (2.3.60)$$

Allgemein benutzt man die Substitutionsregel mit einer unendlich dimensionalen Jacobi-Determinante:

$$\int\mathcal{D}[y] \det\frac{\delta G\{y\}}{\delta y(x)} F\{G\{y\}\}e^{-(G\{y\},AG\{y\})} = \int\mathcal{D}[y]F\{y\}\, e^{-(y,Ay)} . \qquad (2.3.61)$$

Im Falle einer linearen Transformation ist die Jacobi-Determinante $\det\delta G\{y\}/\delta y(x)$ die Determinante eines linearen Integraloperators wie wir sie schon oben betrachtet haben:

$$z = G\{y\} : z(x) = \int dx' G(x,x')y(x'),$$
$$\det\frac{\delta G\{y\}}{\delta y(x')} = \det(G(x,x')). \qquad (2.3.62)$$

Eine systematische Begründung dieses Kalküls, welcher die Funktionalintegrale als Grenzwerte endlichdimensionaler Integrale auffaßt, oder welcher gar auf einer Maßtheorie beruht, ist erst in Ansätzen vorhanden [Sk 74, Fr 53, Wi 58]. Viele Schwierigkeiten der Feldtheorie hängen mit diesen offenen mathematischen Fragen zusammen.

c) Als Beispiel für den Gebrauch der Funktionale in der Feldtheorie betrachten wir die erzeugenden Funktionale [Sc 51, Fr 72] der Greenschen Funktionen

$$T\{j\} = \sum_{n=0}^{\infty} \frac{i^n}{n!} \int \ldots \int dx_1 \ldots dx_n \, \tau_n(x_1,\ldots,x_n) j(x_1) \cdot \ldots \cdot j(x_n) \quad , \tag{2.3.63}$$

der zusammenhängenden Greenschen Funktionen

$$\Phi\{j\} = \sum_{n=0}^{\infty} \frac{i^n}{n!} \int \ldots \int dx_1 \ldots dx_n \, \varphi_n(x_1,\ldots,x_n) j(x_1) \cdot \ldots \cdot j(x_n) \quad , \tag{2.3.64}$$

der Vertexfunktionen

$$\Gamma\{a\} = \sum_{n=0}^{\infty} \frac{1}{n!} \int \ldots \int dx_1 \ldots dx_n \, \Gamma_n(x_1,\ldots,x_n) a(x_1) \cdot \ldots \cdot a(x_n) \tag{2.3.65}$$

und deren Zusammenhang. Man überzeugt sich durch Koeffizientenvergleich in $j(x)$, daß die Gleichungen (2.3.27) in Funktionalschreibweise zu

$$T\{j\} = e^{\Phi\{j\}} \tag{2.3.66}$$

zusammengefaßt werden können. So ergibt sich entsprechend Gl. (2.3.55 - 56):

$$\tau_4(x_1,x_2,x_3,x_4) = \frac{\delta^4}{\delta j(x_1)\ldots\delta j(x_4)} \, e^{\Phi\{j\}} \Big|_{j(x)\equiv 0}$$

$$= \Bigg[\frac{\delta^4\Phi}{\delta j(x_1)\ldots\delta j(x_4)} + \frac{\delta\Phi}{\delta j(x_1)} \frac{\delta^3\Phi}{\delta j(x_2)\delta j(x_3)\delta j(x_4)} + \text{sym.}$$

$$+ \frac{\delta^2\Phi}{\delta j(x_1)\delta j(x_2)} \frac{\delta^2\Phi}{\delta j(x_3)\delta j(x_4)} + \text{sym.} + \frac{\delta\Phi}{\delta j(x_1)} \frac{\delta\Phi}{\delta j(x_2)} \frac{\delta\Phi}{\delta j(x_3)} \frac{\delta\Phi}{\delta j(x_4)} \Bigg] e^{\Phi} \Big|_{j\equiv 0}$$

$$= \varphi_4(x_1,x_2,x_3,x_4) + \varphi_1(x_1)\varphi_3(x_2,x_3,x_4) + \text{sym.} + \varphi_2(x_1,x_2)\varphi_2(x_3,x_4) + \text{sym.}$$

$$+ \varphi_1(x_1)\ldots\varphi_1(x_4). \tag{2.3.67}$$

Für den Fall $\varphi_1(x) \equiv 0$ stimmt dies mit Gl. (2.3.27) überein. Als Umkehrung von

Gl. (2.3.66) haben wir

$$\Phi\{j\} = \log T\{j\} \, . \tag{2.3.68}$$

Dies ist die funktionale Form der Gl. (2.3.29). Für das freie Feld gilt demnach $\Phi\{j\} = -\frac{i}{2}\iint d^4x d^4y j(x)\Delta_F(x-y)j(y)$ nach Gl. (2.3.51).

Der Zusammenhang zwischen dem Funktional der Vertexfunktionen $\Gamma\{a\}$ und $\Phi\{j\}$ hat die Form einer Legendre-Transformation

$$\Gamma\{a\} = -i\int d^4x j(x)a(x) + \Phi\{j\} \quad \text{mit} \tag{2.3.69}$$

$$a(x) = \frac{\delta\Phi\{j\}}{i\delta j(x)} \, , \tag{2.3.70}$$

wie wir im folgenden zeigen werden. (Wir machen die unwesentliche, vereinfachende Annahme $\langle A(x)\rangle \equiv 0$, d.h. aus $j(x) \equiv 0$ folgt $a(x) \equiv 0$.)

Die Umkehrung zu Gl. (2.3.70) ergibt sich durch Differentiation von Gl. (2.3.69):

$$\frac{\delta\Gamma}{\delta a(x)} = -ij(x) - i\int d^4y \frac{\delta j(y)}{\delta a(x)} a(y) + \int d^4y \frac{\delta j(y)}{\delta a(x)} \frac{\delta\Phi\{j\}}{\delta j(y)} = -ij(x) \, ,$$

also

$$j(x) = i\,\frac{\delta\Gamma\{a\}}{\delta a(x)} \, . \tag{2.3.71}$$

Differentiation von Gl. (2.3.70) und Anwendung der Kettenregel ergibt:

$$\begin{aligned} \delta^{(4)}(x-y) &= \frac{\delta a(x)}{\delta a(y)} = \frac{\delta}{\delta a(y)} \frac{\delta\Phi\{j\}}{i\delta j(x)} \\ &= \int d^4z \frac{i\delta j(z)}{\delta a(y)} \frac{\delta^2\Phi\{j\}}{i\delta j(x) i j(y)} \\ &= -\int d^4z \frac{\delta^2\Gamma\{a\}}{\delta a(y)\delta a(z)} \frac{\delta^2\Phi\{j\}}{i\delta j(z) i\delta j(x)} \, . \end{aligned} \tag{2.3.72}$$

Betrachten wir in Gl. (2.3.72) die Integration über z formal als "Matrixmultiplikation" der Formen $\delta^2\Gamma / \delta a(x)\delta a(y)$ und $\delta^2\Phi / i\delta j(x) i\delta j(y)$, dann ist die eine die negative Inverse der anderen:

$$\frac{\delta^2\Phi\{j\}}{i\delta j(x) i\delta j(y)} = X(x,y) \quad , \quad \frac{\delta^2\Gamma\{a\}}{\delta a(x)\delta a(y)} = -X^{-1}(x,y). \tag{2.3.73}$$

Da $X(x,y)\Big|_{j=0} = \langle TA(x)A(y)\rangle$ ist, bezeichnet man $X(x,y)$ allgemein als Propagator bei Anwesenheit von Quellen (vgl. Erklärung zu Gl. (2.3.81)).

Nach Gl. (2.3.72 - 73) ist

$$\frac{\delta^2\Phi\{j\}}{i\delta j(x_1) i\delta j(x_2)} = -\iint d^4z_1 d^4z_2 X(x_1,z_1) X(x_2,z_2) \frac{\delta^2\Gamma\{a\}}{\delta a(z_1)\delta a(z_2)}$$

eine Identität. Differentiation nach $ij(x_3)$ ergibt:

$$\frac{\delta^3\Phi\{j\}}{i\delta j(x_1) i\delta j(x_2) i\delta j(x_3)} = \int\!\ldots\!\int d^4z_1 d^4z_2 d^4z_3 X(x_1,z_1) X(x_2,z_2) X(x_3,z_3) \cdot \tag{2.3.74}$$

$$\cdot \frac{\delta^3\Gamma\{a\}}{\delta a(z_1)\delta a(z_2)\delta a(z_3)} \quad .$$

Hierbei haben wir mehrfach die Gl. (2.3.73) benützt, sowie die Kettenregel kombiniert mit Gl. (2.3.70):

$$\frac{\delta}{\delta j(x)} = \int d^4z \frac{\delta a(z)}{\delta j(x)} \frac{\delta}{\delta a(z)} = i\int d^4z X(x,z) \frac{\delta}{\delta a(z)} \quad . \tag{2.3.75}$$

Für $j(x) = a(x) = 0$ stimmt Gl. (2.3.74) mit Gl. (2.3.34) überein. Durch weitere Differentiation der Gl. (2.3.74) nach $j(x)$ folgt unter Benutzung von Gl. (2.3.75) die im Anschluß an Gl. (2.3.34) besprochene induktive Definition der Vertizes. Dies zeigt, daß $\Gamma\{a\}$ deren erzeugendes Funktional ist.

d) Die bei weitem wichtigste Anwendung des Funktional-Kalküls in der Feldtheorie ist die Darstellung der Greenschen Funktionen durch ein Pfadintegral [Fe 48, Fe 65, Sc 51]. Wir betrachten zunächst das freie Feld. Dazu definieren wir

$$Z\{j\} = \int \mathcal{D}[A] e^{i\int d^4x [\frac{1}{2}((\partial^\mu A(x))\partial_\mu A(x) - M^2A^2(x)) + j(x)A(x)]} \tag{2.3.76}$$

und behaupten, daß formal gilt:

$$T\{j\} = Z\{j\} / Z\{0\} \ . \tag{2.3.77}$$

Um dies einzusehen, bemerken wir zunächst, daß $Z\{j\}$ durch ein Gaußsches Funktionalintegral dargestellt wird, welches wir im folgenden formal manipulieren. Dazu führen wir im Exponenten unter dem Funktionalintegral die folgende quadratische Ergänzung durch:

$$\int d^4x [\tfrac{1}{2} A(x) (-\partial^\mu \partial_\mu - M^2) A(x) + j(x) A(x)] =$$

$$= \int d^4x \tfrac{1}{2} [A(x) + \int d^4x' \Delta_F(x-x') j(x')] \cdot (-\partial^\mu \partial_\mu - M^2) \cdot [A(x) + \int d^4x' \Delta_F(x-x') j(x')]$$

$$- \tfrac{1}{2} \iint d^4x \, d^4x' \, j(x) \, \Delta_F(x-x') j(x') \ , \tag{2.3.78}$$

da

$$(-\partial^\mu \partial_\mu - M^2) \Delta_F(x-x', M) = \delta^{(4)}(x-x') \ . \tag{2.3.79}$$

Durch lineare Substitution $A'(x) = A(x) + \int d^4x' \Delta_F(x-x') j(x')$ im Funktionalintegral erhalten wir dann:

$$Z\{j\} = e^{-\frac{i}{2} \int d^4x d^4x' j(x) \Delta_F(x-x') j(x')} Z\{0\} \ ,$$

$$Z\{0\} = \int \mathcal{D}[A'] \, e^{\frac{i}{2} \int d^4x ((\partial^\mu A'(x)) \partial_\mu A'(x) - M^2 A'^2(x))} \ . \tag{2.3.80}$$

Damit stellt $Z\{j\} / Z\{0\}$ das erzeugende Funktional $T\{j\}$ für freie Felder entsprechend Gl. (2.3.51) dar. Die Wahl des Feynman-Propagators in Gl. (2.3.79) ergibt sich aus einem im Prinzip notwendigen Dämpfungsfaktor $\exp[-\varepsilon \int d^4x (A(x))^2]$ in Gl. (2.3.76), den wir zur Vereinfachung jedoch unterdrücken.

Die Lagrange-Dichte des freien skalaren Feldes $A(x)$ ist $\mathcal{L}_0 = \frac{1}{2} ((\partial^\mu A(x)) \partial_\mu A(x) - M^2 A^2(x))$. Deshalb können wir das Z-Funktional auch schreiben als

$$Z\{j\} = \int \mathcal{D}[A] \, e^{i \int d^4x (\mathcal{L}_0 + j(x) A(x))}$$

$$= \int \mathcal{D}[A] \, e^{i S\{A\}} \, e^{i \int d^4x j(x) A(x)} \tag{2.3.81}$$

$$= \int \mathcal{D}[A] \, e^{i S_j\{A,j\}} \ , \tag{2.3.81'}$$

d.h. als funktionale Fourier-Transformation der Exponentiellen der Wirkung $S\{A\}$ des freien Feldes (Gl. (2.3.81)) bzw. als funktionales Mittel über die Exponentielle der Wirkung mit äußerer Quelle $\mathcal{L} = \mathcal{L}_0 + j(x)A(x)$ (Gl.(2.3.81')). Die zu $\mathcal{L}$ gehörige Feldgleichung ist $(-\partial^\mu\partial_\mu - M^2)A(x) = j(x)$, weshalb man das Argument in den Funktionalen $T\{j\}$, $\Phi\{j\}$ als Quellen bezeichnet.

Diese Darstellung des erzeugenden Funktionals der Greenschen Funktionen läßt sich auf wechselwirkende Felder übertragen:

$$Z\{j\} = \int \mathcal{D}[A]\, e^{i\int d^4x(\mathcal{L}(A(x)) + j(x)A(x))} ,$$

$$T\{j\} = Z\{j\} / Z\{0\} ,$$

$$\text{Lagrange-Dichte} \quad \mathcal{L} = \mathcal{L}_0 + g\,\mathcal{L}_I , \tag{2.3.82}$$

$$\text{z.B.} \quad \mathcal{L}_I = -\frac{1}{3!}A^3(x) , \quad \mathcal{L}_I = -\frac{1}{4!}A^4(x) \quad \text{etc.}$$

Diese Formeln bilden die Grundgleichungen einer Quantenfeldtheorie mit beliebiger Lagrange-Funktion. Die Formulierung einer Quantenfeldtheorie durch diese Feynmansche Pfadintegral-Formel ist eine gleichwertige Alternative zur Quantisierung durch Vertauschungsrelationen und Hamilton-Funktion im Rahmen des kanonischen Formalismus. Sie bildet den Ausgangspunkt von nichtstörungstheoretischen Berechnungen von Greenschen Funktionen (vgl. Abschn. 2.6.3 - 4). Im folgenden Abschnitt werden wir die QCD in dieser kompakten und vollständigen Art definieren.

e) Um den Zusammenhang unserer bisherigen Behandlung von Wechselwirkungen mit der Pfadintegraldarstellung der Quantenfeldtheorie herzustellen, müssen wir einen Hinweis auf die Herleitung der Feynmanschen Graphenregeln aus den Gleichungen (2.3.82) geben. Zu diesem Zweck ersetzen wir die Feldvariable im Wechselwirkungsterm $\mathcal{L}_I$ durch eine Differentiation nach der Quelle j, benutzen das Resultat der Gaußschen Integration über die freien Felder, Gl. (2.3.80), und entwickeln die Exponentielle von $\mathcal{L}_I$ nach Potenzen der Kopplungskonstanten:

$$Z\{j\} = \int \mathcal{D}[A]\, e^{ig\int d^4x\, \mathcal{L}_I(A(x))}\, e^{i\int d^4x(\mathcal{L}_0(A(x)) + j(x)A(x))}$$

$$= e^{ig\int d^4x\, \mathcal{L}_I\left(\frac{1}{i}\frac{\delta}{\delta j(x)}\right)} \int \mathcal{D}[A]\, e^{i\int d^4x(\mathcal{L}_0(A(x)) + j(x)A(x))} \tag{2.3.83}$$

$$= \{1 + ig\int d^4x\, \mathcal{L}_I\left(\frac{1}{i}\frac{\delta}{\delta j(x)}\right) - \frac{g^2}{2}\int d^4x_1 \mathcal{L}_I\left(\frac{1}{i}\frac{\delta}{\delta j(x_1)}\right)\int d^4x_2 \mathcal{L}_I\left(\frac{1}{i}\frac{\delta}{\delta j(x_2)}\right) + \ldots\}\cdot$$

$$\cdot e^{-\frac{i}{2}\int d^4x\, d^4x'\, j(x)\Delta_F(x-x')j(x')} \cdot Z_0\{0\}.$$

Dabei ist $Z_0\{0\}$ das Z-Funktional des freien Feldes für verschwindende Quellen. Die Ausführung der Funktionaldifferentiationen führt in der Tat zur Störungsentwicklung der Greenschen Funktionen entsprechend den Feynman-Regeln.

Wir wollen dies an einem einfachen Beispiel erläutern. Dazu betrachten wir die ($\mathcal{L}_I = -\frac{1}{4!}A^4(x)$)-Wechselwirkung des skalaren Feldes und berechnen die 4-Punkt-Greensche Funktion $\tau^{(1)}(x_1,\ldots,x_4)$ bis zur 1. Ordnung in g. Die entsprechende Entwicklung von Gl. (2.3.83) bis zu der hierzu beitragenden Ordnung in g und j(x) ergibt wegen $\mathcal{L}_I\left(\frac{1}{i}\frac{\delta}{\delta j(x)}\right) = -\frac{1}{4!}\frac{\delta^4}{(\delta j(x))^4}$:

$$\left.\frac{\delta^4 Z\{j\}}{\delta j(x_1)\ldots\delta j(x_4)}\right|_{j\equiv 0} \cdot Z_0\{0\}^{-1} =$$

$$= -\frac{\delta^4}{\delta j(x_1)\ldots\delta j(x_4)}\frac{1}{2!}\left(\frac{-i}{2}\right)^2\left(\int d^4z d^4z' j(z)\Delta_F(z-z')j(z')\right)^2$$

$$- \frac{\delta^4}{\delta j(x_1)\ldots\delta j(x_4)}\left(\frac{-ig}{4!}\right)\int d^4x \frac{\delta^4}{(\delta j(x))^4}\frac{1}{4!}\left(\frac{-i}{2}\right)^4\cdot$$

$$\cdot\left(\int d^4z d^4z' j(z)\Delta_F(z-z')j(z')\right)^4 =$$

$$\text{(a)} \quad = -\sum_{\text{Partitionen}} \Delta_F(x_i - x_j)\Delta_F(x_k - x_l)$$

$$\text{(b)} \quad - ig\int d^4x\, \Delta_F(x - x_1)\Delta_F(x - x_2)\Delta_F(x - x_3)\Delta_F(x - x_4)$$

(2.3.84)

$$\text{(c)} \quad - ig \sum_{\text{Partitionen}} \Delta_F(x_i - x_j)\tfrac{1}{2}\int d^4x\, \Delta_F(x - x)\, \Delta_F(x - x_k)\Delta_F(x - x_l)$$

$$\text{(d)} \quad - ig \sum_{\text{Partitionen}} \Delta_F(x_i - x_j)\Delta_F(x_k - x_l)\frac{1}{2^3}\int d^4x\, \Delta_F(x - x)\Delta_F(x - x)\ ,$$

und

$$Z\{0\}/Z_0\{0\} = 1 + ig\frac{1}{2^3}\int d^4x\, \Delta_F(x - x)\, \Delta_F(x - x)\ . \tag{2.3.85}$$

Daraus ergibt sich:

$$\tau^{(1)}(x_1,\dots,x_4) = (\delta^4 Z\{j\} / \delta j(x_1)\dots\delta j(x_4)) / Z\{0\}$$

$$\text{(a)} \quad = - \sum_{\text{Partitionen}} \Delta_F(x_i - x_j)\Delta_F(x_k - x_l)$$

(2.3.86)

$$\text{(b)} \quad - ig\int d^4x\, \Delta_F(x - x_1)\Delta_F(x - x_2)\Delta_F(x - x_3)\Delta_F(x - x_4)$$

$$\text{(c)} \quad - ig \sum_{\text{Partitionen}} \Delta_F(x_i - x_j)\tfrac{1}{2}\int d^4x\, \Delta_F(x - x)\Delta_F(x - x_k)\Delta_F(x - x_l)\ .$$

Der Term (d) in Gl. (2.3.84) wird durch das Produkt von $(ig/2^3)\int d^4x(\Delta(0))^2$ in der Entwicklung von $1/Z\{0\}$ nach Potenzen in g mit dem Term (a) kompensiert. Die nicht zusammenhängenden Vakuumschleifen ergeben keinen Beitrag!

Nach den Feynman-Graphenregeln im Ortsraum , Gl. (2.3.42), entspricht Gl.(2.3.86) den Graphen

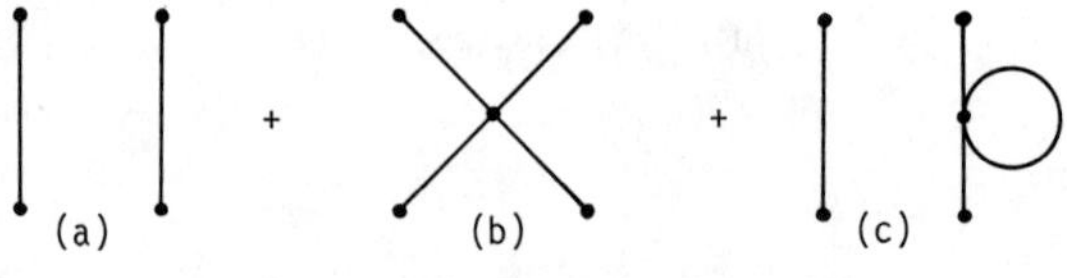

Wir erhalten zusammenhängende und nicht zusammenhängende Beiträge. Zur zusammenhängenden Greenschen Funktion $\mathcal{G}^{(1)}(x_1,\dots,x_4)$ tragen nur die Graphen (b) bei. In den nicht zusammenhängenden Graphen (c) treten Schleifen auf, die zu divergenten Ausdrücken $\Delta_F(0)$ führen. Die Behandlung solcher Divergenzen ist Gegenstand von Abschn. 2.4.

Die Herleitung der Feynman-Regeln aus der Pfadintegraldarstellung schließen wir mit einer kurzen Bemerkung [Na 66]. Dazu schreiben wir in Gl. (2.3.83) explizit das Wirkungsquantum $\hbar$, welches wir bisher als Maßeinheit benützt haben:

$$Z\{j\} = \int \mathcal{D}[A]\, e^{\frac{i}{\hbar}\int d^4x(\mathcal{L}(A(x)) + \hbar\, j(x)A(x))}$$
$$= e^{i\frac{g}{\hbar}\int d^4x\, \mathcal{L}_I\left(\frac{1}{i}\frac{\delta}{\delta j(x)}\right)}\; e^{-\frac{i}{2}\hbar\int\int d^4x d^4x' j(x)\Delta_F(x-x')j(x')} \quad . \tag{2.3.87}$$

In der störungstheoretischen Entwicklung ist also jeder Vertex mit einem Faktor $\hbar^{-1}$, jeder Propagator mit einem Faktor $\hbar$ verknüpft. Nun gilt für jeden zusammenhängenden Graphen aus N Punkten und I Linien, daß die Anzahl der Schleifen ("loops")

$$l = I - N + 1 = I - V + 1 - F \tag{2.3.88}$$

ist [De 74]. Denn um die N Punkte durch einen Baumgraphen einfach zu verbinden, braucht man N - 1 Linien; jede weitere Linie erzeugt dann eine Schleife. In einem Graphen für Greensche Funktionen setzen sich die N Punkte aus V Vertizes und F Feldpunkten zusammen. Da jede Quellenfunktion j(x) mit einem Feldpunkt verknüpft ist, führt unsere obige Abzählung der Potenzen von $\hbar$ zu folgendem Resultat für die störungstheoretische Entwicklung des Funktionals der zusammenhängenden Greenschen Funktionen:

$$\Phi\{j\} = \hbar \log(Z\{j\}/Z\{0\})$$
$$= \sum_l \Phi_l\{\hbar j(x)\}\hbar^l \quad , \tag{2.3.89}$$

wobei Φ_l der Beitrag der Graphen mit l Schleifen ist. Dieses Ergebnis weist auf einen engen Zusammenhang zwischen Ordnung der Quantenkorrekturen und Anzahl der Schleifen in Feynman-Diagrammen hin. Insbesondere würde man erwarten, daß die Baumgraphennäherung ohne Schleifen eng mit den Lösungen der klassischen Feldgleichungen zusammenhängt. In der Tat ist in einfachster semiklassischer Approximation (Methode der stationären Phase [De 61], WKB-Methode):

$$\Phi\{j\} = \hbar \log Z\{j\} \approx i\int d^4x(\mathscr{L}(a(x)) + \hbar\, j(x)a(x)) \tag{2.3.90}$$

und a(x) ist Lösung der klassischen Bewegungsgleichung:

$$\frac{\delta}{\delta a(x)} \int d^4y\, \mathscr{L}(a(y)) = -\hbar\, j(x)\,. \tag{2.3.91}$$

Vergleicht man diese beiden Gleichungen mit der Einführung des Funktionals der Vertexfunktionen, Gl. (2.3.69, 71), so sieht man, daß in dieser Näherung die Vertizes von

$$\Gamma\{a\} = +i\int d^4x\, \mathscr{L}(a(x))\,, \tag{2.3.92}$$

d.h. von der Wirkung erzeugt werden. Dies sind aber gerade die Vertizes der Baumgraph-Approximation. Wir kommen darauf zurück (Abschn. 2.4.3 a, S. 180).

f) In Abschn. 1.2.3 haben wir auf den Zusammenhang von Symmetrie der Lagrange-Funktion und Ladungserhaltung hingewiesen. Nicht zuletzt um mit dem Umgang mit Funktionalen vertrauter zu werden, wollen wir diese Überlegungen im Rahmen der Pfadintegraldarstellung der Quantenfeldtheorie erweitern. Wir gewinnen dabei Ward-Identitäten der Greenschen Funktionen, deren Verallgemeinerungen für die Behandlung von Eichfeldtheorien von großer Bedeutung sind [Wa 50, Ta 57].

Als Beispiel betrachten wir reelle, skalare Felder $A_i(x)$ mit einer orthogonalen Symmetriegruppe SO(N) der Lagrange-Funktion $\mathscr{L}(A, \partial_\mu A)$ (Eichinvarianz 1. Art):

$$(gA)_i(x) = g_{ik}(\theta)\, A_k(x) \quad \text{oder} \quad \delta A_i(x) = (T_a)_i^{\ k} A_k(x)\, \delta\theta^a \quad \text{mit}$$
$$g = e^{\theta^a T_a}\,, \quad (T_a)_i^{\ k} = -(T_a)_k^{\ i}\,, \quad i,k = 1,\ldots,N\,, \tag{2.3.93}$$

$$\mathscr{L}(gA, \partial_\mu gA) = \mathscr{L}(A, \partial_\mu A) \quad \text{oder} \tag{2.3.94}$$

$$\partial\mathscr{L} = 0 \tag{2.3.95}$$

(vgl. Gl. (1.2.56, 61, 62)). Aus der Invarianz des Funktionalmaßes $\mathscr{D}[gA] = \mathscr{D}[A]$, vgl. Gl. (2.3.62), unter orthogonalen Transformationen folgt nach der Substitutionsregel Gl. (2.3.61):

$$Z\{J_k\} = \int \mathcal{D}[A]\, e^{i\int d^4x(\mathcal{L}(A,\partial_\mu A) + J_k(x)A_k(x))}$$

$$= \int \mathcal{D}[gA]\, e^{i\int d^4x(\mathcal{L}(gA,\partial_\mu gA) + J_k(x)g_{ki}A_i(x))} \qquad (2.3.96)$$

$$= \int \mathcal{D}[A]\, e^{i\int d^4x(\mathcal{L}(A,\partial_\mu A) + J_k(x)g_{ki}A_i(x))} \quad .$$

Vergleicht man die erste mit der dritten Zeile in der Potenzreihenentwicklung der erzeugenden Funktionale, Gl. (2.3.63), so erhält man

$$\langle A_{i_1}(x_1)\cdot\ldots\cdot A_{i_n}(x_n)\rangle = g_{i_1k_1}\cdot\ldots\cdot g_{i_nk_n}\langle A_{k_1}(x_1)\cdot\ldots\cdot A_{k_n}(x_n)\rangle\,. \qquad (2.3.97)$$

Dieselbe Symmetrie der Greenschen Funktionen folgt auch nach dem Schema von Gl. (2.3.8) aus der Existenz eines Symmetrieoperators $U(g) = e^{-iQ_a\theta^a}$, Q_a: Ladungen der SO(N), der die Felder kovariant transformiert (Gl. (1.2.71)) und das Vakuum invariant läßt (Gl. (2.3.6)).

Aus der Invarianz der Lagrange-Funktion und den Bewegungsgleichungen folgt die differentielle Form des Ladungserhaltungssatzes, d.h. die Divergenzfreiheit des Stromes $j^a_\mu(x)$:

$$j^a_\mu(x) = \frac{\partial\mathcal{L}}{\partial(\partial_\mu A_i(x))}(T^a)_{ik}A_k(x)\ , \quad \partial^\mu j^a_\mu(x) = 0 \qquad (2.3.98)$$

(vgl. Gl. (1.2.57, 64)). $(T^a)_{ik}$ ist eine Basis im Raum der infinitesimalen Erzeugenden der SO(N). Die entsprechende Überlegung führt im Rahmen der Pfadintegralformulierung der Quantenfeldtheorie zu den Ward-Identitäten. Dazu benützen wir die Translationsinvarianz des Maßes $\mathcal{D}[A+\delta A] = \mathcal{D}[A]$, um die Feldgleichungen herzuleiten. Es ist

$$Z\{J_k\} = \int \mathcal{D}[A]\, e^{i\int d^4x(\mathcal{L}(A+\delta A,\partial_\mu(A+\delta A)) + J_k(x)(A_k(x)+\delta A_k(x)))}\ . \qquad (2.3.99)$$

Entwickelt man in lineare Terme in $\delta A(x)$ und vergleicht mit Gl. (2.3.96), dann sieht man, daß dieser Term verschwindet und daher auch der Erwartungswert der Euler-Lagrange-Gleichungen mit äußerer Quelle:

$$\int \mathcal{D}[A] \left(\frac{\partial \mathcal{L}}{\partial A_i(y)} - \frac{\partial}{\partial y^\mu} \frac{\partial \mathcal{L}}{\partial(\partial_\mu A_i(y))} + J_i(y) \right) e^{i\int d^4x(\mathcal{L} + J_i A_i)} = 0 \,. \tag{2.3.100}$$

Benützt man diese "Bewegungsgleichung" zusammen mit der Invarianzgleichung

$$\frac{\partial \mathcal{L}}{\partial A_i}(T^a)_{ik}A_k + \frac{\partial \mathcal{L}}{\partial(\partial_\mu A_i)}(T^a)_{ik}\partial_\mu A_k = 0 \,, \tag{2.3.101}$$

welche aus Gl. (2.3.94) durch Ableitung nach θ folgt, so ergibt eine direkte Rechnung entsprechend Gl. (1.2.57):

$$\int \mathcal{D}[A] (\partial^\mu j^a_\mu(y,A) + J_i(y)(T^a)_{ik}A_k(y))\, e^{i\int d^4x(\mathcal{L} + J_i A_i)} = 0 \tag{2.3.102}$$

oder

$$\left\{ \frac{\partial}{\partial y_\mu} j^a_\mu\left(y, \frac{\delta}{i\delta J}\right) + J_i(y)(T^a)_{ik} \frac{\delta}{i\delta J_k(y)} \right\} T\{J\} = 0 \,. \tag{2.3.103}$$

Mit $j^a_\mu(y,A)$ wollen wir andeuten, daß der Strom nach Gl. (2.3.98) ein lokales Funktional der Felder $A_i(y)$ ist. Gleichung (2.3.103) stellt die Ward-Identitäten in Funktionalschreibweise dar. Entwickelt man diese Gleichung z.B. bis zur 2. Ordnung in den Quellen, so erhält man

$$\begin{aligned} \partial^\mu_y \langle T j^a_\mu(y) A(x_1)A(x_2) \rangle &= \delta^{(4)}(y-x_1) \langle T(T^a A(x_1))A(x_2) \rangle \\ &+ \delta^{(4)}(y-x_2) \langle TA(x_1)(T^a A(x_2)) \rangle \,. \end{aligned} \tag{2.3.104}$$

Durch Integration über die Raum-Zeit erhält man aus Gl. (2.3.104) die Gl. (2.3.97) für infinitesimale Symmetrietransformationen. Eine andere Herleitung geht von der Stromerhaltungsgleichung $\partial_\mu j^\mu_a(x) = 0$ und der lokalen Form von Gl. (1.2.71): $[j^a_o(y), A_i(x)]\Big|_{x^o = y^o} = (T^a)_{ik} A_k(x) \cdot \delta(\vec{x} - \vec{y})$ aus, und zwar entsprechend dem Schema:

$$\begin{aligned} \partial^\mu_y T j^a_\mu(y) A_i(x) &= \partial^\mu_y(\theta(y^o - x^o) j^a_\mu(y) A_i(x) + \theta(x^o - y^o) A_i(x) j^a_\mu(y)) \\ &= \delta(y^o - x^o)[j^a_o(y), A_i(x)] = (T^a)_{ik} A_k(x) \delta^{(4)}(x-y) \,. \end{aligned} \tag{2.3.105}$$

g) Die Formulierung der Quantenfeldtheorie mit Hilfe der Feynmanschen Pfadintegralformel bringt die Feldtheorie in die Nähe der klassischen statistischen Mechanik [Sy 66, Wi 75]. Wir wollen dies hier nur kurz anmerken. Ausführlich kommen wir darauf im Zusammenhang mit dem Confinement-Problem zurück, bei dessen Behandlung Methoden der statistischen Mechanik vielfältig zur Anwendung kommen.

Wir hatten oben schon festgestellt (Gl. (2.3.80) ff.), daß das Gaußsche Funktionalintegral (2.3.76) bzw. (2.3.81) einen Dämpfungsfaktor benötigt, um mathematisch festgelegt zu sein. Eine vom mathematischen Standpunkt aus besonders befriedigende Lösung dieses Problems erhält man, indem man die Felder $A(x)$ bei imaginären Zeiten betrachtet: $x_0 = -i x_4$, x_4 reell. Dann wird die Wirkung in Gl. (2.3.81, 82) imaginär und der Exponent negativ definit:

$$\begin{aligned} i S\{A\} &= i \int dx_0 d^3x \{\tfrac{1}{2}((\frac{\partial}{\partial x_0} A) \frac{\partial}{\partial x_0} A - (\vec{\partial} A)\cdot\vec{\partial} A - M^2A^2) - \mathcal{L}_I(A)\} \\ &\to -\int dx_4 d^3x \{\tfrac{1}{2}(\frac{\partial}{\partial x_4} A)^2 + (\vec{\partial} A)^2 + M^2A^2 + \mathcal{L}_I(A)\} = S_E\{A\} \leqq 0 \,. \end{aligned} \tag{2.3.106}$$

Felder in Raum-Zeit-Punkten mit imaginärer Zeit bezeichnet man als euklidische Felder; entsprechend ist $S_E\{A\}$ die euklidische Wirkung. Das erzeugende Funktional der Greenschen Funktionen der euklidischen Feldtheorie [Sy 66, Ru 61, Sc 51] wird nun durch analytische Fortsetzung von Gl. (2.3.82) gewonnen:

$$\begin{aligned} Z\{J\} &= \int \mathcal{D}[A] e^{S_E\{A\} + \int d^4x\, J(x)\, A(x)} \,, \\ T\{J\} &= Z\{J\}/\, Z\{0\} \,. \end{aligned} \tag{2.3.107}$$

Wegen $S_E\{A\} < 0$ ist $d\mu\{A\} \equiv \mathcal{D}[A] e^{S_E\{A\}}$ näherungsweise ein Gaußsches Maß. Vom physikalischen Standpunkt aus erscheint die Fortsetzung der Greenschen Funktionen zu imaginären Zeiten vielleicht etwas künstlich. Jedoch kennt man die genauen Bedingungen, unter welchen man die euklidischen Greenschen Funktionen zu physikalischen Zeiten analytisch fortsetzen kann [Os 75]. Vor allem aber bleibt die für die physikalische Interpretation der Greenschen Funktionen wichtige Polstruktur (Abschn. 2.3.1 f) im euklidischen Bereich im wesentlichen erhalten (siehe z.B. Gl. (2.6.8)).

Die Formeln der euklidischen Feldtheorie zur Berechnung der Greenschen Funktionen entsprechen den Grundgleichungen der statistischen Mechanik. Um dies zu sehen, setzen wir $S_E\{A\} = -\beta\mathcal{H}_E\{A\}$; in vielen Fällen ist $\beta \approx 1/g^2$, g die feldtheoretische Kopplungskonstante. Führen wir die funktionalen Differentiationen $\delta/\delta J(x)$ ... zur Bestimmung der Greenschen Funktionen, Gl. (2.3.56), unter dem Integral durch, so erhalten wir:

$$\langle A(x_1)\cdot\ldots\cdot A(x_n)\rangle = \frac{\int\mathcal{D}[A]A(x_1)\cdot\ldots\cdot A(x_n)e^{-\beta\mathcal{H}_E\{A\}}}{\int\mathcal{D}[A]e^{-\beta\mathcal{H}_E\{A\}}} . \tag{2.3.107'}$$

Die euklidischen Greenschen Funktionen sind also die statistischen Erwartungswerte von Produkten von Feldoperatoren bezüglich der kanonischen Verteilung $\exp(-\beta\mathcal{H}_E\{A\})$ [Hu 64]. Die negative Wirkung wird dabei interpretiert als klassische Hamilton-Funktion einer 4-dimensionalen Feldtheorie. Die Kopplungskonstante $g \approx 1/\sqrt{\beta}$ bekommt dann die Bedeutung einer Temperatur, $Z\{0\} = Z(\beta) = \int\mathcal{D}[A]\exp(-\beta\mathcal{H}_E\{A\})$ die Bedeutung einer Zustandssumme. Entsprechend überträgt man die Begriffe 'freie Energie' $F \sim -\frac{1}{\beta}\log Z(\beta)$, 'innere Energie' $U \sim \partial F/\partial\beta$ etc.

h) Um die Funktionalintegraldarstellung der Quantentheorie von Bosonfeldern formulieren zu können, lernten wir oben, Punkt b), den Umgang mit den einfachsten Begriffen und Operationen der Funktionalanalysis. Dabei betonten wir die formale Ähnlichkeit zu den entsprechenden Operationen in der Analysis von Funktionen mehrerer Veränderlicher. Die Verallgemeinerung der Feynmanschen Pfadintegraldarstellung auf antivertauschbare Fermi-Felder erfordert eine Erweiterung dieser mathematischen Methoden auf die Analysis der Funktionale von Funktionen mit Werten aus einer Grassmann-Algebra [Be 66]. Hierbei bilden ausschließlich formale, algebraische Gesichtspunkte die Leitlinien für die entsprechenden Definitionen und Beziehungen.

Den Ausgangspunkt dieses Kalküls bildet die Einführung von 2n Erzeugenden einer Grassmann-Algebra, d.h. von antivertauschbaren Größen y_i:

$$y_iy_j + y_jy_i = 0,\quad y_i^*y_j^* + y_j^*y_i^* = 0,\quad y_iy_j^* + y_j^*y_i = 0,\quad i,j = 1,\ldots,n,\ldots\ .$$

$$(\text{insbesondere: } y_i^2 = y_j^{*2} = 0)\ . \tag{2.3.108}$$

Die Elemente der Grassmann-Algebra sind die formalen Potenzreihen in y_i, y_j^* mit komplexen, in k_i und ℓ_j antisymmetrischen Koeffizienten $T_{m,n}(\ell_1,\ldots,\ell_m|k_1,\ldots k_n)$:

$$F(y^*,y) = \sum_{n,m} \sum_{k_i,\ell_j} y^*_{\ell_m} \dots y^*_{\ell_1} T_{m,n}(\ell_1,\dots,\ell_m|k_1,\dots,k_n) y_{k_1} \dots y_{k_n} . \qquad (2.3.109)$$

Integration und Differentiation von solchen Größen werden als lineare algebraische Operation definiert, und zwar die Differentiation durch

$$\frac{\partial^{L,R}}{\partial y_k} y_i = \delta_{ik}, \quad \frac{\partial^{L,R}}{\partial y^*_k} y_i = 0, \quad \frac{\partial^{L,R}}{\partial y^*_k} y^*_i = \delta_{ik}, \quad \frac{\partial^{L,R}}{\partial y_k} \cdot 1 = 0,$$

$$(2.3.110)$$

$$\frac{\partial^L}{\partial y_k} y_k y_{i_1} \dots y_{i_\ell} = y_{i_1} \dots y_{i_\ell} , \quad \frac{\partial^R}{\partial y_k} y_{i_1} \dots y_{i_\ell} y_k = y_{i_1} \dots y_{i_\ell} , \; k \neq i_\nu ,$$

Links-Ableitung ∂^L , Rechts-Ableitung ∂^R

die Integration durch

$$\int dy_i = 0, \quad \int dy_i \, y_i = 1 . \qquad (2.3.111)$$

Dabei gelten für die Differentiale die entsprechenden Antivertauschungsrelationen: $[dy_i, dy_k]_+ = [dy_i, y_k]_+ = [dy_i, dy^*_k]_+ = [dy^*_i, y_k]_+ = \dots = 0$.

Von diesen Definitionen lassen sich die zum Üblichen analogen Rechenregeln herleiten, wobei man $y_i^2 = 0$ und das Auftreten verschiedener Vorzeichen beachten muß, welche sich aus der Antivertauschbarkeit der y_i ergeben. Als Beispiel erwähnen wir eine Produktregel der Differentiation

$$\frac{\partial^L}{\partial y_i}(F_1 \cdot F_2) = (\frac{\partial^L}{\partial y_i} F_1) F_2 \pm F_1 (\frac{\partial^L}{\partial y_i} F_2) , \quad \text{wenn } F_1 \left\{ \begin{matrix} \text{gerade} \\ \text{ungerade} \end{matrix} \right\} \text{ ist}$$

und die Substitutionsregel der Integration

$$z_i = \sum_k a_{ik} y_k , \quad A = (a_{ik}) ,$$

$$(2.3.112)$$

$$\int \dots \int dz_n \dots dz_1 \, F(z) = (\det A^{-1}) \cdot \int \dots \int dy_n \dots dy_1 \, F(z(y)) .$$

Dies entspricht einem Transformationsgesetz der Differentiale $dz_i = \sum_k \tilde{a}_{ik} dy_k$ mit der inversen Matrix $A^{-1} = (\tilde{a}_{ik})$.

Bei all diesen Rechenoperationen spielen die konjugierten Größen $\overset{*}{y}_i$ dieselbe Rolle wie die y_j. Die Einführung dieser Größen erlaubt jedoch die Definition einer Konjugation für die Elemente (2.3.109) der Grassmann-Algebra durch

$$F^*(\overset{*}{y},y) = \sum_{n,m} \sum_{k_i,\ell_j} \overset{*}{y}_{k_n} \dots \overset{*}{y}_{k_1} \overset{*}{T}_{m,n}(\ell_1,\dots,\ell_m|k_1,\dots,k_n) y_{\ell_1} \dots y_{\ell_m} . \qquad (2.3.113)$$

Für die praktische Anwendung der Integration in der Feldtheorie spielt eine Formel ähnlich zum Gaußschen Integral eine wichtige Rolle. Es gilt:

$$\int \dots \int dy_1 \dots dy_n d\overset{*}{y}_n \dots d\overset{*}{y}_1 \, e^{\sum_{i,k} \overset{*}{y}_i a_{ik} y_k} = \det A . \qquad (2.3.114)$$

Oben haben wir Formeln der Analysis endlich vieler Variabler (Gl. (2.3.52, 54, 57)) zur Definition der Potenzreihenentwicklung, Differentiation und Integration auf Funktionale übertragen (siehe Gl. (2.3.53, 55, 58)). Ähnlich erweitern wir die entsprechenden Formeln einer Grassmann-Algebra (Gl. (2.3.108 - 114)) auf Grassmann-Funktionale.

Potenzreihe:

$$T\{\overset{*}{y},y\} = \sum_{m,n} \int \dots \int dx'_m \dots dx'_1 \, dx_1 \dots dx_n$$

$$\overset{*}{y}(x'_m) \dots \overset{*}{y}(x'_1) \, T_{m,n}(x'_1,\dots x'_m | x_1,\dots,x_n) y(x_1) \dots y(x_n) , \qquad (2.3.115)$$

$$[y(x),y(x')]_+ = [\overset{*}{y}(x),y(x')]_+ = \dots = 0 ,$$

$T(x'_1,\dots,x'_m|x_1,\dots,x_n)$ antisymmetrisch in x'_i und x_j.

Differentiation:

$$\frac{\delta^L}{\delta y(x)} y(x_1) \dots y(x_n) = \delta(x-x_1) y(x_2) \dots y(x_n) - \delta(x-x_2) y(x_1) y(x_3) \dots y(x_n) \pm$$

$$\pm \dots + (-1)^{n+1} \delta(x-x_n) y(x_1) \dots y(x_{n-1}) . \qquad (2.3.116)$$

"Gaußsches Integral":

$$\iint \mathcal{D}[y]\mathcal{D}[y^*]\; e^{y^*Ay} = \det A\,, \qquad (2.3.117)$$

$$y^*Ay := \iint dx\,dx'\; y^*(x)A(x,x')y(x')\;.$$

Mit diesen Formeln können wir entsprechend zu Gl. (2.3.50, 51) das erzeugende Funktional der Greenschen Funktionen für ein freies Dirac-Feld angeben:

$$T\{\bar\eta,\eta\} = \sum_n \frac{(-1)^n}{(n!)^2} \int\ldots\int d^4x_n\ldots d^4x'_n\;\bar\eta(x_n)\ldots\bar\eta(x_1)\;\cdot$$

$$\cdot\langle 0|T\psi(x_1)\ldots\psi(x_n)\bar\psi(x'_n)\ldots\bar\psi(x'_1)|0\rangle\,\eta(x'_1)\ldots\eta(x'_n) = \qquad (2.3.118)$$

$$= e^{-i\iint d^4x\,d^4x'\;\bar\eta(x)\,S_F(x-x')\,\eta(x')}\;.$$

Die Quellen $\bar\eta(x)$, $\eta(x')$ sind antivertauschbar, d.h. Elemente einer unendlichdimensionalen Grassmann-Algebra.

Mit Hilfe der Formel (2.3.117) zeigt man ähnlich zu Gl. (2.3.76, 77) die Pfadintegraldarstellung für das freie Dirac-Feld:

$$T\{\bar\eta,\eta\} = Z\{\bar\eta,\eta\}\,/\,Z\{0,0\}\;,$$

$$Z\{\bar\eta,\eta\} = \iint \mathcal{D}[\psi]\,\mathcal{D}[\bar\psi]\; e^{i\int d^4x(\bar\psi(i\gamma^\mu\partial_\mu - M)\psi + \bar\eta\psi + \bar\psi\eta)} \qquad (2.3.119)$$

$$= \iint \mathcal{D}[\psi]\,\mathcal{D}[\bar\psi]\; e^{i\int d^4x(\mathcal{L}_0 + \bar\eta\psi + \bar\psi\eta)}\;.$$

2.3.3 Die Pfadintegralformulierung der Quantenchromodynamik

a) Eine Anwendung der Feynmanschen Pfadintegralformulierung der Quantenfeldtheorie auf die QCD führt zu folgendem Ansatz für das erzeugende Funktional der Greenschen Funktionen:

$$T\{j;\bar\eta,\eta\} = Z\{j;\bar\eta,\eta\}\,/\,Z\{0;0,0\} \qquad (2.3.120)$$

$$Z\{j;\bar{\eta},\eta\} = \int \mathcal{D}[A^a_\mu]\mathcal{D}[\psi]\,\mathcal{D}[\bar{\psi}]\cdot$$

$$\cdot\exp[i\int d^4x\,(-\tfrac{1}{4}F^a_{\mu\nu}(x)F^{a,\mu\nu}(x) + \bar{\psi}(x)(i\gamma^\mu D_\mu - M)\psi(x) \tag{2.3.120}$$

$$+ j^\mu_a(x)\,A^a_\mu(x) + \bar{\psi}(x)\,\eta(x) + \bar{\eta}(x)\psi(x))]\;.$$

Diese Formel beinhaltet jedoch mathematische Unstimmigkeiten, die auch nur eine störungstheoretische Auswertung von $Z\{j;\bar{\eta}\ \eta\}$ im Ansatz unmöglich machen. Das hier angesprochene Problem kann schon am Beispiel des freien Photonfeldes illustriert werden. Versuchen wir in diesem Fall das entsprechende Funktionalintegral

$$Z\{j\} = \int \mathcal{D}[A_\mu]\exp[i\int d^4x(\tfrac{1}{2}A_\mu(x)(g^{\mu\nu}\partial_\sigma\partial^\sigma - \partial^\mu\partial^\nu)A_\nu(x) + j^\mu(x)A_\mu(x))] \tag{2.3.121}$$

analog zu Gl. (2.3.78) mit Hilfe der Gaußschen Integration auszuwerten: $Z\{j\} \sim \exp[-\frac{i}{2}\int d^4x\,d^4y\,j^\mu(x)\,K^{-1}_{\mu\nu}(x-y)j^\nu(y)]$, dann scheitert dies daran, daß der Operator $K^{\mu\nu} = g^{\mu\nu}\partial_\sigma\partial^\sigma - \partial^\mu\partial^\nu$ im Raum der 4-Potentiale $[A_\mu(x)]$ Eigenwerte Null hat. Z.B. gilt für reine Eichungen $A_\nu(x) = \partial_\nu\theta(x)$: $K^{\mu\nu}A_\nu(x) = (g^{\mu\nu}\partial_\sigma\partial^\sigma - \partial^\mu\partial^\nu)\cdot \partial_\nu\theta(x) = 0$. Damit ist die Voraussetzung für die Gaußsche Integration: $(A_\mu,\ K^{\mu\nu}A_\nu) > 0$ nicht erfüllt. Das Ergebnis ist divergent, da $K^{-1}_{\mu\nu}$ nicht existiert.

Für die korrekte Quantisierung jeder Eichtheorie ist es notwendig, dieses, durch die Eichinvarianz der Lagrange-Dichte $\mathcal{L}$ bedingte, und zunächst ausgesparte Problem zu lösen. Man bedient sich hierzu eines von L.D. Faddeev und V.N. Popov [Fa 67] vorgeschlagenen Verfahrens:
Bezeichnet man mit $\mathcal{A}^\theta_\mu(x)$ das mit $g(x) = \exp(-i\,\theta^a(x)\,T_a)$ entsprechend Gl. (2.2.5) transformierte Eichfeld, so führt die Integration über die Eichfreiheitsgrade $\theta^a(x)$, von denen $\mathcal{L}$ unabhängig ist, zu einem unendlichen Faktor. Dieser ist eichinvariant und eindeutig abzuspalten. Er fällt dann bei der Quotientenbildung $Z\{j;\bar{\eta},\eta\}\,/\,Z\{0;0,0\}$ heraus. Um dies durchzuführen, multipliziert man Gl.(2.3.120) mit einem konstanten Faktor, der als Gaußsches Integral über $C^a(x)$ dargestellt ist:

$$\text{konst.} = \int \mathcal{D}[C^a]e^{-\frac{i}{2}\int d^4x(C^a(x))^2}\;. \tag{2.3.122}$$

Betrachten wir $C^a(x)$ als Funktional der Eichfelder $\mathcal{A}_\mu(x)$, mit der Eigenschaft daß $C^a[\mathcal{A}_\mu(x)]$ die Eichung festlegt, d.h. daß aus

$C^a[\mathcal{A}^{\theta}_{\mu}(x)] = C^a[\mathcal{A}^{\theta'}_{\mu}(x)] : \theta(x) = \theta'(x)$ *) folgt, dann können wir die Variablentransformation $C^a[\mathcal{A}^{\theta}_{\mu}(x)] \to \theta^a(x)$ durchführen:

$$\text{konst.} = \int_{\text{Eichgruppe}} \mathcal{D}[\theta^a] \det\left(\frac{\delta C^a[\mathcal{A}^{\theta}_{\mu}(x)]}{\delta\theta^b(y)}\right) e^{-\frac{i}{2}\int d^4x\,(C^a[\mathcal{A}^{\theta}_{\mu}(x)])^2} \quad . \tag{2.3.123}$$

Insbesondere wählen wir als eichfixierenden Term

$$C^a[\mathcal{A}_{\mu}(x)] = \frac{1}{\sqrt{\xi}}\,\partial^{\mu} A^a_{\mu}(x) \quad . \tag{2.3.124}$$

Nach Multiplikation von Gl. (2.3.120) mit der Konstante (2.3.123) vertauscht man die Integrationsreihenfolge und erhält unter Ausnutzung der Eichinvarianz von $\mathcal{L}$ (Gl. (2.3.38)) und $\mathcal{D}[A^a_{\mu}]\mathcal{D}[\psi]\mathcal{D}[\overline{\psi}]$:

$$Z\{j;\overline{\eta},\eta\} \sim \int_{\text{Eichgruppe}} \mathcal{D}[\theta^a] \int \mathcal{D}[A^a_{\mu}]\mathcal{D}[\psi]\mathcal{D}[\overline{\psi}]\cdot$$

$$\cdot\det\left(\frac{\delta C^a[\mathcal{A}_{\mu}(x)]}{\delta\theta^b(y)}\right)\cdot\exp[i\int d^4x\,(\mathcal{L} - \frac{1}{2}(C^a[\mathcal{A}_{\mu}(x)])^2 + \tag{2.3.125}$$

$$+ j^{a,\mu}(x)\,A^{(-\theta)}_{a,\mu}(x) + \overline{\psi}^{(-\theta)}(x)\eta(x) + \overline{\eta}(x)\,\psi^{(-\theta)}(x))] \, .$$

Für physikalische Matrixelemente, d.h. Matrixelemente eichinvarianter Größen, ist die Eichabhängigkeit der Quellen in $j^{a,\mu}\,A^{(-\theta)}_{a,\mu}$ etc. irrelevant. Für die Be-

---

*) Es wurden Zweifel geäußert [Gr 78], ob die Struktur der Gesamtheit aller Eichpotentiale einer nichtabelschen Eichtheorie [Mi 79, Si 78] eine allgemeine Festlegung der Eichung durch ein $C^a(\mathcal{A}_{\mu})$ erlaubt, insbesondere, ob so einfache $C^a(\mathcal{A}_{\mu})$ wie in Gl. (2.3.124) diese Bedingung für alle $\mathcal{A}_{\mu}$ erfüllen. Trotzdem geht man davon aus, daß die hier beschriebene Methode im störungstheoretischen Rahmen anwendbar ist.

rechnung solcher Größen können wir in Gl. (2.3.125) $\theta(x) \equiv 0$ setzen. Dann gibt die Integration $\int \mathcal{D}[\theta^a]$ über die Eichgruppe nur einen uninteressanten Faktor, und $Z\{j;\overline{\eta},\eta\}$ ist nach Konstruktion unabhängig von $C^a[\mathcal{A}_\mu(x)]$, also insbesondere zum Beispiel unabhängig vom Eichparameter ξ.

Nach Gl. (2.2.7) ist bei einer infinitesimalen Eichtransformation

$$\delta C^a[\mathcal{A}_\mu(x)] = \frac{1}{\sqrt{\xi}} \partial^\mu \delta A^a_\mu(x) = \frac{1}{\sqrt{\xi}} \partial^\mu \left(-\frac{1}{g} \delta^{ab} \partial_\mu + f^{abc} A^c_\mu(x)\right) \delta\theta^b(x) . \tag{2.3.126}$$

Daraus folgt für die Funktionaldeterminante (vgl. Gl. (2.3.61,62)):

$$\det \frac{\delta C_a[\mathcal{A}_\mu(x)]}{\delta \theta^b(y)} \sim \det K_{ab}(x-y, A)$$
$$\text{mit} \quad K_{ab}(x-y,A) = \partial^\mu_x (\delta_{ab} \partial^x_\mu - g f_{abc} A^c_\mu(x)) \delta^{(4)}(x-y) . \tag{2.3.127}$$

Wir können diese nach Gl. (2.3.117) durch eine Funktionalintegration über antivertauschende Geistfelder $u^a(x)$, $\overline{u}^a(x)$ ausdrücken:

$$\det K_{ab}(x-y, A) \sim \int \mathcal{D}[u^a] \mathcal{D}[\overline{u}^a]\, e^{i\int d^4x d^4y (\overline{u}^a(x) K_{ab}(x-y,A) u^b(y))} . \tag{2.3.128}$$

Nach Einführung von Quellen $\overline{\omega}_a(x)$, $\omega_a(x)$ für die Geistfelder und Änderung von $Z\{j;\overline{\eta},\eta\}$ um unendliche, aber für die Bestimmung der Greenschen Funktionen unwesentliche, konstante Faktoren erhalten wir die Pfadintegraldarstellung des erzeugenden Funktionals der Greenschen Funktionen der QCD:

$$T\{j;\overline{\eta},\eta;\overline{\omega},\omega\} = Z\{j;\overline{\eta},\eta;\overline{\omega},\omega\} / Z\{0;0,0;0,0\} ,$$

$$Z\{j;\overline{\eta},\eta;\overline{\omega},\omega\} = \int \mathcal{D}[A^a_\mu] \mathcal{D}[\psi] \mathcal{D}[\overline{\psi}] \mathcal{D}[u^a] \mathcal{D}[\overline{u}^a] \cdot \tag{2.3.129}$$
$$\cdot \exp[i\int d^4x (\mathcal{L} + \mathcal{L}_{Fix} + \mathcal{L}_{Geist} + j^\mu_a(x) A^a_\mu(x) + \overline{\psi}(x)\eta(x) + \overline{\eta}(x)\psi(x) + \overline{u}^a(x)\omega_a(x) + \overline{\omega}_a(x) u^a(x))]$$

mit

$$\mathcal{L} = -\frac{1}{4} F^a_{\mu\nu}(x) F^{\mu\nu}_a(x) + \overline{\psi}(x)(i\gamma^\mu D_\mu - M)\psi(x) \ , \qquad (2.3.129')$$

$$\mathcal{L}_{Fix} = -\frac{1}{2}(C^a[\mathcal{A}_\mu(x)])^2 = -\frac{1}{2\xi}(\partial^\mu A^a_\mu(x))^2 \ , \qquad (2.3.129'')$$

$$\mathcal{L}_{Geist} = \overline{u}^a(x)\,\partial^\mu(\partial_\mu\,\delta_{ab} - g\,f_{abc}\,A^c_\mu(x))\,u^b(x) \ . \qquad (2.3.129''')$$

Wie schon mehrfach betont, ist dies die kompakte Fassung der Quantenchromodynamik. Eine störungstheoretische Auswertung entsprechend Gl.(2.3.83) führt zu den Feynman-Regeln von Abschnitt 2.2.3. Der Eichfixierungsterm $C^a[\mathcal{A}_\mu(x)] = \partial^\mu A^a_\mu(x)/\sqrt{\xi}$ bestimmt den Eichparameter ξ im Gluonpropagator. Die Beiträge der Faddeev-Popov-Geistfelder $u^a(x)$, $\overline{u}^a(x)$ finden ihren Niederschlag im Auftreten von Geistpropagatoren und von Geist-Gluon-Vertizes. Die Geisterzustände haben jedoch keinerlei physikalische Bedeutung. So werden wir später (Abschn. 2.4.3) sehen, daß sich die Beiträge der unphysikalischen Geisterzustände zur Unitaritätsgleichung (2.3.49) entsprechend der Schnittregel Gl. (2.3.47) aufgrund der Eichinvarianz mit Beiträgen von nicht eichinvarianten, unphysikalischen Gluonzuständen kompensieren.

Das Funktionalintegral (2.3.129) ist im mathematischen Sinne nicht wohldefiniert. Divergenzen, die sich bei der störungstheoretischen Entwicklung ergeben, müssen durch Regularisierung im Rahmen der Renormierungstheorie beseitigt werden. Darauf gehen wir in Abschnitt 2.4 noch ein. Wie weit das unvollständig definierte Funktionalintegral in regularisierter Form einer nicht störungstheoretischen Auswertung zugänglich ist und physikalisch sinnvolle Resultate liefert, ist eine Frage, die zur Zeit im Mittelpunkt der Erforschung der QCD steht. Wir kommen darauf im Zusammenhang mit dem Problem der Quark-Confinements (Abschn. 2.6) zurück.

b) Durch die Einführung des, die Eichung bestimmenden Terms $C^a[\mathcal{A}_\mu(x)]$ ist die offensichtliche Eichinvarianz der Formulierung der QCD verlorengegangen. Eine Erweiterung der Eichtransformationen, welche die Geistfelder mit einbezieht, definiert jedoch wieder eine Symmetrie der vollen Lagrange-Funktion $\mathcal{L} + \mathcal{L}_{Fix} + \mathcal{L}_{Geist}$ mit allen Konsequenzen der Eichinvarianz für alle physikalischen Aussagen.

Die erweiterten Eichtransformationen sind die Becchi-Rouet-Stora-Transformationen [Be 74], die in infinitesimaler Form durch

$$\begin{aligned}
\delta_s A_\mu^a(x) &= - f^{abc} A_\mu^b(x)\, u^c(x)\, \delta\overline{\lambda} - \frac{1}{g}\partial_\mu u^a(x)\delta\overline{\lambda} \,, \\
\delta_s \psi(x) &= - i\, T_a\, \psi(x)\, u^a(x)\, \delta\overline{\lambda} \,, \\
\delta_s \overline{\psi}(x) &= i\, \overline{\psi}(x)\, T_a\, u^a(x)\, \delta\overline{\lambda} \,, \\
\delta_s u^a(x) &= - \frac{1}{2} f^{abc}\, u_b(x)\, u_c(x)\, \delta\overline{\lambda} \,, \\
\delta_s \overline{u}^a(x) &= \frac{1}{g\sqrt{\xi}} C^a\, [\mathcal{A}_\mu(x)]\delta\overline{\lambda} = \frac{1}{g\xi}\partial^\mu A_\mu^a(x)\, \delta\overline{\lambda}
\end{aligned} \qquad (2.3.130)$$

gegeben sind. $u^a(x)$ ist dabei das oben eingeführte Geistfeld; $\delta\overline{\lambda}$ ist eine, mit den Geistfeldern $u^a(x)$, $\overline{u}^a(x)$ antivertauschende infinitesimale Konstante.

Aus dem Vergleich mit Gl. (2.2.7) ergibt sich, daß die BRS-Transformationen (2.3.130) in Bezug auf die Quark- und Gluonfelder Eichtransformationen mit $\delta\theta^a(x) = u^a(x)\,\delta\overline{\lambda}$ sind *). Hieraus folgt die BRS-Invarianz der Lagrange-Dichte $\mathcal{L}$ (Gl. (2.3.129')): $\delta_s \mathcal{L} = 0$. Das Transformationsverhalten der Geistfelder ist so gewählt, daß auch $\mathcal{L}_{Fix} + \mathcal{L}_{Geist}$ BRS-invariant ist, obwohl sich beide Summanden nicht trivial transformieren:

$$\delta_s(\mathcal{L}_{Fix} + \mathcal{L}_{Geist}) = 0 \,. \qquad (2.3.131)$$

Dies zeigt die Wichtigkeit der Faddeev-Popov-Geistfelder bei der Wiederherstellung der Eichinvarianz der Theorie, die durch $\mathcal{L}_{Fix}$ gestört wird.

Um Gl. (2.3.131) zu beweisen, bemerken wir zunächst, daß wegen der Jacobi-Identität der Strukturkonstanten f^{abc} und der Antivertauschbarkeit der Geistfelder

---

*) Führt man in Analogie zur Fermionenzahl eine, die Geistfelder kennzeichnende Geistzahl ein, so besitzen $u^a(x)$, $\overline{u}^a(x)$ und $\delta\overline{\lambda}$ die Geistzahlen +1, -1 und -1. $\delta\theta^a(x) = u^a(x)\delta\overline{\lambda}$ hat Geist- und Fermionenzahl Null.

$$\delta_s(\partial_\mu u_a(x) + g f_{abc} A^b_\mu(x) u^c(x)) = 0$$

gilt. Damit ist $\delta_s(\int d^4y\, K_{ab}(x-y,A)u^b(y)) = \delta_s(\partial^\mu(\partial_\mu u_a(x) + g f_{abc} A^b_\mu(x)u^c(x))) = 0$ und

$$\begin{aligned}\delta_s \mathcal{L}_{Geist} &= \delta_s(\int d^4x d^4y\, \bar{u}^a(x) K_{ab}(x-y,A)u^b(y)) = \\ &= (\delta_s \bar{u}^a(x))\, \partial^\mu(\partial_\mu u_a(x) + g f_{abc} A^b_\mu(x) u^c(x)) .\end{aligned} \tag{2.3.132}$$

Für die Variation von $\mathcal{L}_{Fix}$ erhält man andererseits

$$\begin{aligned}\delta_s \mathcal{L}_{Fix} &= \delta_s(-\tfrac{1}{2}(C^a[\mathcal{A}_\mu(x)])^2) = -\frac{1}{\xi}(\partial^\nu A^a_\nu(x))\partial^\mu \delta_s A^a_\mu(x) \\ &= \frac{1}{g\xi}(\partial^\nu A^a_\nu(x))\, \partial^\mu(\partial_\mu u_a(x) + g f_{abc} A^b_\mu(x) u^c(x))\, \delta\bar{\lambda} .\end{aligned}$$

Mit den Gleichungen (2.3.130) und (2.3.132) folgt hieraus wegen der Antivertauschbarkeit von $\delta\bar{\lambda}$ mit $u_a(x)$ die Behauptung (2.3.131).

c) In Abschnitt 2.3.2 haben wir aus der Eichsymmetrie 1. Art der Lagrange-Dichte $\mathcal{L}$ eines skalaren Feldes A(x) und der Invarianz des Maßes $\mathcal{D}[A]$ im Funktionalintegral (2.3.96) auf die Gültigkeit einer Funktional-Differentialgleichung für das erzeugende Funktional der Greenschen Funktionen geschlossen (Gl.(2.3.103)). Die Übertragung dieser Überlegungen auf die BRS-Symmetrie führt zu den Ward-Identitäten [Wa 50] für das erzeugende Funktional der Greenschen Funktionen der QCD [Le 72, tH 71, tH 72, Sl 72, Ta 71], der Zusammenfassung aller, sich aus der Eichsymmetrie 2.Art ergebenden Beziehungen zwischen den Greenschen Funktionen der Theorie.

Wenn wir zur Vereinfachung die Quarkfelder vernachlässigen, so erhält man in Analogie zu den Gleichungen (2.3.96, 99, 100) durch eine BRS-Variation der Felder:

$$\begin{aligned}&\int \mathcal{D}[A^a_\mu]\mathcal{D}[u^a]\mathcal{D}[\bar{u}^a](\int d^4x (j^\mu_a(x)\, \delta_s A^a_\mu(x) + \\ &+ (\delta_s \bar{u}^a(x))\, \omega_a(x) + \bar{\omega}_a(x)\, \delta_s u^a(x)) \exp[i \int d^4x \{\ \}] = 0\end{aligned} \tag{2.3.133}$$

mit $\{\ \} := \mathcal{L}_{Eich} + \mathcal{L}_{Fix} + \mathcal{L}_{Geist} + j^\mu_a A^a_\mu + \bar{u}^a \omega_a + \bar{\omega}_a u^a$.

Hieraus folgt, wenn man Gl. (2.3.130) benutzt und die Felder durch Differentiationen nach ihren Quellen ersetzt:

$$\int d^4x \, [j^\mu_b(x) \, (\delta^b_c \, \partial^x_\mu - g \, f^{bcd} \frac{\delta}{i\delta j^\mu_d(x)}) \frac{\delta}{i\delta\overline{\omega}_c(x)}$$

$$+ \frac{1}{\xi} \partial^\mu \frac{\delta}{i\delta j^\mu_a(x)} \omega_a(x) + g \, \overline{\omega}_a(x) \frac{1}{2} f^{abc} \frac{\delta}{i\delta\overline{\omega}_b(x)} \frac{\delta}{i\delta\overline{\omega}_c(x)}] \, T\{j;\overline{\omega},\omega\} = 0 \qquad (2.3.134)$$

mit

$$T\{j;\overline{\omega},\omega\} = Z\{j;\overline{\omega},\omega\} \, / \, Z\{0;0,0\} \, ,$$

$$Z\{j;\overline{\omega},\omega\} = \int \mathcal{D}[A^a_\mu] \, \mathcal{D}[u^a] \, \mathcal{D}[\overline{u}^a] \cdot \exp [i \int d^4x \, \{ \quad \}] \, , \qquad (2.3.135)$$

(vgl. Gl. (2.3.133)) .

Durch Differentiation nach ω erhält man für $\omega = \overline{\omega} = 0$ schließlich

$$\frac{i}{\xi} \partial^\mu_y \frac{\delta \, T\{j\}}{i\delta j^\mu_a(y)} - \int d^4x \, j^\mu_b(x) (\delta^b_c \, \partial^x_\mu - g \, f^{bcd} \frac{\delta}{i\delta j^\mu_d(x)}) \, T^{ca}\{j;x,y) = 0 . \qquad (2.3.136)$$

Der letzte Term von Gl. (2.3.134) hat nicht verschwindende Geistzahl, ist also für $\omega = \overline{\omega} = 0$ Null und trägt so zu Gl. (2.3.136) nicht bei . Zur Abkürzung haben wir $T\{j\} := T\{j;\overline{\omega} = 0, \, \omega = 0\}$ und

$$T^{ab}\{j;x,y) := \frac{\delta}{i\delta\overline{\omega}_a(x)} \, i \, \frac{\delta}{\delta\omega_b(y)} \, T\{j;\overline{\omega},\omega\} \Big|_{\omega = \overline{\omega} = 0} \qquad (2.3.137)$$

gesetzt. $T^{ab}\{j = 0;x,y)$ ist der Propagator des Geistfeldes. Der allgemeinere Geistpropagator bei Anwesenheit der Quellen j : $T^{ab}\{j;x,y)$ läßt sich aus der Bewegungsgleichung des Geistfeldes bestimmen. Hierzu variiert man das Funktionalintegral (2.3.135) nach $\overline{u}^a(x)$:

$$\int \mathcal{D}[A^a_\mu] \, \mathcal{D}[u^a] \, \mathcal{D}[\overline{u}^a] \cdot \exp[i \int d^4x \, \{ \quad \}] \cdot$$

$$\cdot (\int d^4x \, \delta\overline{u}^b(x) \, (\partial^\mu(\partial_\mu \, \delta_{bc} - g \, f_{bcd} \, A^d_\mu(x)) \, u^c(x) + \omega_b(x))) = 0 \, . \qquad (2.3.138)$$

Wie bei der Ableitung von Gl. (2.3.134) erhält man hieraus

$$[\partial^\mu(\partial_\mu \delta_{bc} - g f_{bcd} \frac{\delta}{i\delta j_d^\mu(x)}) \frac{\delta}{i\delta\overline{\omega}_c(x)} + \omega_b(x)] \, T\{j;\overline{\omega},\omega\} = 0$$

und durch Differentiation nach ω für $\omega = \overline{\omega} = 0$:

$$\partial_x^\mu(\partial_\mu^x \delta_c^b - g f_{bcd} \frac{\delta}{i\delta j_d^\mu(x)}) \, T^{ca}\{j;x,y) \equiv$$

$$\equiv \int d^4z \, K_c^b(x - z, \frac{\delta}{i\delta j}) \, T^{ca}\{j;z,y) = i \, \delta^{ba} \, \delta^{(4)}(x - y) \, T\{j\} \, . \tag{2.3.139}$$

Die Gleichungen (2.3.136) und (2.3.139) sind die angestrebten Ward-Identitäten. Sie bilden die zentralen Gleichungen für den Beweis der Renormierbarkeit von Eichfeldtheorien (Abschn. 2.4). Ihre Erweiterung auf Theorien mit Fermionen liegt auf der Hand. Sie ergibt sich für das Funktionalintegral Gl. (2.3.129) der QCD:

$$\frac{i}{\xi} \partial_y^\mu \frac{\delta T\{j;\overline{\eta},\eta\}}{i\,\delta j_a^\mu(y)} - \int d^4x [j_b^\mu(x)(\partial_\mu \, \delta_c^b - g f^{bcd} \frac{\delta}{i\delta j_d^\mu(x)}) +$$

$$+ g \overline{\eta}(x) T_a \frac{\delta}{\delta \overline{\eta}(x)} - g \eta(x) T_a^t \frac{\delta}{\delta \eta(x)}] \, T^{ca}\{j;\overline{\eta},\eta;x,y) = 0 \tag{2.3.136'}$$

und

$$\partial_x^\mu (\partial_\mu^x \delta_c^b - g f_{bcd} \frac{\delta}{i\delta j_d^\mu(x)}) \, T^{ca} \{j;\overline{\eta},\eta;x,y) =$$

$$= i \, \delta^{ba} \, \delta^{(4)}(x - y) \, T\{j;\overline{\eta},\eta\} \tag{2.3.139'}$$

mit $T\{j;\overline{\eta},\eta\} := T\{j;\overline{\eta},\eta;\overline{\omega}=0, \, \omega=0\}$ und $T^{ab}\{j;\overline{\eta},\eta;x,y)$ entsprechend Gl. (2.3.137). Um Identitäten für einzelne Greensche Funktionen zu gewinnen, differenziert man die Funktional-Differentialgleichungen nach den äußeren Quellen und setzt diese anschließend Null (vgl. Gl. (2.3.50, 56)). Für eine systematische Auswertung ist wegen der Vielfalt der elementaren Felder und Vertizes in einer nichtabelschen Eichtheorie eine diagrammatische Formulierung sinnvoll [tH 73]. Wir wollen darauf jedoch nicht näher eingehen, sondern lediglich anhand der einfachsten Beispiele die Auswertung der Ward-Identitäten demonstrieren.

d) Wenn wir auf Gl. (2.3.136') $\partial_x^\nu \delta / i\delta j_b^\nu(x)$ anwenden und anschließend $j = \eta = \overline{\eta} = 0$ setzen:

$$\frac{i}{\xi} \partial_x^\nu \partial_y^\mu \left. \frac{\delta^2 T\{j;\overline{\eta},\eta\}}{i\,\delta j_b^\nu(x)\, i\,\delta j_a^\mu(y)} \right|_{j=\eta=\overline{\eta}=0} =$$

$$= \frac{1}{i} \partial_x^\nu \left(\partial_\nu^x \delta_c^b - g f^{bcd} \frac{\delta}{i\,\delta j_d^\nu(x)}\right) T^{ca} \{j;\overline{\eta},\eta;x,y) \bigg|_{j=\eta=\overline{\eta}=0} , \qquad (2.3.140)$$

so erhalten wir die Ward-Identität für den Gluon-Propagator

$$i D'(x-y)_{\mu\nu}^{ab} := \left. \frac{\delta^2 T\{j;\overline{\eta},\eta\}}{i\,\delta j_a^\mu(x)\, i\,\delta j_b^\nu(y)} \right|_{j=\eta=\overline{\eta}=0} . \qquad (2.3.141)$$

Benutzt man Gl. (2.3.139') für $j = \eta = \overline{\eta} = 0$, so folgt aus Gl. (2.3.140): $\partial_x^\mu \partial_x^\nu D'(x-y)_{\mu\nu}^{ab} = \xi\, \delta^{ab}\, \delta^{(4)}(x-y)$ oder im Impulsraum:

$$k^\mu k^\nu \widetilde{D}'(k)_{\mu\nu}^{ab} = - \frac{\xi}{(2\pi)^4} \delta^{ab} . \qquad (2.3.142)$$

Dies ist die Slavnov-Identität [Sl 72, Ta 71], die Ward-Identität für den Gluon-Propagator, welche in der Landau-Eichung $\xi = 0$ die Transversalität des Propagators verlangt. Sie ist in der Baumgraphen-Approximation, also für den freien Propagator erfüllt - Gl. (2.2.42) gibt $i D'(k)_{\mu\nu}^{ab}$ in dieser Näherung.

Wir werden im nächsten Abschnitt die Bedeutung der Ward-Identitäten für die Renormierung der Yang-Mills-Feldtheorien erkennen und dabei feststellen, daß auch der Propagator des wechselwirkenden Gluonfeldes der Slavnov-Identität (2.3.142) genügen muß, genauso wie dessen Approximationen in der Schleifenentwicklung (Abschn. 2.3.2 e) beliebiger Ordnung.

e) Nachdem die Ableitung der Gleichungen (2.3.136') und (2.3.139') offensichtlich für eine beliebige Eichgruppe mit Strukturkonstanten f_{abc} gilt, wollen wir abschließend <u>die QED</u> betrachten. Weil in diesem Fall alle Strukturkonstanten verschwinden und die Darstellungsmatrizen T_a trivial sind ($T_a = -1$, $g = -e$, vgl. Abschn. 2.2.2 c), vereinfachen sich die Ward-Identitäten erheblich. Zunächst folgt aus Gl. (2.3.139'):

$$\partial_x^\mu \partial_\mu^x T^{ab}\{j;\overline{\eta},\eta;x,y) = i\,\delta^{ab}\,\delta^{(4)}(x-y)\,T\{j;\overline{\eta},\eta\} .$$

Mit Hilfe von Gl. (1.2.38') für M = 0 läßt sich diese Gleichung sofort integrieren:

$$T^{ab}\{j;\overline{\eta},\eta;x,y) = -i\,\delta^{ab}\,\Delta_F(x-y, M=0)\,T\{j;\overline{\eta},\eta\} . \tag{2.3.143}$$

Das Ergebnis ist der Geist-Propagator bei Anwesenheit der Quellen $j,\overline{\eta}$ und η. Er faktorisiert in den Geistpropagator und das erzeugende Funktional der "geistfreien" Theorie. Der Grund dafür ist aus Gl. (2.3.129''') abzulesen: in einer abelschen Eichfeldtheorie ($f_{abc} \equiv 0$) ist das Geistfeld ein freies Feld; das Funktional $T\{j;\overline{\eta},\eta;\overline{\omega},\omega\}$ faktorisiert deshalb in einen Geistanteil $T\{\overline{\omega},\omega\}$ und $T\{j;\overline{\eta},\eta\}$ (vgl. Gl. (2.3.129) und Abschn. 2.3.2 d). Anders ausgedrückt: zur Quantisierung einer abelschen Eichfeldtheorie mit linearer Eichfixierung sind keine Faddeev-Popov-Geistfelder erforderlich.

Wenn wir Gl. (2.3.143) in Gl. (2.3.136') einsetzen und $f_{abc} \equiv 0$, $T_a \equiv -1$, $g = -e$ benutzen, so erhalten wir die Ward-Identität

$$\frac{1}{\xi}\,\partial^\mu \frac{\delta T\{j;\overline{\eta},\eta\}}{i\,\delta j^\mu(x)} = \int d^4x\,[\,\partial^\mu j_\mu(x) - e\,\overline{\eta}(x)\frac{\delta}{\delta\overline{\eta}(x)} + e\,\eta(x)\frac{\delta}{\delta\eta(x)}\,]\cdot \\ \cdot\,\Delta_F(x-y,0)\;T\{j;\overline{\eta},\eta\} \tag{2.3.144}$$

für das erzeugende Funktional der Greenschen Funktionen der QED. Durch Differentiation nach j erhält man daraus für $j = \eta = \overline{\eta} = 0$ die verallgemeinerte Transversalitätsbedingung für den Photonpropagator $i\,D'(x-y)_{\mu\nu} :=$ $\delta^2 T / i\,\delta j^\mu(x)\, i\,\delta j^\nu(y)\Big|_{j=\eta=\overline{\eta}=0}$:

$$\partial_x^\mu D'(x-y)_{\mu\nu} = -\xi\,\partial_\nu^x\,\Delta_F(x-y,0) \tag{2.3.145}$$

(vgl. Gl. (2.3.142)). Differentiation von Gl. (2.3.144) nach η und $\overline{\eta}$ liefert an der Stelle $j = \eta = \overline{\eta} = 0$:

$$\frac{1}{\xi}\,\partial_z^{\mu}\,\tau(x;y;z)_{\alpha;\beta;\mu} = e\,i\,S_F'(x-y)_{\alpha\beta}\,(\Delta_F(y-z)-\Delta_F(x-z)) \tag{2.3.146}$$

mit der 3-Punkt-Greenschen Funktion

$$\tau(x;y;z)_{\alpha;\beta;\mu} = \langle T\,\psi_\alpha(x)\,\overline{\psi}_\beta(y)\,A_\mu(z)\rangle = \left.\frac{\delta^3\,T\{j;\overline{\eta},\eta\}}{\delta\overline{\eta}_\alpha(x)\,\delta\eta_\beta(y)\,i\,\delta j^{\mu}(z)}\right|_{j=\eta=\overline{\eta}=0}$$

und dem vollen Elektronpropagator

$$i\,S_F'(x-y)_{\alpha\beta} = \tau(x;y;)_{\alpha;\beta} = \langle T\,\psi_\alpha(x)\,\overline{\psi}_\beta(y)\rangle = \left.\frac{\delta^2\,T\{j;\overline{\eta},\eta\}}{\delta\overline{\eta}_\alpha(x)\,\delta\eta_\beta(y)}\right|_{j=\eta=\overline{\eta}=0} .$$

Die in Gl. (2.3.146) auftretenden Greenschen Funktionen sind zusammenhängend. Durch Amputation aller Feldpunkte entsprechend Gl. (2.3.33) erhält man mit Gl. (2.3.145) schließlich die bekannte, von Y. Takahashi [Ta 57] bewiesene Identität für den Elektron-Photon-Vertex (vgl. Gl. (2.3.33 und 34)):

$$\begin{aligned}\partial_z^{\mu}\,\Gamma(x;y;z)_{\alpha;\beta;\mu} &\equiv \partial_z^{\mu}\,\tau(\underline{x};\underline{y};\underline{z})_{\alpha;\beta;\mu} = \\ &= e\,S_F'^{-1}(x-y)_{\alpha\beta}\,(\delta^{(4)}(x-z)-\delta^{(4)}(y-z)).\end{aligned} \tag{2.3.147}$$

Für die Baumgraphen-Näherung verifiziert man ihre Gültigkeit mit Hilfe von Gl. (2.1.3) und der auf die QED übertragenen Gleichungen (2.3.92), (2.3.65) und (2.3.73), oder, nach Fourier-Transformation in den Impulsraum (Gl.(2.3.26)), mit Hilfe von Gl. (1.2.37) und (1.2.40). Die systematische Behandlung quantisierter Eichfeldtheorien über die Baumgraphen-Approximation hinaus ist Gegenstand des nächsten Abschnitts.

2.4 Zur Renormierung quantisierter Eichfeldtheorien

Der Begriff der Renormierbarkeit [RT] einer Quantenfeldtheorie steht im Mittelpunkt der allgemeinen Diskussion der dynamischen Struktur der starken und elektroschwachen Wechselwirkung; denn erst die Renormierbarkeit einer Dynamik ermöglicht deren widerspruchsfreies Verständnis und damit deren konsequente Auswertung über das Niveau einer, durch die Baumgraphen-Approximation (Abschn. 2.3.2) gegebenen einfachen Stoßtheorie hinaus. Dazu kommt noch, daß die "Renormierungsphilosophie" in den letzten Jahren zu phänomenologisch wesentlichen Begriffen wie 'gleitende Kopplungskonstante', 'dynamische Dimensionen' etc. (Abschn. 2.5 und 2.7) geführt hat. Wir wollen deshalb in Abschn. 2.4.1 die Hauptpunkte des Renormierungsprogramms skizzieren und sie in Abschn. 2.4.2 durch die Berechnung des Gluon-Propagators in 1-Schleifennäherung illustrieren. Einige einfache, kombinatorische Überlegungen werden es uns gestatten, zusammen mit Dimensionsargumenten über die Renormierbarkeit einer Theorie zu entscheiden. Der vollständige Beweis der Renormierbarkeit der Eichtheorien [Le 72, tH 72] gab einen der wichtigsten Anstöße zur Entwicklung der QCD und der Glashow - Salam-Weinberg-Theorie (GSW-Theorie). Wir können diesen Beweis nicht in Einzelheiten behandeln. In Abschn. 2.4.3 geben wir einen Überblick über die Struktur des Beweises und erläutern die einzelnen Beweisschritte. Im übrigen versuchen wir durch Literaturhinweise an die Originalarbeiten heranzuführen. Für ein erstes Verständnis der QCD und der GSW-Theorie ist die Kenntnis dieses Abschnitts nicht erforderlich.

2.4.1 Divergenzen und Renormierung

a) Schon bei der Diskussion der Quantenelektrodynamik in Abschn. 2.1.1 haben wir gesehen, daß innere Strahlungskorrekturen (Schleifendiagramme) die einfache Stoßtheorie (Baumgraph-Approximation) einer Feldtheorie so stark modifizieren, daß die Parameter der Lagrange-Funktion ihre ursprüngliche Bedeutung als physikalische Massen und direkt meßbare Kopplungskonstanten verlieren. Dieser an sich schon schwierige Sachverhalt wird nun noch dadurch zusätzlich kompliziert, daß schon die Berechnung einfacher Schleifendiagramme zu divergenten Resultaten führt. Wir geben hierzu zwei Beispiele:

In der QED ist die innere Strahlungskorrektur des Elektron-Propagators in 1-Schleifennäherung durch den folgenden Graphen gegeben:

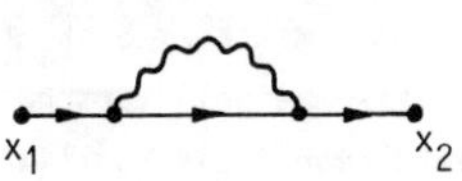

$$= \int \frac{d^4p}{(2\pi)^4} \frac{e^{-ip(x_1 - x_2)}}{\gamma p - M + i\varepsilon}\, i\,\Pi_2(p)\, \frac{i}{\gamma p - M + i\varepsilon} \qquad (2.4.1)$$

mit dem Ausdruck (in Feynman-Eichung)

$$\mathcal{T}_2(p) = (i e)^2 \int \frac{d^4k}{(2\pi)^4} \frac{-i}{k^2 + i\varepsilon} \gamma_\mu \frac{i}{\gamma\cdot(p-k) - M + i\varepsilon} \gamma^\mu \qquad (2.4.2)$$

für die amputierte Greensche Funktion. Das einfache Abzählen der Potenzen von k führt zu der Vermutung, daß dieses Integral für große k-Werte linear divergiert. In Wirklichkeit ist der führende divergente Anteil $\sim \int d^4k\, k_\mu (k^2 + i\varepsilon)^{-1} \cdot$ $\cdot((p-k)^2 - M^2 + i\varepsilon)^{-1}$ aus Symmetriegründen proportional zu p_μ zu setzen mit daher nur logarithmisch divergierendem Koeffizienten.

Im Fall der in Abschn. 2.3.1 d angesprochenen Wechselwirkung skalarer Teilchen (Gl. (2.3.25)) ergibt der obige Graph die amputierte Greensche Funktion

$$\mathcal{T}_2(p) = (ig)^2 \int \frac{d^4k}{(2\pi)^4} \frac{i}{(k^2 - \mu^2 + i\varepsilon)} \cdot \frac{i}{((p-k)^2 - m^2 + i\varepsilon)} , \qquad (2.4.3)$$

ein Ausdruck, der nach oberflächlicher Abzählung der Potenzen von k logarithmisch divergent ist. Diese einfachen Beispiele sollen illustrieren, daß bei der Ausrechnung von Feynman-Graphen mit Schleifen bei der Integration über Schleifenimpulse k Divergenzen auftreten, deren Grad von der Art der Zusammensetzung der Schleifen aus inneren Linien und Vertizes abhängt.

b) Einen ersten Überblick über die Struktur der auftretenden Divergenzen und damit ein Kriterium der Renormierbarkeit gewinnt man durch systematisches Abzählen der Potenzen der Impulse in den Feynman-Diagrammen. In einem allgemeinen Graphen mit ℓ Schleifen und L äußeren Linien mit Impulsen $P_1 \ldots P_L$ gibt es im allgemeinen ℓ interne Schleifenimpulse, über welche integriert werden muß. Der Integrand I ist ein Produkt von Vertizes und Propagatoren, welche von $P_1 \ldots P_{L-1}$ und $k_1 \ldots k_\ell$ abhängen:

$$G(P_1,\ldots,P_{L-1}) = \int^{\Lambda} d^4k_1 \ldots d^4k_\ell\, I(P_1,\ldots,P_{L-1}, k_1,\ldots,k_\ell) \qquad (2.4.4)$$

(In unseren Beispielen war stets $\ell = 1$). Wir denken uns die evtl. divergente Integration bei einem Impuls Λ abgeschnitten. Durch einfaches Abzählen von Potenzen läßt sich der oberflächliche Divergenzgrad von Teilintegrationen definieren. Hierzu betrachten wir das Anwachsen von I, wenn eine Teilmenge $S = \{k_i\}$ von m Schleifenimpulsen groß wird, d.h. für $k_{i'} = \lambda r_{i'}$ mit $k_{i'} \in S$, $k_i \notin S$, r_i, P_j fest und in allgemeiner Lage (d.h. keine Partialsumme soll verschwinden). Dann gibt es eine obere Schranke für das Potenzverhalten von I als Funktion von λ:

$$|I(\lambda)| \leq \lambda^{c(S)} \cdot \text{konst.} \tag{2.4.5}$$

(In unseren Beispielen ist $\ell = 1$, $S = \{k\}$ und in Gl. (2.4.2): $c = -3$, in Gl. (2.4.3): $c = -4$.) Für eine Teilintegration über die Impulse $k_{i'} \in S$ gilt die Abschätzung

$$\Big|\int^{\Lambda} dk_{i'_1} \ldots dk_{i'_m} \; I\Big| < \Lambda^{d_4(S)} \cdot \{\text{Logarithmen von } \Lambda\}. \tag{2.4.6}$$

Dabei heißt $d_4(S) = 4 \cdot m + c(S)$ der oberflächliche Divergenzgrad [Dy 49] der Integration über die Impulse $k_{i'} \in S$ in vier Raum-Zeit-Dimensionen. Die Integration ist konvergent, wenn $d_4 < 0$ ist. Es ist bemerkenswert, daß dieser Divergenzgrad sich erniedrigt, wenn wir dieselben Graphen in niedrigeren Raum-Zeit-Dimensionen D betrachten: $d_D(S) = D \cdot m + c(S)$. Darauf kommen wir weiter unten zurück.

Ein Graph G heißt primitiv divergent [Dy 49], wenn erst die letzte Integration zur Divergenz führt, d.h. wenn $d(S) < 0$ für alle $m(S) < \ell$. Die Divergenz eines beliebigen divergenten Graphen läßt sich also auf die Divergenz der Integration über die Schleifenimpulse primitiver Teilgraphen zurückführen. Die Struktur der - notwendigerweise zusammenhängenden - primitiv divergenten Graphen einer Feldtheorie kann man durch kombinatorische Überlegungen bestimmen. Betrachten wir als Beispiel die QED mit den Graphenregeln von Abschn. 1.2.2 f. Hat ein Graph V Photon-Elektron-Vertizes und I_ψ, I_A (E_ψ, E_A) innere (äußere) Elektron- bzw. Photonlinien, dann ist $d_D = D \cdot \ell - 2 I_A - I_\psi$; denn jede innere Fermion-Linie trägt eine Impulspotenz im Nenner bei, jede Photonlinie zwei und die Vertizes ändern das Impulsverhalten nicht. Da in jeden Vertex zwei Fermion-Linien und eine Photon-Linie einlaufen, gelten neben der Schleifengleichung (Gl. (2.3.88))

$$\ell = I_A + I_\psi - V + 1 \tag{2.4.7}$$

noch die folgenden kombinatorischen Gleichungen:

$$E_\psi + 2 I_\psi = 2V, \quad E_A + 2 I_A = V \quad . \tag{2.4.8}$$

Damit gilt für den Divergenzgrad eines Graphen der QED:

$$d_D = D - \frac{D-1}{2} E_\psi - \frac{D-2}{2} E_A + \left(\tfrac{1}{2} D - 2\right) \cdot V \; , \tag{2.4.9}$$

$$d_4 = 4 - \frac{3}{2}E_\psi - E_A . \qquad (2.4.9)$$

Für die physikalische Raum-Zeit-Dimension D = 4 ist die Anzahl der äußeren Linien primitiv divergenter Graphen, d.h. Graphen mit $d_4 > 0$ beschränkt. Symmetrieprinzipien wie Ladungskonjugation, Eichinvarianz etc. können bewirken, daß oberflächlich divergente Graphen einzeln oder entsprechend zusammengefaßt konvergent sind. Eine genauere Untersuchung zeigt, daß die primitiv divergenten Graphen der QED mit äußeren Linien die Fälle (1) $E_\psi = 2$, $E_A = 0$, (2) $E_\psi = 0$, $E_A = 2$ und (3) $E_\psi = 2$, $E_A = 1$ umfassen. Die physikalische Bedeutung dieser Typen von Graphen haben wir in Abschn. 2.1.1 diskutiert. Eine Feldtheorie mit endlich vielen Typen primitiv divergenter Graphen heißt renormierbar.

Betrachten wir unter diesem Gesichtspunkt die Diskussion der schwachen Wechselwirkung in Abschnitt 1.3. Die Fermi-Theorie nimmt an, daß nur Dirac-Teilchen propagieren, von denen je vier punktförmig miteinander wechselwirken. Daraus ergeben sich die den Gleichungen (2.4.7 - 8) entsprechenden kombinatorischen Gleichungen $\ell = I_\psi - V + 1$, $E_\psi + 2 \cdot I_\psi = 4 \cdot V$ und folglich: $d_4 = 4\ell - I_\psi = 4 + V - E_\psi/2$. Die Zahl der äußeren Linien primitiv divergenter Graphen kann mit zunehmender Ordnung V unbeschränkt steigen, die Fermi-Theorie ist nicht renormierbar. Ihr, die Unitarität der S-Matrix verletzendes Hochenergieverhalten kann nicht durch Graphen höherer Ordnung einfach korrigiert werden, da diese wegen der Zunahme primitiv divergenter Graphen zunehmend unbestimmt werden. Dieser Umstand ist letztlich Ursache dafür, daß man die Fermi-Theorie durch massive, intermediäre Vektorbosonen $W^\pm$, Z^0 erweitert (Abschn. 1.3.1 f). Damit ergeben sich dieselben kombinatorischen Gleichungen wie in der QED (Gl. (2.4.7 - 8)) und die W,Z-Propagatoren gemäß Gl. (1.3.16) und (1.3.18) würden zu einer unitären S-Matrix führen (vgl. Abschn. 2.3.1 f). Ihr Potenzverhalten ist jedoch von nullter Ordnung im Impuls k, und daher gilt für den oberflächlichen Divergenzgrad der primitiv divergenten Graphen: $d_4 = 4 + V - 3E_\psi/2 - 2(E_W + E_Z)$. Auch die intermediäre Vektorboson-Theorie der schwachen Wechselwirkung ist nicht renormierbar.

Der Unterschied zwischen wechselwirkenden, massiven Vektorteilchen, wie wir sie in der bisherigen Diskussion der Theorie der schwachen Wechselwirkung kennengelernt haben und der QED beruht auf der Eichinvarianz. Diese erlaubt es, daß der Photon-Propagator auf die einfache Form $\sim - g_{\mu\nu}/k^2$ (Gl. (1.2.40)) gebracht werden kann, mit der die QED renormierbar ist.

Es ist naheliegend, auch die Theorie der schwachen Wechselwirkung dadurch renormierbar zu machen, daß man sie - in Erweiterung der intermediären Vektorboson-Hypothese - als Eichfeldtheorie formuliert (Abschn. 3). Der entscheidende Schritt hierbei ist der Higgs-Kibble-Mechanismus (Abschn. 3.2), der es gestattet, massive Vektorfelder als Eichfelder aufzufassen. In einer, durch den Eichparameter ξ gekennzeichneten Klasse von Eichungen ist deren Propagator z.B. durch

$$\frac{i}{(2\pi)^4}\,\frac{-g_{\mu\nu}+k_\mu k_\nu(\xi-1)/(\xi k^2-M^2)}{k^2-M^2+i\varepsilon}$$

gegeben. Für $\xi \neq 0$ folgt - wie in der QED - das Hochenergieverhalten $\sim -g_{\mu\nu}/k^2$, die Theorie ist renormierbar (R-Eichungen). Für $\xi = 0$ erhalten wir demgegenüber den Propagator Gl. (2.3.20), der zu einer unitären S-Matrix führt (U-Eichung). Da gezeigt werden kann, daß der Renormierungsprozeß (vgl. Abschn. 2.4.3) und die physikalische S-Matrix eichinvariant sind, läßt sich auch auf deren Unitarität schließen. [Le 72, Le 72 a, tH 71, tH 72, Ty 72]

In der Formulierung der Feynman-Regeln der QCD (Abschn. 2.2.3) äußert sich die Eichfreiheit in der Abhängigkeit des Gluonpropagators von einem Eichparameter ξ. Wir zeigten in Abschn. 2.3.3 formal, daß Aussagen über physikalische, eichinvariante Größen von ξ nicht abhängen. Damit dies auch für die faktischen störungstheoretischen Rechnungen gilt, ist erforderlich, daß wir die Eichinvarianz beim Umgang mit divergenten Integralen nicht verletzen. Setzen wir dies einmal voraus, dann können wir die Abzählung der primitiv divergenten Graphen auch für die QCD durchführen: I_A, I_ψ, I_G (E_A, E_ψ) seien die Anzahlen der inneren (äußeren) Linien von Gluonen, Quarks und Geistern, V_A^4, V_A^3, V_ψ und V_G die Anzahlen der 4-Gluon-, 3-Gluon-, Quark-Gluon- und Geist-Gluon-Vertizes. Die Abzählung der Potenzen führt zum Ausdruck $d_D = D\cdot\ell - 2\cdot I_A - I_\psi - 2\cdot I_G + V_A^3 + V_G$ für den oberflächlichen Divergenzgrad. Es gelten folgende kombinatorische Gleichungen: $\ell = 1 + I_A + I_\psi + I_G - V_A^4 - V_A^3 - V_\psi - V_G$ (Schleifenregel); $E_A + 2\cdot I_A = 4\cdot V_A^4 + 3\cdot V_A^3 + V_G + V_\psi$, $E_\psi + 2\cdot I_\psi = 2\cdot V_\psi$, $2\cdot I_G = 2\cdot V_G$ (keine äußeren Geist-Linien!) (Koinzidenz von Endpunkten der Linien mit Vertizes). Daraus folgt der Divergenzgrad als Funktion der Anzahl der äußeren Linien und Vertizes:

$$d_D = D + (D-4)V_A^4 + (\tfrac{D}{2}-2)V_A^3 + (\tfrac{D}{2}-2)V_G + (\tfrac{D}{2}-2)V_\psi - \frac{D-2}{2}E_A - \frac{D-1}{2}E_\psi \,,$$
$$d_4 = 4 - E_A - \tfrac{3}{2}E_\psi \,. \tag{2.4.10}$$

In vier Dimensionen gibt es nur endlich viele Typen primitiv divergenter Graphen. Die QCD ist renormierbar [tH 71].

c) Wie behandelt man nun die divergenten Graphen in einer nichtabelschen Eichtheorie? Eine ausführliche oder gar vollständige Abhandlung dieses Problems ist in diesem Rahmen natürlich nicht möglich [RT]. Wir beschränken uns deshalb darauf, die Prinzipien des Renormierungsprogramms schlagwortartig aufzuführen, um diese dann im nächsten Abschnitt beim Durchrechnen eines relativ einfachen Beispiels zu illustrieren.

i) Wie schon mehrfach angedeutet, wird die Renormierung nichtabelscher Eichfeldtheorien vom Prinzip der Eichinvarianz bestimmt, ja dadurch erst ermöglicht. Deshalb heißt die erste Regel: Eichinvarianz beachten!

ii) Die Feynman-Regeln liefern für primitiv divergente Graphen mathematisch undefinierte Ausdrücke. Diesen muß zunächst dadurch ein Sinn gegeben werden, daß sie mit konvergenten Ausdrücken in Zusammenhang gebracht werden. Man nennt das 'Regularisierung' der Theorie [Pa 49]. Das einfache Abschneiden der Impulse, wie wir es zur Ermittlung des Divergenzgrades von Schleifenintegrationen benutzt haben, verletzt jedoch bei komplizierten Graphen die Eichinvarianz, ist also unzulässig. Deshalb benutzt man für die Regularisierung von Eichtheorien den Trick, diese zunächst in niedrigen Raum-Zeit-Dimensionen D zu betrachten, in denen die primitiv divergenten Graphen endliche Resultate liefern (vgl. z.B. Gl. (2.4.10)). Durch analytische Fortsetzung in D wird der divergente Anteil eines primitiv divergenten Graphen als Pol $1/(4-D)$ definiert. Dieses Verfahren heißt dimensionale Regularisierung [tH 72a]. Daneben kennt man als alternative Methode die Gitter-Regularisierung [Wi 74, Ko 75], die es gestattet, über die durch Feynman-Graphen gegebene Störungstheorie hinaus, auch nicht perturbative Phänomene zu untersuchen (vgl. Abschn. 2.6).

iii) Am Anfang der Renormierungsphilosophie stand die Beobachtung, daß die divergenten Anteile primitiv divergenter Graphen zu physikalisch nicht beobachtbaren Größen gehören. So ändert in der QED der divergente Anteil des primitiv divergenten Elektron-Propagators ($E_\psi = 2$, $E_A = 0$) die Masse M in der Lagrange-

Funktion $\mathcal{L}$, Gl. (2.1.17), um ΔM zur allein beobachtbaren physikalischen Masse des Elektrons $M_e = M + \Delta M$. Ersetzt man in $\mathcal{L}$ die "nackte" Masse M durch $M_e - \Delta M$, so führt dies offensichtlich zu einem Gegenterm $\overline{\psi}\Delta M \psi$, der die Aufgabe hat, durch nunmehr zusätzlich auftretende Feynman-Graphen $\overset{\Delta M}{\text{——}\times\text{——}}$ die Divergenzen zu kompensieren. An diesem Beispiel wird das allgemeine Schema der <u>Subtraktion</u> von Divergenzen durch Einführung von Gegentermen in die Lagrange-Dichte deutlich.

Eine Feldtheorie ist genau dann renormierbar, wenn die durch das Regularisierungsverfahren extrahierten Divergenzen mit endlich vielen Typen von Gegentermen in der Lagrange-Dichte kompensiert werden können. Ein typischer Gegenterm hat die Form

$$\Lambda^j (\log \frac{\Lambda}{M})^k \, M^n g^V \, \mathcal{O}_d(\psi, A_\mu, \partial, \ldots)$$

mit $j,k,n \geq 0$ und $V > 0$. Dabei ist Λ ein Impuls-Abschneideparameter ($\dim \Lambda = M^1$) *), g eine Kopplungskonstante ($\dim g = M^{[g]}$), V die betrachtete Ordnung der Störungstheorie und $\mathcal{O}_d$ ein aus den Feldern und deren Ableitungen aufgebauter Operator ($\dim \mathcal{O}_d = M^d$, vgl. Tab. 2.2). Es muß $M^4 = M^{j+n+V\cdot[g]+d}$, d.h. $d \leq 4 - V\cdot[g]$ gelten. Wenn [g] negativ ist, kann d mit zunehmender störungstheoretischer Ordnung unbeschränkt wachsen, die Theorie ist nicht renormierbar, weil die Anzahl der Gegenterme und damit der neuen Kopplungskonstanten unbeschränkt ist. Die Renormierbarkeit verlangt $[g] \geq 0$. Wenn wir dies mit unseren früheren Überlegungen zusammenfassen, ergibt sich:

> Eine Lagrange-Feldtheorie ist renormierbar, wenn alle Kopplungskonstanten nicht negative Massendimension besitzen und wenn sich für große Impulse k alle Boson-Propagatoren wie k^{-2}, alle Fermion-Propagatoren wie k^{-1} verhalten.

---

*) Auch bei dimensionaler Regularisierung tritt ein zusätzlicher dimensionsbehafteter Parameter μ auf, vgl. Abschn. 2.4.2.

Dirac-Feld:	$\overline{\psi} M \psi$	$\rightarrow$	$\dim \psi = M^{3/2}$
Skalarfeld:	$\frac{1}{2}(\partial^{\mu}\phi)(\partial_{\mu}\phi)$	$\rightarrow$	$\dim \phi = M^1$
Vektorfeld:	$-\frac{1}{4}F_{\mu\nu}F^{\mu\nu}$	$\rightarrow$	$\dim F_{\mu\nu} = M^2$, $\dim A_{\mu} = M^1$
Minimale Kopplung:	$g\overline{\psi}\gamma_{\mu}\psi A^{\mu}$	$\rightarrow$	$\dim g = M^0$
3-Eichboson-Kopplung:	$g A_{\mu} A^{\mu} \partial_{\nu} A^{\nu}$	$\rightarrow$	$\dim g = M^0$
4-Eichboson-Kopplung:	$g^2 (A_{\mu} A^{\mu})^2$	$\rightarrow$	$\dim g = M^0$
4-Fermion-Kopplung:	$G_F (\overline{\psi}\gamma\psi)^2$	$\rightarrow$	$\dim G_F = M^{-2}$
Yukawa-Kopplung:	$g\overline{\psi}\psi \cdot \phi$	$\rightarrow$	$\dim g = M^0$
Kopplung von Skalaren:	$g^* A_{\mu} A^{\mu} \phi$	$\rightarrow$	$\dim g^* = M^1$
	$g A_{\mu} (\partial^{\mu}\phi) \cdot \phi$	$\rightarrow$	$\dim g = M^0$
	$g^2 \phi^2 \cdot A_{\mu} A^{\mu}$	$\rightarrow$	$\dim g = M^0$

Tab. 2.2: Die kanonischen Massendimensionen von Feldoperatoren und Kopplungskonstanten in Eichtheorien. Jede Lagrange-Dichte $\mathcal{L}$ hat im natürlichen Einheitensystem $\hbar = c = 1$ die Dimension $\dim \mathcal{L} = (\underline{M}\text{asse})^4$, da die Wirkung $\int d^4x\, \mathcal{L}$ dimensionslos ist. Aus den kinetischen Energie- und Kopplungstermen folgen dann die oben angegebenen Dimensionen der Felder bzw. Kopplungskonstanten.

Die Gegenterme zur Lagrange-Funktion müssen Poincaré-invariante Operatoren der Dimension M^4 sein. Aus der Forderung ihrer lokalen Eichinvarianz folgt dann im Fall der QCD sogar *), daß alle Typen von möglichen Gegentermen bereits in der unrenormierten Lagrange-Funktion vorhanden sind, so daß die <u>Subtraktion</u> der Divergenzen <u>durch multiplikative Renormierung</u> vorgenommen werden kann, z.B.

*) Für Theorien mit Higgs-Feldern vgl. Abschn. 3.2.

$\cdot -\frac{1}{4}F_{\mu\nu}F^{\mu\nu} \to -\frac{1}{4}Z_A F_{\mu\nu}F^{\mu\nu} = -\frac{1}{4}F_{\mu\nu}F^{\mu\nu} + (Z_A - 1)(-\frac{1}{4}F_{\mu\nu}F^{\mu\nu})$. Alle divergenten Anteile primitiv divergenter Graphen können in multiplikativen Renormierungskonstanten Z_i der Felder und Kopplungskonstante absorbiert werden, welche im Grenzfall $\Lambda \to \infty$ (Gl. (2.4.6)), oder, bei dimensionaler Regularisierung für $\varepsilon = 4 - D \to 0$, unendlich werden (vgl. Gl. (2.4.29)):

$$A_\mu = [Z_A(\varepsilon)]^{1/2} A_\mu^R \,,$$

$$\psi = [Z_q(\varepsilon)]^{1/2} \psi^R \,, \qquad g = \frac{Z(\varepsilon)}{Z_q(\varepsilon)\cdot[Z_A(\varepsilon)]^{1/2}}\, g_R \,. \qquad (2.4.11)$$

$$u = [Z_u(\varepsilon)]^{1/2} u^R \,,$$

Die renormierten Felder A^R, ψ^R, u^R und die renormierte Kopplungskonstante g^R sind für $\varepsilon \to 0$ endlich.

iv) Die Forderung, daß die Renormierungskonstanten Z_i die Divergenzen absorbieren, legt diese nur bis auf endliche Anteile fest. Die endlichen Anteile werden durch Renormierungsbedingungen für Vertexfunktionen der renormierten Felder festgelegt:

Wir bezeichnen mit $\mathcal{G}_{n_A,n_q}(k_i;p_j)$ und $\Gamma_{n_A,n_q}(k_i;p_j)$, $i = 1, \ldots, n_A$, $j = 1,\ldots, n_q$, die renormierten zusammenhängenden Greenschen Funktionen bzw. renormierten Vertexfunktionen im Impulsraum (vgl. Abschn. 2.3.1). Dabei ist n_A die Anzahl der Gluonfelder und n_q die Anzahl der ψ-plus $\overline{\psi}$-Quarkfelder (n_q ist also immer gerade). Wegen Gl. (2.4.11) gilt für die unrenormierten Greenschen Funktionen

$$\mathcal{G}_{n_A,n_q}(k_i;p_j) = \lim_{\varepsilon\to 0} [Z_A(\varepsilon)]^{-n_A/2} [Z_q(\varepsilon)]^{-n_q/2} \mathcal{G}^{(u)}_{n_A,n_q}(k_i;p_j;\varepsilon) \qquad (2.4.12)$$

und insbesondere für die Propagatoren:

$$\mathcal{G}_{2,0}(k_1,k_2;) = \lim_{\varepsilon\to 0} [Z_A(\varepsilon)]^{-1} \mathcal{G}^{(u)}_{2,0}(k_1,k_2;\varepsilon),$$

$$(2.4.12')$$

$$\mathcal{G}_{0,2}(;p_1,p_2) = \lim_{\varepsilon\to 0} [Z_q(\varepsilon)]^{-1} \mathcal{G}^{(u)}_{0,2}(;p_1,p_2;\varepsilon)\,.$$

Um zu den Vertexfunktionen Γ_{n_A,n_q} zu gelangen, hat man den 1-Teilchen-irreduziblen Anteil von $\mathcal{G}_{n_A,n_q}$ mit n_A renormierten Propagatoren $\mathcal{G}_{2,0}$ und n_q renormierten Propagatoren $\mathcal{G}_{0,2}$ zu amputieren (vgl. Abschn. 2.3.1). Deshalb gilt:

$$\Gamma_{n_A,n_q}(k_i;p_j) = \lim_{\varepsilon\to 0} [Z_A(\varepsilon)]^{n_A/2} [Z_q(\varepsilon)]^{n_q/2} \Gamma^{(u)}_{n_A,n_q}(k_i;p_j;\varepsilon) . \qquad (2.4.13)$$

Die Renormierungsbedingungen vergleichen die unmittelbar physikalisch interpretierbaren Vertexfunktionen an vereinbarten Punkten im Impulsraum mit physikalischen Meßgrößen. Wegen Gl. (2.4.13) werden dadurch die endlichen Anteile der Renormierungskonstanten fixiert. In der QED, wo drei Renormierungskonstanten festzulegen sind, ist es üblich, folgende Bedingungen zu stellen:

$$\Gamma_{2,0}(k,-k;)^{\mu\nu} \to i(-g^{\mu\nu}k^2) \quad \text{für} \quad k^2 \to 0 , \qquad (2.4.14)$$

$$\Gamma_{0,2}(;p,p)_{\alpha\beta} \to i(\gamma p - M)_{\alpha\beta} \quad \text{für} \quad p^2 \to M^2, \qquad (2.4.14')$$

$$\Gamma_{1,2}(0;p,p)^{\mu}_{\alpha\beta} \to -i\,e\,(\gamma^{\mu})_{\alpha\beta} \quad \text{für} \quad p^2 \to M^2 . \qquad (2.4.14'')$$

M ist dabei die physikalische Elektron-Masse, e die Ladung des Elektrons ($e^2/4\pi = 1/137$). Die Wahl des Renormierungspunktes, d.h. der Impulse, bei denen man die Theorie an die physikalischen Parameter ampaßt, ist z.B. in Gl.(2.4.14") so vorgenommen, daß ein Photon mit Impulsübertrag Null an einem reellen, physikalischen Elektron ($p^2 = M^2$) gestreut wird. Dadurch ergibt sich der Thomson-Wirkungsquerschnitt in der üblichen Form. Im allgemeinen ist jedoch die Wahl des Renormierungspunktes Konvention (vgl. Abschn. 2.5). In der QCD paßt man bei raumartigen Impulsen $p^2 = -\mathcal{M}^2$ an, die vor eventuellen Infrarot-Divergenzen sicher sind [Ge 54]:

$$\tilde{\Gamma}_{2,0}(k,-k;)^{\mu\nu}_{ab}\Big|_{k^2=-\mathcal{M}^2} = i(-g^{\mu\nu}k^2 + k^{\mu}k^{\nu})\delta_{ab} \quad \text{für } \xi = 0 \text{ und} \qquad (2.4.15)$$

$\tilde{\Gamma}_{2,0} \equiv$ Transversalanteil von $\Gamma_{2,0}$

$$\Gamma_{0,2}(;p,p)\Big|_{p^2=-\mathcal{M}^2} = i(\gamma p - M(\mu^2)) , \qquad (2.4.15')$$

$M(\mu^2)$ ist eine gleitende Masse.

$$\Gamma_{1,2}(p;p,p)^{\mu}_{a}\Big|_{p^2 = -\mathcal{M}^2} = -i\,g\,\frac{\lambda_a}{2}\gamma^{\mu}. \qquad (2.4.15")$$

2.4.2 Beispiel: Berechnung des Gluon-Propagators in der 1-Schleifennäherung

Wir wollen die verschiedenen Aspekte des Renormierungsprogramms, welche wir im vorangehenden Abschnitt besprochen haben, noch einmal im Zusammenhang betrachten, indem wir die Berechnung des Gluon-Propagators in der 1-Schleifennäherung [Po 73, Gr 73 b] explizit durchführen.

In der 1-Schleifennäherung tragen folgende Graphen zum Gluonpropagator bei:

(a) 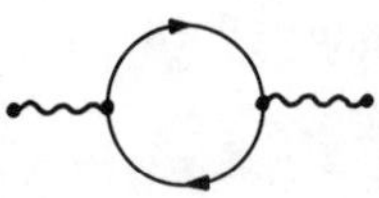 Vakuumpolarisation durch Quark-Paarbildung

(b)  Vakuumpolarisation durch Gluon-Paarbildung

(c)  Direkte Gluon-Selbstwechselwirkung aufgrund der 4-Gluon-Kopplung

(d) 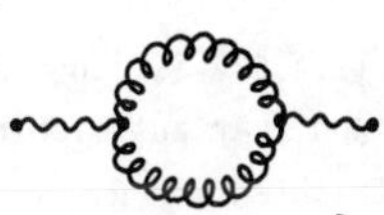 Eichkorrektur durch Geist-Paarbildung

Die "Tadpol-Graphen"  ,  und  verschwinden wegen der Spurfreiheit der Quark-Gluon-, Gluon-Gluon- und Geist-Gluon-Kopplung bei symmetrischer Integration über den Schleifenimpuls oder nach dimensionaler Regularisierung (s.u.).

Wir beginnen mit der Berechnung des Graphen (a). Nach den Feynman-Regeln von

Abschn. 2.2.3 ist in der Landau-Eichung ($\xi = 0$):

$$D^{(a)}(x-x')^{cd}_{\mu\nu} =$$

$$= \delta^{cd} \frac{g^2}{(2\pi)^4} \int d^4k\, e^{ik(x-x')} \cdot \frac{-g_{\mu\rho} + \frac{k_\mu k_\rho}{k^2}}{k^2 + io} \, \pi^{(a)}(k)^{\rho\sigma} \, \frac{-g_{\sigma\nu} + \frac{k_\sigma k_\nu}{k^2}}{k^2 + io} \tag{2.4.16}$$

mit

$$\pi^{(a)}(k)_{\rho\sigma} = \frac{N_F}{2} \,\mathrm{Spur} \int \frac{d^4q}{(2\pi)^4} \frac{1}{\gamma_\mu(q+\frac{k}{2})^\mu - M + io} \gamma_\rho \frac{1}{\gamma_\nu(q-\frac{k}{2})^\nu - M + io} \gamma_\sigma$$

$$= 2N_F \int \frac{d^4q}{(2\pi)^4} \frac{-g_{\rho\sigma}((q+k)^2 - \frac{k^2}{4} - M^2) + 2(q_\rho q_\sigma - \frac{k_\rho k_\sigma}{4})}{((q+\frac{k}{2})^2 - M^2 + io)((q-\frac{k}{2})^2 - M^2 + io)} \; . \tag{2.4.17}$$

Hierbei ergibt sich der Faktor $N_F/2$ aus der Spurbildung $\mathrm{Spur}_F 1 \cdot \mathrm{Spur}_C(\lambda^c\lambda^d/4) = N_F \cdot \delta^{cd}/2$ (vgl. Gl. (1.2.5)). Um diesen Faktor unterscheidet sich der Graph vom entsprechenden QED-Graphen (Abschn. 2.1.1 (2)). $\pi^{(a)}(k)_{\rho\sigma}$ ist der, mit dem freien Propagator amputierte Beitrag des Graphen (a) zur 2-Punkt-Greenschen Funktion; M ist die Quarkmasse, welche wir im folgenden einfachheitshalber Null setzen.

Die Integration über den Schleifenimpuls q in Gl. (2.4.17) ist in 4 Dimensionen quadratisch divergent. Wir müssen regularisieren, und zwar aus Eichinvarianzgründen nach dem dimensionalen Verfahren. Dazu betrachten wir das Integral (2.4.17) in D Dimensionen: $\int \frac{d^4q}{(2\pi)^4} \to \int \frac{d^Dq}{(2\pi)^D}$. Um dies für beliebiges D auswerten zu können, führen wir es auf ein Gaußsches Integral zurück, indem wir die Propagatoren folgendermaßen darstellen:

$$i(p^2 - M^2 + io)^{-1} = \int_0^\infty dz\, e^{iz(p^2 - M^2 + io)} \; .$$

Ferner berücksichtigen wir die Dimension von g^2 in D Dimensionen ~ [Masse $\mu]^{4-D}$. Damit wird

$$\mathcal{T}^{(a)}(k)_{\rho\sigma} = -2N_F \int_0^\infty dz_1 \int_0^\infty dz_2\, \mu^{4-D} \int \frac{d^Dq}{(2\pi)^D} \cdot \tag{2.4.18}$$

$$\cdot P(q,k)_{\rho\sigma} \cdot e^{i((z_1+z_2)(q^2+\frac{k^2}{4}) - (z_1-z_2)\,q\cdot k')}\Big|_{k'=k} .$$

Das Polynom im Zähler des Integranden von Gl. (2.4.18) haben wir mit $P(q,k)_{\rho\sigma}$ abgekürzt. Im Exponenten wurde im bilinearen Term k durch k' ersetzt, um nach dem üblichen Trick im Polynom $P(q,k)_{\rho\sigma}$ q^μ durch $-i(z_1-z_2)^{-1}\partial/\partial k'_\mu$ ersetzen zu können. Damit wird die q-Integration zu einer Gaußschen, die für D Dimensionen definiert ist als

$$\mu^{4-D} \int \frac{d^Dq}{(2\pi)^D}\, e^{iq^2a} = \frac{i}{(4\pi)^{D/2}}\, e^{-i\frac{\pi}{4}D}\, \frac{(\mu^2 a)^{\frac{4-D}{2}}}{a^2} , \quad a > 0 .$$

Wir führen diese durch, erhalten eine Gaußsche Funktion in k' und differenzieren diese entsprechend $P(-i(z_1-z_2)^{-1}\frac{\partial}{\partial k'},k)$. Dann setzen wir k' = k und erhalten

$$\mathcal{T}^{(a)}(k)_{\rho\sigma} = i\frac{N_F}{2}\, \frac{e^{+i\frac{\pi}{4}(4-D)}}{4\pi^2} \int_0^\infty dz_1 \int_0^\infty dz_2\, e^{i\frac{z_1z_2}{z_1+z_2}k^2} \cdot \tag{2.4.19}$$

$$\cdot \frac{(\tilde{\mu}^2(z_1+z_2))^{\frac{4-D}{2}}}{(z_1+z_2)^2} \cdot \left(\frac{g_{\rho\sigma}(\frac{D}{2}-1)}{i(z_1+z_2)} + \frac{z_1z_2}{(z_1+z_2)^2}(g_{\rho\sigma}k^2 - 2k_\rho k_\sigma)\right), \quad \tilde{\mu} = 2\sqrt{\pi}\,\mu .$$

Durch die Substitution $z_1 = \lambda(1-z)$, $z_2 = \lambda z$, $0 \leq \lambda < \infty$, $0 \leq z \leq 1$, geht das Integral über λ in ein Eulersches Integral für die Γ-Funktion über, das z-Integral ist elementar; das Resultat:

$$\mathcal{T}^{(a)}(k)_{\rho\sigma} = i\,\frac{N_F}{4\pi^2}\,(g_{\rho\sigma}k^2 - k_\rho k_\sigma)\cdot\left(\frac{-k^2 - io}{\tilde{\mu}^2}\right)^{-\frac{4-D}{2}}\cdot$$

$$\cdot\,\Gamma\!\left(\frac{4-D}{2}\right)\cdot\frac{\left(\Gamma\left(2-\frac{4-D}{2}\right)\right)^2}{\Gamma(4-(4-D))} = \tag{2.4.20}$$

$$= i\,\frac{N_F}{16\pi^2}\,\frac{2}{3}\,(-g_{\rho\sigma}k^2 + k_\rho k_\sigma)\left(-\frac{2}{\varepsilon} - \frac{5}{3} + \log(-k^2 - io)/\tilde{\kappa}^2\right) + O(\varepsilon),$$

$$\Gamma(\varepsilon) = \frac{1}{\varepsilon} + \Gamma'(1) + O(\varepsilon)\,,\quad \varepsilon = 4 - D\,,\ \tilde{\kappa} = e^{\Gamma'(1)/2}\,\tilde{\mu}\,.$$

Die Pole der Γ - Funktion bei $D = 4,2,\ldots..$ sind Ausdruck der logarithmischen, quadratischen, ... Divergenz des Vakuumpolarisationsgraphen in den entsprechenden Raum-Zeit-Dimensionen. Der Pol bei $D = 4$ definiert so in der dimensionalen Regularisierung den unendlichen Term dieses Graphen, welcher zusammen mit den entsprechenden Termen der anderen Graphen durch multiplikatives Renormieren wegsubtrahiert werden muß.

Um dies zu Ende zu führen, berechnen wir nun die anderen Graphen in entsprechender Weise. Besonders interessant (und kompliziert!) ist die Vakuumpolarisation durch Gluon-Paarbildung (Graph (b)). Diese hat ihren Ursprung in der Selbstwechselwirkung der farbigen Gluonen. Sie fehlt in einer abelschen Eichtheorie mit neutralen Eichbosonen wie der QED. Der Beitrag dieses Graphen zu $\mathcal{T}^{(2)}(k)_{\rho\sigma}$ ist

$$\mathcal{T}^{(b)}(k)_{\rho\sigma} = -\,2\,C_2\int\frac{d^4q}{(2\pi)^4}\,\frac{P(q,k)_{\rho\sigma}}{\left[\left(\left(q+\frac{k}{2}\right)^2 + io\right)\left(\left(q-\frac{k}{2}\right)^2 + io\right)\right]^2} \tag{2.4.21}$$

$$\text{mit } P(q,k)_{\rho\sigma} = (g_{\rho\mu}k_\nu - g_{\mu\nu}q_\sigma - g_{\nu\rho}k_\mu)\left(g^{\nu\nu'}\left(q-\frac{k}{2}\right)^2 - \left(q-\frac{k}{2}\right)^\nu\left(q-\frac{k}{2}\right)^{\nu'}\right)\cdot$$

$$\cdot\,(g_{\sigma\mu'}k_{\nu'} - g_{\mu'\nu'}q_\sigma - g_{\nu'\sigma}k_{\mu'})\left(g^{\mu\mu'}\left(q+\frac{k}{2}\right)^2 - \left(q+\frac{k}{2}\right)^\mu\left(q+\frac{k}{2}\right)^{\mu'}\right),$$

$$C_2\,\delta_{cd} = \sum_{a,b} f_{abc}\,f_{abd} = 3\,\delta_{cd}\ \text{(vgl. Gl. (1.2.8))}.$$

Auch dieser Graph ist quadratisch divergent. Wir regularisieren dimensional, indem wir Gl. (2.4.21) mit Hilfe der Formel $\alpha^{-2} = \int_0^\infty dz\, z\, e^{-\alpha z}$ in ein Gaußsches Integral über $d^D q$ verwandeln. Die weiteren Schritte folgen dem obigen Schema und liefern das Ergebnis

$$\Pi^{(b)}(k)_{\rho\sigma} = \frac{i}{16\pi^2}\left(-\frac{C_2}{12}\right)\cdot\{(-16\, g_{\rho\sigma} k^2 + 15\, k_\rho k_\sigma) + (-25\, g_{\rho\sigma} k^2 + 28\, k_\rho k_\sigma)\left(-\frac{2}{\varepsilon} - \frac{5}{3} + \log\frac{-k^2 - i o}{\tilde{\kappa}^2}\right)\} + O(\varepsilon)\ . \tag{2.4.22}$$

Der Graph (c) gibt einen vom Propagatorimpuls k unabhängigen, unbestimmten Beitrag. Nach der dimensionalen Regularisierung kann dieser Null gesetzt werden [Le 74].

Die Eichkorrektur durch Geist-Paarbildung führt entsprechend Graph (d) zu

$$\Pi^{(d)}(k)_{\rho\sigma} = -\, C_2 \int \frac{d^4 q}{(2\pi)^4}\, \frac{(q+\frac{k}{2})_\rho\, (q-\frac{k}{2})_\sigma}{((q+\frac{k}{2})^2 + i o)((q-\frac{k}{2})^2 + i o)}$$
$$= \frac{i}{16\pi^2}\left(\frac{-C_2}{12}\right)\{g_{\rho\sigma} k^2 + (-\, g_{\rho\sigma} k^2 - 2 k_\rho k_\sigma)\left(-\frac{2}{\varepsilon} - \frac{5}{3} + \log\frac{-k^2 - i o}{\kappa^2}\right)\} + O(\varepsilon)\ . \tag{2.4.23}$$

Nun können wir das Ergebnis unserer Rechnung zusammenfassen:

$$\Pi^{(2)}(k)_{\rho\sigma} = \Pi^{(a)}(k)_{\rho\sigma} + \Pi^{(b)}(k)_{\rho\sigma} + \Pi^{(c)}(k)_{\rho\sigma} + \Pi^{(d)}(k)_{\rho\sigma} =$$
$$= \frac{-i}{16\pi^2}\left(\frac{13}{6} C_2 - \frac{2}{3} N_F\right) \log\frac{-k^2 - i o}{\tilde{\kappa}^2}\, (-g_{\rho\sigma} k^2 + k_\rho k_\sigma)$$
$$+ \frac{i}{16\pi^2}\left(\frac{13}{6} C_2 - \frac{2}{3} N_F\right) \frac{2}{\varepsilon} (-\, g_{\rho\sigma} k^2 + k_\rho k_\sigma) \tag{2.4.24}$$
$$+ \frac{i}{16\pi^2}\left(\frac{15}{4} C_2 - \frac{10}{9} N_F\right)(-\, g_{\rho\sigma} k^2 + k_\rho k_\sigma)$$
$$+ O(\varepsilon)\ ,\quad \varepsilon = 4 - D.$$

Mit Hilfe des freien Gluon-Propagators Gl. (2.2.42) ergibt sich hieraus nach Gl. (2.4.16) der regularisierte, unrenormierte Gluon-Propagator in 1-Schleifennäherung:

$$\tilde{D}^{(2)}(k)^{cd}_{\mu\nu} = \tilde{D}(k)^{cd}_{\mu\nu} - i(2\pi)^4\, \tilde{D}(k)^{ce}_{\mu\rho}\, \mathcal{T}^{(2)}(k)^{\rho\sigma}_{ef}\, \tilde{D}(k)^{fd}_{\sigma\nu} =$$

$$= \frac{-1}{(2\pi)^4}\left(g_{\mu\nu} - \frac{k_\mu k_\nu}{k^2}\right)\frac{\delta^{cd}}{k^2 + io}\left(1 - \mathcal{T}(k^2)\right). \tag{2.4.25}$$

Dabei haben wir die 'Vakuumpolarisation'

$$\mathcal{T}^{(2)}(k)^{\rho\sigma}_{ab} := \mathcal{T}^{(2)}(k)^{\rho\sigma}\,\delta_{ab} = i(-g_{\rho\sigma}k^2 + k_\rho k_\sigma)\mathcal{T}(k^2)\,\delta_{ab} \tag{2.4.26}$$

und die 'Selbstenergie'

$$\mathcal{T}(k^2) := \frac{g^2}{16\pi^2}\left(\frac{13}{6}C_2 - \frac{2}{3}N_F\right)\left(\log\frac{-k^2 - io}{\kappa^2} - \frac{2}{\varepsilon}\right) + O(g^4) \tag{2.4.27}$$

eingeführt. Außerdem wurde der letzte Summand in Gl. (2.4.24) durch eine Umdefinition $\tilde{\kappa} \to \kappa$ mit dem ersten zusammengefaßt. An diesem Ergebnis können wir verschiedene, typische Aspekte des Renormierungsprogramms nichtabelscher Eichtheorien diskutieren:

Die allgemeine Lösung der Slavnov-Identität Gl. (2.3.142) läßt sich unter Beachtung der Transformationseigenschaften von $\tilde{D}'(k)$ in der Form

$$\tilde{D}'(k)^{ab}_{\mu\nu} = \frac{-1}{(2\pi)^4}\left\{\left(g_{\mu\nu} - \frac{k_\mu k_\nu}{k^2}\right)\frac{1}{1 + \mathcal{T}(k^2)} + \xi\,\frac{k_\mu k_\nu}{k^2}\right\}\frac{\delta^{ab}}{k^2 + io} \tag{2.4.28}$$

mit der unbestimmten Funktion $1/(1 + \mathcal{T}(k^2))$ darstellen. Entwickelt man diese in eine geometrische Reihe, so ergibt sich (symbolisch) $\tilde{D}' = \tilde{D} + \tilde{D}\mathcal{T}\tilde{D} + \tilde{D}\mathcal{T}\tilde{D}\mathcal{T}\tilde{D} + \ldots = D(1 + \mathcal{T}D')$ und hieraus die Vakuumpolarisation

$$\mathcal{T}(k)^{\rho\sigma}_{ab} = [\tilde{D}(k)^{-1} - \tilde{D}'(k)^{-1}]^{\rho\sigma}_{ab} = (2\pi)^4(g^{\rho\sigma}k^2 - k^\rho k^\sigma)\,\delta_{ab}\,.$$

Die Slavnov-Identität fordert also die Transversalität der Vakuumpolarisation (unabhängig von der Eichung!). Wie ein Vergleich von Gl. (2.4.28)mit Gl. (2.4.25) ergibt, liefert unsere Rechnung die regularisierte 1-Schleifenapproximation der Vakuumpolarisation in Landau-Eichung, und unser Ergebnis Gl. (2.4.24, 26) ist transversal. Das Beispiel dieses Abschnitts zeigt deshalb:

- Das dimensionale Regularisierungsverfahren ist eichinvariant; denn die Transversalität der Vakuumpolarisation ist eine Folge der aus der Eichinvarianz der Theorie hergeleiteten Slavnov-Identität.

- Für die Transversalität von $\pi^{(2)}(k)_{\mu\nu}$ ist der Beitrag der Faddeev-Popov-Geistfelder $\pi^{(d)}(k)_{\mu\nu}$ wesentlich. Weder der Gluonbeitrag (b) noch der Geistbeitrag (d) sind für sich transversal. Nur die Addition von $\pi^{(b)}$ und $\pi^{(d)}$ ergibt einen transversalen Pol-Term und einen transversalen k-abhängigen Beitrag zum angezogenen Propagator. Dies unterstreicht erneut die Rolle der Geistfelder für die Eichinvarianz der QCD.

Der divergente Anteil des Gluon-Propagators in vier Dimensionen ist mit Hilfe des dimensionalen Regularisierungsverfahrens als Pol in der Selbstenergie Gl. (2.4.27) abgespaltet worden. Aus Gl. (2.4.28) folgt für den Transversalanteil der Vertexfunktion:

$$\tilde{\Gamma}_{2,0}(k,-k;\,)^{\mu\nu}_{ab} = \frac{i}{(2\pi)^4}\,(\tilde{D}^{-1})(k)^{\mu\nu}_{ab}\Big|_{trans} = \qquad (2.4.28')$$

$$= i(-g^{\mu\nu}k^2 + k^\mu k^\nu)\,\delta_{ab}(1 + \pi(k^2))\,,$$

so daß der Pol in $\varepsilon = 4 - D$ auch hierin auftritt. Er wird nach Gl. (2.4.13) durch multiplikative Renormierung mit der bei $\varepsilon = 0$ divergenten Renormierungskonstante

$$Z_A(\varepsilon) = 1 - \frac{g^2}{16\pi^2}\left(\frac{13}{6}C_2 - \frac{2}{3}N_F\right)\left(-\frac{2}{\varepsilon} + \log\frac{\mathcal{M}^2}{\kappa^2}\right) + O(g^4) \qquad (2.4.29)$$

subtrahiert, deren endlicher Teil durch die Renormierungsbedingung Gl. (2.4.15) festgelegt ist. Als Ergebnis erhalten wir mit Gl. (2.4.13, 28', 29 und 27) den Transversalanteil der renormierten Vertexfunktion $\tilde{\Gamma}_{2,0}(k,-k;\,)^{\mu\nu}_{ab}$ in 1-Schleifennäherung und Landau-Eichung:

$$\tilde{\Gamma}^{(2)}_{2,0}(k,-k;\,)^{\mu\nu}_{ab} = i(-g^{\mu\nu}k^2 + k^\mu k^\nu)\;\cdot$$
$$\cdot\;\left(1 + \frac{g^2}{16\pi^2}\left(\frac{13}{6}C_2 - \frac{2}{3}N_F\right)\log\frac{-k^2 - io}{\mathcal{M}^2}\right)\delta_{ab}\;. \qquad (2.4.30)$$

Dieses spielt beim Beweis der asymptotischen Freiheit der QCD eine wesentliche Rolle (siehe Abschn. 2.5.2, S. 200).

2.4.3 Bemerkungen zum Renormierbarkeitsbeweis für quantisierte Eichfeldtheorien

Im letzten Abschnitt haben wir am Beispiel des Gluon-Propagators in der 1-Schleifennäherung das, durch folgende Schlagworte charakterisierte Schema der perturbativen Auswertung einer quantisierten Eichfeldtheorie skizziert:

- eichinvariante (dimensionale) Regularisierung,
- Subtraktion der, mit der Regularisierung extrahierten Divergenzen durch Einführung von Gegentermen in die Lagrange-Dichte (im Beispiel äquivalent zur multiplikativen Renormierung des Eichfeldes) und
- Anpassung der renormierten (endlichen) Parameter der Theorie an ihre gemessenen Werte (Renormierungsbedingungen).

Um die Renormierbarkeit der Theorie zu beweisen, hat man zu zeigen,

- daß sich das angedeutete Verfahren auf beliebig hohe Ordnungen der Schleifenentwicklung ausdehnen läßt, ohne immer neue Typen von Gegentermen mit unbestimmten Kopplungskonstanten einführen zu müssen und
- daß die dann berechenbare, endliche, physikalische S-Matrix unitär und kausal ist.

Die wichtigsten Stationen des Beweises sind in einem stark vereinfachten, logischen Schema in Fig. 2.10 zusammengefaßt. Einige wesentliche Punkte sollen im folgenden kurz beschrieben werden, um daran die Rolle der Eichinvarianz deutlich zu machen.

a) Wir gehen von einer gemäß Abschn. 2.3.3 quantisierten und dimensional regularisierten Eichfeldtheorie aus. Die durch $\mathcal{L}_{Fix}$ gewählte Eichung sei renormierbar im Sinne von Abschnitt 2.4.1 (R-Eichung). Die Eichungen Gl. (2.3.129") haben diese Eigenschaft. Dann ist das erzeugende Funktional der Greenschen Funk-

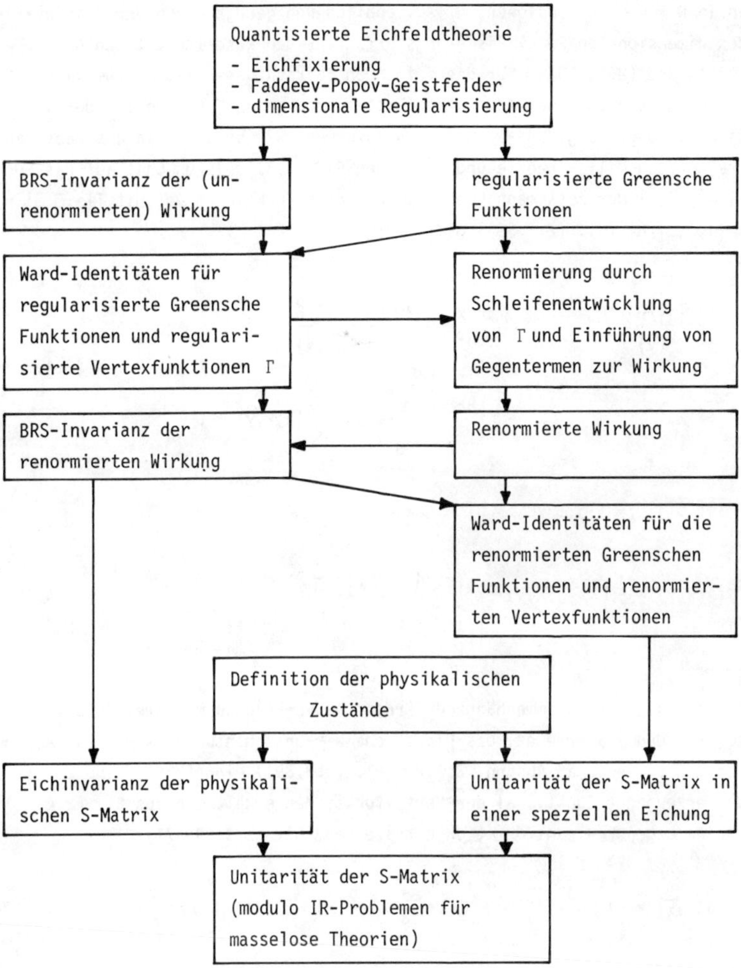

Fig. 2.10: Vereinfachtes logisches Schema zum Beweis der Renormierbarkeit von Yang-Mills-Feldtheorien

tionen in $D = 4-\varepsilon$ Dimensionen, $\varepsilon \neq 0$, endlich und genügt wegen der Eichinvarianz des dimensionalen Regularisierungsverfahrens den Ward-Identitäten Gl. (2.3.136') und (2.3.139'). Für die folgenden Betrachtungen ist es zweckmäßig, diese Gleichungen zu einer Identität für das erzeugende Funktional Γ der Vertexfunktionen, zu der sog. Lee-Identität umzuformen. Wir beschränken uns dabei auf eine reine Yang-Mills-Theorie und schreiben Gl. (2.3.136) zunächst auf das Funktional $\Phi\{j;\overline{\omega},\omega\}$ der zusammenhängenden Greenschen Funktionen um. Mit $T\{j;\overline{\omega},\omega\} = \exp(\Phi\{j;\overline{\omega},\omega\}/\hbar)$ (Gl. (2.3.66)) gilt:

$$\frac{i}{\xi}\partial^\mu_y \frac{\delta\Phi\{j\}/\hbar}{i\,\delta j^\mu_a(y)} - \int d^4x\, j^\nu_b(x)\Big(\delta^b_c\,\partial^x_\nu - g f^{bcd}\frac{\delta\Phi\{j\}/\hbar}{i\,\delta j^\nu_d(x)} - g f^{bcd}\frac{\delta}{i\,\delta j^\nu_d(x)}\Big)\hbar\, G^{ca}\{j;x,y) = 0. \tag{2.4.31}$$

Dabei ist $\Phi\{j\} := \Phi\{j;\overline{\omega}=0,\omega=0\}$, sowie

$$G^{ca}\{j;x,y) = \frac{1}{\hbar}T^{ca}\{j;x,y)\cdot e^{-\Phi\{j\}/\hbar} = \left.\frac{\delta^2\Phi\{j;\overline{\omega},\omega\}/\hbar^2}{\delta\overline{\omega}_c(x)\,\delta\omega_a(y)}\right|_{\omega=\overline{\omega}=0} \tag{2.4.32}$$

das Funktional, das zusammenhängende Greensche Funktionen mit zwei Geistfeldpunkten x,c und y,a erzeugt. Das Plancksche Wirkungsquantum $\hbar$ wurde zum Abzählen von Schleifen gemäß Abschn. 2.3.2 e (Gl. (2.3.89)) eingeführt. Eine Identität für das erzeugende Funktional der Vertexfunktionen erhält man aus Gl. (2.4.31) durch eine Legendre-Transformation entsprechend Gl. (2.3.69 - 71):

$$\frac{1}{\hbar}\Gamma\{a;\chi,\overline{\chi}\} = -i\int d^4x\big(j^\mu_a(x)\,a^a_\mu(x) + \overline{\omega}_a(x)\,\chi^a(x) + \overline{\chi}^a(x)\,\omega_a(x)\big) + \frac{1}{\hbar}\Phi\{j;\overline{\omega},\omega\}, \tag{2.4.33}$$

$$a^a_\mu(x) = \frac{\delta\Phi/\hbar}{i\,\delta j^\mu_a(x)}, \qquad j^\mu_a(x) = i\,\frac{\delta\Gamma/\hbar}{\delta a^a_\mu(x)},$$

$$\chi^a(x) = \frac{\delta^L\Phi/\hbar}{i\,\delta\overline{\omega}_a(x)}, \qquad \overline{\omega}_a(x) = \frac{\delta^L\Gamma/\hbar}{i\,\delta\chi^a(x)}, \tag{2.4.33'}$$

$$\overline{\chi}^a(x) = i\,\frac{\delta^L\Phi/\hbar}{\delta\omega_a(x)}, \qquad \omega_a(x) = i\,\frac{\delta^L\Gamma/\hbar}{\delta\overline{\chi}^a(x)}.$$

Um den Term $\delta G^{ca}/\delta j$ in Gl. (2.4.31) zu transformieren, betrachten wir $(G^{-1})_{ab}\{a;x,y)$, das entsprechend Gl. (2.3.72 - 73) gegeben ist zu

$$(G^{-1})_{ab}\{a;x,y) = \left.\frac{\delta^2 \Gamma\{a;\chi,\bar{\chi}\}}{\delta\bar{\chi}^a(x)\,\delta\chi^b(y)}\right|_{\chi=\bar{\chi}=0} \tag{2.4.34}$$

und Vertizes mit zwei Geistfeldpunkten x,a und y,b erzeugt.
$(G^{-1})_{ab}\{a;x,y)\Big|_{a(x)\equiv 0}$ ist der inverse Geistpropagator. Durch Differentiation der Gleichung

$$\int d^4z\, G^{ab}\{j;x,z)(G^{-1})_{bc}\{a;z,y) = \delta^a_c\, \delta^{(4)}(x-y)$$

nach $j^\mu_d(x)$ erhält man dann:

$$g f^{bcd}\frac{\delta G^{ca}\{j;x,y)}{i\,\delta j^\mu_d(x)} = -\hbar\int d^4z\,\gamma^{cb}_\mu\{a;z,x)\,G^{ca}\{j;z,y) \tag{2.4.35}$$

mit

$$\gamma^{ab}_\mu\{a;x,y) = g f^{bcd}\int d^4z\,d^4z'\,X^{de}_{\mu\nu}(y,z)\,G^{cf}\{j;y,z')\cdot\frac{\delta(G^{-1})_{fa}\{a;z',x)}{\delta a^e_\nu(z)}. \tag{2.4.36}$$

In Gl. (2.4.36) wurde entsprechend Gl. (2.3.75)

$$\frac{\delta}{\delta j^\mu_d(x)} = i\hbar\int d^4z\, X^{de}_{\mu\nu}(x,z)\frac{\delta}{\delta a^e_\nu(z)} \tag{2.4.37}$$

benutzt. $X^{de}_{\mu\nu}(x,z) = \delta^2\Phi\{j\}/\hbar^2\, i\delta j^\mu_d(x)\, i\delta j^\nu_e(z)$ ist der Eichfeld-Propagator bei Anwesenheit der Quelle j. Die Gleichungen (2.4.33') und (2.4.35) in Gl. (2.4.31) eingesetzt, ergibt:

$$\int d^4y\,\Big(L^{ab}_\mu\{a;x,y)\frac{\delta\Gamma\{a\}}{\delta a^b_\mu(y)} - \frac{1}{\xi}(\partial^\mu a^b_\mu(y))(G^{-1})_b{}^a\{a;y,x)\Big) = 0 \tag{2.4.38}$$

mit

$$L_\mu^{ab}\{a;x,y) = (\delta^{ab}\,\partial_\mu^x + g\,f^{abc}\,a_\mu^c(x))\,\delta^{(4)}(x-y) + \hbar\gamma_\mu^{ab}\{a;x,y) \ . \qquad (2.4.39)$$

Auf entsprechende Weise transformiert man die Bewegungsgleichung des Geistfeldes, Gl. (2.3.139):

$$(G^{-1})^{ba}\{a;y,x) = \frac{1}{i}\,\partial_y^\mu\,L_\mu^{ab}\{a;x,y) \qquad (2.4.40)$$

und setzt dies in Gl. (2.4.37) ein. Das Ergebnis ist die <u>Lee-Identität für das erzeugende Funktional der Vertizes</u> [Le 73, Be 74, Kl 75]:

$$\int d^4y\ L_\mu^{ab}\ \{a;x,y)\ \frac{\delta}{\delta\,a_\mu^b(y)}\ (\Gamma\{a\} - i\int d^4z\ \mathcal{L}_{Fix}(a(z))) = 0$$

$$(2.4.41)$$

$$\text{mit}\quad \mathcal{L}_{Fix}(a(z)) = -\,\frac{1}{2\xi}\,(\partial^\mu a_\mu^a(z))^2 \quad (\text{Gl. } (2.3.129''))\ .$$

Die physikalische Bedeutung der Lee-Identität ergibt sich aus folgenden Bemerkungen:

i) In der Baumgraphen-Approximation ($\hbar = 0$) gilt gemäß Gl. (2.3.92) mit $\chi = \overline{\chi} = 0$ (!): $\Gamma\{a\} = i\int d^4z\,(\mathcal{L}(a(z)) + \mathcal{L}_{Fix}(a(z)))$ und der Operator $L_\mu^{ab}\{a;x,y)$ reduziert sich in dieser Näherung auf

$$L_\mu^{ab}\{a;x,y)\Big|_{\hbar=0} = (\delta^{ab}\partial_\mu^x + g\,f^{abc}\,a_\mu^c(x))\,\delta^{(4)}(x-y) =$$

$$(2.4.42)$$

$$= \frac{\delta\,a_\mu^a(y)}{\delta\,\theta^b(x)} \quad (\text{vgl. Gl. } (2.2.7))\ .$$

Gl. (2.4.41) drückt die Eichinvarianz der Wirkung ohne den eichfixierenden Term aus (vgl. Gl. (2.3.101)):

$$\frac{\delta}{\delta\,\theta^b(x)}\,(\int d^4z(\mathcal{L}(a(z))) = \int d^4y\ \frac{\delta\,a_\mu^a(y)}{\delta\,\theta^b(x)}\ \frac{\delta}{\delta\,a_\mu^a(y)}\ (\int d^4z\,\mathcal{L}) = 0\ . \qquad (2.4.43)$$

Für höhere Ordnungen der Schleifenentwicklung ist die Lee-Identität eine Verallgemeinerung dieser Eichinvarianz-Aussage. Das durch $L_\mu^{ab}\big|_{\hbar=0}$, (Gl. 2.4.42), beschriebene Transformationsgesetz wird im Fall nichtabelscher Eichgruppen durch den Term $\hbar\gamma_\mu^{ab}\{a;x,y)$, Gl. (2.4.36), modifiziert. Als Folge davon müssen nicht nur die Felder und Kopplungskonstanten renormiert werden, sondern auch die Eichgruppe und die daraus abgeleiteten Ward-Identitäten [Le 72, Le 73, Sl 72, Ta 71, tH 72].

ii) $\gamma_\mu^{ab}\{a;x,y)$ läßt sich durch Strukturgraphen (Gl.(2.3.34) ff) folgendermaßen darstellen:

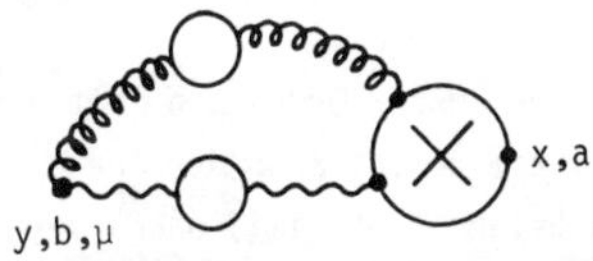

Ursache für die Renormierung der Eichgruppe ist also die Rückwirkung der Faddeev-Popov-Geister auf die Eichfelder (Vorsicht: diese Aussage ist von der Wahl der Eichung abhängig!).

iii) Wir haben gezeigt, daß eine eichinvariante Wirkung zur Gültigkeit der Lee-Identität für das erzeugende Funktional der Vertizes führt. Es gilt auch die Umkehrung dieses Satzes [tH 72]: Wenn eine Wirkung der Lee-Identität genügt, so ist sie invariant unter einer Gruppe von Eichtransformationen.

b) Durch die Einführung von geeigneten Eichfixierungstermen und den dazugehörigen Geistfeldern ist man für die Eichtheorien zu einem Satz von Feynman-Regeln gekommen, welche im Sinne des Abzählens der Divergenzgrade (Abschn. 2.4.1) zu einer renormierbaren Theorie gehören. Das erzeugende Funktional der Vertizes Γ ist in $D = 4-\varepsilon$ Dimensionen endlich. Durch Addition einer endlichen Zahl von Gegentermen in der Lagrange-Dichte gewinnt man das renormierte Funktional der Vertexfunktionen Γ^R, das für $\varepsilon \to 0$ endlich bleibt. Der wesentliche Schritt im Beweis der Renormierbarkeit der Eichtheorien besteht in dem Nachweis, daß die Subtraktionsterme so gewählt werden können, daß Γ^R wie Γ Lee-Identitäten vom Typ (2.4.41) erfüllt. Letzteres ist entscheidend, denn nur so kann man zeigen, daß die Einführung von unphysikalischen Freiheitsgraden durch $\mathcal{L}_{Geist}$, $\mathcal{L}_{Fix}$ (Gl. 2.3.129) nicht die physikalisch unverzichtbare Unitarität der S-Matrix verletzt.

Der Beweis erfolgt induktiv nach der Anzahl der Schleifen ℓ in der Störungsentwicklung und soll hier nicht ausgeführt werden [Ab 73, Zi 74, Ma 78]. Der Grund, weshalb man nach Potenzen im Schleifenparameter $\hbar$ (vgl. Abschn. 2.3.2 e) und nicht nach Potenzen in der Kopplungskonstanten g entwickelt, ist darin zu sehen, daß die Schleifenentwicklung jede Symmetrie der Lagrange-Dichte in jeder Ordnung erhält - der Schleifenparameter multipliziert die ganze Lagrange-Dichte (Gl. 2.3.87)). Im Gegensatz dazu wäre z.B. die Aufspaltung der Yang-Mills-Lagrangedichte in einen freien (g-unabhängigen) und einen Störteil nicht eininvariant; denn nichtabelsche Eichtransformationen enthalten die Kopplungskonstante explizit (Gl. (2.2.4 - 5)). Die Konsequenzen der Eichinvarianz ließen sich deshalb evtl. nicht in jeder Ordnung der Störungstheorie nach g getrennt diskutieren.

Das renormierte Funktional Γ^R stimmt in der Ordnung $\hbar^0$ mit der renormierten Wirkung überein (Gl. (2.3.92)); diese genügt also der (renormierten) Lee-Identität (2.4.41) und ist damit (siehe Punkt iii) oben) unter einer Gruppe von Eichtransformationen - der renormierten Eichgruppe - invariant. Für die einfachsten Fälle von Greenschen Funktionen ergibt sich die renormierte Wirkung durch multiplikative Renormierung entsprechend Gl. (2.4.11). Die Renormierung von Greenschen Funktionen allgemeiner lokaler Feldoperatoren werden in [Jo 76, Di 74] untersucht.

c) Die kovariante Quantisierung einer Eichfeldtheorie in einer renormierbaren Eichung, wie wir sie in Abschnitt 2.3.3 beschrieben haben, führt in der Regel zu unphysikalischen Freiheitsgraden:

- (masselose) Eichfelder erzeugen Zustände mit negativer Norm (Gl. (2.3.21)) und
- fiktive Geistfreiheitsgrade sorgen für die formale Eichkovarianz der Theorie (Abschn. 2.3.3 a,b).

Die physikalische S-Matrix bildet physikalische Ausgangszustände auf physikalische Endzustände möglicher Reaktionen ab. Ihre Untersuchung verlangt also die Definition der physikalischen Zustände [Be 74, Co 75]. Unabhängig von der Frage ihrer dynamischen Realisierbarkeit sagen wir:

> Physikalische Freiheitsgrade sind alle, bezüglich der renormierten Eichgruppe eichinvarianten Freiheitsgrade.

Um die physikalischen Freiheitsgrade des Eichfeldes zu charakterisieren, betrachten wir die Lee-Identität für den inversen Eichfeld-Propagator, d.h. für die

2-Punkt-Vertexfunktion $(\tilde{D}'^{-1})(k)$ der Gluonen, Photonen etc. Diese erhält man durch Differentiation von Gl. (2.4.41) nach $a_\nu^c(z)$ an der Stelle $a \equiv 0$. Im Impulsraum ist sie gegeben zu

$$L_\mu^{ab}(k)\ ((\tilde{D}'^{-1})(k)_{bc}^{\mu\nu} + \frac{(2\pi)^4}{\xi}\delta_{bc}\, k^\mu k^\nu) = 0\,. \tag{2.4.44}$$

Dabei ist $L_\mu^{ab}(k)$ die Fourier-Transformierte von

$$L_\mu^{ab}\{a;x,y)\Big|_{a\equiv 0} = \delta^{ab}\,\partial_\mu^x\,\delta^{(4)}(x-y) + \hbar\,\gamma_\mu^{ab}\{a;x,y)\Big|_{a\equiv 0} \tag{2.4.45}$$

(Gl. (2.4.39, 36)). Der eichunabhängige Anteil im Eichfeld-Propagator ist nach Gl. (2.4.44) offensichtlich dadurch gekennzeichnet, daß er von L_μ^{ab} annulliert wird, während der eichabhängige Anteil durch den zweiten, den Eichparamter ξ enthaltenden Summanden aufgefangen werden muß, damit die Lee-Identität erfüllt ist. $\varepsilon_\mu^a(k,r)$ und $\bar{\varepsilon}_\mu^a(k,s)$ seien die Eigenvektoren von $(\tilde{D}')^{-1}$:

$$\begin{aligned}(\tilde{D}'^{-1})(k)_{\mu\nu}^{bc}\ \varepsilon_c^\nu(k,r) &= \Gamma^{(r)}\ \varepsilon_\mu^b(k,r)\,,\\ (\tilde{D}'^{-1})(k)_{\mu\nu}^{bc}\ \bar{\varepsilon}_c^\nu(k,s) &= \bar{\Gamma}^{(s)}\ \bar{\varepsilon}_\mu^b(k,s)\,,\end{aligned} \tag{2.4.46}$$

mit

$$L_{ab}^\mu(k)\ \varepsilon_\mu^b(k,r) = 0 \qquad \text{für alle } r\,, \tag{2.4.47}$$

$$L_{ab}^\mu(k)\ \bar{\varepsilon}^b(k,s) \neq 0 \qquad \text{für alle } s\,. \tag{2.4.47'}$$

Dann beschreiben die Vektoren $\varepsilon_\mu^a(k,r)$ die physikalischen, die Vektoren $\bar{\varepsilon}_\mu^a(k,s)$ die unphysikalischen Freiheitsgrade.

Diese Verhältnisse sind geläufig und besonders übersichtlich in der QED. Hier entkoppeln die Geistfelder von den übrigen Freiheitsgraden (Gl. (2.3.143)), es ist $\gamma_\mu\{a;x,y) \equiv 0$. Die Gleichungen (2.4.47) vereinfachen sich zu $k^\mu\cdot\varepsilon_\mu(k,r) = 0$ und $k^\mu\cdot\bar{\varepsilon}_\mu(k,s) \neq 0$, $k^\mu = (|\vec{k}|, \vec{k})$. Für die Baumgraphen-Näherung ist der Photonpropagator in der Feynman-Eichung durch Gl. (1.2.40) gegeben, sein Inverses ist zu $g_{\mu\nu}$ proportional. Die physikalischen Photonzustände werden durch

$$\varepsilon^{\mu}(k,1) = (0,\hat{k}_{\perp}^{(1)}),\ \varepsilon^{\mu}(k,2) = (0,\hat{k}_{\perp}^{(2)}),\ \hat{k}_{\perp}^{(i)}\cdot\vec{k} = 0,\ \hat{k}_{\perp}^{(i)}\cdot\hat{k}_{\perp}^{(j)} = \delta^{ij}, \quad (2.4.48)$$

die unphysikalischen durch

$$\bar{\varepsilon}^{\mu}(k,0) = (1,\vec{0}),\quad \bar{\varepsilon}^{\mu}(k,3) = (0,\vec{k}/|\vec{k}|) \quad (2.4.48')$$

beschrieben. Insbesondere ist damit die zeitartige Anregung $\bar{\varepsilon}^{\mu}(k,0)$, die Zustände mit negativer Norm impliziert, Gl. (2.3.21), als unphysikalisch charakterisiert. Physikalische Photonen sind nach Gl. (2.4.48) transversal.

Wegen Gl. (2.4.47) läßt sich $L_{\mu}^{ab}(k)$ gemäß

$$L_{\mu}^{ab}(k) = \sum_{s} \bar{L}^{a}(k,s)\, \bar{\varepsilon}_{\mu}^{b}(k,s) \quad (2.4.49)$$

entwickeln; Gl. (2.4.40) zeigt dann für $a \equiv 0$, daß der inverse Geistpropagator proportional zu $k^{\mu}\cdot\sum_{s} \bar{L}^{a}(k,s)\cdot\bar{\varepsilon}_{\mu}^{b}(k,s)$ ist. Das heißt: alle Faddeev-Popov-Geistfreiheitsgrade sind unphysikalisch (n Freiheitsgrade für eine n-dimensionale Eichgruppe).

Schreibt man die von uns stets betrachtete, lineare Eichfixierung in der Form $C^{a}[\mathcal{A}_{\mu}(x)] = \int d^4y\, F_{\mu}^{ab}(x,y)\, A_{b}^{\mu}(y)$, so läßt sich zeigen, daß

$$F_{\mu}^{ab}(k)\, Q^{(ph)}(k)_{bc}^{\mu\nu} = 0 \quad (2.4.50)$$

gilt.

$$Q^{(ph)}(k)_{ab}^{\mu\nu} := \sum_{r} \varepsilon_{a}^{\mu}(k,r)\, \varepsilon_{b}^{\nu}(k,r) \quad (2.4.51)$$

ist dabei der Projektor auf die physikalischen Freiheitsgrade, die nach Gl. (2.4.50) von der Eichfixierung nicht betroffen sind. Für die Lorentz-Eichung, Gl. (2.3.124), ist $F_{\mu}^{ab}(k)$ zu $\delta^{ab}\cdot k_{\mu}$ proportional und die Aussage ist für die Baumgraphen-Näherung der QED trivial (Gl. (2.4.48, 48')). Im Fall einer nichtabelschen Eichtheorie beinhaltet die Definition (2.4.47) der physikalischen Freiheitsgrade jedoch den Geistpropagator und der Beweis von Gl. (2.4.50) führt u.a. zu der Feststellung, daß die "Massen" (d.h. die Nullstellen der inversen

Propagatoren) der Faddeev-Popov-Geister und der unphysikalischen Eichfeld-Freiheitsgrade entartet sind. Für masselose Eichfelder trifft dies auch auf die physikalischen Eichfeld-Freiheitsgrade zu, was zusätzlich zum Infrarot-Problem zu Schwierigkeiten führt.

d) Der nächste Schritt im Renormierungsprogramm ist der Beweis der <u>Unitarität der S-Matrix</u> [tH 71, Ta 71, Co 75], d.h. der Nachweis von Gl. (2.3.49). Als Ausgangspunkt hierzu dient die Cutkosky-Schnittregel, Gl. (2.3.47), die wir graphisch in der Form

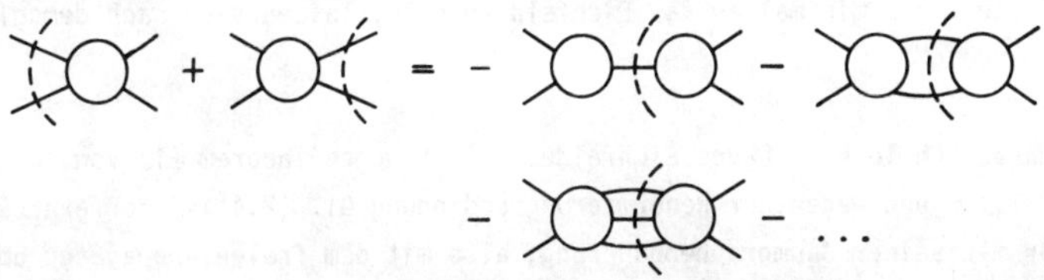

(2.4.52)

darstellen können (vgl. Abschn. 2.3.1 g). Mit 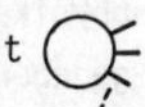 sind dabei die amputierte Greenschen Funktionen bezeichnet; der Schnitt 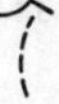 soll andeuten, daß im geschnittenen Propagator <u>alle</u>, auch die unphysikalischen Freiheitsgrade zu berücksichtigen sind. Sollen nur physikalische Freiheitsgrade im Sinne der Definition Gl. (2.4.47) geschnitten werden, so bezeichnen wir dies durch  .

Mit der Verfeinerung der Graphenregeln durch die Schnitte  lautet die Unitaritätsbedingung (2.3.49):

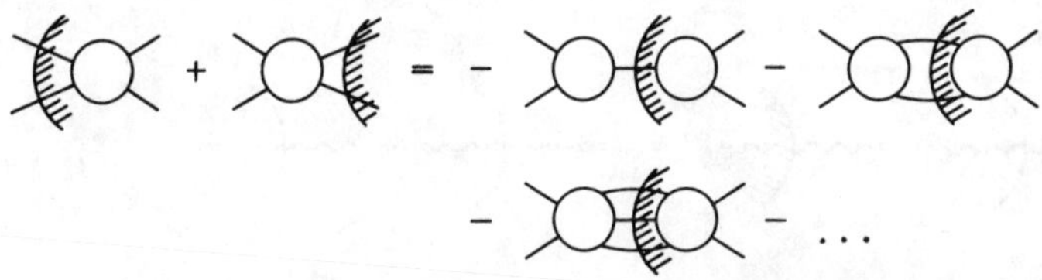

(2.4.53)

Schnitte in äußeren Linien trennen ein- und auslaufende Teilchen, haben aber sonst keine Bedeutung. Nach Multiplikation mit den Wellenfunktionen der physikalischen Zustände (Gl. 2.3.38) dürfen wir in den äußeren Linien 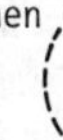 durch  ersetzen. Wir denken uns dies von jetzt an durchgeführt, und unterdrücken im folgenden die graphische Darstellung der äußeren Linien. Dann sind die beiden Graphengleichungen (2.4.52 und 53) genau dann äquivalent, wenn unphysikalische Freiheitsgrade zur Summation über die Zwischenzustände nicht beitragen, oder, wenn sich deren Beiträge gegenseitig kompensieren:

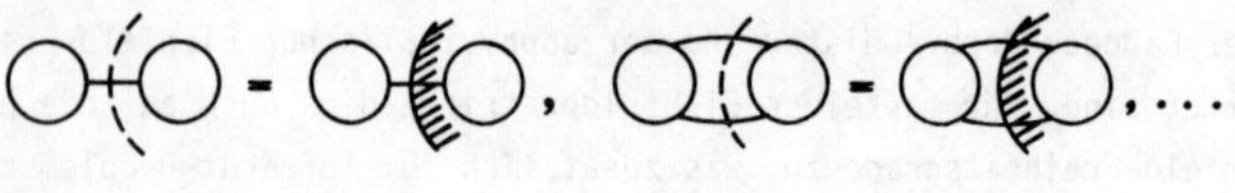 (2.4.54)

Der auf die Gleichungen (2.4.54) reduzierte Unitaritätsbeweis läßt sich mit Hilfe der Ward-Identitäten führen. Wir wollen uns die Beweisidee am Beispiel einer reinen Yang-Mills-Theorie in Feynman-Eichung für 1- und 2-Teilchen-Zwischenzustände klarmachen. Der Übergang zu Mehrteilchen-Zwischenzuständen macht entweder die Betrachtung höherer Ward-Identitäten erforderlich oder verlangt einen Induktionsbeweis nach der Anzahl der Teilchen im Zwischenzustand. Theorien mit geladenen Teilchen, die minimal an das Eichfeld koppeln, lassen sich nach demselben Schema behandeln.

Auf der Massenschale $k^2 = 0$ des Eichfeldes stimmt wegen Theorem (1) von Abschnitt 2.3.1 f und wegen der Renormierungsbedingung Gl. (2.4.14) der exakte Propagator mit seiner Baumgraphennäherung, also mit dem freien Propagator überein. Der Projektor auf die unphysikalischen Freiheitsgrade der Feynman-Eichung ist dann durch Gl. (2.4.48') gegeben:

$$Q^{(un)}(k)^{\mu\nu}_{ab} = - \bar{\varepsilon}^{\mu}_{a}(k,o)\bar{\varepsilon}^{\nu}_{b}(k,o) + \bar{\varepsilon}^{\mu}_{a}(k,3)\bar{\varepsilon}^{\nu}_{b}(k,3) =$$

$$= \frac{\delta_{ab}}{2|\vec{k}|^2}(k^{\mu}\hat{k}^{\nu} + \hat{k}^{\mu}k^{\nu}) \quad \text{mit} \quad k^{\mu} = (\,|\vec{k}|,\, \vec{k}), \quad \hat{k}^{\mu} = (-\,|\vec{k}|,\, \vec{k}). \qquad (2.4.55)$$

graphisch:

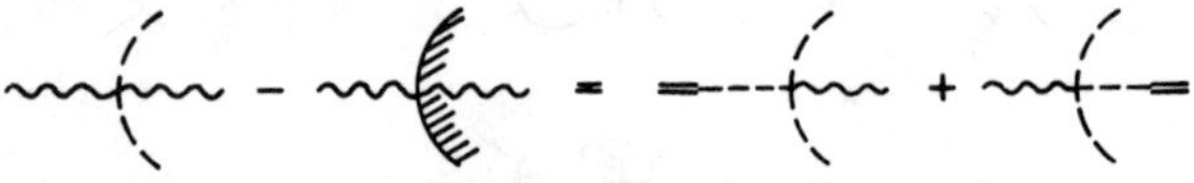 (2.4.55')

mit

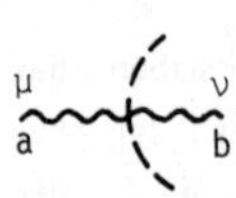 $= \tilde{\Delta}^{-}(k)^{\mu\nu}_{ab} = \frac{\delta_{ab}}{(2\pi)^3}\theta(k^o)\delta(k^2)(-\,g^{\mu\nu})$

(vgl. Gl. (2.3.43)),

(2.4.55")

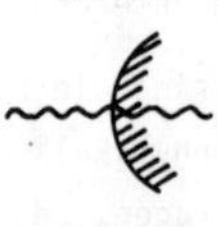 $= \frac{\delta_{ab}}{(2\pi)^3}\theta(k^o)\delta(k^2)(-\,g^{\mu\nu} - (k^{\mu}\hat{k}^{\nu} + \hat{k}^{\mu}k^{\nu})/2|\vec{k}|^2),$

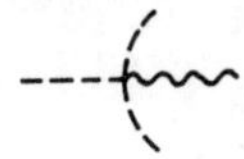 $= \frac{\delta_{ab}}{(2\pi)^3}\theta(k^0)\delta(k^2)(-i\hat{k}^\nu)/2|\vec{k}|^2,$

(2.4.55")

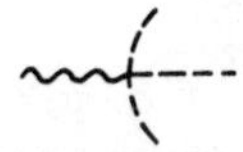 $= \frac{\delta_{ab}}{(2\pi)^3}\theta(k^0)\delta(k^2)\, i\hat{k}^\mu/2|\vec{k}|^2 \,,$

═ bedeute links oder rechts vom Schnitt Multiplikation mit $+ik^\mu$ bzw. $-ik^\nu$.

Wir haben zu zeigen, daß die, durch Gl. (2.4.55) beschriebenen Anteile der Eichfeld-Zustände keinen Beitrag zum Imaginärteil der Streuamplituden liefern. Hierzu differenzieren wir die Ward-Identität Gl. (2.3.136) nach den Quellen und setzen diese anschließend Null. Das Ergebnis für $\xi = 1$

$$i\,\partial^\mu_y \frac{\delta^{n+1}\,T\{j\}}{i\,\delta j^\mu_a(y)\, i\,\delta j^{\nu_1}_{a_1}(x_1)\cdot\ldots\cdot i\,\delta j^{\nu_n}_{a_n}(x_n)}\Bigg|_{j\,\equiv\,0} =$$

$$= \sum_i \frac{1}{i}\left(\delta_c^{a_i}\partial^{x_i}_{\nu_i} - g f^{a_i cd}\frac{\delta}{i\,\delta j_d^{\nu_i}(x_i)}\right)\cdot \tag{2.4.56}$$

$$\cdot\frac{\delta^{n-1}T^{ca}\{j;x_i,y)}{i\,\delta j^{\nu_1}_{a_1}(x_1)\cdot\ldots\cdot i\,\delta j^{\nu_{i-1}}_{a_{i-1}}(x_{i-1})\, i\,\delta j^{\nu_{i+1}}_{a_{i+1}}(x_{i+1})\cdot\ldots\cdot i\,\delta j^{\nu_n}_{a_n}(x_n)}\Bigg|_{j\,\equiv\,0}$$

ist die explizite Ward-Identität für die (vollen) Greenschen Funktionen. Aufgrund der Definition physikalischer Freiheitsgrade, Gl. (2.4.47, 39, 35, 36), verschwindet die rechte Seite, wenn alle Feldpunkte $x_1,\ldots,x_n$ physikalische Anregungen beschreiben. Es gilt dann der Stromerhaltungssatz und dies führt zur Transversalitätsbedingung

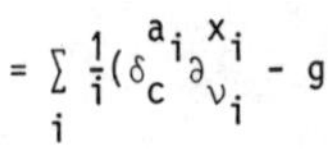 $= \;0$ (2.4.57)

(physikalische, d.h. transversale Eichfeld-Linien sind nicht gezeichnet!) und damit zum Verschwinden der unphysikalischen Beiträge des Eichfeld-Propagators im

1-Teilchen-Zwischenzustand (vgl. Gl. (2.4.55')):

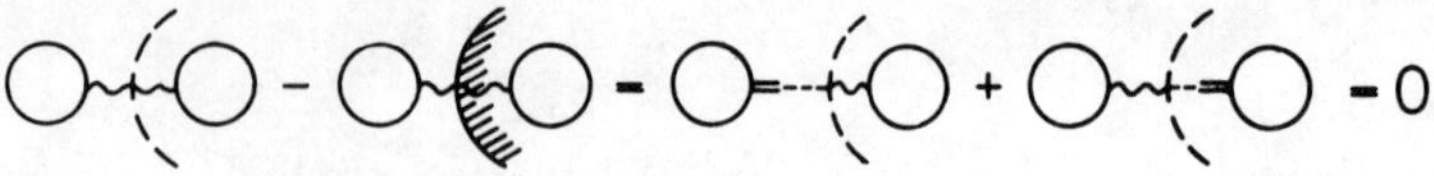

Bei den 2-Teilchen-Zwischenzuständen haben wir auch die unphysikalischen Faddeev-Popov-Geister zu berücksichtigen, die wegen der Geistzahl-Erhaltung als einzelner Zwischenzustand zur S-Matrix nicht beitragen. Aus Gl. (2.4.56) folgt, wenn alle Linien ihren Massenschalenbedingungen $k^2 = 0$ genügen und bis auf y und x_1 alle Feldpunkte transversale Eichfelder beschreiben, die Ward-Identität*) [tH 71, Ta 71]:

(2.4.58)

Aus den Gleichungen (2.4.58, 55) und (2.4.57) folgt:

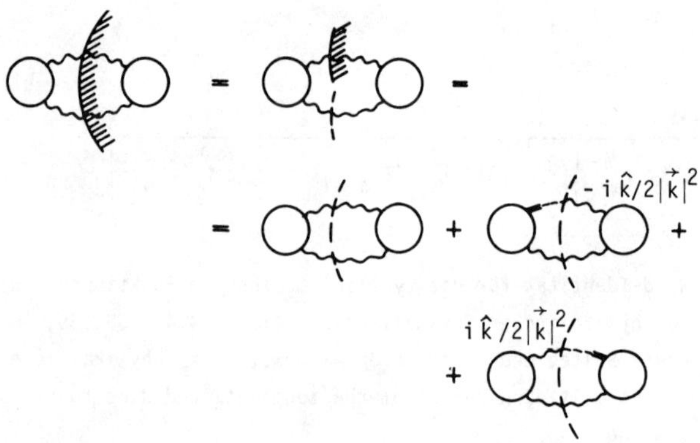

(2.4.59)

---

*) Wegen der Geistzahl-Erhaltung an jedem Vertex kann die Geistlinie durch jedes, in  zusammengefaßte Feynman-Diagramm verfolgt werden, daher

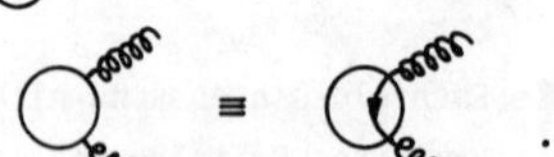

und weiter mit $k \cdot \hat{k} = -2|\vec{k}|^2$:

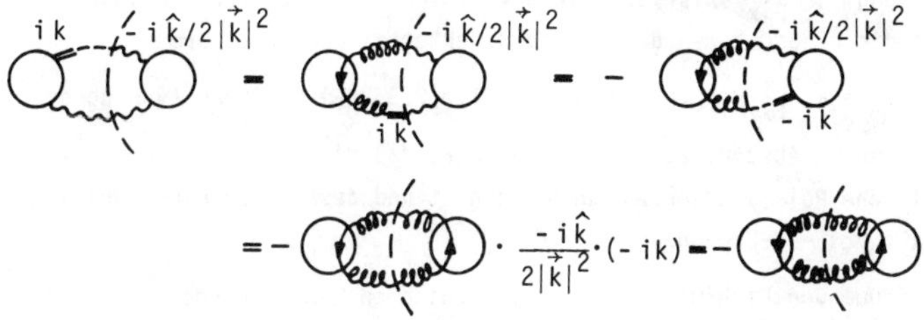

(2.4.60)

Durch Einsetzen von Gl. (2.4.60) in Gl. (2.4.59) erhält man:

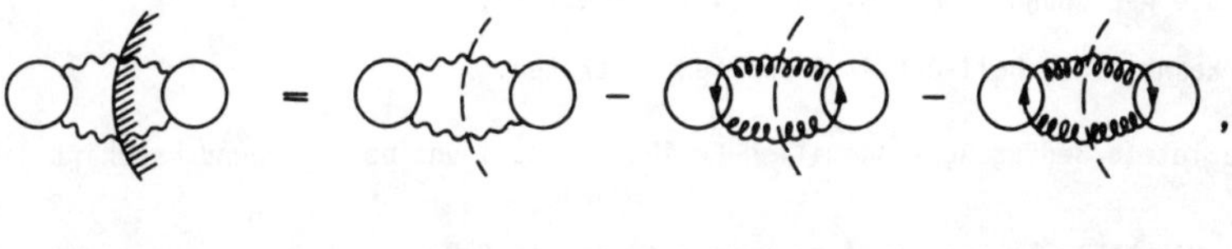

d.h. die Kompensation der longitudinalen Eichfeld-Freiheitsgrade durch die Geist-Zwischenzustände in der Cutkosky-Schnittregel (Faktor (- 1) für Geistschleifen!) und damit die Unitarität der S-Matrix auf dem 1-Schleifenniveau.

e) Die Einführung von eichfixierenden Termen $C^a[\mathcal{A}_\mu(x)]$, nebst den dazugehörigen Geistfeldern, welche alle dem Renormierungsverfahren unterworfen werden, führt in die störungstheoretische Behandlung der Eichfeldtheorien Verfahren ein, die nicht explizit eichinvariant sind. Die Eichinvarianz der physikalischen Aussagen muß daher in Form eines Nachweises der Eichunabhängigkeit der S-Matrix nochmals explizit gezeigt werden. Dies geschieht dadurch, daß das eichfixierende Funktional $C^a[\mathcal{A}_\mu(x)]$, Gl. (2.3.129"), durch ein benachbartes Funktional ersetzt wird, und dann gezeigt wird, daß die S-Matrix bei der Variation $C^a \to C^a + \delta C^a$ ungeändert bleibt [Co 75].

Für massive Eichfelder, die ihre Masse durch einen noch zu besprechenden, dynamischen Mechanismus ohne Zerstörung der Eichsymmetrie erhalten (Abschn. 3.2), erlaubt die Eichunabhängigkeit der S-Matrix einen einfacheren Beweis der Unitarität der renormierten S-Matrix [tH 72]. In diesem Fall führt nämlich der Renormierungsprozeß zu einer unitären, renormierten S-Matrix, falls

- eine Eichung $\mathcal{L}^R_{Fix}$ existiert, die im Sinne des Abzählens von Potenzen gemäß Abschn. 2.4.1 renormierbar ist (R-Eichung),

- eine Eichung $\mathcal{L}^{U}_{Fix}$ existiert, in der die Geist-Felder freie Felder sind und die Propagatoren der massiven Vektorteilchen die Form $\frac{i}{(2\pi)^4}(-g_{\mu\nu}+k_\mu k_\nu/M^2)/(k^2-M^2+io)$ (Gl. (2.3.20)) besitzen (von unseren Überlegungen in Abschn. 2.3.1 c wissen wir, daß dieser Propagator nur physikalische Polarisationszustände enthält und deshalb zu einer unitären S-Matrix führt - U-Eichung),
- ein Kontinuum von Eichfunktionen $\mathcal{L}^{\lambda}_{Fix}$ zwischen den Eichungen $\mathcal{L}^{R}_{Fix}$ und $\mathcal{L}^{U}_{Fix}$ interpoliert, z.B. $\mathcal{L}^{\lambda=0}_{Fix}=\mathcal{L}^{R}_{Fix}$, $\mathcal{L}^{\lambda=1}_{Fix}=\mathcal{L}^{U}_{Fix}$, so daß für alle λ der Geistpropagator definiert ist (ein Beispiel bilden die R-Eichungen von Abschn. 2.4.1 mit $\lambda\equiv\xi$),
- keine Adler-Bell-Jackiw-Anomalien auftreten.

Die letzte Bedingung - Anomalien-Freiheit - soll uns abschließend beschäftigen.

f) Wir haben bisher als Ausgangspunkt unserer Erörterung des Renormierungsprogramms stillschweigend angenommen, daß sich jede Eichfeldtheorie dimensional und damit eichinvariant regularisieren läßt. Dies ist jedoch nur dann richtig, wenn in der Störungsreihe keine Kopplungen der Eichfelder an axiale Spinorströme auftreten, was z.B. sicher für keine Feldtheorie der schwachen Wechselwirkung zutrifft. Das Problem besteht darin, daß es in $D \neq 4$ Dimensionen kein Analogon zur Dirac-Matrix γ_5, oder, was äquivalent ist, zum antisymmetrischen Tensor $\varepsilon_{\mu\nu\rho\sigma}$ gibt ($\gamma_5 = \frac{i}{4!}\varepsilon_{\mu\nu\rho\sigma}\gamma^\mu\gamma^\nu\gamma^\rho\gamma^\sigma$). Als Folge davon wird ein, aufgrund der Symmetrie der Lagrange-Dichte erhaltener Axialstrom (Abschn. 1.2.3 a) beim Übergang zu D Dimensionen nicht mehr divergenzfrei sein: $\partial^\mu j^5_\mu = (D-4)\mathcal{O}$, $\mathcal{O}\equiv$ lokaler Operator. Geht man zu Matrixelementen bzgl. physikalischer Zustände über und berechnet $<|\mathcal{O}|>$ über die Baumgraphen-Approximation hinaus, so treten, wie wir in Abschn. 2.4.1 gesehen haben, in der Regel Divergenzen auf, die sich als Pole in $\varepsilon = 4-D$ abspalten lassen: $<|\mathcal{O}|> = A/(4-D) +$ reguläre Terme. Der Axialstrom der wechselwirkenden Felder ist demnach auch beim Übergang zu vier Raum-Zeit-Dimensionen nicht erhalten: $\partial^\mu <|j^5_\mu|> = A$, es tritt eine Anomalie A auf, die man <u>γ_5-Anomalie</u> oder Anomalie vom Adler-Bell-Jackiw-Typ nennt [Ad 69 a, b, Be 69, Ad 70, Ja 72a]. Wegen des engen Zusammenhangs zwischen Stromerhaltung, Symmetrie der Lagrange-Dichte und Ward-Identitäten (vgl. Gl. (2.3.98 - 103)) bedeutet jede Anomalie eines Stromes, welcher an ein Eichfeld gekoppelt ist, auch eine Verletzung der Eichsymmetrie und damit der für den Renormierungsbeweis entscheidenden Ward-Identitäten. Anomalien von Strömen, die nur mit globalen Symmetrien verbunden sind, wie z.B. der chirale U(1)-Strom [tH 76], stören im allgemeinen nicht die Renormierbarkeit.

Die Anomalie-freien Theorien lassen sich mit Hilfe der folgenden Beobachtungen klassifizieren:

i) Anomalien treten nur aufgrund der Beiträge von 1-Schleifendiagrammen auf [Ad 69 b , Gr 72],

ii) 1-Schleifendiagramme ohne Spinorlinien lassen sich eichinvariant regularisieren und führen deshalb nicht zu Anomalien [tH 72 a].

Es genügt deshalb, sich bei der Diskussion von Anomalien auf die in Fig. 2.11 dargestellten Diagramme zu konzentrieren. Alle anderen Anomalien in Fermion-1-Schleifendiagrammen (AAA-Dreiecksdiagramm, VVVA- und VAAA-Vierecksdiagramm, VVVVA-, VVAAA- und AAAAA-Pentagon-Diagramm) hängen damit zusammen [Ba 69, We 71, Av 72].

Im Fall einer Theorie mit internen Symmetrien ist die γ_5-Anomalie der Dreiecksgraphen der Fig. 2.11 zu

$$\text{Spur}\,[(\underline{\lambda}^a\,\underline{\lambda}^b + \underline{\lambda}^b\,\underline{\lambda}^a)\,\underline{\lambda}^c] \qquad (2.4.61)$$

proportional. $(\underline{\lambda}^a)_{ij}$, $(\underline{\lambda}^b)_{ij}$ und $(\underline{\lambda}^c)_{ij}$ sind dabei die Kopplungsmatrizen in den Fermion-Eichfeld-Vertizes a, b und c. Die Spur ist über alle möglichen Fermion-Freiheitsgrade auszuführen; denn die γ_5-Anomalien sind unabhängig von den Fermion-Massen.

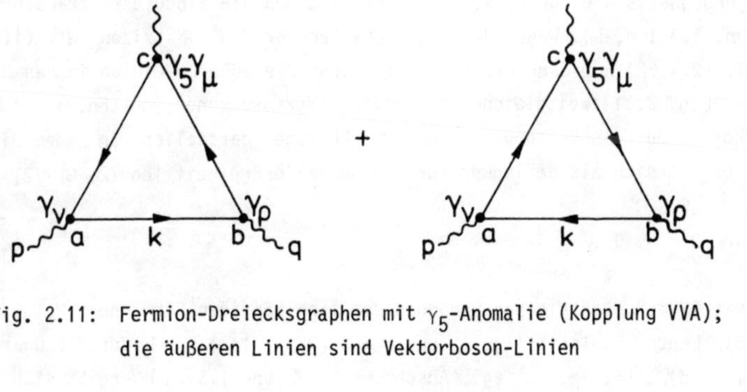

Fig. 2.11: Fermion-Dreiecksgraphen mit γ_5-Anomalie (Kopplung VVA); die äußeren Linien sind Vektorboson-Linien

Eine Theorie ist sicher dann Anomalie-frei, wenn die Spurbildung in Gl. (2.4.61) Null ergibt. Dies ist für einige, "sichere" innere Symmetrie-Gruppen immer richtig. So gilt

$$\text{Spur } [(\underline{\lambda}^a \underline{\lambda}^b + \underline{\lambda}^b \underline{\lambda}^a) \underline{\lambda}^c] = 0 \qquad (2.4.62)$$

für alle Darstellungen der einfachen Lie-Gruppen

$$\begin{array}{lll} SU(2) \cong SO(3), & & G(2), \\ SO(N) & \text{für } N \geq 5, N \neq 6, & F(4), \\ Sp(2N) & \text{für } N \geq 3, & E(6), E(7) \text{ und } E(8), \end{array} \qquad (2.4.63)$$

sowie für Produkte dieser Gruppen (z.B. $SO(4) \cong SU(2) \times SU(2)$) [Ge 72, Gü 76]. Theorien mit Faktoren unitärer Symmetriegruppen SU(N), $N \geq 3$, oder mit abelschen Faktoren U(1) sind demgegenüber nicht "sicher" vor Anomalien. Trotzdem lassen sich auch in diesem Fall

- γ_5-Anomalien vermeiden, indem für die Fermionen Darstellungen dieser Gruppen gewählt werden, die Gl. (2.4.62) erfüllen, oder
- γ_5-Anomalien kompensieren, dadurch daß sich die Anomalien aufgrund der links- und rechtshändig koppelnden Fermionen (vgl. Abschn. 1.3.1 und 1.3.2) gegenseitig wegheben ("Vektorartige" Theorien).

Wir wollen zum Abschluß die Theorie der elektromagnetischen und schwachen Phänomene unter dem Gesichtspunkt ihrer Anomalie-Freiheit betrachten. Die innere Symmetriegruppe ist die Gruppe $SU(2)_W \times U(1)$, unter der sich die linkshändigen Leptonen und Quarks wie Dubletts, die rechtshändigen wie Singuletts transformieren (Abschn. 1.3.1 c, d). Wegen der Eigenschaften der Pauli-Matrizen (Gl. (1.2.3)) ist Gl. (2.4.62) nur dann nicht erfüllt, wenn die äußeren Linien in den Diagrammen der Fig. 2.11 zwei gleiche intermediäre Vektorbosonen (Abschn. 1.3.1 f) und ein Photon oder ein Vektorboson und zwei Photonen darstellen. In jedem dieser Fälle ergibt sich als Bedingung für die Anomalie-Freiheit [Bo 72, Gr 72]

$$\text{Spur } Q_L = 0 , \qquad (2.4.64)$$

$Q_L \equiv$ Matrix der elektrischen Ladungen der linkshändigen Fermionen. Mit $Q = -1$ für die Lepton-Dubletts $(\ell, \nu_\ell)_L$ und $Q = 3\cdot(2/3 - 1/3) = +1$ für die Quark-Dubletts $(u,d)_L$, $(c,s)_L$,... (vgl. Abschn. 1.3.1 c und 1.3.2 a) ergibt sich das einfachste (!) Kompensationsschema für Anomalien, wenn die Anzahl der linkshändigen Lepton- und Quark-Dubletts gleich ist. Nachdem heute drei Leptonen e,μ, und τ bekannt sind, wird dies als Argument für die Existenz des noch nicht entdeckten Flavour-Freiheitsgrads 'top' angesehen. Über die Masse des t-Quarks läßt sich wegen der Massenunabhängigkeit der γ_5-Anomalien jedoch keine Aussage machen. Außerdem bietet sich hier, von völlig unerwarteter Seite, ein weiteres Argument für den Colour-Freiheitsgrad an; denn nur für Quarks, die in drei Farben vorkommen, ist die Summe der Ladungen eines linkshändigen Quark-Dubletts + 1, nur dann kann die Ladung - 1 des entsprechenden Lepton-Dubletts neutralisiert werden.

Das Renormierungsprogramm löst das Ultraviolett-Problem quantisierter Eichfeldtheorien, d.h. es eliminiert Divergenzen, die in Feynman-Integralen bei großen Schleifenimpulsen auftreten. Daneben gibt es jedoch in Feldtheorien mit masselosen Teilchen stets auch Infrarot-Divergenzen, die von uns bisher ignoriert wurden. Für den Fall der QED stammt die für uns akzeptable Lösung des Infrarot-Problems von F. Bloch und A. Nordsieck [Bl 37]. Für die QCD, wo die Eichbosonen der unrenormierten Theorie ebenfalls masselos sind (Gl. (2.2.38, 42)), jedoch im Gegensatz zum Photon wegen der nichtabelschen Eichgruppe $SU(3)_C$ selbst Ladung tragen, steht die Lösung des Infrarot-Problems noch aus. Es ist mit der Frage des Quark-Confinements verknüpft.

2.5 Die Renormierungsgruppe und die asymptotische Freiheit der Quantenchromodynamik

Die QCD ist eine renormierbare Quantenfeldtheorie. Im folgenden wollen wir das Verhalten ihrer Greenschen Funktionen für große Werte der äußeren Impulse in einer Weise studieren, die wesentlich auf die Renormierbarkeit Bezug nimmt. Wir werden als Hauptresultat finden,daß man in diesem Grenzfall die Quark- und Gluonfelder als näherungsweise frei betrachten kann. Man sagt, die QCD ist eine asymptotisch freie Theorie. Diese Eigenschaft der QCD beruht auf der in nichtabelschen Eichtheorien vorhandenen Selbstwechselwirkung der Gluonen. Die asymptotische Freiheit der QCD liefert eine Erklärung des Erfolgs des Partonmodells bei der Interpretation der Experimente zur tiefinelastischen Leptonstreuung etc. (Abschn. 1.4). Auf die Verfeinerungen, welche die QCD in die Analyse dieser Experimente einführt, werden wir in Abschn. 2.7 zurückkommen.

2.5.1 Die Renormierungsgruppengleichung

Wir wollen nun für die Greenschen Funktionen einer renormierbaren Quantenfeldtheorie einige Aussagen über deren Verhalten bei großen euklidischen Werten der Impulse $p_i^2 \to -\infty$ herleiten. Man wird vermuten, daß hierbei die Massenterme in der Lagrange-Dichte $\mathcal{L}$ keine wesentliche Rolle spielen. Dies läßt sich im Rahmen der Störungstheorie beweisen [We 60, Sy 70]. Die in masselosen Theorien auftretenden Infrarot-Singularitäten machen dann keine Schwierigkeiten, wenn man sich bei der Untersuchung auf allgemeine, d.h. unabhängige, euklidische Impulse stützt [Sy 71]. Aus diesen Gründen illustrieren wir die grundsätzlichen Oberlegungen zur Renormierungsgruppentechnik an der masselosen QCD [St 53, Ge 54].

Die renormierten Greenschen Funktionen der masselosen Theorie hängen von der renormierten Kopplungskonstante g und dem Parameter $\mathcal{M}$ des Renormierungspunktes ab, welcher in die Formulierung der Renormierungsbedingung eingeht. In der ursprünglichen Lagrange-Funktion steht aber nur ein Parameter, die unrenormierte Kopplungskonstante g_o. Es sollte also einen, allerdings etwas versteckten Zusammenhang zwischen g und $\mathcal{M}$ geben. Dieser wird durch die Renormierungsgruppengleichung für die Greenschen Funktionen gegeben. [RG]

a) Die Renormierungsgruppengleichung leiten wir für die renormierten Vertexfunktionen her. Wir haben gesehen, daß die Berechnung der Greenschen Funktionen mit Hilfe der Feynman-Regeln zu divergenten Ausdrücken führt. Nach dem Renormierungsprogramm für Eichtheorien (Abschn. 2.4) kann man jedoch von den durch Regularisierung endlich gemachten Ausdrücken divergente Faktoren so abspalten, daß der Rest - das sind die renormierten Funktionen - im physikalischen Grenzfall des Abschneideparameters endlich bleibt. Für die Vertexfunktionen ergibt dies die Gl. (2.4.13):

$$\Gamma_{n_A,n_q}(k_i;p_j) = \lim_{\varepsilon\to o}\,[Z_A(\varepsilon)]^{n_A/2}\,[Z_q(\varepsilon)]^{n_q/2}\,\Gamma^{(u)}_{n_A,n_q}(k_i;p_j,\varepsilon). \tag{2.5.1}$$

Die endlichen Anteile der renormierten Vertexfunktionen Γ_{n_A,n_q} werden durch die Renormierungsbedingungen Gl. (2.4.15) festgelegt. Die Vertexfunktionen hängen von der Eichung (d.h. dem Eichparameter ξ) ab. Diese Abhängigkeit fällt bei der Berechnung von S-Matrixelementen weg, da die Greenschen Funktionen den Ward-Identitäten genügen. Im folgenden werden wir die Landau-Eichung $\xi = 0$ benützen. Die Renormierungsgruppengleichung (2.5.3) ist dann in der angegebenen Form für Vertexfunktionen in der Landau-Eichung gültig. In anderen Eichungen hätte man einen Zusatzterm $\delta(\xi,g)\partial/\partial\xi$ in Gl. (2.5.3) zu berücksichtigen [Gr 73].

Im folgenden bezeichnen wir die unrenormierte Kopplungskonstante, das ist diejenige welche in der Lagrange-Funktion $\mathcal{L}$ steht, mit g_o (bzw. mit $g_o\mu^{\varepsilon/2}$, $\varepsilon = 4-D$, bei dimensionaler Regularisierung - vgl. (Gl. (2.4.18)). Die durch die Renormierungsbedingung Gl. (2.4.15") definierte, renormierte Kopplungskonstante g ist in der regularisierten Theorie eine Funktion der unrenormierten Kopplungskonstante g_o, des Abschneideparameters ε und der Renormierungsmasse $\mathcal{M}$. Die renormierten Vertexfunktionen betrachtet man als Funktionen der renormierten Kopplungskonstante:

$$\Gamma_{n_A,n_q} = \Gamma_{n_A,n_q}(k_i,p_j;g;\mathcal{M}),\ g = g(g_o\mu^{\varepsilon/2},\varepsilon,\mathcal{M}). \tag{2.5.2}$$

Sie hängen nur indirekt von der unrenormierten Kopplungskonstante ab.

Die Tatsache, daß wir durch den Renormierungspunkt $\mathcal{M}$ einen Parameter in die Theorie eingeführt haben, der ursprünglich nicht vorhanden war, kommt dadurch zum Ausdruck, daß die unrenormierte Vertexfunktion von $\mathcal{M}$ unabhängig ist. Deshalb gilt:

$$0 = \mathcal{M}\frac{d}{d\mathcal{M}}\Gamma^{(u)}_{n_A,n_q}(k_i,p_j;g_o\mu^{\varepsilon/2}) =$$

$$= \mathcal{M}\frac{d}{d\mathcal{M}}[Z_A^{-n_A/2}(g_o\mu^{\varepsilon/2},\varepsilon,\mathcal{M})Z_q^{-n_q/2}(g_o\mu^{\varepsilon/2},\varepsilon,\mathcal{M})\Gamma_{n_A,n_q}(k_i,p_j;g(g_o\mu^{\varepsilon/2},\varepsilon,\mathcal{M});\mathcal{M})] =$$

$$= Z_A^{-n_A/2} Z_q^{-n_q/2}.$$

$$\cdot\mathcal{M}[-\frac{n_A}{2}Z_A^{-1}\frac{\partial Z_A}{\partial\mathcal{M}} - \frac{n_q}{2}Z_q^{-1}\frac{\partial Z_q}{\partial\mathcal{M}} + \frac{\partial g}{\partial\mathcal{M}}\frac{\partial}{\partial g} + \frac{\partial}{\partial\mathcal{M}}]\Gamma_{n_A,n_q}(k_i,p_j;g;\mathcal{M})$$

oder:

$$[\mathcal{M}\frac{\partial}{\partial\mathcal{M}} + \beta(g)\frac{\partial}{\partial g} - n_A\gamma_A(g) - n_q\gamma_q(g)]\Gamma_{n_A,n_q}(k_i,p_j;g;\mathcal{M}) = 0 \tag{2.5.3}$$

mit der RG-Funktion (auch 'Gell-Mann-Low-Funktion' oder 'Callan-Symanzik-Funktion')

$$\beta(g) = \lim_{\varepsilon\to o}\mathcal{M}\frac{\partial}{\partial\mathcal{M}}g(g_o\mu^{\varepsilon/2},\varepsilon,\mathcal{M}) \tag{2.5.4}$$

und den anomalen Dimensionen

$$\gamma_i(g) = \frac{1}{2} \lim_{\varepsilon\to 0} \mathcal{M} Z_i^{-1} \frac{\partial Z_i}{\partial \mathcal{M}} (g_0 \mu^{\varepsilon/2}, \varepsilon, \mathcal{M}), \quad i = A,q. \qquad (2.5.5)$$

Die Funktionen $\beta(g)$, $\gamma_i(g)$ sind für alle Greenschen Funktionen gleich, also charakteristisch für die Theorie.

Mit Hilfe einer elementaren Dimensionsbetrachtung kann man Gl. (2.5.3) noch etwas umformen. Beachtet man die kanonischen Massendimensionen der Quarkfelder: $\dim \psi = M^{3/2}$ und Gluonfelder: $\dim A_\mu = M^1$ nach Tab. 2.2, dann hat $\tau_{n_A,n_q}(k_i,p_j)$ die Dimension $M^{4-3n_A-5n_q/2}$ (die δ-Funktion für Energie-Impuls-Erhaltung ist abgespaltet!). Folglich ist $\dim \Gamma_{n_A,n_q} = M^{4-n_A-3n_q/2}$. Nach der Eulerschen Differentialgleichung für homogene Funktionen gilt dann:

$$[\lambda\frac{\partial}{\partial\lambda} + \mathcal{M}\frac{\partial}{\partial\mathcal{M}} + \frac{3}{2} n_q + n_A - 4]\Gamma_{n_A,n_q}(\lambda k_i, \lambda p_j; g; \mathcal{M}) = 0 . \qquad (2.5.6)$$

Ersetzt man daher $\mathcal{M}\frac{\partial}{\partial\mathcal{M}}$ in Gl. (2.5.3) durch den entsprechenden Ausdruck nach Gl.(2.5.6), so erhält man die Gell-Mann-Low-Gleichung bzw. homogene Callan-Symanzik-Gleichung:

$$[\lambda\frac{\partial}{\partial\lambda} - \beta(g)\frac{\partial}{\partial g} + (\frac{3}{2} + \gamma_q) n_q + (1 + \gamma_A) n_A - 4]\Gamma_{n_A,n_q}(\lambda k_i, \lambda p_j; g; \mathcal{M}) = 0 \qquad (2.5.7)$$

für die masselose Theorie. Die anomalen Dimensionen $\gamma(g)$ beschreiben eine Abweichung der Dimensionen der Vertexfunktionen von den natürlichen Dimensionen, die durch die Dynamik verursacht sind. Dies wird deutlicher, wenn wir die GL-Gleichung (2.5.7) lösen.

b) Die GL-Gleichung (2.5.7) ist eine lineare partielle Differentialgleichung erster Ordnung, die man mit der Methode der Charakteristiken [Co 68] behandeln kann. Die Lösung ihrer nichttrivialen charakteristischen Gleichung

$$\frac{d\overline{g}(\lambda,g)}{d(\log\lambda)} = \beta(\overline{g}) \qquad (2.5.8)$$

definiert mit der Anfangsbedingung

$$\overline{g}(1,g) = g$$

die gleitende (= 'running') Kopplungskonstante $\overline{g}$. Die Lösung dieser Gleichung ergibt sich aus

$$\int_1^\lambda \frac{d\lambda'}{\lambda'} = \log\lambda = \int_g^{\bar{g}} dg'\,\beta(g')^{-1} \qquad (2.5.9)$$

durch Auflösen nach $\bar{g}(\lambda,g)$. Damit läßt sich die explizite Lösung der GL-Gleichung angeben:

$$\Gamma_{n_A,n_q}(\lambda k_i,\lambda p_j;g;\mathcal{M}) = \qquad (2.5.10)$$

$$= \Gamma_{n_A,n_q}(k_i,p_j;\bar{g}(\lambda,g);\mathcal{M})\cdot\lambda^{4-n_A-3n_q/2}\exp[-\int_g^{\bar{g}} dg'(n_A\gamma_A(g')+n_q\gamma_q(g'))\beta(g')^{-1}].$$

Die Lösung der GL-Gleichung liefert also eine Skalenänderungsgleichung, die besagt, daß eine Änderung der Impulse um einen Faktor λ durch eine Änderung der Kopplungskonstante und einen multiplikativen Faktor ausgedrückt werden kann. Dieser Faktor unterscheidet sich von dem homogener Funktionen mit kanonischer Dimension ($\lambda^{4-n_A-3n_q/2}$) durch den mit $\beta(g)^{-1}$ gemittelten Beitrag der dynamischen Dimensionen γ_A und γ_q. Dieses Ergebnis haben wir der Einfachheit halber im Rahmen einer masselosen Theorie hergeleitet. Für große λ gibt Gl. (2.5.10) den führenden Term einer Theorie mit Quarkmassen [We 73 a, Sy 70].

Die gleitende Kopplungskonstante $\bar{g}$ und die anomalen Dimensionen $\gamma(g)$ bestimmen also das Verhalten der Vertexfunktionen bei großen Werten von λ. Berechnet man $\beta(g)$ und $\gamma(g)$ in der 1-Schleifennäherung, so leistet die GL-Gleichung die asymptotische Aufsummation der führenden Logarithmen in allen Ordnungen von g und liefert so im asymptotischen Bereich eine Verbesserung der Störungsreihe.

c) Die Struktur der masselosen QCD (oder allgemeiner masseloser Feldtheorien) wird wesentlich durch die Grenzwerte der variablen Kopplungskonstante $\bar{g}(\lambda,g)$ für große bzw. kleine λ gegeben. Diese Grenzwerte sind durch die Fixpunkte der Differentialgleichung (2.5.8) der gleitenden Kopplungskonstante bestimmt, d.h. durch die Werte von g, für welche $\beta(g) = 0$ ist. Um das Verhalten von $\bar{g}$ in der Umgebung eines Fixpunktes g^* zu bestimmen, entwickeln wir $\beta(g)$ um g^*:

$$\beta(g) = (g-g^*)^r\cdot\beta' , \quad r \geq 1 .$$

Gleichung (2.5.9) liefert dann für das Verhalten der gleitenden Kopplungskonstante in der Nähe des Fixpunktes:

$$\overline{g} - g^* = (g - g^*)\cdot \lambda^{\beta'}\,, \qquad \text{für} \quad r = 1 \tag{2.5.11}$$

$$(\overline{g} - g^*)^{r-1} = \frac{(g - g^*)^{r-1}}{1 - \beta'(r-1)(g - g^*)^{r-1}\log\lambda} \qquad \text{für} \quad r = 2,3,\ldots\,. \tag{2.5.11'}$$

Im Falle einer einfachen Nullstelle (r = 1) gilt:

$$\overline{g}(\lambda,g) \to g^* \quad \text{für} \quad \begin{cases} \lambda \to \infty\,, & \text{falls } \beta' < 0\,, & (2.5.12) \\ \lambda \to 0, & \text{falls } \beta' > 0\,. & (2.5.12') \end{cases}$$

Für $\beta' > 0$ ist g^* ein infrarot stabiler, für $\beta' < 0$ ein ultraviolett stabiler Fixpunkt. Am stabilen Fixpunkt sind, entsprechend der Skalenänderungsgleichung (2.5.10), die Vertexfunktionen homogene Funktionen vom Grad $4 - (\frac{3}{2} + \gamma_q(g^*))n_q - (1 + \gamma_A(g^*))n_A$. Betrachtet man das Verhalten von $\overline{g}(\lambda, g)$ in der Umgebung eines infrarot (ultraviolett) instabilen Fixpunktes für große (kleine) λ, so entfernt sich $\overline{g}(\lambda,g)$ vom Wert der Kopplungskonstanten g^* des Fixpunktes. In dieser Weise bestimmt der Verlauf der RG-Funktion $\beta(g)$ allgemeine Eigenschaften einer Feldtheorie. Die folgende Fig. 2.12 soll dies illustrieren.

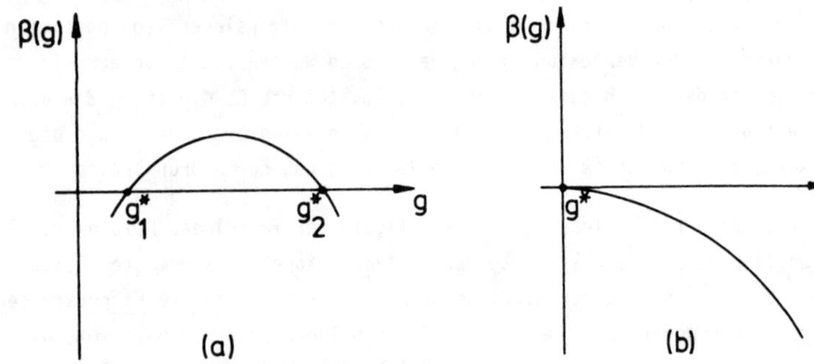

Fig. 2.12: Beispiele für Fixpunkte der RG-Funktion $\beta(g)$

Die Theorie (a) hat in g_2^* einen ultraviolett stabilen, in g_1^* einen infrarot stabilen Fixpunkt. Liegt die renormierte Kopplungskonstante g zwischen g_1^* und g_2^*, so nähert sich diese Theorie bei großen bzw. kleinen Abständen diesen Grenztheorien mit homogenen Vertexfunktionen an.

Die Theorie (b) hat bei $g^* = 0$ einen ultraviolett stabilen Fixpunkt. Eine solche

Theorie heißt asymptotisch frei. Sie hat also für kleine Abstände das Skalenverhalten einer freien Theorie. Im Fall $r > 1$ wird dieses jedoch durch logarithmische Terme modifiziert, wie Gl. (2.5.11') zeigt. Wie man Gl. (2.5.12) entnimmt, wächst für $\lambda \to \infty$ auch $\bar{g}(\lambda,g) \to \infty$. Die Theorie (b) ist infrarot instabil. An dieser Stelle muß jedoch darauf hingewiesen werden, daß das Weglassen von Massentermen in der Lagrange-Funktion nur in Bezug auf das Hochenergieverhalten unwesentlich ist. Massenterme können das Verhalten der Greenschen Funktionen bei kleinen Impulsen wesentlich ändern.

Im folgenden Abschnitt werden wir zeigen, daß die QCD asymptotisch frei ist. Physikalische Folgerungen aus dem entsprechenden Skalenverhalten werden wir in Abschn. 2.7 ziehen. Um das Infrarotverhalten der QCD im Rahmen der Renormierungsgruppentechnik untersuchen zu können, muß diese in einer Weise erweitert werden, wie dies aus der statistischen Mechanik bekannt ist [Wi 75]. Wir kommen darauf im Zusammenhang mit dem Confinement-Problem zurück.

d) Die Betrachtung physikalischer Größen vom Gesichtspunkt der Renormierungsgruppe aus ist von grundsätzlicher Bedeutung. Wie schon mehrfach betont, enthält die QCD mit masselosen Quarks keinen Parameter, welcher eine Energieskala festlegt. Ein solcher wird erst durch den Renormierungspunkt $\mathcal{M}$ eingeführt. Berechnet man daher in der QCD eine meßbare physikalische Größe 'Phys', z.B. eine Masse, so hängt diese zwar von g und $\mathcal{M}$ ab: Phys = Phys(g, $\mathcal{M}$), jedoch nur in einer Kombination, welche invariant unter Renormierung ist [Gr 74, Ca 78]:

$$\left(\mathcal{M}\frac{\partial}{\partial\mathcal{M}} + \beta(g)\,\frac{\partial}{\partial g}\right) \mathrm{Phys}(g,\mathcal{M}) = 0 \;; \qquad (2.5.13)$$

denn eine Änderung von $\mathcal{M}$ bedeutet lediglich eine Änderung der Bedeutung von g. Da eine Masse M aus Dimensionsgründen proportional zu $\mathcal{M}$ sein muß, wird sie in der QCD mit masselosen Quarks theoretisch in der renormierungsinvarianten Form

$$M = \mathcal{M}\,\exp\left(- \int^{g} \frac{dg'}{\beta(g')}\right) \qquad (2.5.14)$$

berechnet. Dabei wird der spezielle Wert durch die Integrationskonstante bestimmt.

2.5.2 Die asymptotische Freiheit der Quantenchromodynamik

Es sollen nun die Renormierungsgruppenfunktion $\beta(g)$ sowie die anomalen Dimensionen γ_i der Quark- und Gluonfelder in der QCD berechnet werden. Dies wollen wir in der 1-Schleifennäherung durchführen.

a) Zur Bestimmung der <u>β-Funktion</u> und der <u>anomalen Dimensionen</u> gehen wir von den drei Vertexfunktionen $\Gamma_{2,0}$, $\Gamma_{0,2}$ und $\Gamma_{1,2}$ aus, die sich in der vorgegebenen Näherung von den folgenden Graphen für Greensche Funktionen herleiten:

(α) Gluon-Propagator:

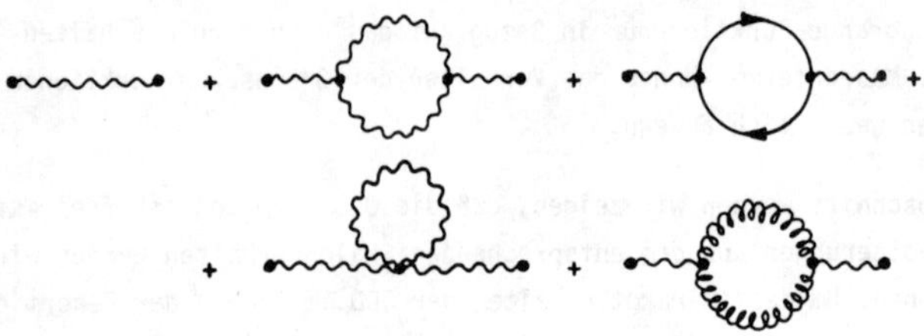

$\Rightarrow \Gamma_{2,0}$

(2.5.15)

(β) Quark-Propagator

$\Rightarrow \Gamma_{0,2}$

(γ) Quark-Gluon-Vertex:

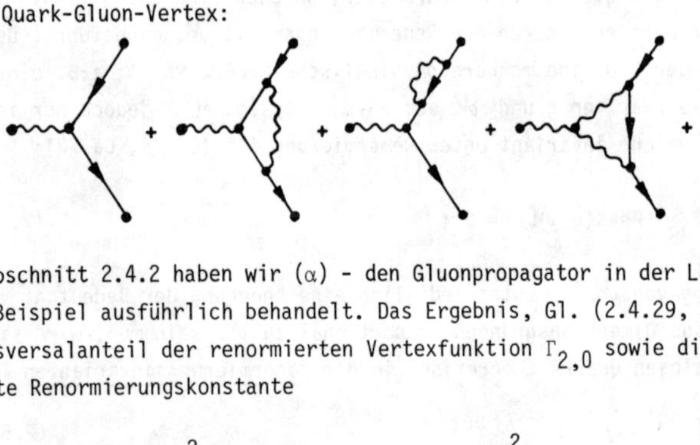

$\Rightarrow \Gamma_{1,2}$

In Abschnitt 2.4.2 haben wir (α) - den Gluonpropagator in der Landau-Eichung - als Beispiel ausführlich behandelt. Das Ergebnis, Gl. (2.4.29, 30), war der Transversalanteil der renormierten Vertexfunktion $\Gamma_{2,0}$ sowie die regularisierte Renormierungskonstante

$$Z_A(g,\mathcal{M}) = 1 - \frac{g^2}{16\pi^2}\left(\frac{13}{6}C_2(G) - \frac{2}{3}N_F\right)\left(-\frac{2}{\varepsilon} + \log\frac{\mathcal{M}^2}{\kappa^2}\right) + O(g^4) \quad . \tag{2.5.16}$$

In der Landau-Eichung verschwindet der Selbstenergieterm 2. Ordnung im Quark-Propagator masseloser Quarks. Wir haben daher in dieser Ordnung

$$Z_q(g,\mathcal{M}) = 1 + O(g^4) \quad . \tag{2.5.17}$$

Eine ähnliche Rechnung wie die zum Gluon-Propagator ergibt die renormierte Quark-Gluon-Vertexfunktion

$$\Gamma_{1,2}(p,p,p;g;\mathcal{M})^{\mu}_{a} = - ig\frac{\lambda_a}{2}\,\gamma^{\mu}\left(1 - \frac{3}{4}C_2(G)\frac{g^2}{16\pi^2}\log\frac{-p^2-i\varepsilon}{\mathcal{M}^2}\right) ,$$

sowie die dazugehörige Renormierungskonstante

$$Z(g,\mathcal{M}) = 1 + \frac{g^2}{16\pi^2}\,\frac{3}{4}C_2(G)\left(-\frac{2}{\varepsilon} + \log\frac{\mathcal{M}^2}{\kappa^2}\right) + O(g^4) . \qquad (2.5.18)$$

Aus den Gleichungen (2.4.11) und (2.5.16 - 18) folgt der Zusammenhang zwischen der unrenormierten und renormierten Kopplungskonstante g_0 bzw. g:

$$g = g_0\left(1 - \frac{g_0^2}{16\pi^2}\left(\frac{11}{6}C_2(G) - \frac{1}{3}N_F\right)\left(-\frac{2}{\varepsilon} + \log\frac{\mathcal{M}^2}{\kappa^2}\right)\right) + O(g_0^5) . \qquad (2.5.19)$$

Setzt man die Ausdrücke (2.5.16, 17 und 19) in die Gl. (2.5.4) und (2.5.5) ein, so ergibt dies in g^3-Ordnung für die RG-Funktion der QCD:

$$\beta(g) = - \frac{g^3}{16\pi^2}\left(\frac{11}{3}C_2(G) - \frac{2}{3}N_F\right) = - \beta_0\frac{g^3}{16\pi^2}$$

$$= - \frac{g^3}{16\pi^2}\left(11 - \frac{2}{3}N_F\right) \quad \text{für} \quad G = SU(3)_C \qquad (2.5.20)$$

und für die anomalen Dimensionen der Gluon- und Quarkfelder in Landau-Eichung:

$$\gamma_A(g) = - \frac{g^2}{16\pi^2}\left(\frac{13}{6}\cdot C_2(G) - \frac{2}{3}N_F\right) = \gamma_A^0\,\frac{g^2}{16\pi^2}$$

$$= - \frac{g^2}{16\pi^2}\left(\frac{13}{2} - \frac{2}{3}N_F\right) \text{für} \quad G = SU(3)_C , \qquad (2.5.21)$$

$$\gamma_q(g) = 0 .$$

Nach dem Kriterium Gl. (2.5.12) für die $\beta(g)$-Funktion ist g = 0 ein ultraviolett stabiler Fixpunkt. Die nichtabelschen Eichtheorien sind für eine nicht zu große Zahl N_F von Fermionen asymptotisch frei.

Verantwortlich für die asymptotische Freiheit der QCD ist die Gluon-Gluon-Kopplung, welche über den Graphen (b) in Abschn. 2.4.2 den Term proportional zu

$C_2(G)$ und damit das negative Vorzeichen der RG-Funktion liefert. In der QED ist $C_2(G) = 0$, d.h. die β - Funktion hat positives Vorzeichen. Dies bedeutet nach Gl. (2.5.11), daß die effektive Kopplungskonstante bei kleiner werdenden Abständen zunimmt, bzw. bei größer werdenden Abständen abnimmt. In der QED versteht man diesen Effekt als Abschirmung der unrenormierten ("nackten") Ladung [La 55, Be 76, No 78]. Die Vakuumpolarisation durch virtuelle Elektron-Positron-Paare bewirkt eine Abschirmung der "nackten" Ladung, weil letztere die Teilchen mit entgegengesetzter Ladung anzieht und diejenigen mit gleicher Ladung abstößt. Daher sieht man von einigem Abstand die nackte Ladung umgeben von einer Wolke von Ladungen mit entgegengesetztem Vorzeichen. Die in einer Kugel mit diesem Radius gemessene physikalische elektrische Ladung ist kleiner als die nackte, "punktförmige" Ladung. Dies ist ein Spezialfall der allgemeinen quantenmechanischen Regel, daß Grundzustandsfluktuationen in physikalische Zwischenzustände zu einer Verminderung der ungestörten Grundzustandsenergie - in diesem Fall der Feldenergie einer Ladung - führen [No 78]. Deshalb führt auch die Vakuumpolarisation in geladene transversale, d.h. physikalische Gluon-Paare, Gl. (2.4.48), zur Abschirmung der Farbladung. Dagegen trifft dieses Argument nicht auf unphysikalische Zwischenzustände, wie z.B. einem Paar von einem transversalen und einem longitudinalen (Coulomb-artigen) Gluon zu [Kh 69]. In der Tat liefert dieser Zwischenzustand einen um einen Faktor 12 größeren Beitrag von entgegengesetztem Vorzeichen. Es ist nämlich die durch transversale Gluonen vermittelte Wechselwirkung zwischen gleichen Gluonen anziehend (Biot-Savartsches Gesetz), während die Coulomb-Kraft zwischen gleichen Ladungen abstoßend ist. So bewirkt die abstoßende Coulomb-Kraft zwischen den geladenen Gluonen den Antiabschirmungseffekt der zur asymptotischen Freiheit führt. Wegen der Eichabhängigkeit dieser Argumentation ist jedoch diese anschauliche Interpretation der Rechnung zur asymptotischen Freiheit nur bedingt zuverlässig.

Fast alle bekannten renormierbaren Theorien, die keine nichtabelschen Eichtheorien sind, sind nicht asymptotisch frei. Im Falle der QCD mit der Eichgruppe $SU(3)_C$ ändert sich das Vorzeichen der β-Funktion für $N_F > 33/2$. Ist also die Zahl der Quarks kleiner als 33/2 so ist die QCD asymptotisch frei. Die Parameter der Renormierungsgruppengleichung sind für die QCD inzwischen auch in der 2-Schleifennäherung berechnet (Gl. (2.5.27)). Es bleibt $\beta(g) < 0$ für eine nicht zu große Zahl von Quarks.

Die Eichtheorien der elektroschwachen Wechselwirkung und die Ansätze für Eichtheorien einer vereinigten Beschreibung der starken und elektroschwachen Wechselwirkung enthalten neben den Fermion-Feldern noch skalare Felder. Deren eichinvariante Ankopplung an die Eichbosonen gibt einen positiven Beitrag zur RG-Funktion, der ähnlich strukturiert ist wie der der Fermionen und der die asymptotische Freiheit zerstört, wenn die Zahl der Fermionen und Skalare zu groß wird. Die erwähnten Theorien benötigen darüber hinaus jedoch zusätzlich eine Selbstwechselwirkung der Skalarfelder. Diese führt dazu, daß solche Theorien nicht asymptotisch frei sind [Co 73 a].

b) Mit den Ausdrücken Gl. (2.5.20, 21) wollen wir nun die GL-Gleichung für die Vertexfunktionen der QCD lösen. Zunächst berechnen wir aus Gl. (2.5.20) und (2.5.11') für r = 3 die <u>gleitende Kopplungskonstante der QCD</u>:

$$(\bar{g}(\lambda,g))^2 = \frac{g^2}{1+2\beta_o \frac{g^2}{16\pi^2}\log\lambda} = \frac{g^2}{1+\frac{g^2}{8\pi^2}(11-\frac{2}{3}N_F)\log\lambda} \quad . \tag{2.5.22}$$

Oft wird auch die starke Feinstrukturkonstante $\bar{\alpha}_s = \bar{g}^2/4\pi$ verwendet. Für sie ergibt sich:

$$\bar{\alpha}_s(\lambda) = \frac{\alpha_s}{1+\frac{\alpha_s}{12\pi}(33-2N_F)\log\lambda^2} \quad .$$

Hierbei ist $\alpha_s = g^2/4\pi$ die starke Kopplungskonstante, die durch die Renormierungsbedingung Gl. (2.4.15") auf die Renormierungsmasse $\mathcal{M}$ bezogen ist. Benutzen wir noch die Tatsache, daß $\lambda^2 = Q^2/\mathcal{M}^2$ der Skalenfaktor ist, mit dem der Viererimpulsübertrag am Vertex geändert wird, so können wir schreiben:

$$\bar{\alpha}_s(Q^2) = \frac{12\pi}{(33-2N_F)\log Q^2/\Lambda^2} \tag{2.5.23}$$

mit

$$\Lambda = \mathcal{M}e^{-\frac{6\pi}{(33-2N_F)\alpha_s}} \approx \mathcal{M}e^{-Pf'\int_0^g \frac{dg'}{\beta(g')}} \quad . \tag{2.5.24}$$

Im Ausdruck (2.5.23) kommt die Impulsabhängigkeit der gleitenden Kopplungskonstante $\bar{\alpha}_s(Q^2)$ am übersichtlichsten zum Ausdruck. Der <u>a</u>symptotische <u>S</u>kalen<u>p</u>arameter (ASP) Λ ist eine Renormierungsgruppeninvariante im Sinne von Gl. (2.5.14). Um die Integrationskonstante für das bei g = 0 divergente Integral in Gl. (2.5.24) allgemein zu bestimmen, bedarf es einer Vorschrift (Pf'), die dem Integral einen endlichen Wert gibt. Dies geschieht dadurch, daß die divergenten Teile der 1.

und 2. Ordnung abgespaltet und gesondert angegeben werden. In diesem Sinn beschreibt Gl. (2.5.24) die Auswertung in 1. Ordnung. Die allgemeine Vorschrift wird zusammen mit der 2. Ordnung von Gl. (2.5.23) unten gegeben (Gl. (2.5.28, 29).

Λ ist der einzige unabhängige, dimensionsbehaftete freie Parameter der masselosen QCD. Er bestimmt nach Gl. (2.5.23) die Kopplungsstärke der starken Wechselwirkung. Für $Q^2 \gg \Lambda^2$, wird $\overline{\alpha}_s(Q^2)$ klein und die störungstheoretische Rechnung selbstkonsistent. Um jedoch Λ aus dem Experiment zu bestimmen, bedarf es der Betrachtung der nächsten Ordnung (s.u.). Die augenblicklichen Werte liegen im Bereich $\Lambda \approx 200$ - 400 MeV (vgl. Abschn. 2.7.2 g).

Die Einführung eines dimensionsbehafteten Parameters in eine dimensionslose Feldtheorie durch das Renormierungsverfahren bezeichnet man auch als dimensionale Transmutation [Co 73 a]. Dabei ersetzt dieser Parameter, in unserem Fall Λ, die dimensionslose Kopplungskonstante.

Ersetzt man im einfachen Quark-Gluon-Vertex die renormierte Kopplungskonstante $g(\mathcal{M}^2)$ durch die gleitende Kopplungskonstante $\overline{g}(Q^2)$, so ersieht man aus Gl. (2.5.22), daß diese Quark-Gluon-Wechselwirkung durch Aufsummation von Beiträgen beliebiger Ordnung in α_s beschrieben wird. Diese $(\log Q^2/\Lambda^2)^n$-Beiträge kommen von Graphen, die aus dem elementaren Vertex durch iteratives Einführen von Strahlungskorrekturen der Form (2.5.15) entstehen. In diesem Sinne führt die Anwendung der Renormierungsgruppe über die Störungstheorie endlicher Ordnung hinaus. Wir kommen auf die Methode der partiellen Aufsummierung von logarithmischen Beiträgen der störungstheoretischen Reihe nochmals zurück (Abschn. 2.7.3).

c) Für die explizite Lösung der GL-Gleichung, Gl. (2.5.10), benötigen wir noch das Integral

$$\int_g^{\overline{g}} dg'(n_A\gamma_A(g') + n_q\gamma_q(g'))\beta(g')^{-1} = \int_1^{\lambda} \frac{d\lambda'}{\lambda'}(n_A\gamma_A(\overline{g}(\lambda')) + n_q\gamma_q(\overline{g}(\lambda'))) .$$

Mit Gl. (2.5.21, 22) lautet es:

$$n_A\gamma_A^o \frac{g^2}{16\pi^2}\int_1^{\lambda} \frac{d\lambda'}{\lambda'} \frac{1}{1 + 2\beta_o \frac{g^2}{16\pi^2}\log\lambda'} = n_A\frac{\gamma_A^o}{2\beta_o}\log(1 + 2\beta_o\frac{g^2}{16\pi^2}\log\lambda) .$$

Dies liefert für das Skalenverhalten der Vertexfunktionen der QCD in der 1-Schleifennäherung endgültig:

$$\Gamma_{n_A,n_q}(\lambda k_i, \lambda p_j; g; \mathcal{M}) =$$

$$= \Gamma_{n_A,n_q}(k_i,p_j;\bar{g};\mathcal{M}) \cdot \lambda^{4-n_A-3n_q/2} \cdot \left(1 + 2\beta_o \frac{g^2}{16\pi^2}\log\lambda\right)^{-n_A\gamma_A^o/2\beta_o} \qquad (2.5.25)$$

$$= \Gamma_{n_A,n_q}(k_i,p_j;\bar{g};\mathcal{M})\,\lambda^{4-n_A-3n_q/2}\left(\frac{\bar{g}^2}{g^2}\right)^{n_A\gamma_A^o/2\beta_o} .$$

Die Vertexfunktionen der QCD zeigen demnach ein asymptotisches Skalenverhalten, bei dem sich die dynamischen Dimensionen in der Form $(\log\lambda)^{-n_A\gamma_A^o/2\beta_o}$ bemerkbar machen. Der Grund dafür ist der Umstand, daß die RG-Funktion der QCD bei g = 0 eine dreifache Nullstelle (r = 3) besitzt. (Zur Berechnung dynamischer Dimensionen von zusammengesetzten lokalen Operatoren der QCD siehe Abschn. 2.7.2 d)

d) In den vorhergehenden Abschnitten haben wir die Grundzüge von asymptotischer Freiheit unter den einfachsten Bedingungen diskutiert. Wir beschränkten uns auf
- eine massenlose Theorie,
- die niedrigste störungstheoretische Ordnung bei der Berechnung von β(g), etc.,
- eine feste Eichung, die Landau-Eichung und
- ein in Abschn. 2.4.1 vorgegebenes Renormierungsschema.

Im folgenden wollen wir auf einige, in der Literatur vorhandene Ergebnisse hinweisen, welche über diesen Rahmen hinausgehen. Es hat sich nämlich gezeigt, daß eine konsistente Anwendung der mit der asymptotischen Freiheit verknüpften Methoden auf die Interpretation der experimentellen Ergebnisse die Betrachtung höherer Ordnungen notwendig macht.
Die Berechnung der Entwicklungskoeffizienten der RG-Funktion β(g):

$$\beta(g) = -\beta_o\frac{g^3}{16\pi^2} - \beta_1\frac{g^5}{(16\pi^2)^2} + \ldots = -g\left(\beta_o\frac{\alpha_s}{4\pi} + \beta_1\left(\frac{\alpha_s}{4\pi}\right)^2 + \ldots\right) \qquad (2.5.26)$$

in 2-Schleifennäherung ergibt [Ca 74, Jo 74]:

$$\beta_o = \frac{11}{3}C_2 - \frac{2}{3}N_F \overset{SU(3)}{=\!=} 11 - \frac{2}{3}N_F ,$$

$$(2.5.27)$$

$$\beta_1 = \frac{34}{3}(C_2)^2 - \frac{10}{3}C_2\cdot N_F - 2\,C_2^F N_F \overset{SU(3)}{=\!=} 102 - \frac{38}{3}N_F .$$

Dabei ist C_2 bzw. C_2^F der Wert des Casimir-Operators der Eichgruppe für die adjungierte bzw. Fundamentaldarstellung (Gl. (1.2.7, 8)). Daraus ergibt sich in dieser Näherung der ASP zu

$$\Lambda^2 = \mathcal{M}^2 \exp(-2\mathrm{Pf}' \int_0^g \frac{dg'}{\beta(g')}) = \mathcal{M}^2 \exp[-\frac{16\pi^2}{\beta_o g^2} - \frac{\beta_1}{\beta_o^2} \log \frac{\beta_o}{16\pi^2} g^2] \tag{2.5.28}$$

und als Umkehrung bis auf Terme der Ordnung $(\log\log Q^2/\Lambda^2)^2 \cdot (\log Q^2/\Lambda^2)^{-3}$ die gleitende Kopplungskonstante:

$$\frac{\bar{g}^2(Q^2)}{4\pi} = \frac{4\pi}{\beta_o \log Q^2/\Lambda^2} - \frac{4\pi\beta_1}{\beta_o^3} \frac{\log\log Q^2/\Lambda^2}{(\log Q^2/\Lambda^2)^2} \quad . \tag{2.5.29}$$

Dabei wurde die Unbestimmtheit in der Auswertung des singulären Integrals $\mathrm{Pf}'\int dg'$ in Gl. (2.5.28) so gewählt, daß in der Lösung für die gleitende Kopplungskonstante (2.5.29) in 2. Ordnung keine Terme $\sim (\log Q^2/\Lambda^2)^{-2}$ auftreten. Erst durch diese Konvention, die sich auf die 2. Ordnungsrechnung stützt, wird der ASP in 1. Ordnung festgelegt [Ba 78, Ba 79 a] .

Die grundsätzliche Bedeutung der 2. Ordnung für die Bestimmung des ASP wird durch folgendes Argument [Ba 78] weiter verdeutlicht. Definiert man die "Größe" der gleitenden Kopplungskonstante entsprechend der ersten Ordnung

$$\bar{\alpha}_s(Q^2) = \frac{4\pi}{\beta_o \log Q^2/\Lambda^2} \tag{2.5.30}$$

in Bezug auf zwei verschiedene asymptotische Skalenparameter Λ und Λ', dann unterscheiden sich die beiden Kopplungskonstanten um einen Term 2. Ordnung

$$\begin{aligned} \bar{\alpha}'_s(Q^2) &= \frac{4\pi}{\beta_o \log \frac{Q^2}{\Lambda'^2}} = \frac{4\pi}{\beta_o (\log \frac{Q^2}{\Lambda^2} + \log \frac{\Lambda^2}{\Lambda'^2})} \\ &= \bar{\alpha}_s(Q^2) + \rho\, \bar{\alpha}_s^2(Q^2) + \ldots \end{aligned} \tag{2.5.31}$$

mit

$$\rho = \frac{\beta_o}{4\pi} \log \frac{\Lambda'^2}{\Lambda^2} \quad ,$$

d.h. unterschiedliche Λ führen in erster Ordnung zur selben gleitenden Kopplungskonstante. In Gl. (2.5.29) würde die Substitution $\Lambda \rightarrow \Lambda'$ jedoch zu Termen $\sim (\log Q^2/\Lambda^2)^{-2}$ führen und so gegen unsere Konvention verstoßen.

Soll nun Λ in der Formel (2.5.30) durch Vergleich mit einem Experiment bestimmt werden, so kann ein Beitrag 2. Ordnung zu einem bestimmten Effekt formal durch eine 1. Ordnungsformel mit einem geänderten $\Lambda \to \Lambda_{eff}$ dargestellt werden. Man betrachte als Beispiel die QCD-Korrekturen (Abschn. 2.7.3) zum normierten Wirkungsquerschnitt R für die e^+e^--Paarvernichtung, Gl.(1.4.28):

$$R = \sum Q_i^2\{1+\bar{\alpha}_s(Q^2)/\pi + F_3\bar{\alpha}_s^2(Q^2) + O(\bar{\alpha}^3)\}$$

$$= \sum_i Q_i^2\{1+\bar{\alpha}_s^{eff}(Q^2)/\pi + O(\bar{\alpha}^3)\} \tag{2.5.32}$$

mit

$$\Lambda_{eff}^2 = \Lambda^2 \exp\left(\frac{4\pi^2}{\beta_0}F_3\right) .$$

Experimentell bestimmt man also Λ_{eff}, welches sich von Λ um einen Faktor unterscheidet, der von Prozeß zu Prozeß verschieden und auch unabhängig vom Wert der gleitenden Kopplungskonstante ist.

Unterschiedliche Definitionen der gleitenden Kopplungskonstanten in asymptotisch freien Theorien führen oft zu unterschiedlichen Formeln in 2. Ordnung. Wie wir eben gesehen haben ist es jedoch wichtig, darüber Kontrolle zu behalten. Deshalb betrachten wir systematisch die Umrechnung von Kopplungskonstanten. Dazu gehen wir davon aus, daß es in der vorgegebenen Quantenfeldtheorie einen Satz $g_i(\mu)$ von unabhängigen, dimensionslosen, gleitenden Kopplungskonstanten gibt, welche Differentialgleichungen der Form

$$\mu \frac{d}{d\mu} g_i = \beta_i(g_j) \tag{2.5.33}$$

genügen (z.B. ist in Verbindung mit Gl. (2.5.23): $\mu^2 = Q^2$). Die Erweiterung der Betrachtung auf mehrere Kopplungskonstanten [Sy 73] ist sinnvoll. Schon die Behandlung der GL-Gleichung mit allgemeiner Eichung würde dies erfordern [Gr 73]. Führt nun z.B. ein anderes Renormierungsverfahren zu einem anderen Satz von Kopplungskonstanten $\tilde{g}_i(\tilde{\mu})$, welche Gleichungen (2.5.33) mit $\tilde{\beta}_i(\tilde{g}_j)$ genügen, so muß es innerhalb der Theorie zwischen diesen Kopplungskonstanten Umrechnungsformeln geben, welche aus Dimensionsgründen die Form

$$g_i(\mu) = F_i(\tilde{g}\,(\tilde{\mu}), \frac{\tilde{\mu}}{\mu}) \tag{2.5.34}$$

haben. Die einfachen Rechnungen

$$0 = \tilde{\mu}\frac{d}{d\tilde{\mu}}\, g_i(\mu) = \frac{\partial g_i}{\partial \tilde{g}_j}\,\tilde{\mu}\frac{d\tilde{g}_j}{d\tilde{\mu}} + \frac{\tilde{\mu}}{\mu}\frac{\partial F_i}{\partial(\tilde{\mu}/\mu)} \quad \text{und}$$

$$\mu\frac{d}{d\mu}\, g_i(\mu) = -\frac{\tilde{\mu}}{\mu}\frac{\partial F_i}{\partial(\tilde{\mu}/\mu)}$$

ergeben die Tranformationsformel für die RG-Funktionen β_i:

$$\beta_i(g) = \sum_j \frac{\partial g_i}{\partial \tilde{g}_j}\,\tilde{\beta}_j(\tilde{g})\,. \tag{2.5.35}$$

Aus dieser Formel folgt direkt, daß durch die Abbbildung Gl. (2.5.34) Fixpunkte in Fixpunkte übergehen. Eine andere Folgerung aus Gl. (2.5.35) ist, daß bei "störungstheoretischen Transformationen" der QCD-Kopplungskonstanten

$$g = \tilde{g} + \rho\,\frac{\tilde{g}^3}{4\pi} + \dots\,, \quad \tilde{g} = g - \rho\,\frac{g^3}{4\pi} + \dots\,,$$

$$\frac{dg}{d\tilde{g}} = 1 + 3\rho\,\frac{g^2}{4\pi} \tag{2.5.36}$$

die ersten beiden Koeffizienten β_o und β_1 der Entwicklung Gl. (2.5.26) von $\beta(g)$ invariant bleiben [Sy 73]:

$$\beta_o = \tilde{\beta}_o \quad , \quad \beta_1 = \tilde{\beta}_1. \tag{2.5.37}$$

Setzt man nämlich die Ausdrücke Gl. (2.5.26) und Gl. (2.5.36) in Gl. (2.5.35) ein, so folgt Gl. (2.5.37) durch Koeffizientenvergleich in g:

$$\beta_o = -\left(\beta_o\frac{g^3}{(4\pi)^2} + \beta_1\frac{g^5}{(4\pi)^4} + \dots\right) = \frac{\partial g}{\partial \tilde{g}}\,\tilde{\beta}(\tilde{g})$$

$$= -\left(1 + 3\rho\frac{g^2}{4\pi} + \dots\right)\left\{\tilde{\beta}_o\left(\frac{g^3}{(4\pi)^2} - 3\rho\frac{g^5}{(4\pi)^4} + \dots\right) + \tilde{\beta}_1\left(\frac{g^5}{(4\pi)^4} + \dots\right)\right\}$$

$$-\left(\tilde{\beta}_o\frac{g^3}{(4\pi)^2} + \tilde{\beta}_1\frac{g^5}{(4\pi)^4} + \dots\right).$$

Störungstheoretische Transformationen zwischen Kopplungskonstanten vom Typ Gl. (2.5.35) treten beim Vergleich verschiedener Renormierungsverfahren auf. Wir haben uns bisher durch das dimensionale Regularisierungsverfahren und die Renormierungsbedingungen Gl. (2.4.15) festgelegt. Aus historischen und aus Zweckmäßigkeitsgründen findet man in der Literatur jedoch verschiedene andere Verfahren. In 't Hoofts [tH 73 a] minimalem Subtraktionsverfahren (MS) werden jeweils nur die singulären Terme, z.B. der Term $\sim \frac{1}{\varepsilon}$ in Z_A, Gl. (2.4.29), subtrahiert. Dadurch vereinfachen sich die Rechnungen in höheren Ordnungen. Da aber der Übergang zu einer dimensionslosen Kopplungskonstanten, den wir im Zusammenhang mit Gl. (2.4.18) in der Form $g^2 \rightarrow g^2 \mu^\varepsilon$ durchgeführt haben, nicht eindeutig ist, kann auch das MS verallgemeinert werden [Co 74]. Der Übergang $g^2 \rightarrow g^2 \mu^\varepsilon f(\varepsilon, g^2)$, $f(0,g^2) = 1$ ergibt für $f(\varepsilon,g^2) = 1 - \frac{\varepsilon}{2}(\log 4\pi - \gamma)$ das modifizierte minimale Subtraktionsverfahren $\overline{\text{MS}}$. Die Festlegung der endlichen Renormierungsterme durch Gl. (2.4.15) - genannt Impuls-Subtraktionsverfahren MOM - kann natürlich statt der Normierung des Quark-Gluon-Vertex bei symmetrischen Impulsen, durch diejenigen des 3-Gluon- bzw. 4-Gluon-Vertex erfolgen. Alle diese verschiedenen Renormierungsvorschriften führen zu denselben Relationen zwischen physikalischen Größen. In der störungstheoretischen Entwicklung sind die dazugehörigen renormierten Kopplungskonstanten durch Transformationen der Form (2.5.35) verknüpft. Wie wir gesehen haben, lassen diese die $\beta(g)$-Funktionen bis zur 2. Ordnung invariant. Deshalb kann der Übergang zu einem anderen Schema bis zu dieser Ordnung durch eine Umskalierung der ASP: $\Lambda_{MOM} = k\,\Lambda_{MS}$ etc. kompensiert werden. Eine Zusammenstellung der Umrechnungsfaktoren findet man in der Literatur [Ce 79] ($\Lambda_{MOM} \approx 2 \cdot \Lambda_{\overline{MS}}$). Wir werden auch weiterhin alle Angaben auf das durch Gl. (2.4.15) bestimmte Renormierungsverfahren beziehen.

Fassen wir zusammen! Der asymptotische Skalenparameter Λ der QCD hat nur dann die Bedeutung einer fundamentalen physikalischen Konstanten, welche die Energieskala der störungstheoretischen Auswertung der QCD bestimmt,

- wenn Λ als Renormierungsgruppeninvariante durch eine Rechnung mindestens 2. Ordnung genau definiert wird (Gl. (2.5.28, 29)),
- wenn Λ auf ein bestimmtes Renormierungsverfahren bezogen wird und
- wenn Λ experimentell durch Vergleich mit einer 2. Ordnungsrechnung bestimmt wird.

Die Untersuchung der Abhängigkeit vom Eichparameter ξ der verschiedenen mit der RG verknüpften Größen ergibt ähnlich wie oben die Unabhängigkeit der $\beta(g)$-Funktion bis zur 2. Ordnung. Dagegen sind die dynamischen Dimensionen schon in 1. Ordnung vom Eichparameter abhängig:

$$\gamma_q = \frac{g^2}{(4\pi)^2}\,\xi\,\frac{4}{3}$$

$$\gamma_A = -\frac{g^2}{(4\pi)^2}\,[(\frac{13}{6} - \frac{\xi}{2})3 - \frac{2}{3}N_F]. \qquad (2.5.38)$$

Bei einer Umeichung ändert sich Λ .

e) Die RG-Gleichungen erlauben es, das Renormierungsverfahren einer Quantenfeldtheorie noch von einem anderen Blickwinkel aus zu betrachten [Gl 76]. Dazu nehmen wir an, daß durch irgendein Regularisierungsverfahren mit einem Abschneideparameter $\frac{1}{\varepsilon}$ die singulären Ausdrücke für die Greenschen Funktionen endlich gemacht wurden. Die physikalischen Ausdrücke sollen sich dann daraus nach Subtraktion, bzw. nach unendlicher Renormierung im Grenzfall $\varepsilon \to 0$ ergeben. In Abschnitt 2.6.3 werden wir sehen, daß für die Behandlung der Confinement-Probleme der QCD die Gitterapproximation ein geeignetes Regularisierungsverfahren ist. In diesem Fall ist ε die Gitterkonstante.

An Stelle der gleitenden renormierten Kopplungskonstante $\bar{g}$ und ihrer Abhängigkeit von der Renormierungsmasse $\mathcal{M}$ betrachten wir jetzt eine gleitende unrenormierte Kopplungskonstante $g_o(\varepsilon)$ [Wi 75, Sy 77, Sy 79]:

$$\frac{1}{\varepsilon}\frac{d}{d(1/\varepsilon)}g_o(\varepsilon) = -\varepsilon\frac{d}{d\varepsilon}g_o(\varepsilon) = \tilde{\beta}(g_o(\varepsilon)) =$$

$$= -\beta_o\frac{g_o^3}{16\pi^2} - \beta_1\frac{g_o^5}{(16\pi^2)^2} + \dots , \qquad (2.5.39)$$

welche vom Abschneideparameter $\frac{1}{\varepsilon}$ abhängt. Das Renormierungsverfahren gibt bei endlichem $\frac{1}{\varepsilon}$ einen störungstheoretischen Zusammenhang zwischen renormierter und unrenormierter Kopplungskonstante (vgl. Gl. (2.5.19)). Daher stimmen nach Gl. (2.5.37) in der QCD die niedrigsten Koeffizienten der $\tilde{\beta}$-Funktion mit den in Gl. (2.5.27) angegebenen β_i überein. Diese Variation der unrenormierten Kopplungskonstanten mit dem Abschneideparameter ergibt einen endlichen Grenzwert der Vertexfunktionen nach der Renormierung: $\Gamma(p_i) = Z(\varepsilon)\Gamma^{(u)}(p,g_o(\varepsilon))$ entsprechend Gl. (2.5.1).

2.6 Quark-Confinement

In der QED beschreiben die Quanten der Grundfelder beobachtete physikalische Teilchen, d.h. Photonen, Elektronen, Myonen, ... Im Gegensatz dazu sind Teilchen mit den Eigenschaften der Quanten der Grundfelder der QCD nicht entdeckt worden. Es gibt keine experimentellen Hinweise auf

- freie Quarks, d.h. Teilchen mit nicht ganzzahligen Flavour-Ladungen,
- freie Gluonen, d.h. massenlose, stark wechselwirkende, Flavour-neutrale Vektorteilchen und/oder
- offene Farbladungen, d.h. Multipletts von Teilchen mit verschiedenen Farbladungen (vgl. Abschn. 1.2.1 e).

Die Erklärung dieses Sachverhalts bezeichnet man als das Problem des 'Quark-Confinement' ("Quark-Einsperrung") und des 'Colour-Screening' ("Abschirmung der Farbladung"). Es ist dies das zentrale Problem der QCD! Seine Lösung bringt erst eine Quark-Feldtheorie ohne freie Quarks vom Status der Spekulation zu dem einer Theorie. Erst das Verständnis von Quark-Confinement erlaubt eine quantitative Anwendung der QCD auf Probleme des Hadron-Spektrums, der Quark-Fragmentation im Partonmodell etc. Leider ist dieses Problem noch nicht vollständig gelöst. Wir wollen trotzdem eine Einführung in seine Behandlung geben, weil es einerseits große physikalische Bedeutung besitzt und uns andererseits auf Methoden führt, welche neue wichtige Aspekte der Eichfeldtheorien eröffnen.

Quark-Confinement ist ein nichtstörungstheoretisches Problem! Störungstheorie so wie sie in Abschn. 2.4.2 von der Pfadintegral-Formulierung der Feldtheorie hergeleitet wurde, setzt voraus, daß sich die Feldquanten in 0. Näherung wie freie Teilchen ausbreiten und in nächster Näherung schwach wechselwirken. Quarks breiten sich in großen Abständen nicht als freie Teilchen aus. Ferner haben wir im Zusammenhang mit der Diskussion der asymptotischen Freiheit gesehen, daß die effektive Wechselwirkung in der QCD mit größeren Abständen zunimmt. Wenn die QCD das Quark-Confinement erklären soll, so ist es naheliegend anzunehmen, daß diese stärker werdende Wechselwirkung dafür verantwortlich ist. Ein mehr formales Argument dafür, daß das Quark-Confinement ein nicht störungstheoretisches Phänomen ist, liefert die dimensionale Transmutation. Kann man bei der Berechnung einer Hadronmasse M_h die Quarkmassen vernachlässigen, so hat nach Gl. (2.5.14) und (2.5.28) das Ergebnis die Form $M_h \doteq c \cdot \mathcal{M} \cdot \exp(-16\pi^2/\beta_0 g^2 + \ldots)$. M_h ist nicht in eine störungstheoretische Potenzreihe in g entwickelbar! Phänomenologisch schließt man von der näherungsweisen Gültigkeit der chiralen Invarianz auf kleine Massen der u- und d-Quarks [Le 74b, Ga 82 N]. Deshalb ist dieser Hinweis auf die masselose QCD relevant.

Die nichtstörungstheoretische QCD, d.h. die nichtstörungstheoretische Auswertung der Pfadintegral-Darstellung Gl. (2.3.129) erfordert neue Methoden. Der Zusammenhang zwischen Feldtheorie und statistischer Mechanik, auf den wir in Abschn. 2.3.2 g hingewiesen haben, erlaubt die erfolgreiche Anwendung der starken Kopplungs-, d.h. Hochtemperatur-Entwicklung auf das Confinement-Problem (Abschn. 2.6.3). Möglicherweise spielen auch Effekte, welche mit nichtstörungstheoretischen Lösungen der klassischen Yang-Mills-Gleichungen in Zusammenhang stehen, beim Übergang vom Bereich der asymptotischen Freiheit bei kleinen Abständen zum Quark-Confinement-Bereich bei größeren Abständen eine wichtige Rolle (Abschn. 2.6.4). Ehe wir diese neueren theoretischen Entwicklungen beschreiben, werden wir in den beiden Abschnitten 2.6.1 und 2.6.2 das Problem von Quark-Confinement und Colour-Screening genauer definieren und die damit verknüpften physikalischen Vorstellungen im allgemeinen Rahmen erläutern. Auf die Tatsache, daß wir in diesem Buch ein ungelöstes und teilweise auch umstrittenes Thema darstellen, weisen wir zum Abschluß nochmals besonders hin. [QC]

2.6.1 Das Wilson-Kriterium

Die einfachste physikalische Erklärung für das Confinement von Quarks erhält man durch die Vorstellung, daß die Wechselwirkung zwischen Quarks durch ein anziehendes, bei großen Abständen stark ansteigendes Potential - ein 'Confinement-Potential' - beschrieben wird. Wir haben in Abschn. 1.1.3 ein solches Modell für die Bindung von $c\bar{c}$-Quarks im Charmonium-System diskutiert. Ist die Vorstellung eines Confinement-Potentials im Rahmen der QCD sinnvoll? Der Diskussion dieser Frage wollen wir uns jetzt zuwenden.

a) Bei der Definition eines Potentials im Rahmen der QCD werfen der relativistische Charakter der Wechselwirkung und die Eichinvarianz einige Probleme auf, die wir zunächst behandeln müssen. Die endliche Ausbreitungsgeschwindigkeit der Wechselwirkung in einer relativistischen Feldtheorie hat zur Folge, daß in einer solchen Theorie - also auch in der QCD - die Wechselwirkung stets mit der Erzeugung virtueller und reeller Teilchen verknüpft ist. Solche Effekte werden durch ein Potential nicht beschrieben. Um trotzdem die Idee des Confinement-Potentials für die Formulierung des Confinement-Problems benützen zu können, betrachtet man zunächst die QCD unter der Annahme einer unendlichen Masse der Quarks. Dadurch werden alle Bewegungsfreiheitsgrade der Quarks "eingefroren". Es gibt keine Erzeugung von Quarkpaaren. Die Quarks sind nur statische Quellen von Farbladungen, welche für ein $SU(3)_C$ - Triplett charakteristisch sind. Die Endlichkeit der Ausbreitungsgeschwindigkeit der Gluon-Wechselwirkung ist für statische Quellen unwesentlich. Die Existenz eines Confinement-Potentials zwischen solchen statischen $3-\bar{3}$-Farbladungen ist in dieser Näherung eine Eigenschaft der reinen Gluon-Dynamik. Wenn wir im folgenden die Existenz eines Confinement-Potentials in der reinen Eichtheorie als Hinweis auf Confinement betrachten, dürfen wir nicht vergessen, daß sich dieses Potential auf die "Wechselwirkung" statischer Quarks bezieht. Das physikalische Confinement-Problem ist erst dann vollständig verstanden, wenn man zeigen kann, daß die Existenz eines Confinement-Potentials in der reinen Eichtheorie bewirkt, daß auch nach Kopplung der Gluonen an "dynamische Quarks" kleiner Masse keine freien Quarks erzeugt werden können.

Um zu einer eichinvarianten Definition eines Potentials zwischen einem Quark q und einem Antiquark $\bar{q}$ im Farbsingulett-Zustand zu kommen, betrachtet K. Wilson [Wi 74] den quantenmechanischen Vakuumerwartungswert W ($\mathcal{C}$) für einen klassischen Pfad $\mathcal{C}$ eines schweren äußeren Quark-Antiquark-Paares von x nach y:

$$\begin{aligned} W(\mathcal{C}) &= \left\langle \mathrm{Spur}\, P \exp\{-ig\int_{\mathcal{C}} ds_\mu\, A_\mu^a(s) \frac{\lambda_a}{2}\} \right\rangle \\ &= \frac{1}{Z} \int \mathcal{D}[A_\mu]\, \mathrm{Spur}\, U(\mathcal{C})\, e^{S_E\{A\}} . \end{aligned} \tag{2.6.1}$$

Hier bedeutet $U(\mathcal{C}) = P \exp\{-ig\int_{\mathcal{C}} ds_\mu\, A_\mu^a(s)\, \lambda_a/2\}$ die durch das Eichfeld beschriebene Parallelübertragung der Farbvektoren von q und $\bar{q}$ längs $\mathcal{C}$ im Sinne von Gl. (2.2.20). Weil das Antiquark $\bar{q}$ die entgegengesetzte Farbladung des Quarks q trägt, hat man eine Farbübertragung längs einer geschlossenen Linie (siehe Fig. 2.13). Wir betrachten q und $\bar{q}$ im Farbsingulett-Zustand; Mittelung über Singulett-Wellenfunktionen entspricht Spurbildung von $U(\mathcal{C})$. Der quantenmechanische Erwartungswert von $U(\mathcal{C})$ kann nach der Pfadintegralformel (2.3.82) berechnet werden. Wir haben dies in der zweiten Zeile von Gl. (2.6.1) symbolisch mit Hilfe der euklidischen Wirkung $S_E\{A\}$ (vgl. Gl. (2.3.106, 107)) niedergeschrieben; dabei haben wir die mit der Eichfixierung verknüpften Komplikationen (Gl. (2.3.121) ff.) unterdrückt.

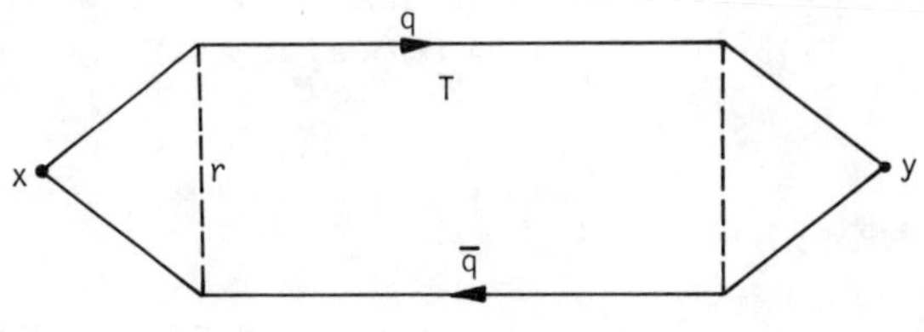

Fig. 2.13: "Wilson loop" zur Definition eines eichinvarianten, statischen Quark-Antiquark-Potentials

Die Eichinvarianz von $W(\mathcal{C})$ folgt direkt aus der Transformation der Farbübertragung, Gl. (2.2.19), bei Eichtransformationen:

$$\mathrm{Spur}\, U(\mathcal{C}) \to \mathrm{Spur}\, (g(x)U(\mathcal{C})g^{-1}(x)) = \mathrm{Spur}\, U(\mathcal{C}) \, . \tag{2.6.2}$$

Ist $\mathcal{C}$ eine ebene, geschlossene Kurve entsprechend Fig. 2.13, dann kann man, wie im folgenden genauer erläutert und begründet wird (siehe Gl. (2.6.13, 18, 80))

$$V(r) = - \lim_{T\to\infty} \frac{1}{T} \log W(\mathcal{C}) \tag{2.6.3}$$

als statisches Potential $V(r)$ zwischen einem Quark-Antiquark-Paar im Farbsingulett-Zustand interpretieren.

b) Um einen gewissen Eindruck von den Details der eichinvarianten Wilsonschen Potentialdefinition zu bekommen, wollen wir Gl. (2.6.1) und (2.6.3) im Rahmen der QED betrachten. Dazu ergänzen wir die Lagrange-Funktion der reinen Elektrodynamik: $\mathcal{L}_{\mathrm{Eich}} = - \frac{1}{4} F_{\mu\nu} F^{\mu\nu}$, Gl. (2.1.3, 4), um einen Eichfixierungsterm $\mathcal{L}_{\mathrm{Fix}} = - \frac{1}{2} (\partial^\mu A_\mu)^2$, Gl. (2.3.124, 125). Nach Fortsetzung zur euklidischen Zeit $x_4 = i x_0$, $A_4 = i A_0$ erhalten wir für die euklidische Wirkung

$$\begin{aligned} S_E\{A\} &= - \int d^4x \{\tfrac{1}{4} (\partial_\mu A_\nu - \partial_\nu A_\mu)(\partial_\mu A_\nu - \partial_\nu A_\mu) + \tfrac{1}{2}(\partial_\mu A_\mu)^2\} \\ &= - \tfrac{1}{2} \int d^4x (\partial_\mu A_\nu(x))(\partial_\mu A_\nu(x)) \, . \end{aligned} \tag{2.6.4}$$

Die Summation über gleiche Indizes bedeutet hier entsprechend der euklidischen Metrik $A_\mu A_\mu = A_1^2 + A_2^2 + A_3^2 + A_4^2$. Damit ergibt sich für das Wilson-Integral Gl. (2.6.1)

$$W(\mathcal{C}) = \frac{1}{Z} \int \mathcal{D}[A_\mu] e^{ie\int_{\mathcal{C}} ds_\mu A_\mu(s)} e^{-\frac{1}{2}\int d^4x (\partial_\mu A_\nu)(\partial_\mu A_\nu)} \, . \tag{2.6.5}$$

Dies ist ein Gaußsches Integral vom Typ (2.3.58), welches man entsprechend dem Beispiel (2.3.76 - 78) mit $\int d^4x\, J_\mu(x) A_\mu(x) = e \int_{\mathcal{C}} ds_\mu A_\mu(s)$ auswerten kann. Das Ergebnis ist

$$W(\mathcal{C}) = \exp\{- \frac{e^2}{2} \int_{\mathcal{C}} ds_\mu \int_{\mathcal{C}} dt_\nu S_{\mu\nu}(s - t)\}. \tag{2.6.6}$$

$S_{\mu\nu}(x)$ ist die euklidische Greensche Funktion, auch Schwinger-Funktion genannt, in Feynman-Eichung:

$$S_{\mu\nu}(x) = \frac{1}{4\pi^2}\delta_{\mu\nu}\cdot\frac{1}{x^2} = \frac{\delta_{\mu\nu}}{(2\pi)^4}\int\frac{e^{ixp}}{p^2}d^4p\ ,$$
$$-\partial_\rho\partial_\rho S_{\mu\nu}(x-y) = \delta_{\mu\nu}\,\delta^{(4)}(x-y)\ . \tag{2.6.7}$$

Der Zusammenhang zwischen den 2-Punkt-Greenschen Funktionen $\tau_{\mu\nu}(x,y) = -\,i g_{\mu\nu}\cdot \Delta_F(x-y)$, Gl. (1.2.40), (2.3.23), und der Schwinger-Funktion $S_{\mu\nu}(x,y) = \delta_{\mu\nu}S(x,y)$ ist

$$S(x,y) = i\,\Delta_F(x-y)\Big|_{\substack{x_0=-ix_4\\ y_0=-iy_4}}\ ,\quad \tilde{S}(p) = i(i\tilde{\Delta}_F(p))\Big|_{p_0=-ip_4}\ , \tag{2.6.8}$$

wobei die Greenschen Funktionen analytisch zu den euklidischen Punkten fortgesetzt werden können. Ein entsprechender Zusammenhang besteht auch zwischen den n-Punkt-Funktionen [Sy 66].

Zur weiteren Auswertung des Wilson-Integrals Gl. (2.6.6) wählen wir für $\mathcal{C}$ ein Rechteck von der Seitenlänge r und T, siehe Fig. 2.13. Damit wird mit Gl. (2.6.7)

$$\int_{\mathcal{C}} ds_\mu \int_{\mathcal{C}} dt_\nu\, S_{\mu\nu}(s-t) = -\frac{1}{4\pi^2}\Big\{2\int_0^T\!\!\int_0^T \frac{dt'\,dt''}{r^2+(t'-t'')^2} + 2\int_0^r\!\!\int_0^r \frac{dr'\,dr''}{T^2+(r'-r'')^2}\Big\}$$
$$+\frac{1}{4\pi^2}\Big\{2\int_0^T\!\!\int_0^T \frac{dt'\,dt''}{(t'-t'')^2} + 2\int_0^r\!\!\int_0^r \frac{dr'\,dr''}{(r'-r'')^2}\Big\}\ . \tag{2.6.9}$$

Wegen des Faktors $\delta_{\mu\nu}$ in $S_{\mu\nu}$ tragen nur die Integrationen über parallele Seiten bei. In der ersten (zweiten) Zeile stehen diejenigen Integrale, in welchen sich die t- und s-Integrale über entgegengesetzte (gleiche) Seiten erstrecken. Elementare Integration ergibt

$$\int_0^T\!\!\int_0^T \frac{dt'\,dt''}{r^2+(t'-t'')^2} = \frac{2T}{r}\arctan\frac{T}{r} - \log\Big(1+\frac{T^2}{r^2}\Big)\ . \tag{2.6.10}$$

Die Integrale über die gleichen Seiten divergieren. Eine systematische Diskussion dieser Divergenzen würde eine eichinvariante Regularisierung im Sinne von Abschn. 2.4.1 c erfordern. Wir begnügen uns mit einer vereinfachten Regularisierung, welche die Integration um die Singularität ausspart:

$$\operatorname{reg} \int_0^T\!\!\int_0^T \frac{dt'\,dt''}{(t'-t'')^2} = 2 \int_0^{T-\varepsilon} dt' \int_{t'+\varepsilon}^{T} dt \frac{1}{(t-t')^2} = \frac{2}{\varepsilon}(T-\varepsilon) + 2\log\frac{\varepsilon}{T} \,. \tag{2.6.11}$$

Faßt man das Ergebnis der Rechnungen Gl. (2.6.9 - 11) zusammen, so erhält man für das Wilson-Integral

$$W(\mathscr{C}) = \exp\{\frac{e^2}{2\pi^2}(\frac{T}{r}\arctan\frac{T}{r} + \frac{r}{T}\arctan\frac{r}{T} - \frac{1}{2}\log(1+\frac{T^2}{r^2})(1+\frac{r^2}{T^2})$$
$$- 2\cdot\Delta m\cdot(T+r) - \frac{e^2}{2\pi^2}\log\frac{\varepsilon^2}{r\cdot T}\} \,. \tag{2.6.12}$$

Damit ergibt sich als das e.m. Potential zwischen entgegengesetzten Ladungen nach Gl. (2.6.3)

$$V(r) = -\lim_{T\to\infty} \frac{1}{T}\log W(\mathscr{C}) = -\frac{e^2}{4\pi}\cdot\frac{1}{r} + 2\cdot\Delta m \,, \tag{2.6.13}$$

das bekannte Coulomb-Potential. Der konstante Term $2\cdot\Delta m \approx e^2/2\pi^2\varepsilon$ stellt die Selbstenergie einer regularisierten Punktladung dar. Sie wird im Rahmen des Renormierungsverfahrens subtrahiert. Der logarithmisch divergente Term $\sim \log\varepsilon^2/r\cdot T$ tritt bei Wegen $\mathscr{C}$ mit stetiger Tangente nicht auf [Do 80]. Beim Übergang zu einer anderen Eichung wird zu $S_{\mu\nu}$ ein Term $((1-\xi)/16\pi^2)\cdot\partial_\mu\partial_\nu \log x^2/\Delta$ addiert. Ein Wegintegral längs geschlossener Wege über solche Gradientterme verschwindet nach Regularisierung. Das Wilson-Integral ist unabhängig von der Eichfixierung.

c) Es ist für die Berechnung des Potentials bei kleinen Abständen in der QCD wichtig, den Zusammenhang des Wilson-Integrals mit den Feynman-Graphen der Störungsrechnung zu kennen [Fi 77a, Ap 77, Br 79]. Wir erläutern diesen am Beispiel der QED in der Minkowski-Raumzeit. Für die Wechselwirkung mit statischen Quellen betrachtet man den Photonpropagator $D_F(x)_{\mu\nu}$ am besten in der Coulomb-Eichung. Dazu transformiert man von der Feynman-Eichung zur Coulomb-Eichung: $A_\mu^C(x) = A_\mu(x) - \partial_\mu(-\Delta)^{-1}(\vec{\partial}\vec{A})(x)$, $\Delta = \vec{\partial}^2$, und erhält den Photonpropagator:

$$\tilde{D}^C_{oo}(p) = \frac{1}{(2\pi)^4}\frac{1}{\vec{p}^2}\ , \quad D^C_{oo}(x) = \frac{1}{4\pi}\frac{1}{|\vec{x}|}\,\delta(x_o)$$

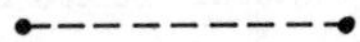

$$\tilde{D}^C_{ik}(p) = \frac{1}{(2\pi)^4}\left(\delta_{ik} - \frac{p_i\, p_k}{|\vec{p}^2|}\right)\frac{1}{p^2 + i\varepsilon}\ , \qquad (2.6.14)$$

graphisch

$$\tilde{D}^C_{oi}(p) = 0 \qquad i,k = 1,2,3\ .$$

Die 00-Komponente beschreibt eine gleichzeitige Wechselwirkung ! Der Propagator eines ortsfesten, massiven Teilchens ergibt sich entsprechend Gl. (1.2.26, 38) als Greensche Funktion der Differentialgleichung $(i\frac{\partial}{\partial t} - M)G(x - x') = \delta^{(4)}(x - x')$ zu

$$G(x - x') = -\,i\,\theta(t - t')e^{-iM(t - t')}\delta(\vec{x} - \vec{x}')\ . \qquad (2.6.15)$$

Die Feynman-Regeln werden vervollständigt durch die Angabe des Photon-Teilchen-Vertex. Ein statisches Teilchen repräsentiert nur eine Ladungsdichte und keine räumliche Stromdichte. Deshalb koppelt nur die Coulomb-Komponente A_o an die statische Ladung mit der Stärke $\mp e$ für Teilchen bzw. Antiteilchen. Übertragen wir mit diesen Elementen die Feynman-Regeln im Ortsraum, Gl. (2.3.42), auf unseren Fall, so ergibt sich für die Greensche Funktion in niedrigster, nicht trivialer Ordnung

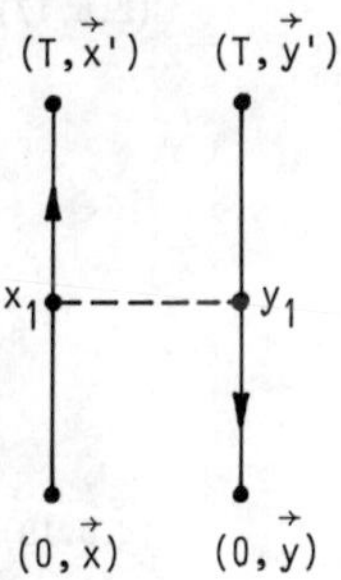

$$= \int d^4x_1 \int d^4y_1\, \theta(T - x_1^o)\theta(x_1^o)\theta(T - y_1^o)\theta(y_1^o)e^{-2iMT}$$

$$\cdot\, i\,\frac{e^2}{4\pi}\cdot\frac{\delta(x_1^o - y_1^o)}{|\vec{x}_1 - \vec{y}_1|}\,\delta(\vec{x}' - \vec{x}_1)\delta(\vec{x}_1 - \vec{x})\delta(\vec{y}' - \vec{y}_1)\delta(\vec{y}_1 - \vec{y})$$

$$(2.6.16)$$

$$= -\,\frac{e^2}{4\pi}\,\frac{-iT}{|\vec{x} - \vec{y}|}\,\delta(\vec{x} - \vec{x}')\delta(\vec{y} - \vec{y}')e^{-2iMT}$$

$$= -\,iV(\vec{x} - \vec{y})\cdot T\delta(\vec{x} - \vec{x}')\delta(\vec{y} - \vec{y}')\,e^{-2iMT}\ .$$

Betrachtet man einen Graphen mit einem beliebigen Austausch von n Photonlinien, z.B. n = 3 entsprechend 2n = 6. Ordnung (Fig. 2.14), so kann die Auswertung nach dem gleichen einfachen Schema durchgeführt werden. Nur die Integration über die Zeitintervalle bedarf wegen der $\theta(t_i - t_k)$-Funktionen der Ladungspropagatoren einer Überlegung.

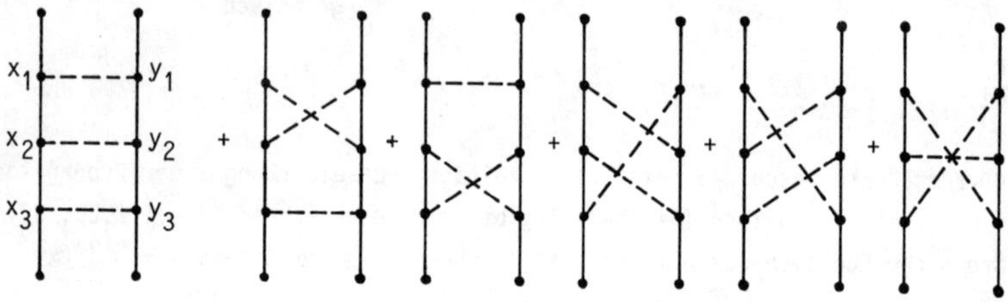

Fig. 2.14: Beiträge von Feynman-Diagrammen mit n = 3 Photonlinien zum Wilson-Integral

Permutiert man im ersten Graphen von Fig. 2.14 alle Punkte x_i und y_j unabhängig, so erhält man alle anderen Graphen (n!)-mal, da schon die Permutation der y_j allein alle Graphen erzeugt. In der Summe über alle Permutationen der x_i und y_j hebt sich die Zeitordnung auf und man hat ein n-faches Integral über das Zeitintervall (0,T) mit dem Ergebnis:

$$\frac{1}{n!}(-iV(\vec{x}-\vec{y})T)^n \delta(\vec{x}-\vec{x}')\delta(\vec{y}-\vec{y}')e^{-2iMT} \quad . \tag{2.6.17}$$

Daraus folgt unmittelbar

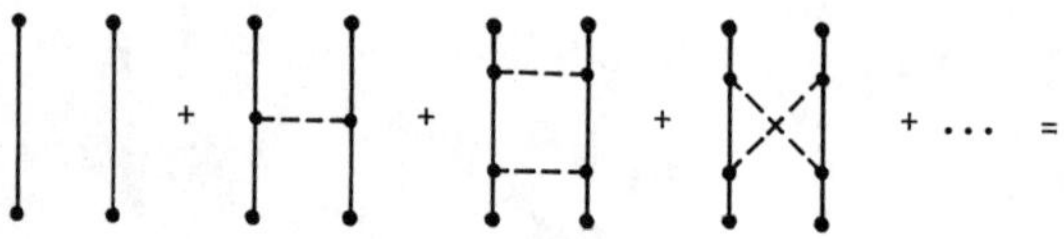

$$= e^{-iV(\vec{x}-\vec{y})T - 2iMT}\,\delta(\vec{x}-\vec{x}')\delta(\vec{y}-\vec{y}') \tag{2.6.18}$$

$$= W'(\mathscr{C})e^{-2iMT}\,\delta(\vec{x}-\vec{x}')\delta(\vec{y}-\vec{y}') \quad .$$

Diese Summe von Austauschgraphen entspricht dem wesentlichen Teil $W'(\mathscr{C})$ des Wilson-Integrals. Beachtet man nämlich, daß in der Entwicklung

$\left\langle T e^{-ie\oint_{\mathcal{C}} ds^{\mu} A_{\mu}} \right\rangle = \sum_n \frac{(-i)^n e^n}{n!} \oint_{\mathcal{C}}\cdots\oint_{\mathcal{C}} ds_1^{\mu_1} \ldots ds_n^{\mu_n} \left\langle T A_{\mu_1}(s_1) \ldots A_{\mu_n}(s_n) \right\rangle$ die Greenschen

Funktionen der freien QED gemäß Gl. (2.3.16) faktorisieren

$$W(\mathcal{C}) = \sum_n \frac{(-1)^n e^{2n}}{(2n)!} \oint_{\mathcal{C}}\cdots\oint_{\mathcal{C}} ds_1^{\mu_1} \ldots ds_{2n}^{\mu_{2n}} \sum_{\text{Partitionen}} D_F(s_i - s_k)_{\mu_i \mu_k} \tag{2.6.19}$$

und beschränkt man sich bei der Integration auf die Teilchenlinien längs der Zeitachse: $\int_{\mathcal{C}} ds = \int_{\vec{s}=\vec{x}} ds^0 - \int_{\vec{s}=\vec{y}} ds^0$, dann ergibt der Teil der Graphen, in welchen der Photonpropagator in Coulomb-Eichung nicht Punkte auf der gleichen Teilchenlinie verbindet, unmittelbar $W'(\mathcal{C})$ in Gl. (2.6.18). Teilchenlinien, die Punkte auf der gleichen Teilchenlinie verknüpfen, sind Selbstenergieterme, welche aufaddiert zur Renormierung der Masse M führen. Natürlich stimmt das Ergebnis Gl. (2.6.18) mit dem der euklidischen Rechnung, Gl. (2.6.12, 13), überein, wenn man T durch -iT ersetzt.

In der QCD führt die störungstheoretische Darstellung des Wilson-Integrals zunächst aus zwei Gründen zu Schwierigkeiten. Die Farbladungen $Q^a = \frac{1}{2}\lambda^a$ der statischen Quarks haben Quantencharakter, welcher durch die Nichtvertauschbarkeit der λ-Matrizen zum Ausdruck kommt. Die Selbstwechselwirkung der Gluonen führt zu Beiträgen, welche komplexer sind als der einfache Gluonaustausch. So kann man nur für die einfachsten Gluongraphen, Gl. (2.6.20), zeigen, daß sich die allgemeine Summe von Austauschgraphen im Sinne von Gl. (2.6.18) zur Exponentialfunktion des Potentials aufsummiert.

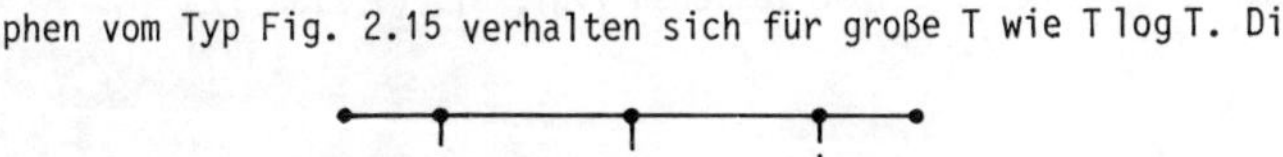

$$\sim V(r) = -\frac{4}{3} \frac{\alpha_s(\mathcal{M})}{r} \left(1 + \frac{11}{8\pi^2} \alpha_s(\mathcal{M}) \log \mathcal{M} r + \ldots\right) \tag{2.6.20}$$

Graphen vom Typ Fig. 2.15 verhalten sich für große T wie T log T. Die so zum Aus-

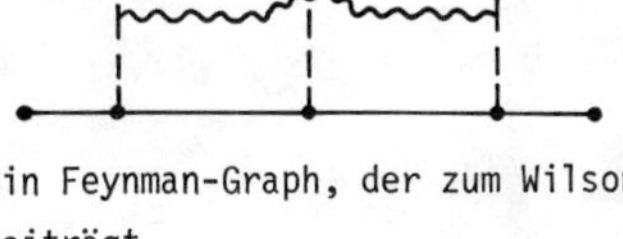

Fig. 2.15: Ein Feynman-Graph, der zum Wilson-Integral $\sim T \log T$ beiträgt

druck kommenden Schwierigkeiten können durch eine unendliche Umordnung der Störungsreihe behoben werden [Ap 77]. Für weitere Einzelheiten verweisen wir auf die oben angegebene Literatur.

Zum Schluß wollen wir noch einmal betonen, daß das Confinement-Problem eine nichtstörungstheoretische Berechnung erfordert, welche für große Abstände im Bereich starker Kopplung gültig ist.

d) Die Potentialinterpretation des Wilson-Integrals, Gl. (2.6.3), führt direkt zum Wilson-Kriterium für das Confinement statischer Quarks. Fällt $W(\mathcal{C})$ als euklidischer Erwartungswert für gleichmäßig große Pfade $\mathcal{C}$ exponentiell mit der eingeschlossenen Minimalfläche $Ar[\mathcal{C}]$ ab:

$$W(\mathcal{C}) \approx \text{const}\cdot e^{-\kappa\, Ar[\mathcal{C}]} \quad \text{für große Pfade } \mathcal{C}, \tag{2.6.21}$$

dann gilt dies als Kriterium für Confinement; denn für rechteckige Pfade $\mathcal{C}$ erhält man daraus nach Gl. (2.6.3) ein Confinement-Potential

$$V(r) = \kappa\cdot r \quad \text{für große } r\ . \tag{2.6.22}$$

κ bezeichnet man als 'Stringkonstante' aus Gründen, welche im nächsten Abschnitt erläutert werden. κ hat die Dimension $(\text{Masse})^2$ und ist daher entsprechend Gl. (2.5.14) eine nicht störungstheoretisch berechenbare Renormierungsgruppeninvariante.

Der Erwartungswert des Wilson-Integrals $W(\mathcal{C}) = \langle \text{Spur}\,P\exp i\int_{\mathcal{C}} ds_\mu \mathcal{A}_\mu \rangle$ spielt in der QCD in vieler Hinsicht die Rolle der 2-Punkt-Greenschen Funktion für Gluonen. Am Beispiel der freien QED wird dies durch Gl. (2.6.19) ersichtlich. Der Vorzug von $W(\mathcal{C})$ ist, daß es eichinvariant und damit unabhängig vom Eichfixierungsverfahren ist. In diesem Sinne beschreibt das Wilson-Kriterium das asyptotische Verhalten von $W(\mathcal{C})$ in der reinen QCD (ohne Kopplung an Quarks), welches vergleichbar ist zum exponentiellen Abfall der Greenschen Funktionen für raumartige Abstände in Feldtheorien ohne masselose Teilchen (vgl. Gl. (1.2.38')).

2.6.2 Der chromoelektrische Meissner-Effekt

Die Gültigkeit des Wilson-Kriteriums Gl. (2.6.21, 22) würde bedeuten, daß die reine Gluondynamik ein Potential zwischen einem statischen Quark-Antiquark-Paar beschreibt, welches für große Abstände linear ansteigt. Ein solches Potential unterscheidet sich wesentlich vom bekannten Coulomb-Potential der QED, welches sich auch in der QCD als Resultat eines 1-Gluonaustausches nach der Störungstheorie ergibt. Es ist also eine nicht einfach störungstheoretisch beschreibbare Dynamik, welche in der QCD möglicherweise ein Confinement-Potential bewirkt. Die physikalischen Vorstellungen, die man von diesem Mechanismus hat, kommen von der Theorie der Supraleitung. Man umschreibt sie mit dem Begriff: 'Chromoelektrischer Meissner-Effekt'.

a) Wir wollen zunächst als feldtheoretisches Modell für ein lineares Potential, 'Nielsen-Olesen-String' [Ni 73], dasjenige betrachten, welches zwischen zwei magnetischen Monopolen entgegengesetzter magnetischer Ladung in einem Supraleiter 2. Art besteht [Gi 50]. Dazu gehen wir von den relativistischen Ginzburg-Landau-Feldgleichungen für einen Supraleiter 2. Art aus:

$$(\partial_\mu - ie A_\mu)^2 \phi = \frac{\mu^2}{2} \phi - \frac{\lambda}{2} |\phi|^2 \phi \ ,$$
$$\partial^\nu F_{\nu\mu} = -e j_\mu = -ie(\phi^* \partial_\mu \phi - \phi \partial_\mu \phi^*) - 2e^2 A_\mu \phi^* \phi \ . \tag{2.6.23}$$

Diese Gleichungen beschreiben die eichinvariante Kopplung des e.m. Feldes $F_{\mu\nu} = \partial_\mu A_\nu - \partial_\nu A_\mu$ an ein selbstwechselwirkendes, skalares, komplexes Feld ϕ. In der Supraleitungstheorie beschreibt $|\phi|^2$ einen Ordnungsparameter, der proportional zu der Anzahl der supraleitenden Elektronen, d.h. der Cooper-Paare, ist [Go 58, Ri 65, Pa 69]. Die Ginzburg-Landau-Gleichungen geben eine makroskopische Approximation zur atomistischen Theorie von J. Bardeen, L.N. Cooper und J.R. Shrieffer [Ba 57]. Diese ist gültig für Variationen von ϕ, welche klein gegenüber der Kohärenzlänge ξ sind: $|\vec{\partial}\phi|/|\phi| < \xi^{-1}$, also vorwiegend für Temperaturen in der Nähe der kritischen Temperatur.

Die Feldgleichungen (2.6.23) können von der Lagrange-Dichte

$$\mathcal{L} = ((\partial^\mu + ieA^\mu)\phi^*(x))(\partial_\mu - ieA_\mu)\phi(x) - \frac{1}{4}F_{\mu\nu}(x)F^{\mu\nu}(x) - \frac{\lambda}{4}(|\phi|^2 - \frac{\mu^2}{\lambda})^2 \tag{2.6.24}$$

hergeleitet werden. Nichtabelsche Verallgemeinerungen solcher Eichtheorien spielen in der schwachen Wechselwirkung eine wichtige Rolle. Wir kommen darauf in

Abschn. 3.2 zurück.

Hier wollen wir zeitunabhängige, zylindersymmetrische Lösungen der Gleichungen (2.6.23) betrachten [Pa 69]. Dazu führen wir Zylinderkoordinaten ein:

$$x^1 = \rho\cos\theta, \quad x^2 = \rho\sin\theta, \quad x^3 = z, \quad x^o = t,$$
$$A^1 = A_\rho\cos\theta - A_\theta\sin\theta,\ A^2 = A_\rho\sin\theta + A_\theta\cos\theta,\ A^3 = A_z,\ A^o = A_t \tag{2.6.25}$$

und machen einen Ansatz der Form

$$\phi(x) = e^{in\theta}G(\rho)\ , \quad n = 0, \pm 1, \pm 2, \ldots \text{ wegen der Eindeutigkeit der Funktion } \phi(x), \tag{2.6.26}$$

$$A_\theta(x) = A(\rho), \quad A_t = A_\rho = A_z \equiv 0\ . \tag{2.6.26'}$$

Dies impliziert, daß vom e.m. Feldtensor nur die magnetische Induktion in z-Richtung, $B(\rho)$, von Null verschieden ist:

$$-F_{12}(x) = B(\rho) = \frac{1}{\rho}\frac{d}{d\rho}\rho A(\rho) \tag{2.6.27}$$

und daß sich die Feldgleichungen auf

$$\left(-\frac{1}{\rho}\frac{d}{d\rho}\rho\frac{d}{d\rho} + \left(eA(\rho) - \frac{n}{\rho}\right)^2 - \frac{\mu^2}{2} + \frac{\lambda}{2}G^2\right)G(\rho) = 0\ , \tag{2.6.28}$$

$$\frac{d}{d\rho}\frac{1}{\rho}\frac{d}{d\rho}\rho A(\rho) = e\,j_\theta(\rho) = 2e\left(eA - \frac{n}{\rho}\right)G^2(\rho) \tag{2.6.28'}$$

reduzieren. Die Energie einer solchen Feldkonfiguration ergibt sich aus der Lagrange-Dichte (2.6.24) und hat in temporaler Eichung, $A_t = 0$, die Form:

$$H = \int d^3x\{\tfrac{1}{2}(\vec{B}^2(\vec{x}) + \vec{E}^2(\vec{x})) + |\partial_t\phi|^2 + |(\vec{\partial} - ie\vec{A})\phi|^2 + \tfrac{\lambda}{4}(|\phi|^2 - \tfrac{\mu^2}{\lambda})\}$$

$$= \int dz\,[2\pi\int_0^\infty \rho d\rho\{\frac{1}{2\rho^2}\left(\frac{d}{d\rho}\rho A(\rho)\right)^2 + \left(\frac{d}{d\rho}G(\rho)\right)^2 + \left(eA(\rho) - \frac{n}{\rho}\right)^2 + \frac{\lambda}{4}\left(G^2(\rho) - \frac{\mu^2}{\lambda}\right)^2\}]$$

$$= \int dz\,K\{A,G\}\ . \tag{2.6.29}$$

Mit K bezeichnen wir die Energie pro Zylinderlänge. Unter den Lösungen der Feldgleichungen (2.6.28) ist die einfachste

$$A(\rho) = \frac{n}{e\rho}\,, \qquad G(\rho) = \frac{\mu}{\sqrt{\lambda}} \quad (= \text{const.})\,. \tag{2.6.30}$$

Für sie hat die Energie K den niedrigsten Wert K = 0. Man nennt eine solche Lösung eine klassische Vakuumlösung. Wie man sich durch Zurückrechnen auf kartesische Komponenten mit Hilfe von Gl. (2.6.25) leicht überzeugt, ist das zugehörige e.m. Potential $A_\mu(x)$ eine reine Eichung:

$$A_\mu(x) = \frac{n}{e}\,\partial_\mu\,\theta(x) = \frac{n}{e}\,\partial_\mu \arccos\frac{x^1}{\sqrt{x_1^2 + x_2^2}}\,. \tag{2.6.31}$$

Entsprechend geht $\phi(x)$ durch die entsprechende Eichtransformation aus der Konstante $\mu/\sqrt{\lambda}$ hervor:

$$\phi(x) = e^{in\theta(x)}\,\frac{\mu}{\sqrt{\lambda}}\,. \tag{2.6.32}$$

Nun betrachten wir weitere Lösungen mit endlicher Energie K. Da sich K aus positiven Ausdrücken zusammensetzt, müssen diese für $\rho \to \infty$ einzeln verschwinden. Aus Gl. (2.6.29) liest man ab, daß sich deshalb $A(\rho)$ und $G(\rho)$ für große ρ der Vakuumlösung (2.6.30) annähern. Aus diesem Grund schreiben wir die Lösungen in der Form

$$A(\rho) = \frac{n}{e\rho} + \overline{A}(\rho)\,, \qquad G(\rho) = \frac{\mu}{\sqrt{\lambda}} + \overline{G}(\rho)\,. \tag{2.6.33}$$

Geht man mit diesem Ansatz in Gl. (2.6.28) ein und betrachtet diese für große ρ, so überzeugt man sich leicht vom asymptotischen Verhalten für $\rho \to \infty$:

$$\overline{A}(\rho) \sim \rho^{-1/2}\, e^{-\sqrt{\frac{2}{\lambda}}\cdot e\cdot\mu\cdot\rho}\,, \qquad \overline{G}(\rho) \sim \rho^{-1/2}\, e^{-\mu\cdot\rho}\,. \tag{2.6.34}$$

Nach dem Satz von Stokes gilt für den magnetischen Fluß $\phi_B(\mathcal{K})$ durch eine große Kreisfläche $\mathcal{K}$ mit Rand $\dot{\mathcal{K}}$:

$$\phi_B(\mathcal{K}) = \int_{\mathcal{K}} B\,df = \oint_{\dot{\mathcal{K}}} A_\mu\, ds^\mu = \lim_{\rho\to\infty} \rho \int_0^{2\pi} A_\theta\, d\theta = \frac{2\pi}{e}\,n \tag{2.6.35}$$

(nach Gl. (2.6.33)). Denn aufgrund des starken Abfalls von $\bar{A}(\rho)$ trägt zum Randintegral nur die asymptotische Vakuumlösung bei. Dies bedeutet die Quantisierung des magnetischen Flusses $\phi_B(\mathcal{K})$ in Vielfachen von $\frac{2\pi}{e}$ [Lo 50, Ab 57]. Da sich die Ganzzahligkeit von n aus der Eindeutigkeitsforderung von $\phi(x)$ herleitet (Gl. (2.6.26)), nennt man n eine 'topologische Quantenzahl' (vgl. Abschn. 2.6.4). Nun folgt aus Gl. (2.6.27): $\int_{\mathcal{K}} B\,df = -2\pi(\rho\bar{A})\Big|_{\rho=o}$. Daher gewinnen wir für $\rho \to o$ die Randbedingung:

$$\bar{A}(\rho) \sim -\frac{n}{e\rho} \quad \text{für} \quad \rho \to o\,. \tag{2.6.36}$$

Diese Randbedingung legt die Struktur der Lösung durch eine Potenzreihe um $\rho = o$ fest. Da nach Gl. (2.6.33, 36) $A(\rho) \sim$ const. gilt, bewirkt das "abstoßende Potential" $\sim n^2/\rho^2$ in Gl. (2.6.28) entsprechend dem Zentrifugalpotential in der Schrödinger-Gleichung:

$$G(\rho) = C_n \rho^n + \ldots\,, \tag{2.6.37}$$

und daraus folgt nach Gl. (2.6.28, 29) für die magnetische Feldstärke

$$B(\rho) = \int_o^\rho \frac{d}{d\rho'}\frac{1}{\rho'}\frac{d}{d\rho'}\rho' A(\rho') + B(o) = B(o) - eC_n^2\rho^{2n} + \ldots\,.$$

Die vollständige Lösung der nichtlinearen Gleichungen (2.6.28) ist im allgemeinen analytisch nicht möglich sondern muß numerisch durchgeführt werden. Doch sollten unsere Überlegungen die wesentlichen Züge einer Lösung klarmachen. In Fig. 2.16 stellen wir den Feldverlauf dar, welcher sich daraus für zwei weit entfernte magnetische Monopole ergibt.

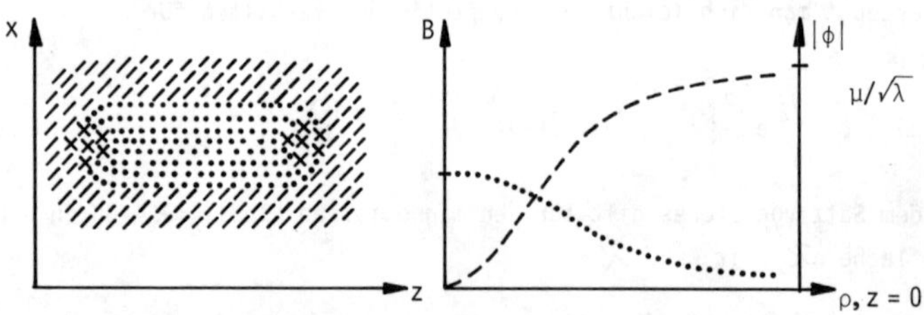

Fig. 2.16: Feldverlauf im Nielsen-Olesen-Modell
(--- ϕ -Feld, ... B-Feld, xxxx Monopol-Dichte)

Im einzelnen merken wir an:

- Das ungestörte supraleitende Medium ist durch den Wert des Ordnungsparameters $|\phi| = \frac{\mu}{\sqrt{\lambda}}$, den klassischen Vakuumwert von $\phi(x)$, gekennzeichnet.
- In diesem Medium bildet sich zwischen weit entfernten Magnetpolen eine magnetische Flußröhre - 'magnetischer String'. Die Eigenschaft eines Supraleiters, ein Magnetfeld zu verdrängen (Meissner - Effekt) führt im vorliegenden Fall zur Konzentration der magnetischen Induktion B in einem String. Weil ein Magnetfeld nicht in einen Supraleiter eindringt, betrachtet man diesen als perfekten Diamagneten mit magnetischer Permeabilität $\mu_{magn} = 0$.
- Die konstante, endliche Energie pro Stringlänge (K in Gl. (2.6.29)) führt bei großen Abständen zwischen den Monopolen zu einem linearen Potential.
- Der magnetische Fluß ist quantisiert, Gl. (2.6.35). Entsprechend sind dies auch die magnetischen Ladungen der Monopole. Die Quantisierung des klassischen Magnetflusses in Einheiten von $2\pi/e$ weist besonders eindringlich auf den nicht störungstheoretischen Charakter des hier beschriebenen Mechanismus hin.
- Der stetig verteilte Magnetfluß wird durch einen Kreisstrom $j_\theta = \frac{d}{d\rho} B(\rho)$ stabilisiert, Gl. (2.6.27, 28').
- Im Zentrum der Flußröhre ist das Medium normalleitend $|\phi| \sim 0$. Der Magnetfluß entspricht im wesentlichen der kritischen Feldstärke.
- Das magnetische Feld dringt mit einer Eindringtiefe $(\sqrt{\frac{2}{\lambda}} e\cdot\mu)^{-1}$ in den Supraleiter ein, Gl. (2.6.34). In dynamischen Lösungen entspricht dies der Compton-Wellenlänge eines "massiven" Photons (vgl. Abschn. 3.2.2: Higgs-Kibble-Mechanismus).
- Das "verdrängte" skalare Feld geht mit einer Restaurierungslänge μ^{-1} wieder in den Vakuumwert über, Gl. (2.6.34). Im Higgs-Modell (Abschn. 3.2.2) ist μ die Masse des Higgs-Mesons.

b) Überträgt man das obige klassische Modell zur Physik eines linearen Potentials auf das Problem des Quark-Confinements, so kommt man zur Vorstellung eines Gluon-Strings [tH 74, Ko 75]: Das Gluonfeld zwischen den Farbladungen eines auseinandergezogenen, statischen Quark-Antiquark-Paares ist im QCD-Vakuum als einem, das Confinement bewirkenden Medium aufgrund eines chromoelektrischen Meissner-Effekts zu einem String komprimiert. Die konstante Feldenergie des Strings pro Längeneinheit ergibt also das nach dem Wilsonkriterium für Confinement geforderte lineare Potential.

In der folgenden Gegenüberstellung führen wir die Analogie noch etwas weiter aus. Weil die Farbladungen der Quarks an die elektrischen Komponenten des Gluonfeldes koppeln, entsprechen magnetischen Eigenschaften des Nielsen-Olesen-Strings chromoelektrischen Eigenschaften des Gluon-Strings.

	Magnetischer Nielsen-Olesen-String	Chromoelektrischer Gluon-String
Quellen:	magnetische Monopole entgegengesetzter magn. Ladung	nichtabelsche Farbladungen von Quarks und Antiquarks
String von:	magnetischem Fluß zwischen den magnetischen Ladungen	chromoelektrischem Fluß zwischen Farbladungen
Eingebettet in:	perfekten Diamagneten $\mu_{magn} = 0$ (Supraleiter)	Confinement-Vakuum $\mu_{el} = \infty$ ($\varepsilon = \frac{1}{\mu_{el}}$ = Dielektrizitäts-konstante)
Erzeugt durch:	(magnetischen) Meissner-Effekt	chromoelektrischen Meissner-Effekt
Phase innen:	normal leitend	asymptotisch frei

Die Annahme, daß die QCD einen Confinement-Mechanismus beinhaltet, welcher durch das Bild eines klassischen Gluon-Strings adäquat beschrieben wird, ist zur Zeit nur eine fruchtbare Spekulation. Teilweise wird dieses Bild realisiert im starken Kopplungslimes der Gitterapproximation zur QCD (Abschn. 2.6.3). Andererseits weiß man, daß die quantenmechanische Beschreibung eines Strings vermutlich das Bild modifiziert, indem sie zu einem Anwachsen der Stringdicke mit länger werdendem String führt [Lü 80]. Bei mittleren Abständen des Quark-Antiquark-Paares hat das Innere, die asymptotisch freie Phase, die Gestalt einer Blase. Man spricht dann von einem 'Bag' [Ch 74] und legt diese Vorstellungen phänomenologischen Modellen zugrunde [Ha 78].

c) Mit den e.m. Feldern in Supraleitern 2. Art und den Gluonfeldern im Stringbild betrachten wir Eichfelder, die qualitativ grundverschieden sind von den Photonen der QED, bzw. von den Gluonen im Bereich der asymptotisch freien QCD. Man spricht von verschiedenen <u>Phasen der Eichfelder</u>. Diese lassen sich grob folgendermaßen charakterisieren:

- Higgs-Phase: Massive physikalische Eichteilchen (z.B. $W^{\pm}$, Z^{o}-Bosonen etc.), lineares, magnetisches Potential,
- Confinement-Phase: Massive physikalische Eichteilchen (z.B. "Gluonkugeln"), lineares, elektrisches Potential,
- Coulomb-Phase: Massenlose Eichbosonen (z.B. Photonen), Coulomb-Potential.

In welcher Phase sich ein Eichfeld präsentiert hängt von den Einzelheiten der Theorie ab. Dazu gehören die Struktur der lokalen Symmetriegruppe, die eventuelle Kopplung an dynamische Teilchenfelder und deren Ladungsstruktur, die Raumzeit-Dimension, die Stärke verschiedener Kopplungen. Durch das Problem des Confinements in der starken Wechselwirkung und das Problem der Kurzreichweitigkeit der Kräfte in der schwachen Wechselwirkung (Abschn. 3.2) hat die systematische Untersuchung der möglichen verschiedenen Phasen von Eichfeldern auch für die Elementarteilchenphysik besonderes Interesse gewonnen. Die oben grob beschriebenen Phasen sind wohl die hauptsächlichen Phasen von Eichfeldern [tH 78]. Nach neueren Untersuchungen sind jedoch die Phasendiagramme im einzelnen sehr komplex [Ca 82 N, Dr 82 N]. Gewisse Mischformen von Higgs-Phasen, in welchen nicht alle Eichbosonen massiv sind, kommen in Abschn. 3 vor. Für präzise Ergebnisse, die sich auf die Untersuchung von Eichtheorien auf Gittern stützen, müssen wir auf die Literatur verweisen [Fr 79, Ko 79].

Eine Phase kennzeichnet man häufig durch einen Ordnungsparameter. Dies ist eine Feldgröße, welche eine Art langreichweitige Ordnung anzeigt, d.h. deren Vakuumerwartungwert das physikalische Verhalten bei großen Abständen kennzeichnet. So ist in einer quantisierten Form der relativistischen Ginzburg-Landau-Theorie, Gl. (2.6.24), der quantenmechanische Erwartungswert $<\phi(x)> = \mu/\sqrt{\lambda}$ gleich dem klassischen Vakuumwert Gl. (2.6.30) (vgl. Abschn. 3.2.2). Die 2-Punktfunktion ist $<\phi^*(x)\,\phi(o)> \sim \frac{\mu^2}{\lambda} + \text{const.}\cdot|x|^{-2}\,e^{-\mu|x|}$. Der bei großem Abstand nicht verschwindende Erwartungswert des Ordnungsparameters $\phi(x)$ zeigt die supraleitende Phase an. Dies wurde unter a) erläutert.

Ein Ordnungsparameter, welcher die Phase einer reinen Eichtheorie teilweise kennzeichnet ist der Wilson-Loop, Gl. (2.6.1). Entsprechend seiner Potential-Interpretation ist in der Entwicklung von $W(\mathcal{C})$ nach eingeschlossener Fläche $Ar[\mathcal{C}]$, nach Länge $|\mathcal{C}|$ etc.:

$$-\log W(\mathcal{C}) = \kappa\cdot Ar[\mathcal{C}] + \Delta\cdot|\mathcal{C}| + \dots, \tag{2.6.38}$$

das Nichtverschwinden der Stringkonstante $\kappa \neq 0$ ein Kennzeichen für die Confinement-Phase, Gl. (2.6.21). In der Coulomb-Phase ist $\kappa = 0$ (Gl.(2.6.12)). In der Confinement-Phase, $\kappa \neq 0$, beschreibt das starke Abfallen des eichinvarianten Feldes: Spur $P \exp \int ds_\mu \mathcal{A}_\mu(s)$ eine kurzreichweitige Korrelation analog zum exponentiellen Abfall der 2-Punktfunktion in Feldtheorien mit nur massiven Teilchen. Daher vermutet man in der Confinement-Phase eine Lücke im Energiespektrum zwischen dem Vakuum und den niedrigsten eichinvarianten Anregungen des Gluonfeldes. Diese vermutlich teilchenartigen Anregungen heißen Gluonkugeln (= glue balls) und sind also massiv (vgl. Gl. (2.6.79)). Verglichen mit diesen kurzreichweitigen Vakuumfluktuationen von chromoelektrischen Gluon-Strings, kostet es, in Übereinstimmung mit dem linear ansteigenden Potential in der Confinement-Phase, viel Energie, das kohärente, chromoelektrische Feld zwischen den äußeren Quellen in grossen Abständen aufzubauen. Eine andere Interpretation des Wilson-Loops als Ordnungsparameter erhält man, wenn man analog zu Formel (2.6.35) eine Art chromomagnetischen Fluß $\phi_B(\mathcal{C})$ durch

$$\text{Spur}\, P \exp i \int_{\mathcal{C}} ds_\mu \mathcal{A}_\mu(s) = \text{Spur}\, W(\mathcal{C}) = \exp i\, \phi_B(\mathcal{C}) \tag{2.6.39}$$

definiert [tH 79 a]. Obwohl dieser Fluß nicht eine streng additive Größe ist, ist die Confinement-Phase danh entsprechend dem Flächengesetz durch eine Art konstante, magnetische Fluß-Dichte im Vakuum charakterisiert. Man spricht von einer Kondensation dieses chromomagnetischen Flusses.

Betrachtet man das Supraleitungsmodell als Beispiel einer (vollständigen) Higgs-Phase, so erkennt man im Vergleich von Confinement- und Higgs-Phase nach Tabelle S.226 eine gewisse Dualität zwischen den elektrischen und magnetischen Komponenten des Eichfeldes. G. 't Hooft [tH 78] führt auf dieser Grundlage einen "magnetischen Loop" $M(\mathcal{C})$ als dualen Ordnungsparameter zur Charakterisierung einer Higgs-Phase ein. Formal wird $M(\mathcal{C})$ für eine SU(N)-Eichtheorie durch die Vertauschungsrelationen mit dem Wilson-Loop definiert:

$$W(\mathcal{C})\, M(\mathcal{C}') = M(\mathcal{C}')\, W(\mathcal{C}) \exp i \cdot n/N\ . \tag{2.6.40}$$

Dabei sind $\mathcal{C}$ und $\mathcal{C}'$ geschlossene Pfade in einem 3-dimensionalen Raum (konstante Zeit). n ist die Anzahl der Windungen von $\mathcal{C}'$ um $\mathcal{C}$. Der Faktor $\exp i \cdot n/N$ ist ein Zentrumselement der Eichgruppe SU(N), Gl. (1.2.17). In einer Gittereichtheorie läßt sich $M(\mathcal{C})$ explizit konstruieren [Ma 80]. Man entwickelt wieder

$$-\log \langle \text{Spur}\, M(\mathcal{C}) \rangle = \kappa_M \cdot Ar[\mathcal{C}] + \Delta_M \cdot |\mathcal{C}| + \dots\ . \tag{2.6.41}$$

Charakteristisch für die vollständige Higgs-Phase ist dann $\kappa_M \neq 0$, also die Kondensation einer Art nichtabelschen elektrischen Flußdichte und das damit verknüpfte lineare Potential zwischen einem äußeren magnetischen Monopol-Antimonopol-Paar. In der Confinement- und Coulomb-Phase ist $\kappa_M = 0$.

Die Phase einer Eichtheorie hängt bei gegebener Symmetriegruppe und Ladungsstruktur der Teilchenfelder von den Parametern der Theorie ab [Fr 79, Ko 79]. Die Punkte, in denen die Phasen ineinander übergehen, heißen kritische Punkte*). In kritischen Punkten hängen die freie Energie, bzw. die Ordnungsparameter nicht analytisch von den Parametern ab. Als Beispiel betrachtet man die Stringkonstante $\kappa(g_o)$ als Ordnungsparameter einer reinen Eichtheorie in ihrer Abhängigkeit von der Kopplungskonstante g_o. In einem kritischen Punkt g_o^c, welcher die Coulomb-Phase $\kappa(g_o) \equiv 0$ in $g_o < g_o^c$ von der Confinement-Phase $\kappa(g_o) > 0$ in $g_o > g_o^c$ trennt, ist $\kappa(g_o)$ offenbar keine analytische Funktion von g_o. Wir kommen auf dieses Beispiel zurück.

In der Confinement-Phase erwarten wir keine Teilchen, welche Farbladungen tragen, also keine freien Gluonen und keine freien Quarks. Die Gründe sind jedoch für Quarks und Gluonen verschieden. Wir haben oben erläutert, daß in der Confinement-Phase die physikalischen Anregungen des Eichfeldes, Gluonkugeln, eichinvariant und massiv sind. Wegen der damit verbundenen Kurzreichweitigkeit der Gluonkorrelationen tragen nämlich konzentrierte eichinvariante Zustände keine Farbladung [Ma78a]. Physikalisch stellt man sich vor, daß sich die Gluonen zu glue ball-Zuständen zusammenlagern und sich dabei die Farbladungen der Gluonen gegenseitig abschirmen (Colour-Screening).

Die Farbladungen von statischen Quarks haben eine von Null verschiedene Trialität (Gl.(1.2.17)). Diese können in einer reinen Eichtheorie durch die Farbladungen der Gluonen mit Trialität Null nicht abgeschirmt werden. Von einer Quarkladung geht stets ein chromoelektrischer Fluß aus, welcher nur in einer Farbladung mit entgegengesetzter Trialität, z.B. einem Antiquark, enden kann. Wie oben erläutert, wird dieser Fluß aufgrund des chromoelektrischen Meissner-Effekts auf einen String konzentriert und bewirkt so ein Confinement-Potential. In dieser Weise ist die verschiedene Darstellung des Zentrums der Farbgruppe, welche durch die Trialität gekennzeichnet ist, wesentlich für die Dynamik des Quark-Confinements [Ma 78a, tH 78].

---

*) Genaugenommen werden nur die kontinuierlichen Phasenübergänge als kritische Punkte bezeichnet [St 71].

In der vollständigen QCD mit dynamischen Quarks können sich die Farbladungen von Quarks und Antiquarks abschirmen. Die so gebildeten Zustände sollten dann natürlich die konventionellen, farblosen Hadronen sein, die als Bindungszustände $q\bar{q}$ und qqq des naiven Quark-Modells aufgefaßt werden können. In einer hypothetischen QCD, in welcher die Quarks eine Farbladung mit Trialität Null tragen würden, z.B. eine Oktett-Ladung, könnte die Farbladung der Quarks durch die Farbladung der Gluonen abgeschirmt werden. Man würde dann die Existenz von freien farblosen Quarks erwarten, welche jedoch weiterhin die gebrochenen Flavour-Ladungen tragen.

Diese vorliegenden Betrachtungen liefern nur die qualitative Beschreibung einer möglichen Confinement-Phase. Ob eine solche in der QCD vorliegt, und welche dynamische Mechanismen sie bewirken, ist der Kern der noch ungelösten Confinement-Frage. Oder, um nochmals die Analogie zur Supraleitung heranzuziehen, die Frage nach Existenz und Bildung eines zu den elektrisch geladenen Cooper-Paaren dualen Äquivalents ist noch offen. Es sollte sich dabei um die Kondensation von magnetischen "Gebilden" handeln (Gl. (2.6.39)). Diskutiert werden chromomagnetische Monopole [Ma 79], Vortizes [Ma 78b, tH 79, tH 79a] und Ähnliches [Sa 77, Ni 78]. Inwieweit die obigen Vorstellungen in Gittereichtheorien realisiert sind, werden wir in Abschn. 2.6.3 untersuchen.

d) Im Zusammenhang mit dem chromoelektrischen Meissner-Effekt zur Erklärung des Quark-Confinements, wollen wir noch auf eine dynamische Beschreibung des Gluon-Strings durch eine Stringgleichung hinweisen [Na 79, Po 79]. Hierzu betrachtet man den Vakuumerwartungswert des Wilson-Loops $W(\mathcal{C})$, Gl. (2.6.1), als Funktional des geschlossenen Pfades $\mathcal{C}$, d.h. als Funktional der Koordinatenfunktionen von $\mathcal{C}$: $x_\mu(\sigma)$, $0 \leqq \sigma \leqq 2\pi$, welches invariant unter Reparametrisierung $\sigma \to \sigma'$ ist. Die Änderung des Funktionals $W(\mathcal{C})$ bei Variation von $\mathcal{C}$ in eine benachbarte Kurve $\overline{\mathcal{C}}$: $x_\mu(\sigma) + \varepsilon v_\mu(\sigma)$ läßt sich dann als Funktionaldifferentiation schreiben:

$$W(\overline{\mathcal{C}}) = W(\mathcal{C}) + \varepsilon \int_0^{2\pi} d\sigma \, \frac{\delta W(\mathcal{C})}{\delta x^\mu} v_\mu(\sigma) + O(\varepsilon^2) \, . \tag{2.6.42}$$

Einer infinitesimalen Koordinatenänderung $\sigma' = \sigma + \varepsilon f(\sigma)$ entspricht $\bar{x}_\mu = x_\mu + \varepsilon f(\sigma) \dot{x}_\mu$, $\dot{x}_\mu = dx_\mu/d\sigma$. Deshalb folgt aus der Forderung nach allgemeiner Reparametrisierungsinvarianz und Gl. (2.6.42):

$$\dot{x}_\mu(\sigma) \frac{\delta W}{\delta x_\mu(\sigma)} = 0 \, . \tag{2.6.43}$$

Eine zweimalige Variation der Gl. (2.6.1) ergibt formal [Ma 79 a]:

$$\frac{\delta^2 W(\mathscr{C})}{\delta x^{\mu}(\sigma)\delta x_{\mu}(\sigma)} = \langle 0 \,|\, \mathrm{Spur}\,[\dot{x}^{\rho} \mathcal{F}_{\mu\rho}(x(\sigma))]^2 \; U(\mathscr{C}_{x(\sigma)}) \,|\, 0 \rangle \; . \qquad (2.6.44)$$

$U(\mathscr{C}_{x(\sigma)})$ ist die Parallelübertragung von $x(\sigma)$ nach $x(\sigma)$ längs $\mathscr{C}$. Von einem allgemeinen Pfad $\mathscr{C}$ wird vorausgesetzt, daß er sich nicht schneidet. In einer vereinfachenden Anschauung hat $(\dot{x}^{\rho}\mathcal{F}_{\mu\rho})(\sigma)$ die physikalische Bedeutung des chromoelektrischen Flusses in einer Röhre längs $\mathscr{C}$. Setzt man diesen konstant, so wird aus Gl. (2.6.44) die Gleichung:

$$\left(- \frac{\delta^2}{\delta x(\sigma)^2} + \kappa^2 \dot{x}^2(\sigma)\right) W(\mathscr{C}) = 0 \; . \qquad (2.6.45)$$

Nach unseren Vorstellungen zum Gluon-String, Fig. 2.16 und Tab. S.226 , ist diese Näherung wohl am besten für lange, glatte Pfade $\mathscr{C}$ erfüllt. Die Gleichungen (2.6.43, 45) sind die Gleichungen eines quantenmechanischen Strings [Sc 75]. Die näherungsweise Gültigkeit dieser Gleichungen für das Funktional des Wilson-Loops in der QCD wird außer durch die obigen heuristischen Betrachtungen noch durch Überlegungen im Rahmen der 1/N-Näherung gestützt. In dieser Näherung weist die QCD Züge auf, die denjenigen des dualen Resonanzmodells ähnlich sind [Re 74, Sc 75].

Für große Strings $\lambda\mathscr{C}$, $\lambda \to \infty$ gilt unter gewissen Einschränkungen an $\mathscr{C}$, eine asymptotische Form für die Lösungen der Stringgleichung [Lü 80 a]

$$\log W(\lambda\,\mathscr{C}) = -\lambda^2 \kappa \,\mathrm{Ar}[\mathscr{C}], \qquad \lambda \to \infty \; .$$

Dies bedeutet, daß die Stringgleichung das Wilson-Kriterium für Confinement mit κ als Stringkonstante reproduziert. Höhere asymptotische Näherungen erfordern eine Renormierung der formalen Gl. (2.6.45) [Lü 80 b]. Die nächste Näherung ergibt für Wege $\mathscr{C}$ der Form Fig. 2.13 eine Modifikation des Confinement-Potentials für große Abstände r:

$$V(r) = \kappa \cdot r - \frac{\pi}{12} \cdot \frac{1}{r} + \mathrm{const.} \; . \qquad (2.6.46)$$

2.6.3 Die Eichtheorie auf dem Gitter

Das Wilson-Kriterium für Quark-Confinement ist im Grenzfall starker Kopplung für die Gitterapproximation der QCD erfüllt. In dieser Näherung sind die Gluon-Strings realisiert, welche wir im vorigen Abschnitt unter dem Schlagwort "chromoelektrischer Meissner-Effekt" als Modell für ein lineares Potential besprochen haben. Die Ersetzung des 3-dimensionalen Raumes, bzw. des 4-dimensionalen euklidischen Raum-Zeit-Kontinuums durch ein Raumgitter ist natürlich eine grobe Approximation. Man kann sie jedoch als eine Regularisierung im Sinne des Renormierungsprogramms auffassen. Der Übergang zum Kontinuum, d.h. für die Gitterkonstante $\varepsilon \to 0$, erfordert dann Subtraktion und Renormierung. Die entscheidenden Fragen sind natürlich, ob bei diesem Grenzprozeß einerseits Confinement entsprechend dem Wilson-Kriterium erhalten bleibt, andererseits ob dieser Grenzfall der QCD auf dem Gitter mit der bei kleinen Abständen asymptotisch freien QCD im Kontinuum übereinstimmt. Die bisherigen Untersuchungen im Rahmen dieses Programms sind sehr erfolgversprechend. Erste Ergebnisse führen zu einer Verknüpfung der physikalischen String-Konstante κ, Gl. (1.1.15), mit dem asymptotischen Skalenparameter Λ, Gl. (2.5.24).

a) Unser Ziel ist es zunächst, die Gitterapproximation der Formel (2.6.1) für den Vakuumerwartungswert des Wilson-Loops zu formulieren. Um den Ausdruck für die Wirkung in Gitterapproximation zu finden, lassen wir uns von der geometrischen Bedeutung der Eichtheorien leiten.

Wir betrachten das Gitter Γ^d als eine in der Mathematik übliche Zelleneinteilung des d-dimensionalen, physikalischen Raum- bzw. des $(d+1)$-dimensionalen euklidischen Raum-Zeit-Kontinuums. Der Einfachheit halber beschränken wir uns auf kubische Gitter mit der Gitterkonstante ε und N^d Gitterpunkten, N endlich oder unendlich. Die Elemente des Gitters sind:

- Punkte x : Koordinaten $x = \varepsilon\cdot(n^1,n^2,\dots,n^d)$, $n^i = 1,2,\dots,N$.
- Kanten b : Koordinaten $b = (x_2,x_1) = (x_1+e_\mu,x_1) = [x_1,\mu]$; diese sind von x_1 nach x_2 - in μ-Richtung - orientiert.
- Plaquetten $\mathscr{P}$: Koordinaten $\mathscr{P} = (x_4,x_3,x_2,x_1) = [x_1;\mu,\nu]$

$$= (x_1+e_\nu,\ x_1+e_\mu+e_\nu,\ x_1+e_\mu,\ x_1); \qquad (2.6.47)$$

  diese sind durch diesen Umlaufsinn orientiert.
- Würfel $\mathscr{K}$: mit entsprechender Orientierung.
- Super-Würfel: mit entsprechender Orientierung.

Ein Pfad $\mathcal{C}$ im Gitter ist eine Summe von Kanten $\mathcal{C} = \Sigma b_i$, eine Fläche $\mathcal{B}$ eine Summe von Plaquetten $\mathcal{B} = \Sigma \mathcal{P}_i$. Den Rand einer Fläche bezeichnen wir mit $\dot{\mathcal{B}}$, den eines Pfades mit $\dot{\mathcal{C}}$. Wir veranschaulichen diese Definitionen in Fig. 2.17. Für eine mathematisch genauere und weiterführende Begriffsbildung verweisen wir den Interessierten auf die Lehrbücher der algebraischen Topologie [Al 56, Si76 a].

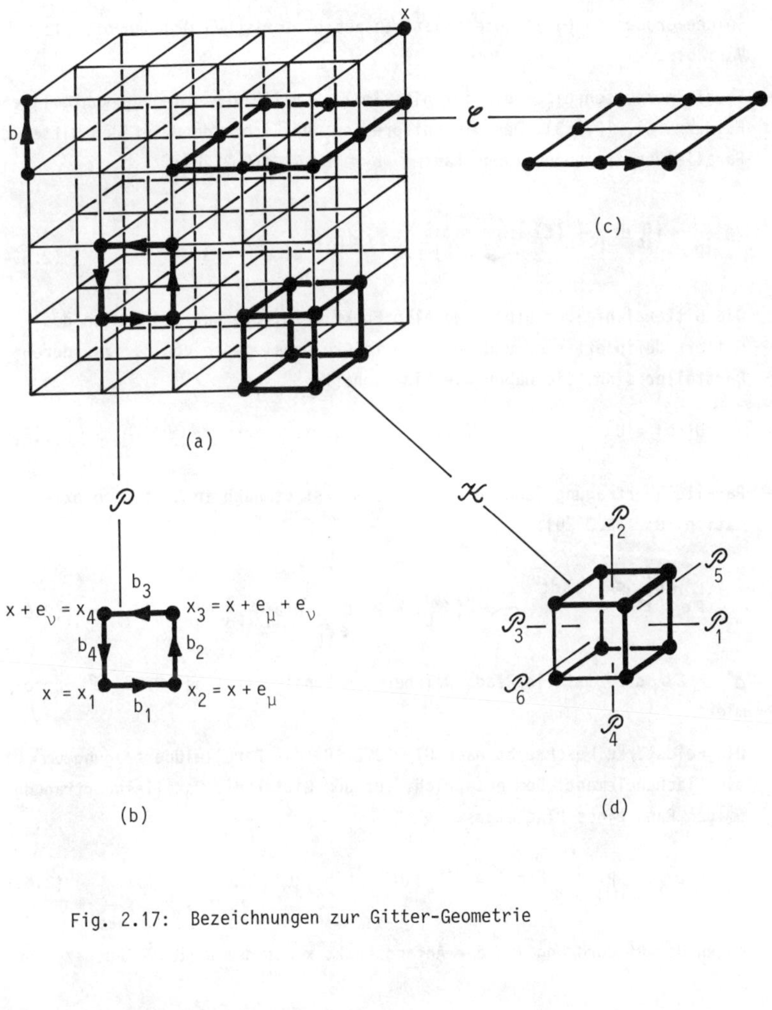

Fig. 2.17: Bezeichnungen zur Gitter-Geometrie

Die Geometrie der lokalen Eichsymmetrie, die wir in Abschnitt 2.2.1 dargestellt haben, läßt sich Punkt für Punkt auf das Gitter übertragen. Dies führt zu den, für eine Eichfeldtheorie auf dem Gitter grundlegenden Definitionen:

- Teilchenfelder $\psi_c(x)$ sind Ladungen Q_a der Symmetriegruppe G tragende Skalare oder Spinoren, welche auf den Gitterpunkten definiert sind, z.B. Quarkfelder:

$$\psi_{\alpha,f,c}(x) \rightsquigarrow \psi_{\alpha,f,c}(x)\Big|_{x = \varepsilon\cdot(n^1,\dots,n^4)} \quad . \tag{2.6.48}$$

  Solche Größen $(\psi_c(n^i))$ bezeichnet man aus historischen Gründen oft als Spin-Variable.

- Eichfelder beschreiben die infinitesimale Parallelverschiebung von geladenen Feldern, Gl. (2.2.3). Deshalb entsprechen den Eichfeldern auf dem Gitter die Parallelübertragungen längs Kanten $b \in \Gamma$, Gl. (2.2.20):

$$P\, e^{+i\int_b dt_\mu \mathcal{A}_\mu(t)} \rightsquigarrow U(b) \equiv e^{+i\mathcal{A}(b)} \quad . \tag{2.6.49}$$

  Die Gittereichfelder U(b) sind also Funktionen, die auf den Kanten des Gitters definiert sind und deren Werte Gruppenelemente von G, bzw. deren Darsteller sind. Sie haben die Eigenschaft:

$$U(-b) = U^{-1}(b) \quad \text{mit} \quad -(x_1,x_2) = (x_2,x_1). \tag{2.6.50}$$

- Parallelübertragung längs einer Kurve $\mathcal{C}$ ist demnach in Gitterapproximation, Gl. (2.2.20):

$$P\, e^{+i\int_{\mathcal{C}} \mathcal{A}_\mu(t)\, dt^\mu} \rightsquigarrow U(\mathcal{C}_L) = P \prod_{b_i\in\mathcal{C}_L} U(b_i) \tag{2.6.51}$$

  $\mathcal{C}_L = \sum_i b_i \subset \Gamma$ ist ein Pfad, welcher den kontinuierlichen Pfad $\mathcal{C}$ approximiert.

- Die Feldstärke beschreibt nach Gl. (2.2.10) die Parallelübertragung um ein Flächenelement. Dem entspricht auf dem Gitter die Parallelübertragung um den Rand eines Plaquettes

$$U(\dot{\mathcal{P}}_x) = P \prod_{b_i\in\dot{\mathcal{P}}} U(b_i) = U(b_4)\,U(b_3)\,U(b_2)\,U(b_1) \ . \tag{2.6.52}$$

  Wegen der Pfadordnung ist der Anfangspunkt x auf dem Rand $\dot{\mathcal{P}}$ ausgezeichnet;

im übrigen benützen wir die Bezeichnungen der Fig. 2.17 (b). Mit der Baker-Hausdorff-Formel für die Multiplikation von Exponentialfunktionen nicht vertauschbarer Größen $\exp A \exp B = \exp(A + B + \frac{1}{2}[A,B] + \ldots)$ ergibt sich:

$$U(\dot{\mathcal{P}}_x) = \exp(+i\,[\sum_i \mathcal{A}(b_i) - \frac{i}{2}\sum_{i>k}[\mathcal{A}(b_i),\mathcal{A}(b_k)] + \ldots]) =: e^{+i\,\mathcal{F}(\mathcal{P})}$$

und damit

$$\mathcal{F}_{\mu\nu}(x) \rightsquigarrow \mathcal{F}(\mathcal{P}) \,, \quad \text{wenn } \mathcal{P} = [x;\mu,\nu] \,. \tag{2.6.53}$$

- Lokale Eichtransformationen sind entsprechend Gl. (2.2.2) auf Gitterpunkten definiert: $g(x) \in G$, $x \in \Gamma$. Die verschiedenen geometrischen Größen transformieren dann analog zum Kontinuum:

$$\psi(x) \to g(x)\,\psi(x) \qquad \text{nach Gl. (2.2.2)}$$

$$U(b) \to g(x_1)\,U(b)\,g^{-1}(x_2) \quad \text{wenn } b = (x_1,x_2)\,, \text{ nach Gl. (2.2.19)}$$

und folglich (2.6.54)

$$U(\dot{\mathcal{P}}_x) \to g(x)\,U(\dot{\mathcal{P}}_x)\,g^{-1}(x) \qquad \text{nach Gl. (2.2.14),}$$

$$U(\mathcal{C}) \to g(x)\,U(\mathcal{C})\,g^{-1}(x')\,, \quad \text{wenn } \dot{\mathcal{C}} = x - x' \text{ nach Gl. (2.2.19),}$$

$$(\psi^\dagger(x)\,U(\mathcal{C})\,\psi(x')) \to \psi^\dagger(x)\,U(\mathcal{C})\,\psi(x')\,.$$

Die Dynamik einer Gitter-Eichtheorie wird durch die Definition einer Wirkung festgelegt. Für eine euklidische, reine Eichtheorie mit der Eichgruppe [Ba 74] SU(n) betrachtet man hierfür nach K. Wilson [Wi 74] den folgenden Ausdruck

$$S_E = \frac{\beta}{2n}\sum_{\mathcal{P}} \text{Spur}\,\{U(\dot{\mathcal{P}}) + U^{-1}(\dot{\mathcal{P}}) - 2\}\,. \tag{2.6.55}$$

Die Summe erstreckt sich über alle unorientierten Plaquetten des euklidischen Raum-Zeit-Gitters. Spur $U(\dot{\mathcal{P}}_x)$ erlaubt als Spur eine zyklische Permutation der Reihenfolge der Faktoren in Gl. (2.6.52) und ist somit von x unabhängig. Aus derselben Eigenschaft der Spur folgt nach Gl. (2.6.54) die Eichinvarianz der Wirkung S_E. Die Korrespondenzen zum Kontinuumsfall, Gl. (2.6.49 - 53), ergeben formal, daß S_E für kleine Gitterkonstanten ε eine Approximation der Wirkung

$S_E = \int d^4x\, \mathscr{L}_{Eich}$, Gl. (2.2.30), ist. Entsprechend diesen Korrespondenzen ist nämlich $\mathscr{A}(b) \sim -g_o \cdot \varepsilon A^a_\mu \frac{\lambda_a}{2}$, $\mathscr{F}(\mathscr{P}[x;\mu,\nu]) \sim -\varepsilon^2 g_o F^a_{\mu\nu} \frac{\lambda_a}{2}$ (QCD-Vorzeichen-Konvention für g_o siehe S. 102), und folglich mit Gl. (1.2.5) und Gl. (2.6.53):

$$\frac{\beta}{2n} \sum_{\mathscr{P}} \mathrm{Spur}\{U(\dot{\mathscr{P}}) + U^{-1}(\dot{\mathscr{P}}) - 2\} = -\sum_x \varepsilon^4 \frac{g_o^2}{4} \frac{\beta}{2n} (F^a_{\mu\nu}(x) F^a_{\mu\nu}(x))$$
$$\sim -\frac{1}{4} \int d^4x\, F^a_{\mu\nu} F^a_{\mu\nu} \;, \quad \text{wenn} \quad \beta = \frac{2n}{g_o^2} \quad \text{gilt} . \tag{2.6.56}$$

Obwohl die Eichinvarianz von Ausdrücken der Form $(\psi^\dagger U(\mathscr{C})\psi)$ auch eine Dynamisierung von Eichtheorien mit Teilchenfeldern entsprechend Abschn. 2.2.2 ermöglichen würde, wollen wir hier darauf verzichten. Denn einerseits beschränken wir die Anwendung der Gittereichtheorien auf die Diskussion des Wilson-Kriteriums, welches eine Eigenschaft der reinen Eichtheorie beschreibt. Andererseits sind mit der Formulierung von Dirac-Feldern auf dem Gitter noch ungelöste Probleme [Su 77, Wi 77a] verbunden, die eine befriedigende Gitterapproximation der vollständigen QCD noch nicht erlauben (für neuere Entwicklungen siehe Hinweise im Nachtrag zur 2. Auflage, S. 369 f.).

Die Definition der Wirkung gestattet die Pfadintegralformulierung einer quantisierten Gittereichtheorie. Ist $\Omega[U]$ eine Observable, welche als eichinvariantes Funktional der Gittereichfelder gegeben ist, dann berechnet sich sein Vakuumerwartungswert entsprechend der allgemeinen Pfadintegralformulierung (Abschn. 2.3.2) gemäß

$$\langle \Omega[U] \rangle = \frac{1}{Z} \int \mathscr{D}[U]\, \Omega[U]\, e^{S_E[U]} ,$$
$$Z = \int \mathscr{D}[U]\, e^{S_E[U]} . \tag{2.6.57}$$

Wir benützen hier die euklidische Formulierung (Abschn. 2.3.2 c und Gl. (2.6.1)). Um diese Vorschrift zu vervollständigen, müssen wir noch das Maß $\mathscr{D}[U]$ im Raum der Eichfelder definieren. Es ist

$$\mathscr{D}[U] = \prod_{b \in \Gamma} d\mu(U(b)) , \tag{2.6.58}$$

wobei $d\mu(g)$ das Haarsche Maß, Gl. (1.2.12 - 14), der Symmetriegruppe $G = SU(n)$ ist. Die Invarianz des Haar-Maßes bewirkt, daß durch die Grundgleichung (2.6.57) eine eichinvariante Quantentheorie beschrieben wird. Aus der Eichinvarianz von $\Omega[U]$ folgt die Eichinvarianz des Erwartungswertes. Eichfixierungsterme wie in Gl. (1.3.129') sind bei Integrationen mit dem endlichen Haar-Maß nicht notwendig.

Die Grundgleichung (2.6.57) zusammen mit der Definition Gl. (2.6.54) der Parallelübertragung ergibt direkt die gesuchte Gitterapproximation des Wilson-Loops, Gl. (2.6.1):

$$W(\mathcal{C}) = \frac{1}{Z} \int \mathcal{D}[U] \, \mathrm{Spur}\, U(\mathcal{C}) \cdot e^{S_E[U]} \quad . \tag{2.6.59}$$

Diese bildet einen wesentlichen Ausgangspunkt für die weitere Diskussion des Confinement-Problems im Rahmen der Gittereichtheorie. Doch ehe wir die systematische Auswertung dieser Formel betrachten, wollen wir noch einen anderen Zugang zur Gittereichtheorie beschreiben, welcher die Bedeutung von Gluon-Strings für das Quark-Confinement besonders veranschaulicht.

b) In der Hamiltonschen Formulierung der reinen QCD auf dem Gitter [Ko 75, Ko 77] werden im Grenzfall starker Kopplung die angeregten Zustände als Gluon-Strings beschrieben. Diese Methode ist nicht explizit kovariant weder gegenüber allgemeinen Eichtransformationen noch gegenüber Lorentz-Transformationen im Kontinuum. Deshalb würde man besonders große Schwierigkeiten vermuten, wenn man auf dieser Grundlage zu einer konsistenten, renormierten, relativistischen Feldtheorie kommen wollte. Wegen ihrer Anschaulichkeit, die auch phänomenologische Rechnungen stimuliert [Ba 77 a, Ko 76], wollen wir die Hamiltonsche Formulierung der Eichtheorie hier trotzdem kurz behandeln.

Im Kontinuum wählt man die temporale Eichung $A_a^o = 0$, Gl. (2.2.23), und betrachtet die elektrische Komponente der Gluonfeldstärke (Gl. (2.2.12)): $F_a^{io}(x) = E_a^i(x) = -\frac{d}{dt} A_a^i(x)$ als (negative) kanonisch konjugierte Größe zum Eichpotential $A_a^i(x)$:

$$A_a^o(x) = 0 \,, \quad E_a^i(x) = -\frac{d}{dt} A_a^i(x) \,, \quad B_a^i = \varepsilon^{ikl} \cdot (\nabla^k A_a^l - \frac{g_o}{2} f_{abc} A_b^k A_c^l) \,,$$

$$[A_a^i(t,\vec{x}), A_b^k(t,\vec{x}\,')] = 0 \,, \qquad [E_a^i(t,\vec{x}), A_b^k(t,\vec{x}\,')] = i\, \delta_{ab}\, \delta^{ik}\, \delta(\vec{x} - \vec{x}\,') . \tag{2.6.60}$$

$$[E_a^i(t,\vec{x}), E_b^k(t,\vec{x}\,')] = 0 \,,$$

Der formale Hamilton-Operator H drückt sich in $\vec{E}_a(x)$ und der magnetischen Komponente der Gluonfeldstärke $\vec{B}_a(x)$ folgendermaßen aus:

$$H = \frac{1}{2} \int d^3x \sum_a (\vec{E}_a^2 + \vec{B}_a^2) . \tag{2.6.61}$$

Die Feldgleichungen (2.2.29): $D^{\mu}\mathcal{F}_{\mu\nu}(x) = 0$ folgen nur teilweise aus den Heisenbergschen Bewegungsgleichungen $dF/dt = i\,[H,F]$, wie es die kanonische Quantenmechanik postuliert. Der Teil der Feldgleichungen, welcher keine Zeitableitungen enthält:

$$\partial_i E^i_a + g_0 E^i_b f_{abc} A^i_c = 0 , \tag{2.6.62}$$

ist keine Konsequenz der Heisenberg-Gleichungen. Beachtet man jedoch, daß der Operator

$$Q[\theta] = \int d^3x \,(\theta_a(x)\frac{1}{g_0}\,\partial_i E^i_a(x) + E^i_a(x)\, f_{abc}\, A^i_b(x)\,\theta_c(x)) \tag{2.6.63}$$

infinitesimale Eichtransformationen entsprechend Gl. (2.2.7) erzeugt:

$$\delta A^i_a = i\,[Q[\theta], A^i_a] = -(\frac{1}{g_0}\partial^i\theta_a - f_{abc} A^i_b \theta_c) , \tag{2.6.64}$$

so sieht man, daß für physikalische, d.h. eichinvariante Zustände

$$Q[\theta]\,|\,\mathrm{Phys}> = 0 \tag{2.6.65}$$

gilt, daß die Feldgleichungen (2.6.62) also erfüllt sind. Da weiter aufgrund der Eichinvarianz von H, $Q[\theta]$ mit H vertauscht, führt der Operator H physikalische Zustände in physikalische Zustände über. Das wesentliche Resultat dieser kurzen Betrachtung ist, daß für eichinvariante Zustände mit H nach Gl. (2.6.61) ein Hamilton-Operator für die reine QCD gegeben ist.

Die allgemeinen Betrachtungen zur Gitterapproximation von Eichtheorien gestatten direkt die Übertragung der Hamiltonschen Formulierung auf das Gitter [Ko 75]. Bei dieser Methode bleibt die Zeit eine kontinuierliche Koordinate, nur der 3-dimensionale Raum wird durch ein Gitter Γ^3 approximiert. Daraus ergeben sich die folgenden Korrespondenzen:

- Eichfelder in temporaler Eichung $\rightsquigarrow$ Gittereichfelder U(b) nach Gl. (2.6.49), definiert auf räumlichen Kanten.
- Magnetische Feldstärke, d.h. $\mathcal{F}_{\mu\nu}(x)$ mit räumlichen Indizes $\mu,\nu = 1,2,3$, $\rightsquigarrow$ Plaquette-Terme $U(\dot{\mathcal{P}}_x)$ definiert nach Gl. (2.6.52) auf Plaquetten des Raumgitters.
- Elektrische Feldstärke, d.h. $\mathcal{F}^{\mu 0}(x)$, $\mu = 1,2,3$ $\rightsquigarrow$ Felder $E_a(b)$, definiert auf orientierten Kanten. Da in der Hamiltonschen Formulierung die Zeit kontinuierlich ist, bleibt von den Plaquette-Termen Gl. (2.6.53), eines raumzeitlichen Plaquettes $\mathcal{P} = [x;\mu,0]$ in temporaler Eichung ($U(b) = 1$ für $b = (x,0)$ nach Gl. (2.6.49)) nur der zeitliche Differentialquotient einer

Kantenfunktion übrig. Zwischen $E_a(b)$ und $E_a(-b)$ gilt die Relation

$$E_a(b) = - \sum_{a'} \tilde{U}_{aa'}(b)\, E_{a'}(-b) . \qquad (2.6.66)$$

Hier bezeichnet $\tilde{U}_{aa'}(b)$ das Gittereichfeld in der Oktett- (=adjungierten) Darstellung (vgl. Gl. (2.2.15)).

- Kanonische Vertauschungsrelationen, Gl. (2.6.60)

$$[E_a(b_j), E_{a'}(b_k)] = i f_{aa'a''} E_{a''}(b_k)\, \delta_{b_j,b_k} ,$$

$$[U_{\alpha\beta}(b_j), U_{\gamma\delta}(b_k)] = 0 , \qquad (2.6.67')$$

$$[E_a(b_j), U(b_k)] = -\frac{\lambda_a}{2} U(b_k)\, \delta_{b_j,b_k} + \delta_{-b_j,b_k} U(b_k) \frac{\lambda_a}{2} . \qquad (2.6.67")$$

Entsprechend den Überlegungen zu Gl. (2.6.56) ist dies im wesentlichen eine Übertragung der kanonischen Vertauschungsrelationen auf das Gitter, so daß sich für kleine Gitterkonstante ε formal der Kontinuumslimes ergibt: $U(b) \approx \exp(-i\, g_o\, \varepsilon A_a^1(x)\, \lambda_a/2)$, $E_a(b) \approx -\varepsilon^2 E_a^1(x)/g_o$, $\varepsilon^3 \delta(\vec{x}-\vec{x}')\, \delta_{1k} \approx \delta_{b_1,b'_k}$ für $b_1 = [x,1]$, $b'_k = [x',k]$. Eine gewisse Abweichung besteht darin, daß die $E_a(b)$ nicht vertauschbar sind, sondern die $E_a(b)$ für festes b die Vertauschungsrelationen der lokalen Eichgruppe erfüllen. Für $\varepsilon \to 0$ ist der Kommutator allerdings von der Ordnung ε. In Gleichung (2.6.67") benützen wir die Matrixschreibweise $\sum_\beta (\lambda^a)_{\alpha\beta} U_{\beta\gamma}(b) \equiv (\lambda^a U(b))_{\alpha\gamma}$ und erwarten, daß keine Verwechslung zwischen den Produkten und Kommutatoren der quantenmechanischen Operatoren $E_a(b)$, $U_{\alpha\beta}(b)$ und diesen Matrixprodukten auftreten. Formal bedeutet Gl. (2.6.67"), daß die $E_a(b)$ bzw. $E_a(-b)$ auf das Gruppen-wertige Eichfeld U(b) wie infinitesimale Rechts- bzw. Linkstransformationen wirken. Daraus folgt in bekannter Weise auch die Relation (2.6.66) [Ch 46, Ha 62 a]. Dies alles erlaubt die Darstellung der

- Eichtransformationen durch einen erzeugenden Operator analog zu Gl. (2.6.63):

$$Q[\theta] = \sum_{x \in \Gamma^3} (\nabla E_a)(x)\, \theta^a(x) \qquad (2.6.68)$$

mit $(\nabla E_a)(x) = \sum_\mu E_a(b = [x,\mu])$, wobei über alle Kanten, welche einen Endpunkt x haben, summiert wird. $(\nabla E_a)(x)$ ist die Divergenz eines Vektors $\vec{\partial}\vec{E}(x)$ auf dem Gitter. Aufgrund der Vertauschungsrelationen Gl. (2.6.67) erzeugt $Q[\theta]$ in der Tat die Eichtransformationen:

$$e^{+iQ[\theta]}U(b)\,e^{-iQ[\theta]} = e^{-i\frac{\lambda_a}{2}\theta^a(x)}\,U(b)\,e^{+i\frac{\lambda_a}{2}\theta^a(x')}\;, \quad b=(x,x'),$$

$$e^{+iQ[\theta]}(\lambda_a E_a(b))\,e^{-iQ[\theta]} = e^{-i\frac{\lambda_a}{2}\theta^a(x')}(\lambda_b E_b)\,e^{i\frac{\lambda_a}{2}\theta_a(x)}\;. \tag{2.6.69}$$

- Die physikalischen Zustände werden analog zu Gl. (2.6.65) als eichinvariante Zustände

$$Q[\theta]\,|\,\mathrm{Phys}> \; = 0 \tag{2.6.70}$$

definiert.

- Der Hamilton-Operator ist entsprechend Gl. (2.6.61):

$$H = \frac{1}{2\varepsilon}\{\, g_o^2 \sum_{b\in\Gamma^3}\sum_{a=1}^{8} E_a^2(b) - \frac{2}{g_o^2}\sum_{\mathcal{P}\in\Gamma^3}\mathrm{Spur}(U(\dot{\mathcal{P}}) + U^{-1}(\dot{\mathcal{P}}) - 2)$$

$$\equiv \frac{g_o^2}{2\varepsilon}\,(H_o + \bar{x}\,H_I)\;,\; \bar{x} = 2/g_o^4 \;; \tag{2.6.71}$$

dabei ergibt sich der magnetische Term H_I analog zu Gl. (2.6.56) als Summe über alle nichtorientierten $\mathcal{P}$. Da $\sum_a E_a^2$ invariant unter der Transformation Gl. (2.6.66) ist, erstreckt sich auch die Summation der elektrischen Feldstärken über die unorientierten Kanten.

Die Gleichungen (2.6.66 - 71) stellen die Grundgleichungen der Gittereichtheorie in Hamiltonscher Formulierung dar. Sie erlauben eine Störungstheorie für starke Kopplung $g_o^2 \to \infty$. Dazu betrachten wir die Eigenzustände des "ungestörten" Hamilton-Operators H_o. Der eichinvariante Grundzustand $|\,0>_s$ von H_o hat nach Gl. (2.6.70) die Eigenschaft

$$E_a(b_i)\,|\,0>_s \; = 0 \quad \text{für alle} \quad b_i \in \Gamma^3\;. \tag{2.6.72}$$

Nach den Vertauschungsrelationen (2.6.67") erzeugen die $U_{\alpha\beta}(b_j)$ Gluon-Strings aus dem Vakuum, d.h. der Zustand $|\,b_j;\alpha\beta> \;\equiv U_{\alpha\beta}(b_j)|0>$ ist ein Eigenzustand der chromoelektrischen Feldstärke $E_a(b_k)$:

$$E_a(b_k)\,|b_j;\alpha\beta> \; = E_a(b_k)\,U_{\alpha\beta}(b_j)\,|0> \qquad \text{nach Gl. (2.6.67", 72)}$$

$$= \; -\tfrac{1}{2}(\lambda_a)_{\alpha\gamma}\,|b_j;\gamma\beta>\delta_{b_j,b_k} + \tfrac{1}{2}(\lambda_a)_{\gamma\beta}\,|b_j;\alpha\gamma>\delta_{-b_k,b_j}\;. \tag{2.6.73}$$

Der Zustand $|b_j;\alpha\beta>$ beschreibt also einen chromoelektrischen Fluß, der auf der Kante b_j konzentriert ist. Im starken Kopplungslimes ist die Energie dieses Zustands nach Gl. (2.6.71) und Gl. (2.6.73):

$$H|b_j;\alpha\beta> \approx \{\frac{g_o^2}{2\varepsilon}\sum_{a,b_k} E_a^2(b_k)\}|b_j;\alpha\beta> = \frac{g_o^2}{2\varepsilon}\cdot\frac{4}{3}\cdot|b_j;\alpha\beta> . \quad (2.6.74)$$

Dabei ist $\frac{4}{3}$ der Wert des "lokalen" Casimir-Operators $\sum_a E_a^2(b_j) \approx \frac{1}{4}\sum_a \lambda_a^2 = \frac{4}{3}$; er bestimmt die Energie eines elementaren Flußquantums auf einer Kante. Durch mehrfache Anwendung von $U(b_j)$ wird die Kante b_j höher angeregt. Dabei sind die Energien der höheren Anregungen proportional zu den Werten der Casimir-Operatoren höher-dimensionaler Darstellungen. Die Anregungsenergien sind also nicht proportional zu den Potenzen der Erzeugungsoperatoren wie im Falle der Vertauschungsrelationen freier Teilchen, Gl. (1.2.19), sondern folgen aus den Clebsch-Gordan-Regeln für die Produkte von Darstellungen der Eichgruppe $G \cong SU(3)$ [Li 78]. Wegen der Vertauschbarkeit der Operatoren $U_{\alpha\beta}(b_j)$ für verschiedene Kanten, Gl. (2.6.67'), können die verschiedenen Kanten des Gitters unabhängig angeregt werden. So kann durch vielfache Anwendungen von $U_{\alpha\beta}(b_i)$, $b_i \in \Gamma^3$, auf $|0>_s$ der Zustandsraum der Gittereichtheorie vollständig aufgebaut werden. Wir wollen diese komplexe Struktur nicht im allgemeinen weiterverfolgen, sondern die Frage nach physikalischen, eichinvarianten Zuständen stellen. Dazu betrachten wir zwei physikalisch relevante Beispiele.

Der Zustand $|\vec{y},\alpha;\vec{z},\beta>$ eines statischen Quark-Antiquark-Paares, welches auf den Gitterplätzen $\vec{z}$ und $\vec{y}$ sitzt, transformiert bei Eichtransformationen der Quarks entsprechend

$$e^{+iQ^q[\theta]}|\vec{y},\alpha;\vec{z},\beta> = \Sigma(e^{-i\frac{\lambda_a}{2}\theta^a(\vec{y})})_{\alpha\alpha'}(e^{i\frac{\lambda_a}{2}\theta^a(\vec{z})})_{\beta'\beta}|\vec{y},\alpha';\vec{z},\beta'> \quad (2.6.75)$$

(vgl. Gl. (2.2.2)). Deshalb ist der Zustand, in welchem die Quarks durch einen Gluon-String verbunden sind:

$$|\vec{y},\vec{z};\mathscr{C}> = \Sigma\, U_{\beta\alpha}(\mathscr{C})|\vec{y},\alpha;\vec{z},\beta>, \quad \begin{array}{l}\mathscr{C} \text{ von } \vec{y} \text{ nach } \vec{z}, \text{ d.h.}\\ \dot{\mathscr{C}} = \vec{z}-\vec{y},\end{array} \quad (2.6.76)$$

eichinvariant: $\exp(+i(Q[\theta]+Q^q[\theta]))|\vec{y},\vec{z};\mathscr{C}> = |\vec{y},\vec{z};\mathscr{C}>$ nach Gl. (2.6.54, 69). Hier ist $U(\mathscr{C})$ der Operator der Parallelübertragung nach Gl. (2.6.51). Ist M_q der Massenoperator der Quarks, dann ist in starker Kopplungsapproximation die Energie $\mathcal{E}$ dieses Zustandes entsprechend der Rechnung Gl. (2.6.74):

$$(M_q + \frac{g_o^2}{2\varepsilon} H_o) \, | \vec{y}, \vec{z}; \mathcal{C} > \; = (2\, m_q + \frac{4}{3} \frac{g_o^2}{2\varepsilon^2} L) \, | \vec{y}, \vec{z}; \mathcal{C} > \; . \tag{2.6.77}$$

L ist die physikalische Länge, d.h. ε-mal die Anzahl der Kanten von $\mathcal{C}$. Bei gegebener Quarkposition $\vec{y},\vec{z}$ ist der Zustand mit niedrigster Energie derjenige mit dem kürzesten $\mathcal{C}$.

So ist in der starken Kopplungsapproximation auf dem Gitter die Erzeugung eines linearen Potentials durch einen chromoelektrischen String in primitiver Weise realisiert! Die Stringkonstante κ liest man direkt von Gl. (2.6.77) ab: $\varepsilon^2 \kappa = \frac{4}{3} g_o^2$. Dieses Ergebnis kann durch eine systematische Störungsrechnung in $\bar{x} \cdot H_I$, Gl. (2.6.71), verbessert werden. Wir zitieren das Ergebnis einer Rechnung von J.B. Kogut und Mitarbeitern [Ko 79 a, Ko 80], $\bar{x} = 2/g_o^4$:

$$\kappa = \frac{g_o^2}{2\varepsilon^2} \{ \frac{4}{3} - \frac{11}{153} \bar{x}^2 - \frac{61}{1632} \bar{x}^3 - 0{,}041\,378\, \bar{x}^4 - 0{,}034\,436\, \bar{x}^5 + \ldots \} \, . \tag{2.6.78}$$

Auf die Frage, welche Bedeutung diese Rechnung für die QCD im Kontinuum hat, kommen wir unter e) zurück.

Ein eichinvarianter Zustand ohne Quarks wird nach Gl. (2.6.69) durch eine geschlossene Kurve $\mathcal{C}$ erzeugt:

$$| \mathcal{C} > \; = \mathrm{Spur}\, U(\mathcal{C}) \, | \, 0 > \, , \quad H \, | \mathcal{C} > \; = (\frac{4}{3}) \frac{g_o^2}{\varepsilon^2} L(\mathcal{C}) \, | \mathcal{C} > + \ldots \quad . \tag{2.6.79}$$

Den niedrigsten physikalischen Zustand erhält man, wenn $\mathcal{C}$ nur ein Plaquette umschließt: $\mathcal{C} = \dot{\mathcal{P}}$. Er hat die Energie $\frac{16}{3} g_o^2 / 2\varepsilon + \ldots$ und wir müssen diese in diesem primitiven Modell als Masse der Gluon-Kugel interpretieren [Ko 76].

Zum Schluß wollen wir noch eine Bemerkung zum Wilson-Kriterium in der Hamiltonschen Formulierung der SU(3)-Eichtheorie machen. In der temporalen Eichung $\mathcal{A}_o = 0$ und mit den Bezeichnungen der Fig. 2.13 gilt:

$$< 0 \, | \, \mathrm{Spur}\, P\, e^{-i \int_{\mathcal{C}} dt^\mu \mathcal{A}_\mu(t)} \, | \, 0 > \sim \, < 0 \, | \, U^\dagger_{\beta\alpha}(L)\, e^{iHT}\, U_{\alpha\beta}(L) \, | \, 0 > \sim$$
$$\sim e^{iV(r)T} \sim e^{i\kappa L T} \, , \tag{2.6.80}$$

ein Resultat, das bei Übergang zur zweiten Zeile nur die führende Ordnung von Gl. (2.6.77) benützt, in dieser Ordnung jedoch den allgemeinen Zusammenhang mit Gl. (2.6.3) bestätigt.

c) Die Auswertung des Wilson-Loops, Gl. (2.6.59), in der Gitterapproximation zur euklidischen Feldtheorie hat formale Ähnlichkeit mit der Berechnung von Erwartungswerten in der statistischen Mechanik. Wir haben darauf schon in Abschnitt 2.3.2 g hingewiesen. Setzen wir wie dort die Wirkung Gl. (2.6.55): $S_E = \beta \mathcal{H}_E$, $\beta = \frac{2n}{g_0^2}$, proportional zu einer 4-dimensionalen, analogen klassischen Energiefunktion $\mathcal{H}_E$ - die nicht mit H von Gl. (2.6.71) zu verwechseln ist - so entspricht der inversen Kopplungskonstante $\beta = \frac{2n}{g_0^2}$ eine inverse Temperatur $\beta \approx \frac{1}{kT}$ und der <u>starken Kopplungsapproximation der Feldtheorie</u> [Ba 75 a, Dr 78, Dr 78 a, Ko79a] eine Hochtemperaturentwicklung in der statistischen Mechanik. Diese, von der statistischen Mechanik übernommene Methode soll hier kurz dargestellt werden. Wir erläutern sie zunächst an einem einfachen Modell, bei dem alle Schritte explizit durchgeführt werden können. Damit geben wir auch einen Eindruck von der Struktur der Modelle, deren methodische Untersuchung in diesem Zusammenhang eine große Rolle spielt.

Das Modell, welches wir zunächst betrachten, ist die Z_2-Eichtheorie auf einem 2-dimensionalen Gitter mit N^2 Punkten. Die Eichgruppe G ist hier die endliche, diskrete Gruppe mit zwei Elementen: $Z_2 = \{\sigma | \sigma = \pm 1\}$. Dementsprechend sind die Gittereichfelder $U(b) \equiv \sigma(b)$ Funktionen auf den Kanten $b \in \Gamma^2$, welche die Werte ± 1 annehmen. Wegen der Vertauschbarkeit der Gruppenmultiplikation sind die "Feldstärken": $\sigma(\dot{\mathcal{P}}) = \sigma(b_4)\,\sigma(b_3)\,\sigma(b_2)\,\sigma(b_1)$, Gl. (2.6.52), reine Plaquette-Funktionen. Entsprechend Gl. (2.6.55, 59 und 57) ergeben sich die Definitionen von:

$$\text{Wirkung:} \qquad S_E[\sigma] = \beta \;\Sigma\,(\sigma(\dot{\mathcal{P}}) - 1) = -\beta \mathcal{H}_E[\sigma] , \tag{2.6.81}$$

$$\text{Wilson-Loop:} \qquad W(\mathcal{C}) = \frac{1}{Z} \int \mathcal{D}[\sigma]\, \sigma(\mathcal{C})\, e^{-\beta \mathcal{H}_E[\sigma]} , \tag{2.6.82}$$

$$\text{Zustandssumme:} \qquad Z = \int \mathcal{D}[\sigma]\, e^{S_E[\sigma]} , \tag{2.6.83}$$

$$\text{Haarschem Maß:} \qquad \int d\mu(\sigma)\, f(\sigma) = \frac{1}{2} \sum_{\sigma = \pm 1} f(\sigma) . \tag{2.6.84}$$

Die Auswertung des Integrals für Zustandssumme und Wilson-Loop für kleine β, d.h. die Hochtemperatur-Entwicklung führt man vorteilhaft in folgenden Schritten durch. Zunächst entwickelt man den Boltzmann-Faktor eines einzelnen Plaquettes in einer "Z_2-Fourier-Transformation":

$$e^{\beta(\sigma-1)} = e^{-\beta}(\cosh\beta + \sigma\sinh\beta) = C(1+\boldsymbol{v}\sigma)$$

$$\text{mit } C = \int d\mu(\sigma)\, e^{\beta(\sigma-1)}, \quad C\boldsymbol{v} = \int d\mu(\sigma)\,\sigma\, e^{\beta(\sigma-1)} . \tag{2.6.85}$$

Da $\boldsymbol{v} = \tanh\beta \approx \beta + \ldots$ ist, kann man anstatt einer Potenzreihe in β eine solche in $\boldsymbol{v}$ betrachten. In der Entwicklung des gesamten Boltzmann-Faktors

$$\exp\Big(\beta \sum_{\mathcal{P}\in\Gamma^2}(\sigma(\dot{\mathcal{P}})-1)\Big) = C^{N^2}\cdot\prod_{\mathcal{P}\in\Gamma^2}(1+\boldsymbol{v}\sigma(\dot{\mathcal{P}})) = C^{N^2}\cdot\sum_{n=o}^{N^2}\boldsymbol{v}^n\cdot\Big(\sum_{G^{(n)}}\prod_{\mathcal{P}\in G^{(n)}}\sigma(\dot{\mathcal{P}})\Big) \tag{2.6.86}$$

ergibt sich nach Ausführung des Produkts $\prod_{\mathcal{P}\in\Gamma^2}$ der Koeffizient von $\boldsymbol{v}^n$ als eine Summe von Beiträgen aller möglichen Gittergraphen $G^{(n)}$. Ein Gittergraph $G^{(n)}$ ist eine Menge aus n nicht orientierten Plaquetten, sein Beitrag zum Boltzmann-Faktor ist das Produkt aller $\sigma(\dot{\mathcal{P}})$ dieser Plaquetten. Die Hochtemperatur-Entwicklung der Zustandssumme erhält man dann durch Einsetzen von Gl. (2.6.86) in Gl. (2.6.83) als

$$Z = C^{N^2}\cdot\sum_n \boldsymbol{v}^n\cdot\Big(\sum_{G^{(n)}} Z(G^{(n)})\Big), \tag{2.6.87}$$

wobei $Z(G^{(n)})$ der Beitrag eines Gittergraphen zur Zustandssumme ist:

$$Z(G^{(n)}) = \int\mathcal{D}[\sigma]\prod_{\mathcal{P}\in G^{(n)}}\sigma(\dot{\mathcal{P}}), \quad \mathcal{D}[\sigma] = \prod_{b\in\Gamma^2} d\mu(b) . \tag{2.6.88}$$

Beachtet man nun

$$\int d\mu(b) = 1, \ \int d\mu(b)\sigma(b) = 0, \ \sigma^2(b) = 1, \tag{2.6.85'}$$

so erkennt man, daß $Z(G^{(n)})$ nur dann von Null verschieden ist, wenn $\sigma(b_i)$ in $\prod_{\mathcal{P}\in G^{(n)}}\sigma(\dot{\mathcal{P}})$ in geraden Potenzen vorkommt. Wegen $\sigma(\dot{\mathcal{P}}) = \prod_{b_i\in\dot{\mathcal{P}}}\sigma(b_i)$ bedeutet dies, daß jede Kante im Rand von mindestens zwei Plaquetten von $G^{(n)}$ vorkommen muß, d.h., daß $Z(G^{(n)}) \neq 0$ nur wenn der Rand $\dot{G}^{(n)}$ von $G^{(n)}$ verschwindet. In einem 2-dimensionalen endlichen Gitter ist dies nur für $G^{(o)}$, d.h. den leeren Gittergraphen erfüllt, und somit nach Gl. (2.6.87): $Z = C^{N^2}$. Betrachten wir ein periodisches Gitter, in dem wir entgegengesetzte Randelemente von Γ^2 identifizieren, dann ist auch $\dot{\Gamma}^2 = 0$, und wir erhalten das Resultat

$$Z = C^{N^2} \cdot (1 + \vartheta^{N^2}) \approx C^{N^2} \quad \text{für } N^2 \gg 1, \quad \vartheta < 1 . \tag{2.6.89}$$

Für große N verschwindet der Einfluß der Randbedingungen. Die entsprechende starke Kopplungsentwicklung für das Wilson-Integral ergibt sich durch Einsetzen der Entwicklung des Boltzmann-Faktors Gl. (2.6.86) in Gl. (2.6.82):

$$W(\mathcal{C}) = \sum_n \vartheta^n \Big(\sum_{G^{(n)}} W(\mathcal{C}; G^{(n)}) \Big), \quad N \gg 1, \quad \text{mit}$$

$$W(\mathcal{C}; G^{(n)}) = \int \mathcal{D}[\sigma] \sigma(\mathcal{C}) \prod_{\mathcal{P} \in G^{(n)}} \sigma(\dot{\mathcal{P}}) . \tag{2.6.90}$$

Analog zur Diskussion der Beiträge zur Zustandssumme schließt man, daß nur die $G^{(n)}$ einen Beitrag liefern, für welche $\dot{G}^{(n)} = \mathcal{C}$ gilt. In zwei Dimensionen, ohne periodische Randbedingungen, ist dies ein einziger Graph, welcher aus $Ar[\mathcal{C}]$ Plaquetten besteht. Wir erhalten daher

$$W(\mathcal{C}) = \vartheta^{Ar[\mathcal{C}]} = e^{\log \vartheta \cdot Ar[\mathcal{C}]} . \tag{2.6.91}$$

In der Z_2-Gittereichtheorie in zwei Dimensionen ist also das Wilson-Kriterium für Confinement erfüllt mit einer Stringkonstante $\kappa = -\log \vartheta$, in Einheiten der Gitterkonstante.

Die einzelnen Schritte zur starken Kopplungsapproximation:

- gruppentheoretische Entwicklung des Boltzmann-Faktors für das einzelne Plaquette,
- Entwicklung des gesamten Boltzmann-Faktors nach Beiträgen von Gittergraphen,
- Bestimmung und Berechnung der Graphen, welche einen nicht verschwindenden Beitrag geben und
- Aufsummation der Graphen

sind die wesentlichen Punkte dieser Methode auch bei der Anwendung auf die QCD. Die kompliziertere Struktur der SU(3)-Gruppe und die Erweiterung auf vier euklidische Dimensionen komplizieren jedoch die einzelnen Schritte, so daß wir in der folgenden Skizzierung der starken Kopplungsapproximation der SU(3)-Eichtheorie für Einzelheiten häufig auf die Literatur verweisen müssen.

Ausgangspunkt für die gruppentheoretische Fourier-Transformation bilden die Orthogonalitäts- und Vollständigkeitsrelationen der Charaktere $\chi^{(k)}(g) = \text{Spur}\, D^{(k)}(g)$ der irreduziblen, unitären Darstellungen (k) [Ch 46] der Symmetriegruppe G = SU(3):

$$\int_G d\mu(f)\, \chi^{(k)}(g'\cdot f^{-1})\, \chi^{(k')}(f\cdot g^{-1}) = \frac{\delta_{(k),(k')}}{\dim(k)}\, \chi^{(k)}(g'g^{-1}) \tag{2.6.92}$$

oder, speziell:

$$\int_G d\mu(f)\, \chi^{(k)}(f)^*\, \chi^{(k')}(f) = \delta_{(k),(k')} \,. \tag{2.6.93}$$

Sie gestatten analog zur Gl. (2.6.85) eine Entwicklung des Boltzmann-Faktors eines Plaquettes $\mathscr{P}$:

$$\exp\left(\frac{\beta}{6}\left(\chi^{(3)}(U) + \chi^{(3)}(U)^*\right)\right) = \sum_k C_k(\beta)\, \chi^{(k)}(U) = \tag{2.6.94}$$

$$= C_0\left(1 + 3\cdot \boldsymbol{v}_{(3)}\chi^{(3)}(U) + 3\cdot \boldsymbol{v}_{(\bar{3})}\, \chi^{(\bar{3})}(U) + \ldots\right), \quad U \equiv U(\dot{\mathscr{P}}) \in SU(3)\,,$$

mit

$$C_0\cdot \dim(k)\cdot \boldsymbol{v}_{(k)} = C_k = \int d\mu(U)\, \chi^{(k)}(U)^*\cdot \exp\left(\frac{\beta}{3}\, \mathrm{Re}\, \chi^{(3)}(U)\right). \tag{2.6.95}$$

Wegen der Realität der Wirkung $\frac{\beta}{6}(\chi^{(3)} + \chi^{(3)*})$ sind die $\boldsymbol{v}_{(k)}$ von komplex-konjugierten Darstellungen, z.B. für die Quark(3)- und Antiquark($\bar{3}$)-Darstellung gleich: $\boldsymbol{v}_{(k)} = \boldsymbol{v}_{(\bar{k})}$. Die gruppentheoretischen Integrale sind geschlossen nicht einfach auszurechnen [Cr 78, Ba 79 b], jedoch erlauben Clebsch-Gordon-Reihen für Produkte von Charakteren eine Reihenentwicklung, z.B.:

$$\boldsymbol{v}_{(3)} \approx \frac{1}{3} C_3 = \frac{1}{3} \sum_{n=0}^{\infty} \int d\mu(U)\, \chi^{(3)}(U)^* \frac{1}{n!} \left(\frac{\beta}{6}\right)^n \left(\chi^{(3)}(U) + \chi^{(3)}(U)^*\right)^n =$$

$$= \frac{1}{3}\left(g_0^{-2} + \frac{1}{2} g_0^{-4} + g_0^{-6} + \frac{5}{24} g_0^{-8} + \ldots\right); \quad \beta = 6/g_0^2 \,. \tag{2.6.96}$$

Die Entwicklung in Gittergraphen ergibt sich wie oben, Gl. (2.6.86), durch Entwicklung des als Produkt geschriebenen Boltzmann-Faktors $\exp S_E$ *):

$$e^{\frac{\beta}{3}\sum_{\mathcal{P}}(\mathrm{Re}\,\chi^{(3)}(U(\dot{\mathcal{P}}))} = C_o^{\binom{d}{2}N^d} \cdot \prod_{\mathcal{P}\in\Gamma}(1+\vartheta F(\mathcal{P})) = C_o^{N^d} \cdot \sum_n \vartheta^n \cdot \sum_{G^{(n)}} \prod_{\mathcal{P}\in G^{(n)}} F(\mathcal{P}) \qquad (2.6.97)$$

mit

$$\vartheta \cdot F(\mathcal{P}) = \sum_{(k)\neq(1)} \dim(k)\cdot\vartheta_{(k)}\cdot\chi^{(k)}(U(\dot{\mathcal{P}})) . \qquad (2.6.98)$$

Als allgemeinen Entwicklungsparameter $\vartheta \sim \beta$ der Potenzreihenentwicklung benützt man vorteilhaft die mit der Fundamentaldarstellung verknüpfte effektive Kopplungskonstante $\vartheta_{(3)}$. In der Form (2.6.97) assoziiert man mit jedem Plaquette eines Graphen einen Faktor $F(\mathcal{P})$ im Beitrag $\mathcal{B}(G^{(n)})$ zum Boltzmann-Faktor. Entwickelt man in diesem Beitrag $F(\mathcal{P})$ nach Gl. (2.6.98), dann wird

$$\mathcal{B}(G^{(n)}) := \prod_{\mathcal{P}\in G^{(n)}} F(\mathcal{P}) = \sum_{k(\mathcal{P}_i)} \mathcal{B}(G^{(n)};k(\mathcal{P}_1),\dots,k(\mathcal{P}_n)) \qquad (2.6.99)$$

mit

$$\mathcal{B}(G^{(n)};k(\mathcal{P}_1),\dots,k(\mathcal{P}_n)) = \bar{\vartheta}_{(k(\mathcal{P}_1))}\cdot\ldots\cdot\bar{\vartheta}_{(k(\mathcal{P}_n))}\,\chi^{(k(\mathcal{P}_1))}(U(\dot{\mathcal{P}}_1))\cdot\ldots$$
$$\ldots\cdot\chi^{(k(\mathcal{P}_n))}(U(\dot{\mathcal{P}}_n)) \qquad (2.6.100)$$

und $\bar{\vartheta}_{(k)} = \dim(k)\cdot\vartheta_{(k)}/\vartheta$. $\mathcal{B}(G^{(n)};k(\mathcal{P}_1),\dots,k(\mathcal{P}_n))$ ist der Beitrag zum Boltzmann-Faktor eines gruppentheoretischen Graphen, bei dem zu jedem Plaquette eine nicht triviale irreduzible Darstellung assoziiert ist. Nach der Substitution von Gl. (2.6.99) in Gl. (2.6.97) ergibt sich dann der Boltzmann-Faktor als Summe über alle gruppentheoretische Graphen.

Die größere Komplexität der starken Kopplungsapproximation der SU(3)-Eichtheorie auf dem Gitter in vier Dimensionen, verglichen mit unserem obigen Beispiel, beruht einerseits auf der größeren Vielzahl der Darstellungen der SU(3)-Gruppe und

*) Im folgenden unterdrücken wir häufig einen physikalisch unwesentlichen Faktor $\exp(-\beta\sum_{\mathcal{P}} 1)\cdot C_o^{\binom{d}{2}N^d}$.

andererseits auf der geometrischen Vielfalt der einfachen Gittergraphen in vier Dimensionen. Im folgenden erläutern wir einige dieser Punkte am Beispiel der Beiträge einzelner gruppentheoretischer Graphen zur Zustandssumme

$$Z\{G^{(n)};k(\mathcal{P}_i)\} = \int \mathcal{D}[U]\mathcal{B}(G^{(n)};k(\mathcal{P}_1),\ldots,k(\mathcal{P}_n)) \;. \tag{2.6.101}$$

- Damit $Z\{G^{(n)};k(\mathcal{P}_i)\} \neq 0$ ist, muß der Rand $\dot{G}^{(n)} = 0$ sein; dies folgt aus $\int d\mu(U)\chi^{(k)}(U) = 0$ ($(k) \neq (0)$, $(k') = (1)$ in Gl. (2.6.93)) wie in unserem Beispiel Gl. (2.6.85') ff.
- Zwei Plaquetten von $G^{(n)}$ heißen zusammenhängend, wenn sie eine gemeinsame Kante besitzen. Man kann einen allgemeinen Gittergraphen in zusammenhängende Komponenten zerlegen: $G^{(n)} = \bigcup_i H^i$. Aus der Produktdarstellung Gl. (2.6.99) und Gl. (2.6.101) folgt unmittelbar

$$Z\{G^{(n)}\} = \prod_i Z\{H^i\} \;. \tag{2.6.102}$$

- Randlose, zusammenhängende Graphen $G^{(n)}$ bilden geschlossene Flächen, die sich verzweigen können. Kanten b_i von $G^{(n)}$, welche genau zwei Plaquetten verbinden, heißen innere Kanten, solche, die mehreren Plaquetten gemeinsam sind, heißen singulär. Das Integral in Gl. (2.6.101) über das Eichfeld U(b) einer bestimmten Kante b, welche zwei bestimmte Plaquetten $\mathcal{P}_1$ und $\mathcal{P}_2$ mit Darstellungen (k_1), (k_2) verbindet, hat die Form

$$\begin{aligned}\int d\mu(U(b))\chi^{(k_1)}(U(\dot{\mathcal{P}}_1))\chi^{(k_2)}(U(\dot{\mathcal{P}}_2)) &= \int d\mu(U(b))\chi^{(k_1)}(U(b_1^1)\ldots \\ &\qquad \ldots U^{-1}(b))\chi^{(k_2)}(U(b))\ldots U(b_3^2)) \\ &= \chi^{(k_1)}(U(b_1^1)U(b_2^1)U(b_3^1)U(b_1^2)U(b_2^2)U(b_3^2))\delta_{(k_1),(k_2)}\end{aligned} \tag{2.6.103}$$

(vgl. Fig. 2.17(d)) und kann mit Hilfe von Gl. (2.6.92) ausgeführt werden. Es ist nur von Null verschieden, wenn $(k_1) = (k_2) \equiv (k)$ ist. Das Resultat ist $\chi^{(k)}(U(\mathcal{C}))$ mit $\mathcal{C} = \dot{\mathcal{P}}_1 + \dot{\mathcal{P}}_2$. Daher haben die weiteren Integrale in Gl. (2.6.101) über die Eichfelder der anderen Kanten b_i wieder dieselbe Form und können mit Gl. (2.6.92) ausgewertet werden.

Bei dem Integral über U(b) einer singulären Kante b, welche den Plaquetten $\mathcal{P}_1,\ldots,\mathcal{P}_r$ gemeinsam ist, liefert

$$\int d\mu(U(b))\chi^{(k_1)}(\dot{\mathcal{P}}_1)\cdot\ldots\cdot\chi^{(k_r)}(\dot{\mathcal{P}}_r) \neq 0 \qquad (2.6.104)$$

Einschränkungen an die mit dem Graphen assoziierten Darstellungen. Diese Bedingung ist erfüllt, wenn in der Produktdarstellung $(k_1)\otimes\ldots\otimes(k_r)$ die triviale Darstellung enthalten ist. (Dabei wurde angenommen, daß b in allen $\dot{\mathcal{P}}_i$ gleich orientiert ist.) Das Ergebnis dieser Betrachtungen ist, daß zusammenhängende, gruppentheoretische Graphen ohne singuläre Kanten nur einen von Null verschiedenen Beitrag zur Zustandssumme liefern, wenn die mit den Plaquetten assoziierten Darstellungen gleich sind. Verzweigungen und Orientierbarkeit liefern weitere Einschränkungen an die Darstellungen der gruppentheoretischen Graphen.

- Das einfachste Beispiel ist ein Graph, welcher ein Elementarwürfel in einem 3- oder mehr-dimensionalen Gitter ist. Er besitzt nur innere Kanten. Sein Beitrag kann nach der im Zusammenhang mit Gl. (2.6.104) beschriebenen Methode ausgewertet werden. Die entsprechenden Bezeichnungen sind in Fig. 2.17 (d) eingetragen. Das Ergebnis der mehrfachen Anwendung von Gl. (2.6.92) ist:

$$Z\{\mathcal{K}^{(6)};k\} = \bar{v}^6_{(k)}\int\ldots\int d\mu(b_1)\ldots\mu(b_{12})\chi^{(k)}(\dot{\mathcal{P}}_1)\cdot\ldots\cdot\chi^{(k)}(\dot{\mathcal{P}}_6) =$$

$$= [\dim(k)]^2 v^6_{(k)}/v^6 \;. \qquad (2.6.105)$$

- Betrachtet man in einem endlichen, 4-dimensionalen Gitter Γ^4_N mit periodischen Randbedingungen den Beitrag aller Graphen einer bestimmten Ordnung v^n: $\sum_{G^{(n)}} Z\{G^{(n)};k\}$, so muß dabei über die Graphen in den verschiedenen Positionen summiert werden, welche durch die N^4 Translationen auseinander hervorgehen. Zum Beispiel ist Z in niedrigster Ordnung durch den kubischen Graphen Gl. (2.6.105) gegeben; Vielfachheit durch Translation und 4-fache Orientierung des 3-dimensionalen Würfels im 4-dimensionalen Raum ergibt:

$$Z = 1 + 4N^4 \sum_{(k)} v^6_{(k)}\cdot[\dim(k)]^2 + \ldots \;. \qquad (2.6.106)$$

Schon die N^4-Abhängigkeit des Terms niedrigster Ordnung weist darauf hin, daß die Konvergenz der Reihe (2.6.97) d.h. von Gl. (2.6.106) und der Übergang zum unendlichen Gitter ("thermodynamischer Limes") nichttriviale Probleme aufwerfen. In der Ordnung v^{12} tragen dann zwei nicht zusammenhängende kubische Graphen $\mathcal{K}^{(6)}, \mathcal{K}^{(6)'}$ bei. Ihre Anzahl ist:

$$A[\mathcal{K}^{(6)},\mathcal{K}^{(6)'}] = 16\,N^8 - b[\mathcal{K}^{(6)},\mathcal{K}^{(6)'}]\,, \tag{2.6.107}$$

wobei $b[\mathcal{K}^{(6)},\mathcal{K}^{(6)'}]$ die Anzahl der Konfigurationen bezeichnet, bei denen $\mathcal{K}^{(6)} \cup \mathcal{K}^{(6)'}$ einen zusammenhängenden Graphen bilden. Auf jeden Fall verstärkt $A[\mathcal{K}^{(6)},\mathcal{K}^{(6)'}] \sim N^8$ das Konvergenzproblem. Dieses wird dadurch gelöst, daß an Stelle der starken Kopplungsentwicklung von Z diejenige der freien Energie

$$F = \frac{-1}{\beta N^4} \log Z \tag{2.6.108}$$

betrachtet wird. Für diese existiert der thermodynamische Limes $N \to \infty$ in jeder Ordnung, und die resultierende Potenzreihe in $\beta = \frac{6}{g_o^2}$ bzw. ϑ konvergiert für hinreichend kleine β [Os 78]. Der Übergang von der Graphenentwicklung von Z zu der von F führt zu einer Darstellung der starken Kopplungsapproximation von F durch "Graphen-Cluster" [Dr 78, Mü 80]. Bei den Feynman-Graphen führt die Faktorisierung der Greenschen Funktionen Gl. (2.3.38), für einen entsprechenden logarithmischen Zusammenhang zwischen den Funktionalen $\phi\{j\}$ und $T\{j\}$, Gl. (2.3.68), zu einer Darstellung von $\phi\{j\}$ durch zusammenhängende Graphen. Das Problem der Überdeckung bei der Abzählung nicht zusammenhängender Graphen bewirkt, daß trotz Faktorisierung, Gl. (2.6.102), in höherer Ordnung "Graphen-Cluster" allgemeiner als zusammenhängende Graphen sind. Jedoch steigt ihre Vielfachheit nicht stärker als N^4 an.

Ein entsprechender Satz [Os 78], der die Existenz des thermodynamischen Limes und die Konvergenz der starken Kopplungsapproximation garantiert, gilt für den Erwartungswert lokaler Observabler Ω:

$$<\Omega\,[U]> \;=\; \frac{1}{Z} \int \mathcal{D}[U]\; \Omega[U] \exp S_E[U]\;\;. \tag{2.6.57}$$

$\Omega[U]$ soll nur von den Eichfeldern U(b) auf endlich vielen Kanten abhängen. Sehr grob gesprochen, kompensiert sich im thermodynamischen Limes die N-Abhängigkeit im Zähler und Nenner von Gl. (2.6.57).

Das wichtigste Beispiel für den Erwartungswert einer lokalen Observablen ist der Wilson-Loop. Für ihn existiert nach dem obigen Satz von K. Osterwalder und E. Seiler [Os 78] eine konvergente starke Kopplungsentwicklung im unendlichen Gitter. Setzt man in Gl. (2.6.59) die Entwicklung des Boltzmann-Faktors (2.6.97) nach gruppentheoretischen Graphen (2.6.99, 100) ein, so ist der Beitrag eines Graphen zum Wilson-Loop:

$$W(\mathcal{C};G^{(n)};k(\mathcal{P}_i)) = \frac{1}{Z}(\prod_i \vartheta_{(k(\mathcal{P}_i))}) \int \mathcal{D}[U]\, \chi^{(q)}(\mathcal{C})\, \chi^{(k(\mathcal{P}_1))}(U(\dot{\mathcal{P}}_1))\cdot\ldots\cdot\chi^{(k(\mathcal{P}_n))}(U(\dot{\mathcal{P}}_n)). \tag{2.6.109}$$

Die Integrationen können wieder mit Hilfe der Faltungsformel (2.6.92) nach der im Zusammenhang mit Gl. (2.6.103) erläuterten Methode durchgeführt werden.

Die Orthogonalitätsrelationen bedingen Einschränkungen, die erfüllt sein müssen, damit ein gruppentheoretischer Graph einen nicht verschwindenden Beitrag zum Wilson-Loop liefert. So muß insbesondere für das Produkt der Darstellungen der Plaquetten $\mathcal{P}_1,\ldots,\mathcal{P}_i \in G^{(n)}$, welche eine orientierte Kante $b \in \mathcal{C}$ besitzen, nach Gl. (2.6.104) ff. gelten, daß $(k(\mathcal{P}_1))\otimes\ldots\otimes(k(\mathcal{P}_i))\otimes(q)$ die triviale Darstellung enthält. Hierauf beruht der Unterschied zwischen dem Confinement von Quarks mit der üblichen (3)-Farbladung und der Abschirmung von Quarks mit (8)-Farbladung, auf welcher wir in Abschn. 2.6.2,S.230 hingewiesen haben. Im Falle (q) = (8) liefert ein Graph der Fig. 2.18 mit $(k(\mathcal{P}_i)) \equiv (8)$ einen nicht verschwindenden Beitrag von niedrigster Ordnung:

$$W_8(\mathcal{C}) \approx C\cdot\vartheta_{(8)}^{4|\mathcal{C}|} + \ldots \approx C\cdot e^{4|\mathcal{C}|\log\vartheta_{(8)}} + \ldots, \tag{2.6.110}$$

wobei $|\mathcal{C}|$ die Länge von $\mathcal{C}$ in Gitterkonstanten bezeichnet. Der Wilson-Loop für Oktett-Quarks genügt einem Längengesetz, es gilt Abschirmung [Ma 80, Gl 80].

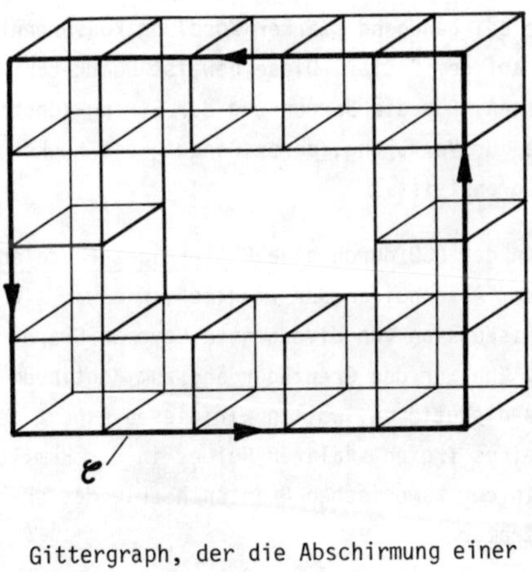

Fig. 2.18: Gittergraph, der die Abschirmung einer Oktett-Ladung beschreibt

Im Falle von (q) = (3) kann man mit Hilfe der Erhaltung des Trialitätsflusses zeigen [Os 78, Ma78a], daß der nicht verschwindende Beitrag niedrigster Ordnung zum Wilson-Loop $W(\mathscr{C})$, von dem Graphen $G^{(Ar[\mathscr{C}])}$ kommt, welcher $\mathscr{C}$ zum Rande hat: $\dot{G}^{(m)} = \mathscr{C}$ und welcher aus der geringsten Anzahl m von Plaquetten besteht (vgl. Fig. 2.17c); dabei ist $(k(\mathscr{P}_i)) \equiv (3)$.
Sein Beitrag ist

$$W(\mathscr{C}) = \text{const.}\cdot\vartheta^m = e^{\varepsilon^{-2}\cdot Ar\,[\mathscr{C}]\cdot\log\vartheta} . \tag{2.6.111}$$

Daraus läßt sich die führende Näherung der String-Konstante ablesen: $\kappa = -\varepsilon^{-2}\cdot\log\vartheta \approx \varepsilon^{-2}\cdot\log 3g_0$ (vgl. Gl. (2.6.96)). Höhere Näherungen, welche die oben angedeuteten Methoden der starken Kopplungsapproximation systematisch ausnützen, führen zu dem Ergebnis [Dr 80, Mü 80, Mü 80 a]:

$$\varepsilon^2\kappa = -(\log\vartheta + 4\vartheta^4 + 12\vartheta^5 - 10\vartheta^6 - 36\vartheta^7 + \frac{391}{2}\vartheta^8 + \frac{1131}{10}\vartheta^9 + \frac{2550837}{5120}\vartheta^{10} + \ldots \tag{2.6.112}$$

Für Einzelheiten verweisen wir auf die Literatur, in welcher auch ausführliche Darstellungen der dazu beitragenden Graphen zu finden sind. Da die Kopplungskonstanten g des Hamiltonschen Schemas mit der Pfadintegralformulierung nicht direkt in Beziehung stehen, kann dieses Ergebnis nur indirekt mit Gl. (2.6.78) verglichen werden.

Zum Abschluß dieser Darstellung der starken Kopplungsentwicklung wollen wir nochmals das für das Confinement-Problem wesentliche Ergebnis festhalten. Diese Methode liefert eine bei genügend starker Kopplung konvergente Reihenentwicklung für den Wilson-Loop auf dem Gitter. Diese beweist Quark-Confinement unter den gegebenen Verhältnissen. Für die Berechnung der String-Konstante steht in diesem Bereich eine Methode zur Verfügung, deren Genauigkeit höchstens vom rechnerischen Aufwand her begrenzt ist.

d) Die Approximation der QCD durch eine Gittereichtheorie entspricht einer Regularisierung durch "Abschneiden der Impulse", wie wir sie auch schon im Zusammenhang mit der Diskussion von divergenten Feynman-Graphen, Gl. (2.4.4) ff., kennengelernt haben. Ehe wir den Grenzübergang zum Kontinuum im Rahmen des Renormierungsprogramms diskutieren, wollen wir diesen Aspekt der Gitterapproximation am Beispiel eines freien skalaren Feldes in der Hamiltonschen Formulierung illustrieren. In der kanonischen Quantentheorie des skalaren Feldes A(x) ist der Hamilton-Operator

$$H = \frac{1}{2}\int d^3x\,\{\pi^2(t,\vec{x}) + (\vec{\nabla}A(t,\vec{x}))^2 + M^2A^2(t,\vec{x})\} \tag{2.6.113}$$

und die Vertauschungsrelationen der kanonisch konjugierten Größen $A(t,\vec{x})$ und $\pi(t,\vec{x}) = \partial A(t,\vec{x})/\partial t$ sind:

$$[\pi(t,\vec{x}),A(t,\vec{x}\,')] = -i\delta(\vec{x}-\vec{x}\,'),\quad [A(t,\vec{x}),A(t,\vec{x}\,')] = [\pi(t,\vec{x}),\pi(t,\vec{x}\,')] = 0. \tag{2.6.114}$$

Auf dem 3-dimensionalen Raumgitter - Zeit t fest - werden diese Grundgleichungen folgendermaßen approximiert:

$$A(\vec{n}) = \varepsilon A(t,\vec{x})\Big|_{\vec{x}=\varepsilon\vec{n}},\quad \pi(\vec{n}) = \varepsilon^2\pi(t,\vec{x})\Big|_{\vec{x}=\varepsilon\vec{n}},\quad [\pi(\vec{n}),A(\vec{n}\,')] = -i\delta_{\vec{n},\vec{n}\,'}\ \text{etc.},$$

$$H = \frac{1}{2\varepsilon}\sum_{\vec{n}}\{\pi^2(\vec{n}) + (\vec{\nabla}A)^2(\vec{n}) + \mu^2 A^2(\vec{n})\} \tag{2.6.115}$$

$$\text{mit } (\nabla^1 A)(\vec{n}) = A(n^1+1,n^2,n^3) - A(n^1,n^2,n^3),\quad \mu = \varepsilon M.$$

Wie im Kontinuum wird der freie Hamilton-Operator auf dem Gitter mit Hilfe der Fourier-Transformation

$$A(\vec{n}) = \frac{1}{(2\pi)^{3/2}}\iiint_{-\pi}^{+\pi}\tilde{A}(\vec{\beta})\,e^{-i\vec{n}\vec{\beta}}d^3\beta,\quad \pi(\vec{n}) = \frac{1}{(2\pi)^{3/2}}\iiint\tilde{\pi}(\vec{\beta})e^{i\vec{n}\vec{\beta}}d^3\beta,$$

$$A^{\dagger}(\vec{\beta}) = A(-\vec{\beta})\quad \text{etc.}, \tag{2.6.116}$$

und dem Einführen von Erzeugungs- und Vernichtungsoperatoren

$$a(\vec{\beta}) = \sqrt{\frac{\omega(\vec{\beta})}{2}}\tilde{A}(\vec{\beta}) + \frac{i}{\sqrt{2\omega(\vec{\beta})}}\tilde{\pi}(-\vec{\beta}),\quad a^{\dagger}(\vec{\beta}) = \sqrt{\frac{\omega(\vec{\beta})}{2}}\tilde{A}(-\vec{\beta}) - \frac{i}{\sqrt{2\omega(\vec{\beta})}}\tilde{\pi}(\vec{\beta}) \tag{2.6.117}$$

diagonalisiert. Eine direkte Rechnung, bei welcher die wesentlichen Schritte auf den Orthogonalitäts- und Vollständigkeitsrelationen der Fourier-Transformation auf dem Gitter, entsprechend den Formeln:

$$\frac{1}{2\pi}\int_{-\pi}^{+\pi} e^{i(n-m)\beta}d\beta = \delta_{n,m},\qquad n,m = 0,\pm 1,\pm 2,\dots,$$

$$\frac{1}{2\pi}\sum_{n=-\infty}^{+\infty} e^{in(\beta-\beta')} = \delta(\beta-\beta'),\quad \text{mit } -\pi < \beta \leqq +\pi \text{ wegen } e^{in(\beta+2\pi)} = e^{in\beta}. \tag{2.6.118}$$

beruhen, führt zu dem Ergebnis, daß die kanonischen Vertauschungsrelationen (2.6.115) zu den Vertauschungsrelationen der Erzeugungs- und Vernichtungsoperatoren

$$[a(\vec{\beta}),a^{\dagger}(\vec{\beta}')] = \delta(\vec{\beta}-\vec{\beta}'), \quad [a(\vec{\beta}),a(\vec{\beta}')] = [a^{\dagger}(\vec{\beta}),a^{\dagger}(\vec{\beta}')] = 0$$

äquivalent sind (vgl. Gl. (1.2.19)). Ferner ergibt sich für den Hamilton-Operator unter Benützung von $\nabla^i e^{-i\vec{n}\vec{b}} = -2i\sin\beta_i/2\cdot e^{i\beta_i/2}\cdot e^{-i\vec{n}\vec{\beta}}$ die Form

$$H = \frac{1}{\varepsilon}\iiint_{-\pi}^{+\pi} a^{\dagger}(\vec{\beta})\,\omega(\vec{\beta})a(\vec{\beta})\,d^3\beta \quad \text{mit} \quad \omega(\vec{\beta}) = (\mu^2 + 4\sum_i \sin^2\frac{\beta_i}{2})^{\frac{1}{2}} . \tag{2.6.119}$$

Schreiben wir in Gl. (2.6.116): $\exp(-i\vec{n}\vec{\beta}) = \exp(-i\vec{p}\vec{x})$ nach Gl. (2.6.47) in physikalischen Größen: $\vec{x} = \varepsilon\vec{n}, \vec{p} = \vec{\beta}/\varepsilon$, so sehen wir, daß die Beschränkung von $\vec{\beta}$ in der Vollständigkeitsrelation (2.6.118) einem maximalen physikalischen Impuls auf dem Gitter entspricht: $|p_i| \leqq \pi/\varepsilon$. In den physikalischen Größen, welche auf dem Gitter die Kontinuumsgrößen approximieren:
$a(\vec{p}) = \varepsilon^{3/2} a(\vec{\beta})\Big|_{\vec{\beta}=\vec{p}/\varepsilon}$, $\omega(\vec{p}) = \frac{1}{\varepsilon}\omega(\vec{\beta})$, ist dann der Hamilton-Operator

$$H = \iiint_{-\pi/\varepsilon}^{+\pi/\varepsilon} d^3p\, a^{\dagger}(\vec{p})\sqrt{\frac{\mu^2}{\varepsilon^2} + \frac{4}{\varepsilon^2}\sum_i \sin^2\frac{p_i\cdot\varepsilon}{2}}\; a(\vec{p}) . \tag{2.6.120}$$

Man sieht, dem maximalen Impuls entspricht auch eine maximale Energie. Dieses Abschneiden von Energie und Impuls pflanzt sich auf alle, von den Erzeugungs- und Vernichtungsoperatoren und dem Hamilton-Operator abgeleiteten Größen fort, wie z.B. auf den Feynman-Propagator (vgl. Abschn. 2.3.1c). Schließlich ist aus dem Ausdruck Gl. (2.6.120) direkt ersichtlich, wie für kleiner werdende Gitterkonstante $\varepsilon \to 0$ mit veränderlichem $\mu^2 = \varepsilon^2 M^2$ der Hamilton-Operator im Kontinuum approximiert wird.

e) Das Wilson-Kriterium für Quark-Confinement ist für Gittereichtheorien mit starker Kopplung erfüllt. Bleibt diese Eigenschaft der SU(3)-Eichtheorie erhalten, wenn man den Grenzübergang zum Kontinuum im Rahmen des Renormierungsprogramms durchführt? Wir wollen im folgenden die Antwort auf diese Frage soweit diskutieren, wie diese bekannt ist.

Wesentliche Einblicke in dieses Problem wurden durch den Vergleich einer numerischen Berechnung [Cr 80, Wi 80a] des Wilson-Integrals Gl. (2.6.59) auf einem

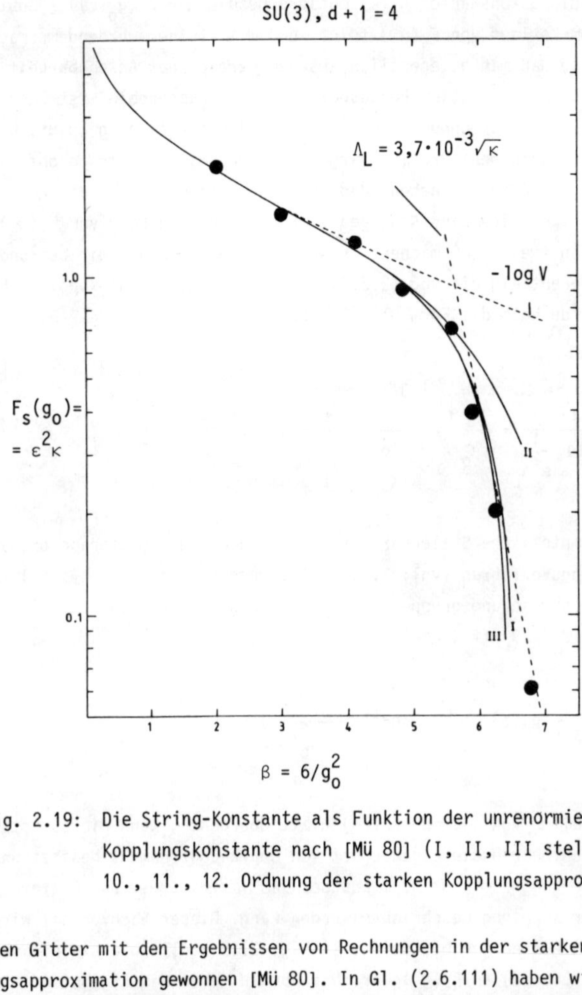

Fig. 2.19: Die String-Konstante als Funktion der unrenormierten Kopplungskonstante nach [Mü 80] (I, II, III stellen die 10., 11., 12. Ordnung der starken Kopplungsapproximation dar.)

endlichen Gitter mit den Ergebnissen von Rechnungen in der starken und schwachen Kopplungsapproximation gewonnen [Mü 80]. In Gl. (2.6.111) haben wir das Resultat einer Berechnung der Stringkonstante κ in starker Kopplungsapproximation angegeben; in Fig. 2.19 ist dies als $\varepsilon^2\kappa = F_s(g_o)$ graphisch dargestellt. Erwartet man, daß beim Grenzübergang zum Kontiuum, d.h. für Gitterkonstante $\varepsilon \to o$ Confinement erhalten bleibt, dann muß auch in diesem Grenzfall die Stringkonstante κ von Null verschieden sein. Unter dieser Voraussetzung kann man entsprechend dem Renormierungsprogramm die physikalische Größe κ beim Grenzübergang festhalten ("Renormierungsbedingung!"), bei gleichzeitiger Anpassung der unrenormierten Kopplungskonstante $g_0(\varepsilon)$ entsprechend $\varepsilon^2\kappa = F_s(g_0(\varepsilon))$ ("Subtraktion"). Aus dem Verlauf von $F_s(g_0)$ folgt, daß mit kleiner werdendem ε auch $g_0(\varepsilon)$ kleiner wird, so daß man gelegentlich aus dem Bereich der Anwendbarkeit der starken Kopplungsapproximation herausgeführt wird. Das Problem ist dann, ob es eine Methode für die Berechnung von $\varepsilon^2\kappa \equiv F_s(g_0)$ bei kleinen g_0 gibt. Wie wir einleitend zum Confinement-Problem dargestellt haben, kann dies nicht direkt mit der Störungstheorie geschehen. Jedoch können wir mit Hilfe der Renormierungsgruppe einige allgemeine Aussagen über die mögliche Form von $F_s(g_0)$ in einer asymptotisch freien QCD machen. In Abschn. 2.5.2e haben wir begründet, daß $g_0(\varepsilon)$ der Differentialgleichung (2.5.8, 39) für die gleitende Kopplungskonstante genügt, und deshalb die Form Gl. (2.5.29) hat:

$$\frac{g_0^2(\varepsilon)}{4\pi} = \frac{4\pi}{\beta_0 \log\frac{1}{\varepsilon^2\Lambda_L}} - \frac{4\pi\beta_1}{\beta_0^3} \frac{\log\log\frac{1}{\varepsilon^2\Lambda_L^2}}{\log^2\frac{1}{\varepsilon^2\Lambda_L^2}} + \dots \quad (2.6.121)$$

Λ_L ist der asymptotische Skalenparameter bezogen auf die Gitterapproximation als Renormierungsverfahren (vgl. S. 164). Andererseits ist die physikalische Größe κ eine Renormierungsgruppeninvariante und hat nach Gl. (2.5.14) in dieser Näherung, Gl. (2.5.29) ff., die Form

$$\kappa = C\cdot\varepsilon^{-2}\left(\frac{\beta_0}{16\pi^2}\, g_0^2(\varepsilon)\right)^{-\beta_1/\beta_0^2}\cdot\exp\left(-\frac{16\pi^2}{\beta_0\, g_0^2(\varepsilon)}\right) \quad . \quad (2.6.122)$$

In dieses Verhalten von $\varepsilon^2\kappa$ muß $F_s(g_0)$ glatt übergehen, wenn die asymptotisch freie SU(3)-Eichtheorie die Eigenschaft von Quark-Confinement besitzt und diese durch einen Übergang zum Kontinuum aus der Confinement-Phase der Gittereichtheorie bei starker Kopplung beschrieben werden kann. Dieser Sachverhalt wird durch die numerischen Rechnungen bestätigt. In Fig. 2.19 stellt die Linie eine Anpassung von Gl. (2.6.122) an $F_s(g_0)$ dar. Die Punkte geben das Ergebnis der numerischen Auswertung des Wilson-Integrals (2.6.59) mit anschließender Extraktion der String-Konstante wieder. Die Integrationen über die Eichfelder auf Kanten wurden für Gitter mit 6^4 Gitterpunkten mit Hilfe der Monte-Carlo-Methode durchgeführt. Diese Rechnungen geben einen starken Hinweis darauf, daß die obigen Annahmen eines glatten Übergangs vom starken zum schwachen Kopplungsbereich bei festgehaltener String-Konstante $\kappa \neq 0$ richtig ist und daß sich somit die reine SU(3)-Eichtheorie im Kontinuum in einer Confinement-Phase befindet. Formal bestimmt auf diese Weise die Funktion der Fig. 2.19, $\varepsilon^2\kappa = F_s(g_o)$, eine Extrapolation der β-Funktion der unrenormierten Kopplungskonstante entsprechend Gl. (2.5.39):

$$-\varepsilon \frac{d}{d\varepsilon} g_o(\varepsilon) = \tilde{\beta}(g_o) = -\frac{2F_s(g_o)}{\partial F_s/\partial g_o} \qquad (2.6.123)$$

vom asymptotisch freien Bereich bis in den Bereich starker Kopplung, ohne daß eine Nullstelle einen Fixpunkt anzeigt (vgl. Abschn. 2.5.1 c).

Dieser Hinweis auf Quark-Confinement beruht im wesentlichen auf dem Ergebnis numerischer Rechnungen [Cr 79] und hat deshalb naturgemäß nur eine beschränkte Beweiskraft. Es ist deshalb befriedigend, daß die numerischen Rechnungen in den Fällen, in denen man eine verschiedene Phase im Bereich starker und schwacher Kopplung erwartet, einen Phasenübergang anzeigen. Dies trifft auch insbesondere auf die Rechnungen zur Eichtheorie der abelschen Eichgruppe U(1) zu, welche im Kontinuum die freie QED ergeben soll. In diesem Grenzfall schwacher Kopplung ist die freie QED in der Coulomb-Phase, Gl. (2.6.38) ff. und Gl. (2.6.12). Andererseits ergibt die konvergente Hochtemperaturentwicklung analog zu Gl. (2.6.111) die Confinement-Phase für die starke Kopplung. Die numerischen Rechnungen zeigen nun in der Tat bei $\beta = 0.99$ einen Hysterese-Effekt beim Übergang zwischen starker und schwacher Kopplung, welcher ein Hinweis für einen Phasenübergang ist [Cr 79, Mo 80].

Wenn man sich ein anschauliches Bild vom Kontinuumsübergang durch eine Folge von verfeinerten Raumgittern machen möchte, dann geht man wieder am besten von der Hamiltonschen Formulierung der Gittereichtheorien aus (s.o. Punkt b)). Dort ist in der gröbsten Approximation der chromoelektrische Fluß auf die kürzeste Verbindung längs Kanten konzentriert (Gl. (2.6.77) ff., Fig. 2.20(a)). Zustände mit der Anregung einer größeren Anzahl von Kanten haben eine wesentlich höhere Energie, sind deshalb in der Störungstheorie unterdrückt. Wird jedoch bei feiner werdendem Gitter - bei fester physikalischer String-Konstante - die Kopplungskonstante kleiner, so tragen bei der Störungsrechnung bezüglich $\overline{x}\cdot H_I$, Gl. (2.6.71), mehr und mehr Kantenanregungen bei, bis sich im Grenzfall $\varepsilon \to 0$, $g_o \to 0$ die Wellenfunktion des Zustandes als eine kohärente Superposition von Kantenanregungen im Gebiet des chromoelektrischen Strings (Fig. 2.20 (c)) darstellt. Eine formale Behandlung des Grenzübergangs mit verfeinertem Gitter führt auf die Kadanoff-Wilsonsche Blockspin-Methode [Wi 75, Ko 74 a, Ka 77], auf welche hier als Methode zur Behandlung von Phasenübergängen hingewiesen werden sollte.

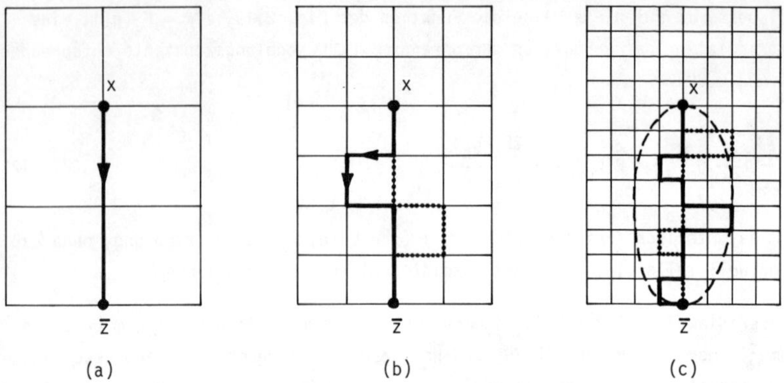

Fig. 2.20: Symbolische Darstellung des Aufbaus der Wellenfunktion eines Strings in einer Folge von verfeinerten Gittern

Wahrscheinlich ist dieses anschauliche Bild zu sehr vereinfacht. Es gibt Hinweise dafür, daß bei kleiner werdender Kopplungskonstante die Wellenfunktion des chromoelektrischen Strings räumlich nicht so kompakt bleibt, sondern daß sich der String mit zunehmender Länge aufweitet [Lü 80]. Ein solches Aufweiten der Grenzschicht zwischen verschiedenen Phasen ist in der statistischen Mechanik bekannt ("roughening transition") und wird zur Zeit im Zusammenhang mit Gittereichtheorien ausführlich untersucht [It 80, Ha 80, Mü 80 c, Lü 80 b]. Es könnte sein, daß dieses Phänomen mit einer schwachen Nicht-Analytizität der Funktion $F_s(g_0)$ verbunden ist und so die Gültigkeit der starken Kopplungsapproximation irgendwo im Übergangsbereich von starker zu schwacher Kopplung, Fig. 2.19, begrenzt.

Schließlich wollen wir noch auf die praktische Bedeutung der mit Fig. 2.19 verbundenen Rechnungen hinweisen. Durch die Anpassung der String-Konstante κ als Renormierungsgruppeninvariante an die starke Kopplungsapproximation in hoher Näherung wird die Konstante C in Gl. (2.6.122) bestimmt. Vergleicht man andererseits damit die vergleichbare Darstellung (2.5.28) des asymptotischen Skalenparameters Λ_L, so liest man $\Lambda_L = C^{-1/2}\sqrt{\kappa}$ ab. Um dieses Λ_L, welches sich auf das Gitter als Renormierungsvorschrift bezieht, mit dem durch dimensionale Regularisierung mit Kopplungskonstantenrenormierung, Gl. (2.5.15"), gewonnenen

Λ_{MOM} vergleichen zu können, müssen die beiden Schemata ineinander umgerechnet werden (vgl. S.209). Schließt man diesen relativ großen Faktor [Ha 80 a] mit ein, erhält man als Ergebnis [Mü 80 b, Ko 80, Cr 80]

$$\Lambda_{MOM} \approx (0.35 \pm 0.1)\sqrt{\kappa}\,. \qquad (2.6.124)$$

Die Fehler sind von den Verfassern geschätzte, theoretische Fehler. Mit einer String-Konstante $\sqrt{\kappa} \approx 450$ MeV erscheint dies, in Anbetracht der Vernachlässigung der Quark-Kopplungen etc., ein größenordnungsmäßig vernünftiges Resultat.

So führt dieses Rechenverfahren für Confinement-Probleme, welches auf der Kombination von

- starker Kopplungsapproximation hoher Ordnung auf dem Gitter,
- Extrapolation zum Kontinuum mit Hilfe der Renormierungsgruppe und
- Kontrolle durch Monte-Carlo-Rechnungen

beruht, zu physikalisch interessanten Ergebnissen. Es wurde auch schon auf die Bestimmung der Gluonkugel-Masse $M_G = (2.9 \pm 1.2)\sqrt{\kappa}$ angewandt [Mü 80 d] (vgl. Gl. (2.6.79)). Inwieweit es, besonders auch im Rahmen der vollständigen QCD, weitere Resultate liefert, muß die weitere Entwicklung zeigen (siehe Literatur zum Nachtrag).

2.6.4 Semiklassische Approximation

Einen anderen nichtstörungstheoretischen Aspekt der nichtabelschen Eichtheorien liefert die Betrachtung der klassischen Feldgleichungen. Für Feldgleichungen in der euklidischen Raum-Zeit wurden Lösungen entdeckt [Be 75a], welche durch topologische Quantenzahlen charakterisiert sind. In einer semiklassischen Approximation der Pfadintegral-Darstellung der Quanteneichfeldtheorie liefern diese "Instanton-Lösungen" Beiträge, welche die Struktur des Vakuumzustandes in, von der Störungstheorie abweichender Weise modifizieren [Ja 76]. Wir gehen auf diese Seite der Eichtheorien nur kurz ein; denn obwohl durch diese Untersuchungen unser Bild vom Quark-Confinement unterstützt wird, glaubt man zur Zeit nicht, daß durch diese Methode die wesentlichen Beiträge geliefert werden. [Co 77, Ol 79]

a) Bei der Betrachtung von Instanton-Lösungen beschränken wir uns der Einfachheit halber auf eine reine SU(2)-Eichtheorie in der euklidischen Raum-Zeit. Diese wird durch ein 3-komponentiges Eichfeld $A_\mu^a(x)$ beschrieben, für welches wir mit Hilfe der Pauli-Matrizen, Gl. (1.2.3), die Matrixnotation Gl. (2.2.4) benützen: $\mathcal{A}_\mu = \bar{g} A_\mu^a \frac{\tau_a}{2}$. Die Definition der Feldstärke, die Wirkung und die Feldgleichungen folgen aus den Betrachtungen der Abschnitte 2.2.1, 2:

Feldstärke: $$\mathcal{F}_{\mu\nu}(x) = \partial_\mu \mathcal{A}_\nu(x) - \partial_\nu \mathcal{A}_\mu(x) + i[\mathcal{A}_\mu(x), \mathcal{A}_\nu(x)], \qquad (2.6.125)$$

Wirkung: $$S_E[\mathcal{A}] = -\frac{1}{4}\int d^4x\, F^a_{\mu\nu}(x) F^a_{\mu\nu}(x) = \qquad (2.6.126)$$
$$= -\frac{1}{2\bar{g}^2}\int d^4x\, \mathrm{Spur}\, \mathcal{F}_{\mu\nu}(x)\mathcal{F}_{\mu\nu}(x) \equiv -\frac{1}{4\bar{g}^2}(\mathcal{F},\mathcal{F}),$$

Feldgleichungen: $$\partial_\mu \mathcal{F}_{\mu\nu} + i[\mathcal{A}_\mu, \mathcal{F}_{\mu\nu}] = 0. \qquad (2.6.127)$$

Die raumzeitlichen Indizes beziehen sich im folgenden auf die euklidische Metrik: $\mu = 1,2,3,4$, $x_\mu y_\mu = x_1y_1 + x_2y_2 + x_3y_3 + x_4y_4$ etc. Wir interessieren uns für Lösungen der klassischen Feldgleichungen mit endlicher Wirkung, für welche also die durch Gl. (2.6.126) definierte Norm: $\|\mathcal{F}\|^2 = (\mathcal{F},\mathcal{F}) < \infty$ ist. Dies bedeutet, daß für $x^2 \to \infty$; $\mathcal{F}_{\mu\nu}(x) \to 0$, oder, daß $\mathcal{A}_\mu(x)$ in eine reine Eichung entsprechend Gl. (2.2.25) übergeht:

$$\mathcal{A}_\mu(x) \to -i\, g(x)\, \partial_\mu g^{-1}(x) \quad \text{für} \quad x^2 \to \infty. \qquad (2.6.128)$$

Bei der Klassifikation der Lösungen von Gl. (2.6.127), welche diesen Randbedingungen genügen, spielt die sogenannte Pontryagin-Dichte $\mathcal{P}_E$ eine wichtige Rolle:

$$\mathcal{P}_E = \mathrm{Spur}\, \mathcal{F}_{\mu\nu} \check{\mathcal{F}}_{\mu\nu} \qquad (2.6.129)$$

mit $\check{\mathcal{F}}_{\mu\nu} = \frac{1}{2}\varepsilon_{\mu\nu\rho\sigma}\mathcal{F}_{\rho\sigma}$, $\varepsilon_{1234} = 1$, $\varepsilon_{\mu\nu\rho\sigma}$ antisymmetrisch. $\check{\mathcal{F}}_{\mu\nu}$ heißt die zu $\mathcal{F}_{\mu\nu}$ duale Feldstärke. Da sich $\mathcal{P}_E$ als Divergenz schreiben läßt:

$$\mathcal{P}_E(x) = \partial_\mu G_\mu(x), \quad G_\mu = 2i\,\varepsilon_{\mu\nu\rho\sigma}\, \mathrm{Spur}(\mathcal{A}_\nu(\partial_\rho \mathcal{A}_\sigma + \tfrac{2}{3}\mathcal{A}_\rho \mathcal{A}_\sigma)), \qquad (2.6.130)$$

ist das Integral $(\mathcal{F},\check{\mathcal{F}})$ nach dem Gaußschen Satz allein durch die reine Eichung der Randbedingungen Gl. (2.6.128) bestimmt:

$$\frac{1}{32\pi^2}(\mathcal{F},\tilde{\mathcal{F}}) = \frac{1}{16\pi^2}\int \mathcal{P}_E\, d^4x = r = \frac{1}{16\pi^2}\int\limits_{|x|\to\infty} d\sigma_\mu G_\mu \approx \tag{2.6.131}$$

$$\approx -\frac{1}{12\pi^2}\int\limits_{|x|\to\infty} d\sigma_\mu\, \varepsilon_{\mu\nu\rho\sigma}\, \mathrm{Spur}\{g(x)\,\partial_\nu g^{-1}(x)\cdot g(x)\,\partial_\rho g^{-1}(x)\cdot g(x)\,\partial_\sigma g^{-1}(x)\}.$$

Die Auswertung dieses Integrals bestimmt die topologische Quantenzahl $r = 0, \pm 1, \pm 2, \dots$. Zur Erläuterung dieses Sachverhaltes erinnern wir an die Quantisierung des magnetischen Flusses bei den Lösungen der Feldgleichungen (2.6.23) bzw. (2.6.28), welche einen "Nielsen-Olesen-String" beschreiben. Ganz entsprechend zu Gl. (2.6.128) sind diese Lösungen für große Abstände ρ durch eine reine Eichung charakterisiert, Gl. (2.6.33), Gl. (2.6.30,31). Betrachtet man den magnetischen Fluß B als zweidimensionale Pontryagin-Dichte [Dr 77]: $B \sim \mathcal{P}_E^{(2)} = \partial_\mu \varepsilon_{\mu\nu} A_\nu = \partial_\mu G_\mu^{(2)}$, $\mu=1,2$, so entspricht Gl. (2.6.35), welche die Flußquantisierung festlegt, genau unserer Gl. (2.6.131). Die abstrakte topologische Bedeutung der Flußquantenzahl n liegt darin, daß durch die asymptotische Eichtransformation Gl. (2.6.32) eine stetige Abbildung des unendlichen Kreises in der Ebene: $|x| = \rho$, $\rho \to \infty$, auf die Gruppe $U(1) = \{e^{i\alpha} | 0 \leq \alpha < 2\pi\}$ definiert wird: $e^{i\alpha} = e^{in\theta(x)}$, $\theta(x) \equiv$ ebener Polarwinkel, Gl. (2.6.25), welche die U(1)-Gruppe n-mal überdeckt. Dieselbe Bedeutung als Windungszahl hat auch die durch Gl. (2.6.131) eingeführte Pontryagin-Zahl r. Betrachtet man nämlich die asymptotische Eichung g(x) in Gl. (2.6.128) als stetige Abbildung der unendlich fernen Sphäre S_3 im 4-dimensionalen euklidischen Raum auf die Gruppe SU(2), dann beschreibt $|r|$, wie oft diese Abbildung die Gruppe überdeckt. Als Beispiel einer solchen Abbildung $S_3 \to SU(2)$ sei

$$g(x) = \frac{1}{|x|}\{x_4 + i\vec{\tau}\vec{x}\} \tag{2.6.132}$$

genannt. Entsprechend der allgemeinen Darstellung Gl. (1.2.11) einer 2-dimensionalen unitären Matrix mit $\det g = 1$ bildet g(x) die Sphäre S_3 eindeutig auf SU(2) ab. Unten werden wir eine exakte Lösung der nichtlinearen Feldgleichungen (2.6.127) diskutieren, welche asymptotisch in diese reine Eichung übergeht, und daher zur topologischen Quantenzahl r = 1 gehört. Beispiele für Abbildungen zur beliebigen Windungszahl r sind Potenzen von g(x): $g^r(x)$. Zur Gewinnung des Resultats (2.6.131) benützt man im wesentlichen die Darstellung des Haarschen Maßes Gl. (1.2.14) der SU(2):

$$d\mu(g) = \frac{1}{12\pi^2}\,\mathrm{Spur}\,(g\,\partial_i g^{-1}\cdot g\,\partial_j g^{-1}\cdot g\,\partial_k g^{-1})\,\varepsilon^{ijk}\, d\theta_1\, d\theta_2\, d\theta_3 \tag{2.6.133}$$

mit $\theta_1 = \theta$, $\theta_2 = \phi$, $\theta_3 = \vartheta$.

Für selbstduale Felder

$$\mathcal{F}_{\mu\nu}(x) = \check{\mathcal{F}}_{\mu\nu}(x) = \frac{1}{2}\varepsilon_{\mu\nu\rho\sigma}\,\mathcal{F}_{\rho\sigma}(x) \tag{2.6.134}$$

stimmt die Wirkung bis auf einen Faktor mit der Pontyagin-Zahl überein, Gl. (2.3.131):

$$S_E = -\frac{1}{4\bar{g}^2}(\mathcal{F},\mathcal{F}) = -\frac{1}{4\bar{g}^2}(\mathcal{F},\check{\mathcal{F}}) = -\frac{8\pi^2}{\bar{g}^2}\cdot r. \tag{2.6.135}$$

Da ferner für beliebige Felder aus der Schwarzschen Ungleichung $(\mathcal{F},\check{\mathcal{F}}) \leq \sqrt{(\mathcal{F},\mathcal{F})(\check{\mathcal{F}},\check{\mathcal{F}})}$ und wegen $(\mathcal{F},\mathcal{F}) = (\check{\mathcal{F}},\check{\mathcal{F}})$ die Beziehung

$$(\mathcal{F},\mathcal{F}) \geq (\mathcal{F},\check{\mathcal{F}}) \tag{2.6.136}$$

folgt, zeigt sich, daß selbstduale Felder innerhalb der Klasse von Feldern mit Pontryagin-Zahl r ("Chern-Klasse" [Bo 65]) den Minimalwert von $|S_E|$ ergeben. Nach dem Prinzip der "minimalen" Wirkung (vgl. Gl. (1.2.31 - 34)) sind also selbstduale Felder Lösungen der Feldgleichungen (2.6.127). Dieses Ergebnis folgt auch direkt aus der Bianchi-Identität (2.2.17) und der Selbstdualitätsgleichung (2.6.134).

Um zu einer Lösung der Selbstdualitätsgleichung (2.6.134) zu kommen, machen wir den Ansatz

$$\mathcal{A}_\mu(x) = -i\,f(x^2)g(x)\partial_\mu g^{-1}(x) = -2f(x^2)\sigma_{\mu\nu}\frac{x_\nu}{x^2} \tag{2.6.137}$$

mit g(x) nach Gl. (2.6.132) als asymptotische Eichung. Der Matrixtensor $\sigma_{\mu\nu}$ ist selbstdual:

$$\sigma_{\mu\nu} = \frac{1}{4i}(s_\mu\bar{s}_\nu - s_\nu\bar{s}_\mu),\ (s_\mu) = (i\vec{\tau},1),\ (\bar{s}_\mu) = (-i\vec{\tau},1),$$
$$\sigma_{\mu\nu} = \check{\sigma}_{\mu\nu}\,. \tag{2.6.138}$$

Rechnet man die zu diesem $\mathcal{A}_\mu(x)$ gehörige Feldstärke nach Gl. (2.6.125) aus:

$$\mathcal{F}_{\mu\nu}(x) = \partial_\mu\mathcal{A}_\nu(x) - \partial_\nu\mathcal{A}_\mu(x) + i[\mathcal{A}_\mu(x),\mathcal{A}_\nu(x)]$$

$$= -4[f(1-f)\frac{\sigma_{\mu\nu}}{x^2} + (f'x^2 - f(1-f))(\sigma_{\nu\rho}\frac{x_\mu x_\rho}{x^4} - \sigma_{\mu\rho}\frac{x_\nu x_\rho}{x^4})],$$

so sieht man aufgrund der Selbstdualität von $\sigma_{\mu\nu}$, daß $\mathcal{F}_{\mu\nu}$ selbstdual ist, wenn der zweite Term verschwindet, wenn also

$$f'x^2 + f(1-f) = 0 \tag{2.6.139}$$

gilt. Diese Gleichung hat die Lösung $f(x^2) = x^2(x^2+\lambda^2)^{-1}$, die zur Feldstärke

$$^{(1)}\mathcal{F}_{\mu\nu}(x) = -\frac{4\lambda^2}{(x^2+\lambda^2)^2}\,\sigma_{\mu\nu}\,, \qquad ^{(1)}\mathcal{A}_\mu(x) = \frac{-2x^2}{\lambda^2+x^2}\,\sigma_{\mu\nu}\frac{x_\nu}{x^2} \tag{2.6.140}$$

führt. (Die Lösung $\lambda^2/(x^2+\lambda^2)$ führt zu einem bei $x = 0$ singulären Eichfeld.) Mit $\mathcal{F}_{\mu\nu}(x), \mathcal{A}_\mu(x)$ nach Gl. (2.6.140) haben wir eine exakte Lösung der nichtlinearen Feldgleichungen gewonnen [Be 75 a]. Wegen der Translationsinvarianz der Feldgleichungen sind auch $^{(1)}\mathcal{F}_{\mu\nu}(x-a)$, $^{(1)}\mathcal{A}_\mu(x-a)$ Lösungen. Man rechnet leicht nach, daß in dieser 5-parametrigen Schar von Lösungen alle zur Pontryagin-Zahl $r = 1$ gehören. Anschaulich stellen diese Lösungen Feldkonzentrationen in der 4-dimensionalen euklidischen Raum-Zeit dar, welche um den Raum-Zeit-Punkt a lokalisiert sind und welche eine mittlere Ausdehnung λ haben. Diese - nicht eigentlich physikalischen - Objekte in der euklidischen Raum-Zeit heissen Instantonen; man beschreibt sie oft in einer Quasiteilchen-Sprache.

Andere Lösungen ähnlicher Art, die sogenannten Antiinstanton-Lösungen, gewinnt man durch die Betrachtung von antidualen Feldern $\check{\mathcal{F}}_{\mu\nu} = -\mathcal{F}_{\mu\nu}$. Ganz analog zu den obigen Argumenten sieht man, daß antiduale Felder Lösungen der Feldgleichungen sind und daß die einfache Antiinstanton-Lösung die Form hat

$$^{(\bar{1})}\mathcal{F}_{\mu\nu}(x) = -\frac{4\lambda^2}{(x^2+\lambda^2)^2}\,\bar{\sigma}_{\mu\nu} \qquad ^{(\bar{1})}\mathcal{A}_\mu(x) = \frac{-2x^2}{\lambda^2+x^2}\,\bar{\sigma}_{\mu\nu}\frac{x_\nu}{x^2}$$

mit (2.6.141)

$$\bar{\sigma}_{\mu\nu} = \frac{1}{4i}(\bar{s}_\mu s_\nu - \bar{s}_\nu s_\mu)\,, \qquad \check{\bar{\sigma}}_{\mu\nu} = -\bar{\sigma}_{\mu\nu}\,.$$

Diese Lösungen haben die Pontryagin-Zahl -1.

Selbst-(Anti-)duale Lösungen zu höheren Pontryagin-Zahlen r erhält man aus dem Ansatz [Ja 77] $^{(r)}\mathcal{A}_\mu(x) = \sigma_{\mu\nu}\partial_\nu \log\rho(x)$ bzw. $^{(\bar{r})}\mathcal{A}(x) = \bar{\sigma}_{\mu\nu}\partial_\nu \log\rho(x)$ als Lösung der Selbst-(Anti-)dualitätsgleichung $\frac{1}{\rho}\partial_\mu\partial_\mu\rho = 0$ in der Form

$$^{(r)}\mathcal{A}_\mu = \begin{Bmatrix}\sigma_{\mu\nu}\\ \bar{\sigma}_{\mu\nu}\end{Bmatrix}\partial_\nu \log\Big(\sum_{i=1}^{r+1}\frac{\lambda_i^2}{(x-y_i)^2}\Big)\,. \tag{2.6.142}$$

Beachtet man, daß einige dieser Lösungen durch Eichtransformationen auseinander hervorgehen können, so enthalten diese Lösungen 5 für $r = 1$, 13 für $r = 2$, $5r + 4$ für $r \geq 3$, unabhängige Parameter. Diese Lösungen können interpretiert werden als r Instantonen, welche an den Orten y_i sitzen und die Ausdehnung λ_i haben. Die allgemeinste selbstduale Lösung mit der topologischen Ladung r wird durch $8r - 3$ Parameter α_i^r charakterisiert [Sc 77]. Für sie ist noch keine einfache explizite Darstellung bekannt. Jedoch gibt es algebraische Verfahren, nach denen alle Lösungen der Selbstdualitätsgleichung konstruiert werden können. Dies gilt auch für selbstduale SU(n)-Eichfelder [Ch 78, At 78, Co 78].

b) Nach dieser kurzen Darstellung des bemerkenswerten Sachverhalts, daß man in den letzten Jahren einen guten Überblick über eine große Klasse von Lösungen einer komplizierten, nichtlinearen Feldgleichung gewonnen hat, betrachten wir die Bedeutung dieser Lösungen für die quantisierte Form der Eichtheorie. Dies führt zur Beschreibung der Auswertung der Pfadintegralformel

$$\langle \Omega [\mathcal{A}] \rangle = \frac{1}{Z} \int \mathcal{D}[\mathcal{A}] \, \Omega \, [\mathcal{A}] \, e^{S_E[\mathcal{A}]} \, ,$$

$$Z = \int \mathcal{D}[\mathcal{A}] \, e^{S_E[\mathcal{A}]} \, , \tag{2.6.143}$$

im euklidischen Bereich mit Hilfe einer Sattelpunkt-Methode. Diese Methode heißt <u>semiklassische Approximation</u>, aus Gründen die gleich einsichtig werden.

Die Sattelpunkt-Methode [De 61] beschreibt die Approximation von Integralen der Form

$$I(g) = \int_{-\infty}^{+\infty} dx \, \phi(x) \, e^{-\frac{1}{g} f(x)}$$

für kleine g durch Gaußsche Integrale. Wir betrachten zunächst den einfachsten Fall eines gewöhnlichen Integrals. Im allgemeinen erwartet man - genaueres muß durch Voraussetzungen festgelegt werden - daß der wesentliche Beitrag des Integrals von dem Bereich um x_0 kommt, in dem f(x) den Minimalwert annimmt: Entwickelt man f(x) in diesem Bereich

$$f(x) = f(x_0) + f''(x_0)(x - x_0)^2/2 + \dots \, ,$$

$$f'(x_0) = 0, \quad f''(x_0) > 0 \, , \tag{2.6.144}$$

so führt dies zu der Entwicklung

$$I(g) \approx \phi(x_o) \int_{-\infty}^{+\infty} dx\, e^{-\frac{1}{g}(f(x_o) + f''(x_o)(x - x_o)^2/2 + \ldots)} \tag{2.6.145}$$

$$= (2\pi/f''(x_o))^{1/2} \phi(x_o)\, e^{-\frac{1}{g}f(x_o)} .$$

Nimmt die Funktion das Minimum an mehreren Stellen an, so ist über die verschiedenen Beiträgen dieser Minima zu summieren.

Verallgemeinert man diese Methode für die Auswertung der Pfadintegralformel, so hat man zunächst nach den Maxima der euklidischen Wirkung ($S_E < 0$) zu suchen. Feldkonfigurationen, welche $|S_E|$ minimalisieren sind jedoch Lösungen der euklidischen Feldgleichungen. Im speziellen gilt dies für die selbstdualen bzw. antidualen Lösungen, welche nach Gl. (2.6.135, 136) das absolute Minimum von $|S_E|$ für Feldkonfigurationen mit einer bestimmten topologischen Quantenzahl r annehmen. Entwickelt man die Feldkonfigurationen analog zu Gl. (2.6.144) um klassische Lösungen- im konkreten Fall sprechen wir im folgenden von der Entwicklung um selbstduale Lösungen -

$$\mathcal{A}_\mu = \mathcal{A}_\mu^{cl} + \eta_\mu \tag{2.6.146}$$

$$S_E[\mathcal{A}] = S_E[\mathcal{A}^{cl}] - (\eta\,\Delta\,\eta), \quad S_E[\mathcal{A}^{cl}] = \frac{8\pi^2}{\bar{g}^2} r ,$$

so erlaubt dies die Auswertung der Zustandssumme Z als eine Summe von Gaußschen Integralen, Gl. (2.3.58):

$$Z = \sum_r \exp\left[-\frac{8\pi^2}{\bar{g}^2} r\right] \cdot \int_{M_r} d\mu(\alpha^r)(\det\Delta)^{-\frac{1}{2}} \tag{2.6.147}$$

und entsprechend die Erwartungswerte

$$< \Omega\,[\mathcal{A}] > = \frac{1}{Z} \sum_r \exp\left[-\frac{8\pi^2}{\bar{g}^2} r\right] \cdot \int_{M_r} d\mu(\alpha^r)(\det\Delta)^{-\frac{1}{2}}\, \Omega[\mathcal{A}^{cl}(x,\alpha^r)] . \tag{2.6.147'}$$

M_r bezeichnet die (8r - 3)-dimensionale Mannigfaltigkeit der selbstdualen Lösungen, über die integriert werden muß, da alle diese Lösungen dieselbe minimale Wirkung ergeben. Die Fluktuationsmatrix Δ hängt im allgemeinen von den (8r - 3) Instanton-Parametern ab. Mit jedem Instanton-Parameter ist ein Eigenwert Null der Matrix Δ verknüpft, welcher bei der Auswertung von det Δ abgespaltet werden muß (vgl. Gl. (2.3.121) ff.). Dies geschieht durch Einführung von kollektiven Instanton-Koordinaten [Ge 76 a].

Für den 1-Instanton-Sektor, r = 1, wurde die Fluktuationsdeterminante zuerst von G. 't Hooft [tH 76 a] ausgewertet. Nach Renormierung, Abspalten der Null-Moden etc. ergibt sich die Zustandssumme im 1-Instanton-Sektor als Integral über Position a und Ausdehnung λ:

$$Z^{(1)} = C \cdot \int \ldots \int \frac{d^4a\, d\lambda}{\lambda^5}\, \bar{g}^{-8}(\lambda) \exp[-\frac{8\pi^2}{\bar{g}^2(\lambda)}] \equiv \int d^4a \frac{d\lambda}{\lambda} n_o(\lambda). \tag{2.6.148}$$

C ist eine vom Renormierungsschema abhängige Konstante (vgl. [Ca 79]). Die Renormierung bewirkt im wesentlichen, daß $\bar{g}^2$ in Gl. (2.6.147) durch die gleitende Kopplungskonstante $\bar{g}^2(\lambda)$ ersetzt wird. $n_o(\lambda)$ betrachtet man als Phasenraumdichte eines Instantons der Größe λ.

Die allgemeine Auswertung der Zustandssumme Gl. (2.6.147) und die entsprechenden Gaußschen Approximationen zu physikalischen Erwartungswerten Gl. (2.6.147') sind noch nicht vollständig untersucht. Zwar gibt es Darstellungen der Fluktuationsdeterminante für höhere Instanton-Sektoren [Be 79 a], doch ist nicht klar, ob die Beschränkung wie in Gl. (2.6.147) auf Fluktuationen um exakte selbst-(anti-) duale Feldkonfigurationen für eine physikalische Näherung hinreichend ist [Lü 80 c]. In einer Betrachtungsweise, welche sich an die analoge 4-dimensionale statistische Mechanik (Gl. (2.3.107')) anlehnt, ist Z nach Gl. (2.6.147) die große kanonische Verteilungsfunktion eines reinen "Instanton-Gases" mit Wechselwirkung. Es scheint nun, daß eine Beschreibung der Zustandssumme durch eine Verteilungsfunktion eines Instanton-Antiinstanton-Gases vollständiger ist [Ca 78, Ca 79]. Unter der Annahme eines verdünnten Instanton-Antiinstanton-Gases beschreibt man die quantenmechanischen Effekte klassischer Instanton-Lösungen durch Mittelung mit einer Zustandsdichte

$$\sim \frac{1}{n_+! n_-!} \prod_{j=1}^{n_+ + n_-} \{d^4a_j \frac{d\lambda_j}{\lambda_j} n_o(\lambda_i)\}$$

über alle Instanton- und Antiinstanton-Freiheitsgrade a_j, λ_j und über Instanton-Zahlen n_+ und Antiinstanton-Zahlen n_-. $n_o(\lambda)$ ist die einzelne Instanton-Dichte von Gl. (2.6.148). Da die konkreten Rechnungen sowieso noch mit vielen Einzelheiten belastet sind, wie Probleme beim thermodynamischen Grenzübergang zum unendlichen Volumen, Infrarot-Singularitäten, Gültigkeit der idealen Gasapproximation etc., wollen wir uns hier mit dieser groben Beschreibung zufrieden geben.

Für einige physikalische Probleme wurden die quantenmechanischen Instanton-Effekte untersucht. Bei der Berechnung des Wilson-Loops führen sie in der idealen Gasapproximation nicht zum Confinement [Ca 78]. Instanton-Effekte verursachen jedoch einen starken, wenn auch nicht perfekten "Chromo-Paramagnetismus" $\mu_{el} \gg 1$ [Ca 79, Il 79], wie man es im Zusammenhang mit dem chromoelektrischen Meissner-Effekt erwartet (vgl. S. 226). In 2 + 1 Dimensionen bewirken Instantonen Confinement [Po 77 a]. Instanton-Beiträge werden nach G. 't Hooft [tH 76] im Zusammenhang mit einer Bell-Jackiw-Anomalie diskutiert:
$\partial^\mu j_\mu^5(x) = -i(\frac{Ng^2}{16\pi^2} F^a_{\mu\nu} \tilde{F}^a_{\mu\nu})$ (N Anzahl der Flavour-Freiheitsgrade, vgl. Abschn. 2.4.3 f). Diese wird in Zusammenhang mit der relativ großen Masse des Flavour-neutralen, pseudoskalaren η-Teilchens gebracht. ("U(1)-Problem" [We 75], vgl. auch [Ol 79, Cr 78 a]).

c) Wir schließen diesen kurzen Ausblick auf die Probleme, welche mit der Behandlung der quantenmechanischen Instanton-Effekte in semiklassischer Approximation verknüpft sind, mit einer Bemerkung zum nichtstörungstheoretischen Charakter dieser Beiträge ab. Zwar beruht die semiklassische Näherung, wie die Sattelpunkt-Methode, auf der Annahme kleiner g^2, doch sind die Beiträge nicht analytisch in der Kopplungskonstante. Der tiefere Grund hierfür liegt im folgenden: Bei der Herleitung der Feynman-Regeln der Störungsrechnung, Abschn. 2.3.2 e, sind wir von einer Gaußschen Approximation um die klassische Feldkonfiguration $\mathcal{A}_\mu \equiv 0$ ausgegangen. In einer nichtabelschen Feldtheorie gibt es jedoch klassische Feldkonfigurationen $\mathcal{A}_\mu(x) = g(x)\,\partial_\mu\, g^{-1}(x)$, welche als reine Eichungen wie $\mathcal{A}_\mu \equiv 0$ zur euklidischen Wirkung $S_E[\mathcal{A}^{cl}_\mu] = 0$ gehören, welche aber nicht als Schwankungen von $g(x) \equiv 1$ aufgefaßt werden können, weil sie topologisch von dieser Eichung verschieden sind. Die Entartung der klassischen Grundzustandskonfigurationen wird quantenmechanisch durch den Tunneleffekt aufgehoben. Dabei beschreiben die Instanton-Beiträge die Tunnel-Amplituden [Po 77 a, Ja 76].

Die Gitterapproximation zur QCD, die semiklassische Approximation und die Methode der String-Gleichungen ergeben die sich gegenseitig ergänzenden, nichtstörungstheoretischen Verfahren zur Behandlung des Confinement-Problems. Die weitestgehenden Resultate wurden bis jetzt mit Hilfe der Gitterapproximation gewonnen. Jedoch gestattet noch kein Verfahren die Beschreibung der Kopplung von Gluon-Strings an dynamische Quarks. Da diese Kopplung für den Zerfall der Strings in Hadronen verantwortlich ist, muß dieses Problem gelöst werden, ehe man ein erstes, vollständiges Bild vom Confinement in der QCD gewinnt.

2.7 Phänomenologische Anwendungen der Quantenchromodynamik [PQ]

In den vorangegangenen Abschnitten haben wir die QCD als Theorie der starken Wechselwirkung begründet und ihre wesentlichen Struktureigenschaften wie asymptotische Freiheit und Quark-Confinement diskutiert. Nun untersuchen wir die Frage, inwieweit einerseits die QCD durch die Experimente bestätigt wird und andererseits die phänomenologische Analyse der Experimente durch die QCD tiefer begründet werden kann.

Die wesentlichen Bausteine der QCD, welche sich der direkten Beobachtung lange Zeit entzogen, sind die Quanten des die starke Wechselwirkung vermittelnden Feldes, die Gluonen. Erst 1979 gelang es, in der Elektron-Positron-Vernichtung bei PETRA "Spuren" der Gluonen nachzuweisen [TA 79, PL 79, JA 80, Ba 79c]. So wie sich die nicht als freie Teilchen beobachtbaren Quarks als Jets bemerkbar machen, erscheinen die Gluonen als Gluon-Jets. Diese sind ein direkter Hinweis auf die Existenz harter Gluon-Bremsstrahlung der Quarks. Deren Häufigkeit gibt ein Maß für die gleitende starke Feinstrukturkonstante $\overline{\alpha}_s(Q^2)$. In Abschn. 2.7.1 besprechen wir deshalb die Jets in der e^+e^--Vernichtung und die Auswertung der experimentellen Resultate.

Wie schon mehrfach erwähnt, gibt die asymptotische Freiheit der QCD eine Begründung des Quark-Partonmodells. Allerdings werden dessen Aussagen durch feldtheoretische Strahlungskorrekturen, welche sich in logarithmischen Abweichungen vom einfachen Skalenverhalten bemerkbar machen, modifiziert. In Abschn. 2.7.2 führen wir die Behandlung der tiefinelastischen Lepton-Streuung mit den dazu nötigen feldtheoretischen Methoden durch.

Die bei großen Impulsüberträgen kleiner werdende gleitende Kopplungskonstante erlaubt eine semiquantitative Anwendung der Störungsrechnung auf harte Streuprozesse. Eine präzise Formulierung und eine strenge feldtheoretische Herleitung dieses Verfahrens ist noch nicht gefunden. Seine Vorzüge liegen in der Anschaulichkeit und breiten Anwendbarkeit. Insbesondere erlauben die perturbativen Methoden eine Berechnung der Quark- und Gluon-Jets (Abschn. 2.7.3).

Die Resultate der Diskussion des Quark-Confinements und der asymptotischen Freiheit sind auch der Ausgangspunkt für die phänomenologische Behandlung der gebundenen Systeme schwerer Quarks. Neben den Aussagen über die Quarkonium-Spektren (Abschn. 1.1) liefert die QCD eine dynamische Begründung und Quantifizierung der die Zerfälle der Quarkonia-Systeme erklärenden Zweig-Regel (Abschn. 2.7.4).

2.7.1 Gluonen und Gluon-Kopplungen

Die Quanten der fundamentalen Felder der QCD, die Quarks und die Gluonen, wurden bisher nicht als freie Teilchen beobachtet und können dies, falls die QCD wirklich die Eigenschaft des Confinements besitzt, auch in Zukunft nicht werden. Trotzdem hinterlassen Quarks und Gluonen deutliche experimentelle "Spuren": In der tiefinelastischen Leptonstreuung als punktförmige Streuzentren (Abschn. 1.4) und in der e^+e^--Vernichtung als Jets mit den entsprechenden Quantenzahlen. Die Evidenz, welche die e^+e^--Jets für Quarks, Gluonen und deren Kopplung liefern, soll nun dargestellt werden.

a) Bei der e^+e^--Vernichtung in Hadronen besteht der erste Schritt in der Quark-Antiquark-Paarerzeugung durch ein virtuelles Photon. Diese primären Quarks strahlen hauptsächlich weiche, fast kollineare Gluonen ab, welche zusammen mit den primären Quarks in 2 Jets hadronisieren.

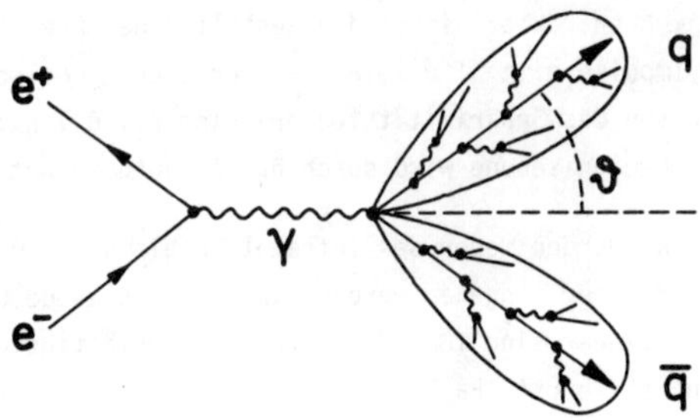

Die Jetachsen sind daher durch die Richtung des primären Quarkpaares bestimmt. Sie besitzen die für Spin-1/2-Teilchen charakteristische Winkelverteilung (vgl. Gl. (1.2.52)):

$$\frac{d\sigma}{d\Omega}(e^+e^- \to q\bar{q}) = \frac{3\alpha^2}{4s}\sum Q_i^2(1+\cos^2\vartheta) .$$

2-Jet-Ereignisse mit dieser Winkelverteilung wurden bei Spear [Ha 75] und PETRA [Ha 82 N, Cr 82N] beobachtet. Als Beispiel zeigen wir in Fig. 2.21 a - c ein 2-Jet-Ereignis bei 30 GeV [Br 79a].

b) Zur phänomenologischen Analyse von Jet-Ereignissen kann man den Sphärizitätstensor aus den Impulsen $p_{i\alpha}$ der in einem Ereignis erzeugten r Teilchen, $\alpha = 1,\ldots,r$, konstruieren:

$$M_{ij} = \frac{\sum_\alpha p_{i\alpha} p_{j\alpha}}{\sum_\alpha (\vec{p}_\alpha)^2} \; .$$

Seine Eigenwerte λ_1, λ_2, λ_3 mit $\lambda_1 + \lambda_2 + \lambda_3 = 1$, $0 \leq \lambda_1 \leq \lambda_2 \leq \lambda_3$, definieren die Sphärizität [Bj 70]

$$S' = \frac{3}{2}(\lambda_1 + \lambda_2) = \frac{3}{2} \underset{\{\hat{e}\}}{\text{Min}} \frac{\sum_\alpha (\vec{p}_\alpha - \hat{e}(\hat{e}\vec{p}_\alpha))^2}{\sum_\alpha (\vec{p}_\alpha)^2} \; , \quad \hat{e} \equiv \text{beliebiger Einheitsvektor,} \tag{2.7.1}$$

und die Akoplanarität

$$A = \frac{3}{2}\lambda_1 \; . \tag{2.7.2}$$

Diese Parameter S', A charakterisieren die Gestalt eines Ereignisses. Für isotrop verteilte Impulse gilt $S' = 1$, $A = \frac{1}{2}$, für einen idealen Jet $S' = 0$, $A = 0$. Die Hauptachsen des Sphärizitätstensors sind $\hat{n}_1$, $\hat{n}_2$, $\hat{n}_3$; $\hat{n}_3$ heißt Sphärizitätsachse, die Ereignisebene wird durch $\hat{n}_2$, $\hat{n}_3$ aufgespannt.

Außer der Sphärizität werden wegen des Infrarot-Problems der QCD, auf welches wir in Abschn. 2.7.3 näher eingehen werden, auch verschiedene Größen verwendet, die in den Impulsen linear sind [Ge 77, Fo 78]. Der geläufigste unter diesen Gestalt-Parametern ist Thrust [Fa 77]:

$$T = 2 \underset{\{\hat{e}\}}{\text{Max}} \frac{\sum_\alpha |\hat{e}\vec{p}_\alpha|}{\sum_\alpha |\vec{p}_\alpha|} \tag{2.7.3}$$

mit $T = \frac{1}{2}$ für isotrope und $T = 1$ für perfekte Jet-Ereignisse. In der Praxis besteht ein kleiner Unterschied zwischen den Jet-Achsen, welche durch die verschiedenen Vorschriften definiert sind.

c) Mit zunehmender Schwerpunktenergie wird die Jet-Struktur der Ereignisse ausgeprägter, d.h. die Öffnungswinkel der Kegel, in welche die Teilchen im Jet emittiert werden, nehmen ab. Diese Abnahme der Sphärizität mit der Energie zeigen wir in Fig. 2.23. Diese Tatsache erlaubt es, in einem Ereignis mehrere Jets zu trennen und so nach 3- und 4-Jet-Ereignissen zu suchen. Solche sind im Rahmen der QCD zu erwarten, da eines der im Primärprozeß erzeugten Quarks mit der

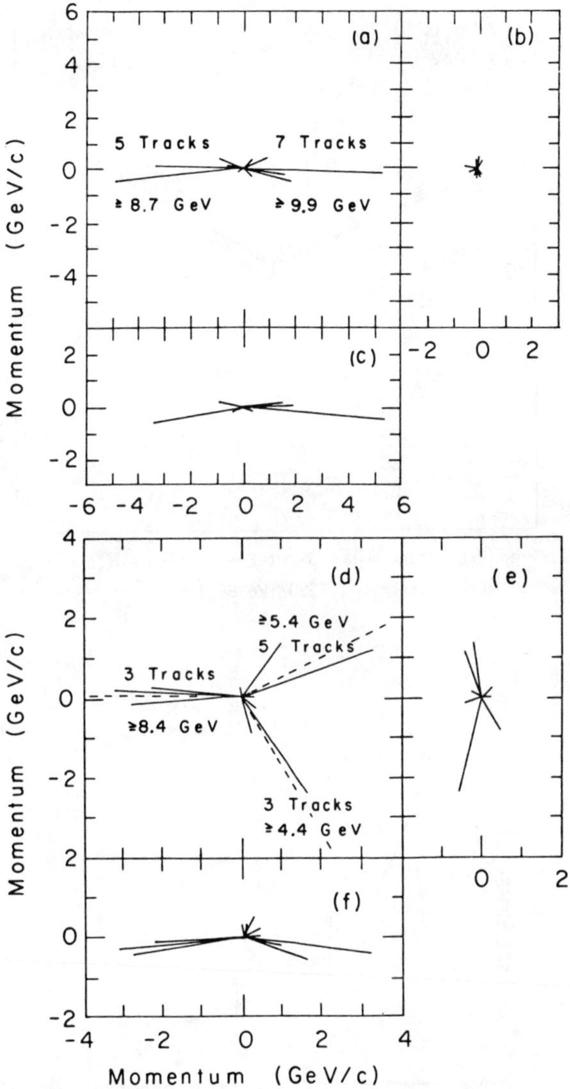

Fig. 2.21 : Impulse der Teilchen in einem 2-Jet(a - c)- und einem 3-Jet (d f)-Ereignis projiziert auf die $(\hat{n}_2, \hat{n}_3)$-Ebene (a, d), $(\hat{n}_1, \hat{n}_2)$-Ebene (b, e) und $(\hat{n}_1, \hat{n}_3)$-Ebene (c, f) [Wo 80]

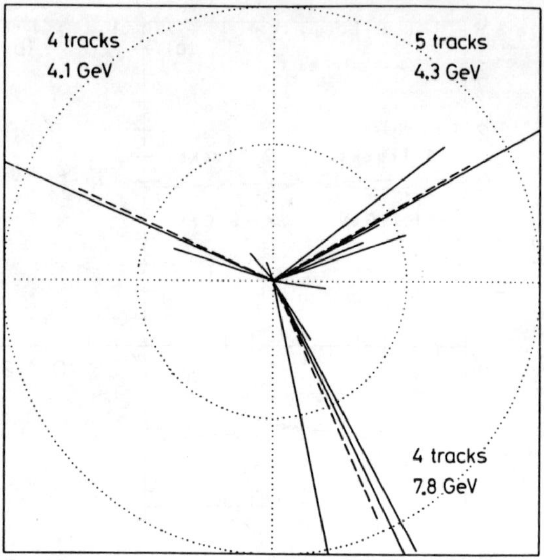

Fig. 2.22 : Projektion eines 3-Jet-Ereignisses auf die Ereignisebene (TASSO [Wo 80])

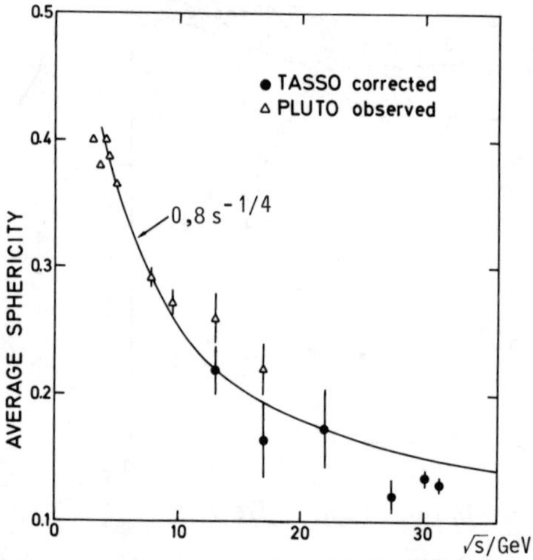

Fig. 2.23 : Die mittlere Sphärizität als Funktion der Energie [Wo 80] (Messungen von PLUTO [Be 79] und TASSO [Br 80])

Wahrscheinlichkeit $\overline{\alpha}_s(\overline{Q^2})$ auch ein energiereiches Gluon unter einem großen Winkel, d.h. unter großem Impulsübertrag $\vec{Q}^2$ emittieren kann. Dieses harte Gluon strahlt dann seinerseits weiche, fast kollineare Gluonen oder Quark-Antiquark-Paare ab, welche einen Gluon-Jet aufbauen. Demnach sollten n-Jet-Ereignisse ($q\bar{q}G$, $q\bar{q}GG$, $q\bar{q}q\bar{q}$, ...) mit den Häufigkeiten

$$\sigma(n\,\text{Jets})/\sigma(2\,\text{Jets}) = O((\overline{\alpha}_s(Q^2))^{n-2}) \qquad (2.7.4)$$

existieren. In Fig. 2.21 d - f und Fig. 2.22 zeigen wir zwei bei 30 GeV beachtete 3-Jet-Ereignisse.

Eine detaillierte Analyse der Häufigkeit von 3-Jet-Ereignissen unter Verwendung von Modellen für die Fragmentation der Quarks und Gluonen ermöglicht die Bestimmung der starken Kopplungskonstante. Wie wir in Gl. (2.5.31) dargelegt haben ist hierzu der Vergleich mit einer Rechnung bis mindestens zur 2. Ordnung der Störungstheorie erforderlich. Solche Analysen erfordern die Berücksichtigung von etwa 100 Feynman-Graphen [El 80, Fa 80]. Beim Vergleich dieser Rechnungen mit dem Experiment [Br 80a, PL 80, Wo 82 N] erschweren die weichen und kollinearen Partonen die Zuordnung von Gluonen und Quarks zu einer bestimmten Anzahl von Jets einer bestimmten Ausdehnung. Auf Grund einer neueren Diskussion dieser Probleme [Kr 82 N] ergibt eine Analyse der Daten [Ba 82b N] einen Wert für die gleitende Kopplungskonstante für $Q^2 = (30\ \text{GeV})^2$ von

$$\overline{\alpha}_s = 0{,}16 \pm 0{,}015(\text{stat.}) \pm 0{,}03(\text{system.}). \qquad (2.7.5)$$

Zusammen mit dem Wert für $\sigma_{tot}(e^+e^- \to \text{Hadronen})$ ergibt diese Messung einen deutlichen Hinweis auf den nichtabelschen Charakter der QCD-Eichtheorie.

2.7.2 Parton-Modell und Verletzung der Skaleninvarianz in der tiefinelastischen Lepton-Nukleon-Streuung

Die QCD erlaubt wegen ihrer Renormierbarkeit die Ausarbeitung einer konsistenten Störungstheorie. Da sie bei hohen Impulsüberträgen asymptotisch frei wird, kann man die Störungstheorie auf harte Streuprozesse anwenden. Dies soll nun für die tiefinelastische Lepton-Nukleon-Streuung durchgeführt werden [PQ].

Die dem Partonmodell (Abschn. 1.4) zugrundeliegende Vorstellung veranschaulichen wir nochmals im Graphen Fig. 2.24 a. Danach berechnet man die Streuung freier, masseloser Quarks an den Leptonen, mittelt diese mit der Wahrscheinlichkeit, diese Quarks mit Impulsanteil x im Nukleon zu finden und erhält so den inklusiven Wirkungsquerschnitt. In der QCD wird dieses Modell in Ordnung g^2 durch

Gluon-Bremsstrahlung (Fig. 2.24b), Quark-Paarerzeugung an den Gluonen des Nukleons (Fig. 2.24 c) und innere Strahlungskorrekturen (Fig. 2.24 d) modifiziert.

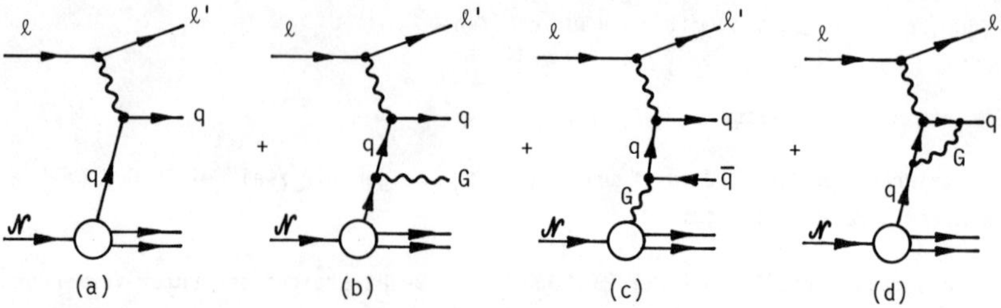

Fig. 2.24 : Tiefinelastische Lepton-Nukleon-Streuung im Parton-Modell (a), und QCD-Korrekturen in Ordnung g^2 (b, c, d).

In den höheren Näherungen tragen jeweils sehr viele Diagramme bei. Welche davon bei großen Impulsüberträgen die dominierenden Beiträge liefern, wollen wir erst später untersuchen (Abschn. 2.7.3). Statt dessen soll hier die in Abschn. 2.5 besprochene Methode der RG-Gleichung in geeigneter Weise zu einer effektiven Aufsummation der Störungsreihe benutzt werden. Für dieses Verfahren spricht auch, daß es eine befriedigende Auftrennung des Problems in den mit der Störungstheorie behandelbaren harten Quark-Lepton- bzw. Gluon-Lepton-Streuprozeß und das mit der Störungstheorie nicht behandelbare Bindungsproblem der Quarks im Nukleon erlaubt.

Ausgangspunkt ist wie in Abschn. 1.4.1 der hadronische Tensor $W_{\mu\nu}(\nu, q^2)$ (Gl. (1.4.3 ff), Fig. 1.9). Anstelle des Produkts $j_\mu(y)\, j_\nu(o)$ dürfen wir den Kommutator verwenden, da der Term $j_\nu(o)\, j_\mu(y)$ für raumartige q^2 und $q^o = E - E' \geq 0$ keinen Beitrag zu $W_{\mu\nu}$ liefert:

$$\begin{aligned}
W^{abr}_{\mu\nu}(\nu,q^2) &= \int \frac{d^4y}{(2\pi)^4}\, e^{iqy}\, \frac{1}{2} \sum_{\text{Spin}} \langle \mathcal{N},P|\, [j^{ar}_\mu(y), j^{br}_\nu(o)]\, |\mathcal{N},P\rangle = \\
&= (-g_{\mu\nu} + \frac{q_\mu q_\nu}{q^2})\, W^{abr}_1(\nu,q^2) \qquad (2.7.6)\\
&+ (P_\mu - q_\mu \cdot \frac{qP}{q^2})(P_\nu - q_\nu \cdot \frac{qP}{q^2})\, W^{abr}_2(\nu,q^2)/M^2_{\mathcal{N}} \\
&- \frac{i}{2}\cdot r \cdot \varepsilon_{\mu\nu\alpha\beta}\, P^\alpha q^\beta\, W^{abr}_3(\nu,q^2)/M^2_{\mathcal{N}} .
\end{aligned}$$

Neben den Strukturfunktionen W_i werden auch folgende, leicht modifizierte Strukturfunktionen benutzt: $F_1^{abr}(\nu,q^2) = W_1^{abr}(\nu,q^2)$, $F_{2,3}^{abr}(\nu,q^2) = \nu\cdot W_{2,3}^{abr}(\nu,q^2)/M_{\mathcal{N}}^2$, die ein einfacheres Skalenverhalten zeigen (vgl. Gl. (1.4.5)). Die Umkehrung der Kovariantenzerlegung (2.7.6) lautet für $Q^2, \nu \gg M_{\mathcal{N}}^2$ $(Q^2 = -q^2)$:

$$P^\mu P^\nu W_{\mu\nu}^{abr} = \frac{Q^2}{8x^3}(F_2^{abr} - 2x\,F_1^{abr}) =: \frac{Q^2}{8x^3}F_L^{abr} ,$$

$$(-g^{\mu\nu} + 12x^2\frac{P^\mu P^\nu}{Q^2})\,W_{\mu\nu}^{abr} = \frac{1}{x}F_2^{abr} , \quad i\,\varepsilon^{\mu\nu\alpha\beta}P_\alpha q_\beta W_{\mu\nu}^{abr} = -r\cdot\nu\cdot F_3^{abr} . \qquad (2.7.7)$$

Betrachtet man den Bjorken-Limes $\nu \to \infty$, $x = -q^2/2\nu = \text{const.}$ von Gl. (2.7.6) im Ruhesystem des Targetnukleons: $P^\mu = (M_{\mathcal{N}}, \vec{0})$, $q^\mu = (\nu, 0, 0, \nu\sqrt{1 + 2xM_{\mathcal{N}}^2/\nu})/M_{\mathcal{N}}$, so wird: $e^{iqy} \sim \exp(i\nu(y^o - y^3)/M_{\mathcal{N}})$. Nach der Methode der stationären Phase folgt, daß für $\nu \to \infty$ das Verhalten von $\langle \mathcal{N}, P|[j_\mu(y), j_\nu(o)]|\mathcal{N}, P\rangle$ bei $y^o - y^3 \to 0$, d.h. auf dem Lichtkegel wesentlich ist.

a) Zur Einführung in die benötigten Techniken leiten wir die Ergebnisse des Parton-Modells noch einmal auf feldtheoretischem Weg [Br 71 a, Fr 71] ab. Die Aussagen über den Bjorken-Limes der Strukturfunktionen erhält man dabei durch Benutzung der Vertauschungsrelationen freier Quarkfelder, Gl. (1.2.22), bei der Berechnung des Lichtkegel-Verhaltens ($y^2 \approx 0$) des Kommutators der Quarkströme

$$j_\mu^{ar}(y) = \overline{\psi}(y)\,\gamma_\mu\frac{1 - r\gamma_5}{2}\,\frac{\lambda^a}{2}\cdot 1\cdot\psi(y), \quad a = 1, 2, \ldots, N_F^2 - 1 ,$$
$$1 = 1\text{-Matrix im Farbraum}, \qquad (2.7.8)$$
$$r = \pm 1 .$$

Das Ergebnis lautet [Gr 71]:

$$[j_\mu^{ar}(y), j_\nu^{br'}(o)] \underset{y^2 \approx o}{\approx} (\partial^\rho \frac{\varepsilon(y^o)}{2\pi}\delta(y^2))\cdot\delta_{rr'}\cdot$$

$$\cdot\{\tfrac{1}{2}s_{\mu\rho\nu\alpha}\tfrac{1}{2}(\overline{\psi}(y)\gamma^\alpha\frac{1-r\gamma_5}{2}\frac{\lambda^a}{2}\frac{\lambda^b}{2}\psi(o) - \overline{\psi}(o)\gamma^\alpha\frac{1-r\gamma_5}{2}\frac{\lambda^b}{2}\frac{\lambda^a}{2}\psi(y))$$

$$+\tfrac{i}{2}r\varepsilon_{\mu\rho\nu\alpha}\tfrac{1}{2}(\overline{\psi}(y)\gamma^\alpha\frac{1-r\gamma_5}{2}\frac{\lambda^a}{2}\frac{\lambda^b}{2}\psi(o) + \overline{\psi}(o)\gamma^\alpha\frac{1-r\gamma_5}{2}\frac{\lambda^b}{2}\frac{\lambda^a}{2}\psi(y))\} \qquad (2.7.9)$$

$$= (\partial^\rho\frac{\varepsilon(y^o)}{2\pi}\delta(y^2))\delta_{rr'}\cdot\tfrac{1}{2}\{s_{\mu\rho\nu}{}^\alpha j_\alpha^{abr,A}(y,o) + ir\,\varepsilon_{\mu\rho\nu}{}^\alpha j_\alpha^{abr,S}(y,o)\} ,$$

mit

$$s_{\mu\rho\nu\alpha} = g_{\mu\rho}\, g_{\nu\sigma} + g_{\mu\sigma}\, g_{\nu\rho} - g_{\mu\nu}\, g_{\rho\sigma} \,,$$

$$\varepsilon_{\mu\rho\nu\alpha} = \text{total antisymm. Tensor}, \quad \varepsilon_{0123} = +1 \,.$$

Dieser Ausdruck setzt sich aus der Lichtkegel-Singularität des freien Quark-Kommutators (vgl. Gl. (1.2.24), (1.2.28)) und den bilokalen Operatoren

$$j_\mu^{abr,{A \atop S}}(x,y) = \frac{1}{2}\overline{\psi}(x)\gamma_\mu \frac{1-r\gamma_5}{2}\frac{\lambda^a}{2}\frac{\lambda^b}{2}\psi(y) \mp \frac{1}{2}\overline{\psi}(y)\gamma_\mu \frac{1-r\gamma_5}{2}\frac{\lambda^b}{2}\frac{\lambda^a}{2}\psi(x) \tag{2.7.10}$$

zusammen. Zur Vereinfachung der Schreibweise führen wir im folgenden die Abkürzung $f = (a,b,r)$ ein; Farbindizes schreiben wir nicht aus.

Wir bestimmen nun den Bjorken-Limes der Strukturfunktionen. Dazu setzen wir Gl. (2.7.9) in Gl. (2.7.5) ein:

$$W_{\mu\nu}^f(\nu,q^2) = \int \frac{d^4y}{(2\pi)^4}\, e^{iqy}\, \left(\partial^\rho \frac{\varepsilon(y^0)}{2\pi}\, \delta(y^2)\right) \cdot$$

$$\cdot \frac{1}{2}\sum_{\text{Spin}} \frac{1}{2}\{s_{\mu\rho\nu}{}^{\alpha} <\mathcal{N},P\,|\,j_\alpha^{f,A}(y,0)\,|\,\mathcal{N},P> + ir\varepsilon_{\mu\rho\nu}{}^{\alpha} <\mathcal{N},P\,|\,j_\alpha^{f,S}(y,0)\,|\,\mathcal{N},P>$$

und zerlegen das Spin-gemittelte Matrixelement der bilokalen Operatoren $j_\mu^f(y,0)$ nach Lorentz-Kovarianten:

$$(2\pi)^{-3}\,\frac{1}{2}\sum_{\text{Spin}} <\mathcal{N},P\,|\,j_\alpha^f(y,0)\,|\,\mathcal{N},P> = 2P_\alpha\, \tilde{g}^f(Py,y^2) + y_\alpha\, \tilde{h}^f(Py,y^2) \quad . \tag{2.7.11}$$

Weil für kleine Abstände $y^2 = 0$ nur der erste Term wesentlich ist, führen wir seine Fourier-Transformierte ein:

$$\tilde{g}^f(Py,0) = \int_{-\infty}^{+\infty} d\xi\, g^f(\xi)\, e^{i\xi(Py)} \quad . \tag{2.7.12}$$

Unter Verwendung der Beziehung

$$\int \frac{d^4y}{(2\pi)^4}\, e^{iqy}\, \varepsilon(y^0)\, \delta(y^2) = \frac{+i}{(2\pi)^2}\, \varepsilon(q^0)\, \delta(q^2)$$

finden wir für den hadronischen Tensor:

$$W^f_{\mu\nu}(\nu,q^2) = \int \frac{d^4y}{(2\pi)^2} \int_{-\infty}^{+\infty} d\xi \; e^{iy(q+\xi P)} (\partial^\rho \varepsilon(y^o)\, \delta(y^2))$$

$$P^\alpha \{s_{\mu\rho\nu\alpha}\, g^{f,A}(\xi) + ir\, \varepsilon_{\mu\rho\nu\alpha}\, g^{f,S}(\xi)\}$$

$$= -i \int_{-\infty}^{+\infty} d\xi i(q+\xi P)^\rho\, \varepsilon(q^o + \xi P^o) \delta((q+\xi P)^2) P^\alpha \cdot$$

$$\cdot \{s_{\mu\rho\nu\alpha}\, g^{f,A}(\xi) + ir\, \varepsilon_{\mu\rho\nu\alpha}\, g^{f,S}(\xi)\} \; .$$

Eine genauere Untersuchung des Spin-gemittelten Matrixelements der bilokalen Operatoren durch Einschieben von Zwischenzuständen zeigt, daß $g^f(\xi)$ nur für $0 \leqq \xi \leqq 1$ von Null verschieden ist. Daher ist nur von $\xi = 0$ bis $\xi = +1$ zu integrieren. Außerdem gilt wegen $q^o + \xi P^o \geqq 0$:

$$\varepsilon(q^o + \xi P^o)\; \delta((q+\xi P)^2) = \delta(q^2 + 2\xi\nu + \xi^2 M^2_{\mathcal{N}}) \approx \delta(q^2 + 2\xi\nu) =$$

$$= \frac{1}{2\nu}\, \delta(\xi - x) \quad \text{mit} \quad x = -\, q^2/2\nu \quad . \tag{2.7.13}$$

Damit erhalten wir als Ergebnis für den Bjorken-Limes des hadronischen Tensors:

$$W^f_{\mu\nu}(\nu,q^2) = \frac{1}{2\nu} \cdot (q+xP)^\rho P^\alpha \{s_{\mu\rho\nu\alpha}\, g^{f,A}(x) + ir\, \varepsilon_{\mu\rho\nu\alpha}\, g^{f,S}(x)\} =$$

$$= (-g_{\mu\nu} + \frac{q_\mu q_\nu}{q^2}) \frac{1}{2} g^{f,A}(x)$$

$$+ (P_\mu - q_\mu \cdot \frac{qP}{q^2})(P_\nu - q_\nu \cdot \frac{qP}{q^2}) \frac{x}{\nu}\, g^{f,A}(x) \tag{2.7.14}$$

$$+ \frac{i}{2} r\, \varepsilon_{\mu\nu\rho\sigma}\, q^\rho P^\sigma\, \frac{1}{\nu}\, g^{f,S}(x) \; .$$

Ein Vergleich mit Gl. (2.7.6) ergibt für die Strukturfunktionen:

$$\text{Bj-lim}\,F_1^f(\nu,q^2) = F_1^f(x) = \frac{1}{2}\,g^{f,A}(x)\ ,$$

$$\text{Bj-lim}\,F_2^f(\nu,q^2) = F_2^f(x) = x\,g^{f,A}(x)\ , \qquad (2.7.15)$$

$$\text{Bj-lim}\,F_3^f(\nu,q^2) = F_3^f(x) = g^{f,S}(x)\ .$$

Wir sehen, daß im Bjorken-Limes eine Lichtkegel-Singularität vom Typ freier Quarkfelder zum Bjorkenschen Skalenverhalten führt, d.h., daß F_1, F_2 und F_3 Skalen-invariante Funktionen sind. Hierbei hat sich wieder die Callan-Gross-Relation $F_2(x) = 2x\,F_1(x)$ ergeben. Ferner haben wir eine feldtheoretische Definition der Parton-Verteilungsfunktionen gewonnen: Diese sind die Fourier-Transformierten $g^f(x)$ der reduzierten Matrixelemente der bilokalen Operatoren auf dem Lichtkegel.

b) Entwickeln wir den bilokalen Operator $j_\mu^f(y,0)$ in eine Potentzreihe in y:

$$j_\mu^{abr,{A \atop S}}(y,o) = \sum_{n=0}^{\infty} \frac{1}{n!}\, y^{\mu_1}\ldots y^{\mu_n} \{\bar\psi(o)\,\overleftarrow{\partial}_{\mu_1}\ldots\overleftarrow{\partial}_{\mu_n}\gamma_\mu \frac{1-r\gamma_5}{2}\frac{\lambda^a}{2}\frac{\lambda^b}{2}\,\psi(o)$$

$$\mp\ \bar\psi(o)\,\overrightarrow{\partial}_{\mu_1}\ldots\overrightarrow{\partial}_{\mu_n}\gamma_\mu \frac{1-r\gamma_5}{2}\frac{\lambda^b}{2}\frac{\lambda^a}{2}\,\psi(o)\,\} = \qquad (2.7.16)$$

$$= \sum_{n=0}^{\infty}\frac{1}{n!}\,y^{\mu_1}\ldots y^{\mu_n}\,\mathcal{O}^{abr,{A \atop S}}_{\mu_1\ldots\mu_n\mu}(o)$$

und setzen dies in Gl. (2.7.9) ein, so erhalten wir die Wilson-Entwicklung des freien Stromkommutators, d.h. seine Darstellung durch singuläre Funktionen, Lorentz-Tensoren und lokale Operatoren ('Wilson-Operatoren') [Wi 69]:

$$[j_\mu(y),j_\nu(o)]^f \underset{y^2\approx 0}{\approx} \sum_{n=0}^{\infty} \frac{1}{2}\Big(\partial^\rho\,\frac{\varepsilon(y^o)}{2\pi}\,\delta(y^2)\Big)\,s_{\mu\rho\nu}{}^{\alpha}\,\frac{y^{\mu_1}\ldots y^{\mu_n}}{n!}\,\mathcal{O}^{f,A}_{\mu_1\ldots\mu_n\alpha}(o)$$

$$+ \sum_{n=0}^{\infty} \frac{i}{2}\,r\,\Big(\partial^\rho\,\frac{\varepsilon(y^o)}{2\pi}\,\delta(y^2)\Big)\,\varepsilon_{\mu\rho\nu}{}^{\alpha}\,\frac{y^{\mu_1}\ldots y^{\mu_n}}{n!}\,\mathcal{O}^{f,S}_{\mu_1\ldots\mu_n\alpha}(o)\ . \qquad (2.7.17)$$

Die Massen-Dimension der lokalen Operatoren $\mathcal{O}^{f,K}_{\mu_1\ldots\mu_n\mu}(o)$, K = A,S, berechnet sich aus vorstehender Gleichung zu dim $\mathcal{O}_n = n+3$. Andererseits sind sie Tensoren (n + 1). Stufe, enthalten also den maximalen Drehimpuls $\ell_{max} = n+1$. Die

Differenz von Dimension und Drehimpuls eines Operators heißt Twist:

$$t = \dim \mathcal{O}_n - \ell \,. \tag{2.7.18}$$

Demnach besitzen die Operatoren $\mathcal{O}_n$ den minimalen Twist 2. In der Zerlegung des Spin-gemittelten Nukleon-Matrixelements der Wilson-Operatoren in Kovariante und reduzierte Matrixelemente:

$$(2\pi)^{-3}\,\frac{1}{2}\sum_{\text{Spin}} \langle \mathcal{N},P|\,\mathcal{O}^{f,K}_{\mu_1\ldots\mu_n\mu}(o)\,|\mathcal{N},P\rangle = i^n P_{\mu_1}\ldots P_{\mu_n}P_\mu B_n^{f,K} + g_{\mu_1\mu_2}M_{\mathcal{N}}^2 P_{\mu_3}\ldots P_{\mu_n}P_\mu C^{f,K}_{n,1} + \ldots \tag{2.7.19}$$

besitzen die Terme mit $g_{\mu_1\mu_2}M^2_{\mathcal{N}}$ in dieser Zerlegung einen größeren Twist $t \geq 4$. Im Bjorken-Limes geben sie zu den Strukturfunktionen einen Beitrag der Form $(M^2_{\mathcal{N}}/\nu)\,C^{f,K}_{n,i}$, den wir gegenüber den führenden Termen mit Twist 2, nämlich $B_n^{f,K}$ vernachlässigen dürfen.

Ein Vergleich von Gl. (2.7.11) mit Gl. (2.7.16 und 19) zeigt, daß die Koeffizienten B_n^f aus den invarianten Funktionen $\tilde{g}^f(Py,o)$ durch Potenzreihenentwicklung erhalten werden:

$$B_n^{f,K} = 2\left(\frac{d}{d(iPy)}\right)^n \tilde{g}^{f,K}(Py,o)\Bigg|_{Py=0} \,.$$

Einsetzen der Fourier-Darstellung von $\tilde{g}$ und des Zusammenhangs von Gl. (2.7.15) mit den Strukturfunktionen ergibt:

$$B_n^{f,K} = 2\left(\frac{d}{d(iPy)}\right)^n \int_o^1 dx\, g^{f,K}(x)\, e^{iPy\cdot x} = 2\int_o^1 dx\, x^n g^{f,K}(x)$$

oder

$$B_n^{f,A} = \int_o^1 dx\, x^n F_1^f(x) = \frac{1}{2}\int_o^1 dx\, x^{n-1} F_2^f(x)\,,$$

$$B_n^{f,S} = \int_o^1 dx\, x^n F_3^f(x) \,. \tag{2.7.20}$$

Dies ist unser Ergebnis: Die reduzierten Matrixelemente B_n^f der Wilson-Operatoren $\mathcal{O}^f_{\mu_i}(o)$ bestimmen die Momente der Strukturfunktionen im Bjorken-Limes. Dabei geben in diesem Grenzfall nur Operatoren mit Twist 2 einen nicht verschwindenden Beitrag.

c) Der erste Schritt zur Ableitung der QCD-Aussagen für die Strukturfunktionen besteht in der Verallgemeinerung der Wilson-Entwicklung für wechselwirkende Felder [Wi 69]. Diese stellt den Stromkommutator durch singuläre Funktionen, die Wilson-Koeffizienten und lokale Operatoren $\mathcal{O}^{\{\mu_1\ldots\mu_n\}}_{f,i}$, die Wilson-Operatoren, dar. Die Wilson-Koeffizienten $C^{f,K}_{n,i}(y^2,g,\mathcal{M})$ hängen jetzt von der Kopplungskonstante g und dem Renormierungspunkt $\mathcal{M}$ ab. Sie sind mindestens so singulär wie die einer freien Theorie. Der Einfachheit halber geben wir gleich die Entwicklung für die Fourier-Transformierte des Stromkommutators an:

$$\int \frac{d^4y}{(2\pi)^4} e^{iqy} [j_\mu(y),j_\nu(o)]^f =$$

$$= \frac{(2\pi)^{-2}}{2} \sum_{n=2}^{\infty} \sum_i [(-g_{\mu\nu}q_{\mu_1}q_{\mu_2} + g_{\mu\mu_1}q_\nu q_{\mu_2} + g_{\nu\mu_2}q_\mu q_{\mu_1} - g_{\mu\mu_1}g_{\nu\mu_2}q^2)C^{f,A}_{n,i}(Q^2,g,\mathcal{M})$$

$$- \frac{i}{2}\varepsilon_{\mu\nu\alpha\beta}\, g_{\alpha\mu_1}q_\beta q_{\mu_2}\, C^{f,S}_{n,i}(Q^2,g,\mathcal{M}) \tag{2.7.21}$$

$$+ (g_{\mu\nu} - \frac{q_\mu q_\nu}{q^2})q_{\mu_1}q_{\mu_2}C^{f,L}_{n,i}(Q^2,g,\mathcal{M})]\{q_{\mu_3}\ldots q_{\mu_n}\}\,\mathcal{O}^{\{\mu_1\ldots\mu_n\}}_{f,i}(o)(\frac{2}{Q^2})^n .$$

Die Wilson-Operatoren $\mathcal{O}^{\{\mu_1\ldots\mu_n\}}_{f,i}(o)$ sind so definiert, daß sie sich nach der irreduziblen Darstellung (n/2, n/2) der homogenen Lorentzgruppe transformieren (daher bedeutet {} Symmetrisierung und Subtraktion aller Spurterme) [Ca 71]. Der Index i dient einer Unterscheidung von Operatoren mit gleichem f,n. Der Faktor $(2/Q^2)^n$ ist so aus den Koeffizientenfunktionen $C^{f,K}_{n,i}(Q^2,g,\mathcal{M})$ herausgezogen, daß diese dimensionslos sind. Die Diagramme der Ordnung g^2 der Fig. 2.24 b - d und solcher höherer Ordnung ergeben einen nicht verschwindenden longitudinalen Wirkungsquerschnitt, also $F_L = F_2 - 2xF_1 \neq 0$. Dieser Tatsache trägt der letzte Term in Gl. (2.7.21) Rechnung. Das Spin-gemittelte Matrixelement der Wilson-Operatoren kann durch Lorentz-Kovariante und unbekannte, durch die Struktur des Protons bestimmte, Koeffizienten dargestellt werden:

$$(2\pi)^{-3}\frac{1}{2}\sum_{\text{Spin}} \langle \mathcal{N},P|\,\mathcal{O}^{\{\mu_1\ldots\mu_n\}}_{f,i}(o)\,|\mathcal{N},P\rangle = \{P_{\mu_1}\ldots P_{\mu_n}\}B^f_{n,i}(g,\mathcal{M}). \tag{2.7.22}$$

Die Gleichungen (2.7.16, 21, 22) ergeben:

$$W_1^f(Q^2,x) = F_1^f(Q^2,x) = \frac{\pi}{2}\sum_{n,i} x^{-n}(C_{n,i}^{f,A}(Q^2,g,\mathcal{M}) - C_{n,i}^{f,L}(Q^2,g,\mathcal{M}))B_{n,i}^f ,$$

$$\frac{\nu}{M_{\mathcal{N}}^2} W_2^f(Q^2,x) = F_2^f(Q^2,x) = \pi \sum_{n,i} x^{-n+1} C_{n,i}^{f,A}(Q^2,g,\mathcal{M})\, B_{n,i}^f , \qquad (2.7.23)$$

$$\frac{\nu}{M_{\mathcal{N}}^2} W_3^f(Q^2,x) = F_3^f(Q^2,x) = \pi \sum_{n,i} x^{-n} C_{n,i}^{f,A}(Q^2,g,\mathcal{M})\, B_{n,i}^f .$$

Hieraus folgt durch Umkehrung [Ch 72]:

$$M_{1,n+1}^f(Q^2) = \int_0^1 dx\, x^{n-1} F_1^f(Q^2,x) = \frac{1}{2}\sum_i (C_{n,i}^{f,A}(Q^2,g,\mathcal{M}) - C_{n,i}^{f,L}(Q^2,g,\mathcal{M})B_{n,i}^f),$$

$$M_{2,n}^f(Q^2) = \int_0^1 dx\, x^{n-2} F_2^f(Q^2,x) = \sum_i C_{n,i}^{f,A}(Q^2,g,\mathcal{M})\, B_{n,i}^f , \qquad (2.7.24)$$

$$M_{3,n+1}^f(Q^2) = \int_0^1 dx\, x^{n-1} F_3^f(Q^2,x) = \sum_i C_{n,i}^{f,S}(Q^2,g,\mathcal{M})\, B_{n,i}^f , \qquad n \geq 2$$

$$M_{L,n}^f(Q^2) = \int_0^1 dx\, x^{n-2} F_L(Q^2,x) = \sum_i C_{n,i}^{f,L}(Q^2,g,\mathcal{M})\, B_{n,i}^f .$$

Die Momente der Strukturfunktionen bestimmen die Wilson-Koeffizienten des Stromprodukts und die Nukleon-Matrixelemente der Wilson-Operatoren. Im Gegensatz zu den nicht in Störungstheorie berechenbaren Größen $B_{n,i}^f$ kann man im Rahmen der QCD durch Benutzung der Störungstheorie und der Gell-Mann-Low-Gleichungen über die Q^2-Abhängigkeit der Wilson-Koeffizienten Aussagen machen [Gr 73].

In Bezug auf die Flavour-Symmetrie kann der Stromkommutator $[j_\mu(y), j_\nu(o)]^f$ in einen Nichtsingulett-Anteil, der nach der adjungierten Darstellung der Flavour-Gruppe transformiert, und in einen Singulett-Anteil zerlegt werden. Andere Beiträge sind im Bjorken-Limes unwichtig. Die Nichtsingulett-Operatoren der QCD mit Twist 2 sind gegeben zu:

$$\mathcal{O}_{f,r,NS}^{\{\mu_1\ldots\mu_n\}}(o) = \{\overline{\psi}(o)\gamma^{\mu_1}\frac{1-r\gamma_5}{2}D^{\mu_2}\ldots D^{\mu_n}\frac{\lambda^f}{2}\psi(o)\}\, , \; f = 1,2,\ldots, N_F^2 - 1. \qquad (2.7.25)$$

Aus Gründen der Eichinvarianz tritt hier die Farb-kovariante Ableitung D^μ auf. Im Singulett-Fall gibt es zwei Sätze von Wilson-Operatoren mit Twist 2:

$$\mathcal{O}_{r,\psi}^{\{\mu_1\ldots\mu_n\}}(o) = \{\overline{\psi}(o)\gamma^{\mu_1}\frac{1-r\gamma_5}{2}D^{\mu_2}\ldots D^{\mu_n}\cdot 1\cdot\psi(o)\}\,,$$

$$\mathcal{O}_{G}^{\{\mu_1\ldots\mu_n\}}(o) = \{F_{\alpha}^{\mu_1}(o)\,D^{\mu_2}\ldots D^{\mu_{n-1}}F^{\alpha\mu_n}(o)\}\quad. \tag{2.7.26}$$

$F_{\mu\nu}(o)$ ist der Gluon-Feldstärketensor. Die Farb-Indizes sind in vorstehenden Gleichungen unterdrückt.

Die Quarkströme j_μ^f und die Wilson-Operatoren $\mathcal{O}_{f,i}^{\{\mu_1\ldots\mu_n\}}$ sind lokale, aus den Quark- und Gluonfeldern aufgebaute Operatoren, auf die sich das multiplikative Renormierungsverfahren der QCD (Abschn. 2.4.3 b) verallgemeinern läßt [Di 74, Jo 76]. Allerdings tritt bei der Berechnung der entsprechenden Schleifendiagramme eine Mischung der Operatoren $\mathcal{O}_{n,i}$ auf. Deshalb verknüpft eine Renormierungskonstanten-Matrix $(Z_{\mathcal{O}_n})_{ik}$ die renormierten Wilson-Operatoren $\mathcal{O}^R_{n,i}(g,\mathcal{M})$ mit den unrenormierten:

$$j_\mu^R(g,\mathcal{M}) = \lim_{\varepsilon\to o} Z_j^{-1}(g,\mathcal{M},\varepsilon)j_\mu\,,$$

$$\mathcal{O}^R_{n,i}(g,\mathcal{M}) = \lim_{\varepsilon\to o}\sum_k [Z_{\mathcal{O}_n}(g,\mathcal{M},\varepsilon)]^{-1}_{ik}\,\mathcal{O}_{n,k}\,. \tag{2.7.27}$$

Da die Quarkströme und Wilson-Operatoren multiplikativ renormiert werden, genügen die aus ihren Greenschen Funktionen, z.B.

$$\tau_{\psi\overline{\psi}jj} = \langle 0\,|T\,\psi(x_1)[j_\mu(x),j_\nu(o)]^f\overline{\psi}(x_2)|0\rangle\,,$$

$$\tau_{\psi\overline{\psi}\mathcal{O}_{n,i}} = \langle 0\,|T\psi(x_1)\,\mathcal{O}_{f,i}^{\{\mu_1\ldots\mu_n\}}(o)\overline{\psi}(x_2)|0\rangle \tag{2.7.28}$$

abgeleiteten, renormierten Vertexfunktionen $\Gamma_{\psi\overline{\psi}jj}$, $\Gamma_{\psi\overline{\psi}\mathcal{O}_{n,i}}$ den RG-Gleichungen:

$$[\mathcal{M}\frac{\partial}{\partial\mathcal{M}} + \beta(g)\frac{\partial}{\partial g} - 2\gamma_\psi - 2\gamma_j]\,\Gamma_{\psi\overline{\psi}jj} = 0\,, \tag{2.7.29}$$

$$\sum_k[(\mathcal{M}\frac{\partial}{\partial\mathcal{M}} + \beta(g)\frac{\partial}{\partial g} - 2\gamma_\psi)\delta_{ik} - \gamma_{n,ik}]\Gamma_{\psi\overline{\psi}\mathcal{O}_{n,k}} = 0\,. \tag{2.7.29'}$$

Dabei haben wir die anomalen Dimensionen analog zu Gl. (2.5.5) definiert:

$$\gamma_j(g) = \frac{1}{2} \lim_{\varepsilon \to 0} \mathcal{M} \cdot Z_j^{-1} \frac{\partial}{\partial \mathcal{M}} Z_j \ , \tag{2.7.30}$$

$$\gamma_{n,ik}(g) = \frac{1}{2} \lim_{\varepsilon \to 0} \mathcal{M} \cdot \sum_{\ell} (Z^{-1}_{\mathcal{O}_n})_{i\ell} \frac{\partial}{\partial \mathcal{M}} (Z_{\mathcal{O}_n})_{\ell k} \ .$$

Aus der Tatsache, daß die Ladungen der Quarkströme die Generatoren der chiralen Flavour-Symmetriegruppe sind, folgt das Verschwinden der zugehörigen anomalen Dimensionen: $\gamma_j = 0$. Die RG-Gleichungen (2.7.29,29') sind über die Wilson-Entwicklung miteinander verknüpft. Dies erlaubt die Ableitung einer RG-Gleichung für die Wilson-Koeffizienten. Damit die wesentlichen Schritte der folgenden Rechnungen trotz der komplizierten Form dieser Entwicklung erkennbar bleiben, gehen wir zu einer, nur die unbedingt benötigten Indizes ausweisenden Schreibweise für Gl. (2.7.21) über:

$$[j,j] = \sum_{n,i} C_{n,i}(Q^2,g,\mathcal{M}) \, \mathcal{O}_{n,i}(g,\mathcal{M}) \ . \tag{2.7.21'}$$

Eingesetzt in Gl. (2.7.28, 29) ergibt dies mit Hilfe von Gl. (2.7.29'):

$$\begin{aligned}
0 &= (\mathcal{M}\frac{\partial}{\partial \mathcal{M}} + \beta(g)\frac{\partial}{\partial g} - 2\gamma_\psi) \sum_{n,i} C_{n,i}(Q^2,g,\mathcal{M}) \Gamma_{\psi\bar{\psi}\mathcal{O}_{n,i}}(g,\mathcal{M}) = \\
&= \sum_{n,i} \Gamma_{\psi\bar{\psi}\mathcal{O}_{n,i}}(g,\mathcal{M}) (\mathcal{M}\frac{\partial}{\partial \mathcal{M}} + \beta(g)\frac{\partial}{\partial g} - 2\gamma_\psi) C_{n,i}(Q^2,g,\mathcal{M}) + \\
&\quad + \sum_{n,i} C_{n,i}(Q^2,g,\mathcal{M}) (\mathcal{M}\frac{\partial}{\partial \mathcal{M}} + \beta(g)\frac{\partial}{\partial g}) \Gamma_{\psi\bar{\psi}\mathcal{O}_{n,i}}(g,\mathcal{M}) = \\
&= \sum_{n,i,k} \Gamma_{\psi\bar{\psi}\mathcal{O}_{n,i}}(g,\mathcal{M}) \, [(\mathcal{M}\frac{\partial}{\partial \mathcal{M}} + \beta(g)\frac{\partial}{\partial g}) \delta_{ik} + \gamma_{n,ki}] C_{n,k}(Q^2,g,\mathcal{M}) \ .
\end{aligned} \tag{2.7.31}$$

Wegen der Lorentz-Invarianz muß diese Gleichung für jedes n separat erfüllt sein:

$$0 = \sum_k [(\mathcal{M}\frac{\partial}{\partial \mathcal{M}} + \beta(g)\frac{\partial}{\partial g}) \delta_{ik} + \gamma_{n,ki}] \, C^{f,K}_{n,k}(Q^2,g,\mathcal{M}) \ . \tag{2.7.32}$$

Da die Wilson-Koeffizienten dimensionslos sind, lautet die zugehörige Skalenänderungsgleichung:

$$\sum_k [(\lambda\frac{\partial}{\partial\lambda} + \beta(g)\frac{\partial}{\partial g})\delta_{ik} + \gamma_{n,ki}(g)]C^{f,K}_{n,k}(\frac{Q^2}{\lambda},g) = 0 \ . \tag{2.7.33}$$

Diese RG-Gleichung ist ein gekoppeltes System linearer, partieller Differentialgleichungen. Wie in Abschn. 2.5.1 läßt sich die Lösung mittels der gleitenden Kopplungskonstante $\overline{g}(Q^2,g)$ (Gl. (2.5.9)) schreiben:

$$C^{f,K}_{n,i}(Q^2,g) = C^{f,K}_{n,k}(1,\overline{g}(Q^2))\{\delta_{ki} + \int_g^{\overline{g}(Q^2)} \frac{dg'}{\beta(g')}\gamma_{n,ki}(g')$$

$$+ \int_g^{\overline{g}(Q^2)} \frac{dg'}{\beta(g')}\int_g^{g'} \frac{dg''}{\beta(g'')}(\gamma_n(g')\gamma_n(g''))_{ki} + \ldots\} = \tag{2.7.34}$$

$$=: \sum_k C^{f,K}_{n,k}(1,\overline{g}(Q^2))(T_g \exp[\int_g^{\overline{g}(Q^2)} \frac{dg'}{\beta(g')}\gamma_n(g')])_{ki} \ .$$

Dabei ist T_g eine Ordnung der nichtkommutativen Matrizenmultiplikation von $\gamma_n(g)$ in Analogie zu Gl. (2.2.20, 21). Für die Momente der Strukturfunktionen gilt daher:

$$M^f_{2,n}(Q^2) = \sum_{i,k} C^{f,A}_{n,k}(1,\overline{g})(T_g \exp[\int\gamma_n/\beta])_{ki} B^{f,A}_{n,i} \ . \tag{2.7.35}$$

Ihre Q^2-Abhängigkeit und damit die Verletzung der Skaleninvarianz ist durch die anomalen Dimensionen der Wilson-Operatoren und die RG-Funktion der QCD bestimmt.

d) Die störungstheoretische Auswertung von Gl. (2.7.35) geht von den Potenzreihendarstellungen (vgl. Gl. (2.5.26, 27))

$$\beta(g) = -\beta_o \frac{g^3}{16\pi^2} - \beta_1 \frac{g^5}{(16\pi^2)^2} + \ldots \tag{2.5.26}$$

$$\gamma_n(g) = \gamma^{(o)}_n \frac{g^2}{16\pi^2} + \gamma^{(1)}_n (\frac{g^2}{16\pi^2})^2 + \ldots \tag{2.7.36}$$

aus. Die Wilson-Koeffizienten $C^{f,K}_n(1,\overline{g})$ werden um den Partonmodell-Wert entwickelt:

$$\left.\begin{aligned} C^{f,K}_{n,NS}(1,\bar{g}) &= \delta^{f,K}_{NS}\left(1+\frac{\bar{g}^2}{16\pi^2}\,\varepsilon^{f,K}_{n,NS}+\ldots\right), \quad K = S,A \\ C^{f,L}_{n,NS}(1,\bar{g}) &= \delta^{f,L}_{NS}\left(0+\frac{\bar{g}^2}{16\pi^2}\,\varepsilon^{f,L}_{n,NS}+\ldots\right) \end{aligned}\right\} \text{Nichtsingulett}$$

$$(2.7.37)$$

$$\left.\begin{aligned} C^{K}_{n,\psi}(1,\bar{g}) &= \delta^{K}_{\psi}\left(1+\frac{\bar{g}^2}{16\pi^2}\,\varepsilon^{f,K}_{n,\psi}+\ldots\right), \quad K = S,A \\ C^{L}_{n,\psi}(1,\bar{g}) &= \delta^{L}_{\psi}\left(0+\frac{\bar{g}^2}{16\pi^2}\,\varepsilon^{L}_{n,\psi}+\ldots\right). \\ C^{K}_{n,G}(1,\bar{g}) &= \delta^{K}_{G}\left(0+\frac{\bar{g}^2}{16\pi^2}\,\varepsilon^{K}_{n,G}+\ldots\right), \quad K = S,A,L) \end{aligned}\right\} \text{Singulett}$$

Da im Partonmodell $F_L = 0$ gilt und da die Gluonen nicht direkt an die Flavour-Ströme koppeln, beginnen die Entwicklungen der entsprechenden Größen mit den $\bar{g}^2$-Termen.

Die Gleichungen (2.7.35 - 37) sind der Ausgangspunkt für die Berechnung des Verhaltens der Momente der Strukturfunktionen. Wir wollen diese nun in der führenden Ordnung, also unter Verwendung des ersten Terms der jeweiligen Entwicklung durchführen. Für die Momente der Nichtsingulett-Strukturfunktionen und der paritätsverletzenden Singulett-Strukturfunktionen $F_3(x,Q^2)$ haben wir nur einen Wilson-Operator vom Rang n, also eine gewöhnliche RG-Gleichung. Daher ist:

$$\begin{aligned} M^{f}_{2,n}(Q^2) &= \int_0^1 dx\, x^{n-2} F^{f}_{2,NS}(x,Q^2) = \delta^{f,A}_{NS}\, B^{f}_{n,NS}\left(\log\frac{Q^2}{\Lambda^2}\right)^{-d^{NS}_n}, \quad f = 1,\ldots,N_F^2-1, \\ M^{f}_{3,n}(Q^2) &= \int_0^1 dx\, x^{n-3} F^{f}_{3}(x,Q^2) = \delta^{f,S}\, B^{f}_{n}\left(\log\frac{Q^2}{\Lambda^2}\right)^{-d^{NS}_n}, \quad f = 0,1,\ldots,N_F^2-1, \end{aligned} \tag{2.7.38}$$

mit

$$d^{NS}_n = \frac{\gamma^{(o)}_n}{2\beta_o}\,.$$

Im Singulett-Fall $F^S_2(x,Q^2)$ ist $\gamma^{(o)}_n(g)$ einer konstanten 2 x 2 - Matrix proportional:

$$\gamma_n^{(o)} = \begin{pmatrix} \gamma_{n,\psi\psi} & \gamma_{n,\psi G} \\ \gamma_{n,G\psi} & \gamma_{n,GG} \end{pmatrix} , \tag{2.7.39}$$

welche wir diagonalisieren können

$$U^{-1}\,\gamma_n^{(o)}\,U = \begin{pmatrix} \lambda_{n,-} & 0 \\ 0 & \lambda_{n,+} \end{pmatrix}$$

mit

$$\lambda_{n,\pm} = \frac{1}{2}\left(\gamma_{n,\psi\psi} + \gamma_{n,GG} \pm \sqrt{(\gamma_{n,\psi\psi} - \gamma_{n,GG})^2 - 4\gamma_{n,\psi G}\cdot\gamma_{n,G\psi}}\right) \tag{2.7.40}$$

und

$$U = \begin{pmatrix} \gamma_{n,\psi\psi} - \lambda_{n,+} , & \gamma_{n,\psi\psi} - \lambda_{n,-} \\ \gamma_{n,\psi G} , & \gamma_{n,\psi G} \end{pmatrix} \cdot \frac{1}{\lambda_{n,-} - \lambda_{n,+}} .$$

Damit sind die beiden Differentialgleichungen entkoppelt, die Lösung ist mit Gl. (2.7.37):

$$\int_0^1 dx\, x^{n-2} F_2^S(x,Q^2) = \delta_\psi^{S,2}\left(B_n^{S,-}\left(\log\frac{Q^2}{\Lambda^2}\right)^{-d_{n,-}} + B_n^{S,+}\left(\log\frac{Q^2}{\Lambda^2}\right)^{-d_{n,+}}\right) \tag{2.7.41}$$

mit

$$d_{n,\pm} = \frac{\lambda_{n,\pm}}{2\beta_o} .$$

Zur Berechnung der anomalen Dimensionen der Operatoren $\mathcal{O}_{n,i}^{\{\mu_1\ldots\mu_n\}}(o)$ in Ordnung g^2 müssen wir die Feynman-Regeln der QCD auf die für die Berechnung von Greenschen Funktionen zusammengesetzter Felder (Gl.(2.3.22)) erweitern. Wir ordnen den Wilson-Operatoren Gl. (2.7.25 und 26) folgende Feldpunkte zu (zur Begründung siehe [Gr 73]):

$$\overline{\psi}(x)\{\gamma_{\mu_1}\frac{1-r\gamma_5}{2}\partial_{\mu_2}\cdots\partial_{\mu_n}\}\frac{\lambda^f}{2}\psi(x)\rightarrow$$

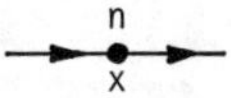

$$\rightarrow\{\gamma_{\mu_1}\frac{1-r\gamma_5}{2}p_{\mu_2}\cdots p_{\mu_n}\}\frac{\lambda^f}{2}\delta_{cc'}$$

$$\overline{\psi}(x)\{\gamma_{\mu_1}\frac{1-r\gamma_5}{2}\partial_{\mu_2}\cdots g\frac{\lambda^a}{2}A^a_{\mu_j}\cdots\partial_{\mu_n}\}\frac{\lambda^f}{2}\psi(x)\rightarrow$$

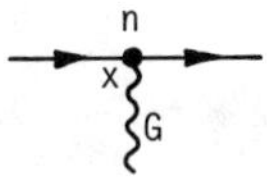

$$\rightarrow$$

$$\rightarrow g\frac{\lambda^a_{cc'}}{2}\{\gamma_{\mu_1}\frac{1-r\gamma_5}{2}p_{\mu_2}\cdots\varepsilon_{\mu_j}\cdots p_{\mu_n}\}\frac{\lambda^f}{2}$$

$$\{F^\alpha_{\mu_1}(x)\partial_{\mu_2}\cdots\partial_{\mu_{n-1}}F_{\alpha\mu_n}(x)\}\rightarrow$$

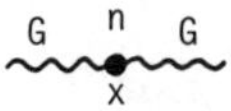

$$\rightarrow\{g_{\mu\nu}k_{\mu_1}\cdots k_{\mu_n}+k^2g_{\mu\mu_1}g_{\nu\mu_2}k_{\mu_3}\cdots k_{\mu_n}-$$

$$-k_\mu g_{\nu\mu_1}k_{\mu_2}\cdots k_{\mu_n}-k_\nu g_{\mu\mu_1}k_{\mu_2}\cdots k_{\mu_n}\}$$

(2.7.42)

In 1-Schleifennäherung tragen zu den anomalen Dimensionen des Nichtsingulett-Operators folgende Diagramme bei:

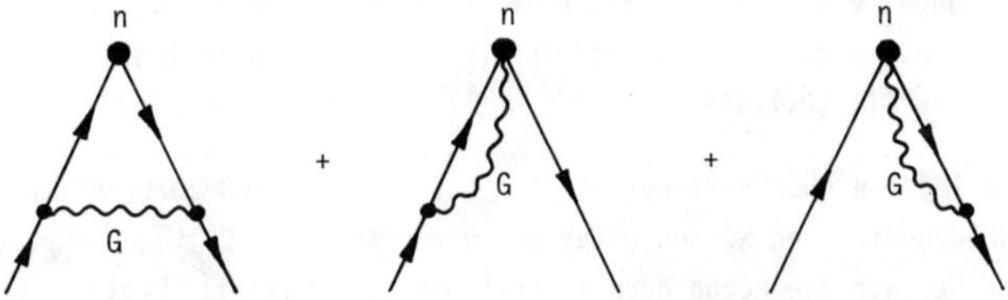

Die Rechnung ähnelt derjenigen in Abschn. 2.4.2 für die Gluon-Selbstenergie. Sie wurde zuerst von D.J. Gross und F. Wilzek [Gr 73] durchgeführt und ergibt für die Gruppe $SU(3)_C$:

$$\gamma^{(o)}_{n,NS}=\frac{8}{3}\left(1-\frac{2}{n(n+1)}+4\sum_2^n\frac{1}{j}\right)\ . \tag{2.7.43}$$

Damit ist:

$$d_n^{NS} = \frac{4}{3} \cdot \frac{1 - \frac{2}{n(n+1)} + 4 \sum_2^n \frac{1}{j}}{11 - 2N_F/3} \quad . \tag{2.7.44}$$

Die Elemente der 2 x 2-Matrix für den Singulett-Fall wurden ebenfalls in [Gr 73] bestimmt:

$$\gamma_{n,\psi\psi} = \frac{8}{3}\left(1 - \frac{2}{n(n+1)} + 4 \sum_2^n \frac{1}{j}\right) = \gamma^{(o)}_{n,NS} \, ,$$

$$\gamma_{n,\psi G} = -4N_F \frac{n^2 + n + 2}{n(n+1)(n+2)} \, ,$$

$$\gamma_{n,G\psi} = -\frac{16}{3} \frac{n^2 + n + 2}{n(n^2 - 1)} \, , \tag{2.7.45}$$

$$\gamma_{n,GG} = 6\left(\frac{1}{3} - \frac{4}{n(n-1)} - \frac{4}{(n+1)(n+2)} + 4 \sum_2^n \frac{1}{j}\right) + \frac{4}{3} N_F \quad .$$

Die Abweichungen vom Skalenverhalten des einfachen Parton-Modells der asymptotisch freien QCD sind in der führenden Ordnung Potenzen in $\log Q^2/\Lambda^2$, deren Exponenten durch Gl. (2.7.44), (2.7.40) und (2.7.45) gegeben sind.

e) Die im letzten Abschnitt berechneten Aussagen der QCD zur tiefinelastischen Lepton-Nukleon-Streuung wurden unter der Voraussetzung $(Q^2,\nu) \gg M^2_{\mathcal{N}}$ gewonnen. Deswegen haben wir die Rechnungen in folgender Näherung durchgeführt:

- verschwindende Nukleonmasse
- verschwindende Quarkmassen
- 1-Schleifennäherung
- Vernachlässigung von Operatoren mit höherem Twist.

Experimentelle Resultate liegen für Q^2-Werte zwischen 1 GeV^2 und 300 GeV^2 vor, also für Werte, die nicht unbedingt groß sind gegen $M^2_{\mathcal{N}}$. Aus prinzipiellen Gründen (vgl. Abschn. 2.5.2) erwarten wir, daß es notwendig ist, über die Berechnung der führenden Ordnung hinauszugehen. Da in diesem Q^2-Bereich die starke Feinstrukturkonstante $\overline{\alpha}_s$ nicht sehr klein ist, besteht die Möglichkeit, daß höhere Näherungen durchaus einen merklichen Beitrag geben können.

Die kinematischen Effekte, die mit der Endlichkeit der Nukleonmasse zusammenhängen, kann man berücksichtigen, indem man statt der normalen Momente

$$M_{2,n}(Q^2) = \int_0^1 dx\, x^{n-2} F_2(x,Q^2)$$

die Nachtmann-Momente [Na 73] verwendet. Dabei geht man davon aus, daß der Ausdruck $(\xi P + q)^2$ in Gl. (2.7.13) seine Nullstelle bei

$$\xi = \frac{2x}{1 + \sqrt{1 + 4x^2 M_{\mathcal{N}}^2 / Q^2}} \quad , \qquad (2.7.46)$$

statt bei $x = Q^2/2\nu$ hat, und berechnet die Momente nach der Vorschrift

$$M_{2,n}(Q^2) = \int_0^1 dx\, x^{n-2} K_2(x,n,Q^2)\, F_2(x,Q^2) \, ,$$

$$M_{3,n}(Q^2) = \int_0^1 dx\, x^{n-1} K_3(x,n,Q^2)\, F_3(x,Q^2)$$

mit

$$K_2(n,x,Q^2) = \frac{n^2 + 2n + 3 + 3(n+1)\sqrt{1 + 4x^2 M_{\mathcal{N}}^2/Q^2} + n(n+2)4x^2 M_{\mathcal{N}}^2/Q^2}{(n+2)(n+3)\cdot(\frac{1}{2} + \frac{1}{2}\sqrt{1 + 4x^2 M_{\mathcal{N}}^2/Q^2})^{n+1}} \, , \qquad (2.7.47)$$

$$K_3(n,x,Q^2) = \frac{1 + (n+1)\sqrt{1 + 4x^2 M_{\mathcal{N}}^2/Q^2}}{(n+2)(\frac{1}{2} + \frac{1}{2}\sqrt{1 + 4x^2 M_{\mathcal{N}}^2/Q^2})^{n+1}} \, .$$

Für $M_{\mathcal{N}}^2/Q^2 \to 0$ geht natürlich $\xi \to x$ und $K_{2,3} \to 1$. Auf ähnliche Weise kann man die kinematischen Effekte berücksichtigen, die auftreten, wenn ein schweres Quark aus einem leichten produziert wird [Ge 76, De 77].

Die Berechnung der 2-Schleifenbeiträge in der QCD ist von mehreren Autoren unabhängig voneinander für die β-Funktion [Ca 74, Jo 74] (vgl. Abschn. 2.5.2 d), für die anomalen Dimensionen der Wilson-Operatoren [Fl 77, Go 79] und für die Wilson-Koeffizienten [Ba 78 a, Fl 79 a] durchgeführt worden. Wir geben die Resultate für den Nichtsingulett-Fall im minimalen Subtraktionsschema an, für Details und für den Singulett-Fall verweisen wir auf die Zusammenfassungen von A.J.Buras [Bu 80] und J. Ellis [El 79 a] sowie auf die Originalarbeiten.

In der 2-Schleifennäherung ergibt sich die laufende Kopplungskonstante zu:

$$\frac{\bar{g}^2(Q^2)}{16\pi^2} = \frac{1}{\beta_o \log Q^2/\Lambda^2} - \frac{\beta_1}{\beta_o^3} \frac{\log\log Q^2/\Lambda^2}{(\log Q^2/\Lambda^2)^2} \tag{2.5.28}$$

mit

$$\Lambda^2 = \mathcal{M}^2 \exp\left[-\frac{16\pi^2}{\beta_o g^2} - (\beta_1/\beta_o^2)\log\frac{\beta_o g^2}{16\pi^2}\right]. \tag{2.5.29}$$

Die Momente der Nichtsingulett-Strukturfunktionen $F_2^f(x,Q^2)$, $F_3^f(x,Q^2)$ besitzen folgende Q^2-Abhängigkeit:

$$M_{i,n}^f(Q^2) \sim (\bar{g}^2(Q^2))^{d_n^{NS}} \cdot [1 + \bar{g}^2(Q^2)(\frac{\gamma_n^{(1)}}{2\beta_o} - \frac{\beta_1^{(1)}}{\beta_o^{(o)}} d_n^{NS} + \varepsilon_n^{f,i})] . \tag{2.7.48}$$

Dabei ist d_n^{NS} durch Gl. (2.7.44), $\varepsilon_n^{f,i}$ durch Gl. (2.7.37) gegeben. Numerische Werte für die Korrekturen der anomalen Dimensionen findet man z.B. bei [Bu 80], ebenso die expliziten Ausdrücke für $\varepsilon_n^{f,i}$ (dort $B_{k,n}^{NS}$ genannt).

Das minimale Subtraktionsschema erleichtert die Berechnung der Zweischleifen-Graphen. Für den Vergleich mit dem Experiment sind jedoch andere, z.B. das MOM-Subtraktionsschema besser geeignet. Formeln für die Umrechnung von einem Schema ins andere findet man bei W. Celmaster et al. [Ce 79]. Die Berechnung der Beiträge von Operatoren mit höherem Twist ist noch nicht abgeschlossen. Man erwartet jedoch, daß sie nur für $Q^2 < 5\ \mathrm{GeV}^2$ eine Rolle spielen [Ab 80].

f) Die Verwendung der Wilson-Entwicklung hat es ermöglicht, QCD-Aussagen über die Momente der Strukturfunktionen abzuleiten. Insbesondere ergaben sich logarithmische Korrekturen zum Skalenverhalten des einfachen Parton-Modells. In letzterem sind die Strukturfunktionen unabhängig von Q^2, d.h. die Wahrscheinlichkeit, ein Parton mit Impulsanteil x im Nukleon zu finden, ist unabhängig vom Auflösungsvermögen ($\sim Q^{-1}$) mit dem das Nukleon betrachtet wird. Dies ändert sich in der QCD, da wegen der Wechselwirkung ein Quark in ein Quark und ein Gluon (Fig. 2.24 b), ein Gluon in zwei Gluonen bzw. in ein Quark-Antiquark-Paar übergehen kann. Diese Fluktuationen werden mit unterschiedlichem Auflösungsvermögen auch unterschiedlich häufig beobachtet [Ko 74].

Es ist wünschenswert, Gleichungen zu besitzen, welche direkte Aussagen über dieses Q^2-Verhalten der Strukturfunktionen machen. Die Lösung Gl. (2.7.38) der GL-Gleichung der Nichtsingulett-Momente $M_{2,n}(Q^2)$ genügt der Differentialgleichung

$$\frac{d}{dt} M^f_{2,n}(t) = - d_n^{NS} \frac{1}{t} M^f_{2,n}(t) \quad \text{mit} \quad t = \log \frac{Q^2}{\Lambda^2} .$$

Andererseits gilt $\overline{\alpha}_s(Q^2) = \frac{4\pi}{\beta_o t}$ und $d_n^{NS} = \gamma_n^{(o)}/2\beta_o$, also

$$\frac{d}{dt} M^f_{2,n}(t) = - \frac{\gamma_n^{(o)}}{8\pi} \overline{\alpha}_s(t) M^f_{2,n}(t) . \tag{2.7.49}$$

Ausgedrückt durch die Strukturfunktion $F_2^f(x,t)$ bedeutet dies:

$$\frac{d}{dt} \int_o^1 dx\, x^{n-2} F_2^f(x,t) = - \frac{\gamma_n^{(o)}}{8\pi} \overline{\alpha}_s(t) \int_o^1 dx\, x^{n-2} F_2(x,t)$$

oder mit der Quark-Verteilungsfunktion (vgl. Gl. (1.4.15)) $F_2^f(x,t) = x \cdot q^f(x,t) \cdot \cdot Q_f^2$:

$$\frac{d}{dt} \int_o^1 dx\, x^{n-1} q^f(x,t) = - \frac{1}{8\pi} \gamma_n^{(o)} \overline{\alpha}_s(t) \int_o^1 dx\, x^{n-1} q^f(x,t) .$$

Diese Gleichung ist äquivalent zu einer Integro-Differentialgleichung für $q^f(x,t)$, der Altarelli-Parisi-Gleichung [Al 77]:

$$\frac{\partial}{\partial t} q^f(x,t) = \frac{\overline{\alpha}_s(t)}{2\pi} \int_o^1 dy \int_o^1 dz\, \delta(x-yz)\, q^f(y,t)\, P_{qq}(z)$$

mit (2.7.50)

$$\gamma_n^{(o)} = - 4 \int_o^1 dx\, x^{n-1} P_{qq}(x) .$$

In der ursprünglichen Variablen Q^2 lautet die AP-Gleichung:

$$\begin{aligned} Q^2 \frac{\partial q^f(x,Q^2)}{\partial Q^2} &= \frac{\overline{\alpha}_s(Q^2)}{2\pi} \int_o^1 dy \int_o^1 dz\, \delta(x - zy) q^f(y,Q^2) P_{qq}(z) \\ &= \frac{\overline{\alpha}_s(Q^2)}{2\pi} \int_x^1 \frac{dy}{y} q^f(y,Q^2)\, P_{qq}\left(\frac{x}{y}\right) . \end{aligned} \tag{2.7.51}$$

Die Verzweigungs- oder AP-Funktion $P_{qq}(z)$ ist gegeben zu:

$$P_{qq}(z) = \frac{4}{3}\left[\frac{1+z^2}{(1-z)_+} + \frac{3}{2}\delta(1-z)\right], \tag{2.7.52}$$

wobei

$$\int_o^1 dz\, f(z)\, \frac{1}{(1-z)_+} := \int_o^1 dz \frac{f(z)-f(1)}{1-z} \quad , \int_o^1 dz\, f(z)\, \delta(1-z) := f(1)$$

bedeutet. Wir wollen uns überzeugen, daß ihre Momente tatsächlich mit $\gamma_n^{(o)}$, Gl. (2.7.43), identisch sind:

$$\gamma_n^{(o)} = -4 \cdot \frac{4}{3}\left[\int_o^1 dx\, \frac{x^{n-1}-1}{1-x}\,(1+x^2) + \frac{3}{2}\int_o^1 dx\, x^{n-1}\,\delta(1-x)\right]$$

$$= \frac{16}{3}\left(\sum_{j=1}^{n-1} \frac{1}{j} + \sum_{j=3}^{n+1} \frac{1}{j} - \frac{3}{2}\right) = \frac{16}{3}\left(\frac{1}{2} + 2\sum_{j=2}^{n} \frac{1}{j} - \frac{1}{n(n+1)}\right) .$$

In Abschnitt 2.7.3 wird gezeigt, daß $P_{qq}(z)$ zur Wahrscheinlichkeit proportional ist, daß ein Quark nach Emission eines Gluons noch den Bruchteil z seines ursprünglichen Impulses besitzt.

Zu den Singulett-Strukturfunktionen tragen auch die Prozesse nach Fig. 2.24c, also die Quarkpaarerzeugung durch ein Gluon sowie die Gluon-Paarerzeugung durch ein Gluon bei. Dies kommt in der Singulett-Gleichung dadurch zum Ausdruck, daß die Gluon-Verteilungsfunktion $G(x,Q^2)$ mit der Quark-Verteilungsfunktion verkoppelt ist:

$$Q^2\, \frac{\partial q^o(x,Q^2)}{\partial Q^2} = \frac{\overline{\alpha}_s(Q^2)}{2\pi} \int_x^1 \frac{dy}{y}\, \left[q^o(y,Q^2)\, P_{qq}\left(\frac{x}{y}\right) + G(y,Q^2) P_{qG}\left(\frac{x}{y}\right)\right] ,$$

$$(2.7.53)$$

$$Q^2\, \frac{\partial G(x,Q^2)}{\partial Q^2} = \frac{\overline{\alpha}_s(Q^2)}{2\pi} \int_x^1 \frac{dy}{y}\, \left[\sum_f (q^f(y,Q) + \overline{q}^f(y,Q)\, P_{Gq}\left(\frac{x}{y}\right) + G(y,Q^2)\, P_{GG}\left(\frac{x}{y}\right)\right]$$

wobei

$$P_{qG} = \frac{1}{2}\,[z^2 + (1-z^2)]\,,$$

$$P_{Gq} = \frac{4}{3}\,[\frac{1+(1-z)^2}{z}]\,, \qquad (2.7.54)$$

$$P_{GG} = 6\cdot[\frac{z}{(1-z)_+} + \frac{1-z}{z} + z(1-z) + (\frac{11}{12} - \frac{N_F}{18})\,\delta(1-z)]$$

die entsprechenden Verzweigungsfunktionen sind.

Die AP-Gleichungen (2.7.51) - (2.7.54) beschreiben in konzentrierter Form die QCD-Resultate der führenden Ordnung zur tiefinelastischen Leptonstreuung. Man kann sie näherungsweise lösen, indem man für $q_i(x,Q^2)$, $\overline{q}_i(x,Q^2)$, $G(x,Q^2)$ geeignete Ansätze mit freien Parametern macht und durch Einsetzen die Parameter festlegt. So erhält man phänomenologisch brauchbare, Q^2-abhängige Parton-Verteilungsfunktionen [Bu 78].

g) Die Aussagen der QCD können mit den derzeitigen Standard-Experimenten zur inelastischen Lepton-Streuung bei hohen Energien und Impulsüberträgen verglichen werden. Diese sind die

- $e\mathcal{N}$-Streuung [Ri 75], die
- $\mu\mathcal{N}$-Streuung [EM 80, Au 82 N] und die
- $\nu(\overline{\nu})$-Streuung [De 79, De 79 b].

Als erstes Beispiel zeigen wir in Fig. 2.25 die Strukturfunktionen $F_2(x,Q^2)$ der $e\mathcal{N}$ - und $\nu\mathcal{N}$ - Streuung. Abweichungen vom Skalenverhalten des Parton-Modells sind deutlich zu sehen. Wie von der QCD vorausgesagt steigt F_2 als Funktion von Q^2 bei kleinen Werten von x an und fällt für große x ab. Eingezeichnet ist ein QCD-Fit [Bu 78] an die Daten mit $\Lambda = (0{,}47 \pm 0{,}10)$ GeV, welcher die Q^2-Abhängigkeit der Parton-Verteilungen entsprechend den AP-Gleichungen in führender Ordnung beschreibt.

Für die Momente der Nichtsingulett-Strukturfunktionen liefert die QCD in der führenden Ordnung ein Verhalten wie $(\log Q^2/\Lambda^2)^{-d_n^{NS}}$, Gl. (2.7.38, 44). Berechnet man die $(-d_n^{NS})$Wurzel von M_n, so ist diese eine lineare Funktion von $\log Q^2/\Lambda^2$ mit einer Nullstelle bei $Q^2 = \Lambda^2$:

$$[M_n(Q^2)]^{-\frac{1}{d_n^{NS}}} \sim \log Q^2/(\mathrm{GeV})^2 - \log \Lambda^2/(\mathrm{GeV})^2\,. \qquad (2.7.55)$$

Eine entsprechende Analyse der Strukturfunktion $F_3(x,Q^2)$ der $\nu\mathcal{N}$-Streuung für normale und Nachtmann-Momente und $Q^2 \geqq 6{,}5\,(\mathrm{GeV})^2$ zeigt Fig. 2.26 [De 79 b].

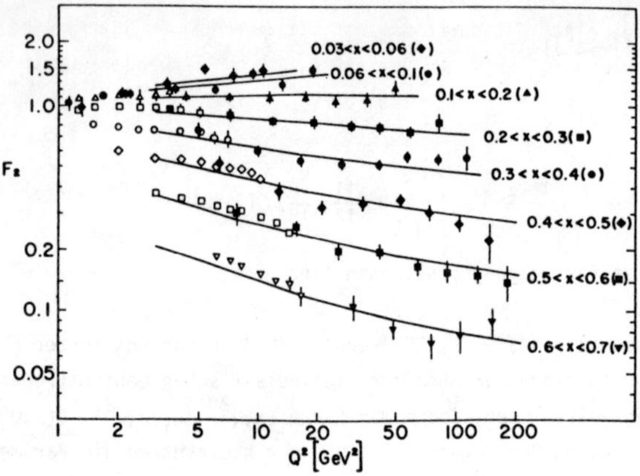

Fig. 2.25 : Vergleich der in führender Ordnung mit $\Lambda = 0.47$ GeV berechneten Strukturfunktion $F_2(x,Q^2)$ mit dem CDHS-Experiment (●, ▲, ■) und dem SLAC-Experiment (○, ▽, □) $\cdot \frac{18}{5}$ [De 79]

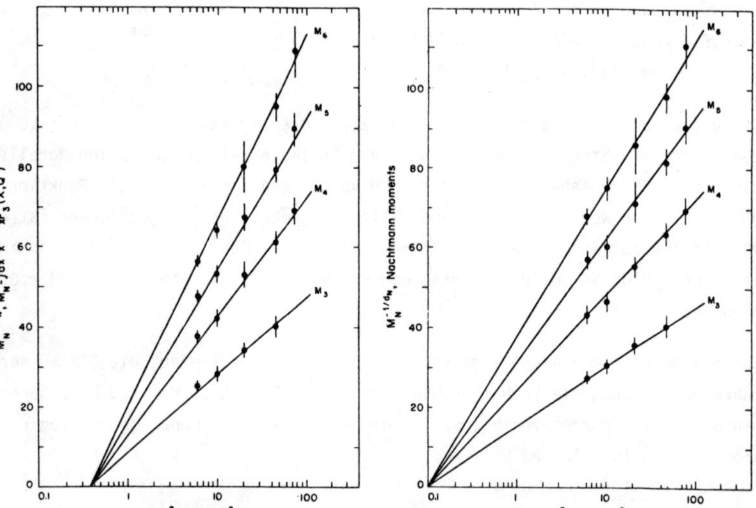

Fig. 2.26 : Normale und Nachtmann-Momente als Funktion von Q^2 für n = 3,4,5,6. Die Geraden sind Fits an die Daten [De 79 b]

Die Daten erlauben einen Fit durch Geraden mit gemeinsamer Nullstelle. Allerdings sind, obwohl nur Q^2-Werte größer als 6,5(GeV)^2 verwendet wurden, die Steigungen und Nullstellen der normalen Momente (Λ = 0,60 ± 0,15 GeV) und der Nachtmann-Momente (Λ = 0,33 ± 0,10 GeV) verschieden.

Von der CDHS-Gruppe und von der BEBC/GGM-Gruppe [Bo 78] wurden auch die Verhältnisse der anomalen Dimensionen bestimmt. In Tab. 2.3 sind diese mit den nach Gl. (2.7.38) berechneten Werten, die charakteristisch für die Vektornatur der Gluonen sind und solchen für skalare Gluonen verglichen:

	CDHS		BEBC/GGM	Theorie	
	$\int x^{n-2} xF_3 dx$	Nachtmann-Momente	Nachtmann-Momente	Vektor	Skalar
d_5/d_3	1.58 ± 0.12	1.34 ± 0.12	1.50 ± 0.08	1.46	1.12
d_6/d_4	1.34 ± 0.07	1.18 ± 0.09	1.29 ± 0.06	1.29	1.06
d_6/d_3	1.76 ± 0.15	1.38 ± 0.15	-	1.62	1.14

Tab. 2.3: Vergleich der Verhältnisse der anomalen Dimensionen von Vektor- und Skalartheorien mit dem Experiment

Das Experiment favorisiert vektorielle Gluonen, skalare Theorien sind aber nicht ausgeschlossen (1 Standard-Abweichung) (siehe auch [Ab 82a N]).

Unter den Singulett-Momenten Gl. (2.7.41), für die noch keine allgemeine systematische Bestimmung vorliegt, scheint das 2. Moment besonders interessant zu sein [Gl 79]. Es fällt in der QCD wegen der Gluon-Selbstwechselwirkung mit wachsendem Q^2 ab. In Theorien mit vektoriellen Gluonen ohne diese Wechselwirkung steigt es an. Nach der Analyse von G. Glück und E. Reya [Gl 79] scheinen die Experimente die QCD zu bevorzugen (siehe auch [Ab 82a N]).

Ziehen wir ein Fazit dieser kurzen Betrachtung der experimentellen Analyse der QCD-Effekte, so sehen wir, daß die wesentlichen Grundzüge der gluonischen Strahlungskorrekturen zum Parton-Modell der tiefinelastischen Lepton-Streuung bestätigt werden. Diese Übereinstimmung ist jedoch zur Zeit erst semiquantitativ. Ein harter quantitativer Test der QCD, der auch nur entfernt mit den QED-Tests (Abschn. 2.1.2) vergleichbar wäre, steht noch aus. Dies hat vielerlei Gründe:

- Die Experimente haben, vor allem im gegenseitigen Vergleich, noch nicht die notwendige Präzision erreicht.

- Der Vergleich Theorie-Experiment ist noch nicht überall in den prinzipiell erforderlichen höheren Näherungen der Störungsrechnung durchgeführt, s.a. [Bu 81N].
- Die Unvollständigkeit der Theorie, z.B. bezüglich des Confinements, der Quark-Fragmentation etc. einerseits, die Verwendung von Daten mit relativ niedrigen Werten von Q^2 andererseits, lassen den Einfluß der endlichen Nukleonmasse, von Operatoren mit höherem Twist usw. schlecht abschätzen.

Diese Unsicherheiten haben ihre Auswirkungen vor allem auf die experimentelle Bestimmung des asymptotischen Skalenparameters Λ. Da dessen Logarithmus in die gemessenen Größen eingeht, wirken sich Fehler exponentiell aus. Deshalb variieren die durch Auswertung der verschiedenen Experimente gewonnenen Werte für Λ zwischen 100 MeV und 600 MeV. Stützt man sich vorwiegend auf Analysen, welche die obigen Probleme am besten berücksichtigen, so kommt man zu einem wahrscheinlichen Ergebnis wie $\Lambda = 0{,}3 \pm 0{,}2$ GeV [Ei 82 N], welches in der Größenordnung mit der Relation zur Stringkonstante und zu $\bar{\alpha}_s(Q^2)$ aus der harten Gluonbremsstrahlung Gl. (2.7.5) übereinstimmt [Wo 82 N].

2.7.3 Störungstheoretische Quantenchromodynamik

Die Operatorproduktentwicklung und die RG-Gleichung sind geeignete Methoden zur Behandlung der tiefinelastischen Lepton-Nukleon-Streuung. Sie lassen sich jedoch nicht auf andere harte Streuprozesse wie die inklusive Produktion von Hadronen, den Drell-Yan-Prozeß oder die Jets in der e^+e^--Vernichtung anwenden. Daher ist es wichtig, Regeln für die direkte geschickte Aufsummation der Störungsreihe der QCD zu finden, welche sich zur Berechnung der oben erwähnten Prozesse eignen. Wir werden diese Regeln am Beispiel der tiefinelastischen Lepton-Streuung heuristisch begründen und dann die Vorschriften für ihre allgemeine Anwendung angeben.

a) Wir beginnen mit der störungstheoretischen Berechnung der QCD-Korrekturen der Ordnung g^2 zum Parton-Modell für die tiefinelastische Elektron-Nukleon-Streuung. Die zugehörigen Diagramme wurden bereits in Fig. 2.24(b) - (d) dargestellt. Für die Nichtsingulett-Strukturfunktionen sind dies die Gluonbremsstrahlung (b) und die inneren Strahlungskorrekturen (d).

Die Berechnung der Quark-Lepton-Streuung in Abschn. 1.4 ergab, wie man aus Gl. (1.4.6, 11) abliest, für die Quark-Strukturfunktionen $\hat{F}_i(\hat{x},Q^2)$:

$$\frac{1}{\hat{x}}\hat{F}_{2,i}(\hat{x},Q^2) = Q_i^2\,\delta(1-\hat{x}) \quad \text{mit} \quad \hat{x} = \frac{Q^2}{2pq}\,, \tag{2.7.56}$$

$$\hat{F}_{L,i}(\hat{x},Q^2) = 0\;.$$

(Variable, die sich auf Partonen beziehen tragen das Symbol $\hat{}$, vgl. die kinematischen Angaben neben Fig. 2.27). In nächster Ordnung ergeben die Feynman-Diagramme für die reelle Gluonbremsstrahlung, Fig. 2.27 , das invariante Matrixelement:

$$\mathfrak{M}_\mu = \frac{Q_i\cdot g}{(2\pi)^2}\,u(p)\,\left(\gamma^\alpha\,\frac{\lambda_a}{2}\,\frac{\not{p}-\not{k}}{\hat{t}}\,\gamma_\mu + \gamma_\mu\,\frac{\not{p}+\not{q}}{\hat{s}}\,\gamma^\alpha\,\frac{\lambda_a}{2}\right)\overline{u}(p-k+q)\,\varepsilon_\alpha(k,s_3)\;.$$

Wir interessieren uns für den unpolarisierten, über die Impulse und Farben der Gluonen summierten Wirkungsquerschnitt. Mit der Beziehung (in Feynman-Eichung) $\sum_{\text{Spins}} \varepsilon_\alpha^* \varepsilon_\beta = -g_{\alpha\beta}$ folgt zunächst:

$$\mathfrak{M}_{\mu\nu} = \sum_{\substack{\text{Spins,}\\ \text{Farben}}} \mathfrak{M}_\mu \mathfrak{M}_\nu^* = -\frac{Q_i^2\cdot g^2}{(2\pi)^4}\cdot\frac{4}{3}\cdot\frac{1}{4}\,\mathrm{Sp}\Big[\frac{1}{\hat{t}^2}\not{p}(\not{p}-\not{k})\gamma_\mu(\not{p}-\not{k}+\not{q})\,\gamma_\nu(\not{p}-\not{k})$$

$$+\frac{1}{\hat{s}\hat{t}}\not{p}(\not{p}-\not{k}-\not{q})\gamma_\mu(\not{p}-\not{k})\,(\not{p}+\not{q})\,\gamma_\nu + \frac{1}{\hat{s}\hat{t}}\gamma_\mu(\not{p}+\not{q})(\not{p}-\not{k})\gamma_\nu(\not{p}-\not{k}+\not{q})$$

$$+\frac{1}{\hat{s}^2}\gamma_\mu(\not{p}+\not{q})(\not{p}-\not{k}+\not{q})(\not{p}+\not{q})\,\gamma_\nu\Big]\;.$$

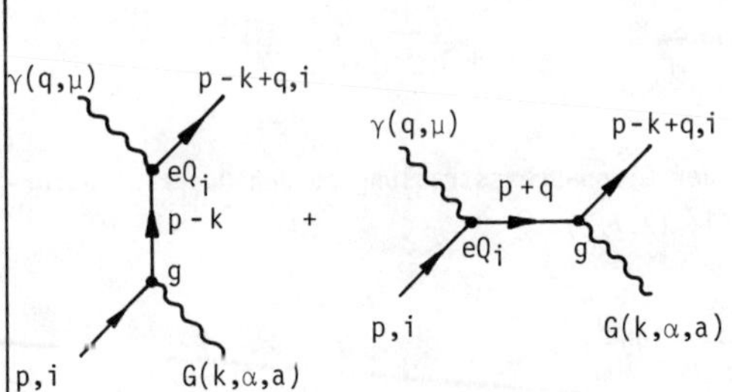

$$\hat{s} = (p+q)^2 = 2\hat{\nu} - Q^2\,,\; Q^2 = -q^2\,,$$

$$\hat{\nu} = pq\;,$$

$$\hat{t} = (p-k)^2 = -2pk\;,$$

$$\hat{u} = -\hat{t} - 2\hat{\nu}\;,\quad qk = \frac{\hat{s}+\hat{t}}{2}$$

Fig. 2.27 : Feynman-Diagramme für $\gamma^* + q_i \to q_i + G$

Wir projizieren diesen Tensor auf $g^{\mu\nu}$ und $p^{\mu}p^{\nu}$:

$$g^{\mu\nu}\mathfrak{M}_{\mu\nu} = \frac{Q_i^2 \cdot g^2}{(2\pi)^4} \cdot \frac{4}{3} \cdot \left(\frac{\hat{s}}{\hat{t}} + \frac{2Q^2\hat{u}}{\hat{s}\hat{t}} + \frac{\hat{t}}{\hat{s}}\right) , \tag{2.7.57}$$

$$p^{\mu}p^{\nu}\mathfrak{M}_{\mu\nu} = \frac{Q_i^2 \cdot g^2}{(2\pi)^4} \cdot \frac{4}{3} \cdot \left(-\frac{\hat{u}}{2}\right) .$$

Die $1/\hat{t}$-Terme liefern bei der Integration über $\hat{t}$ von $-2\hat{\nu} \leq \hat{t} \leq 0$ einen bei $\hat{t} = 0$ logarithmisch divergenten Beitrag zur Quark-Strukturfunktion. Wegen

$$\hat{t} = -2p_o k_o(1 - \cos\theta), \quad \theta = \sphericalangle(\vec{p},\vec{k}) \tag{2.7.58}$$

entspricht $\hat{t} \approx 0$: $\theta \approx 0$, d.h. der Abstrahlung von Gluonen unter kleinen Winkeln θ (fast kollinear) oder $k_o \approx 0$, d.h. der Abstrahlung weicher Gluonen. Im 1. Fall spricht man von einer Massensingularität. Diese wird regularisiert, indem man die $\hat{t}$- Integration bei $\hat{t} = -m^2$ abschneidet. Der 2. Fall spiegelt die von der Masselosigkeit der Gluonen herrührenden Infrarotsingularitäten wider.

Die Integration über den Phasenraum der gestreuten Teilchen liefert den für große Q^2 dominierenden Term der Quark-Strukturfunktion $g_{\mu\nu}\hat{W}^{\mu\nu}$:

$$g_{\mu\nu}\hat{W}^{\mu\nu} = -Q_i^2 \cdot \frac{\alpha_s}{2\pi} \cdot \frac{4}{3} \cdot \frac{\hat{s}^2 + 4Q^2\hat{\nu}}{2\hat{s}\,\hat{\nu}} \cdot \log\frac{Q^2}{m^2} ,$$

oder, mit $\hat{x} = Q^2/2\hat{\nu}$:

$$g_{\mu\nu}\hat{W}^{\mu\nu} = -Q_i^2 \cdot \frac{\alpha_s}{2\pi} \cdot \frac{4}{3} \cdot \frac{1 + \hat{x}^2}{1 - \hat{x}} \log\frac{Q^2}{m^2} .$$

Daraus erhalten wir den Beitrag der Gluon-Bremsstrahlung zu den Quark-Strukturfunktionen unter Verwendung von Gl. (2.7.7):

$$\begin{aligned} \frac{1}{\hat{x}}\hat{F}_{2,i}(\hat{x},Q^2) &= Q_i^2 \cdot \frac{\alpha_s}{2\pi} \cdot \frac{4}{3} \cdot \frac{1 + \hat{x}^2}{1 - \hat{x}} \cdot \log\frac{Q^2}{m^2} , \\ \hat{F}_{L,i}(\hat{x},Q^2) &= Q_i^2 \cdot \frac{\alpha_s}{2\pi} \cdot \frac{4}{3} \cdot 2\hat{x}^2 . \end{aligned} \tag{2.7.59}$$

Der Ausdruck für $\hat{F}_2$ hat eine Singularität bei $\hat{x} = 1$. Diese kommt von der Abstrahlung weicher Gluonen und kann z.B. dimensional regularisiert werden [Ma 75]: $(1-\hat{x})^{-1} \to (1-\hat{x})^{-1+\varepsilon}$. Der Beitrag der inneren Strahlungskorrekturen (Fig. 2.24 (d)) ist ebenfalls infrarot-singulär und proportional zu $1/\varepsilon\cdot\delta(1-\hat{x})$. Die Singularitäten beider Ausdrücke kompensieren sich, d.h. ihre Summe ist endlich und liefert das Endergebnis der Beiträge der Ordnung g^2:

$$\frac{1}{\hat{x}}\hat{F}_{2,i}(\hat{x},Q^2) = Q_i^2 \cdot \frac{\alpha_s}{2\pi} \cdot \frac{4}{3}\left[\frac{1+\hat{x}^2}{(1-\hat{x})_+} + \frac{3}{2}\delta(1-\hat{x})\right] \log\frac{Q^2}{m^2} =$$

$$= Q_i^2 \cdot \frac{\alpha_s}{2\pi} \cdot P_{qq}(\hat{x}) \log Q^2/m^2 \;, \tag{2.7.60}$$

mit der AP-Funktion $P_{qq}(x)$ wie in Gl. (2.7.52).

Das Bloch-Nordsieck-Theorem [Bl 37] der QED besagt dort, daß diese Kompensation von Infrarot-Singularitäten generell bei der Berechnung inklusiver Wirkungsquerschnitte auftritt. Allerdings existiert für die QCD noch kein allgemeiner Beweis seiner Gültigkeit. Wir fassen nun das Resultat des Parton-Modells Gl. (2.7.56) und der QCD-Rechnungen in Ordnung g^2, Gl. (2.7.60), zusammen:

$$\frac{1}{\hat{x}}\hat{F}_{2,i}(\hat{x},Q^2) = Q_i^2\left[\delta(1-\hat{x}) + \frac{\alpha_s}{2\pi}P_{qq}(\hat{x})\log\frac{Q^2}{m^2}\right] + O(g^4)\,. \tag{2.7.61}$$

Natürlich sind wir letztlich an den Nukleon-Strukturfunktionen $F_2(x,Q^2)$ bzw. ihren Momenten $M_{2,n}(Q^2)$ interessiert. Diese erhalten wir wie in Abschn. 1.4, indem wir die Parton-Strukturfunktion $\hat{F}$ mit der Wahrscheinlichkeit $f_i(z)$, das entsprechende Parton mit Impulsanteil z im Nukleon zu finden, mitteln. Dabei benutzen wir noch, daß nach Gl. (1.4.9): $p^\mu \approx zP^\mu_{\mathcal{N}}$, d.h. $\hat{x} = \frac{Q^2}{2pq} \approx \frac{Q^2}{2P_{\mathcal{N}} q\cdot z} = \frac{x}{z}$ gilt:

$$F_2(x,Q^2) = \sum_i \int_0^1 dz\cdot z\cdot f_i(z) \int_0^1 d\hat{x}\, \delta(x-z\hat{x}) \hat{F}_{2,i}(\hat{x},Q^2) = \int_x^1 dz\, f_i(z)\hat{F}_{2,i}\left(\frac{x}{z},Q^2\right). \tag{2.7.62}$$

Diese multiplikative Faltung können wir durch Berechnung von Momenten in Faktoren zerlegen:

$$M_{2,n}(Q^2) = \int_0^1 dx\cdot x^{n-2}\cdot F_2(x,Q^2) = \sum_i \int_0^1 dx\, x^{n-2} \int_0^1 dz\cdot z\cdot f_i(z) \int_0^1 d\hat{x}\,\delta(x-z\hat{x})\hat{F}_{2,i}(\hat{x},Q^2)$$

$$= \sum_i \int_0^1 dz\, f_i(z)\, z^{n-1}\cdot \int_0^1 d\hat{x}\,\hat{x}^{n-2}\hat{F}_{2,i}(\hat{x},Q^2) \qquad (2.7.63)$$

$$= \sum_i B_n^i\cdot \hat{M}^i_{2,n}(Q^2).$$

Mit Gl. (2.7.60) berechnen sich die Momente unter Verwendung von Gl. (2.7.50) zu:

$$M_{2,n}(Q^2) = B_n^i\cdot Q_i^2\cdot \int_0^1 d\hat{x}\,\hat{x}^{n-1}\,[\delta(1-\hat{x}) + \frac{\alpha_s}{2\pi} P_{qq}(\hat{x}) \log\frac{Q^2}{m^2}]$$

$$= B_n^i\cdot Q_i^2\cdot [1 - \frac{\alpha_s}{8\pi}\gamma_n^{(o)} \log\frac{Q^2}{m^2}] \; . \qquad (2.7.64)$$

Dieses Ergebnis enthält noch die Massensingularität $\log Q^2/m^2$, ist deshalb nicht direkt brauchbar. Das Kinoshita-Lee-Nauenberg-Theorem [Ki 62, Le 64] garantiert, daß sich zumindest im Falle der QED Massensingularitäten bei der Emission von Vektorbosonen im Anfangszustand mit solchen im Endzustand kompensieren. In diesem Sinne war es inkonsistent, die Quark-Photon-Streuung unter Einschluß der Gluon-Bremsstrahlung, die Quark-Verteilung im Nukleon aber ohne Gluonen, entsprechend dem einfachen Parton-Modell zu nehmen. Die fast kollineare, direkte Emission von Gluonen aus dem Nukleon führt zu einer Massen-singulären Parton-Verteilungsfunktion $f_i(z,m^2)$. Setzt man die Gültigkeit des KLN-Theorems auch für die QCD voraus, so ist es einfach, anhand von Gl. (2.7.64) für die Momente die Massensingularitäten "loszuwerden". Hierzu schreiben wir diese Gleichung um:

$$M_{2,n}(Q^2) = Q_i^2\cdot B_n^i(m^2)\cdot [1 - \frac{\alpha_s}{8\pi}\gamma_n^{(o)} \log\frac{\Lambda^2}{m^2}]\,[1 - \frac{\alpha_s}{8\pi}\gamma_n^{(o)} \log\frac{Q^2}{\Lambda^2}] + O(\alpha_s^2) \; ,$$

absorbieren den vorletzten Faktor in B_n^i:

$$M_{2,n}(Q^2) = Q_i^2\cdot B_n^i(\Lambda)\,[1 - \frac{\alpha_s}{8\pi}\gamma_n^{(o)} \log\frac{Q^2}{\Lambda^2}] \qquad (2.7.65)$$

und erhalten so ein Resultat, welches frei von Massensingularitäten ist. Ähnliche Rechnungen in Ordnung g^2 z.B. anhand von Fig. 2.24 (c) liefern die Altarelli-Parisi-Funktionen $P_{Gq}(\hat{x})$, $P_{qG}(\hat{x})$, $P_{GG}(\hat{x})$ in Übereinstimmung mit Gl. (2.7.54).

b) Die Rechnungen der Ordnung g^2 ergeben bereits einen Teil der in den AP-Gleichungen zusammengefaßten, vorher mit der Operatorproduktentwicklung und der RG-Gleichung gewonnenen Resultate. In höheren Ordnungen in g^2 hat man eine Vielzahl von Feynman-Diagrammen. Die entscheidende Frage ist daher, welche davon im Bjorken-Limes dominieren. Die Antwort wurde zunächst von V.N. Gribov und L.N. Lipatov [Gr72a] für abelsche Vektorgluon-Theorien gegeben und dann auf die QCD erweitert [Ll 78, Am 78]. Danach liefern verallgemeinerte Leiter-Diagramme mit renormierten Propagatoren und Vertizes die führenden Beiträge. (Wir können hier nur Teile der benötigten Überlegungen darstellen, für Details verweisen wir auf die oben angegebenen Arbeiten.)

Durch die Unitarität ist der hadronische Tensor $\hat{W}_{\mu\nu}$ mit der Amplitude für die Vorwärtsstreuung virtuellen Photonen an Quarks verknüpft (vgl. Abschn. 2.4.3 d):

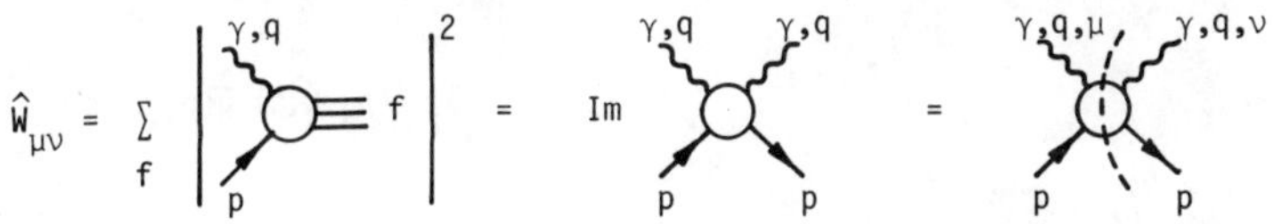

Die leiterähnlichen Diagramme mit zunächst nackten Propagatoren und Vertizes (ein Beispiel zeigt Fig. 2.28) lassen sich iterativ untersuchen. Wir berechnen

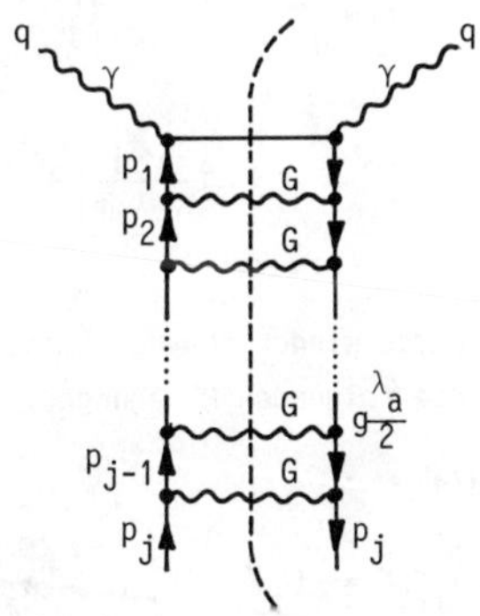

Fig. 2.28 : Beispiel eines Leiter-Diagramms der virtuellen Photon-Quark-Streuung ($t_j = p_j^2$; $q^2 \leq t_1 \leq t_2 \leq \ldots \leq t_j \leq 0$)

daher die Änderung der entsprechenden Amplitude, die durch Verlängerung der Leitern um eine Sprosse entsteht:

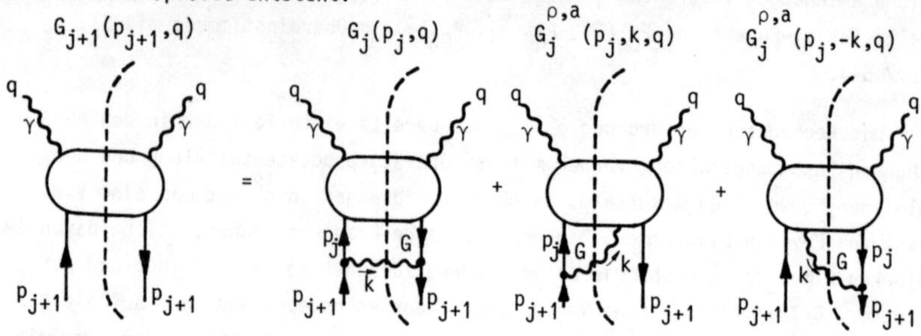

$$\hat{\sigma}_{j+1}(p_{j+1},q) = \sum_{\text{Spins}} u(p_{j+1})\, G_{j+1}(p_{j+1},q)\,\overline{u}(p_{j+1}) = \mathrm{Sp}\,\not p_{j+1}\, G_{j+1}(p_{j+1},q) =$$

$$= (2\pi)^{-3}\int\frac{d^3k}{2k_0}\sum_{\text{Spins}} u(p_{j+1})\Big[\not\varepsilon(k)\frac{\lambda_a}{2}\, g\,\frac{\not p_j}{t_j}\, G_j(p_j,q)\frac{\not p_j}{t_j}\not\varepsilon^*(k)\frac{\lambda_a}{2}\, g +$$

$$+ 2\,\gamma_\rho\frac{\lambda_a}{2}\, g\,\frac{\not p_j}{t_j}\, G_j^{\rho,a}(p_j,k,q)\Big]\overline{u}(p_{j+1}) \;,$$

oder, mit Gl. (2.7.57):

$$\mathrm{Sp}\,\not p_{j+1}\, G_{j+1}(p_{j+1},q) = (2\pi)^{-3}\int\frac{d^3k}{2k_0}\,\mathrm{Sp}\Big[g^2\cdot\frac{4}{3}\cdot 2\,\frac{\not p_j\not p_{j+1}\not p_j}{t_j^2}\, G_j(p_j,q) +$$

$$+ 2g\,\frac{\lambda_a}{2}\,\frac{\not p_{j+1}\gamma_\rho\not p_j}{t_j}\, G_j^{\rho,a}(p_j,k,q)\Big].$$

Die dominierenden Beiträge kommen wieder von der Emission fast kollinearer Gluonen; daher benutzen wir die folgenden Näherungen:

$$\not p_j \approx z_j \not p_{j+1} \;, \quad \not k \approx (1-z_j)\not p_{j+1} \;,$$

$$\not p_j \not p_{j+1} \not p_j = \not k \not p_{j+1} \not k = 2\,k\,p_{j+1}\not k = -t_j \not k \approx -t_j\,\frac{1-z_j}{z_j}\not p_j \;, \qquad (k^2 = 0) \;,$$

$$\not p_{j+1}\gamma_\rho \not p_j \approx -2\,\frac{1}{1-z_j}\not p_j\, k_\rho \quad .$$

Wegen der letzten Beziehung brauchen wir nur die Divergenz von $G_j^{\rho,a}(p_j,k,q)$. Diese hängt über eine Ward-Identität (Abschn. 2.4.2) mit $G_j(p_j,q)$ zusammen:

$$k_\rho G_j^{\rho,a}(p_j,k,q) = g\frac{\lambda_a}{2} G_j(p_j,q) . \tag{2.7.66}$$

Alles oben eingesetzt und $d^3k/2k_o = -\pi\, dt_j\, dz_j$ verwendet, ergibt:

$$Sp\not{p}_{j+1} G_{j+1}(p_{j+1},q) = \int_{q^2}^{-m^2} \frac{dt_j}{t_j} \int_o^1 \frac{dz_j}{z_j} \cdot \frac{g^2}{8\pi^2} \cdot \frac{4}{3} \cdot \frac{(1-z_j)^2+2z_j}{1-z_j} Sp\not{p}_j G_j(p_j,q) ,$$

oder für den Wirkungsquerschnitt der Vorwärtsstreuung von Quarks an virtuellen Photonen:

$$\hat{\sigma}_{j+1}(p_{j+1},q) = \int_{-Q^2}^{-m^2} d\log t_j \int_o^1 \frac{dz_j}{z_j} \frac{g^2}{8\pi^2} \cdot \frac{4}{3} \cdot \frac{1+z_j^2}{1-z_j} \hat{\sigma}_j(p_j,q) \quad \text{mit} \quad p_j = z_j p_{j+1} .$$

Hier haben wir wieder die Massensingularitäten durch einen Abschneideparameter $-m^2$ regularisiert. Der Übergang zu angezogenen Vertizes und Propagatoren geschieht, indem man g^2 durch die gleitende Kopplungskonstante $\bar{g}^2(t_j) = 16\pi^2/\beta_o \log(-t_j/\Lambda^2)$ ersetzt; dabei kompensieren sich auch die Infrarot-Singularitäten, so daß $P_{qq}(z)$ durch Gl. (2.7.52) gegeben ist [Ll 78]:

$$\hat{\sigma}_{j+1}(p_{j+1},q) = \frac{2}{\beta_o} \int_{-Q^2}^{-m^2} \frac{dt_j}{t_j \log(-t_j/\Lambda^2)} \int_o^1 \frac{dz_j}{z_j} P_{qq}(z_j)\, \hat{\sigma}_j(p_j,q)$$

$$= \frac{2}{\beta_o} \int_{-Q^2}^{-m^2} d\log\log(-t_j/\Lambda^2) \int_o^1 \frac{dz_j}{z_j} P_{qq}(z_j)\, \hat{\sigma}_j(p_j,q) . \tag{2.7.67}$$

Dies ist die gesuchte Iterationsformel für die dominierenden Terme.

Wir haben die Rechnungen in Feynman-Eichung durchgeführt. Durch Verwendung physikalisch geeigneter Eichungen [Li 75, Do 80a] kann man erreichen, daß nur

Leiterdiagramme beitragen, also nur das erste der drei angegebenen Diagramme berechnet werden muß.

Der Term 0-ter Ordnung ist der Partonmodell-Beitrag $\hat{\sigma}_o = \delta(1 - Q^2/2\,p_1 q)Q^2$. Damit läßt sich die Iteration ausführen und $\hat{\sigma}_j$ lautet explizit:

$$\hat{\sigma}_j(p,q) = \left(\frac{2}{\beta_o}\right)^j \int_{-Q^2}^{-m^2} d\log\log(-t_j/\Lambda^2) \int_{t_1}^{-m^2} d\log\log(-t_2/\Lambda^2) \ldots \int_{t_{j-1}}^{-m^2} d\log\log(-t_j/\Lambda^2) \cdot$$

$$\cdot \int_o^1 \frac{dz_j}{z_j} P_{qq}(z_j) \int_o^1 \frac{dz_{j-1}}{z_{j-1}} P_{qq}(z_{j-1}) \ldots \int_o^1 \frac{dz_1}{z_1} P_{qq}(z_1)\,\delta\left(1 - \frac{\xi}{z_1 \ldots z_{j-1} z_j}\right) Q_i^2$$

$$\text{mit } \xi = -q^2/2pq = \frac{Q^2}{2pq} \approx \frac{Q^2}{2p_j q} \cdot z_j \approx \ldots = \frac{Q^2}{2p_1 q} \cdot z_j \cdot z_{j-1} \cdots z_1 \,. \tag{2.7.68}$$

Die j-fachen t-Integrale ergeben $\frac{1}{j!}\left(\log \frac{\log Q^2/\Lambda^2}{\log m^2/\Lambda^2}\right)^j$. Die z-Integrale lassen sich wieder durch die Berechnung von Momenten entkoppeln:

$$\hat{M}_n^{(j)}(Q^2) = \int_o^1 d\xi\, \xi^{n-1}\, \hat{\sigma}_j(\xi,Q^2) = \frac{1}{j!}\left[\frac{2\log \frac{\log Q^2/\Lambda^2}{\log m^2/\Lambda^2}}{\beta_o} \cdot \int_o^1 dy\, y^{n-1} P_{qq}(y)\right]^j \cdot Q_i^2 \tag{2.7.69}$$

$$= \frac{1}{j!}\left[-d_n^{NS} \log \frac{\log Q^2/\Lambda^2}{\log m^2/\Lambda^2}\right]^j \cdot Q_i^2 \,.$$

Dabei haben wir $d_n^{NS} = \gamma_n^{(o)}/2\beta_o$ und Gl. (2.7.50) verwendet. Die Summation über die Zahl der Sprossen gilt als Resultat der Leiterdiagramme:

$$\begin{aligned} \sum_{j=o}^{\infty} \hat{M}_n^{(j)}(Q^2) &= Q_i^2 \sum_{j=o}^{\infty} \frac{1}{j!}\left[-d_n^{NS} \log \frac{\log Q^2/\Lambda^2}{\log m^2/\Lambda^2}\right]^j \\ &= Q_i^2 \cdot (\log m^2/\Lambda^2)^{d_n^{NS}} \cdot (\log Q^2/\Lambda^2)^{-d_n^{NS}} \,. \end{aligned} \tag{2.7.70}$$

Dieser Ausdruck faktorisiert in die Massensingularität und in einen regulären Anteil. Die Momente der Nukleon-Strukturfunktion folgen hieraus unter Verwendung von Gl. (2.7.63):

$$\begin{aligned} M_{2,n}(Q^2) &= \sum_i Q_i^2 B_n^i \left(\frac{1}{\log m^2/\Lambda^2}\right)^{-d_n^{NS}} \cdot \left(\log\frac{Q^2}{\Lambda^2}\right)^{-d_n^{NS}} \\ &= \sum_i Q_i^2 B_n^i(\Lambda)\left(\log\frac{Q^2}{\Lambda^2}\right)^{-d_n^{NS}} . \end{aligned} \tag{2.7.71}$$

Dieses Resultat ist identisch mit dem mit der RG-Gleichung und Wilson-Entwicklung Gl. (2.7.24 und 38) gewonnenen. Wir lernen daraus, daß zumindest im Fall der tiefinelastischen Lepton-Nukleon-Streuung die Aufsummation von verallgemeinerten Leiterdiagrammen unter Verwendung der gleitenden starken Kopplungskonstante die führenden Terme im Bjorken-Limes ergibt. Der dominierende Prozeß ist dabei die kollineare Abstrahlung harter Gluonen. Die damit verbundenen Massensingularitäten faktorisieren und kompensieren sich mit denen der Gluon-Abstrahlung des Anfangszustands entsprechend dem KLN-Theorem. Formal entspricht das in Gl. (2.7.71) dem Übergang von den nackten Wilson-Koeffizienten B_n^f, die auch in Gl. (2.7.19) auftreten, zu den renormierten, massensingularitätsfreien $B_n^f(\Lambda)$, Gl. (2.7.22). Dieses Bild für harte QCD-Prozesse, das wir nur plausibel machen konnten, läßt sich auch auf andere Reaktionen und zur Berechnung höherer Näherungen erweitern.

c) Die soeben skizzierte Vorstellung ist in der Tat der Ausgangspunkt für die Anwendung der QCD auf viele harte Streuprozesse. Die perturbative QCD begründet die Universalität des Parton-Modells und erlaubt die Berechnung der Strahlungskorrekturen für den jeweiligen Prozeß [Do 80a].

Unser Ergebnis, Gl. (2.7.62, 68) für die Strukturfunktion $F_2^{e\mathcal{N}}(x,Q^2)$:

$$\begin{aligned} F_2^{e\mathcal{N}}(x,Q^2) &= \sum_i Q_i^2 \int_0^1 d\xi\, \delta\left(\xi - \frac{x}{z}\right) \int_0^1 dz\, f_i(z) \cdot \\ &\cdot \sum_{j=0}^{\infty} \frac{1}{j!}\left(\frac{2}{\beta_0} \log\frac{\log Q^2/\Lambda^2}{\log m^2/\Lambda^2}\right)^j \int_0^1 \frac{dz_j}{z_j} P_{qq}(z_j) \ldots \int_0^1 \frac{dz_1}{z_1} P_{qq}(z_1)\, \delta\left(1 - \frac{\xi}{z_1 \ldots z_j}\right) \end{aligned} \tag{2.7.72}$$

besitzt zwei Interpretationen:

- einerseits: $F_2^{e\mathcal{N}}(x,Q^2)$ ist die Faltung der nackten Parton-Verteilung $f_i(z)$ mit der in Leiternäherung berechneten Parton-Strukturfunktion;
- andererseits: $F_2^{e\mathcal{N}}(x,Q^2)$ ist die Faltung der durch Aufsummation der Leitern berechneten Q^2-abhängigen Parton-Verteilungsfunktion $q(x,Q^2)$ mit der nackten Parton-Strukturfunktion.

Die zweite Deutung ist auf andere harte Streuprozesse verallgemeinerungsfähig [El 79]. In diesem Sinne schreiben wir für Gl. (2.7.72):

$$F_2^{e\mathcal{N}}(x,Q^2) = \sum_i \int_x^1 \frac{dz}{z} z\, q_i(z,Q^2)\cdot Q_i^2\, \delta(1-\frac{x}{z}) \tag{2.7.73}$$

mit

$$q_i(z,Q^2) = f_i(z) \sum_{j=o}^{\infty} \frac{1}{j!}\left(\frac{2}{\beta_o}\log\frac{\log Q^2/\Lambda^2}{\log m^2/\Lambda^2}\right)^j \int_o^z \frac{dz_1}{z_1} P_{qq}(z_1) \int_o^{z_1} \frac{dz_2}{z_2} P_{qq}(z_2) \ldots \int_o^{z_{j-1}} \frac{dz_j}{z_j} P_{qq}\left(\frac{z_j}{z_{j-1}}\right). \tag{2.7.74}$$

Die Quark-Verteilungsfunktion $q_i(z,Q^2)$ genügt, wie man durch Differentiation von Gl. (2.7.74) nach Q^2 nachrechnen kann, der Altarelli-Parisi-Gleichung (2.7.51).

Die Vorschrift für die Behandlung harter Streuprozesse in der führenden Ordnung der QCD lautet damit: Zerlege den Prozeß nach dem Parton-Modell in Parton-Subprozesse. Setze den Wirkungsquerschnitt aus Parton-Modell-Querschnitten $\hat{\sigma}$ für die Parton-Lepton- bzw. Parton-Parton-Streuung und universellen, Q^2-abhängigen Parton-Verteilungsfunktionen $q_i(x,Q^2)$ (i umfaßt Quarks und Antiquarks), $G(x,Q^2)$ bzw. Parton-Fragmentationsfunktionen $D_i^h(z,Q^2)$ zusammen. Wir erläutern dies an zwei Beispielen:

1) Inklusive Hadron-Produktion in der e^+e^--Vernichtung $e^+e^- \to h(P)+X$ [Ge 78]:

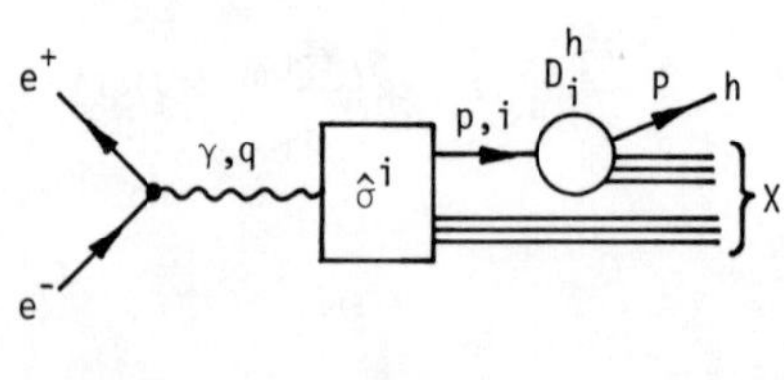

Mit $z = \frac{2\,Pq}{Q^2}$, $\hat{z} = \frac{2\,pq}{Q^2}$, $\xi = z/\hat{z}$ lautet der inklusive Wirkungsquerschnitt:

$$\sigma_n(z,Q^2) = \sum_i \int_0^1 d\hat{z} \int_0^1 d\xi\, \delta(z - \xi\hat{z})\, \hat{\sigma}^i(\hat{z}) \cdot \xi\, D_i^h(\xi,Q^2)$$

mit (2.7.75)

$$\hat{\sigma}^i(z) = e^2 Q_i^2\, \delta(1 - \hat{z}).$$

Die Fragmentationsfunktionen $D_i^h(\xi,Q^2)$ genügen den "gekreuzten AP-Gleichungen", z.B. im Nichtsingulett-Fall:

$$Q^2 \frac{\partial D_i^h(\xi,Q^2)}{\partial Q^2} = \frac{\overline{\alpha}_s(Q^2)}{2\pi} \int_\xi^1 \frac{dy}{y} P_{qq}\left(\frac{\xi}{y}\right) D_i^h(y,Q^2) \quad . \qquad (2.7.76)$$

2) Drell-Yan-Prozeß $h_1 h_2 \to \mu^+\mu^- + X$ [Dr 70, Po 77, Sa 78]:

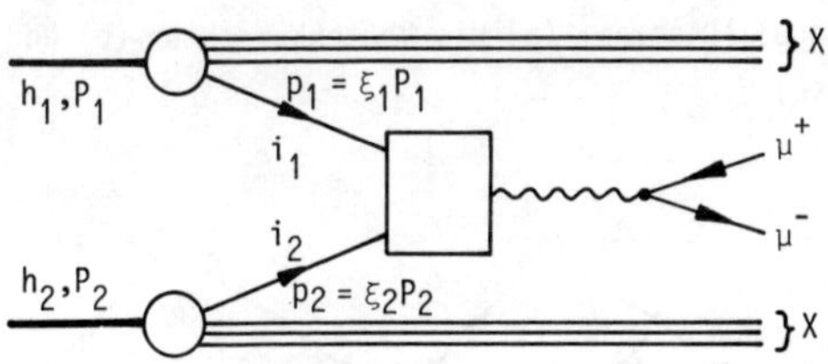

Mit $x_{1,2} = \frac{Q^2}{2\,P_{1,2}q}$, $\xi_{1,2} = \frac{Q^2}{2\,p_{1,2}\,q}$, $x_{12} = \frac{2\,P_1 q \cdot P_2 q}{Q^2 \cdot P_1 P_2}$ und $\xi_{12} = \frac{2\,p_1 q \cdot p_2 q}{Q^2 \cdot p_1 p_2}$

gilt:

$$\sigma_{h_1h_2}(x_1,x_2,x_{12},Q^2) = \sum_{i_1,i_2} \int dz_1\, d\xi_1\, dz_2\, d\xi_2\, \delta(x_1 - z_1\,\xi_1)\, \delta(x_2 - z_2\,\xi_2) \cdot$$

$$\cdot\, \hat{\sigma}^{i_1 i_2}(z_1,z_2,z_{12}) \cdot \xi_1\, q_{i_1}^{h_1}(\xi_1,Q^2) \cdot \xi_2\, q_{i_2}^{h_2}(\xi_2,Q^2) \quad ,$$

$$\hat{\sigma}^{i_1 i_2}(z_1,z_2,z_{12}) = \frac{1}{3}\, \delta_{i_1 i_2}\, e^2 Q_{i_1}^2\, \delta(1 - z_1)\, \delta(1 - z_2)\, \delta(z_{12}^1 - z_1 - z_2 - z_1 \cdot z_2) \, .$$

(2.7.77)

Für den Fall, daß h_1 und h_2 Nukleonen sind, kann man die in der tiefinelastischen Lepton-Streuung gemessenen Quark-Verteilungen im Nukleon benutzen, um absolute Vorhersagen zu machen [Gl 78]. Diese liegen, falls man eine $SU(3)_F$-symmetrische See-Verteilung annimmt, um einen Faktor K = 2 - 3 unter den vorliegenden experimentellen Daten [An 77, Ka 78, Co 82 N].

Genau wie im Fall der tiefinelastischen Lepton-Streuung ist es wichtig, höhere Näherungen zu berechnen, da einerseits $\overline{\alpha}_s$ nicht sehr klein gegen Eins ist und andererseits erst die Kenntnis der Effekte 2. Ordnung die Bestimmung von Λ erlaubt. Die Analyse der Feynman-Diagramme ergibt folgendes Bild [El 79c]: Die Wirkungsquerschnitte für harte Streuprozesse erhält man aus den in der nächsten Ordnung berechneten, universellen Parton-Verteilungen und Fragmentationsfunktionen und den in Ordnung α_s berechneten Parton-Wirkungsquerschnitten. Dabei "sieht" man im Fall der inklusiven Hadron-Erzeugung und des Drell-Yan-Prozesses auch die Gluonen als Partonen in den Hadronen.

d) Die Beschreibung der Quark- und Gluon-Jets in der e^+e^- - Vernichtung [El 76a, De 78, Sc 79] wird erst durch die störungstheoretische Behandlung der Infrarot- und Massensingularitäten der QCD physikalisch sinnvoll. Betrachten wir zunächst neben dem Partonmodell-Diagramm (a) die Vertexkorrektur (b) und die Selbstenergie-Diagramme (c):

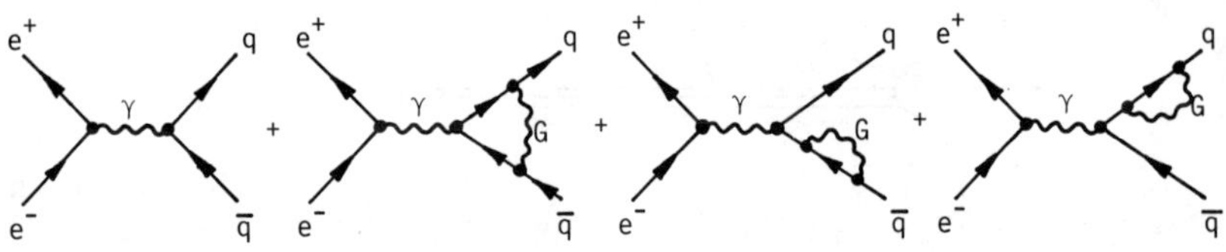

(a) (b) (c)

so enthält der resultierende "Wirkungsquerschnitt" nach Renormierung der UV-Divergenzen noch eine Infrarot-Singularität, die wir zunächst durch Einführung einer Gluon-Masse μ regularisieren:

$$\frac{d\sigma}{d\Omega} = [1 + \frac{4\overline{\alpha}_s}{3\pi}(-\frac{1}{2}(\log\frac{s}{\mu^2})^2 + \frac{3}{2}\log\frac{s}{\mu^2} + \frac{\pi^2}{6} - \frac{7}{4})](\frac{d\sigma}{d\Omega})_{Parton}$$

mit (2.7.78)

$$(\frac{d\sigma}{d\Omega})_{Parton} = \frac{\alpha^2}{4s} N_C \sum_f Q_f^2 (1 + \cos^2\vartheta) \; ; \; s = E_{CMS}^2 \; ; \; N_C = 3 \quad \text{für } SU(3)_C \; .$$

Physikalisch sinnvoll ist nach dem Bloch-Nordsieck-Theorem der inklusive Wirkungsquerschnitt. Dieser berücksichtigt die Abstrahlung (d) weicher Gluonen (Infrarot-Singularität) und die kollineare Abstrahlung harter Gluonen (Massen-Singularität)

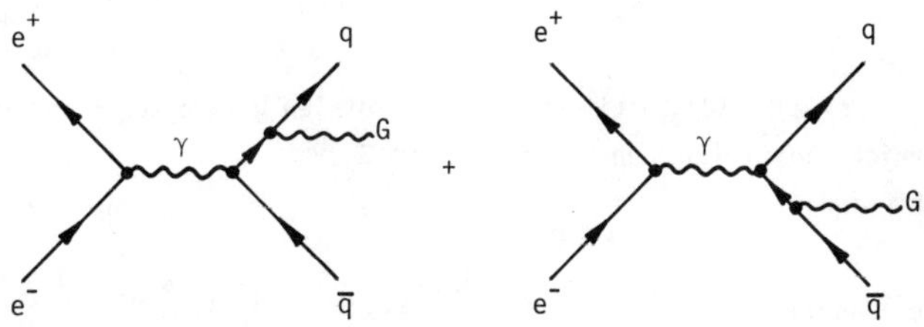

(d)

auf folgende Weise: $d\sigma(\sqrt{s},\vartheta;\varepsilon,\delta)$ ist der Wirkungsquerschnitt für die Ereignisse, bei denen der Bruchteil $1-\varepsilon$, $\varepsilon \ll 1$, von $\sqrt{s}$ in ein Paar von entgegengesetzten Kegeln mit halbem Öffnungswinkel δ, $\delta \ll 1$, emittiert wird.

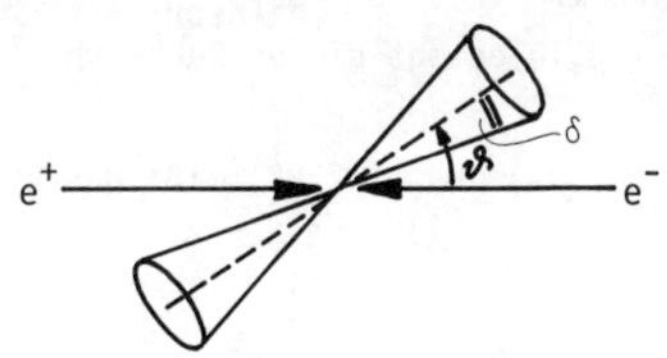

Die weiche Gluon-Bremsstrahlung ($E_G < \varepsilon\sqrt{s}$) liefert:

$$\left(\frac{d\sigma}{d\Omega}\right)_{weich} = \frac{\overline{\alpha}_s}{\pi}\cdot C_2^F\cdot\left[2(\log 2\varepsilon)^2 + 2\log 2\varepsilon\cdot\log\frac{s}{\mu^2} + \frac{1}{2}\left(\log\frac{s}{\mu^2}\right)^2 - \frac{\pi^2}{6}\right]\cdot\left(\frac{d\sigma}{d\Omega}\right)_{Parton}.$$

Die Abstrahlung harter, fast kollinearer Gluonen ($E_G > \varepsilon\sqrt{s}$, $\theta_G < \delta$) ergibt:

$$\left(\frac{d\sigma}{d\Omega}\right)_{hart} = \frac{\overline{\alpha}_s}{\pi}\cdot C_2^F\cdot\Big[-3\log\delta - \frac{3}{2}\log\frac{s}{\mu^2} - 2(\log 2\varepsilon)^2 - 4\log\delta\cdot\log 2\varepsilon - 2\log\frac{s}{\mu^2}\cdot\log 2\varepsilon + \frac{17}{4} - \frac{\pi^2}{3}\Big]\left(\frac{d\sigma}{d\Omega}\right)_{Parton}$$

mit C_2^F nach Gl. (1.2.7). Die Summe dieser Beiträge ist frei von Singularitäten, liefert also die QCD-Korrekturen zum 2-Jet-Querschnitt [St 77]:

$$(\frac{d\sigma}{d\Omega})^{2Jet}_{phys} = (\frac{d\sigma}{d\Omega})^{2Jet}_{Parton} + (\frac{d\sigma}{d\Omega})_{virt} + (\frac{d\sigma}{d\Omega})_{weich} + (\frac{d\sigma}{d\Omega})_{hart} \tag{2.7.79}$$

$$= [1 - \frac{4\overline{\alpha}_s}{\pi} \cdot C_2^F \cdot (\frac{3}{4}\log\delta + \log\delta \cdot \log 2\varepsilon + \frac{\pi^2}{12} - \frac{5}{8} + O(\varepsilon,\delta))] (\frac{d\sigma}{d\Omega})^{2Jet}_{Parton} .$$

Die Diagramme (a)...(d) bestimmen auch den totalen Wirkungsquerschnitt für die e^+e^--Vernichtung in Hadronen in der Ordnung $\overline{\alpha}_s$.
Es ergibt sich:

$$\sigma(e^+e^- \to Hadr.) = \frac{4\pi\alpha^2}{3s} \cdot N_C \cdot \sum_f Q_f^2 (1 + \frac{3\overline{\alpha}_s(s)}{4\pi} \cdot C_2^F + O(\overline{\alpha}_s^2)). \tag{2.7.80}$$

Der Partonmodell-Wert wird also mit wachsendem s von oben erreicht. Die gegenwärtige Meßgenauigkeit reicht nicht aus, den QCD-Korrekturterm zu testen, Vorzeichen und Größenordnung sind aber mit dem Experiment verträglich (vgl. Fig. 1.14). Ein neuer Vergleich von Theorie : $\Delta R_{Theor} = 3 \sum Q_f^2 \frac{\alpha_s}{\pi} \cong 0{,}21$ und Experiment $\Delta R_{Exp} = 0{,}30 \pm 0{,}10$ belegt diesen Sachverhalt [Wi 80, Wo 82 N].

Das Verhältnis von Gl. (2.7.79) und (2.7.80) mißt den Bruchteil $f(\sqrt{s},\varepsilon,\delta)$ der 2-Jet-Ereignisse:

$$f(\sqrt{s},\varepsilon,\delta) = 1 - \frac{4\,\overline{\alpha}_s}{3\pi} [\log\delta\,(4\log 2\varepsilon + 3) + \frac{\pi^2}{3} - \frac{7}{4} + O(\varepsilon,\delta)] . \tag{2.7.81}$$

Wegen der asymptotischen Freiheit der QCD geht dieser Ausdruck mit wachsender Energie gegen Eins. Aufgelöst nach dem Jet-Öffnungswinkel δ liefert die vorstehende Gleichung mit $\overline{\alpha}_s = 4\pi/(11 - \frac{2}{3} N_F)\log Q^2/\Lambda^2$:

$$\delta(\sqrt{s},\varepsilon,f) = (\frac{\sqrt{s}}{\Lambda})^{\frac{33-2N_F}{8(4\log 2\varepsilon + 3)}(1-f)} \cdot \exp(- \frac{\pi\frac{2}{3} - \frac{7}{4}}{4\log 2\varepsilon + 3}) \sim (\sqrt{s})^{-d(f,\varepsilon)} . \tag{2.7.82}$$

Dieser Öffnungswinkel fällt ab wie die Potenz $d(f,\varepsilon)$. Mit $N_F = 3$, d.h. N_F gleich der Zahl der leichten Quark-Flavourfreiheitsgrade und $\varepsilon = 0{,}1$ ergibt sich $d = 0{,}98 \cdot (1-f)$.

Dem perturbativen Öffnungswinkel der Jets überlagert sich die Verbreiterung, welche mit der Hadronisierung der Quarks und Gluonen verbunden ist. Dieser nichtperturbative Anteil kann modellmäßig unter Verwendung der Fragmentationsfunktionen behandelt werden [Fi 78, Ho 79, Al 80]. Eine grobe Abschätzung mittels des mittleren Transversalimpulses der Hadronen liefert: $\delta_{np} \approx \langle n \rangle \cdot (0{,}3 - 0{,}5)\,\mathrm{GeV}/E_{Jet}$, wobei $\langle n \rangle$ die mittlere Teilchen-Multiplizität im Jet bedeutet. Dies ergibt bei 15 GeV Jet-Energie etwa $\delta_{np} \approx 15^{o}$ [Wo 80]. Andererseits ist für $\sqrt{s} = 30$ GeV, $\varepsilon = 0{,}2$ und $f = 0{,}7$ der Öffnungswinkel durch harte Gluon-Bremsstrahlung 1 Grad (Gl. (2.7.82)), wenn man $\Lambda = 0{,}5$ GeV verwendet. Dies bedeutet, daß PETRA/PEP-Energien wahrscheinlich nicht ausreichen, um QCD-Strahlungskorrekturen der 2-Jet-Ereignisse quantitativ nachzuweisen.

Die QCD-Strahlungskorrekturen der führenden Ordnung lassen sich auch für Jets aus n Quarks, n Antiquarks und m Gluonen berechnen [Sm 79, Ei 78]. Bezeichnet:

δ_i den maximal erlaubten halben Öffnungswinkel des i-ten Jets,

ε_i das maximal erlaubte Verhältnis der gesamten Energie der Nichtjet-Teilchen zur Gesamtenergie des i-ten Jets,

ε dasselbe Verhältnis, aber zur mittleren Energie der Jets,

dann gilt:

$$\begin{aligned} d\sigma(2n,m) = \{ 1 &- \frac{\overline{\alpha}_s}{\pi} C_2^F \sum_{i=1}^{2n} 2\log\delta_i(\log\varepsilon_i + \tfrac{3}{4}) \\ &- \frac{\overline{\alpha}_s}{\pi} C_2 \sum_{i=1}^{m} 2\log\delta_i(\log\varepsilon_i + \frac{11}{12} - \frac{N_F}{6C_2^F}) \\ &- \frac{\overline{\alpha}_s}{\pi}(A\log\varepsilon + O(1)) \}\, d\sigma(2n,m)_{Parton} \; . \end{aligned} \qquad (2.7.83)$$

Hier ist A eine Prozeß- und Winkel-abhängige Größe. Der Wert des quadratischen Casimir-Operators in der Gluon-Darstellung C_2 bestimmt die Gluonjet-Öffnungswinkel. Wegen $C_2 = 3$, $C_2^F = \frac{4}{3}$ (Gl. (1.2.7, 8)) ist dieser $\frac{9}{4}$-mal größer als der der Quark-Jets. Die Gluonen sind wegen ihrer größeren Farbladungen stärkere Bremsstrahler als die Quarks. Für die Praxis bedeutet das, daß Gluon-Jets bei gleichen Energien weniger Jet-artig sind als Quark-Jets.

Als konkretes Beispiel für die Anwendung von Gl. (2.7.83) geben wir das Ergebnis für $q\bar{q}G$-Jets an:

$$d\sigma(2,1) = \{1 - \frac{\overline{\alpha}_s}{\pi}[\frac{8}{3}\log\delta_q(\log\varepsilon_q + \log\varepsilon_{\overline{q}} + \frac{3}{2}) + \frac{2}{3}\log\varepsilon\cdot\log\sin\frac{\theta_{q\overline{q}}}{2}$$

$$+ 6\log\delta_G(\log\varepsilon_G + \frac{11}{12} - \frac{N_F}{18}) - 3\log\varepsilon\cdot\log\sin\frac{\theta_{qG}}{2}\sin\frac{\theta_{\overline{q}G}}{2}]\}\cdot$$

$$\cdot\, d\sigma(2,1)_{\text{Parton}} \; . \qquad (2.7.84)$$

Mit diesen Resultaten schließen wir die Darstellung der perturbativen QCD. Die Behandlung der harten Streuprozesse über die führende Ordnung hinaus ist noch nicht abgeschlossen. Dies gilt auch für die theoretische Untersuchung der Effekte höherer Ordnung sowie der Vorgänge bei der Hadronisierung der Quark- und Gluon-Jets. Im Rahmen der durch die QCD angeregten neueren Phänomenologie ist ein konsistentes Bild für diese Prozesse, welches die höheren Ordnungen in $\overline{\alpha}_s$ einschließt, von großer Bedeutung.

2.7.4 Quarkonia

Der derzeitige Status des Confinement-Problems erlaubt noch keine quantitative Erklärung der Hadron-Spektroskopie, insbesondere nicht für die leichten Hadronen. Einfache Überlegungen im Rahmen der QCD haben aber Ansätze für die phänomenologische Behandlung sowohl der Meson- als auch der Baryon-Spektroskopie geliefert, die zu detaillierten Aussagen über die Massen und Zerfälle der Hadronen geführt haben [No 78, Gr 79, Kr 79, Ei 80, Bu 81a N]. Einen Teil dieser im Rahmen der nichtrelativistischen Quantenmechanik durchgeführten Rechnungen haben wir bereits in Abschn. 1.1.3 besprochen. Die Wechselwirkung zwischen den Quarks erfolgt bei kleinen Abständen im wesentlichen durch das mit der gleitenden Kopplungskonstante $\overline{\alpha}_s$ berechnete 1-Gluon-Austauschpotential $V_G(r)$:

$$V_G(r) = -\frac{\overline{\alpha}_s}{r}\begin{pmatrix} 4/3 & \text{Meson } q\overline{q} \\ 2/3 & \text{Baryon } qqq \end{pmatrix} , \qquad (1.1.14)$$

bei großen Abständen durch das Confinement-Potential

$$V_C(r) = \kappa r \, . \qquad (1.1.13)$$

Im einfachsten Fall (darauf wollen wir unsere Überlegungen hier beschränken) arbeitet man mit dem Gesamtpotential $V(r) = V_G + V_C$ und erhält dann das in Fig.1.4

gezeigte Spektrum. Berücksichtigt man darüber hinaus noch die mit dem 1-Gluon-Austausch gegebene Spin-Abhängigkeit der Wechselwirkung, so gelangt man zu Feinstruktur-Aufspaltungen[Ap 75 a, De 75 a], die wir nun besprechen wollen. Schließlich wenden wir die Gluon-Dynamik in der Form der Quark-Antiquark-Annihilation in Gluonen auf die Zerfälle der schweren Mesonen an [Ap 75].

a) In der Atomphysik führen relativistische Effekte zu Spin-abhängigen Potentialen, also zur Fein- und Hyperfeinstruktur des Spektrums. Da in den Quarkonium-Systemen die Erwartungswerte der Geschwindigkeit nicht sehr klein gegen die Lichtgeschwindigkeit c sind, erwartet man merkliche Feinstruktur-Aufspaltungen. Diese lassen sich für den kurzreichweitigen Teil V_G des Potentials in Analogie zum Positronium- bzw. Myonium-System berechnen [Be 57], indem man den 1-Gluon-Austauschgraphen bis zur Ordnung c^{-2} entwickelt. Was den langreichweitigen Anteil des Potentials V_C betrifft, hat es sich bewährt, diesen Spin-unabhängig anzunehmen. Damit treten folgende Spin-abhängigen Terme im Hamilton-Operator auf ($m_i, \vec{p}_i, \vec{S}_i \equiv$ Masse, Impuls, Spin des Quarks i, $\vec{r}_{ij} \equiv \vec{r}_i - \vec{r}_j$):

$$H_{SS} = \sum_{i>j} \frac{2}{3\,m_i\,m_j} \vec{S}_i \cdot \vec{S}_j \cdot \Delta V_G(r_{ij}) \qquad \text{Spin-Spin-Wechselwirkung} \qquad (2.7.85)$$

$$H_{LS} = \sum_{i>j} \frac{1}{r_{ij}} \frac{d(3\,V_G - V_C)}{2\,d\,r_{ij}} \left(- \frac{(\vec{r}_{ij} \times \vec{p}_j)\cdot\vec{S}_i - (\vec{r}_{ij} \times \vec{p}_i)\cdot\vec{S}_j}{m_i\,m_j} \right.$$

$$\left. - \frac{1}{2} \frac{\vec{r}_{ij} \times \vec{p}_j \cdot \vec{S}_j}{m_j^2} + \frac{1}{2} \frac{\vec{r}_{ij} \times \vec{p}_j \cdot \vec{S}_i}{m_i^2} \right) \quad \text{Spin-Bahn-Wechselwirkung} \qquad (2.7.86)$$

$$H_T = \sum_{i>j} \left(\frac{d^2 V_G}{d(r_{ij})^2} - \frac{1}{r_{ij}} \frac{d V_G}{d r_{ij}} \right) \left(\frac{\vec{S}_i \vec{S}_j}{3 m_i m_j} - \frac{(\vec{S}_i \vec{r}_{ij})(\vec{S}_j \vec{r}_{ij})}{m_i m_j \cdot (r_{ij})^2} \right) \qquad (2.7.87)$$

Tensor-Wechselwirkung

Diese Zusatzterme zum Hamiltonoperator Gl. (1.1.11) werden mittels Störungstheorie 1. Ordnung behandelt. Für S-Wellen-Zustände (pseudoskalare und Vektormesonen, Nukleonen und Δ-Resonanzen) gibt nur H_{SS} einen Beitrag. Wegen:

$$\langle \vec{S}_1 \vec{S}_2 \rangle = \frac{1}{2} \langle \vec{S}^2 - \vec{S}_1^2 - \vec{S}_2^2 \rangle = \begin{pmatrix} 1/4 \\ -3/4 \end{pmatrix} \text{ für } \begin{pmatrix} \text{Triplett} \\ \text{Singulett} \end{pmatrix}\text{-Zustände}$$

ist die zugehörige Massenaufspaltung:

$$< H_{SS} > = \frac{2}{3\, m_i m_j} \begin{pmatrix} 1/4 \\ -3/4 \end{pmatrix} \cdot < \Delta V_G > .$$

Mit einem Coulomb-ähnlichen $V_G(r)$ nach Gl. (1.1.14) ist wegen $\Delta(r^{-1}) = = -4\pi\,\delta^{(3)}(\vec{r})$:

$$< H_{SS} > = \frac{8\pi\,\overline{\alpha}_s}{9\, m_i m_j} \begin{pmatrix} 1 \\ -3 \end{pmatrix} |\psi(o)|^2 \text{ für } \begin{pmatrix} \text{Triplett} \\ \text{Singulett} \end{pmatrix}\text{-Zustände.} \tag{2.7.88}$$

Dies bedeutet, daß wie beim Positronium die Orthozustände schwerer sind als die Parazustände; tatsächlich ist $M_\rho > M_\pi$, $M_{K^*} > M_K$, $M_{D^*} > M_D$, $M_{J/\psi} > M_{\eta_c}$, ... Da in der QCD auch das Quark-Quark-Potential anziehend ist, folgt für die Baryonen entsprechend $M_\Delta > M_N$, ...

Um für das Charmonium-System die $J/\psi(1^{--}) - \eta_c(0^{-+})$ - Massendifferenz abzuschätzen, verwenden wir die van Royen-Weißkopf-Formel [Ro 67], welche die leptonischen Breiten der Vektormesonen durch das Absolutquadrat der Wellenfunktion der Relativbewegung am Ursprung ausdrückt:

$$\Gamma_{V \to e^+e^-} = 16\pi\,\alpha^2\, Q_f^2 \cdot \frac{|\psi_V(o)|^2}{M_V^2} . \tag{2.7.89}$$

Dies oben eingesetzt,liefert:

$$< H_{SS} > = \frac{2\overline{\alpha}_s}{9} \frac{\Gamma_{V \to e^+e^-}}{\alpha^2\, Q_f^2} \left(\frac{M_V}{2m_c}\right)^2 \begin{pmatrix} 1 \\ -3 \end{pmatrix} . \tag{2.7.90}$$

Unter Verwendung der gemessenen Breite $\Gamma_{J/\psi \to e^+e^-} = (4{,}7 \pm 0{,}7)$ keV und mit $\alpha_s = 0{,}4$ ergibt sich:

$$\begin{aligned} M_{J/\psi} - M_{\eta_c} &= 70 \text{ MeV} \cdot \left(\frac{M_\psi}{2m_c}\right)^2 \\ M_{\psi'} - M_{\eta_c'} &= 35 \text{ MeV} \cdot \left(\frac{M_{\psi'}}{2m_c}\right)^2 . \end{aligned} \tag{2.7.91}$$

Mit $m_c = 1{,}4$ GeV (vgl. Gl. (1.1.15)) erwartet man $M_{\eta_c} = 3{,}0$ GeV, $M_{\eta_c'} = 3{,}6$ GeV.

Im inklusiven Photonspektrum $\psi' \to \gamma + X$ beobachtet man bei 2,98 GeV eine Resonanz [Hi 80, Pa 80b, Pa 82]. Dies ist eine Bestätigung der theoretischen Abschätzung.

Die Spin-Bahn- und die Tensorkraft führen zu einer Aufspaltung der P-Wellen-Triplettzustände (2^{++}, 1^{++}, 0^{++}), die im Charmonium-System mit den Parametern Gl. (1.1.15) in befriedigender Übereinstimmung mit den experimentellen Werten ist.

Der 1-Gluon-Austausch mit gleitender Kopplungskonstante $\bar{g}_s(Q^2)$ ergibt streng genommen kein Coulomb-Potential. Dies und die Tatsache, daß unsere bisherige Kenntnis der QCD die Berechnung des Potentials bei mittleren Abständen nicht erlaubt, kann benutzt werden, um - verglichen mit Gl. (1.1.13, 14) - leicht modifizierte Potentiale zu verwenden. Diese lassen sich so wählen, daß sich die Charmonium- und die Bottomonium-Spektroskopie simultan gut beschreiben lassen [Kr 79, Bu 81aN].

b) Eine bemerkenswerte Eigenschaft der Mesonen mit verborgener Strangeness ($\phi = s\bar{s}$), verborgenem Charm (J/ψ, $\psi' = c\bar{c}$) und verborgenem Bottom ($\Upsilon, \Upsilon', \Upsilon'' = b\bar{b}$), deren Massen unterhalb oder nur wenig oberhalb der Schwelle für die Produktion von Mesonpaaren mit den entsprechenden Flavour-Quantenzahlen liegen, ist deren lange Lebensdauer. Eine phänomenologische Erklärung dieser Tatsache leistet die Zweig-Regel [Zw 64]. Sie erlaubt nur solche Reaktionen, bei denen die Valenzquarks des Anfangszustandes auch im Endzustand vorhanden sind. Diese Auswahlregel geht über Flavour-Symmetrieaussagen hinaus. Zu ihrer Erläuterung besprechen wir die Zerfälle des ϕ-Mesons.

Aus den Meson-Massenformeln folgt, daß das ϕ-Meson ein fast reiner $s\bar{s}$-Zustand ist (ideale Mischung der Vektormesonen). Der Zerfall $\phi \to 3\pi$ ist $SU(3)_F$ - erlaubt, nach der Zweig-Regel aber verboten, da der 3π-Endzustand keine s-Quarks enthält. Experimentell ist $\Gamma_{\phi \to 3\pi} = 0{,}6$ MeV, was eine Unterdrückung um einen Faktor 50 bedeutet (Diesen schätzt man so ab: $\Gamma_{\omega \to 3\pi} = 9$ MeV, der Phasenraum für $\phi \to 3\pi$ ist jedoch 4 mal größer als der für $\omega \to 3\pi$). Die Zerfälle $\phi \to K^+K^-$ und $\phi \to K^0\bar{K}^0$ sind nach der Zweig-Regel erlaubt, da sich die s-Quarks des ϕ's in den K-Mesonen wiederfinden. Die Breite $\Gamma_{\phi \to K\bar{K}} = 3{,}4$ MeV ist nur scheinbar klein, da der zugehörige Phasenraum wegen $M_\phi - 2M_K = 30$ MeV sehr klein ist.

Angewandt auf die Charmonium-Zustände besagt die Zweig-Regel, daß deren starke und Strahlungszerfälle für Teilchen mit Massen kleiner $2M_D = 3{,}73$ GeV unterdrückt sind. Allerdings liegt für das J/ψ-Meson mit $\Gamma(J/\psi \to \text{Had}) = 54$ keV und das ψ' mit $\Gamma(\psi' \to \text{leichte Had}) = 40$ keV der Zweig-Unterdrückungsfaktor in der

Größenordnung 1000, ist also viel größer als beim ϕ-Meson.

Die Zweig-Regel ist ein wichtiges Element der Quark-Phänomenologie und vom Experiment bisher stets bestätigt worden. Im Rahmen der QCD findet sie eine plausible Erklärung. Darüber hinaus macht die QCD quantitative Aussagen über den Unterdrückungsfaktor:
In der QCD wechselwirken die Quarks durch den Austausch der Flavour-neutralen Gluonen. Reaktionen, bei denen die Quarks des Anfangszustands nicht im Endzustand vorkommen, können nur über die Annihilation in eine geeignete Zahl von Gluonen ablaufen. Handelt es sich dabei um einen massiven Anfangszustand, so ist wegen der bei großen Impulsüberträgen kleinen gleitenden Kopplungskonstante der Prozeß umso stärker unterdrückt, je größer die Zahl n der benötigten harten Gluonen ist. $[\bar{\alpha}_s(Q^2)]^n$ liefert ein Maß für den Zweig-Unterdrückungsfaktor.

Die Quarkonium-Zustände mit gerader Ladungskonjugationsparität π_c zerfallen über (mindestens) 2 Gluonen in Hadronen. Die zugehörige Lebensdauer berechnet man in Analogie zum 2γ-Zerfall dieser Teilchen. Dieser ergibt sich nach dem Feynman-Graphen Fig. 2.29 (a) zu:

$$\Gamma(0^{-+} \to 2\gamma) = 12\pi\,\alpha^2 Q_f^4 \,\frac{|\psi(o)|^2}{m_f^2} \,. \tag{2.7.92}$$

Bei der Ableitung dieser Formel geht die Annahme ein, daß die kinetische Energie der Quarks im Bindungszustand klein gegen die Ruheenergie ist. In diesem Fall kann man die Zerfallsbreite Γ aus dem Wirkungsquerschnitt $\sigma(q\bar{q} \to 2\gamma)$ an der Schwelle und dem einfallenden Strom berechnen, welcher sich aus der Relativgeschwindigkeit v und der Teilchendichte $|\psi(o)|^2$ zusammensetzt:

$$\Gamma = \lim_{v\to o} v\cdot|\psi(o)|^2\,\bar{\sigma}(q\bar{q}\to 2\gamma)(v) \,.$$

Der über die Quark-Spins gemittelte Wirkungsquerschnitt ist für kleine Geschwindigkeiten:

$$\bar{\sigma}(q\bar{q} \to 2\gamma) = \frac{1}{4}\,\sigma^{sing}(q\bar{q} \to 2\gamma) = \frac{\pi\,\alpha^2 Q_f^4}{m_f^2\cdot v} \,.$$

Im pseudoskalaren Meson sind die Spins im Singulett-Zustand; daher benötigen wir σ^{sing}. Außerdem haben wir über die Farbfreiheitsgrade der Quarks zu summieren

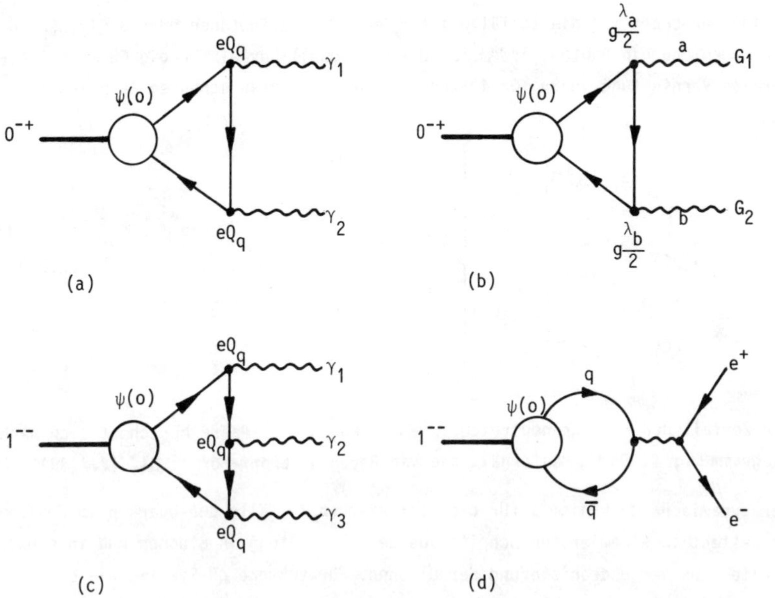

Fig. 2.29: Diagramme für den Zerfall von Quarkonium-Zuständen mit $\pi_c = 1$ in (a): 2 Photonen, (b): 2 Gluonen, mit $\pi_c = -1$ in (c): 3 Photonen und (d): e^-e^+.
Weil Photonen und Gluonen der Bose-Statistik genügen, sind die Diagramme mit permutierten Endzuständen aufzusummieren.

und dabei die Farbwellenfunktion $1/\sqrt{3}\ \delta_{cc'}$ (Gl. (1.1.8)) zu berücksichtigen. Dies gibt insgesamt Gl. (2.7.92).

Beim Zerfall in 2 Gluonen $0^{-+} \to G + G$ haben wir im Feynman-Diagramm Fig. 2.29(b) statt der elektrischen Quark-Ladungen die Quark-Gluon-Kopplungen $g\frac{\lambda_a}{2}$ einzusetzen und über die 8 Farbfreiheitsgrade der Gluonen zu summieren:

$$\sum_{a,b} \left| \sum_{c,c',c''} \frac{\delta_{cc'}}{\sqrt{3}} \frac{(\lambda_a)_{c'c''}}{2} \frac{(\lambda_b)_{c''c}}{2} \right|^2 = \sum_{a,b} \frac{1}{3\cdot 16} \cdot |\mathrm{Sp}\, \lambda_a \lambda_b|^2 = \frac{2}{3} .$$

Dies ergibt für die Zerfallsbreite:

$$\Gamma(0^{-+} \to 2G) = \Gamma(0^{-+} \to \text{Hadronen}) = \frac{8\pi}{3} \frac{\bar{\alpha}_s^2}{m_f^2} |\psi(o)|^2 . \tag{2.7.93}$$

Analog berechnet man die Zerfälle mit $\pi_c = -1$ in 3 Photonen oder 3 Gluonen oder 2 Gluonen und ein Photon, indem man die Ore-Powell-Formel für die Fermion-Antifermion-Vernichtung in 3γ [Or 49] benutzt und die entsprechenden Farbfaktoren anbringt:

$$\left.\begin{aligned}\Gamma(1^{--} \to 3\gamma) &= \tfrac{4}{3}\alpha^3 Q_f^6 \\ \Gamma(1^{--} \to 3G) &= \tfrac{10}{81}\bar{\alpha}_s^3 \\ \Gamma(1^{--} \to 2G\gamma) &= \tfrac{8}{9}\alpha\, Q_f^2 \bar{\alpha}_s^2\end{aligned}\right\} \cdot 4\,(\pi^2 - 9)\,\frac{|\psi(o)|^2}{m_f^2}\,. \qquad (2.7.94)$$

Der Zerfall der Flavour-neutralen 1^{--}-Mesonen in e^+e^--Paare berechnet sich nach Diagramm Fig. 2.29(d). Man erhält die van Royen-Weißkopf-Formel Gl. (2.7.89).

Der dynamische Mechanismus für die hadronischen Zerfälle der Quarkonium-Zustände besteht in einem ersten Schritt aus der Vernichtung in Gluonen und in einem zweiten aus der Hadronisierung der Gluonen. Für schwere $q\bar{q}$-Systeme wie das Bottomonium, Toponium etc. hadronisieren die Gluonen in Form von Gluon-Jets. Vektormesonen wie das Υ gehen wegen $\pi_c = -1$ in 3 Gluonen, d.h. 3 Jets über, pseudoskalare Mesonen in 2 Gluonen, d.h. 2 Jets. Außerhalb der Resonanzen treten zwei Quark-Jets auf. Daher erwartet man eine verschiedene Topologie der hadronischen Ereignisse auf den Υ-Resonanzen und im Kontinuum. Dies wird vom Experiment bestätigt [Be 79 b]. Darüber hinaus favorisiert die experimentell beobachtete Verteilung der Thrust-Achse dieser Ereignisse Gluonen mit Spin 1 gegenüber solchen mit Spin 0 [Ko 79 b].

Die experimentellen Bestimmungen der leptonischen und hadronischen Zerfallsbreiten der 1^{--}-Quarkonia-Zustände bieten eine weitere Möglichkeit zur Bestimmung der starken Feinstrukturkonstante. Durch Division von Gl. (2.7.89) durch Gl. (2.7.94) ergibt sich mit $\Gamma(1^{--} \to 3G) \equiv \Gamma(1^{--} \to \text{Hadronen})$, $M_V \approx 2m_f$:

$$B = \frac{\Gamma(V \to e^+e^-)}{\Gamma(V \to \text{Hadronen})} = \frac{81\cdot\pi}{10\cdot(\pi^2 - 9)}\,\frac{\alpha^2}{\bar{\alpha}_s^3}\cdot Q_f^2\,. \qquad (2.7.95)$$

Auflösen nach $\bar{\alpha}_s$ ergibt die in Tabelle 2.4 in der Rubrik '$\bar{\alpha}_s$ unkorrigiert' genannten Werte.

V	$B_{exp.}$	$\overline{\alpha}_s$ unkorr.	$\overline{\alpha}_s$ korrigiert
J/ψ	0,08 [Pa 82]	0,21	0,36
ψ'	0,04 [Pa 82]	0,26	0,37
Υ	$\sim 0{,}03 \pm 0{,}02$ [LE 81]	$0{,}18 \pm 0{,}04$	$0{,}19 \pm 0{,}04$

Tab. 2.4: Bestimmung der gleitenden Kopplungskonstante ($\overline{\alpha}_s$) aus Zerfällen von Quarkonium-Zuständen

Die $\overline{\alpha}_s$ (unkorr.) -Werte in der ψ-Region weichen von den aus dem Potential gewonnenen $\overline{\alpha}_s = 0{,}35 - 0{,}40$, Gl. (1.1.15), ab. G. Parisi und R. Petronzio [Pa 80 c] bringen dies mit nichtstörungstheoretischen Effekten in Zusammenhang. Sie versuchen diese in sehr grober Weise dadurch zu beschreiben, daß sie den Gluonen eine effektive Masse $m_G \approx 800$ MeV von der Größenordnung einer halben Gluonkugel-Masse geben. Dies führt zu der Reduktion der theoretischen Breite $\Gamma(V \rightarrow \text{Hadronen})$ in Gl. (2.7.94) um einen Phasenraum-Faktor $f(2\,m_G/m_V) = 0{,}2;\ 0{,}35;\ 0{,}9$ für $V = J/\psi;\ \psi';\ \Upsilon$ und damit zu den korrigierten Werten für $\overline{\alpha}_s$ in Tab. 2.4.

Dies soll hier das letzte Beispiel für die Anwendung der QCD auf experimentelle Daten sein. Zusammenfassend kann man wohl feststellen, daß die QCD die vielfältigen Phänomene der Hadronphysik von einem einheitlichen theoretischen Standpunkt aus qualitativ konsistent erklärt. Beim jetzigen Zustand von Theorie und Experiment ist jedoch erst ein semiquantitativer Vergleich möglich. Stellt man sich z.B. die Frage, wieweit das grundlegende Konzept der QCD, die gleitende Kopplungskonstante, experimentell bestätigt ist und betrachtet unter diesem Gesichtspunkt die verschiedenen Bestimmungen von $\overline{\alpha}_s(Q^2)$, die wir in diesem Buch diskutiert haben, so ergibt sich das Bild auf der folgenden Seite oben. Dabei ist als charakteristischer Q^2-Bereich für einen speziellen Prozeß ein mittlerer Impulsübertrag gewählt worden. Wie mehrfach ausgeführt, sind für eine genauere Zuordnung von Impulsen Vergleiche mit Rechnungen höherer Ordnungen erforderlich, die hier nicht berücksichtigt wurden. Die Angabe der experimentellen Fehler von $\bar{\alpha}_s$ ist nicht sehr systematisch. Ihnen liegen teilweise unterschiedliche Einschätzungen der systematischen Fehler der Experimente zugrunde, teilweise beruht die Bestimmung von $\bar{\alpha}_s$ nicht auf einer systematischen Variation der Parameter des Modells. Der theoretische Wert ergibt sich aus einer 2. Ordnungsrechnung, Gl. (2.5.29), mit $\Lambda = 0{,}25$ bzw. 0,35 GeV. Da $\bar{\alpha}_s$ von Λ nur logarithmisch abhängt, ist diese Bestimmung des asymptotischen Skalenparameters mit einem Unsicherheitsfaktor ≈ 2 behaftet. Ein Λ dieser Größenordnung stimmt dann auch mit der Berechnung entsprechend den theoretischen Überlegungen zum Confinement überein, Gl. (2.6.124).

	Referenz	Q (GeV)	$\overline{\alpha}_s(Q^2)$ exp.	$\overline{\alpha}_s(Q^2)$ theoretisch $\Lambda = 0{,}25$ GeV	$\overline{\alpha}_s(Q^2)$ theoretisch $\Lambda = 0{,}35$ GeV
Charmonium-Potential	Gl. (1.1.15)	1,5	0,3 - 0,4		
Zerfallsbreiten $J/\psi,\psi'$	Tab. 2.4	1,5	~0,35	0,28	0,34
Charmonium-Hyperfeinstruktur	Gl.(2.7.91)	1,5	~0,4		
Zerfallsbreiten Υ	Tab. 2.4	4,5	$0{,}19 \pm 0{,}04$	0,20	0,23
Skalenverletzung in der tiefinelastischen Lepton-Streuung	Fig. 2.25	7	$0{,}25 \pm 0{,}03$	0,20	0,22
Gluonbremsstr.	Gl. (2.7.5)	10	$0{,}17 \pm 0{,}05$	0,18	0,20
$\sigma_{tot}(e^+e^- \to \text{Hadr.})$	Gl. (2.7.80)	10	$0{,}26 \pm 0{,}13$		

Dieser kurze Überblick sollte ein angemessenes Bild vom Zustand der experimentellen Bestätigung der QCD geben. Es könnte weiter vervollständigt werden durch die Einbeziehung anderer experimenteller Vergleiche, wie z.B. mit dem Drell-Yan-Prozeß, mit den Transversalimpulsverteilungen in Jets, mit inklusiver Hadron-Produktion, mit gluonischen Korrekturen zu schwachen Zerfällen, etc., die eine ähnliche oder noch schlechtere Genauigkeit ergeben.

Die endgültige Bestätigung der QCD erfordert jedoch weitere und genauere Messungen und vor allem auch weiterführende theoretische Untersuchungen. Es war das Ziel unserer Betrachtung der QCD die hierfür notwendigen Grundlagen darzustellen.

3. Eichtheorie der elektroschwachen Wechselwirkung

Es gibt gute Gründe anzunehmen, daß auch die elektroschwache Wechselwirkung die Form einer nichtabelschen Eichtheorie hat. Versucht man nämlich, das Problem des schlechten Hochenergieverhaltens des Fermi-Modells durch die Einführung massiver Vektorbosonen konsequent zu lösen, so zeigt sich die Notwendigkeit der Vereinigung der elektromagnetischen und schwachen Wechselwirkung. Darüber hinaus findet man für die Kopplungen eine Struktur, die der einer nichtabelschen Eichtheorie gleicht (Abschn. 3.1). Der Versuch, eine Eichtheorie für die elektroschwache Wechselwirkung zu formulieren, stößt auf die Schwierigkeit, daß die intermediären Vektorbosonen wegen der Kurzreichweitigkeit der schwachen Wechselwirkung Masse besitzen (Abschn. 1.3.1f) im Gegensatz zu den Eichfeldern einer reinen Eichtheorie. Eine Lösung dieses Problems gibt der Higgs-Kibble-Mechanismus für eine dynamische Massenerzeugung (Abschn. 3.2). Auf diese Weise erhalten wir die einzig bekannte Form einer renormierbaren Feldtheorie für die Wechselwirkung massiver Vektorbosonen.

Die bisherige phänomenologische Analyse der elektromagnetischen und schwachen Prozesse zeigt die Universalität der elektroschwachen Wechselwirkung in Form einer $SU(2)_W \times U(1)$-Symmetrie (Abschn. 1.3). Die entsprechende Eichtheorie, die Glashow-Salam-Weinberg-Theorie, macht interessante Vorhersagen für die Massen der Vektorbosonen $W^{\pm}$, Z^0 und für Streuprozesse bei hohen Energien. Andererseits reproduziert sie bei Energien, die klein sind verglichen mit den Vektorboson-Massen, die Aussagen des Fermi-Modells (Abschn. 3.3).

Wir beschließen unsere Betrachtung der Eichtheorien für die Wechselwirkung der Elementarteilchen mit einem Ausblick auf Versuche zur Beschreibung der starken, elektromagnetischen und schwachen Wechselwirkung durch eine große vereinigende Eichfeldtheorie (Abschn. 3.4).

3.1 Die Vereinigung der elektromagnetischen und schwachen Wechselwirkung

In Abschn. 1.3 haben wir das Fermi-Modell der schwachen Wechselwirkung der Elementarteilchen vorgestellt und an verschiedenen Reaktionen mit dem Experiment verglichen. Dabei ergab sich eine recht gute quantitative Beschreibung dieser Phänomene bei den bisher zugänglichen Energien. Bei der Diskussion der Neutrino-Wirkungsquerschnitte fanden wir jedoch, daß diese bei Schwerpunktsenergien von 500 GeV die Unitarität der S-Matrix verletzen. Diese Schwierigkeit ließ sich durch die Einführung massiver intermediärer Vektorbosonen beheben. Allerdings ist dies nur ein erster richtiger Schritt auf dem Weg zu einer guten Theorie der schwachen Wechselwirkung.

Theorien mit massiven Vektorbosonen sind selten renormierbar. Nur Modelle mit genügend vielen Teilchen und speziellen Kopplungskonstanten erlauben eine genügend starke Kompensation der Ultraviolett-Divergenzen der einzelnen Feynman-Diagramme. In diesem Abschnitt verfolgen wir an den Baumgraphen die Konsequenzen solcher Kompensationsmechanismen [Ll 74]. Wir sehen die Bedeutung dieser heuristischen Untersuchung darin, daß sie uns auf renormierbare Theorien der elektroschwachen Wechselwirkung führt.

3.1.1 Begründung der Vereinigung der elektromagnetischen und schwachen Wechselwirkung aus dem Hochenergieverhalten von Wirkungsquerschnitten

Eine erste Konsequenz der Forderung eines zulässigen Hochenergieverhaltens durch gegenseitige Kompensation von Wechselwirkungen ist die Vereinigung der schwachen und elektromagnetischen Wechselwirkung. Nimmt man nämlich die Hypothese der Vermittlung der schwachen Wechselwirkung durch schwere Vektorbosonen ernst, so muß man auch Streuprozesse wie $e^+e^- \to W^+W^-$, $W^+W^- \to W^+W^-$, usw., in die Betrachtung einbeziehen. Die Produktion von W-Paaren in der e^+e^--Vernichtung wird in niedrigster Ordnung durch das e.m. (a) und das schwache (b) Feynman-Diagramm beschrieben.

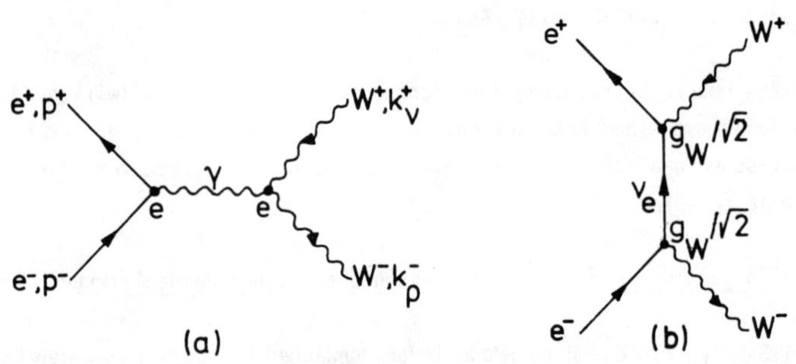

Für die Berechnung des e.m. Diagramms (a) benötigen wir den γW^+W^--Vertex. Dieser ergibt sich aus der Lagrange-Dichte $\mathcal{L}_0$ für freie, massive W-Bosonen:

$$\mathcal{L}_0 = -\frac{1}{2}(\partial_\mu W_\nu^* - \partial_\nu W_\mu^*)(\partial^\mu W^\nu - \partial^\nu W^\mu) + M_W^2\, W_\mu^* W^\mu, \quad W \equiv W^+,\; W^* = W^-,$$

nach dem Prinzip der minimalen eichinvarianten Kopplung $\partial_\mu \to D_\mu = \partial_\mu - ieA_\mu$ (Abschn. 2.1.3 c) zu:

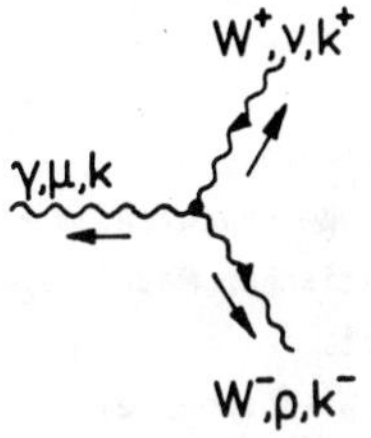

$$= \frac{(2\pi)^4}{i} e\{-g_{\mu\nu} k^+_\rho + g_{\nu\rho}(k^+ - k^-)_\mu + g_{\rho\mu} k^-_\nu\} \cdot \delta^{(4)}(k^+ + k^- + k), \qquad (3.1.1)$$

die zusätzlichen Pfeile im Feynman-Graph geben den Impulsfluß an.

Die Polarisationsvektoren ε^μ der massiven W-Bosonen haben für ein, längs der z-Richtung laufendes Teilchen ($k^\mu = (k^0,0,0,k)$, $k^0 = \sqrt{M_W^2 + k^2}$) die Form:

$$\varepsilon^\mu_{T_1} = (0,1,0,0), \qquad \varepsilon^\mu_{T_2} = (0,0,1,0), \qquad (3.1.2)$$
$$\varepsilon^\mu_L = (k/M_W, 0, 0, k_0/M_W) .$$

Die beiden transversalen Polarisationsvektoren ε^μ_T sind Energie-unabhängig. Dagegen wird der longitudinale Polarisationsvektor ε^μ_L für große k dem Viererimpuls proportional:

$$\varepsilon^\mu_L = \frac{k^\mu}{M_W} + O\left(\frac{M_W}{k}\right) . \qquad (3.1.3)$$

Damit können wir nun das invariante Matrixelement aus dem e.m.(a) und dem schwachen (b) Feynman-Graphen berechnen:

$$\mathfrak{M} = -(2\pi)^{-2} \frac{e^2}{(p^+ + p^-)^2} \bar{v}_{e^+} [(\not{k}^+ - \not{k}^-)(\varepsilon(k^+)\cdot\varepsilon(k^-)) + (\varepsilon(k^+)\cdot k^-)\not{\varepsilon}(k^-) -$$
$$- (\varepsilon(k^-)\cdot k^+)\not{\varepsilon}(k^+)] u_{e^-} -$$
$$- (2\pi)^{-2} \frac{g_W^2}{4(p^- - k^+)^2} \bar{v}_{e^+} \not{\varepsilon}(k^+)(\not{p}^+ - \not{k}^+)\not{\varepsilon}(k^-)(1 - \gamma_5) u_{e^-} \; ; \; p^+ + p^- = k^+ + k^- .$$

Für große Energien ($\sqrt{s} \gg M_W$) und longitudinale Polarisation der $W^\pm$-Bosonen ($\varepsilon^\mu_L = k^\mu/M_W$) dominiert das ν_e-Austauschdiagramm:

$$\mathfrak{M} = -\frac{(2\pi)^{-2}}{4 M_W^2} \cdot \frac{g_W^2}{(p^+ - k^+)^2} \bar{v}_{e^+} \not{k}^+ (\not{p}^+ - \not{k}^+) \not{k}^- (1 - \gamma_5) u_{e^-} \quad .$$

Unter Verwendung der Dirac-Gleichung ($\not{p}^- u_{e^-} = M_e u_{e^-}$; $\overline{v}_{e^+}\not{p}^+ = -\overline{v}_{e^+} M_e$) und bei Vernachlässigung von Termen, die der Leptonmasse M_e proportional sind, vereinfacht sich dies zu:

$$\mathfrak{M} = -\frac{(2\pi)^{-2}}{M_W^2} \cdot \frac{g_W^2}{4} \overline{v}_{e^+} \not{k}^+ (1-\gamma_5) u_{e^-} \quad . \tag{3.1.4}$$

Der daraus berechnete Wirkungsquerschnitt divergiert für große Energien: $\sigma \sim s$, es findet also keine Kompensation zwischen dem elektromagnetischen Matrixelement mit minimaler Kopplung und dem schwachen Matrixelement statt.
Eine teilweise Kompensation kann erreicht werden, wenn die $W^{\pm}$-Bosonen eine eichinvariante Kopplung an das Photon entsprechend einem anomalen magnetischen Moment κ besitzen, wenn man also dem Vertex den Ausdruck

$$\frac{(2\pi)^4}{i} e\kappa^2 \{+ g_{\mu\nu} k_\rho - g_{\rho\mu} k_\nu\} \, \delta^{(4)}(k^+ + k^- + k) \tag{3.1.3'}$$

hinzufügt. Für $\kappa = 1$ erhält man einen $\gamma W^+ W^-$-Vertex, der symmetrisch in den drei Vektorbosonen ist. Der Beitrag dieses Terms zum invarianten Matrixelement für $e^+e^- \to W^+W^-$ ist:

$$\mathfrak{M} = -(2\pi)^{-2} \frac{e^2\kappa^2}{(p^+ + p^-)^2} \overline{v}_{e^+} [(\varepsilon(k^+)\cdot k)\not{\varepsilon}(k^-) - (\varepsilon(k^-)\cdot k)\not{\varepsilon}(k^+)] u_{e^-} \; .$$

Für longitudinale Polarisation und große Energien wird daraus:

$$\mathfrak{M} = \frac{(2\pi)^{-2}}{M_W^2} e^2 \kappa^2 \overline{v}_{e^+} \not{k}^+ u_{e^-} \quad . \tag{3.1.4'}$$

Dieser Term kann für $e\kappa = g_W/2$ den Vektoranteil von Gl. (3.1.4) kompensieren, nicht aber den Axialvektoranteil, da die elektromagnetische Wechselwirkung die Parität erhält.
Das gewünschte gute Hochenergieverhalten korreliert die e.m. und die schwache Kopplung. Es kann aber nur erreicht werden, wenn man über die minimale Kopplung hinausgeht und wenn zusätzliche geeignete Reaktionsmechanismen eingeführt werden. Als solche kommen neutrale Vektorbosonen Z^o und/oder schwere neutrale Fermionen E^o in Frage, die zu folgenden zusätzlichen Feynman-Diagrammen führen:

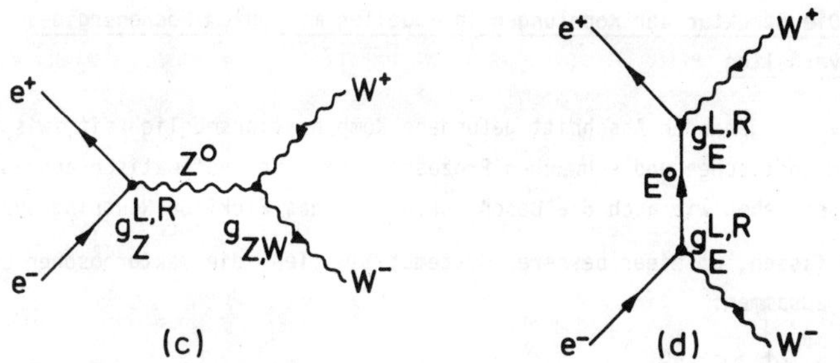

Die Graphen (c) und (d) müssen die bei hohen Energien führenden Terme des e.m. (a) und des schwachen (b) Graphen kompensieren (Gl. (3.1.4 und 4')). Dies ist der Fall, wenn zwischen der e.m. Kopplungskonstante e, der W-Bosonkopplung g_W sowie den Z^o-Kopplungskonstanten g_Z^L, g_Z^R, $g_{Z,W}$ und den E^o-Kopplungskonstanten g_E^L, g_E^R folgende Beziehung besteht:

$$e^2\kappa^2 = \frac{g_W^2}{2} + g_{Z,W}\cdot g_Z^L + (g_E^L)^2 = g_{Z,W}\cdot g_Z^R + (g_E^R)^2 . \qquad (3.1.5)$$

Gl. (3.1.5) besagt, daß die Kopplungsstärke der e.m. Wechselwirkung und der verschiedenen schwachen Wechselwirkungsprozesse gleich groß ist. Dies bedeutet, daß bei hohen Energien die e.m. und schwachen Reaktionen gleich stark werden, daß sie deshalb nicht mehr getrennt diskutiert werden können. Der Ausbau des 1-Boson-Austauschmodells zu einer Theorie der schwachen Wechselwirkung erfordert deren Vereinigung mit der e.m. Wechselwirkung! Die geringe Stärke der schwachen Wechselwirkung bei kleinen Energien beruht, wie wir gesehen haben, auf der Tatsache, daß die ausgetauschten Vektorbosonen sehr schwer sind.

Wir stellen die Möglichkeiten für eine vereinigte elektroschwache Theorie noch einmal zusammen. Man benötigt [Bj 76]:

- entweder ein neutrales Vektorboson Z^o, welches nicht nur linkshändig koppelt,
- oder ein neutrales, schweres Elektron E^o, welches nicht nur linkshändig koppelt,
- oder ein doppelt geladenes Elektron E^{++}, welches nicht nur linkshändig koppelt,
- oder eine Kombination dieser Optionen.

3.1.2 Die Struktur der Kopplungen in Modellen mit gutem Hochenergieverhalten

Die im vorhergehenden Abschnitt gefundene Kompensationsmöglichkeit zwischen elektromagnetischen und schwachen Prozessen soll nun systematisch ausgebaut werden. Dabei geben wir auch die Beschränkung auf das Elektron-Neutrino-System auf.

a) Wir fassen, um einer besseren Systematik willen, die Vektorbosonen unserer Theorie zusammen:

$$W_a = (W^+, W^-, Z^o, \gamma, \ldots) , \qquad a = 1, \ldots, N .$$

Entsprechend Gl. (2.3.20) sind die W_a-Propagatoren gegeben zu

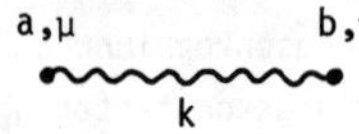

$$= \frac{i}{(2\pi)^4} \frac{-g_{\mu\nu} + k_\mu k_\nu / M_a^2}{k^2 - M_a^2 + i\varepsilon} \delta_{ab} \,. \qquad (3.1.6)$$

Die Kopplung dreier Vektorbosonen wählen wir in Form einer Ableitungskopplung mit dimensionslosen Kopplungskonstanten F_{abc} (vgl. Abschn. 2.4.1 c) :

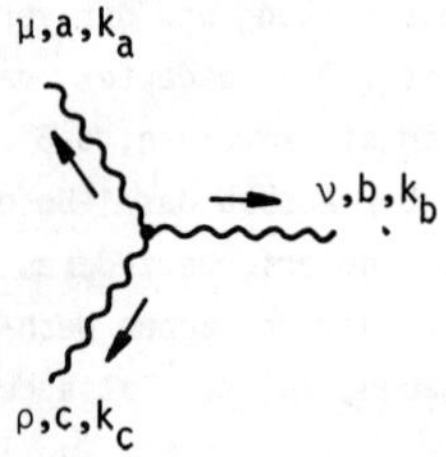

$$= \frac{(2\pi)^4}{i} [F_{abc}\, g_{\mu\nu} (k_a - k_b)_\rho + F_{bca}\, g_{\nu\rho} (k_b - k_c)_\mu + F_{cab}\, g_{\rho\mu} (k_c - k_a)_\nu] \delta^{(4)}(k_a + k_b + k_c) : \qquad (3.1.6')$$

Die Fermionen fassen wir ebenso zusammen:

$$\psi_i = (\nu_e, e, \nu_\mu, \mu, \ldots, u_r, d_r, s_r, c_r, \ldots), \quad i = 1, \ldots, n ,$$

wobei wir an den Farbindex r,g,b der Quarks erinnern. Die Propagatoren der Fermionen sind (Gl. (1.2.39)):

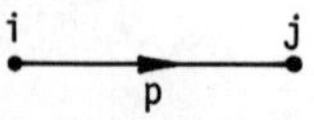

$$= \frac{i}{(2\pi)^4} \frac{\not p + M_i}{p^2 - M_i^2 + i\varepsilon} \delta_{ij} \,. \qquad (3.1.7)$$

Die Fermion-Vektorboson-Kopplungskonstanten nennen wir L_{ij}^a, R_{ij}^a für die links-

bzw. rechtshändigen Kopplungen:

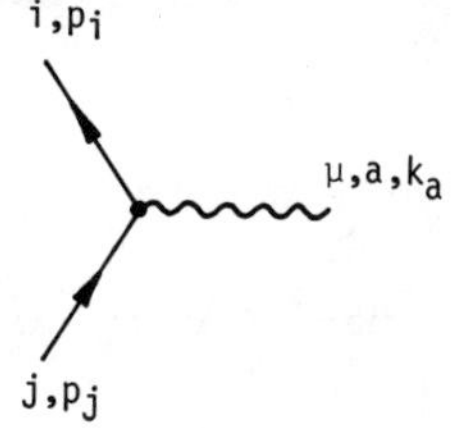

$$= \frac{(2\pi)^4}{i}(L^a_{ij}\gamma_{\mu L} + R^a_{ij}\gamma_{\mu R})\cdot \qquad (3.1.7')$$
$$\cdot\,\delta^{(4)}(p_i + p_j - k_a)\ .$$

b) Wir benutzen nun die in Gl. (3.1.6 und 7) definierten Propagatoren und Vertizes, um in niedrigster Näherung die Fermion-Antifermion-Vernichtung in Vektorboson-Paare zu berechnen. Hierzu tragen folgende Diagramme bei:

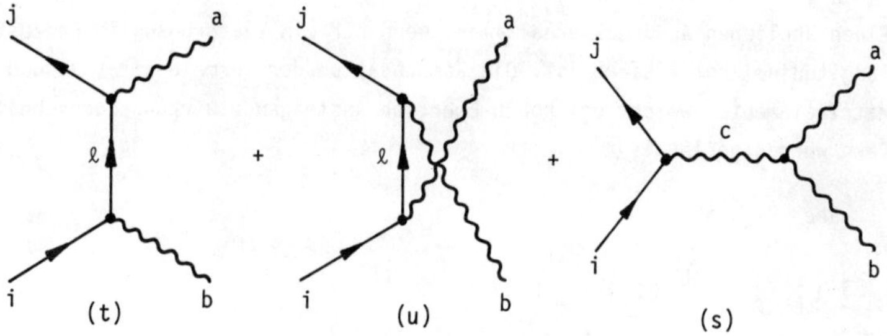

Dem t-Kanal-Diagramm entspricht der analytische Ausdruck:

$$-(2\pi)^{-2}\sum_\ell \bar{v}_j \not{\varepsilon}_{bL}\,\frac{\not{p}_i - \not{k}_a + M_\ell}{(p_i - k_a)^2 - M_\ell^2}\,\not{\varepsilon}_{aL}\, u_i\, L^a_{i\ell}\, L^b_{\ell j} \quad \text{mit} \quad \not{\varepsilon}_{bL} = \varepsilon^\mu_b \gamma_{\mu L}\ .$$

(Da man links- und rechtshändige Kopplungen getrennt betrachten kann, führen wir die Rechnung nur für die linkshändigen Kopplungen durch.)
Kritisch sind bei hohen Energien - wie in Abschn. 3.1.1 - die longitudinalen Polarisationszustände der Vektorbosonen, da für diese $\varepsilon^\mu_L \sim k^\mu/M$. Damit ergibt sich in führender Ordnung:

$$-(2\pi)^{-2}\sum_\ell L^a_{i\ell}\, L^b_{\ell j}\, \bar{v}_j \not{k}_{bL}\, u_i/M_a M_b\ . \qquad (3.1.8)$$

Durch Vertauschung von a mit b erhält man das Resultat für das u-Kanal-Diagramm:

$$(2\pi)^{-2}\sum_\ell L^b_{i\ell}\, L^a_{\ell j}\, \bar{v}_j \not{k}_{bL}\, u_i/M_a M_b\ . \qquad (3.1.8')$$

Schließlich berechnen wir den Beitrag des s-Kanal-Diagramms:

$$- (2\pi)^{-2} \sum_c \overline{v}_j \gamma_{\mu L} u_i \frac{-g^{\mu\nu} + (p_i+p_j)^\mu (p_i+p_j)^\nu / M_c^2}{(p_i+p_j)^2 - M_c^2 + i\varepsilon} \cdot L_{ij}^c \cdot$$

$$\cdot [F_{abc}(\varepsilon_a\varepsilon_b)(k_a - k_b)_\nu + F_{bca}(\varepsilon_a(k_b+k_c))\varepsilon_{b,\nu} - F_{cab}((k_a+k_c)\varepsilon_b)\varepsilon_{a,\nu}] \cdot$$

Für longitudinal polarisierte Vektorbosonen ergeben sich bei hohen Energien die führenden Terme zu:

$$\frac{(2\pi)^{-2}}{M_a M_b} \sum_c L_{ij}^c \overline{v}_j \{\not{k}_{aL}(F_{abc} - F_{cab}) + \not{k}_{bL} F_{bca}\} u_i . \tag{3.1.8"}$$

Einen ähnlichen Ausdruck erhält man, wenn nur ein Vektorboson im Endzustand longitudinal polarisiert ist. Die Kompensation der Terme der t-, u- und s-Kanal-Matrixelemente, welche bei hohen Energien ansteigende Wirkungsquerschnitte liefern würden, verlangt:

$$F_{abc} = F_{cab} \tag{3.1.9}$$

$$\sum_\ell (L_{i\ell}^a L_{\ell j}^b - L_{i\ell}^b L_{\ell j}^a) = \sum_c L_{ij}^c F_{bca} . \tag{3.1.10}$$

Hieraus folgt, daß F_{abc} total antisymmetrisch ist und daß sehr starke Einschränkungen für die Fermion-Vektorboson-Kopplungskonstanten bestehen müssen. Diese können wir deutlicher schreiben, wenn wir L_{ij}^a als Matrix L^a mit Zeilenindex i und Spaltenindex j interpretieren:

$$[L^a, L^b] = F_{abc} L^c . \tag{3.1.11}$$

Ein analoges Resultat ergibt sich für die rechtshändigen Kopplungen:

$$[R^a, R^b] = F_{abc} R^c . \tag{3.1.11'}$$

Über die Struktur der Vektorboson-Kopplungskonstanten F_{abc} erhalten wir aus der Jacobi-Identität

$$[[L^a, L^b], L^c] + [[L^b, L^c], L^a] + [[L^c, L^a], L^b] = 0$$

und unter Verwendung von Gl. (3.1.11) weitere Informationen. Diese eingesetzt ergibt nämlich:

$$\sum_{\ell} (F_{abe} F_{ecd} + F_{bce} F_{ead} + F_{cae} F_{ebd}) = 0 \qquad (3.1.12)$$

oder, wenn wir auch hier die Matrixschreibweise $(F^a)_{bc} = F_{abc}$ vereinbaren:

$$[F^a, F^b] = F_{abc} F^c . \qquad (3.1.13)$$

Die Ergebnisse der Analyse der Kompensationsbedingungen für die Matrixelemente der Fermion-Antifermion-Vernichtung in Vektorboson-Paare erlauben eine direkte gruppentheoretische Interpretation: Die Kopplungskonstanten F_{abc} sind die Strukturkonstanten einer Lie-Gruppe, die Matrizen F^a sind die Basis-Elemente der adjungierten Darstellung der zugehörigen Lie-Algebra. Die Matrizen L^a, R^a der Fermion-Vektorboson-Kopplungen sind Darstellungsmatrizen der Lie-Algebra dieser inneren Symmetriegruppe.

c) Die bisher verwendeten Kopplungen reichen nicht aus, um auch für das Hochenergieverhalten der Vektorboson-Vektorboson-Streuung $W_a + W_b \rightarrow W_c + W_d$ gute Resultate zu erhalten. Berechnet man nämlich die Summe der Matrixelemente der drei Feynman-Diagramme:

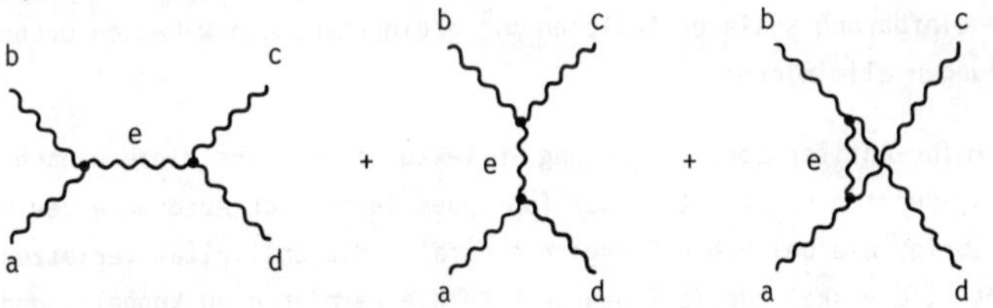

für longitudinal polarisierte W's bei hohen Energien mit den Vertizes der Gl. (3.1.6'), so ergibt sich im Fall gleicher W-Bosonmassen:

$$\mathfrak{M} = -\frac{(2\pi)^{-2}}{4M^4} \sum_e \{ F_{abe} F_{ecd} \frac{s^2}{s - M_e^2}(t-u) + F_{bce} F_{eda} \frac{t^2}{t - M_e^2}(s-u)$$

$$+ F_{bde} F_{eca} \frac{u^2}{u - M_e^2} (s-t) \} , \qquad (3.1.14)$$

$$s = (k_a + k_b)^2, \quad t = (k_a - k_c)^2, \quad u = (k_a - k_d)^2 .$$

Dies würde zu einem wie s^3 divergierenden Wirkungsquerschnitt führen. Kompensation wird durch eine Vierboson-Kopplung der folgenden Form erreicht:

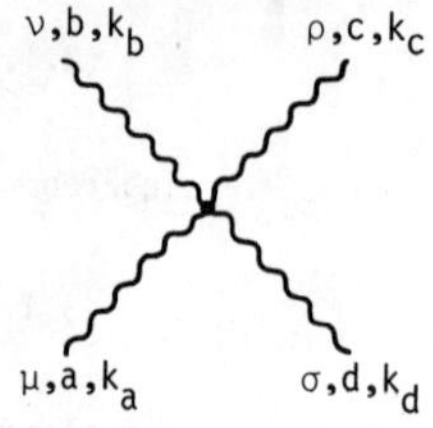

$$= -\frac{(2\pi)^4}{i}\sum_e \{ F_{abe}F_{ecd}(g_{\mu\sigma}g_{\nu\rho} - g_{\mu\rho}g_{\nu\sigma}) + F_{bce}F_{eda}(g_{\mu\nu}g_{\rho\sigma} - g_{\mu\rho}g_{\nu\sigma}) + F_{bde}F_{eca}(g_{\mu\nu}g_{\rho\sigma} - g_{\mu\sigma}g_{\nu\rho})\} \delta^{(4)}(k_a + k_b + k_c + k_d) \, . \tag{3.1.15}$$

Die zusätzliche Kopplung gibt zu $W_a + W_b \to W_c + W_d$ für longitudinale Polarisation bei hohen Energien den Beitrag:

$$\mathfrak{M} = \frac{(2\pi)^{-2}}{4M^4}\sum_e \{F_{abe}F_{ecd}\, s\cdot(t-u) + F_{bce}F_{eda}\, t\cdot(s-u) + F_{bde}F_{eca}\, u\cdot(s-t)\}. \tag{3.1.16}$$

Damit wird der mit s^2 ansteigende Term in $\mathfrak{M}$ kompensiert. Übrig bleiben für $M_e \neq 0$ d.h. für massive Vektorbosonen noch Terme linear in s. Diese lassen sich durch die Einführung skalarer Teilchen mit geeigneten, den W-Massen proportionalen Kopplungen eliminieren.

In der Fermion-Antifermion-Vernichtung in Vektorboson-Paare bleiben nach der oben durchgeführten Kompensation der führenden Terme noch Ausdrücke der Form $M_f \bar{v}_i u_j$ übrig, die bei hohen Energien ebenfalls die Unitarität verletzen. Daher ist es nötig, die skalaren Teilchen auch an die Fermionen zu koppeln, und zwar mit Stärken, die den Fermionmassen proportional sind.

Unsere Überlegungen zur Unitarität der in Baumgraphen-Näherung berechneten S-Matrix lassen sich wie folgt zusammenfassen:
Die Vektorbosonen der Theorie müssen Kopplungen à la Yang-Mills besitzen, die Fermionen sind wie in einer nichtabelschen Eichtheorie an die Vektorbosonen gekoppelt. Effekte, die proportional zu den Fermion- bzw. Vektorboson-Massen sind, müssen durch Einführung skalarer Felder beseitigt werden. Die Kopplung der skalaren Felder an die Vektorbosonen und Fermionen ist den Massen M_a bzw. M_f proportional.

Es liegt nahe zu versuchen, diese Baumgraphen durch die klassische Lagrange-Funktion einer nichtabelschen Eichtheorie zu beschreiben. Soll diese Lagrange-Funktion zu einer renormierbaren Quantenfeldtheorie führen, dann müssen die skalaren Teilchen in bestimmter Weise auch mit den Massen der Vektorbosonen in Beziehung gebracht werden. Dies beinhaltet einen Mechanismus für die dynamische Massenerzeugung, den wir im folgenden Abschnitt behandeln.

3.2 Eichtheorien mit spontan gebrochener Symmetrie

Die Eichfelder aller bisher betrachteten Eichfeldtheorien sind masselos - zumindest solange man die unrenormierten Lagrange-Funktionen, also die Baumgraphen-Approximation dieser Theorien betrachtet. Andererseits erwartet man in einer Theorie der elektroschwachen Wechselwirkung - abgesehen vom Photon - nur massive Vektorteilchen, weil sich nur so im Niederenergie-Limes das Fermi-Modell reproduzieren läßt. Es ist deshalb notwendig, Massenterme einzuführen. Dies muß ohne Störung der Eichinvarianz geschehen; denn aus der Eichinvarianz folgen, wie wir in Abschn. 2.3.3 b gesehen haben, die für den Beweis der Renormierbarkeit und Unitarität notwendigen Ward-Identitäten (Abschn. 2.4.3). So ist es z.B. nicht möglich, einen Massenterm $\frac{1}{2} M^2 A_\mu A^\mu$ zur Lagrange-Dichte zu addieren, weil dieser nicht eichinvariant ist. Die einzige, heute bekannte Möglichkeit, Massen ohne Verletzung der Eichinvarianz einzuführen, ist der Higgs-Mechanismus, der eine spontane Symmetriebrechung zur Folge hat. Dabei werden die Eichfelder an zusätzlich zu postulierende, skalare Felder - 'Higgs-Felder' - gekoppelt, deren Feldgleichungen - trotz ihrer Eichsymmetrie - unsymmetrische Lösungen besitzen. Hinweise auf solche skalare Felder haben sich schon in Abschn. 3.1.2 c ergeben.

Um genauer zu definieren, was unter spontaner Symmetriebrechung*) zu verstehen ist, gehen wir von einer Lagrange-Funktion aus, die unter einer Gruppe von Transformationen G invariant ist. Für die Grundzustände Ω, die Zustände mit niedrigster Energie, gibt es dann zwei Alternativen:

- Ω ist eindeutig; in diesem Fall muß Ω invariant unter Gruppentransformationen aus G sein.
- Ω besteht aus einer Menge von entarteten Zuständen, die sich formal unter der Gruppe G ineinander transformieren; wählt man ein Ω als den Grundzustand der Theorie, so ist dieser nicht G-invariant, man sagt, die G-Symmetrie ist spontan gebrochen.

---

*) Der Begriff wurde von M. Baker und S.L. Glashow [Ba 62] geprägt.

In Systemen mit endlich vielen Freiheitsgraden liegt im allgemeinen ein eindeutiger Grundzustand vor. Die Möglichkeit der spontanen Symmetriebrechung ist typisch für Theorien mit unendlich vielen Freiheitsgraden. Die spontane Symmetriebrechung ist unabhängig von ihrer Anwendung zur Massenerzeugung in Eichfeldtheorien - ein physikalisch interessantes Phänomen [He 67, Na 61, Ha 62]. So weiß man, daß die chirale Symmetrie näherungsweise spontan gebrochen ist [We 68, Da 69, Le 72 b]. Ein anderes, wohlbekanntes Beispiel ist der unendlich ausgedehnte Ferromagnet unterhalb der Curie-Temperatur [He 28]: obwohl die Wechselwirkung der magnetischen Momente rotationssymmetrisch ist, sind im Grundzustand alle Momente vorwiegend in einer beliebigen, aber festen Richtung orientiert, was zu einer spontanen Magnetisierung $\vec{M} \neq \vec{0}$ führt. Demgegenüber ist oberhalb der Curie-Temperatur $\vec{M} = \vec{0}$, die Rotationssymmetrie ist in dieser Phase nicht spontan gebrochen.

Das Beispiel zeigt zwei charakteristische Punkte, die wir unten in allen vorgestellten Modellen wiederfinden werden:

- Symmetrische Phase und Phase mit spontaner Symmetriebrechung können - getrennt durch einen Phasenübergang [Po 74] - bei einem vorliegenden System je nach äußeren Randbedingungen auftreten (im Beispiel, je nach Temperatur des Ferromagnets).
- Die Phase mit spontaner Symmetriebrechung ist gegenüber der symmetrischen Phase durch einen nicht verschwindenden Ordnungsparameter gekennzeichnet; beim Ferromagnet ist das die Magnetisierung $\vec{M}$, in anderen Modellen sind es entsprechende andere Größen, in quantisierten Modellen Vakuumerwartungswerte.

Bei der Diskussion des chromoelektrischen Meissner-Effekts in der QCD (Abschn. 2.6.2) haben wir den Higgs-Mechanismus am Beispiel des Nielsen-Olesen-Modells auf klassischem Niveau bereits kennengelernt. Nach einem vorbereitenden Abschnitt über die Brechung einer Eichsymmetrie 1. Art (Abschn. 3.2.1) wollen wir dieses Beispiel in Abschn. 3.2.2 auf nichtabelsche lokale Eichsymmetrien erweitern. Im Glashow-Salam-Weinberg-Modell der elektroschwachen Wechselwirkung (Abschn. 3.3) wird der Higgs-Mechanismus zur Erklärung der dynamischen Massenerzeugung benutzt.

Prinzipiell stellt sich die Frage, ob die Higgs-Felder fundamentale Felder mit entsprechenden, physikalisch nachweisbaren Teilchen sind oder nicht [We 76 a, Su 79, Di 79, Pa 80 a]. Die letzte Möglichkeit hat ihre Parallele in der dynamischen Erklärung des Landau-Ginzburg-Modells der Supraleitung durch die BCS-Theorie [Ba 57](vgl. Abschn. 2.6.2).

3.2.1 Spontane Symmetriebrechung einer Eichsymmetrie 1. Art

Wegen der Bedeutung der spontanen Symmetriebrechung werden wir deren Dynamik zunächst am Beispiel einer Eichsymmetrie 1. Art herausarbeiten.

a) Wir betrachten hierzu das Goldstone-Modell [Go 61], das die Selbstwechselwirkung eines komplexen Feldes $\phi(x)$ beschreibt. Seine, unter globalen Phasentransformationen

$$\phi(x) \to e^{-i\theta}\,\phi(x),\ \phi^{\dagger}(x) \to \phi^{\dagger}(x)\,e^{i\theta},\ \theta = \text{const.}, \tag{3.2.1}$$

invariante Lagrange-Dichte ist:

$$\mathcal{L} = (\partial^{\mu}\phi)^{\dagger}\,\partial_{\mu}\phi - V(\phi) \quad \text{mit}$$

$$V(\phi) = \frac{\lambda}{4}\left(|\phi|^2 - \frac{\varepsilon\mu^2}{\lambda}\right)^2 = \frac{\lambda}{4}\,|\phi|^4 - \frac{\varepsilon\mu^2}{2}|\phi|^2 + \frac{\mu^4}{4\lambda}\ . \tag{3.2.2}$$

Die Kopplungskonstante λ ist positiv, sonst wäre die Energie nicht nach unten beschränkt. Für das Vorzeichen ε von $\mu^2(>0)$ in Gl. (3.2.2) gibt es demgegenüber zwei Möglichkeiten:

$\varepsilon = -1$: Der $\varepsilon\mu^2$-Term ist ein Massenterm; das Potential $V(\phi)$ besitzt das eindeutige, klassische Vakuum (= Feldkonfiguration mit niedrigster Energie): $\phi(x) \equiv 0$.

$\varepsilon = +1$: In diesem Fall beschreibt Gl. (3.2.1) eine Phase mit spontan gebrochener Symmetrie; alle Felder (= 'Ordnungsparameter', s.o.)

$$\phi(x) = v\cdot e^{-i\theta},\quad v = \sqrt{\frac{\mu^2}{\lambda}}\ ,\quad \theta = \text{const.},\ 0 \leqq \theta < 2\pi \tag{3.2.3}$$

beschreiben Konfigurationen niedrigster Energie (siehe Fig. 3.1). Die Phase θ des Feldes ist dabei beliebig, sie kann durch eine Eichtransformation 1. Art, Gl. (3.2.1), geändert werden.

Um die Selbstwechselwirkung des Feldes ϕ im Fall $\varepsilon = +1$ störungstheoretisch zu behandeln, geht man vom (entarteten) klassischen Grundzustand, d.h. von den Feldkonfigurationen Gl. (3.2.3) aus. Wir setzen hierzu

$$\phi(x) = \left(v + \frac{1}{\sqrt{2}}\eta(x)\right)\cdot\exp\left(-i(\theta + \xi(x)/\sqrt{2}\,v)\right). \tag{3.2.4}$$

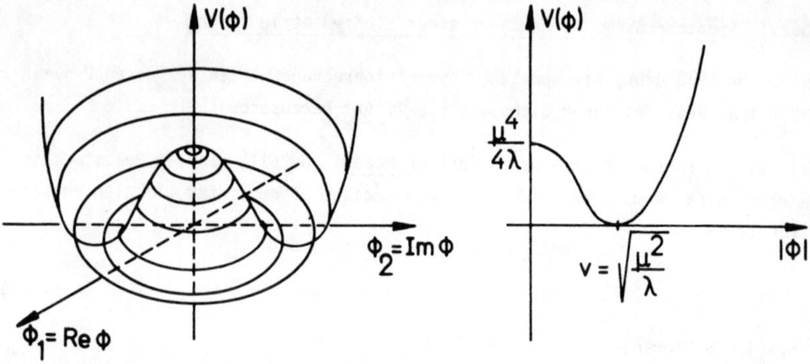

Fig. 3.1: Das Potential des Goldstone-Modells in der Phase mit spontaner Symmetriebrechung $\varepsilon = +1$

$\eta(x)$ und $\xi(x)$ sind dabei reelle Felder, welche kleine Abweichungen des Betrages bzw. der Phase des ϕ-Feldes vom Grundzustand Gl. (3.2.3) beschreiben, der für $\eta(x) \equiv \xi(x) \equiv 0$ realisiert ist. Damit geht die Lagrange-Dichte (3.2.2) über in:

$$\mathcal{L} = \frac{1}{2}(\partial_\mu \xi)\, \partial^\mu \xi \; +$$

$$+ \frac{1}{2}(\partial_\mu \eta)\, \partial^\mu \eta - \frac{1}{2}\mu^2 \eta^2 - \frac{\lambda \cdot v}{2\sqrt{2}}\, \eta^3 - \frac{\lambda}{16}\, \eta^4 \tag{3.2.5}$$

$$+ \text{Kopplungsterme zwischen } \xi\text{- und } \eta\text{-Feld}$$

und wir erhalten als Ergebnis:

- $\eta(x)$ ist ein skalares Feld mit Masse μ; es beschreibt die radialen Oszillationen des Feldes um den Vakuumwert v (vgl. Fig. 3.1). Die endliche Masse ergibt sich wegen der in radialer Richtung nicht verschwindenden Potentialkrümmung.
- $\xi(x)$ ist ein masseloses, skalares Feld, das 'Goldstone-Feld'. Seine Masselosigkeit folgt aus der verschwindenden Krümmung längs des Tales der Potentialminima; denn das Feld (3.2.4) oszilliert in dieser Richtung klassisch nicht. $\xi(x)$ beschreibt die zugehörige Normalschwingung mit Eigenfrequenz Null (vgl. Fig. 3.1).

Das Goldstone-Modell zeigt eine allgemeine Eigenschaft von Theorien mit spontaner Brechung einer kontinuierlichen Eichsymmetrie 1. Art, nämlich das Auftreten masseloser, skalarer Feldanregungen.

b) Die Eichgruppe des Goldstone-Modells ist die abelsche U(1)-Gruppe der Phasentransformationen Gl. (3.2.1). Die Erweiterung auf nichtabelsche Gruppen G (dim G = N) liegt auf der Hand: Wir betrachten hierzu ein reelles Multiplett skalarer Felder $\phi^i(x)$, das sich unter einer reellen Darstellung der Gruppe G gemäß

$$\begin{aligned} &\phi^i(x) \to (\exp(-i\,\theta^a T_a))^i_{\ j}\,\phi^j(x)\,, \qquad \theta^a = \text{const.}, \\ &\delta\phi^i(x) = -i(T_a)^i_{\ j}\,\phi^j(x)\,\delta\theta^a \end{aligned} \tag{3.2.6}$$

transformiert (vgl. Gl. (1.2.62 - 63)). Komplexe Darstellungen lassen sich ganz analog behandeln. Das Potential $V(\phi)$ der Lagrange-Dichte

$$\mathcal{L} = \frac{1}{2}(\partial_\mu \phi_i)(\partial^\mu \phi^i) - V(\phi) \tag{3.2.7}$$

soll bezüglich der Eichtransformationen (3.2.6) invariant sein:

$$0 = \delta V = \frac{\partial V}{\partial \phi^i}\,\delta\phi^i = -i\,\frac{\partial V}{\partial \phi^i}\,(T_a)^i_{\ j}\,\phi^j\,\delta\theta^a\,. \tag{3.2.8}$$

Wegen der freien Wahl der $\delta\theta^a$ bedeutet dies:

$$\frac{\partial V}{\partial \phi^i}\,(T_a)^i_{\ j}\,\phi^j = 0\,, \qquad a = 1,\ldots, N. \tag{3.2.9}$$

Durch Differentiation dieser Gleichung nach ϕ^k erhält man:

$$\frac{\partial^2 V}{\partial \phi^i \partial \phi^k}\,(T_a)^i_{\ j}\,\phi^j + \frac{\partial V}{\partial \phi^i}\,(T_a)^i_{\ k} = 0\,. \tag{3.2.10}$$

Wie wir am Beispiel des Goldstone-Modells gesehen haben, tritt spontane Symmetriebrechung auf, wenn $V(\phi)$ ein Minimum für $\phi^i(x) \equiv v^i \neq 0$ besitzt. Wegen der Invarianz von $V(\phi)$ unter den Transformationen Gl. (3.2.6) ist dann auch $\exp(-i\,\theta^a T_a)\cdot v$ ein Minimum.

$$\left.\frac{\partial V}{\partial \phi^i}\right|_{\phi^i \equiv v^i} = 0\,, \qquad \left.\frac{\partial^2 V}{\partial \phi^i \partial \phi^k}\right|_{\phi^i \equiv v^i} = (M^2)_{ik} \geq 0\,. \tag{3.2.11}$$

Die symmetrische Matrix $(M^2)_{ik}$ der zweiten Ableitungen von V im Minimum hat nicht-negative Eigenwerte.

In Analogie zum Goldstone-Modell behandeln wir Abweichungen von der Vakuum-Feldkonfiguration $\phi^i(x) \equiv v^i = \text{const.}$ störungstheoretisch und führen deshalb Felder $\eta^i(x) = \phi^i(x) - v^i$ ein. Mit der Potenz-Reihe

$$V(\phi) = V_0 + \tfrac{1}{2}(M^2)_{ik}\, \eta^i(x)\, \eta^k(x) + \dots \tag{3.2.12}$$

für die potentielle Energie-Dichte hat die Lagrange-Dichte (3.2.7) die Form:

$$\mathcal{L} = \tfrac{1}{2}(\partial_\mu \eta_i(x))\, \partial^\mu \eta^i(x) - \tfrac{1}{2}(M^2)_{ik}\, \eta^i(x)\, \eta^k(x) + \dots \,. \tag{3.2.13}$$

Hieraus läßt sich die physikalische Interpretation von $(M^2)_{ik}$ ablesen; $(M^2)_{ik}$ ist die Matrix der Massenquadrate für die Felder $\eta^i(x)$.

Um Aussagen über die Eigenwerte von M^2 zu gewinnen, spezialisieren wir Gl. (3.2.10) auf $\phi^i(x) \equiv v^i$:

$$(M^2)_{ik}\, (T_a)^i_j\, v^j = 0 \;, \quad a = 1,\dots, N. \tag{3.2.14}$$

Im allgemeinen <u>ist v unter einer Untergruppe H von G invariant</u>. Wir nennen die Erzeugenden der Lie-Algebra von H: $\hat{T}_{\hat{a}}$, $\hat{a} = 1,\dots, \hat{N}$. Die Invarianz von v unter Transformationen aus H bedeutet:

$$(\hat{T}_{\hat{a}})^i_j\, v^j = 0 \;, \quad \hat{a} = 1,\dots, \hat{N} \,. \tag{3.2.15}$$

Folglich sind $\hat{N}$ der N Gleichungen (3.2.14) trivial erfüllt. Die restlichen $N - \hat{N}$ Gleichungen erzwingen jedoch den Eigenwert Null für M^2. Das Ergebnis der Analyse ist das <u>Goldstone-Theorem</u> [Go 61, Go 62, Bl 63]: Die Matrix der Massenquadrate M^2 hat $(N - \hat{N})$-mal den Eigenwert Null. Die dazugehörigen Feldanregungen heißen Goldstone-Felder. Sie sind eine Folge der spontanen Symmetriebrechung. Die restlichen Eigenwerte von M^2 sind positiv.

c) Als <u>Beispiel</u> mit physikalischen Anwendungen betrachten wir das <u>σ-Modell</u> [Ge 60, Ba 70] der spontan gebrochenen, chiralen SU(2) x SU(2)-Symmetrie. Die Gruppe SU(2) x SU(2) ist 6-dimensional (N = 6). Sie ist lokal isomorph zur Gruppe G = SO(4). Die Felder ϕ^i sollen 4-komponentige, reelle Vektoren bilden, die sich nach der SO(4)-Gruppe transformieren. Für die Lagrange-Dichte schreiben wir:

$$\mathcal{L} = \tfrac{1}{2}(\partial_\mu \phi_i)(\partial^\mu \phi^i) - V(\phi), \quad V(\phi) = \frac{\lambda}{4}\,(\phi_i\, \phi^i - \frac{\mu^2}{\lambda})^2 \tag{3.2.16}$$

(vgl. Gl. (3.2.2)). Die Minima von $V(\phi)$ sind durch

$$\phi_i \phi^i = \frac{\mu^2}{\lambda} = v^2 > 0 \qquad (3.2.17)$$

charakterisiert; d.h. die Felder, die V minimalisieren, bilden eine 3-dimensionale Sphäre vom Radius v im 4-dimensionalen euklidischen ϕ-Raum. Wir wählen daraus den Vektor

$$\phi_o = (0,0,0,v).$$

Dieser ist invariant unter den orthogonalen Transformationen der ersten drei Koordinaten, also der Untergruppe H = SO(3). Damit ist $N = 6$, $\hat{N} = 3$ und $N - \hat{N} = 3$.

Nach dem Goldstone-Theorem existieren drei masselose Felder $\vec{\pi} = (\pi^1, \pi^2, \pi^3)$, deren Quanten im σ-Modell als Pionen interpretiert werden und ein massives Feld σ, das in der quantisierten Version als σ-Meson erscheint. Die Lagrange-Dichte (3.2.16) lautet mit $\phi^i = (\vec{\pi}, \sigma + v)$:

$$\begin{aligned} \mathcal{L} = {} & \frac{1}{2}(\partial_\mu \sigma)\partial^\mu \sigma - \frac{1}{2} 2\mu^2 \sigma^2 + \frac{1}{2}(\partial_\mu \vec{\pi})\, \partial^\mu \vec{\pi} \\ & - \frac{\lambda}{4} (\vec{\pi}^2 + \sigma^2)^2 - \lambda\, v\, \sigma(\vec{\pi}^2 + \sigma^2) \; . \end{aligned} \qquad (3.2.18)$$

Die Masse des σ-Mesons ist $\sqrt{2\mu^2}$. Die Tatsache, daß die physikalischen Pionen als Goldstone-Bosonen nicht völlig masselos sind, kann einer expliziten Symmetriebrechung der chiralen SU(2) x SU(2) zugeschrieben werden. Nach der PCAC-Hypothese [Ad 68] ist die π-Masse ein Maß für diese explizite Brechung der spontan gebrochenen chiralen Symmetrie.

d) Wir haben die bisher betrachteten Modelle als klassische Feldtheorien aufgefaßt. Sie bilden im Sinne von Abschn. 2.3.2 e die niedrigste Näherung einer semiklassischen Approximation der entsprechenden quantisierten Theorien. Wir wollen nun zeigen, daß das Goldstone-Theorem auch für das quantisierte, nichtabelsche Goldstone-Modell gültig ist. Eine Beweismöglichkeit besteht in der Untersuchung der Matrixelemente des Ladungsoperators, der die innere, spontan gebrochene Symmetrie erzeugt [Gi 64, Be 74 a]. Wir gehen jedoch von der Pfadintegral-Quantisierung (Abschn. 2.3.2) aus [Jo 64] und betrachten das erzeugende Funktional der unzusammenhängenden Greenschen Funktionen

$$\begin{aligned} T\{j\} &= Z\{j\} / Z\{0\} \quad \text{mit} \\ Z\{j\} &= \int \mathcal{D}[\phi] \exp\{i \int d^4x\, (\mathcal{L} + j_i(x)\phi^i(x))\} \end{aligned} \qquad (3.2.19)$$

und $\mathcal{L}$ gemäß Gl. (3.2.7). Wie bei der Ableitung der Ward-Identitäten in Abschn. 2.3.2 f und 2.3.3 c führen wir im Zustandsintegral Z{j} eine infinitesimale Eichtransformation (1. Art) aus: $\phi^i(x) \to \phi^i(x) + \delta\phi^i(x)$, $\delta\phi^i(x)$ gemäß Gl. (3.2.6). Wegen der Eichinvarianz von $\mathcal{L}$ und $\mathcal{D}[\phi]$ erhalten wir:

$$\int d^4x\, j_i(x)\, (T_a)^i{}_k \frac{\delta T\{j\}}{i\delta j_k(x)} = 0$$

oder, umgeschrieben auf das erzeugende Funktional der zusammenhängenden Greenschen Funktionen $\phi\{j\} = \log T\{j\}$ (vgl. Gl. (2.3.68)):

$$\int d^4x\, j_i(x)\, (T_a)^i{}_k \frac{\delta \phi\{j\}}{i\delta j_k(x)} = 0 \;. \tag{3.2.20}$$

Die Legendre-Transformation auf das erzeugende Funktional der Vertizes (vgl. Gl. (2.3.69 - 70)) hat hier die Form

$$\begin{aligned} \Gamma\{\varphi\} &= - i \int d^4x\, j_i(x)\, \varphi^i(x) + \phi\{j\} \quad \text{mit} \\ \varphi^i(x) &= \frac{\delta\phi\{j\}}{i\delta j_i(x)} \;, \quad j_i(x) = i \frac{\delta\Gamma\{\varphi\}}{\delta\varphi^i(x)} \;, \end{aligned} \tag{3.2.21}$$

und Gl. (3.2.20) geht über in

$$\int d^4x\, \frac{\delta\Gamma\{\varphi\}}{\delta\varphi^i(x)} (T_a)^i{}_k\, \varphi^k(x) = 0 \;. \tag{3.2.22}$$

Im Fall spontaner Symmetriebrechung ist das Feld im Grundzustand konstant aber von Null verschieden, d.h.

$$v^i = \langle 0 \mid \phi^i(x) \mid 0 \rangle = \left. \frac{\delta\phi\{j\}}{i\delta j_i(x)} \right|_{j\equiv 0} \not\equiv 0 \;.$$

Aus Gl. (2.3.72) folgt damit für den inversen Propagator des ϕ-Feldes:

$$\left. \frac{\delta^2\Gamma\{\varphi\}}{\delta\varphi^i(x)\delta\varphi^k(y)} \right|_{\varphi = v} = - (D'^{-1})_{ik}(x-y) \;. \tag{3.2.23}$$

Differenziert man Gl. (3.2.22) nach φ^k, setzt $\varphi^i = v^i$ und transformiert in den

Impulsraum, so erhält man mit Gl. (3.2.23):

$$(D'^{-1})_{\ell i}(p = 0)\cdot(T_a)^i_k v^k = 0 \ , \tag{3.2.24}$$

d.h. dieselbe Formel wie in der klassischen Näherung, Gl. (3.2.14), die uns als Ausgangspunkt für den Beweis des Goldstone-Theorems diente. Dies bedeutet: Auch in quantisierten Theorien mit Eichsymmetrie 1. Art und Massenerzeugung durch spontane Symmetriebrechung treten masselose Goldstone-Felder auf*).

3.2.2 Spontane Symmetriebrechung einer Eichsymmetrie 2. Art

a) In einer Theorie mit Eichsymmetrie 2. Art, in welcher die Eichfelder minimal an Higgs-Felder ϕ mit einem Goldstone-Potential $V(\phi)$ gekoppelt sind, hat die spontane Symmetriebrechung zur Folge, daß ein Teil der Eichfelder massiv wird. Masselose Goldstone-Bosonen treten in diesem Fall nicht auf.

Wir wollen diesen Mechanismus der Massenerzeugung am sog. Higgs-Kibble-Modell [Hi 64, En 64, Gu 64, Ki 67, Be 74 a] studieren. Die Lagrange-Dichte dieses Modells beschreibt eine nichtabelsche Eichtheorie mit den Higgs-Feldern als den geladenen Feldern:

$$\begin{aligned} \mathcal{L} &= -\frac{1}{4} F^a_{\mu\nu} F^{\mu\nu}_a + \frac{1}{2}(D_\mu \phi_i) D^\mu \phi^i - V(\phi) \ , \\ V(\phi) &= \frac{\lambda}{4}\left(\phi_i \phi^i - \frac{\varepsilon\mu^2}{\lambda}\right)^2 \ , \quad D_\mu = \partial_\mu + i\bar{g} A^a_\mu T_a \ . \end{aligned} \tag{3.2.25}$$

Gl. (3.2.25) ist die Verallgemeinerung des in Abschn. 2.6 diskutierten Nielsen-Olesen-Strings (vgl. Gl. (2.6.24)) auf nichtabelsche Eichgruppen. Wir beschränken uns hier auf die Gruppe SO(n), um den gruppentheoretischen Formalismus nicht zu weit entwickeln zu müssen (zur Gruppentheorie der Symmetriebrechung siehe [Ki 67]). Die Untergruppe H, deren Symmetrie erhalten bleibt, Gl. (3.2.15), ist SO(n - 1).

*) Bei der Ableitung von Gl. (3.2.24) aus Gl. (3.2.22) haben wir den Limes $\varphi^i \to v^i$ mit der Integration $\int d^4x$ vertauscht, was u.U. nicht erlaubt ist, falls dabei Singularitäten auftreten. Hieraus könnten sich evtl. Einschränkungen für die Gültigkeit des Goldstone-Theorems ergeben [Jo 64].

Die n Skalarfelder ϕ^i transformieren sich (in unserem Beispiel) nach der definierenden Darstellung, die $N = n(n-1)/2$ Eichfelder nach der adjungierten Darstellung der Gruppe SO(n) entsprechend Gl. (2.2.7). $\mathcal{L}$ ist unter diesen Eichtransformationen 2. Art invariant. Der klassische Grundzustand, d.h. der Zustand mit niedrigster Gesamtenergie wird für alle konstanten Felder ϕ^i mit $\phi_i \phi^i = \mu^2/\lambda = v$ angenommen. Wie in den Beispielen vorher parametrisieren wir kleine Anregungen des Grundzustands durch

$$\phi^i(x) = e^{-i \check{T}_{\check{a}} \xi^{\check{a}}(x)/v} \begin{pmatrix} 0 \\ \vdots \\ 0 \\ v + \eta(x) \end{pmatrix}, \quad \check{a} = 1, \ldots, N - \hat{N}, \quad \text{mit}$$

$$\check{T}_{\check{a}} \begin{pmatrix} 0 \\ \vdots \\ 0 \\ v \end{pmatrix} \neq 0 \quad \text{für } \check{a} = 1, \ldots, N - \hat{N}. \tag{3.2.26}$$

(vgl. Gl. (3.2.4, 15)). Für die Gruppe SO(n) ist $N - \hat{N} = n(n-1)/2 - (n-1)(n-2)/2 = n-1$. Anders als in den vorher betrachteten Modellen lassen sich die Goldstone-Felder $\xi^{\check{a}}(x)$ nun jedoch als Parameter der Eichtransformation 2. Art $\exp(-i \check{T}_{\check{a}} \xi^{\check{a}}(x)/v)$ auffassen, besitzen also keine physikalische Bedeutung. Wegen der Eichsymmetrie der Lagrange-Dichte (3.2.25) können wir die Goldstone-Freiheitsgrade wegeichen, indem wir die Eichtransformationen $\exp(i \check{T}_{\check{a}} \xi^{\check{a}}(x)/v)$ ausführen. Das Higgs-Feld $\phi^i(x)$, Gl. (3.2.26), hat dann die Form:

$$\phi^i(x) = \begin{pmatrix} 0 \\ \vdots \\ 0 \\ v + \eta(x) \end{pmatrix}. \tag{3.2.26'}$$

Bisher haben wir Eichungen stets dadurch festgelegt, daß wir die Form des Eichfeldes vorgeschrieben haben, z.B. $A^a_\mu(x)$ so, daß $\partial^\mu A^a_\mu(x) = 0$. Wir können zur Eichfixierung (vgl. S. 149) jedoch auch andere Felder benutzen, die sich nicht trivial transformieren: die Forderung, daß $\phi^i(x)$ die in Gl. (3.2.26') angegebene Form besitzt, legt eine Eichung fest, und zwar ist es eine 'unitäre Eichung', weil in ihr die unphysikalischen ξ-Freiheitsgrade nicht auftreten und deshalb die Unitarität der S-Matrix evident ist (vgl. Abschn. 2.4.3 d). Die Lagrange-Dichte (3.2.25) lautet in der Eichung Gl. (3.2.26'):

$$\mathcal{L} = -\frac{1}{4} F^{a}_{\mu\nu} F^{\mu\nu}_{a} + \frac{1}{2} M^2_{\check{a}\check{a}'} A^{\check{a}}_{\mu} A^{\mu,\check{a}'} + \frac{1}{2} (\partial_\mu \eta)\, \partial^\mu \eta - \mu^2 \eta^2 + \tag{3.2.27}$$

+ Kopplungsterme zwischen drei und vier Feldern

mit

$M^2_{\check{a}\check{a}'} = g^2 v^2 (T_{\check{a}} T_{\check{a}'})_{nn}$ = Matrix der Massenquadrate.

Hieraus liest man ab:

- Die $N - \hat{N}$ (= $n - 1$ für SO(n)) ξ-Felder sind weggeeicht. Im Fall spontaner Symmetriebrechung von Eichtheorien treten keine Goldstone-Bosonen auf.
- Das η-Feld ist ein massives ($M = \sqrt{2}\mu$), neutrales, skalares Feld, seine Quanten heißen Higgs-Teilchen.
- $N - \hat{N}$(= $n - 1$ für SO(n)) Vektorfelder sind massiv geworden ($M = g \cdot v$), besitzen also im Gegensatz zu masselosen Vektorfeldern auch longitudinale, physikalische Polarisationszustände (vgl. Gl. (2.3.17 - 20)).
- Die restlichen $\hat{N}$(= $(n-1)(n-2)/2$ für SO(n)) Vektorfelder bleiben masselos.

Der Vergleich der durch $\mathcal{L}$ gemäß Gl. (3.2.25) bzw. - eichäquivalent - gemäß Gl. (3.2.28) beschriebenen Freiheitsgrade ergibt folgendes Bild:

	$\mathcal{L}$ nach Gl. (3.2.25)	$\mathcal{L}$ nach Gl. (3.2.28)
Eichfelder $M = 0$	$N = n(n-1)/2$	$\hat{N} = (n-1)(n-2)/2$
physik. Polarisationszustände	$2N$	$2\hat{N}$
Eichfelder $M \neq 0$	0	$N - \hat{N} = n - 1$
physik. Polarisationszustände	0	$3(N - \hat{N})$
Higgs-Felder	$1 + (n-1) = n$	1
(+)	$2N + n$	$2N + n$

$\hat{N} = \dim H$, $H = SO(n-1)$

Die Transmutation der Goldstone-Moden in longitudinale Polarisationszustände von massiven Vektorbosonen heißt Higgs-Mechanismus.

b) Die durch Gl. (3.2.25) definierte Eichfeldtheorie läßt sich gemäß Abschn. 2.3 und 2.4 quantisieren und renormieren. Dies ist jedenfalls für $\varepsilon = -1$ richtig, gilt jedoch auch in der hier betrachteten Phase $\varepsilon = +1$ mit spontaner Symmetriebrechung ('Higgs-Phase', vgl. Abschn. 2.6.2) [tH 71, Le 74 a]. Nachdem Gl. (3.2.28) nur eine eichäquivalente Formulierung derselben Theorie darstellt, haben wir durch den Higgs-Mechanismus eine renormierbare Theorie mit massiven Vektorfeldern erhalten. Die konsistente Quantisierung und Auswertung über die Baumgraphen-Approximation hinaus ist deshalb möglich durch

- Fixierung einer Eichung (s.u.) und
- Einführung von Faddeev-Popov-Feldern

entsprechend dem in Abschn. 2.3 und 2.4 besprochenen Quantisierungsschema.

In diesem Zusammenhang möchten wir noch einmal auf die Bedeutung des Begriffs 'spontane Symmetriebrechung' hinweisen, wie er am Anfang dieses Abschnitts 3.2 festgelegt wurde. Die Lagrange-Dichte Gl. (3.2.28) ist eichinvariant! Die an die Vektorfelder gekoppelten Ströme sind erhalten. Lediglich das Eichtransformationsgesetz wird - im η-Feld ausgedrückt - inhomogen.

c) Die Quantisierung von Eichfeldtheorien mit spontaner Symmetriebrechung verlangt die Fixierung einer Eichung (Abschn. 2.3.3 a). Die in Gl. (3.2.28) benutzte unitäre Eichung führt zur kanonischen Form Gl. (2.3.20) für die Vektorboson-Propagatoren und unphysikalische skalare Bosonen sind nicht vorhanden. Die Unitarität der S-Matrix ist manifest, jedoch sind Greensche Funktionen in dieser Eichung nicht renormierbar. Erst bei der Berechnung der S-Matrix heben sich Divergenzen heraus [We 72, Le 72c, Ap 72]. Außerdem ist die Definition des endlichen Teils der S-Matrix unter Umständen nicht eindeutig [Ja 72, Ba 72 a]. Man wird deshalb - wie im Fall ohne Symmetriebrechung - eine renormierbare Eichung (im Sinne von Abschn. 2.4.1 b) festlegen.

Als eichfixierender Term läßt sich im Prinzip Gl. (2.3.124, 129") benutzen, jedoch ist dies in vielen Fällen unzweckmäßig. Üblich sind vielmehr Verallgemeinerungen davon, nämlich

- die Fradkin-Tyutin-Eichungen [Fr 74] und
- die 't Hooft-Eichungen [tH 71].

Da wir im nächsten Abschnitt von einer 't Hooft-Eichung Gebrauch machen werden, wollen wir das Higgs-Modell, Gl. (3.2.25), für die abelsche Eichgruppe SO(2) in dieser Eichung kurz diskutieren. Die eichinvariante Lagrange-Dichte Gl. (3.2.25) hat mit $\phi = (\phi_1, v+\eta)$ die Form

$$\mathcal{L} = -\frac{1}{4} F_{\mu\nu} F^{\mu\nu} + \frac{g^2 v^2}{2} A_\mu A^\mu$$

$$+ \frac{1}{2} (\partial_\mu \eta) \partial^\mu \eta - \mu^2 \eta^2 \qquad (3.2.29)$$

$$+ \frac{1}{2} (\partial_\mu \phi_1) \partial^\mu \phi_1$$

$$+ g v (\partial^\mu A_\mu) \phi_1$$

+ Kopplungsterme zwischen drei und vier Feldern .

Der eichfixierende Anteil der Lagrange-Dichte, $\mathcal{L}_{Fix}$, wird in der 't Hooft-Eichung so gewählt, daß alle in den Feldern bilinearen, gemischten Terme, in unserem Beispiel $g v (\partial^\mu A_\mu) \phi_1$, verschwinden:

$$C[A_\mu(x)] = \sqrt{\xi}\, \partial^\mu A_\mu(x) + \frac{1}{\sqrt{\xi}} M \phi_1(x) , \quad M = g \cdot v ,$$
$$\mathcal{L}_{Fix} = -\frac{1}{2} (C[A_\mu(x)])^2 = -\frac{\xi}{2} (\partial^\mu A_\mu(x) + \frac{1}{\xi} M \phi_1(x))^2 . \qquad (3.2.30)$$

Damit ist die Massenmatrix von $\mathcal{L} + \mathcal{L}_{Fix}$ in den Feldern diagonal. Der ϕ_1-Propagator ist gegeben zu

$$\frac{i}{(2\pi)^4} \frac{1}{p^2 - M^2/\xi} \quad . \qquad (3.2.31)$$

Für $\xi \to 0$ wird die ϕ_1-Masse $M/\sqrt{\xi}$ unendlich, so daß man erwarten kann, daß in diesem Limes das ϕ_1-Feld von den physikalischen Freiheitsgraden entkoppelt. Der Propagator des Eichfeldes hat die schon in Abschn. 2.4.1 b erwähnte Form:

$$\frac{i}{(2\pi)^4} \quad \frac{-g_{\mu\nu} + k_\mu k_\nu (\xi - 1)/(\xi k^2 - M^2)}{k^2 - M^2 + i\varepsilon} \quad . \qquad (3.2.32)$$

Er stimmt für $\xi = 0$ mit dem Propagator Gl. (2.3.20) überein, so daß die 't Hooft-Eichung Gl. (3.2.30) den unitären Limes $\xi = 0$ besitzt, während sie für

$\xi \neq 0$ renormierbar ist (vgl. Abschn. 2.4.1 c). Der Unitaritätsbeweis der S-Matrix vereinfacht sich entsprechend Abschn. 2.4.3 e .

Die Lagrange-Dichte für die Faddeev-Popov-Geistfelder $\mathcal{L}_{Geist}$ berechnet man aus $C^a[A_\mu(x)]$ gemäß Gl. (2.3.126, 127).

d) Eine nichtabelsche Eichtheorie von Spinor- und Skalarfeldern, die über massive, intermediäre Vektorbosonen miteinander wechselwirken, ist das geeignete, dynamische Konzept für die Beschreibung der elektroschwachen Phänomene (Abschn. 3.1). Der Higgs-Mechanismus erlaubt es, eine renormierbare Theorie dieses Typs zu konstruieren, indem die Skalarfelder als Higgs-Felder die Massen der Eichbosonen durch spontane Symmetriebrechung erzeugen. Wir wollen das Bauprinzip für den allgemeinen, eichinvarianten Anteil der Lagrange-Funktion einer solchen Theorie angeben:

- Man wähle eine Eichgruppe G; da sich die Eichfelder immer nach der adjungierten Darstellung von G transformieren, ergibt sich daraus die Anzahl der Eichfelder $W_a = (W^+, W^-, Z^0, \gamma, \ldots)$. Die Kopplungen der Eichfelder sind durch die Strukturkonstanten f_{abc} $(= -i \cdot F_{abc}/g$ nach Abschn. 3.1) gegeben.
- Man wähle Darstellungen L_a, R_a und P_a von G, unter denen sich die links- und rechtshändigen Fermionen $\psi_i = (\nu_e, e, \nu_\mu, \mu, \ldots, u, d, s, c, \ldots)$ bzw. Skalare ϕ^r transformieren:

$$[L_a, L_b] = i\, f_{abc}\, L^c, \quad [R_a, R_b] = i\, f_{abc}\, R^c\,,$$
$$[P_a, P_b] = i\, f_{abc}\, P^c\,. \tag{3.2.33}$$

  Man achte bei der Wahl der Darstellungen darauf, daß keine γ_5-Anomalien (vgl. Abschn. 2.4.3 f) auftreten können.
- Die allgemeine Form der eichinvarianten, lokalen, renormierbaren Lagrange-Dichte, die auch Selbstkopplungen $V(\phi)$ der skalaren Felder und eine Kopplung zwischen Skalaren und Fermionen enthält, ist dann gegeben durch *):

---

*) Bezüglich der Wahl der Kopplungskonstanten sei an die Bemerkung am Schluß von Abschn. 2.2.2 c , Gl. (2.2.37), erinnert.

$$\mathscr{L} = -\frac{1}{4} F^a_{\mu\nu}(x)\, F^{\mu\nu}_a(x)$$

$$+ \overline{\psi}_i(x)\, (i\gamma^\mu D^{ij}_\mu - M^{ij})\, \psi_j(x)$$

$$+ \frac{1}{2}(D^{rs}_\mu \phi_s(x))\, (D^\mu_{rs'}\, \phi^{s'}(x)) - V(\phi(x)) \tag{3.2.34}$$

$$+ g\, \overline{\psi}_i(x)\, \phi^r(x)\, (X^{ij}_{L,r} \frac{1-\gamma_5}{2} + X^{ij}_{R,r} \frac{1+\gamma_5}{2})\, \psi_j(x)$$

mit

$$F^a_{\mu\nu}(x) = \partial_\mu W^a_\nu(x) - \partial_\nu W^a_\mu(x) - g f^{abc} W^b_\mu(x)\, W^c_\nu(x)\ ,$$

$$D^{ij}_\mu \psi_j(x) = (\delta^{ij}\partial_\mu + i g W^a_\mu(x) (L^{ij}_a \frac{1-\gamma_5}{2} + R^{ij}_a \frac{1+\gamma_5}{2}))\, \psi_j(x)\ , \tag{3.2.34'}$$

$$D^{rs}_\mu \phi_s(x) = (\delta^{rs}\partial_\mu + i g W^a_\mu(x)\, P^{rs}_a)\, \phi_s(x)\ .$$

$V(\phi)$ ist ein Polynom höchstens 4. Grades in ϕ (vgl. Gl. (3.2.25)). Höhere Potenzen in den Feldern dürfen - auch bei den anderen Kopplungstermen - nicht vorkommen, weil sonst Kopplungskonstanten mit negativer Massendimension die Renormierbarkeit der Theorie zerstören (siehe Abschn. 2.4.1 c und Tab. 2.2). Durch geeignete Wahl von $V(\phi)$ kann die G-Symmetrie spontan gebrochen, und so ein Higgs-Kibble-Mechanismus induziert werden. Die Eichbosonen der Symmetriegruppe $H \subset G$, welche einen klassischen Vakuumvektor ϕ_o invariant lassen, bleiben masselos, die restlichen werden massiv (vgl. Abschn. 3.2.2 a). Man sagt, in der Eichtheorie wird durch die "Higgs-Struktur" die Symmetrie spontan $G \to H$ gebrochen. Der $\overline{\psi}\phi\psi$ - Kopplungsterm ist eichinvariant, falls (in Matrix-Schreibweise)

$$[L_a, X^r_L] = X_{L,s}\, P^{sr}_a \quad \text{und} \quad [R_a, X^r_R] = X_{R,s}\, P^{sr}_a$$

gilt.

Die phänomenologische Analyse der elektroschwachen Wechselwirkung in den Abschnitten 1.3 und 3.1 hat gezeigt, daß man für eine "minimale" Theorie die Eichgruppe $G = SU(2)_W \times U(1)$ des schwachen Isospins und der schwachen Hyperladung und damit vier Eichfelder W^+_μ, W^-_μ, Z_μ, A_μ benötigt. Kompliziertere, nach obigem Schema konstruierte Modelle müssen diese Struktur enthalten.

3.3 Die Glashow-Salam-Weinberg-Theorie

In den vorausgegangenen Abschnitten haben wir plausibel gemacht, warum der Ausbau des Fermi-Modells zu einer renormierbaren Theorie der elektroschwachen Wechselwirkung eine spontan gebrochene, nichtabelsche Eichtheorie ergibt. Im folgenden soll das Standardmodell der elektroschwachen Wechselwirkung, das von S. Weinberg [We 67] und A. Salam [Sa 68] für Leptonen vorgeschlagen und von S.L. Glashow, J. Iliopoulos und L. Maiani [Gl 70] auf hadronische Freiheitsgrade erweitert wurde, im Detail besprochen werden. Es ist bezüglich der Zahl der benötigten Felder ein minimales Modell. [GSW]

3.3.1 Die Lagrange-Funktion der Glashow-Salam-Weinberg-Theorie

Bei der Konstruktion der GSW-Theorie geht man direkt von der in Abschn. 1.3 dargestellten Struktur des phänomenologischen Fermi-Modells aus. Diese ist gekennzeichnet durch die Darstellung der Universalität der schwachen Wechselwirkung als Symmetrie unter den Transformationen des schwachen Isospins $SU(2)_W$ und der schwachen Hyperladung $U(1)$. Dementsprechend beschreibt die GSW-Theorie die Dynamik der elektroschwachen Wechselwirkung als Eichtheorie mit der Gruppe $SU(2)_W \times U(1)$ als spontan gebrochene, nichtabelsche Eichgruppe.

a) Die Eichfelder sind vier Vektorfelder, welche die adjungierte Darstellung dieser minimalen Eichgruppe $SU(2)_W \times U(1)$ aufspannen. Die zum schwachen Isospin I_W^a, $a = 1,2,3$, gehörigen Eichfelder nennen wir $W_\mu^a(x)$, das zur schwachen Hyperladung Y_W gehörige Eichfeld sei $B_\mu(x)$. Die Lagrange-Dichte der Eichfelder lautet damit:

$$\mathcal{L}_E = -\frac{1}{4}(\partial_\mu W_\nu^a - \partial_\nu W_\mu^a + g_2 \varepsilon_{abc} W_\mu^b W_\nu^c)^2 - \frac{1}{4}(\partial_\mu B_\nu - \partial_\nu B_\mu)^2 , \tag{3.3.1}$$

$\varepsilon_{abc} \equiv$ Isospin-Strukturkonstanten, Gl. (1.2.1). Da die Gruppe nicht einfach ist, sondern das Produkt von SU(2) und U(1), erfolgt die Vereinigung der elektromagnetischen und schwachen Wechselwirkung mit zwei Kopplungskonstanten: g_2 für den schwachen Isospin $SU(2)_W$, g_1 für die schwache Hyperladung $U(1)$ (vgl. S. 103).

b) Die Fermionen ordnen wir in Teilchenpaare (i numeriert die Paare):

$$\{(\nu_e,e^-),(\nu_\mu,\mu^-),(\nu_\tau,\tau^-), \ldots, (u,d'),(c,s'),(t,b'),\ldots\} = \{(a^i,b^i)\} = \{\psi_f\} .$$

Dies wird bei den Leptonen durch die separat erhaltenen Leptonzahlen nahegelegt. Bei den Quarks kann man es als Einteilung nach Massen betrachten: (u,d) sind die leichten Quarks, (c,s) die mittelschweren usw. Die Striche an den Quarks d', s',b', sollen daran erinnern, daß Cabibbo-transformierte Felder verwendet werden (Gl. (1.3.20)). Die linkshändigen Felder ($\psi_L(x) = (1-\gamma_5)/2\cdot\psi(x)$) dieser Paare setzen wir in die fundamentale 2-dimensionale Darstellung des schwachen Isospins $\psi_L^i(x) = (a_L^i(x), b_L^i(x))$, $I_W^a = \tau^a/2$ ($\tau^a \equiv$ Pauli-Matrizen). Jedes rechtshändige Feld $\psi_R(x) = (1-\gamma_5)/2\cdot\psi(x)$) geben wir in eine 1-dimensionale triviale Darstellung. Die schwache Hyperladung wird so zugeordnet, daß für die elektrischen Ladungen Q der Fermionen die Gell-Mann-Nishijima Formel gilt:

$$Q = I_W^{(o)} + \frac{Y_W}{2} . \tag{3.3.2}$$

Damit hat die Lagrange-Dichte der Fermionen die Form:

$$\begin{aligned} \mathcal{L}_F = \sum_i \{ & \bar{\psi}_L^i \gamma^\mu (i\partial_\mu + g_2 \frac{\tau^a}{2} W_\mu^a - g_1 \frac{y_i}{2} B_\mu)\, \psi_L^i \\ & + \bar{a}_R^i \gamma^\mu (i\partial_\mu + g_1 \frac{\alpha_i}{2} B_\mu)\, a_R^i \\ & + \bar{b}_R^i \gamma^\mu (i\partial_\mu + g_1 \frac{\beta_i}{2} B_\mu)\, b_R^i \} . \end{aligned} \tag{3.3.3}$$

Die Gell-Mann-Nishijima Formel ist erfüllt, wenn zwischen den schwachen Hyperladungen der rechts- und linkshändigen Felder die folgenden Beziehungen gelten:

$$\begin{aligned} \alpha_i &= 1 + y_i \\ \beta_i &= -1 + y_i . \end{aligned} \tag{3.3.4}$$

c) Drei der Eichbosonen (zwei geladene, ein neutrales) müssen massiv sein, das Photon natürlich masselos. Um dies zu erreichen, benutzen wir den Higgs-Mechanismus zur spontanen Symmetriebrechung der $SU(2)_W \times U(1)$-Symmetrie so, daß die elektromagnetische Eichgruppe $U(1)_{em}$ als Restsymmetrie erhalten bleibt (vgl. Abschn. 3.2.2). Dazu wählen wir zwei komplexe Skalarfelder $\phi(x) = (\phi^+(x), \phi^o(x))$, welche ein Dublett des schwachen Isospins bilden und eichinvariant an die Vektorbosonen koppeln:

$$\begin{aligned} \mathcal{L}_H = & |(\partial_\mu - ig_2 \frac{\tau^a}{2} W_\mu^a + ig_1 \frac{1}{2} B_\mu)\phi|^2 - \frac{\lambda}{4}(\phi^\dagger\phi - \frac{v^2}{2})^2 - \\ & + \sum_{i,j} (g_{ij}\, \bar{a}_R^i \tilde{\phi}^* \psi_L^j - \tilde{g}_{ij}\, \bar{b}_R^i \phi^* \psi_L^j + h.c.) . \end{aligned} \tag{3.3.5}$$

Hier ist $\tilde{\phi}(x)$ das ladungskonjugierte Higgs-Feld: $\tilde{\phi} = (-\phi^{o*}, \phi^-)$. Die klassische Lagrange-Dichte $\mathcal{L}_{GSW}$ der GSW-Theorie ist dann die Summe dieser einzelnen Terme, Gl. (3.3.1, 3 und 5):

$$\mathcal{L}_{GSW} = \mathcal{L}_E + \mathcal{L}_F + \mathcal{L}_H \,. \tag{3.3.6}$$

3.3.2 Spontane Symmetriebrechung der Glashow-Salam-Weinberg-Theorie

In der GSW-Theorie wird die Selbstwechselwirkung $V(\phi)$ der Skalarfelder so gewählt, daß spontane Symmetriebrechung und Higgs-Mechanismus entsprechend der Beschreibung in Abschn. 3.2 realisiert werden. Unter den Vektoren, für die $V(\phi)$ seinen minimalen Wert annimmt: $|\phi|^2 = v^2/2$, wählen wir ein ϕ_o so aus, daß die verbleibende Symmetrie die der elektromagnetischen Eichtransformationen $U(1)_{em}$ ist, welche von der elektrischen Ladung erzeugt wird:

$$Q\,\phi_o = (I_W^{(o)} + Y_W/2)\,\phi_o = \begin{pmatrix} 1 & 0 \\ 0 & 0 \end{pmatrix} \begin{pmatrix} \phi_{o1} \\ \phi_{o2} \end{pmatrix} = 0 \,.$$

Für die spontane Symmetriebrechung $SU(2)_W \times U(1) \to U(1)_{em}$ geht man also vom klassischen Vakuum

$$\phi_o = \begin{pmatrix} 0 \\ \frac{1}{\sqrt{2}}\, v \end{pmatrix}$$

aus. Wir schreiben nun für $\phi(x)$:

$$\phi(x) = \begin{pmatrix} \phi^+(x) \\ \frac{1}{\sqrt{2}}(v + \eta(x) + i\chi(x)) \end{pmatrix} ; \qquad \phi^-(x) = (\phi^+(x))^\dagger \,. \tag{3.3.7}$$

In den Feldern $\phi^+(x)$, $\phi^-(x)$, $\eta(x)$, $\chi(x)$ sowie $W_\mu^\pm(x) = \frac{1}{\sqrt{2}}(W_\mu^{(1)}(x) \mp iW_\mu^{(2)}(x))$, $W_\mu^o(x) = W_\mu^{(3)}(x)$, hat die Lagrange-Dichte $\mathcal{L}_H$ der Higgs-Felder die Gestalt:

$$\mathcal{L}_H = |v\,\frac{g_2}{2}W^+_\mu + \frac{g_2}{2}W^+_\mu\cdot(\eta + i\chi) + i\,\partial_\mu\phi^+ + \frac{g_2}{2}\phi^+ W^o_\mu - \frac{g_1}{2}\phi^+ B_\mu|^2$$

$$+ \frac{1}{2}|i\,\partial_\mu\eta - \frac{g_2}{2}v\,W^o_\mu - v\frac{g_1}{2}B_\mu - (\frac{g_2}{2}W^o_\mu + \frac{g_1}{2}B_\mu)(\eta + i\chi) - \partial_\mu\chi + g_2 W^-_\mu\phi^+|^2$$

$$- \frac{\lambda}{4}(v^2\eta^2 - 2\,v\eta\,(\phi^+\phi^- + \frac{1}{2}\eta^2 + \frac{1}{2}\chi^2) + (\phi^+\phi^- + \frac{1}{2}\eta^2 + \frac{1}{2}\chi^2)^2) \qquad (3.3.8)$$

$$- \sum_{f,f'}(\frac{v}{\sqrt{2}}\,g_{ff'}\,\overline{\psi}_f\,\psi_{f'} + \frac{g_{ff'}}{\sqrt{2}}(\overline{\psi}_f\,\psi_{f'}\,\eta + i\overline{\psi}_f\,\gamma_5\,\psi_{f'}\,\chi))$$

$$+ \frac{1}{2}\sum_{i,j}(g_{ij}\,\overline{a}^i_R\,b^j_L\phi^+ + \tilde{g}_{ij}\,\overline{b}^i_R\,a^j_L\phi^- + \text{h.c.})\,.$$

Die Felder $\phi^+(x)$, $\phi^-(x)$, $\chi(x)$ sind unphysikalische Freiheitsgrade und können durch Übergang zur unitären Eichung mittels Gl. (3.2.26) weggeeicht werden. Man erhält $\mathcal{L}_H$ in der unitären Eichung als Spezialfall $\phi^\pm \equiv 0$, $\chi \equiv 0$ der Gl. (3.3.8):

$$(\mathcal{L}_H)_{\text{unitär}} = \frac{1}{4}v^2 g_2^2\,W^+_\mu W^{-\mu} + \frac{1}{8}v^2(g_2 W^o_\mu + g_1 B_\mu)^2$$

$$+ \frac{1}{2}(\partial_\mu\eta)^2 - \frac{\lambda}{4}v^2\eta^2 + \text{Terme höherer Ordnung} \qquad (3.3.8')$$

$$- \sum_{f,f'}(v\,g_{ff'}\,\overline{\psi}_f\,\psi_{f'}/\sqrt{2} + \frac{1}{2}g_{ff'}\,\overline{\psi}_f\,\psi_{f'}\,\eta/\sqrt{2})\,.$$

Hieraus können wir über die Eigenschaften der physikalischen Zustände folgendes ablesen:

- Das skalare, neutrale Higgs-Feld $\eta(x)$ hat die Masse

$$M_H = v\cdot\sqrt{\frac{\lambda}{2}}\,. \qquad (3.3.9)$$

- Die Massen der Vektorfelder ergeben sich aus der bilinearen Form:

$$\frac{1}{4}v^2 g_2^2\,W^+_\mu W^{-\mu} + \frac{1}{8}v^2(g_2 W^o_\mu + g_1 B_\mu)^2.$$

Die geladenen Vektorbosonen W^+ haben die Masse

$$M_{W^\pm} = v\cdot g_2/2\,. \qquad (3.3.10)$$

Wegen des Terms $g_1 g_2 W^o_\mu B^\mu$ ist eine Diagonalisierung der Matrix der Massenquadrate $(M^o)^2$ der neutralen Vektorbosonen (vgl. Gl. (3.2.27))

$$(M^o)^2 = \frac{v^2}{4}\begin{pmatrix} g_1^2 & g_1 g_2 \\ g_1 g_2 & g_2^2 \end{pmatrix} \tag{3.3.11}$$

nötig. Die Determinante von $(M^o)^2$ verschwindet: $\det(M^o)^2 = 0$. Daher ist einer der beiden Eigenwerte Null, was die Tatsache reflektiert, daß wegen der ungebrochenen $U(1)_{em}$ - Eichinvarianz ein neutrales Vektorfeld - das Photon - masselos bleibt. Die Summe der Eigenwerte ist $v^2 \cdot (g_1^2 + g_2^2)/4$, daher ist die Masse des schweren neutralen Vektorbosons Z:

$$M_Z = \frac{v}{2}\sqrt{g_1^2 + g_2^2} \ . \tag{3.3.12}$$

- Im Zuge der Diagonalisierung der Massenquadratmatrix der neutralen Vektorbosonen führen wir durch eine orthogonale Transformation neue Felder ein:

$$\begin{aligned} Z_\mu &= \cos\theta_W \cdot W^o_\mu + \sin\theta_W \cdot B_\mu \ ; \quad & B_\mu &= \cos\theta_W \cdot A_\mu + \sin\theta_W \cdot Z_\mu \\ A_\mu &= -\sin\theta_W \cdot W^o_\mu + \cos\theta_W \cdot B_\mu \ ; \quad & W^o_\mu &= -\sin\theta_W \cdot A_\mu + \cos\theta_W \cdot Z_\mu \ . \end{aligned} \tag{3.3.13}$$

Der Weinberg-Winkel θ_W wird so bestimmt, daß $(M^o)^2$ diagonal wird. Dies verlangt:

$$g_2 \cdot \sin\theta_W = g_1 \cos\theta_W \ , \quad \sin\theta_W = \frac{g_1}{\sqrt{g_1^2 + g_2^2}} \ . \tag{3.3.14}$$

- Für die Fermionen haben wir einen Massenterm aus der ursprünglichen Fermion-Higgs-Kopplung erhalten. Für diese spontane Massenerzeugung sind die Kopplungskonstanten $g_{ff'}$ so zu wählen, daß diese Massenmatrix diagonal ist:

$$M_f = v\, g_f^H/\sqrt{2} \ \text{mit} \ g_{ff'} = \delta_{ff'} \cdot g_f^H \tag{3.3.15}$$

Dies wären die physikalischen Massen der Fermionen, wenn nicht die schwachen Isospin-Multipletts durch eine noch unverstandene ("horizontale" [Be 82 N]) Wechselwirkung gemischt wären. Diese Mischung wurde in Gl. (1.3.20) durch die Cabibbo-Matrix parametrisiert.

- Das Higgs-Feld $\eta(x)$ ist mit $g_f^H = \sqrt{2}\, M_f/v$ d.h. proportional zu den Fermionmassen an die Fermionen gekoppelt.

Für $\mathcal{L}_{GSW}$ können wir nun in den Feldern $W_\mu^\pm, A_\mu, Z_\mu$ schreiben ($c_W \equiv \cos\theta_W, s_W \equiv \sin\theta_W$):

$$
\begin{aligned}
\mathcal{L}_{GSW} = & \sum_f (\overline{\psi}_f (i\not{\partial} - M_f)\psi_f - e\overline{\psi}_f \gamma^\mu Q_f \psi_f A_\mu) \\
& + \sum_i \frac{g_2}{\sqrt{2}} (\overline{a}_L^i \gamma^\mu b_L^{\prime i} W_\mu^+ + \overline{b}_L^{\prime i} \gamma^\mu a_L^i W_\mu^-) \\
& + \sum_i \frac{g_2}{c_W} (\overline{\psi}_L^i \gamma^\mu I_i^{(o)} \psi_L^i - s_W^2 \overline{\psi}^i Q_i \gamma^\mu \psi^i) Z_\mu \\
& - \frac{1}{4} |\partial_\mu A_\nu - \partial_\nu A_\mu - ie(W_\mu^- W_\nu^+ - W_\mu^+ W_\nu^-)|^2 \\
& - \frac{1}{2} |\partial_\mu W_\nu^+ - \partial_\nu W_\mu^+ - ie(W_\mu^+ A_\nu - W_\nu^+ A_\mu) + igc_W(W_\mu^+ Z_\nu - W_\nu^+ Z_\mu)|^2 \\
& - \frac{1}{4} |\partial_\mu Z_\nu - \partial_\nu Z_\mu + igc_W(W_\mu^- W_\nu^+ - W_\nu^- W_\mu^+)|^2 \\
& - \frac{1}{2} M_H^2 \eta^2 - \frac{g_2 M_H^2}{2M_W} \eta(\phi^+\phi^- + \frac{1}{2}|\eta + i\chi|^2) \\
& - \frac{g^2 M_H^2}{8M_W^2} (\phi^+\phi^- + \frac{1}{2}|\eta + i\chi|^2)^2 \\
& + |\partial_\mu \phi^+ - ig\frac{c_W^2 - s_W^2}{2c_W} Z_\mu \phi^+ + ieA_\mu \phi^+ - iM_W W_\mu^+ - \frac{i}{2} g_2 W_\mu^+ (\eta + i\chi)|^2 \\
& + \frac{1}{2} |\partial_\mu (\eta + i\chi) - ig_2 W_\mu^- \phi^+ + iM_Z Z_\mu + \frac{ig_2}{2c_W} Z_\mu (\eta + i\chi)|^2 \\
& - \sum_f \frac{g_2}{2} \frac{M_f}{M_W} (\overline{\psi}^f \psi^f \eta + i\overline{\psi}^f \gamma_5 \psi^f \chi) - \sum_i \frac{g_2}{\sqrt{2}} (\frac{M_b^i}{M_W} \overline{a}_R^i b_L^i \phi^+ + \frac{M_a^i}{M_W} \overline{b}_R^i a_L^i \phi^- + h.c.) \, .
\end{aligned}
\tag{3.3.16}
$$

Hier steht in der ersten Zeile die freie Lagrange-Dichte der Fermionen und die Kopplung der Fermionen an das Photonfeld A_μ. Dabei hat sich die Elementarladung $e = \sqrt{4\pi\alpha}$ ergeben zu:

$$
e = g_2 \sin\theta_W = g_1 \cos\theta_W \, , \quad \alpha = \frac{e^2}{4\pi} \approx \frac{1}{137} \, . \tag{3.3.17}
$$

In der zweiten Zeile finden wir die universelle Kopplung der linkshändigen

Fermionen an die geladenen Eichbosonen, in der dritten die Kopplung der Fermionen an das neutrale Eichboson Z. Offensichtlich reproduzieren diese Ausdrücke in der Näherung kleiner Energien und in der führenden Ordnung in g_2 das Fermi-Modell. Daher können wir identifizieren:

$$4\,\frac{G_F}{\sqrt{2}} = \frac{g_2^2}{2M_W^2} = \frac{2}{v^2}\;. \tag{3.3.18}$$

Hieraus folgt: $v \approx 250$ GeV und mit Gl. (3.3.10, 12):

$$M_W = \frac{37{,}3\ \text{GeV}}{\sin\theta_W}\;,\quad M_Z = \frac{M_W}{\cos\theta_W} = \frac{37{,}3\ \text{GeV}}{\sin\theta_W\cos\theta_W}\;. \tag{3.3.19}$$

Für $\sin^2\theta_W = 0{,}23$ erhalten wir: $M_W = 78$ GeV, $M_Z = 89$ GeV. Es ist also möglich, aus den Niederenergieparametern G_F, α, $\sin^2\theta_W$ die Massen der Eichbosonen zu berechnen. Aus Gl. (3.3.17) sind damit auch die beiden Eichkopplungskonstanten bestimmt:

$$\begin{aligned} g_1 &= 0{,}36\;, & g_2 &= 0{,}63\;, \\ \alpha_1 &= \frac{g_1^2}{4\pi} = 0{,}010\;, & \alpha_2 &= \frac{g_2^2}{4\pi} = 0{,}032\;. \end{aligned} \tag{3.3.17'}$$

Die weiteren Ausdrücke in $\mathcal{L}_{GSW}$ beschreiben die Kopplungen der Eichbosonen und die Masse und Kopplungen des Higgs-Teilchens. Allerdings ist aus den derzeitigen Daten eine Bestimmung des Parameters λ nicht möglich, so daß man keinen Wert für die Masse des Higgs-Teilchens angeben kann. Andererseits kennen wir mit v und M_f die Kopplungen g_f^H des Higgs-Teilchens an die Fermionen:

$$g_f^H = \frac{M_f}{v} \approx \frac{M_f}{250\ \text{GeV}}\;. \tag{3.3.20}$$

Mit Ausnahme des Parameters λ sind daher alle Parameter im GSW-Modell bestimmt.

Für Rechnungen in der Baumgraphen-Näherung kann Gl. (3.3.16) für $\mathcal{L}_{GSW}$ verwendet werden. Dabei darf man von der unitären Eichung Gebrauch machen, also $\phi^\pm = \chi = 0$ setzen. Die konsistente Quantisierung erfordert wie bei allen nichtabelschen Eichtheorien die Einführung eines eichfixierenden Terms und von Faddeev-Popov-Geistfeldern. Wir wählen hierzu eine 't Hooft-Eichung (vgl. Abschn.

3.2.2 c) der folgenden Form:

$$\mathcal{L}_{Fix} = -\frac{\xi_A}{2}\cdot(\partial^\mu A_\mu)^2 - \xi_W\cdot|\partial^\mu W_\mu^+ - i\frac{M_W}{\xi_W}\phi^+|^2 - \frac{\xi_Z}{2}\cdot(\partial^\mu Z_\mu - \frac{M_Z}{\xi_Z}\chi)^2 . \qquad (3.3.21)$$

Diese führt für $\xi_a \neq 0$, a = A,W,Z, zu einer renormierbaren Theorie, insbesondere kann mit Vorteil die Feynman-Eichung $\xi_a = 1$ gewählt werden. Für $\xi_a \to 0$ geht die Eichung Gl. (3.3.21) in die unitäre Eichung über.

Für $\xi_a = 1$ sind die Vektorboson-Propagatoren von der Form

$$D^a_{\mu\nu}(k) = -i(2\pi)^{-4} g_{\mu\nu}/(k^2 - M_a^2) \ , \quad a = W,Z,\gamma . \qquad (3.3.22)$$

Die Propagatoren der $\phi^\pm$- und χ-Felder enthalten ebenfalls die Eichbosonmassen:

$$\Delta^a_F(q) = i\,(2\pi)^{-4}/(q^2 - M_a^2) . \qquad (3.3.22')$$

Die Faddeev-Popov-Lagrangedichte lautet für $\xi_a = 1$, mit der Bezeichnung $u^\pm$, u_Z, u_A für die Geistfelder:

$$\begin{aligned}\mathcal{L}_{FP} = &-\bar{u}^+(\partial^\mu\partial_\mu + M_W^2)u^+ + ig_2c_W\bar{u}^+\partial^\mu(Z_\mu u^+) - ie\,\bar{u}^+\partial^\mu(A_\mu u^+)\\ &- ig_2\bar{u}^+\partial^\mu(W^+(u_Z c_W - u_A s_W))\\ &- M_W\bar{u}^+[g_2(c_W^2 - s_W^2)/2c_W u_Z\phi^+ - eu_A\phi^+ + \frac{g_2}{2}u^+(\eta + i\chi)]\\ &+ (u^+\to u^-,\ W^+\to W^-,\ i\to -i) \qquad (3.3.23)\\ &- \bar{u}_Z(\partial^\mu\partial_\mu + M_Z^2)u_Z - ig_2c_W\bar{u}_Z\partial^\mu(u^+W_\mu^- - u^-W_\mu^+)\\ &- M_Z\bar{u}_Z(-\frac{g_2}{2}u^-\phi^+ - \frac{g_2}{2}u^+\phi^- + \frac{g}{2c_W}u_Z\eta)\\ &- \bar{u}_A\partial^\mu\partial_\mu u_A + ie\,\bar{u}_A\partial^\mu(u^+W_\mu^- - u^-W_\mu^+) .\end{aligned}$$

Damit ist die GSW-Theorie in der Eichung mit $\xi_a = 1$ vollständig definiert [Sa 80].

Bei der zu Beginn dieses Abschnitts durchgeführten Einteilung der Fermionen in Paare kompensieren sich die elektrischen Ladungen der leichten Quarks, der mittleren und, falls das t-Quark mit Ladung $2/3 \cdot e$ existiert auch die der schweren Quarks jeweils mit den Ladungen der e, μ, τ - Leptonen. Dadurch ist die durch Gl. (3.3.16, 21, 23) formulierte Theorie frei von γ_5 - Anomalien und daher renormierbar (vgl. Abschn. 2.4.3 f). Die Zusammenfassung von $[(\nu_e, e), (u, d')]$ etc. zu "Familien" spielt eine wichtige Rolle bei der Vereinigung der starken und elektroschwachen Wechselwirkung in einer einheitlichen Eichtheorie (Abschn. 3.4).

3.3.3 Vorhersagen der Glashow-Salam-Weinberg-Theorie

a) Die GSW-Theorie geht im Grenzfall kleiner Energien ($E \ll M_W, M_Z$) und in der Ordnung g_1^2, g_2^2 in das Fermi-Modell über, welches wir in Abschn. 1.3 besprochen haben. Experimente, die bei kleinen Energien durchgeführt werden und deren Genauigkeit nicht den Test von Termen höherer Ordnung z.B. Strahlungskorrekturen ermöglicht, können also nicht zwischen der Eichtheorie der elektroschwachen Wechselwirkung und dem phänomenologischen Modell unterscheiden. Die bisher gemachten zahlreichen Experimente zur Neutrino-Lepton-Streuung, Neutrino-Nukleon-Streuung, polarisierten Elektron-Nukleon-Streuung und zur Paritätsverletzung in der Atomphysik bestätigen jedoch, daß der Niederenergielimes der GSW-Theorie - das Fermi-Modell - im Rahmen der Meßgenauigkeit in Übereinstimmung mit der Natur ist.

Wir sind in diesem Abschnitt an solchen Vorhersagen der GSW-Theorie interessiert, die für ihren Charakter als Eichtheorie typisch sind. An erster Stelle muß hier noch einmal die Vorhersage für die Massen der Eichbosonen genannt werden:

$$M_W \approx 78 \text{ GeV}, \qquad M_Z \approx 89 \text{ GeV}.$$

Strahlungskorrekturen [Ve 80, Si 80, Ca 80] können diese um einige GeV ändern. Darüber hinaus sucht man nach weiteren Effekten der W- und Z-Bosonen, nach der für Eichtheorien typischen W^+W^-Z - und $W^+W^-\gamma$ - Kopplung, sowie nach Spuren des Higgs-Teilchens. Diese Effekte sind entweder direkt bei genügend großer Energie $E \gtrsim M_Z, M_W$ oder subtil als Strahlungskorrekturen bei niedrigen Energien nachweisbar. Letzteres scheint sowohl vom Stand der Experimente als auch der Theorie die kompliziertere Möglichkeit zu sein. Daher werden wir uns hauptsächlich mit den Vorhersagen der GSW-Theorie bei hohen Energien beschäftigen.

b) Für die Elektron-Positron-Vernichtung in ein Fermion-Antifermion-Paar sagt die GSW-Theorie Energie-abhängige Interferenzen zwischen dem 1-Photonaustausch und dem Z-Austausch voraus.

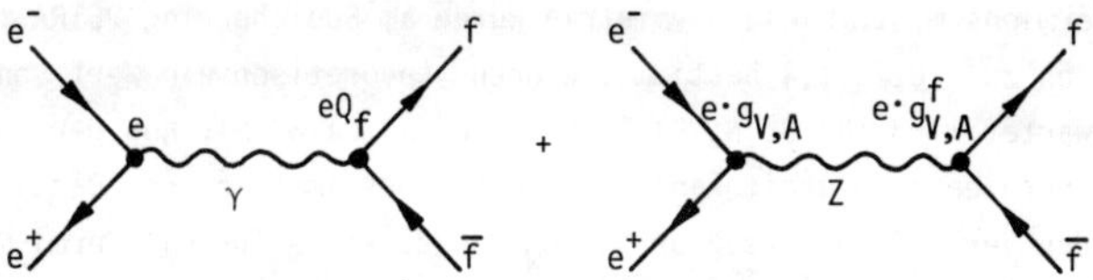

Nach Gl. (3.3.16) sind die Kopplungen g_V, g_A, g_V^f, g_A^f mit $e = g_2 \cdot \sin\theta_W$ gegeben zu:

$$g_V = \frac{-1}{2s_W c_W}\left(\frac{1}{2} - 2s_W^2\right), \; g_A = \frac{1}{4s_W c_W}, \; g_V^f = \frac{1}{2s_W c_W}\left(I_{W,f}^{(o)} - 2Q_f s_W^2\right), \; g_A^f = \frac{1}{2s_W c_W} I_{W,f}^{(o)} .$$

Damit berechnet sich der differentielle Wirkungsquerschnitt für die Vernichtung polarisierter Elektronen (P_L^-, P_T^- ≡ longitudinaler bzw. transversaler Polarisationsgrad) und Positronen (P_L^+, P_T^+) zu:

$$\begin{aligned}
\frac{4s}{\alpha^2}\frac{d\sigma}{d\Omega} = {} & (1+\cos^2\vartheta)(1+P_L^+P_L^-)[Q_f^2 - Q_f D(s)\, 2g_V g_V^f + D^2(s)(g_V^2+g_A^2)((g_V^f)^2+(g_A^f)^2)] \\
& + \sin^2\vartheta \cos 2\varphi P_T^+P_T^-[Q_f^2 - Q_f D(s)\, 2g_V g_V^f + D^2(s)(g_V^2-g_A^2)((g_V^f)^2+(g_A^f)^2)] \\
& + 2\cos\vartheta(1+P_L^+P_L^-)\,[-Q_f D(s) 2g_A g_A^f + D^2(s) 2g_V g_A \cdot 2g_V^f g_A^f] \qquad (3.3.24) \\
& + (1+\cos^2\vartheta)(P_L^+ + P_L^-)\,[-Q_f D(s) 2g_A g_A^f + D^2(s)\cdot 2g_V g_A((g_V^f)^2+(g_A^f)^2)] \\
& + 2\cos\vartheta(P_L^+ + P_L^-)[-Q_f D(s)\, 2g_V g_A^f + D^2(s)\cdot 2g_V^f g_A^f(g_V^2+g_A^2)]
\end{aligned}$$

mit $D(s) = \frac{s}{s - M_Z^2}$ und $M_Z = (37{,}3 \text{ GeV})/\sin\theta_W \cdot \cos\theta_W$.

Für unpolarisierte Strahlen sagt dies neben einer Korrektur am ersten Term eine Vorwärts-Rückwärts-Asymmetrie voraus:

$$A(\vartheta) = \frac{d\sigma(\vartheta) - d\sigma(\pi-\vartheta)}{d\sigma(\vartheta) + d\sigma(\pi+\vartheta)} = \frac{2\cos\vartheta}{1+\cos^2\vartheta} \cdot D(s) \cdot \frac{2g_A g_A^f}{Q_f} + O(D^2(s)), \qquad (3.3.25)$$

$$\approx -\frac{2\cos\vartheta}{1+\cos^2\vartheta} \cdot s \cdot \frac{G_F/\sqrt{2}}{e^2|Q_f|} \quad \text{für } s \ll M_Z^2$$

welche das Produkt der Axialvektor-Kopplungskonstanten des Elektrons und des Endzustandsfermions mißt. Diese Asymmetrie wurde am Speicherring PETRA für die $\mu^+\mu^-$-Produktion zu $-10{,}4 \pm 1{,}4$ bestimmt, während theoretisch ein Wert von $-8{,}6 \pm 0{,}2$ erwartet wird [Br 82 N, Ba 82 N, Be 82 N, Da 82 N]. Aus der in D(s) enthaltenen Energieabhängigkeit kann die Z-Masse bestimmt werden. Dazu zeigen wir in Fig. 3.2 den Verlauf von D(s) für $\sin^2\theta_W = 0{,}25$ sowie für das Fermi-Modell $D_{Fermi}(s) = -s\cdot\sqrt{2}\,G_F\cdot\sin^2\theta_W\cdot\cos^2\theta_W/\pi\alpha$. Mit longitudinal polarisierten Strahlen kann das Produkt der Vektor- und Axialvektor-Kopplungskonstanten gemessen werden, d.h. ein direkter Nachweis der paritätsverletzenden Effekte erbracht werden.

c) Die <u>Existenz des Z-Bosons</u> kann an e^+e^--Speicherringen mit großer Energie bewiesen werden. In der Umgebung der Z-Masse hat der Wirkungsquerschnitt für die Reaktion $e^+e^- \rightarrow Z \rightarrow$ Endzustand F die Breit-Wigner-Form:

$$\sigma(e^+e^- \rightarrow Z \rightarrow F) = 12\pi\,\frac{\Gamma(Z\rightarrow e^+e^-)\cdot\Gamma(Z\rightarrow F)}{(s - M_Z^2)^2 + (\Gamma_Z)^2\cdot(M_Z)^2} \quad . \tag{3.3.26}$$

Die leptonischen Zerfälle der Eichbosonen sind im Rahmen der GSW-Theorie direkt berechenbar. Mit den oben angegebenen Werten für die Massen ist [Bj 76]:

$$\begin{aligned} \Gamma(Z \rightarrow f\bar{f}) &= \alpha\,\frac{M_Z}{3}\,((g_V^f)^2 + (g_A^f)^2), & \Gamma(Z \rightarrow \mu^+\mu^-) &= 69 \text{ MeV} \;, \\ \Gamma(W \rightarrow f\bar{f}) &= \frac{G_F}{\sqrt{2}}\,\frac{M_W^3}{6\pi}\,\left[\times \text{Colour-Faktor } 3, \text{ falls } f\bar{f} = q\bar{q}\right], & \Gamma(W^+ \rightarrow e^+\nu_e) &= 165 \text{ MeV} \;. \end{aligned} \tag{3.3.27}$$

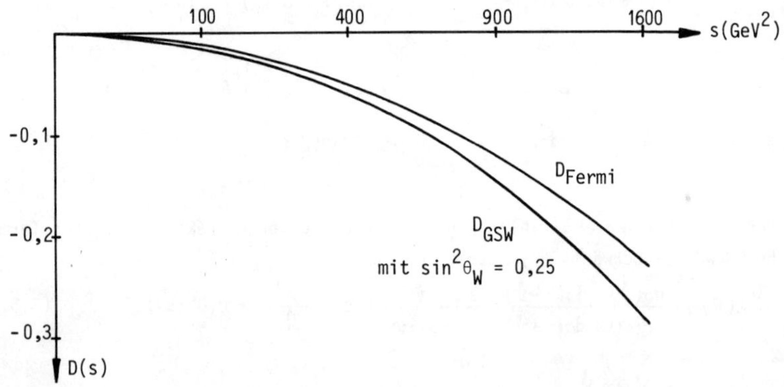

Fig. 3.2: Vergleich der Funktionen D(s) im Fermi-Modell und in der GSW-Theorie

Die totalen Breiten kann man für drei Lepton- und drei Quark-Paare abschätzen:

$$\Gamma_Z \approx \sum_{f\bar{f}} \Gamma_{f\bar{f}} \approx 2{,}2 \text{ GeV} \,,$$
$$\Gamma_{W^+} \approx \Gamma(W^+ \to e^+\nu_e)\cdot(\underset{e\nu}{1} + \underset{\mu\nu}{1} + \underset{\tau\nu}{1} + \underset{u\bar{d}}{3} + \underset{c\bar{s}}{3} + \underset{t\bar{b}}{3}) \approx 2{,}0 \text{ GeV} \,. \tag{3.3.28}$$

Wegen $\Gamma_Z \approx 2{,}2$ GeV wird die Breit-Wigner-Kurve durch die Energieunschärfe der Elektronen und Positronen nur unwesentlich verbreitert. Daher kann man auf dem Peak den Wirkungsquerschnitt:

$$\sigma(\sqrt{s} = M_Z) = \frac{12\pi}{(M_Z)^2} \cdot B(Z \to e^+e^-)\cdot B(Z \to F) \tag{3.3.29}$$

erwarten. Das e^+e^--Verzweigungsverhältnis ist ungefähr 3%; beobachtet man Hadronen im Endzustand, so dürfte $B_F \approx 80\%$ sein. Damit ist bei einer Luminosität von $L = 10^{31}\ \text{cm}^{-2}\ \text{s}^{-1}$ etwa ein Z pro Sekunde zu erwarten. Wir vergleichen dies noch mit dem 1-Photonaustausch-Resultat für den μ-Paarerzeugungsquerschnitt:

$$R_Z = \frac{\sigma(\sqrt{s} = M_Z)}{\sigma(e^+e^- \underset{\gamma}{\to} \mu^+\mu^-)} = \frac{9\cdot B(Z \to e^+e^-)\cdot B(Z \to F)}{\alpha^2} \approx 10^4 \,. \tag{3.3.30}$$

In Fig. 3.3 zeigen wir den nach der GSW-Theorie erwarteten totalen Wirkungsquerschnitt in Einheiten von $\sigma(e^+e^- \underset{\gamma}{\to} \mu^+\mu^-)$ als Funktion der Energie. Die Rechnungen sind für drei Lepton- und drei Quark-Paare durchgeführt. Man sieht die drastische Resonanzüberhöhung durch die Produktion des Z-Vektorbosons. Sie sollte ausreichen, um die Zerfälle des Z's detailliert studieren zu können und damit die Kopplungen der GSW-Theorie zu testen.

d) <u>Die geladenen Vektorbosonen $W^\pm$</u> können paarweise an e^+e^--Speicherringen genügend hoher Energie produziert werden. (Der Wirkungsquerschnitt für die Reaktion $e^+e^- \to \bar{\nu}_e e^- W^+$ ist um zwei Größenordnungen kleiner als für die Paarerzeugung [Ll 79]). Der Nachweis der Existenz der W-Bosonen mit der Masse Gl. (3.3.19) wäre eine weitere Bestätigung der GSW-Theorie. Gleichzeitig ließe sich damit auch der nichtabelsche Charakter der GSW-Theorie etablieren, da die Existenz der W^+W^-Z-Eichkopplung drastische Auswirkungen auf die Größe des Wirkungsquerschnitts hat. Dies spiegelt konkret unsere allgemeinen Überlegungen von Abschn. 3.1 wider, daß die Wirkungsquerschnitte von Yang-Mills-Theorien bei hohen Energien nicht anwachsen. Die Berechnung der entsprechenden Feynman-Graphen

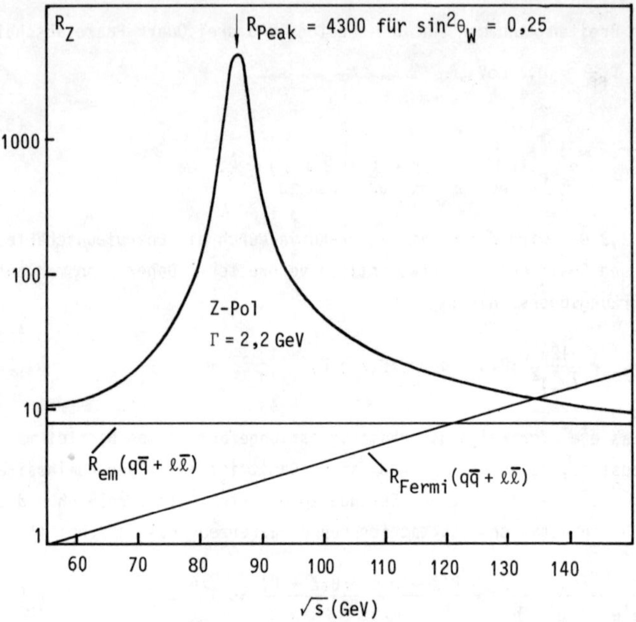

Fig. 3.3: Der totale e^+e^--Wirkungsquerschnitt in Einheiten von $\sigma(e^+e^- \xrightarrow[1\gamma]{} \mu^+\mu^-)$ nach der GSW-Theorie, dem Fermi-Modell und dem 1-Photonaustausch-Modell

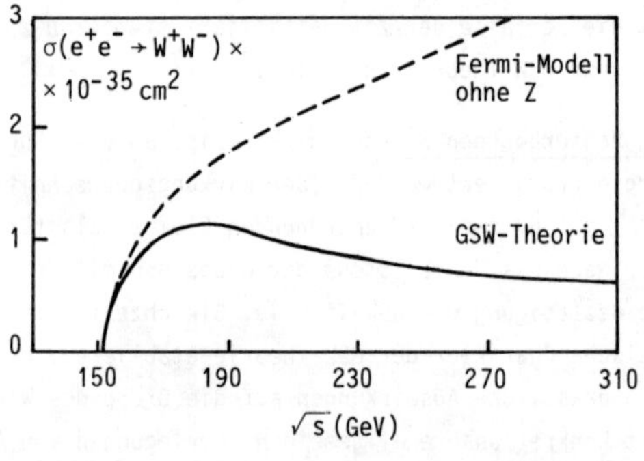

Fig. 3.4: Wirkungsquerschnitt für die Produktion von W^+W^--Paaren in der e^+e^--Vernichtung im Fermi-Modell (---) und in der GSW-Theorie (——).

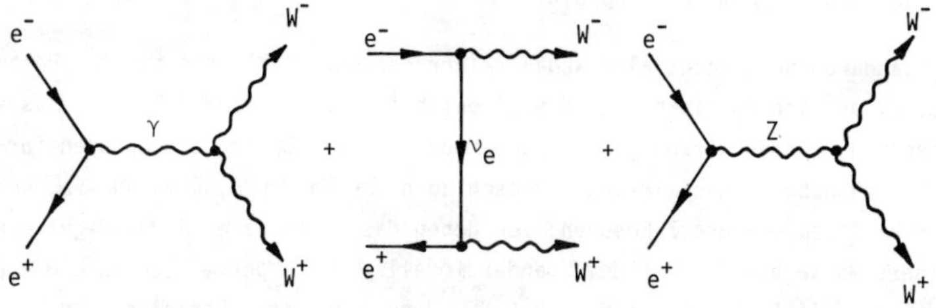

d.h. von 1-Photon-Austausch, Neutrino-Austausch und Z-Austausch ergibt den in Fig. 3.4 dargestellten Wirkungsquerschnitt. Ohne den Z-Austausch mit der W^+W^-Z-Eichkopplung ergibt sich die gestrichelte Kurve, die mit der Energie anwächst.

e) Wir haben gesehen, wie in Experimenten an e^+e^--Speicherringen die Bausteine der GSW-Theorie entdeckt und ihre Eigenschaften überprüft werden könnten. Als letzten Punkt in diesem Abschnitt wollen wir den Higgs-Sektor betrachten [El 76]. Die Higgs-Teilchen werden benötigt, um den Eichbosonen Masse zu geben, ohne die Renormierbarkeit der Theorie zu zerstören. Das überprüfbare Signal dieses Mechanismus ist das neutrale, skalare Higgs-Teilchen H mit seinen Kopplungen. Wie wir jedoch in Abschn. 3.3.2 gesehen haben, fehlt uns im Higgs-Sektor die Kenntnis eines Parameters, so daß die Masse und die Stärke der Selbstwechselwirkung des Higgs-Teilchens nicht explizit angegeben werden können. Es ist lediglich möglich, Grenzen für die Higgs-Masse anzugeben. Die obere Grenze, eine Unitaritätsschranke, liegt bei $M_H < 10^3$ GeV [Le 77], die untere, aus einer Stabilitätsbedingung des Vakuums berechnete Schranke bei $M_H > 3{,}7$ GeV [We 76 b]. Mit der zusätzlichen Annahme, daß das Potential, welches H Masse gibt, störungstheoretisch von den anderen Feldern erzeugt wird, erhält man typischerweise $M_H \approx 10$ GeV [Co 73 a, El 79 b]. Die Kopplungen des H an Fermionen sind deren Masse proportional. Deshalb spielen leichte Fermionen bei Reaktionen des Higgs-Teilchens so gut wie keine direkte Rolle. Die Kopplungskonstante erreicht erst für schwere Quarks oder Leptonen spürbare Werte. Aus diesem Grund erscheint derzeit folgender Mechanismus für den Nachweis von H's an Speicherringen Erfolg zu versprechen [Wi 77]:

$$e^+e^- \to T_t \to \gamma + H \quad \text{falls} \quad M_H < M_{T_t} .$$

Dabei ist T_t ein möglichst schweres Vektormeson z.B. der $t\bar{t}$-Zustand. Nachgewiesen wird das H über die monochromatische γ-Linie und die Tatsache, daß es bevorzugt an schwere Fermionen koppelt.

Das Standardmodell macht also wegen seiner geringen Zahl unbestimmter Parameter ziemlich präzise Aussagen über die Eigenschaften des W- und Z-Bosons. Aus verschiedenen Gründen wurden jedoch auch Modelle mit größeren Eichgruppen für die elektroschwache Wechselwirkung vorgeschlagen [De 77a, Sh 78, Da 79, De 79a, Ba 80]. Diese besitzen mehrere Z-Bosonen, von denen das leichteste in der Regel eine kleinere Masse hat als das des Standardmodells. Mit Experimenten an e^+e^--Speicherringen mit Energien bis zu 200 GeV und polarisierten Strahlen kann man überprüfen, ob die elektroschwache Wechselwirkung den Charakter einer nichtabelschen Eichtheorie mit spontaner Symmetriebrechung hat und welches der Modelle realisiert ist [Ho 80].

3.4 Ausblick: Versuche einer vereinheitlichten Beschreibung der starken und elektroschwachen Wechselwirkung

Das Prinzip der lokalen Eichinvarianz von Wechselwirkungen zusammen mit den Vorstellungen zur spontanen Symmetriebrechung erlaubt die Formulierung einer vereinheitlichten Theorie der em. und schwachen Wechselwirkung. Es ist naheliegend zu fragen, ob diese Prinzipien noch weiter tragen und sogar eine einheitliche Betrachtung von starker, em. und schwacher Wechselwirkung, eine große, vereinheitlichte Theorie ermöglichen (GUT ≡ grand unified theory). Solche spekulativen Versuche werden zur Zeit in den verschiedensten Richtungen unternommen [GUT]. Wir wollen zum Abschluß unserer Darstellung der Eichtheorien das einfachste Modell [Ge 74] dieser Art beschreiben, das sich dadurch auszeichnet, daß schon aus relativ einfachen Annahmen interessante Resultate folgen.

a) Faßt man die Eichsymmetrien der starken, em. und schwachen Wechselwirkung formal zusammen, so erhält man die Symmetriegruppe $SU(3)_C \times SU(2)_W \times U(1)$. Die kleinste einfache Lie-Gruppe, welche diese Gruppe umfaßt, ist die SU(5). Die 24 infinitesimalen Erzeugenden T_a der SU(5) in der Fundamentaldarstellung enthalten die Gell-Mann-Matrizen Gl. (1.2.4) der $SU(3)_C$-Gruppe und die Pauli-Matrizen Gl. (1.2.3) der schwachen Isospingruppe $SU(2)_W$:

$$SU(3)_C\colon\ T_a = \left[\begin{array}{c|c} \frac{\lambda_a}{2} & 0 \\ \hline 0 & 0 \end{array}\right] , \qquad SU(2)_W\colon\ T_{8+i} = \left[\begin{array}{c|c} 0 & 0 \\ \hline 0 & \frac{\tau_i}{2} \end{array}\right] \qquad (3.4.1)$$

$$a = 1, \ldots, 8 \qquad\qquad i = 1,2,3$$

Die weiteren Generatoren werden gebildet von einer Diagonalmatrix für die schwache Hyperladung $T_{12} = \sqrt{\frac{3}{5}} \cdot \frac{1}{2} Y_W$ und 12 Matrizen, welche Transformationen zwischen $SU(3)_C$ und $SU(2)_W$ erzeugen:

$$T_{12} = \sqrt{\frac{3}{5}} \cdot \frac{1}{2} Y_W = \frac{1}{\sqrt{15}} \left(\begin{array}{ccc|cc} -2 & 0 & 0 & & \\ 0 & -2 & 0 & & 0 \\ 0 & 0 & -2 & & \\ \hline & 0 & & 3 & 0 \\ & & & 0 & 3 \end{array}\right), \quad T_{13} = \frac{1}{2} \left(\begin{array}{ccc|cc} & & & 0 & 0 \\ & 0 & & 0 & 0 \\ & & & 1 & 0 \\ \hline 0 & 0 & 1 & & \\ 0 & 0 & 0 & & 0 \end{array}\right), \quad T_{14} = \frac{1}{2} \left(\begin{array}{ccc|cc} & & & 0 & 0 \\ & 0 & & 0 & 0 \\ & & & -i & 0 \\ \hline 0 & 0 & i & & \\ 0 & 0 & 0 & & 0 \end{array}\right), \text{etc.} \tag{3.4.2}$$

Die Normierung Spur $(T_a T_b) = \delta_{ab}/2$ entspricht derjenigen von Gl. (1.2.3 - 6). Die lokale Eichinvarianz dieser Gruppe wird durch 24 Eichfelder vermittelt, die neben den Gluonen der QCD und den Eichbosonen W_μ^a, B_μ der elektroschwachen Wechselwirkung 12 zusätzliche Vektorfelder X,Y enthalten. Gemäß der Darstellung der Erzeugenden T_a werden diese folgendermaßen zusammengefaßt, Gl. (2.2.4):

$$\left(\begin{array}{c|c} \text{Gluonen} & X,Y \\ \hline \bar{X} & \\ \bar{Y} & W^a \end{array}\right)_{B} \quad . \tag{3.4.3}$$

Die neuen Bosonen (X,Y) und deren Antiteilchen $(\bar{X},\bar{Y})$ tragen entsprechend ihrer Mittlerstellung zwischen $SU(3)_C$ und $SU(2)_W$ Quantenzahlen beider Gruppen. Sie bilden Isospin_W-Dublett-Farbtripletts.

Weil bei niedriger Energie die starke und elektroschwache Wechselwirkung offensichtlich nicht durch eine SU(5)-invariante, universelle Kopplung beschrieben wird, kann die SU(5)-Symmetrie nur in gebrochener Form vorliegen. Man nimmt an, daß ähnlich wie in der GSW-Theorie ein Higgs-Mechanismus für die unterschiedliche Kopplungsstärke verantwortlich ist. In diesem Fall bewirkt eine große Masse der X- und Y-Bosonen die Aufspaltung der SU(5)-Wechselwirkung. Dieser Sachverhalt wird im folgenden noch näher erläutert.

b) Eine Vergrößerung der Symmetriegruppe hat im allgemeinen größere Teilchen-Multipletts zur Folge. In der SU(5)-Eichtheorie können die schon früher (Abschn. 1.3.2 c) eingeführten Generationen $(e,\nu_e;u,d)$, $(\mu,\nu_\mu;c,s)$, $(\tau,\nu_\tau;t,b)$ als Symmetriemultipletts aufgefaßt werden [Ge 74]. Dazu müssen wir ähnlich wie in der GSW-Theorie die Fermionen in die links- und rechtshändigen Komponenten aufspalten:

$$\begin{pmatrix} \nu_e & u_r & u_g & u_b \\ e^- & d_r & d_g & d_b \end{pmatrix}_L \quad , \quad (e^-;\, u_r,\, u_g,\, u_b;\, d_r,\, d_g,\, d_b)_R$$

$$\begin{pmatrix} \nu_\mu & c_r & c_g & c_b \\ \mu^- & s_r & s_g & s_b \end{pmatrix}_L \quad , \quad (\mu^-;\, c_r,\, c_g,\, c_b;\, s_r,\, s_g,\, s_b)_R$$

$$\begin{pmatrix} \nu_\tau & t_r & t_g & t_b \\ \tau^- & b_r & b_g & b_b \end{pmatrix}_L \quad , \quad (\tau^-;\, t_r,\, t_g,\, t_b;\, b_r,\, b_g,\, b_b)_R \; .$$

Wir schreiben jede Generation als linkshändiges Multiplett, indem wir die rechtshändigen Teilchen-Felder durch linkshändige Antiteilchen-Felder ersetzen und vice versa: $\tilde{f} = C f_R = \gamma_0\gamma_2\cdot(1+\gamma_5)/2\cdot f^*$. Mit dieser Bezeichnung ist eine Generation die direkte Summe einer $(\overline{5})$- und einer (10)-Darstellung der $SU(5) \supset SU(3)_C \times SU(2)_W \times U(1)$:

$$(\overline{5}): \begin{pmatrix} \tilde{d}_r \\ \tilde{d}_g \\ \tilde{d}_b \\ \hline e^- \\ \nu_e \end{pmatrix} \sim \begin{pmatrix} (\overline{3},0,\frac{1}{3}) \\ \hline (1,\frac{1}{2},-\frac{1}{2}) \end{pmatrix} , \quad (10): \left(\begin{array}{ccc|cc} 0 & \tilde{u}_b & -\tilde{u}_g & u_r & d_r \\ -\tilde{u}_b & 0 & \tilde{u}_r & u_g & d_g \\ \tilde{u}_g & -\tilde{u}_r & 0 & u_b & d_b \\ \hline -u_r & -u_g & -u_b & 0 & \tilde{e} \\ -d_r & -d_g & -d_b & -\tilde{e} & 0 \end{array}\right) \sim \left(\begin{array}{c|c} (\overline{3},0,-\frac{2}{3}) & (3,\frac{1}{2},\frac{1}{6}) \\ \hline (3,\frac{1}{2},\frac{1}{6}) & (1,0,1) \end{array}\right) \tag{3.4.4}$$

Entsprechendes gilt für die anderen Generationen, wobei wir die Komplikation aufgrund der Kobayashi-Maskawa-Mischung (Gl. (1.3.20)) unterdrücken.

Was sind die Ergebnisse dieser Zuordnung?

- Man beschreibt die Ladungsoperatoren in diesen Multipletts mit Hilfe der T_a's der Fundamentaldarstellung, Gl. (3.4.1, 2), durch:

  $$(T_a\psi)^{(\overline{5})} = -\,T_a^*\,\psi^{(\overline{5})}, \quad (T_a\psi)^{(10)} = T_a\,\psi^{(10)} + \psi^{(10)}\,T_a^t . \tag{3.4.5}$$

  Dann ergeben sich in der Tat die richtigen $SU(3)_C \times SU(2)_W \times U(1)$-Quantenzahlen: (Colour, I_W, $\frac{1}{2}Y_W$), wie in Gl. (3.4.4) angegeben.

- Die Multipletts Gl. (3.4.4) beschreiben Leptonen und Hadronen gleichberechtigt. In diesem Sinne realisiert das SU(5)-Schema die Idee einer Lepton-Hadron-Symmetrie.
- Die SU(5)-Symmetrie erklärt die Gleichheit der elektrischen Ladung von Elektron und Proton: $|Q_e| = |Q_p|$ [Ge 74]. Experimentell ist [Pa 82]:

$$(|Q_e| - |Q_p|)/|Q_e| < 10^{-21} .$$

Der Operator der elektrischen Ladung ist $Q = I_W^{(o)} + \frac{1}{2}Y_W = T_{11} + \sqrt{\frac{5}{3}}T_{12}$, Gl. (3.3.2) und Gl. (3.4.1,2). Aus Spur Q = 0 folgt für $(\overline{5})$: $Q_e + 3Q_{\overline{d}} = 0$, d.h. $Q_d = \frac{1}{3}Q_e$. Da in der Darstellung (10) u und d Isospin-Dubletts sind, gilt: $Q_u = Q_d + 1 = -\frac{2}{3}Q_e$. Daraus ergibt sich für das Proton $Q_p = 2Q_u + Q_d = -Q_e$.

Es ist ein unschöner Zug der Zuordnung Gl. (3.4.4), daß die Teilchen einer Generation durch eine reduzible Darstellung beschrieben werden. Es gibt eine Erweiterung der SU(5)-Symmetrie zur SO(10) [Fr 75, Ge 75], bei welcher unter Hinzunahme eines schweren, neutralen Teilchens jede Generation in eine irreduzible 16-dimensionale Darstellung eingeordnet wird. In diesem Schema findet auch die Bedingung für die Anomalie-Freiheit, Gl. (2.4.64), welche für die einzelnen Generationen erfüllt ist, eine natürliche Erklärung [Fr 75].

c) Im Grenzfall der ungebrochenen SU(5)-Symmetrie ergibt sich die starke, em. und schwache Wechselwirkung als minimale, eichinvariante Kopplung der geladenen Felder an die Eichfelder. Schreiben wir den Term $g_5\, T_a\, A_\mu^a(x)$ in der kovarianten Ableitung explizit:

$$g_5 T_a A_\mu^a = g_5 \Big(\sum_{a \in SU(3)_C} T_a A_\mu^a + \sum_{a \in SU(2)_W} T_a W^a + \sqrt{\frac{3}{5}}\frac{Y_W}{2} B_\mu + \ldots \Big) \qquad (3.4.6)$$

und vergleichen dies mit Gl. (2.2.39) für $g_3 = -g_s$ der $SU(3)_C$ und Gl. (3.3.3) für g_2, g_1 der $SU(2)_W \times U(1)$, dann erhalten wir

$$g_5 = g_3 = g_2 = \sqrt{\frac{5}{3}}\, g_1 . \qquad (3.4.7)$$

Dies ergibt für den Weinberg-Winkel nach Gl. (3.3.14):

$$\sin^2 \theta_W = \frac{g_1^2}{g_1^2 + g_2^2} = \frac{3}{8} . \qquad (3.4.8)$$

Die Symmetrierelationen Gl. (3.4.7) gelten in einer spontan gebrochenen Eichtheorie nur für die gleitenden Kopplungskonstanten g_n, n = 1,2,3,5, und damit für den gleitenden Weinberg-Winkel bei Energien, die groß sind im Vergleich zu den, durch den Higgs-Mechanismus erzeugten Massen. Um zu einem Vergleich mit den experimentellen Werten bei niedrigen Energien zu kommen, muß man die Kopplungskonstanten $g_n = \sqrt{4\pi\alpha_n}$ mit Hilfe der Lösungen der Renormierungsgruppengleichungen (vgl. Gl. (2.5.20, 22)):

$$\alpha_n^{-1}(Q^2) = \alpha_n^{-1}(\mathcal{M}^2) - \frac{4N_G - 11C_2(SU(n))}{12\pi} \log \frac{Q^2}{\mathcal{M}^2} + \dots \qquad (3.4.9)$$

zu niedrigen Energien fortsetzen [Ge 74 a, Bu 78 a].

Die Renormierungsgruppengleichungen wurden unter der Annahme hergeleitet, daß die Massen der Theorie vernachlässigt werden können. Sie gelten jedoch auch für effektive Theorien und Energien, die groß sind gegenüber den Massen der angeregten Freiheitsgrade und klein gegenüber den Massen der nicht angeregten Freiheitsgrade [We 80]. Für $C_2(SU(n))$ ist dann der Wert der entsprechenden effektiven Eichgruppe und für N_G die effektive Anzahl der Fermion-Multipletts einzusetzen. Daraus ergibt sich für unseren Fall das folgende Vorgehen:

Wir nehmen ein Higgs-Multiplett an, welches unter SU(5) nach der adjungierten Darstellung transformiert und folgende, von Null verschiedene Vakuumkomponente besitzt [Bu 78 a, El 80 b]:

$$\langle 0 | \phi^{(24)} | 0 \rangle = V \cdot \left(\begin{array}{ccc|cc} 1 & 0 & 0 & & \\ 0 & 1 & 0 & \multicolumn{2}{c}{0} \\ 0 & 0 & 1 & & \\ \hline & 0 & & -3/2 & 0 \\ & & & 0 & -3/2 \end{array} \right) \sim V \cdot Y_W . \qquad (3.4.10)$$

Durch diese Higgs-Struktur wird die SU(5) spontan nach $SU(3)_C \times SU(2)_W \times U(1)$ gebrochen (vgl. S. 345). Die X,Y-Eichbosonen erhalten dabei eine Masse $M_X^2 = M_Y^2 = \frac{25}{8} g_5^2 V^2$ entsprechend Gl. (3.2.27). Für Energien größer als M_X gilt die RG-Gleichung (3.4.9) mit G = SU(5) und $N_G = 3$ für α_5. Für Energien, welche klein gegenüber M_X, jedoch groß gegenüber M_Z, M_W sind, gelten die Gleichungen (3.4.9) für SU(n), n = 1,2,3 und den entsprechenden Anzahlen von Colour- bzw. schwachen Isospin-Multipletts. Im Schwellenbereich, der eine genaue Behandlung erfordert [Ro 78], müssen die Kopplungskonstanten g_1, g_2, g_3 die Symmetrierelation (3.4.7) annähern, um sie dann darüber hinaus zu erfüllen. Dies erlaubt eine erste Ab-

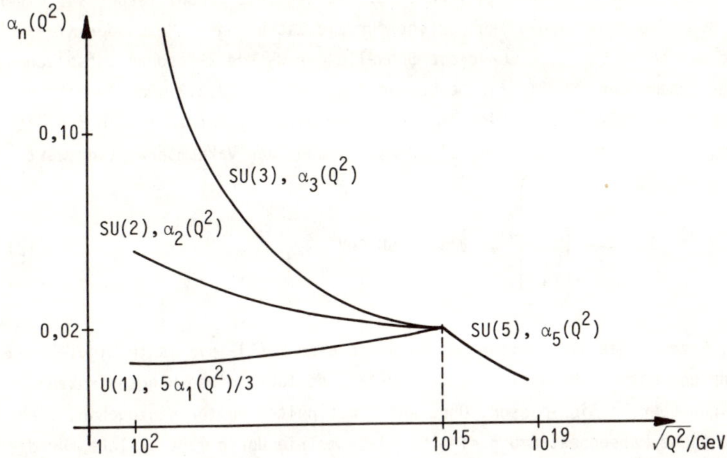

Fig. 3.5: Verhalten der gleitenden Kopplungskonstanten für die Brechung einer SU(5)-Eichtheorie nach $SU(3)_C \times SU(2)_W \times U(1)$(vgl. Gl. (3.4.9))

schätzung der Energie des Vereinigungspunktes [Ge 74 a], indem man von den experimentellen Werten der starken und elektroschwachen Kopplungskonstanten ausgeht und fragt, bei welchen Energien sie entsprechend Gl. (3.4.9) den Symmetriebedingungen Gl. (3.4.7) genügen, siehe Fig. 3.5. Die Forderung, daß sich α_3, α_2 und $5\alpha_1/3$, also die gleitenden Kopplungskonstanten in einem Punkt treffen, führt zu einer Aussage für den gleitenden Weinberg-Winkel bei niedrigen Energien. Auf diese Weise kommt man zu einer Größenordnung der Vereinigungsenergie von 10^{16} GeV. Eine genauere Rechnung in 2. Ordnung für die β-Funktion, Gl. (2.5.27), kommt zu den folgenden numerischen Ergebnissen [El 80 a, Bu 78 a]:

$$\begin{aligned} M_X &\approx 1{,}5\cdot 10^{15}\cdot\Lambda_{\overline{MS}} \approx 6\cdot 10^{14}\ \mathrm{GeV}\,, \\ \sin^2\theta_W(Q^2 = M_W^2) &\approx 0{,}209 \pm 0{,}006\ (\text{exp.: } 0{,}229 \pm 0{,}010)\,, \\ \alpha_5(\sim 10^{16}\ \mathrm{GeV}) &\approx 1/40\,, \quad V \approx 10^{15}\ \mathrm{GeV}\,. \end{aligned} \tag{3.4.11}$$

Hierbei wurde angenommen, daß alle Fermionen-Multipletts in den drei "niederenergetischen" Generationen enthalten sind. Das Ergebnis beruht ferner auf einer genauen Behandlung der Schwellenbereiche für die Eichbosonen. Neben der XY-Schwelle bei hohen Energien wurde die Schwelle der W- und Z-Bosonen entsprechend dem Higgs-Schema der GSW-Theorie berücksichtigt, Abschn. 3.3.2. Das Dublett der Higgs-Felder der GSW-Theorie kann im Rahmen der SU(5)-Symmetrie in ein 5-plett $H^{(5)}$ eingeordnet werden [Bu 78 a, El 80 b], welches den Vakuumserwartungswert

$$\langle 0 \mid H^{(5)} \mid 0 \rangle = \frac{v}{\sqrt{2}} \begin{pmatrix} 0 \\ 0 \\ 0 \\ \hline 0 \\ 1 \end{pmatrix}, \quad v \approx 250 \text{ GeV} \tag{3.4.12}$$

annimmt. Erzeugt man die Fermion-Massen durch eine SU(5)-invariante Higgs-Fermion-Kopplung entsprechend Gl. (3.3.5 und 15), so führt diese Higgs-Struktur zu Aussagen über Fermion-Massen. Ohne auf Einzelheiten weiter einzugehen, sieht man, daß diese Massenbestimmung eine SU(4)-Symmetrie übrig läßt, welche für die ($\overline{5}$)-Fermionen (Gl. (3.4.4)) im Symmetriebereich die Relationen

$$m_e = m_d, \quad m_\mu = m_s, \quad m_\tau = m_b \tag{3.4.13}$$

ergibt [Ge 74]. Um zu physikalischen Aussagen über die effektiven Fermion-Massen bei niedrigen Energien zu kommen, müssen diese entsprechend der Formel

$$\frac{m_b(Q^2)}{m_\tau(Q^2)} \approx \left[\frac{\alpha_3(Q^2)}{\alpha_3(M_X^2)} \right]^{\frac{4}{11 - \frac{2}{3} N_F}} \tag{3.4.14}$$

renormiert werden [Ge 76]. Dies ergibt $m_b \approx 5 \ldots 5{,}5$ GeV [Ch 77, Bu 78 a], was man als einen Erfolg betrachten kann. Die Anwendbarkeit der Gl. (3.4.14) bis zu niedrigen Energien ist zweifelhaft; formal ergibt sich $m_s \approx 0{,}5$ GeV.

Die experimentell nachprüfbaren Aussagen über den Weinberg-Winkel und die Fermion-Massen beruhen auf der Annahme, daß man mit Hilfe der RG-Gleichungen glatt zwischen dem neuen Energiebereich von 10^{15} GeV und dem experimentell zugänglichen Bereich von $\lesssim 10^2$ GeV interpolieren kann. Diese Annahme nennt man die 'Hypothese von der großen Wüste' ("great desert"). Sie wird von vielen Leuten als unnatürlich empfunden [Ha 79, Di 79], da sie voraussetzt, daß keine neuartigen physikalischen Phänomene in einem sehr großen Zwischenenergiebereich auftreten. Besonders deutlich zeigt sich das, wenn man versucht, die beiden Vakuumerwartungswerte Gl. (3.4.10) und (3.4.12) durch ein Higgs-Potential zu beschreiben, insbesondere, wenn man Strahlungskorrekturen in Betracht zieht [Co 73 a]. Dies gelingt nämlich nur durch Einführung sehr kleiner, aber von Null verschiedener, numerischer ad hoc - Parameter - "Unnaturalness" [Gi 76, tH 80].

d) Die spektakulärste Aussage, welche eine vereinheitlichte Theorie der starken, em. und schwachen Wechselwirkung macht, ist die des Protonzerfalls [Pa 74]. Die universale SU(5)-Wechselwirkung beschreibt entsprechend den Graphen

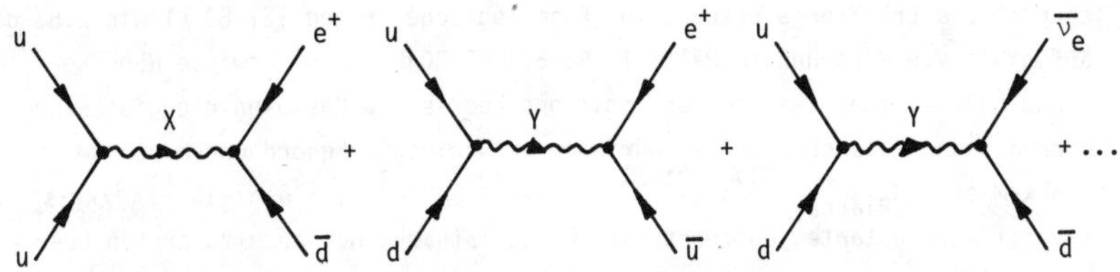

einen Baryonzahl-verletzenden Übergang zwischen Quarks und Leptonen. Für Niederenergie-Prozesse können diese Graphen durch eine effektive 4-Fermion-Wechselwirkung beschrieben werden [We 79, Wi 79 b] :

$$\mathcal{L}_{GUT} = \frac{4\,G_{GUT}}{\sqrt{2}} \{(\bar{u}^C_L \gamma_\mu u_L)(2\,\bar{e}^+_L \gamma^\mu d_L + \bar{e}^+_R \gamma^\mu d_R) + (\bar{u}^C_L \gamma_\mu d_L)(\bar{\nu}_e \gamma^\mu d_R) + \text{h.c.}\}$$

(Colour-Indizes etc. unterdrückt). Wie beim Übergang von der GSW-Theorie zum Fermi-Modell der schwachen Wechselwirkung ergibt sich eine effektive "Fermi-Kopplungskonstante"

$$\frac{G_{GUT}}{\sqrt{2}} = \frac{g_5^2}{8\,M_X^2} = \frac{g_5^2}{8\,M_Y^2}\,, \tag{3.4.15}$$

welche die Proton-Lebensdauer bestimmt. Ganz analog zur μ-Lebensdauer, Gl. (1.3.13), hat diese die Form [El 80 c]:

$$\tau_P = \frac{D\cdot g_5^4}{32\cdot(G_{GUT})^2\,M_P^5} = \frac{D}{M_P}\left(\frac{M_X}{M_P}\right)^4 \approx 8\cdot 10^{30\,\pm\,2}\ \text{a}\,. \tag{3.4.16}$$

Die Unsicherheit des Faktors D beruht auf der Unkenntnis der Einzelheiten des Modells. Die Hauptzerfallskanäle sind [Ja 79 a, Ma 79 b]: $P \to e^+\pi^0$, $e^+\rho^0$, $e^+\omega$, $\bar{\nu}_e\pi^+$, μ^+K^0, ... Experimentell ist die Grenze für die Proton-Lebensdauer zu $\gtrsim 8\cdot 10^{30}$a bestimmt [Pa 82]. Experimente, mit einer Empfindlichkeit, welche diese Grenze bis zu 10^{33}a hinausschieben könnten, werden zur Zeit durchgeführt.

Die überragende Bedeutung einer Beobachtung und Messung des Protonzerfalls liegt vor allem darin, daß er einen Hinweis auf einen neuen Energiebereich gibt, in welchem starke, em. und schwache Wechselwirkung als universale Wechselwirkung betrachtet werden können. Die physikalischen Auswirkungen einer solchen Entdeckung sind kaum abzusehen. Schon heute befruchten die damit verknüpften Überlegungen die Erklärungsversuche für kosmologische Fragen [El 80 d] wie z.B. die Häufigkeit von Protonen im Weltall [Sa 67, El 80 d]. Eine gewisse Nähe der 'grand unified theories' zur Gravitationstheorie und Kosmologie ergibt sich schon aus der Tatsache, daß M_X nur noch um wenige Größenordnungen von der Planck-Masse $M_{Planck} = (\hbar c/\gamma)^{1/2} = 1{,}2\cdot 10^{19}$ GeV/c^2, $\gamma = 6{,}67\cdot 10^{-11}$ $m^3/kg\cdot s^2 \equiv$ Gravitationskonstante, entfernt ist. Diese Tatsache hat auch zu ersten Überlegungen einer Vereinigung aller Wechselwirkungen einschließlich der Gravitation geführt [El 80 e].

Die Verletzung der Baryonenzahl im Protonzerfall ist auch in einem theoretischen Zusammenhang befriedigend. War doch die Ersetzung von globalen Symmetrien durch lokale Eichinvarianz - möglicherweise spontan gebrochen - einer der wesentlichen Gesichtspunkte zur Entwicklung der Eichfeldtheorien. Zwar hat die SU(5)-Eichtheorie noch einen globalen Erhaltungssatz, welcher die Erhaltung der Differenz von Baryon- und Leptonzahl zum Inhalt hat [Ra 79], doch wird in einer Erweiterung zur SO(10)-Eichtheorie auch dieser durch eine spontan gebrochene, lokale Invarianz ersetzt [Ma 80 a]. Wir wollen auf alle die Erweiterungen von Eichtheorien auf andere Symmetriegruppen, welche zur Erklärung der noch ungelösten Probleme der Elementarteilchenphysik noch herangezogen werden, nicht weiter eingehen. In der angegebenen Literatur finden sich darauf genügend Hinweise.

Mit dieser kurzen Betrachtung einer einheitlichen Theorie der Wechselwirkungen beenden wir unsere Darstellung der Eichtheorien. Sie hat noch einmal gezeigt, welche Spannweite die mit den quantisierten Eichfeldtheorien verknüpften theoretischen Vorstellungen besitzen. Diese haben uns zu einer universalen Konzeption für die Struktur der Materie und ihrer Wechselwirkung geführt. Es gehört zu den aufregendsten Aufgaben der Physik unserer Zeit, die damit verknüpften, häufig noch sehr spekulativen Ansätze theoretisch weiterzuführen und vor allem durch Experimente zu bestätigen oder zu widerlegen.

Nachtrag zur 2. Auflage

Die Arbeiten auf dem Gebiet der Eichfeldtheorien der starken, elektromagnetischen und schwachen Wechselwirkung und der dazugehörigen Experimente, die seit der 1. Auflage dieses Buches veröffentlicht wurden, führten zu keiner wesentlichen Änderung der Vorstellungen über die Wechselwirkung der Elementarteilchen. Auf folgenden Gebieten fand eine beachtenswerte Weiterentwicklung statt:

a) Auf dem Gebiet der Teilchenspektroskopie (Abschn. 1 und 2.7.4) sind dies die Entdeckung [Be 83 N] von Mesonen B mit Bottom-Ladungszahlen ±1 und Massen $M(B^{\pm}) = 5270{,}8 \pm 5$ MeV, $M(B^{0}) = 5274{,}2 \pm 4$ MeV, sowie die weiteren experimentellen Ergebnisse zum Bottomonium-System [Fr 82 N]. Letztere führten zu einer Bestätigung und Verfeinerung der Potentialmodelle für die Quarkonia [Bu 81a N, Ma 82 N]. Die stetige Verbesserung der allgemeinen Teilchendaten, besonders auch des relativ neuen τ-Leptons,fand in einer neuen Veröffentlichung "Review of Particle Properties" [Pa 82] ihren Niederschlag.

b) Die experimentelle Basis des Parton-Modells (Abschn. 1.4), einschließlich der Interpretation von Jets (Abschn. 2.7.1), hat sich wesentlich erweitert. Neben verbesserten experimentellen Verteilungsfunktionen von Quarks in Nukleonen [Ab 83 N, Ei 82 N] gibt es Verteilungsfunktionen für Gluonen [Ab 82 N], indirekte Messungen der Strukturfunktionen von Mesonen [Ba 79 N, Ba 80 N] sowie erste Messungen der Photon-Strukturfunktion [Be 81 N, Ba 83 N]. Jets als Ergebnis von Parton-Reaktionen [Wo 82 N] wurden nicht nur in den klassischen e^+e^--Experimenten [Ha 82N, Cr 82 N] beobachtet, sondern auch in der tiefinelastischen Lepton-Streuung [Au 81 N], bei Hadronstößen [Ba 82 N, Ak 82 N] und in der Photon-Photon-Streuung [Br 81 N, Ba 81 N, Cr 82 N]. Die Winkelverteilungen der Jet-Achsen in den Parton-Reaktionen $e^+e^- \rightarrow q\bar{q}$ bzw. $e^+e^- \rightarrow q\bar{q}g$ erlauben eine klare Bestimmung des Quark-Spins [Ha 82a N, Cr 82 N] bzw. des Gluon-Spins [Br 80 N]. Dagegen wurde ein eindeutiger Zusammenhang zwischen allgemeiner Ladungsstruktur der Partonen und der ihnen zugehörigen Jets noch nicht entdeckt. Hinweise auf 4-Jet-Ereignisse in e^+e^--Reaktionen als Ergebnis von vielfacher Gluon-Bremsstrahlung wurden gesehen [Ba 82a N]. Die verbesserte theoretische Berechnung der Gluon-Bremsstrahlung in 2. Ordnung QCD [Fa 82 N] und deren Vergleich mit den Experimenten ([Ba 82 N], s.a. [Ab 82a N]) weist auf den nichtabelschen Charakter der Gluonkopplung hin und führt zu einer Kopplungskonstante $\alpha(30 \text{ GeV}) = 0{,}16 \pm 0{,}015(\text{stat.}) \pm 0{,}03(\text{system.})$.

c) Ein experimenteller Test der störungstheoretischen QCD (Abschn. 2.7, s.a.

[Sö 81 N]) kann sich nun fast überall auf die erforderlichen Rechnungen in 2. Ordnung stützen [Bu 81 N]. Von einem Erfolg eines quantitativen Vergleichs zwischen Theorie und Experiment mit kleinen Fehlern kann bei kritischer Einstellung noch nicht gesprochen werden [Po 82 N].

d) Versuche zur Berechnung des Hadronspektrums im Rahmen der QCD wurden in großem Umfang durchgeführt (Abschnitt 2.6). Diese stützen sich im wesentlichen auf die Auswertung der Gitterapproximation der QCD mit Hilfe von Monte-Carlo-Rechnungen. Für den Zusammenhang von String-Konstante und asymptotischem Skalenparameter in der reinen Eichtheorie ergeben die Rechnungen [Cr 82 N] $\Lambda_{MOM} = (0.5 \pm 0.1)\sqrt{\kappa}$ (vgl. Gl. (2.6.124)). Der Vergleich von den Berechnungen der Massen von verschiedenen Gluonkugel-Zuständen [Be 82a N, Is 82 N] mit experimentellen Daten ist von einem kritischen Standpunkt aus noch nicht möglich. Einerseits sind die experimentellen Kandidaten $\iota(1440)$ [Sc 80 N] und $\theta(1640)$ [Ed 82 N] noch nicht eindeutig als Gluon-Kugeln identifiziert [Bl 82 N, Do 82 N]; andererseits unterliegen die numerischen Rechnungen noch erheblichen methodischen Einwänden. Letzteres gilt in noch viel größerem Maße für die Berechnung von Meson- und Baryon-Spektren, welche unter Einbeziehung der Quarkfelder in die Gitterrechnungen [Ha 81 N, Fu 82 N, We 82 N, Ha 82 N] möglich wurden. Erfolgreiche Rechnungen zum Hadronspektrum wurden auch mit Hilfe der QCD-(ITEP)-Summenregeln durchgeführt [No 81 N, Re 82 N].

e) Die theoretische Weiterentwicklung der Eichtheorie der elektroschwachen Wechselwirkung (Abschn. 3.3, 3.4) ging im wesentlichen in die Richtung einer Einbettung in allgemeinere Theorien, wie einer "großen vereinigten Theorie", einer Supersymmetrie, einer " 'sub-quark'-Theorie" (Abschn. 3.4). Diese liegen außerhalb des von uns abgesteckten Rahmens. In der Glashow-Salam-Weinberg-Theorie wurden vor allem Rechnungen zu Strahlungskorrekturen durchgeführt [Be 82 N]. Als bemerkenswerte Experimente müssen die Beobachtung der elektroschwachen Interferenz in den Reaktionen $e^+e^- \to \mu^+\mu^-$ bei PETRA [Ba 82 N, Be 82 N, Br 82 N, Da 82 N] und in der Elektron-Nukleon-Streuung bei SLAC [Pr 79 N] erwähnt werden. Wir schließen mit der Bemerkung, daß die wichtige Entdeckung der intermediären W- und Z-Bosonen wahrscheinlich unmittelbar bevorsteht. Durch die Inbetriebnahme des $P\bar{P}$-Colliders am CERN [St 81 N] sind dafür die Voraussetzungen geschaffen. Erste experimentelle Resultate, die als die Beobachtung des Zerfalls $W \to e + \nu_e$ interpretiert werden können, wurden gerade veröffentlicht [Ar 83 N].

Literaturverzeichnis

[EP] Elementarteilchen-Physik:

S. Gasiorowicz; Elementarteilchenphysik (Mannheim 1975).

E. Lohrmann; Hochenergiephysik (Stuttgart 1978).

R. Omnès; Introduction to Particle Physics (London 1971).

M.L. Perl; High Energy Hadron Physics (New York 1974).

H.M. Pilkuhn; Relativistic Particle Physics (Berlin 1979).

H. Rollnik; Teilchenphysik 1/2 (Mannheim 1971).

[ET] Eichfeldtheorie:

E. Abers, B.W. Lee; Phys. Reports 9 (1973) 1.

W. Drechsler, M.E. Mayer; Fibre Bundle Techniques in Gauge Theories, Lecture Notes in Physics 67 (Berlin, Heidelberg, New York 1977).

R. Jackiw; Rev. Mod. Phys. 52 (1980) 661.

J.C. Taylor; Gauge Theories of Weak Interactions (Cambridge 1976).

[FM] Fermi-Modell:

R.E. Marshak, Riazuddin, C.P. Ryan; Theory of Weak Interactions in Particle Physics (New York 1969).

H.F. Schopper; Weak Interactions and Nuclear Beta Decay (Amsterdam 1966).

TEPP - Textbook on Elementary Particle Physics: 'Weak Interactions' (M.K. Gaillard, M. Nikolic, Eds.; Paris 1977).

[FT] Feldtheorie:

J.D. Bjorken, S.D. Drell; Relativistische Quantenmechanik / Relativistische Quantenfeldtheorie (Mannheim 1966/1967).

N.N. Bogoliubov, D.V. Shirkov; Introduction to the Theory of Quantized Fields (New York 1979).

L.D. Faddeev, A.A. Slavnov; Gauge Fields. Introduction to Quantum Theory (Reading, Mass., 1980).

C. Itzykson, J.-B. Zuber; Quantum Field Theory (New York 1980).

P. Roman; Introduction to Quantum Field Theory (New York 1969).

S.S. Schweber; An Introduction to Relativistic Quantum Field Theory (New York 1964).

[GSW] Glashow-Salam-Weinberg-Theorie:

E. Abers, B.W. Lee; Phys. Reports 9 (1973) 1.

J.C. Taylor; Gauge Theories of Weak Interactions (Cambridge 1976).

[GT] Gruppentheorie:

M. Hamermesh; Group Theory and its Application to Physical Problems (Oxford 1964).

D.B. Lichtenberg; Unitary Symmetry and Elementary Particles (New York 1978).

H.J. Lipkin; Anwendung von Lieschen Gruppen in der Physik (Mannheim 1967).

E. Stiefel, A. Faessler; Gruppentheoretische Methoden und ihre Anwendung. Eine Einführung mit typischen Beispielen aus Natur- und Ingenieurwissenschaften (Stuttgart 1979).

B.G. Wyborne; Classical Groups for Physicists (New York 1974).

[GUT] Grand Unified Theories:

J. Ellis; 'Grand Unified Theories', Lectures presented at the 21st Scottish Unversities Summer School in Physics, St. Andrews, Scotland (1980), CERN-TH 2942.

S. Ferrara et al., Eds.; Unification of the Fundamental Particle Interactions (New York 1980).

F. Wilczek; 'Unification of Fundamental Forces' in 'Proceedings of the 1979 International Symposium on Lepton and Photon Interactions at High Energies', S. 437 (T.B.W. Kirk et al., Eds.; FNAL Batavia, Ill., 1979).

[PM] Parton-Modell:

F.E. Close; An Introduction to Quarks and Partons (London, New York 1979).

J. Ellis; 'Deep Hadronic Structure' in 'Weak and Elektromagnetic Interactions at High Energy', Les Houches (1976) (R. Balian, C.H. Llewellyn Smith, Eds.; Amsterdam 1977).

R.P. Feynman; Photon-Hadron Interactions (Reading, Mass., 1972).

[PQ] Phänomenologische Anwendungen der QCD:

A.J. Buras; Rev. Mod. Phys. 52 (1980) 199.

Yu.L. Dokshitzer, D.I. Dyakonov, S.I. Troyan; Phys. Reports 58 (1980) 269.

J. Ellis; Status of Perturbative QCD, CERN-TH 2744 (1979) und '1979 International Symposium on Lepton and Photon Interactions at High Energies' (T.B.W. Kirk et al., Eds.; FNAL Batavia, Ill., 1979).

J. Ellis, C.T. Sachrajda; QCD and its Applications, CERN-TH 2782 (1979) und 'Proceedings of 1979 Cargèse Summer Institute'.

E. Reya; Perturbative QCD, Phys. Reports 69 (1980) 3.

[QC] Quark-Confinement:

J.M. Drouffe, C. Itzykson; Phys. Reports 38 (1978) 133.

S. Mandelstam; 'Review of Recent Results on QCD and Confinement' in 'Proceedings of the 1979 International Symposium on Lepton and Photon Interactions at High Energies', S. 513 (T.B.W. Kirk et al., Eds.; FNAL Batavia, Ill., 1979).

W. Marciano, H. Pagels; Phys. Reports 36 (1978) 137.

G. 't Hooft et al., Eds.; 'Recent Developments in Gauge Theories', Proceedings of 1979 Cargèse Summer Institute (New York, London 1980).

für ältere Literatur siehe
H. Joos; DESY 76/36 (1976) (publiziert in 'Current Induced Reactions', Lecture Notes in Physics 56, S. 428 (J.G. Körner et al., Eds.; Berlin, Heidelberg, New York 1976)).

[QCD] Quantenchromodynamik:

D.J. Gross; in 'Methods in Field Theory', Les Houches 1975, S. 141 (R. Balian, J. Zinn-Justin, Eds.; Amsterdam 1976).

W. Marciano, H. Pagels; Phys. Reports 36 (1978) 137.

H.D. Politzer; Phys. Reports 14 (1974) 129.

[QED] Quantenelektrodynamik:

A.I. Achieser, W.B. Berestezki; Quanten-Elektrodynamik (Frankfurt 1962).

J.D. Bjorken, S.D. Drell; Relativistische Quantenmechanik / Relativistische Quantenfeldtheorie (Mannheim 1966/1967).

J.M. Jauch, F. Rohrlich; The Theory of Photons and Electrons. The Relativistic Quantum Field Theory of Charged Particles with Spin one-half (Berlin 1976).

J. Schwinger, Ed.; Quantum Electrodynamics (New York 1958).

[RG] Renormierungsgruppe:

N.N. Bogoliubov, D.V. Shirkov; Introduction to the Theory of Quantized Fields (New York 1979).

D.J. Gross; in 'Methods in Field Theory', Les Houches 1975, S. 141 (R. Balian, J. Zinn-Justin, Eds.; Amsterdam 1976).

H.D. Politzer; Phys. Reports 14 (1974) 129.

K. Symanzik; in 'Particles, Fields and Statistical Mechanics', Lecture Notes in Physics 32, S. 20 (M. Alexanian, A. Zepeda, Eds.; Berlin 1975).

[RT] Renormierungstheorie:

E.S. Abers, B.W. Lee; Phys. Reports 9 (1973) 1.

C. Becchi, A. Rouet, R. Stora; Ann. Phys. 98 (1976) 287.

G. Costa, M. Tonin; Rivista del Nuovo Cim. 5 (1975) 29.

E.S. Fradkin, I.V. Tyulin; Rivista del Nuovo Cim. 4 (1974) 1.

J. Zinn-Justin; Bonn 1974: 'Renormalization of Gauge Theories' in Lecture Notes in Physics 37, S. 2 (J. Ehlers et al., Eds.; Berlin 1975).

[Ab 57] A.A. Abrikosov; Sov. Phys. JETP 5 (1957) 1174.

[Ab 73] E. Abers, B.W. Lee; Phys. Reports 9 (1973) 1.

[Ab 79] G.S. Abrams et al.; Phys. Rev. Letters 44 (1980) 10.

[Ab 80] L.F. Abbott, R. M. Barnett; Ann. Phys. (N.Y.) 125 (1980) 276.

[Ad 65] R. Adler, M. Bazin, M. Schiffer; Introduction to General Relativity (New York 1965)

[Ad 66] S.L. Adler; Phys. Rev. 143 (1966) 1144.

[Ad 68] S.L. Adler, R.F. Dashen; Current Algebras (New York 1968).

[Ad 69 a] S.L. Adler; Phys. Rev. 177 (1969) 2426.

[Ad 69 b] S.L. Adler, W.A. Bardeen; Phys. Rev. 182 (1969) 1517.

[Ad 70] S.L. Adler; 'Pertubation Theory Anomalies' in 'Lectures on Elementary Particles and Quantum Field Theory', 1970 Brandeis University Summer Institute, Bd. 1, S. 1 (S. Deser et al., Eds.; M.I.T. Cambridge, Mass., 1979).

[Al 56] P.S. Aleksandrov; Combinatorial Topology (New York 1956).

[Al 74] G. Altarelli, L. Maiani; Phys. Letters 52 B (1974) 351.

[Al 77] G. Altarelli, G. Parisi; Nucl. Phys. B 126 (1977) 298.

[Al 80] A. Ali, E. Pietarinen, G. Kramer, J. Willrodt; Phys. Letters 93 B (1980) 155.

[Am 78] D. Amati, R. Petronzio, G. Veneziano; Nucl. Phys. B 140 (1978) 54 und B 146 (1978) 29.

[An 77] D. Antreasyan et al.; Phys. Rev. Letters 39 (1977) 906.

[Ap 72] T. Appelquist, H.R. Quinn; Phys. Letters 39 B (1972) 229.

[Ap 75] T. Appelquist, H.D. Politzer; Phys. Rev. D 12 (1975) 1404.

[Ap 75 a] T. Appelquist, H.D. Politzer; Phys. Rev. Letters 34 (1975) 43.

[Ap 77] T. Appelquist, M. Dine, I.J. Muzinich; Phys. Letters 69 B (1977) 231 und Phys. Rev. D 17 (1978) 2074.

[At 78] M.F. Atiyah, N.J. Hitchin, V.G. Drinfeld, Yu.I. Manin; Phys. Letters 65 A (1978) 185.

[Av 72] R. Aviv, A. Zee; Phys. Rev. D 5 (1972) 2372.

[Ba 57] J. Bardeen, L.N. Cooper, J.R. Schrieffer; Phys. Rev. 106 (1957) 162 und Phys. Rev. 108 (1957) 1175.

[Ba 62] M. Baker, S.L. Glashow; Phys. Rev. 128 (1962) 2462.

[Ba 69] W.A. Bardeen; Phys. Rev. 184 (1969) 1848.

[Ba 70] J.L. Basdevant, B.W. Lee; Phys. Rev. D 2 (1970) 1680.

[Ba 72] W.A. Bardeen, R. Gastmanns, B.E. Lautrup; Nucl. Phys. B 46 (1972) 319.

[Ba 72 a] I. Bars, M. Yoshimura; Phys. Rev. D 6 (1972) 374.

[Ba 74] R. Balian, J.M. Drouffe, C. Itzykson; Phys. Rev. D 10 (1974) 3376.

[Ba 75] V. Barger, W.F. Long, M.G. Olsson; Phys. Letters 60 B (1975) 89.

[Ba 75 a] R. Balian, J.M. Drouffe, C. Itzykson; Phys. Rev. D 11 (1975) 1104.

[Ba 77] J. Bailey et al. (CERN-Muon-Storage Ring Collaboration); Phys. Letters 67 B (1977) 225.

[Ba 77 a] F. Banks, S. Raby, S. Susskind, D.R. Jones, P.N. Scharbach, D.K. Sinclair; Phys. Rev. D 15 (1977) 1111.

[Ba 78] M. Bace; Phys. Letters B 78 (1978) 132.

[Ba 78 a] W.A. Bardeen, A.J. Buras, D.W. Duke, T. Muta; Phys. Rev. D 18 (1978) 3998.

[Ba 79] J. Bailey et al. (CERN-Mainz-Daresbury Collaboration); Nucl. Phys. B 150 (1979) 1.

[Ba 79 a] W.A. Bardeen, A.J. Buras; Phys. Rev. D 20 (1979) 166.

[Ba 79 b] I. Bars, F. Green; Phys. Rev. D 20 (1979) 3311.

[Ba 79 c] D.P. Barber et al. (MARK-J-Detector); Phys. Rev. Letters 43 (1979)830.

[Ba 80] V. Barger, W.Y. Keung, E. Ma; Phys. Rev. D 22 (1980) 727.

[Be 51] H.A. Bethe, E.E. Salpeter; Phys. Rev. 84 (1951) 1232.

[Be 57] H.A. Bethe, E.E. Salpeter; Quantenmechanik der Ein- und Zweielektronenatome (Berlin 1957); siehe auch:
L.D. Landau, E.M. Lifshitz; Relativistische Quantentheorie (Berlin 1973) und
A.I. Achieser, W.B. Berestezki; Quanten-Elektrodynamik (Frankfurt 1962).

[Be 66] F.A. Berezin; The Method of Second Quantization (New York 1966).

[Be 69] J.S. Bell, R. Jackiw; Nuovo Cim. 51 (1969) 47.

[Be 71] S.M. Berman, J.D. Bjorken, J. Kogut; Phys. Rev. D 4 (1971) 3388.

[Be 74] C.Becchi, A. Rouet, R. Stora; Phys. Letters 52 B (1974) 344 und Commun. Math. Phys. 42 (1975) 127.

[Be 74 a] J. Bernstein; Rev. Mod. Phys. 46 (1974) 7.

[Be 75] F.A. Berends, R. Gastmanns; Phys. Letters 55 B (1975) 311.

[Be 75 a] A. Belavin, A. Polyakov, A. Schwartz, Y. Tyupkin; Phys. Letters 59 B (1975) 85.

[Be 76] V.B. Berestetzky; Uspekhi Fiz. Nauk. 120 (1976) 439.

[Be 77] Ch. Berger et al.; Phys. Letters 70 B (1977) 471.

[Be 79] Ch. Berger et al. (PLUTO Collaboration); Phys. Letters 81 B (1979) 410 und 78 B (1978) 176.

[Be 79 a] B. Berg, M. Lüscher; Nucl. Phys. B 160 (1979) 281 und B. Berg, J. Stehr; Nucl. Phys. B 175 (1980) 293.

[Be 79 b] Ch. Berger et al. (PLUTO Collaboration); Phys. Letters 82 B (1979)449.

[Bj 66] J.D. Bjorken, S.D. Drell; Relativistische Quantenmechanik / Relativistische Quantenfeldtheorie (Mannheim 1966/1967).

[Bj 69 a] J.D. Bjorken; Phys. Rev. 179 (1969) 1547.

[Bj 69 b] J.D. Bjorken, E.A. Paschos; Phys. Rev. 185 (1969) 1975.

[Bj 70] J.D. Bjorken, S.J. Brodsky; Phys. Rev. D 1 (1970) 1416.

[Bj 76] J.D. Bjorken; in 'Proceedings of Summer Institute on Particle Physics' SLAC (1976), S. 1 (M.C. Zipf, Ed.; SLAC-Report No. 198, 1976).

[Bl 37] F. Bloch, A. Nordsieck; Phys. Rev. 52 (1937) 54; vgl z.B. auch: D.R. Yennie, S.C. Frautschi, H. Suura; Ann. Phys. 13 (1961) 379 und P.P. Kulish, L.D. Faddeev; Teor. Mat. Fiz. 4 (1970) 153.

[Bl 63] A. Bludman, A. Klein; Phys. Rev. 131 (1963) 2364.

[Bo 65] R. Bott, S.S. Chern; Acta Math. 114 (1965) 71.

[Bo 72] C. Bouchiat, J. Iliopoulos, Ph. Meyer; Phys. Letters 38 B (1972) 519.

[Bo 78] P.C. Bosetti et al.; Nucl. Phys. B 142 (1978) 1.

[Bo 79] A. Bodek et al.; Phys. Rev. D 20 (1979) 1471.

[Bö 73] M. Böhm, H. Joos, M. Krammer; Nuovo Cim. 7 A (1972) 21; Nucl. Phys. B 51 (1973) 397; Acta Physica Austriaca, Suppl. XI (1973) 3; CERN TH-1949 (1974).

[Bö 80] M. Böhm; Z. Phys. C 3 (1980) 321.

[Br 71] S.J. Brodsky, T. Kinoshita; Phys. Rev. D 3 (1971) 356.

[Br 71 a] R.A. Brandt, G. Preparata; Nucl. Phys. B 27 (1971) 541.

[Br 77] E. Brézin, J.C. Le Guillou, J. Zinn-Justin; Phys. Rev. D 15 (1977) 1544, 1558.

[Br 79] L.S. Brown, W.I. Weisberger; Phys. Rev. D 20 (1979) 3239.

[Br 79 a] R. Brandelik et al. (TASSO Collaboration); Phys. Letters 86 B (1979) 243.

[Br 80] R. Brandelik et al. (TASSO Collaboration); Z. Phys. C 4 (1080) 87.

[Br 80 a] R. Brandelik et al. (TASSO Collaboration); Phys. Letters 94 B (1980) 437.

[Bu 78] A.J. Buras, K.J.F. Gaemers; Nucl. Phys. B 132 (1978) 249.

[Bu 78 a] A.J. Buras, J. Ellis, M.K. Gaillard, N.V. Nanopoulos; Nucl. Phys. B 135 (1978) 66.

[Bu 80] A.J. Buras; Rev. Mod. Phys. 52 (1980) 199.

[Ca 69] C.G. Callan, D.J. Gross; Phys. Rev. Letters 22 (1969) 156.

[Ca 71] P.A. Carruthers; Spin and Isospin in Particle Physics (New York 1971).

[Ca 73] A. Casher, J. Kogut, L. Susskind; Phys. Rev. Letters 31 (1973) 792.

[Ca 74] W. Caswell; Phys. Rev. Letters 33 (1974) 244.

[Ca 76] J. Calmet, S. Narrison, M. Perrottet, E. de Rafael; Phys. Letters 61 B (1976) 283.

[Ca 77] J. Calmet, S. Narrison, M. Perrottet, E. de Rafael; Rev. Mod. Phys. 49 (1977) 21.

[Ca 78] C.G. Callan, R.F. Dashen, D.J. Gross; Phys. Rev. D 17 (1978) 2717.

[Ca 79] C.G. Callan, R.F. Dashen, D.J. Gross; Phys. Letters 78 (1978) 307 und Phys. Rev. D 19 (1979) 1826.

[Ca 80] M. Capdequi-Peyranere, F.M. Renard, M. Talon; Z. Physik C 5 (1980) 337.

[Ce 79] W. Celmaster, R.J. Gonsalves; Phys. Rev. D 20 (1979) 1420.

[Ch 46] C. Chevalley; Theory of Lie Groups (Princeton, N.J., 1946).

[Ch 72] N. Christ, B. Hasslacher, A.H. Müller; Phys. Rev. D 6 (1972) 3543.

[Ch 74] A. Chodos, R.L. Jaffe, K. Johnson, C.B. Thorn, V.F. Weisskopf; Phys. Rev. D 10 (1974) 2445.

[Ch 77] M.S. Chanowitz, J. Ellis, M.K. Gaillard; Nucl. Phys. B 135 (1977) 506.

[Ch 78] N. Christ, E. Weinberg, N. Stanton; Phys. Rev. D 18 (1978) 2013.

[Cl 77] D. Cline; 'Charged Current Weak Interactions at High Energy' in 'Proceedings 1977 International Symposium on Lepton and Photon Interactions at High Energies', Hamburg (1977), S. 749 (F. Gutbrod, Ed.; Hamburg 1977).

[Cl 79] F.E. Close; An Introduction to Quarks and Partons (London, New York 1979).

[Co 68] R. Courant, D. Hilbert; Mathematische Methoden der Physik I/II (Heidelberg 1968).

[Co 73] E.R. Cohen, B.N. Taylor; J. Phys. Chem. Ref. Data 2 (1973) 663.

[Co 73 a] S. Coleman, E. Weinberg; Phys. Rev. D 7 (1973) 1888.

[Co 74] J.C. Collins, A.J. MacFarlane; Phys. Rev. D 10 (1974) 1201.

[Co 75] G. Costa, M. Tonin; Rivista del Nuovo Cim. 5 (1975) 29.

[Co 75 a] F. H. Combley; Proceedings of the 1975 International Symposium on Lepton and Photon Interactions at High Energies, SLAC (1975), S. 913 (T.B.W. Kirk, Ed.; Stanford 1975).

[Co 77] S. Coleman; 'Classical Lumps and Their Quantum Descendants' in 'New Phenomena in Subnuclear Physics', S. 297 (A. Zichichi, Ed.; New York, London 1977).

[Co 78] E.F. Corrigan, D.B. Fairlie, S. Templeton, P. Goddard; Nucl. Phys. B 140 (1978) 31.

[Cr 78] M. Creutz; Rev. Mod. Phys. 50 (1978) 561.

[Cr 78 a] R. J. Crewther; Acta Physica Austriaca, Suppl. IX (1978) 47.

[Cr 79] M. Creutz; Phys. Rev. Letters 43 (1979) 553.

[Cr 80] M. Creutz; Phys. Rev. D 21 (1980) 2308 und Phys. Rev. Letters 45 (1980) 313.

[Cu 60] R.E. Cutkosky; J. Math. Phys. 1 (1960) 429.

[Da 64] R.F. Dashen, S.C. Frautschi, M. Gell-Mann, Y. Hara; in 'The Eightfold Way', S. 254 (M. Gell-Mann, Y. Ne'eman, Eds.; New York, Amsterdam 1964).

[Da 69] R.F. Dashen; Phys. Rev. 183 (1969) 1245.

[Da 79] H.D. Dahmen, J. Nölle, L. Schülke; Nuovo Cim. 52 A (1979) 573.

[De 61] N.G. De Bruijn; Asymptotic Methods in Analysis (Amsterdam 1961).

[De 74] N. Deo; Graph Theory with Applications to Engineering and Computer Science (Englewood Cliffs, N.Y., 1974).

[De 75] A. de Rujula, H. Georgi, S.L. Glashow; Phys. Rev. D 12 (1975) 147.

[De 75 a] A. de Rujula, S.L. Glashow; Phys. Rev. Letters 34 (1975) 46.

[De 77] A. de Rujula, H. Georgi, H.D. Politzer; Phys. Rev. D 15 (1977) 2495.

[De 77 a] A. de Rujula, H. Georgi, S.L. Glashow; Ann. Phys. 109 (1977) 242.

[De 78] A. de Rujula, J. Ellis, E.G. Floratos, M.K. Gaillard; Nucl. Phys. B 138 (1978) 387.

[De 79] J.G.H. de Groot et al. (CDHS-Experiment); Z. Physik C 1 (1979) 143.

[De 79 a] E.H. de Groot, G.J. Gounaris, D. Schildknecht; Phys. Letters 85 B (1979) 399, Z. Physik C 5 (1980) 127 und Phys. Letters 90 B (1980) 470.

[De 79 b] J.G.H. de Groot et al. (CDHS-Experiment); Phys. Letters 82 B (1979) 292.

[Di 74] J.A. Dixon, J.C. Taylor; Nucl. Phys. B 78 (1974) 552.

[Di 79] S. Dimopoulos, L. Susskind; Nucl. Phys. B 155 (1979) 237.

[Do 80] V.S. Dotsenko, S.N. Vergeles; Nucl. Phys. B 169 (1980) 527.

[Do 80 a] Yu.L. Dokshitzer, D.I. Dyakonov, S.I. Troyan; Phys. Reports 58 (1980) 269.

[Dr 70] S.D. Drell, T.-M. Yan; Phys. Rev. Letters 24 (1970) 855.

[Dr 77] W. Drechsler, M.E. Mayer; 'Fibre Bundle Techniques in Gauge Theories', Lecture Notes in Physics 67 (Berlin 1977).

[Dr 78] J.M. Drouffe, C. Itzykson; Phys. Reports 38 (1978) 133.

[Dr 78 a] J.M. Drouffe; Phys. Rev. D 18 (1978) 1174.

[Dr 80] J.M. Drouffe, J.B. Zuber; Nucl. Phys. B 180[FS 2] (1981) 264.

[Dy 49] F.J. Dyson; Phys. Rev. 75 (1949) 1736.
A. Salam; Phys. Rev. 82 (1951) 217 und Phys. Rev. 84 (1951) 426.
S. Weinberg; Phys. Rev. 118 (1960) 838.
N.N. Bogoliubov, D.V. Shirkov; Introduction to the Theory of Quantized Fields (New York 1979).

[Dy 79] F. Dydak; 'Neutral Currents' in 'Proceedings of the International Conference on High-Energy Physics, Geneva (1979)', Bd. 1, S. 25 (CERN, Genf 1980).

[Ei 22] A. Einstein; Grundzüge der Relativitätstheorie (4. Auflage, Braunschweig 1965).

[Ei 75] E. Eichten, K. Gottfried, T. Kinoshita, J. Kogut, K.D. Lane, T.-M. Yan; Phys. Rev. Letters 34 (1975) 369 und Phys. Rev. Letters 36 (1976) 500.
E. Eichten, K. Gottfried; Phys. Letters 66 B (1977) 286.

[Ei 78] M.B. Einhorn, B.G. Weeks; Nucl. Phys. B 146 (1978) 445.

[Ei 80] E. Eichten, K. Gottfried, T. Kinoshita, K.D. Lane, T.-M. Yan; Phys. Rev. D 21 (1980) 203, D 17 (1978) 3050 und D 21 (1980) 313 (Err.).

[El 74] S.D. Ellis, M.B. Kislinger; Phys. Rev. D 9 (1974) 2027.

[El 76] J. Ellis, M.K. Gaillard, D.V. Nanopoulos; Nucl. Phys. B 106 (1976) 292.

[El 76 a] J. Ellis, M.K. Gaillard, G.G. Ross; Nucl. Phys. B 111 (1976) 253 und B 130 (1977) 516 (Err.).

[El 79] J. Ellis; 'Status of Gauge Theories' in 'Proceedings of Neutrino 79', Bd. 1, S. 451 (A. Haatuft, C. Jarlskog, Eds.; Bergen 1979).

[El 79 a] J. Ellis; Status of Perturbative QCD, CERN-TH 2744 (1979) und in 'Proceedings of the 1979 International Symposium on Lepton and Photon Interactions at High Energies' (T.B.W. Kirk et al., Eds.; FNAL Batavia, Ill.; 1979).

[El 79 b] J. Ellis, M.K. Gaillard, D.V. Nanopoulos, C.T. Sachrajda; Phys. Letters 83 B (1979) 339.

[El 79 c] R.K. Ellis, H. Georgi, M. Machacek, H.D. Politzer, G.G. Ross; Nucl. Phys. B 152 (1979) 285.

[El 80] R.K. Ellis, D.A. Ross, A.E. Terrano; Nucl. Phys. B 178 (1981) 421.

[El 80 a] J. Ellis; 'Grand Unified Theories', 'St. Andrews Proceedings, Gauge Theories and Experiments at High Energies' (K.C. Bowler et al., Ed.; (1981)).

[El 80 b] J. Ellis, M.K. Gaillard, A. Peterman, C.T. Sachrajda; Nucl. Phys. B 164 (1980) 253.

[El 80 c] J. Ellis, M.K. Gaillard, D.V. Nanopoulos, S. Rudaz; LAPP-TH-14/CERN-TH 2833 (1980).

[El 80 d] J. Ellis, M.K. Gaillard, D.V. Nanopoulos; in 'Unification of the Fundamental Particle Interactions', S. 461 (S. Ferrara et al., Eds.; New York 1980) und dort zitierte Arbeiten.

[El 80 e] J. Ellis, M.K. Gaillard, B. Zumino; Phys. Letters 94B (1980) 343.

[EM 80] European Muon Collaboration; 'Measurement of the Proton Structure Function F_2 in Muon-Hydrogen Interactions at 280 and 120 GeV', Proceedings of the XX International Conference on High Energy Physics 1980 (Madison, U.S.A., 1980).

[En 64] F. Englert, R. Brout; Phys. Rev. Letters 13 (1964) 321.

[Er 55] A. Erdêlyi, Ed.; Higher Transcendental Functions, Bd. 3, Kap. XIX, S. 228 (New York, Toronto, London 1955).

[Fa 67] L.D. Faddeev, V.N. Popov; Phys. Letters 25 B (1967) 29.

[Fa 77] E. Fahri; Phys. Rev. Letters 39 (1977) 1587.

[Fa 80] K. Fabricius, I. Schmitt, G. Schierholz, G. Kramer; Z. Physik C - Particles and Fields - 11 (1982) 315.

[Fe 48] R.P. Feynman; Rev. Mod. Phys. 20 (1948) 267.

[Fe 49] R.P. Feynman; Phys. Rev. 76 (1949) 769.

[Fe 51] R.P. Feynman; Phys. Rev. 84 (1951) 108.

[Fe 65] R.P. Feynman, A.R. Hibbs; Quantum Mechanics and Path Integrals (New York 1965).

[Fe 69] R.P. Feynman; Phys. Rev. Letters 23 (1969) 1415.

[Fi 77] R.D. Field, R.P. Feynman; Phys. Rev. D 15 (1977) 2590.

[Fi 77 a] W. Fischler; Nucl. Phys. B129 (1977) 157.

[Fi 78] R.D. Field, R.P. Feynman; Nucl. Phys. B 136 (1978) 1.

[Fl 77] E.G. Floratos, D.A. Ross, C.T. Sachrajda; Nucl. Phys. B 129 (1977) 66.

[Fl 79] G. Flügge; Z. Physik C 1 (1979) 121.

[Fl 79 a] E.G. Floratos, D.A. Ross, C.T. Sachrajda; Nucl. Phys. B 152 (1979) 493.

[Fo 78] G.C. Fox, S. Wolfram; Phys. Rev. Letters 41 (1978) 1581, Nucl. Phys. B 149 (1979) 413 und Phys. Letters B 82 (1979) 134.

[Fr 53] K.O. Friedrichs; Mathematical Aspects of the Quantum Theory of Fields (New York 1953)

[Fr 71] Y. Frishman; Ann. Phys. (N.Y.) 66 (1971) 373.

[Fr 72] H.M. Fried; Functional Methods and Models in Quantum Field Theory (M.I.T., Cambridge, Mass. und London 1972).

[Fr 73] H. Fritzsch, M. Gell-Mann, H. Leutwyler; Phys. Letters 47 B (1973) 365.

[Fr 74] E.S. Fradkin, I.V. Tyutin; Rivista del Nuovo Cim. 4 (1974) 1.

[Fr 75] H. Fritzsch, P. Minkowski; Ann. Phys. 93 (1975) 193.

[Fr 79] E. Fradkin, S.H. Shenker; Phys. Rev. D 19 (1979) 3682 und dort zitierte Arbeiten.

[Ga 74] M.K. Gaillard, B.W. Lee; Phys. Rev. Letters 33 (1974) 108 und Phys. Rev. D 10 (1974) 897.

[Ge 51] M. Gell-Mann, F. Low; Phys. Rev. 84 (1951) 350.

[Ge 54] M. Gell-Mann, F. Low; Phys. Rev. 95 (1954) 1300.

[Ge 60] M. Gell-Mann, M. Levy; Nuovo Cim. 16 (1960) 705.

[Ge 64] M. Gell-Mann; Phys. Letters 8 (1964) 214.

[Ge 72] H. Georgi, S.L. Glashow; Phys. Rev. D 6 (1972) 429.

[Ge 72 a] M. Gell-Mann; 'Quarks' in 'Elementary Particle Physics, Multiparticle Aspects', Acta Physica Austriaca, Suppl. IX (1972), S. 733 (P. Urban, Ed.; Wien, New York 1972).

[Ge 74] H. Georgi, S.L. Glashow; Phys. Rev. Letters 32 (1974) 438.

[Ge 74 a] H. Georgi, H.R. Quinn, S. Weinberg; Phys. Rev. Letters 33 (1974) 451.

[Ge 75] H. Georgi; 'Particles and Fields - 1974' (C.E. Carlson, Ed.; A.I.P. New York 1975).

[Ge 76] H. Georgi, H.D. Politzer; Phys. Rev. D 14 (1976) 1829.

[Ge 76 a] J.L. Gervais, A. Jevicki, B. Sakita; Phys. Reports 23 (1976) 237 und J.L. Gervais; Acta Physica Austriaca, Suppl. XVIII (1977) 385.

[Ge 77] H. Georgi, M. Machacek; Phys. Rev. Letters 39 (1977) 1237.

[Ge 78] H. Georgi, H.D. Politzer; Nucl. Phys. B 136 (1978) 445.

[Gi 50] V.L. Ginzburg, L.D. Landau; JETP (USSR) 20 (1950) 1064.

[Gi 64] W. Gilbert; Phys. Rev. Letters 12 (1964) 713.

[Gi 76] E. Gildner; Phys. Rev. D 14 (1976) 1667.

[Gl 61] S.L. Glashow; Nucl. Phys. 22 (1961) 579.

[Gl 70] S.L. Glashow; J. Iliopoulos, L. Maiani; Phys. Rev. D 2 (1970) 1285.

[Gl 76] J. Glimm, A. Jaffe; Commun. Math. Phys. 51 (1976) 1.

[Gl 78] M. Glück, E. Reya; Nucl. Phys. B 145 (1978) 24.

[Gl 79] M. Glück, E. Reya; Nucl. Phys. B 156 (1979) 456.

[Gl 80] J. Glimm; in 'Recent Developments in Gauge Theories', Proceedings of 1979 Cargèse Summer Institute, S. 45 (G.'t Hooft et al., Eds.; New York, London 1980).

[Go 58] L.P. Gorkov; Sov. Phys. JETP 7 (1958) 505.

[Go 61] J. Goldstone; Nuovo Cim. 19 (1961) 154.

[Go 62] J. Goldstone, A. Salam, S. Weinberg; Phys. Rev. 127 (1962) 965.

[Go 79] A. González-Arroyo, C. López, F.J. Ynduráin; Nucl. Phys. B 153 (1979) 161.

[Gr 64] O.W. Greenberg; Phys. Rev. Letters 13 (1964) 598.

[Gr 69] D.J. Gross, C.H. Llewellyn Smith; Nucl. Phys. B 14 (1969) 337.

[Gr 71] D.J. Gross, S.B. Treiman; Phys. Rev. D 4 (1971) 1059.

[Gr 72] D.J. Gross, R. Jackiw; Phys. Rev. D 6 (1972) 477.

[Gr 72 a] V.N. Gribov, L.N. Lipatov; Sov. J. Nucl. Phys. 15 (1972) 438, 675.

[Gr 73] D.J. Gross, F. Wilczek; Phys. Rev. D 8 (1973) 3633 und D 9 (1974)980.

[Gr 73 a] M. Gronau, F. Ravndal, Y. Zarmi; Nucl. Phys. B 51 (1973) 611.

[Gr 73 b] D.J. Gross, F. Wilczek; Phys. Rev. Letters 30 (1973) 1343.

[Gr 74] D.J. Gross, A. Neveu; Phys. Rev. D 10 (1974) 3235.

[Gr 76] D. Gromes, I.O. Stamatescu; Nucl. Phys. B 112 (1976) 213.

[Gr 78] V.N. Gribov; Nucl. Phys. B 139 (1978) 1.

[Gr 79] D. Gromes; 'Quarkdynamik und Hadronspektroskopie', Vorlesungen in Maria Laach 1978 (1979).

[Gu 64] G.S. Guralnik, C.R. Hagen, T.W.B. Kibble; Phys. Rev. Letters 13 (1964) 585.

[Gü 76] F. Gürsey, P. Ramond, P. Sikivie; Phys. Letters 60 B (1976) 177.

[Ha 58] R. Haag; Phys. Rev. 112 (1958) 669.

[Ha 62] R. Haag; Nuovo Cim. 25 (1962) 287.

[Ha 62 a] M. Hamermesh; Group Theory and its Applications to Physical Problems (Reading, Mass., 1962).

[Ha 65] M.Y. Han, Y. Nambu; Phys. Rev. B 139 (1965) 1006.

[Ha 75] G. Hanson et al.; Phys. Rev. Letters 35 (1975) 1609.

[Ha 76] H. Harari; 'How many Quarks are there?' in 'Storage Ring Physics', Proceedings of the International Colloquium of the C.N.R.S., Flaine (France) 1976, S. 461 (J. Tran Thanh Van, Ed.; Orsay 1976).

[Ha 77] L.N. Hand; 'Elastic and Inelastic Elektron and Muon Scattering' in 'Proceedings 1977 International Symposium on Lepton and Photon Interactions at High Energies', Hamburg (1977), S. 417 (F. Gutbrod, Ed.; Hamburg 1977).

[Ha 78] P. Hasenfratz; Phys. Reports 40 (1978) 75.

[Ha 79] H. Harari; Phys. Letters 86 B (1979) 83.

[Ha 80] A.E. und P. Hasenfratz; Nucl. Phys. B 180 (1981) 341.

[Ha 80 a] A.E. und P. Hasenfratz; Phys. Letters 93 B (1980) 165.

[He 28] W. Heisenberg; Z. Physik 49 (1928) 619.

[He 62] S. Helgason; Differential Geometry and Symmetric Spaces (New York 1962).

[He 67] W. Heisenberg; Einführung in die einheitliche Feldtheorie der Elementarteilchen (Stuttgart 1967).

[He 76] W. Heisenberg; Naturwissenschaften 63 (1976) 1.

[He 77] S.W. Herb et al.; Phys. Rev. Letters 39 (1977) 252.

[Hi 64] P.W. Higgs; Phys. Letters 12 (1964) 131, Phys. Rev. Letters 13 (1964) 508 und Phys. Rev. 145 (1966) 1156.

[Hi 80] T.M. Himel et al. (MARK II); Phys. Rev. Letters 45 (1980) 1146.

[Ho 79] P. Hoyer, P. Osland, H.E. Sander, T.F. Walsh, P.M. Zerwas; Nucl. Phys. B 161 (1979) 349.

[Ho 80] W. Hollik; Universität Würzburg Preprint (1980); erscheint in Z. Physik C.

[Hu 52] C. Hurst; Proc. Camb. Soc. 48 (1952) 625.

[Hu 64] K. Huang; Statistische Mechanik Bd. 1 - 3 (Mannheim 1964).

[Il 79] E.-M. Ilgenfritz, D.I. Kazakov, M. Mueller-Preussker; Phys. Letters 87 B (1979) 242.

[It 77] C. Itzykson, G. Parisi, J.B. Zuber; Phys. Rev. Letters 38 (1977) 306.

[It 80] C. Itzykson, M. Peskin, J.B. Zuber; Phys. Letters 95 B (1980) 259.

[Ja 72] R. Jackiw, S. Weinberg; Phys. Rev. D 5 (1972) 2396.

[Ja 72 a] R. Jackiw; 'Field Theoretic Investigations in Current Algebra' in S.B. Treiman, R. Jackiw, D.J. Gross; Lectures on Current Algebra and its Applications (Princeton 1972).

[Ja 76] R. Jackiw, C. Rebbi; Phys. Rev. Letters 37 (1976) 172.

[Ja 77] R. Jackiw, C. Nohl, C. Rebbi; Phys. Rev. D 15 (1977) 1642.

[Ja 79] C. Jarlskog; 'Gauge Theories' in 'New Phenomena in Lepton Hadron Physics', S. 1 (D.E.C. Friess, J. Wess, Eds.; New York, London 1979).

[Ja 79 a] C. Jarlskog, F.J. Yndurain; Nucl. Phys. B 149 (1979) 29.

[JA 80] JADE-Collaboration; Phys. Letters 91 B (1980) 142.

[Jo 64] G. Jona-Lasinio; Nuovo Cim. 34 (1964) 1790.

[Jo 65] R. Jost; The General Theory of Quantized Fields (A.M.S., Providence, Rhode Island 1965).

[Jo 70] H. Joos; Proceedings of the 11th Scottish Universities Summer School in Physics (1970), S. 47 (J. Cumming, H. Osborn, Eds.; London 1971).

[Jo 74] D.R.T. Jones; Nucl. Phys. B 75 (1974) 531.

[Jo 76] S.D. Joglekar, B.W. Lee; Ann. Phys. 97 (1976) 160.

[Ka 77] L.D. Kadanoff; Rev. Mod. Phys. 49 (1977) 267.

[Ka 78] D.M. Kaplan et al.; Phys. Rev. Letters 40 (1978) 435.

[Kh 69] I.B. Khriplovich; Yad. Fiz. 10 (1969) 409.

[Ki 62] T. Kinoshita; J. Math. Phys. 3 (1962) 650.

[Ki 67] T.W.B. Kibble; Phys. Rev. 155 (1967) 1554.

[Ki 78] T. Kinoshita; 'Recent Developments of Quantum Electrodynamics' in 'Proceedings of the 19th International Conference on High Energy Physics, Tokyo (1978)', S. 571 (S. Homma et al., Eds.; Tokyo 1979).

[Kl 61] L. Klein, Ed.; Dispersion Relations and the Abstract Approach to Field Theory (New York 1961).

[Kl 75] H. Kluberg-Stern, J.B. Zuber; Phys. Rev. D 12 (1975) 467, 482, 3159.

[Ko 63] S. Kobayashi, K. Nomizu; Foundations of Differential Geometry, Bd. I/II (New York, London 1963).

[Ko 69] J.J.J. Kokkedee; The Quark Model (New York 1969).

[Ko 73 a] M. Kobayashi, K. Maskawa; Progr. Theor. Phys. 49 (1973) 652.

[Ko 74] J. Kogut, L. Susskind; Phys. Rev. D 9 (1974) 697, 706, 3391.

[Ko 74 a] J. Kogut, K.G. Wilson; Phys. Reports 12 (1974) 75.

[Ko 75] J. Kogut, L. Susskind; Phys. Rev. D 11 (1975) 395.

[Ko 76] J. Kogut, D.K. Sinclair, L. Susskind; Nucl. Phys. B 114 (1976) 199.

[Ko 77] J. Kogut; in 'Many Degrees of Freedom in Particle Physics', S. 275 (H. Satz, Ed.; New York, London 1978).

[Ko 79] J. Kogut; Rev. Mod. Phys. 51 (1979) 659.

[Ko 79 a] J. Kogut, R.B. Pearson, J.S. Shigemitsu; Phys. Rev. Letters 43 (1979) 484.

[Ko 79 b] K. Koller, H. Krasemann; Phys. Letters 88 B (1979) 119.

[Ko 80] J. Kogut, R.B. Pearson, J.S. Shigemitsu; Phys. Letters 98B (1981) 63.

[Kr 79] M. Krammer, H. Krasemann; 'Quarkonia' in 'Quarks and Leptons', Acta Physica Austriaca, Suppl. XXI (1979), S. 259 (P. Urban, Ed.; Wien, New York 1979).

[Ku 80] Z. Kunszt; Phys. Letters 99B (1981) 429.

[La 55] L.D. Landau, I. Ya. Pomeranchuk; Doklady Akad. Nauk. SSSR 102 (1955) 489.

[La 69] L.D. Landau, E.M. Lifshitz; The Classical Theory of Fields (Oxford 1969 und 1975).

[La 72] B.E. Lautrup, A. Peterman, E. de Rafael; Phys. Reports 3 (1972) 193.

[Le 55] H. Lehmann, K. Symanzik, W. Zimmermann; Nuovo Cim. 1 (1955) 1425.

[Le 60] T.D. Lee, C.N. Yang; Phys. Rev. Letters 4 (1960) 307.

[Le 64] T.D. Lee, M. Nauenberg; Phys. Rev. 133 (1964) 1549.

[Le 72] B.W. Lee, J. Zinn-Justin; Phys. Rev. D 5 (1972) 3121, 3137, 3155; Phys. Rev. D 7 (1973) 1049.

[Le 72 a] B.W. Lee; Phys. Rev. D 5 (1972) 823.

[Le 72 b] B.W. Lee; Chiral Dynamics (New York 1972).

[Le 72 c] S.Y. Lee; Phys. Rev. D 6 (1972) 1701, 1803.

[Le 73] B.W. Lee; Phys. Letters 46 B (1973) 214 und Phys. Rev. D 9 (1974)933.

[Le 74] G. Leibbrandt, D.M. Capper; J. Math. Phys. 15 (1974) 82, 86.

[Le 74 a] B.W. Lee; Phys. Rev. D 9 (1974) 933.

[Le 74 b] H. Leutwyler; Nucl. Phys. B 76 (1974) 413.

[Le 77] B.W. Lee, C. Quigg, B.H. Thacker; Phys. Rev. Letters 38 (1977) 883.

[LE 81] LENA-Kollaboration (B. Niczyporuk et al.); Phys. Rev. Letters 46 (1981) 92.

[Li 75] L.N. Lipatov; Sov. J. Nucl. Phys. 20 (1975) 94.

[Li 77] L.N. Lipatov; JETP 72 (1977) 411.

[Li 78] D.B. Lichtenberg; Unitary Symmetry and Elementary Particles (New York 1978).

[Ll 70] C.H. Llewellyn Smith; Nucl. Phys. B 17 (1970) 277.

Ll 74 C.H. Llewellyn Smith; 'Phenomenology of Particles at High Energies', Proceedings of the 14th Scottish Universities Summer School in Physics 1973 at Edinburgh, S. 459 (R.L. Crawford, J. Jennings, Eds.; London 1974).

[Ll 78] C.H. Llewellyn Smith; Acta Physica Austriaca, Suppl XIX (1978) 331.

[Ll 79] C.H. Llewellyn Smith; in Proc. of the LEP Summer Study, CERN 79-01 (1979).

[Lo 50] F. London; Superfluids, Bd. I (New York 1950).

[Lo 78] E. Lohrmann; Hochenergiephysik (Stuttgart 1978).

[Lü 77] M. Lüscher, Commun. Math. Phys. 54 (1977) 283.

[Lü 80] M. Lüscher, G. Münster, P. Weisz; Nucl. Phys. B 180[FS 2] (1981) 1.

[Lü 80 a] M. Lüscher; Phys. Letters 90 B (1980) 277.

[Lü 80 b] M. Lüscher, K. Symanzik, P. Weisz; Nucl. Phys. B 173 (1980) 365.

[Lü 80 c] M. Lüscher; 'Exact Instanton Gases' in 'Recent Developments in Gauge Theories', Proceedings of 1979 Cargèse Summer Institute (G. 't Hooft, et al., Eds.; New York, London 1980).

[Ma 69] R.E. Marshak, Riazuddin, C.P. Ryan; Theory of Weak Interactions in Particle Physics (New York 1969).

[Ma 75] W.J. Marciano, A. Sirlin; Nucl. Phys. B 88 (1975) 86.

[Ma 78] W.J. Marciano, H. Pagels; Phys. Reports 36 (1978) 137.

[Ma 78 a] G. Mack; Phys. Letters 78 B (1978) 263.

[Ma 78 b] G. Mack, V.B. Petkova; Ann. Phys. (N.Y.) 125 (1980) 117 und in 'Recent Developments in Gauge Theories', S. 217, op.cit. (siehe [Ma 80]).

[Ma 79] S. Mandelstam; Phys. Rev. D 19 (1979) 2391.

[Ma 79 a] Yu.M. Mareenko, A.A. Migdal; Phys. Letters 88 B (1979) 135 und 89 B (1980) 437.

[Ma 79 b] M. Machacek; Nucl. Phys. B 159 (1979) 37.

[Ma 80] G. Mack; DESY 80/03 (1980) und 'Properties of Lattice Gauge Theory Models at Low Temperatures' in 'Recent Developments in Gauge Theories', Proceedings of 1979 Cargèse Summer Institute, S. 217 (G. 't Hooft et al.,Eds.; New York, London 1980).

[Ma 80 a] R.E. Marshak, R.N. Mohapatra; Phys. Rev. Letters 44 (1980) 1316.

[Mi 79] P.K. Mitter; 'Geometry of the Space of Gauge Orbits and the Yang-Mills Dynamical System' in 'Recent Developments in Gauge Theories', Proceedings of 1979 Cargèse Summer Institute, S. 265 (G. 't Hooft et al., Eds.; New York, London 1980).

[Mo 79] G. Morpurgo; 'Lectures on Quarks' in 'Quarks and Leptons', Acta Physica Austriaca, Suppl. XXI, S. 5 (P. Urban, Ed.; Wien, New York 1979).

[Mo 80] K.J.M. Moriarty; DESY 80/67 (1980)(erscheint in J. Phys.).

[Mü 80] G. Münster; Phys. Letters 95 B (1980) 59 und DESY 80/44 (1980) (erscheint in Nucl. Phys. B).

[Mü 80 a] G. Münster, P. Weisz; Nucl. Phys. B 180 [FS 2] (1981) 330.

[Mü 80 b] G. Münster, P. Weisz; Phys. Letters 96 B (1980) 119.

[Mü 80 c] G. Münster, P. Weisz; Nucl. Phys. B 180 [FS 2] (1981) 13.

[Mü 80 d] G. Münster; Nucl. Phys. B 190 [FS 3] (1981) 439, B 200 [FS 4] (1982) 469.

[Na 61] Y. Nambu, G. Jona-Lasinio; Phys. Rev. 122 (1961) 345 und Phys. Rev. 124 (1961) 246.

[Na 66] Y. Nambu; Phys. Letters 26 B (1966) 626.

[Na 72] O. Nachtmann; Nucl. Phys. B 38 (1972) 397.

[Na 73] O. Nachtmann; Nucl. Phys. B 63 (1973) 237.

[Na 79] Y. Nambu; Phys. Letters 80 B (1979) 372.

[Ni 73] H. Nielsen, P. Olesen; Nucl. Phys. B 61 (1973) 45.

[Ni 78] H. Nielsen; Phys. Letters 80 B (1978) 133 sowie
H. Nielsen, M. Ninomiya; Nucl. Phys. B 169 (1980) 309 und dort zitierte Literatur.

[No 78] V.A. Novikov et al.; Phys. Reports 41 (1978) 1.

[Ol 79] D. Olive, S. Sciuto, R.J. Crewther; Rivista del Nuovo Cim. 2 (1979) 8.

[Or 49] A. Ore, I.L. Powell; Phys. Rev. 75 (1949) 1696.

[Os 75] K. Osterwalder, R. Schrader; Commun. Math. Phys. 42 (1975) 281.

[Os 78] K. Osterwalder, E. Seiler; Ann. Phys. (N.Y.) 110 (1978) 440.

[Pa 49] W. Pauli, F. Villars; Rev. Mod. Phys. 21 (1949) 434.

[Pa 69] R.D. Parks, Ed.; Superconductivity (New York 1969).

[Pa 74] J.C. Pati, A. Salam; Phys. Rev. D 10 (1974) 275.

[Pa 82] Particle Data Group; Phys. Letters 111 B (1982).

[Pa 80 a] H. Pagels; Phys. Rev. D 21 (1980) 2336.

[Pa 80 b] R. Partridge et al. (CRYSTAL BALL); Phys. Rev. Letters 45 (1980) 1150.

[Pa 80 c] G. Parisi, P. Petronzio; Phys. Letters 94 B (1980) 51.

[Pe 72] D.H. Perkins; Proceedings of the XVIth International Conference on High Energy Physics, Chicago-Batavia (1972), S. 189 (NAL, Batavia 1972).

[Pe 75] D.H. Perkins; Proceedings of the 1975 International Symposium on Lepton and Photon Interactions at High Energies, SLAC (1975), S.571 (W.T. Kirk, Ed.; Stanford 1975).

[PL 79] PLUTO-Collaboration; Phys. Letters 86 B (1979) 418.

[PL 80] PLUTO-Collaboration; Phys. Letters 97 B (1980) 459.

[Po 73] H.D. Politzer; Phys. Rev. Letters 30 (1973) 1346.

[Po 74] H.D. Politzer; Phys. Reports 14 (1974) 129.

[Po 77] H.D. Politzer; Nucl. Phys. B 129 (1977) 301.

[Po 77 a] A.M. Polyakov; Nucl. Phys. B 120 (1977) 429.

[Po 79] A.M. Polyakov; Phys. Letters 82 B (1979) 247.

[Ra 79] P. Ramond; CALT-68-709 (1979).

[Re 74] C. Rebbi; Phys. Reports 12 (1974) 1.

[Ri 65] R. Rickayzen; Theory of Superconductivity (New York 1965).

[Ri 75] E.M. Riordan et al.; SLAC-Pub. 1634 (1975), unveröffentlicht.

[Ro 67] R. van Royen, V.F. Weisskopf; Nuovo Cim. 50 (1967) 617.

[Ro 71 a] H. Rollnik; Teilchenphysik I (Mannheim 1971).

[Ro 71 b] H. Rollnik; Teilchenphysik II (Mannheim 1971).

[Ro 78] D.A. Ross; Nucl. Phys. B 140 (1978) 1.

[Ru 61] D. Ruelle; Nuovo Cim. 19 (1961) 356.

[Ru 62] D. Ruelle; Helv. Phys. Acta 35 (1962) 147.

[Sa 67] A.D. Sakharov; Pis'ma Zh. Eksp. Teor.Fiz. 5 (1967) 32.

[Sa 68] A. Salam; Proc. 8th NOBEL Symposium, S. 367 (N. Svartholm, Ed.; Stockholm 1968).

[Sa 77] G.K. Savvidy; Phys. Letters 71 B (1977) 133.

[Sa 78] C.T. Sachrayda; Phys. Letters 73 B (1978) 185 und 76 B (1978) 100.

[Sa 80] S. Sakakibara; Phys. Rev. D 24 (1981) 1149.

[Sc 49] J. Schwinger; Phys. Rev. 76 (1949) 790.

[Sc 51] J. Schwinger; Proc. Nat. Acad. Sci. (U.S.A.) 37 (1951) 452.

[Sc 75] J. Scherk; Rev. Mod. Phys. 47 (1975) 123.

[Sc 77] A.S. Schwartz; Phys. Letters 67 B (1977) 172.

[Sc 79] G. Schierholz; 'e^+e^--Jets' DESY 79/71 (1979), veröffentlicht in 'Proceedings of Summer Institute on Particle Physics (1979)', Stanford-SLAC-224 (1979).

[Se 75] R. Sexl, H. Urbantke; Gravitation und Kosmologie (Mannheim 1975).

[Se 77] L.M. Sehgal; 'Hadron Production by Leptons' in 'Proceedings 1977 International Symposium on Lepton and Photon Interactions at High Energies', Hamburg (1977), S. 837 (F. Gutbrod, Ed.; Hamburg 1977).

[Sh 78] Q. Shafi, Ch. Wetterich; Phys. Letters 73 B (1978) 65.

[Si 76] D. Sivers, S.I. Brodsky, R. Blankenbecler; Phys. Reports 23 (1976) 1.

[Si 76 a] I. Singer, J.A. Thorpe; Lecture Notes on Elementary Topology and Geometry (Berlin, Heidelberg, New York 1976).

[Si 78] I. Singer; Commun. Math. Phys. 67 (1978) 7.

[Si 80] A. Sirlin; Phys. Rev. D 22 (1980) 971.

[Sk 74] A.V. Skorohod; Integration in Hilbert Space (Heidelberg, New York 1974).

[Sl 72] A.A. Slavnov; Theor. and Math. Phys. 10 (1972) 99.

[Sm 79] A.V. Smilga, M.I. Vysotsky; Nucl. Phys. B 150 (1979) 173.

[St 53] E.C.G. Stueckelberg, A. Peterman; Helvetia Phys. Acta 26 (1953)499.

[St 64] R.F. Streater, A.S. Wightman; PCT, Spin & Statistics, and all that (New York 1964).

[St 71] H.E. Stanley; Introduction to Phase Transitions and Critical Phenomena (Oxford 1971).

[St 76] B. Stech; 'Status of Broken Color Symmetry' in 'Current Induced Reactions', Lecture Notes in Physics, Bd. 56, S. 322 (J.G. Körner et al., Eds.; Berlin, Heidelberg, New York 1976).

[St 77] G. Sterman, S. Weinberg; Phys. Rev. Letters 39 (1977) 1436.

[Su 77] L. Susskind; Phys. Rev. D 10 (1977) 3031.

[Su 79] L. Susskind; Phys. Rev. D 20 (1979) 2619.

[Sy 54] K. Symanzik; Z. Naturforschung 9a (1954) 809.

[Sy 60] K. Symanzik; J. Math. Phys. 1 (1960) 249.

[Sy 66] K. Symanzik; J. Math. Phys. 7 (1966) 510.

[Sy 67] K. Symanzik; 'Many-Particle Structure of Green's Functions', Symposia on Theoretical Physics, Bd. 3 (1967) 121.

[Sy 70] K. Symanzik; Commun. Math. Phys. 18 (1970) 227 und Springer Tracts in Modern Physics 57 (1971) 222.

[Sy 71] K. Symanzik; Commun. Math. Phys. 23 (1971) 49.

[Sy 73] K. Symanzik; Lett. Nuovo Cim. 6 (1973) 77.

[Sy 77] K. Symanzik; in 'New Developments in Quantum Field Theory and Statistical Dynamics' (M. Lévy, P. Mitter, Eds.; New York 1977).

[Sy 79] K. Symanzik; DESY-Preprint 79/76 (1979), publiziert: 'Cutoff Dependence in Lattice ϕ^4_4 Theory' in 'Recent Developments in Gauge Theories', Proceedings of 1979 Cargèse Summer Institute, S. 313 (G.'t Hooft et al., Eds.; New York, London 1980).

[Ta 57] Y. Takahashi; Nuovo Cim. 6 (1957) 370.

[Ta 71] J.C. Taylor; Nucl. Phys. B 33 (1971) 436.

[Ta 75] R.E. Taylor; Proceedings of the 1975 International Symposium on Lepton and Photon Interactions at High Energies, SLAC (1975), S. 679 (W.T. Kirk, Ed.; Stanford 1975).

[Ta 76] J.C. Taylor; Gauge Theories of Weak Interactions (Cambridge 1976).

[Ta 78] R.E. Taylor; Proceedings of the 19th International Conference on High Energy Physics, Tokyo (1978), S. 285 (S. Homma et al., Eds.; Tokyo 1979).

[TA 79] TASSO-Collaboration; Phys. Letters 86 B (1979) 243.

[Te 68] C. Teleman; Grundzüge der Topologie und differenzierbaren Mannigfaltigkeiten (Berlin 1968).

[Th 53] W. Thirring; Helv. Phys. Acta 26 (1953) 33.

[tH 71] G.'t Hooft; Nucl. Phys. B 33 (1971) 173 und Nucl. Phys. B 35 (1971) 167.

[tH 72] G.'t Hooft, M. Veltman; Nucl. Phys. B 50 (1972) 318.

[tH 72 a] G.'t Hooft, M. Veltman; Nucl. Phys. B 44 (1972) 189; siehe auch:
C. Bollini, J. Gianbiagi; Nuovo Cim. 12 B (1972) 20.
J. Ashmore; Lett. Nuovo Cim. 4 (1972) 289.
G.M. Cicuta, E. Montaldi; Lett. Nuovo Cim. 4 (1972) 329.
P. Butera, G.M. Cicuta, E. Montaldi; Nuovo Cim. 19 A (1974) 513.
G. Leibbrandt; Rev. Mod. Phys. 47 (1975) 849.

[tH 73] G.'t Hooft, M. Veltman; 'Diagrammar' CERN-Report 73-9 (1973);veröffentlicht in 'Louvain 1973, Particle Interactions at very high Energies', Teil B, S. 177 (New York 1973).

[tH 73 a] G.'t Hooft; Nucl. Phys. B 61 (1973) 455.

[tH 74] G.'t Hooft; in 'Marseille 1974 Proceedings on Recent Progress in Lagrangian Field Theory and Applications', S. 58 (Marseille 1975).

[tH 76] G.'t Hooft; Phys. Rev. Letters 37 (1976) 8.

[tH 76 a] G.'t Hooft; Phys. Rev. D 14 (1976) 3432, Err.: Phys. Rev. D 18 (1978) 2199.

[tH 78] G.'t Hooft; Nucl. Phys. B 138 (1978) 1.

[tH 79] G.'t Hooft; 'Why do we Need Local Gauge Invariance in Theories with Vector Particles? an Introduction' in 'Recent Developments in Gauge Theories', Proceedings of 1979 Cargêse Summer Institute, S. 101 (G.'t Hooft et al., Eds.; New York, London 1980).

[tH 79 a] G.'t Hooft; Nucl. Phys. B 153 (1979) 141.

[tH 80] G.'t Hooft; 'Naturalness, Chiral Symmetry, and Spontaneous Chiral Symmetry Breaking' in 'Recent Developments in Gauge Theories', Proceedings of 1979 Cargêse Summer Institute, S. 135 (G.'t Hooft et al., Eds.; New York, London 1980).

[Ty 72] I.V. Tyutin, E.S. Fradkin; Sov. Journ. Nucl. Phys. 16 (1972) 835.

[Ut 56] R. Utiyama; Phys. Rev. 101 (1956) 1597.

[Ve 63] M. Veltman; Physica 29 (1963) 186.

[Ve 80] M. Veltman; LAPP Preprint TH-12 (1980).

[Wa 50] J.C. Ward; Phys. Rev. 78 (1950) 1824.

[Wa 53] I. Watanabe; Progr. Theor. Phys. 4 (1953) 371.

[We 18] H. Weyl; Raum, Zeit, Materie (6. unveränderte Auflage, Berlin 1970).

[We 29] H. Weyl; Z. Physik 56 (1929) 330.

[We 60] S. Weinberg; Phys. Rev. 118 (1960) 838.

[We 67] S. Weinberg; Phys. Rev. Letters 19 (1967) 1264.

[We 67 a] S. Weinberg; Phys. Rev. Letters 18 (1967) 507.

[We 68] S. Weinberg; Phys. Rev. 166 (1968) 1568.

[We 71] J. Wess, B. Zumino; Phys. Letters 37 B (1971) 95.

[We 72] S. Weinberg; Phys. Rev. Letters 27 (1972) 1688.

[We 73] S. Weinberg; Phys. Rev. Letters 31 (1973) 494 und Phys. Rev. D 8 (1973) 4482.

[We 73 a] S. Weinberg; Phys. Rev. D 8 (1973) 3497.

[We 75] S. Weinberg; Phys. Rev. D 11 (1975) 3594.

[We 76] S. Weinberg; in Proceedings of the 1976 International School of Subnuclear Physics, Erice (New York 1978).

[We 76 a] S. Weinberg; Phys. Rev. D 13 (1976) 974 und Phys. Rev. D 19 (1979) 1277.

[We 76 b] S. Weinberg; Phys. Rev. Letters 36 (1976) 294.

[We 79] S. Weinberg; Phys. Rev. Letters 43 (1979) 1566.

[We 80] S. Weinberg; Phys. Letters 91 B (1980) 51.

[Wi 39] E. Wigner; Ann. Math. 40 (1939) 149.

[Wi 56] A.S. Wightman; Phys. Rev. 101 (1956) 860.

[Wi 58] N. Wiener; Nonlinear Problems in Random Theory (New York 1958).

[Wi 69] K.G. Wilson; Phys. Rev. 179 (1969) 1499.

[Wi 74] K.G. Wilson; Phys. Rev. D 10 (1974) 2445.

[Wi 75] K.G. Wilson; Rev. Mod. Phys. 47 (1975)773.

[Wi 77] F. Wilczek; Phys. Rev. Letters 39 (1977) 39.

[Wi 77 a] K.G. Wilson; in 'New Developments in Quantum Field Theory and Statistical Mechanics'(Cargêse 1976) (M. Lêvy; P. Mitter, Eds.; New York 1977).

[Wi 79] B.H. Wiik, G. Wolf; Electron-Positron Interactions (Berlin, Heidelberg, New York 1979).

[Wi 79 a] K. Winter; 'Review of Experimental Measurements of Weak Neutral Current Interactions', Proceedings of the International Symposium on Lepton and Photon Interactions at High Energies, FNAL, Batavia (1979).

[Wi 79 b] F. Wilczek, A. Zee; Phys. Rev. Letters 43 (1979) 1571.

[Wi 80] B. Wiik; DESY 80/124 (1980), erscheint in 'Proceedings of the 1980 Madison-Conference'.

[Wi 80 a] K.G. Wilson; 'Monte-Carlo Calculations for the Lattice Gauge Theory' in 'Recent Developments in Gauge Theories', Proceedings of 1979 Cargèse Summer Institute, S. 363 (G.'t Hooft et al., Eds.; New York, London 1980).

[Wo 80] G. Wolf; 'Selected Topics on e^+e^--Physics', DESY 80/13 (1980).

[Ya 54] C.N. Yang, R.L. Mills; Phys. Rev. 96 (1954) 191.

[Zi 58] W. Zimmermann; Nuovo Cim. X (1958) 597.

[Zi 59] W. Zimmermann; Nuovo Cim. 13 (1959) 503 und ibidem 16 (1960) 690.

[Zi 74] J. Zinn-Justin; Bonn 1974: 'Renormalization of Gauge Theories' in 'Lecture Notes in Physics', Bd. 37, S. 2 (J. Ehlers et al., Eds.; Berlin 1975).

[Zw 64] G. Zweig; CERN-TH 401 und 412 (1964).

Nachtrag zum Literaturverzeichnis

[Ab 82 N] H. Abramowicz et al.; Z. Physik C 12 (1982) 289.

[Ab 82a N] H. Abramowicz et al.; Z. Physik C 13 (1982) 199.

[Ab 83 N] H. Abramowicz et al.; Z. Physik C (im Erscheinen).

[Ak 82 N] T. Akesson et al.; Phys. Letters 118B (1982) 185, 193.

[Ar 83 N] G. Arnison et al.; 'Experimental Observation of isolated large transverse energy electrons with associated missing energy at $\sqrt{s}$ = 540 GeV', CERN-Preprint CERN-EP/83-13 (1983).

[Au 81 N] J.J. Aubert et al.; Phys. Letters 100B (1981) 433.

[Au 82 N] J.J. Aubert et al.; Phys. Letters 114B (1982) 291.

[Ba 79 N] R. Barate et al.; Phys. Rev. Letters 43 (1979) 1541.

[Ba 80 N] J. Badier et al.; Phys. Letters 93B (1980) 354.

[Ba 81 N] W. Bartel et al.; Phys. Letters 107B (1981) 163.

[Ba 82 N] W. Bartel et al.; Phys. Letters 108B (1982) 140.

[Ba 82a N] W. Bartel et al.; Phys. Letters 115B (1982) 338.

[Ba 82b N] W. Bartel et al.; Phys. Letters 119B (1982) 239.

[Ba 82c N] M. Banner et al.; Phys. Letters 118B (1982) 203.

[Ba 83 N] W. Bartel et al.; Phys. Letters 121B (1983) 203.

[Be 81 N] Ch. Berger et al.; Phys. Letters 107 B (1981) 168.

[Be 82 N] M.A. Bég, A. Sirlin; Phys. Reports 88 (1982) 1.

[Be 82a N] B. Berg et al.; Phys. Letters 113B (1982) 65, 114B (1982) 324 und Annals Phys. 142 (1982) 185.

[Be 82b N] H.J. Behrend; Phys. Letters 114B (1982) 282.

[Be 83 N] S. Behrends et al.; 'Observation of Exclusive Decay Modes of b-flavoured Meson', Phys. Rev. Letters (im Erscheinen).

[Bl 82 N] E.D. Bloom; Paris-Konferenz 82 *), S. C3-407.

[Br 80 N] R. Brandelik et al.; Phys. Letters 94B (1980) 437.

[Br 81 N] R. Brandelik et al.; Phys. Letters 107B (1981) 290.

[Br 82 N] R. Brandelik et al.; Phys. Letters 117B (1982) 365.

[Bu 81 N] A.J. Buras; 'A Tour of Perturbative QCD' in 'Proceedings 1981 International Symposium on Lepton and Photon Interactions at High Energies', Bonn (1981), S. 636 (W. Pfeil, Ed.; Bonn 1981).

[Bu 81a N] W. Buchmüller, S.H. Tye; Phys. Rev. D 24 (1981) 132.

[Ca 82 N] L. Caneshi et al.; Nucl. Phys. B 200 [FS4] (1982) 409.

[Co 82 N] B. Cox; Paris-Konferenz 82 *), S. C3-140.

[Cr 82 N] L. Criegee, G. Knies; Phys. Reports 83 (1982) 152.

[Cr 82a N] M. Creutz, K.J.M. Moriarty; Phys. Rev. D 26 (1982) 2166.

[Da 82 N] M. Davier; Paris-Konferenz 82 *), S. C3-471.

[Do 82 N] J.F. Donoghue; Paris-Konferenz 82*), S. C3-89.

[Dr 82 N] J.M. Drouffe et al.; Phys. Letters 115B (1982) 301.

[Ed 82 N] C. Edwards et al.; Phys. Rev. Letters 48 (1982) 458.

[Ei 82 N] F. Eisele; Paris-Konferenz 82*), S. C3-337.

[Fa 82 N] K. Fabricius et al.; Z. Physik C 11 (1982) 315.

[Fr 82 N] P. Franzini, J. Lee-Franzini; Phys. Reports 81 (1982) 239.

[Fu 82 N] F. Fucito et al.; Nucl. Phys. B 210 [FS 6] (1982) 407.

[Ga 82 N] J. Gasser, H. Leutwyler; Phys. Reports 87 (1982) 77.

[Ha 81 N] H. Hamber, G. Parisi; Phys. Rev. Letters 47 (1981) 1792.

[Ha 82 N] A. Hasenfratz et al.; Phys. Letters 110 B (1982) 282.

[Ha 82a N] G. Hanson et al.; Phys. Rev. D26 (1982) 991.

[He 80 N] F.W. Hehl, J. Nitsch, P.v.d. Heyde; 'Gravitation and the Poincaré Gauge Field Theory with Quadratic Lagrangian' in 'General Relativity and Gravitation', Band 1, S. 329 (A. Held, Ed.; New York 1980).

[Is 82 N] K. Ishikawa et al.; Phys. Letters 116 B (1982) 429, 120 B (1983)387.

[Kr 82 N] G. Kramer; '13. Spring Symposium on High Energy Physics', Bad Schandau, DESY-Preprint, DESY 82/29(1982).

[Ma 82 N] A. Martin; Paris-Konferenz 82*), S. C3-96.

[No 81 N] V.A. Novikov et al.; Nucl. Phys. B 191 (1981) 301.

[Po 82 N] H.D. Politzer; Paris-Konferenz 82*), S. C3-659.

[Pr 79 N] C. Prescott et al.; Phys. Letters 77 B (1978) 347, 84 B (1979) 524.

[Re 82 N] L.J. Reinders et al.; Nucl. Phys. B 196 (1982) 125.

[Sc 80 N] D.L. Scharre et al.; Phys. Letters 97 B (1980) 329.

[Sö 81 N] P. Söding, G. Wolf; Ann. Rev. Nucl. Sci. 31 (1981) 231.

[St 81 N] The Staff of the CERN Proton-Antiproton Project; Phys. Letters 107 B (1981) 306.

[We 82 N] D.H. Weingarten; Phys. Letters 109 B (1982) 57.

[Wo 82 N] G. Wolf; Paris-Konferenz 82*), S. C3-525.

*) Das vollständige Zitat der oben als 'Paris-Konferenz 82' aufgerufenen Veröffentlichung lautet:

Proceedings of the 21st International Conference on High-Energy Physics, Paris (1982) (P. Petiau, M. Porneuf, Eds.; J. Phys. (France), No. 12, t. 43, 1982).

Konventionen

Wir benutzen

- das natürliche Einheitensystem: $\hbar = c = 1$,
- die Raum-Zeit-Koordinaten $x^\mu \equiv (x^0, x^1, x^2, x^3) \equiv (t, \vec{x})$, analog für andere Vierer-Vektoren die Schreibweise $A^\mu \equiv (A^0, \vec{A})$, $\partial^\mu = (\frac{\partial}{\partial x_0}, \frac{\partial}{\partial x_1}, \frac{\partial}{\partial x_2}, \frac{\partial}{\partial x_3}) = (\partial^0, \vec{\partial})$,
- die Metrik $g^{\mu\nu} = g_{\mu\nu} = \mathrm{diag}\,(+1, -1, -1, -1)$,
- Die Summationskonvention auch in der Form, daß über alle nicht explizit geschriebenen Indizes so weit wie möglich zu kontrahieren ist,
- die Dirac-Matrizen und Spinoren gemäß Tab. 1.4 auf S. 32,
- Die Kommutator- und Propagator-Funktionen freier Felder wie J.D. Bjorken und S.D. Drell [Bj 66].

Nicht zitierte experimentelle Resultate sind der Tabelle 'Review of Particle Properties' [Pa 82] der Particle Data Group entnommen.

Sachregister